建筑识图系列教材

管道工程识图教材

王 旭 编著

上海科学技术出版社

图书在版编目(CIP)数据

管道工程识图教材 / 王旭编著. —上海：上海科学技术出版社, 2011.10 (2024.1重印)
建筑识图系列教材
ISBN 978-7-5478-0991-4

Ⅰ.①管… Ⅱ.①王… Ⅲ.①管道工程—工程制图—识别—教材 Ⅳ.①U17

中国版本图书馆 CIP 数据核字(2011)第 184447 号

管道工程识图教材
王旭/编著

上海世纪出版(集团)有限公司
上海科学技术出版社　出版、发行
(上海市闵行区号景路 159 弄 A 座 9F-10F)
邮政编码 201101　www.sstp.cn
常熟市华顺印刷有限公司印刷
开本 787×1092　1/16　印张 24.75
字数：560 千字
2011 年 10 月第 1 版　2024 年 1 月第 10 次印刷
ISBN 978-7-5478-0991-4/TU·137
定价：48.00 元

本书如有缺页、错装或坏损等严重质量问题，
请向工厂联系调换

内 容 提 要

本书是为适应管道安装对识图的需要,解决管道施工员、预算员、质量员、管道工及高职高专相关专业师生工作和实践中看图难的问题,在原《管道工识图教材》的基础上进行大力修改,结合新标准及作者在管道施工和教学培训方面所积累的经验、体会而编写。

全书较系统地介绍了不同类型管道工程施工图识读知识和必要的专业技术知识。全书简明实用,共分九章。第一章介绍识图的基本知识;第二章至第四章阐述管道单线和双线图、管道剖面图、管道轴测图的简单画法及识读;第五章和第六章介绍管道和建筑施工图基本知识;第七章至第九章分别叙述给水、排水、采暖、供热、空调制冷和化工工艺等管道施工图的识读。

本书可作为高职高专、中专技校相关专业教材,以及管道施工员、预算员、质量员、项目经理的企业岗位培训教材,也可作为从事水暖、制冷等管道安装维修的施工和技术人员工作时的参考用书。

前　　言

在建筑安装工程中,管道安装是非常重要的组成部分,它涉及工业和民用诸多工程领域。由于国家经济建设的突飞猛进,新技术、新工艺、新材料、新设备的不断应用,以及建筑安装从业人员的不断增加,对管道安装从业人员技术能力的充实和提高已刻不容缓。《管道工程识图教材》就是为适应这种形势而编写的一本既可以用于自学又可以作为培训的教材,以满足广大管道安装从业人员的需要。

施工图是建筑安装领域中用来表达设计思想意图和进行技术交流的工具之一,任何施工项目的施工安装、质量检验、工程监理、预算造价都是以施工图和技术规程为依据的,管道安装从业人员要想提高技术水平,首要的问题是会看管道施工图。

管道工程施工图是在房屋建筑制图统一标准和技术制图标准框架下的专业性很强的图样,初学者要掌握一定的投影知识,了解投影图是怎样画出来的和怎样表达的。对于一些投影的规律性知识要正确理解和运用;有一定投影知识基础的读者,则要重点掌握管道施工图的表示方法和识读方法。为了能真正看懂管道施工图还必须具备各类管道的安装基本知识,如管道系统、管道设备、管道材料、施工方法及施工要求等相关知识。管道施工图识读的难点是建立空间概念,将图上的线条、符号、图形转化为空间走向的管路、管件及设备,这个转化是看图的关键。本书从不同角度采用不同的方法帮助读者识读,读者可结合书上的讲解和个人的理解寻找突破口。

管道施工图的识读是一项实践性非常强的工作,从学习和教学的角度来说,必须在充分理解施工图表示方法、看图方法及看图内容的基础上,进行必要的和有效的练习或工程实践,由浅入深、逐步积累,才能达到熟练识读施工图的目标。

基于以上编写思路,本书具有以下特点。

1. 简化投影基本理论知识,选用最简单的点、直线、平面及基本形体投影,使读者对投影相关知识有一个初步了解,为看管道施工图在理论方面打下基础。

2. 重点介绍各类管道施工图的识读基本原理和基本方法,从管道单、双线图的表示方法开始,逐步向各类管道施工图转换。各类管道施工图共性知识集中进行介绍,不同管道施工图突出各自的专业特点,并将施工技术与施工图的识读紧密结合起来。

3. 注重实用性和实践性。本书所介绍的管道施工图涵盖了管道安装工程的大部分,重点突出常见的给水排水、采暖、制冷及工艺管道等方面。而这些管道施工图又选择了典型的、难易适中的图样,使其能更好地表达相关内容。为学习和教学练习的需要又选了较多练习图,以方便使用。

4. 本书语言简练流畅,深入浅出。以实例说明问题,图文并茂,充分利用对比方法。增加立体图形,借此建立立体感和培养空间想象能力。

5. 本书采用最新的国家标准和行业标准,并给出标准编号,以便读者查阅。

本书可作为管道安装从业人员和即将从事管道安装、监理、质检、造价等人员自学或培训教材,也可以作为高职高专、中专技校相关专业或企业岗位培训教材。

由于水平有限,希望读者对书中疏漏和错误不吝指正。

编 者

目 录

第一章　识图基本知识 …………………… 1
　第一节　正投影的基本概念 …………… 1
　　一、正投影法 …………………………… 1
　　二、点、直线和平面的正投影特性 …… 2
　　三、投影的积聚和重合 ………………… 3
　第二节　投影图 ………………………… 4
　　一、单面投影图 ………………………… 4
　　二、三面投影图的形成 ………………… 6
　　三、三面投影图的特性 ………………… 7
　　四、房屋建筑视图 ……………………… 9
　第三节　直线和平面的投影 …………… 9
　　一、直线在三投影面体系中的投影 …… 9
　　二、平面在三投影面体系中的投影 …… 12
　第四节　基本形体的投影 ……………… 14
　　一、平面立体 …………………………… 14
　　二、曲面立体 …………………………… 16
　　三、几种常见管配件的投影 …………… 18
　第五节　管道支架图 …………………… 19
　　一、截交线和相贯线 …………………… 19
　　二、螺纹的规定画法及其标注 ………… 23
　　三、管道支架图的识读 ………………… 25
　小结 ……………………………………… 27
　复习思考题 ……………………………… 28
　练习题 …………………………………… 28

第二章　管道单线图和双线图 …………… 34
　第一节　单线图和双线图的画法 ……… 34
　　一、管段的双线图和单线图 …………… 34
　　二、弯管的双线图和单线图 …………… 34
　　三、三通的双线图和单线图 …………… 35
　　四、四通的双线图和单线图 …………… 37
　　五、异径管的双线图和单线图 ………… 37
　　六、阀门的双线图和单线图 …………… 38
　　七、组合管路单线图 …………………… 38
　第二节　管道重叠和交叉的表示方法 … 40
　　一、管道的重叠 ………………………… 40
　　二、管道的交叉 ………………………… 42
　第三节　管线正投影图的识读 ………… 44
　　一、看管道正投影图的方法 …………… 44
　　二、补画第三视图 ……………………… 46
　　三、翻图练习 …………………………… 47
　　四、识读举例 …………………………… 48
　小结 ……………………………………… 49
　复习思考题 ……………………………… 50
　练习题 …………………………………… 50

第三章　管道剖面图 ……………………… 53
　第一节　剖面图的概念 ………………… 53
　　一、剖视的基本概念 …………………… 53
　　二、剖切符号 …………………………… 54
　　三、剖面图的种类 ……………………… 54
　第二节　断面图的概念 ………………… 56
　　一、断面的基本概念 …………………… 56
　　二、重合断面 …………………………… 57
　　三、移出断面 …………………………… 57
　　四、中断断面 …………………………… 58
　　五、分层断面 …………………………… 58
　第三节　管道剖面图的画法 …………… 58
　　一、管道剖面图的概念 ………………… 58
　　二、管道剖面图的简单画法 …………… 60
　　三、管道剖面图的识读 ………………… 65
　小结 ……………………………………… 69
　复习思考题 ……………………………… 69
　练习题 …………………………………… 69

第四章 管道轴测图 …… 73
第一节 轴测图的概念 …… 73
一、轴测图的作用 …… 73
二、轴测图的形成 …… 74
三、轴测轴、轴间角、轴向及轴向伸缩系数 …… 74
四、轴测投影的特性 …… 74
五、轴测图的分类 …… 74
六、管道轴测图的画法 …… 75
第二节 管道正等测图 …… 75
一、正等测图的轴间角和轴向伸缩系数 …… 75
二、管道正等测图画法 …… 76
三、管道正等测图的识读 …… 86
第三节 管道正面斜等测图 …… 88
一、正面斜等测图的轴间角和轴向伸缩系数 …… 88
二、管道正面斜等测图画法 …… 89
三、管道正面斜等测图的识读 …… 94
小结 …… 97
复习思考题 …… 97
练习题 …… 97

第五章 管道施工图基本知识 …… 105
第一节 管道施工图的分类 …… 105
一、按专业分类 …… 105
二、按图形和作用分类 …… 105
第二节 符号及图例 …… 106
一、图线 …… 106
二、管路的规定代号 …… 107
三、管道图例 …… 108
第三节 施工图表示方法 …… 110
一、比例 …… 110
二、标高 …… 111
三、方位标 …… 112
四、管径标注 …… 112
五、坡度及坡向 …… 113
六、尺寸标注 …… 113
七、管线的表示方法 …… 113
八、管道连接表示方法 …… 115
九、管道折断、接续及设计分界线 …… 115
第四节 管道安装基础知识 …… 116
一、管道元件的公称尺寸和公称压力 …… 116
二、常用管材 …… 117
三、管道阀门 …… 121
四、管道支、吊架及补偿器 …… 125
五、管道的安装知识 …… 128
第五节 管道施工图的识读 …… 131
一、管道施工图的特点 …… 131
二、看图方法 …… 131
三、看图的内容 …… 131
小结 …… 134
复习思考题 …… 134

第六章 建筑施工图基本知识 …… 136
第一节 概述 …… 136
一、房屋的组成 …… 136
二、房屋建筑图的基本表示方法 …… 136
三、建筑施工图的内容和作用 …… 138
四、建筑施工图的特点及识读方法 …… 138
第二节 建筑总平面图的识读 …… 139
第三节 建筑平面图的识读 …… 141
第四节 建筑立面图的识读 …… 143
第五节 建筑剖面图的识读 …… 144
第六节 建筑施工详图的识读 …… 145
一、详图种类 …… 146
二、详图索引标志 …… 146
三、标准图 …… 147
四、识读举例 …… 147
小结 …… 147
复习思考题 …… 148
练习题 …… 148

第七章 建筑给水排水管道施工图 …… 152
第一节 概述 …… 152
一、施工图的组成及内容 …… 152
二、施工图的图示特点 …… 153

第二节　室内给水排水管道
　　　　施工图 ……………………… 153
　　一、室内给水系统 …………………… 153
　　二、室内排水系统 …………………… 158
　　三、卫生器具 ………………………… 161
　　四、图例及管路代号 ………………… 167
　　五、施工图的识读 …………………… 171
第三节　建筑消防管道施工图 ………… 179
　　一、消火栓给水系统 ………………… 179
　　二、自动喷水灭火系统 ……………… 180
　　三、消防水箱及消防泵 ……………… 184
　　四、图例及管路代号 ………………… 185
　　五、施工图的识读 …………………… 186
第四节　室外给水排水管道
　　　　施工图 ……………………… 213
　　一、给水系统 ………………………… 213
　　二、排水系统 ………………………… 214
　　三、施工图的识读 …………………… 215
第五节　按施工图计算材料 …………… 218
　　一、工程材料的计算规则和方法 …… 218
　　二、计算举例 ………………………… 219
小结 ………………………………………… 230
复习思考题 ………………………………… 231
练习题 ……………………………………… 231

第八章　采暖与空调制冷管道
　　　　施工图 ……………………… 244
第一节　概述 ……………………………… 244
第二节　室内采暖管道施工图 ………… 245
　　一、热水采暖系统 …………………… 245
　　二、蒸汽采暖系统 …………………… 247
　　三、采暖设备及附件 ………………… 248
　　四、热力入口及干管过门装置 ……… 254
　　五、室内采暖管道施工图的表示
　　　　方法 ………………………………… 255
　　六、施工图的识读 …………………… 259
第三节　室外供热管道施工图 ………… 267
　　一、室外供热管道的敷设形式 ……… 267
　　二、管道的热补偿、排水和放气装置 … 269
　　三、施工图的识读 …………………… 270
第四节　锅炉房管道施工图 …………… 277
　　一、常用锅炉的种类 ………………… 277
　　二、锅炉房管路系统 ………………… 278
　　三、管道代号及图例 ………………… 280
　　四、施工图的识读 …………………… 283
第五节　空调制冷管道施工图 ………… 299
　　一、蒸气压缩式制冷工作原理 ……… 300
　　二、氨制冷系统 ……………………… 300
　　三、空调冷冻水系统 ………………… 301
　　四、施工图的识读 …………………… 304
小结 ………………………………………… 317
复习思考题 ………………………………… 317
练习题 ……………………………………… 317

第九章　化工工艺管道施工图 ………… 335
第一节　化工工艺流程图 ……………… 335
　　一、管道仪表流程图的作用及内容 … 335
　　二、管道仪表流程图的表示方法 …… 335
　　三、管道仪表流程图的识读 ………… 341
第二节　设备布置图 …………………… 345
　　一、设备布置图的作用及内容 ……… 345
　　二、设备布置图的表示方法 ………… 345
　　三、设备布置图的识读 ……………… 348
第三节　管道布置图 …………………… 353
　　一、管道布置图的作用及内容 ……… 353
　　二、管道布置图的表示方法 ………… 353
　　三、管道轴测图(管段图、空视图) … 356
　　四、管架图与管件图 ………………… 358
　　五、管道布置图的识读 ……………… 359
小结 ………………………………………… 365
复习思考题 ………………………………… 379
练习题 ……………………………………… 379

参考文献 …………………………………… 386

第一章　识图基本知识

第一节　正投影的基本概念

一、正投影法

管道工程图同机械图、建筑图一样,是用投影方法画出来的。为了绘制和识读管道工程图,必须首先建立投影概念。在日常生活中日光或灯光照射物体,就会在地上或墙上产生影子,这种使物体在平面上形成影子的现象称为投影现象。制图中参照这一自然现象,用一组假想光线将物体的形状投射到一个面上去,并且光线可以穿过物体,在影子范围内由线条来显示物体的完整形象,这种投射线通过物体,向选定的平面进行投射,并在该面上得到图形的方法,称为投影法。

一个物体进行投影,要有投射的光线和承受影子的平面,我们称投射的光线为"投射线",承受影子的平面称为"投影面",在该面上得到的图形称为"投影"或"投影图"。

由于投射线的不同,物体的投影也不同。如果投射线从一点出发,如图 1-1a 所示那样把一本书放在灯光下向地面进行投影时,书所产生的投影会比实物大。这种投影方法称为中心投影法。中心投影法多应用于绘制建筑透视图。如果光源距离无限增大,投射线相互平行如图 1-1b 所示,书产生的投影即与实物大小相同。这种利用相互平行的投射线进行投影的方法称为平行投影法。

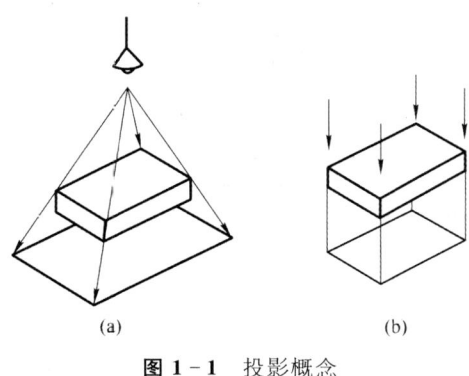

图 1-1　投影概念

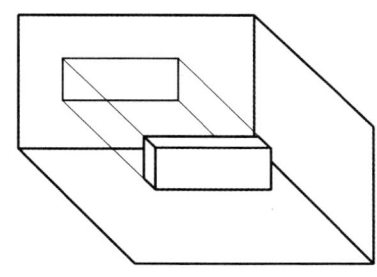

图 1-2　正投影法

在平行投影中,投射线垂直于投影面,物体在投影面上所得到的投影称为正投影,这种投影方法称为正投影法,如图 1-2 所示。用正投影法画出的物体图形,称为正投影图。正投影图直观性不强,但能准确反映物体的真实形状和大小,图形量度性好,便于尺寸标注。

正投影法就是我们平时经常说的"正对着"物体去看而投影的方法。正投影法的基本特点是:

(1) 被投影的物体在观察者与投影面之间,就是说,保持人—物—投影面的相对位置关系；

(2) 投影线相互平行，且垂直于投影面；

(3) 投影不受人与物体以及物体与投影面之间距离的影响。

管道工程图大部分是利用正投影法画出来的，因此，学习绘制和识读管道工程图，必须掌握正投影法的原理，并运用这些原理去解决图样中的问题。

本书以后提到的投影，如无特殊注明，均为正投影，投影图为正投影图。

二、点、直线和平面的正投影特性

管道工程图的各种图样都由不同图线组成，因此，掌握点、直线和平面的投影特性，对图纸的绘制和识读都有很大的帮助。

1. 点的正投影特性

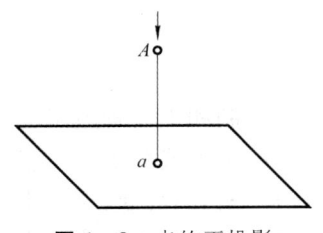

图 1-3 点的正投影

如图 1-3 所示，在点 A 下面设一个投影面，从点 A 的上方，过点 A 进行投影，在投影面上得到的投影是点 a。由此，对于一个点无论从哪一个方向进行投影，所得到的投影仍然是一个点。

2. 直线的正投影特性

现拿一根铁丝，通过对铁丝不同方向进行投影，来研究直线的正投影特性。

如图 1-4a 所示，将铁丝 AB 平行于投影面放置，然后从上面进行投影，所得到的投影为线段 ab。因为投射线垂直于投影面，所以线段 ab 与铁丝 AB 长度一样，投影反映了铁丝 AB 的实长。

将铁丝 AB 垂直于投影面放置，如图 1-4b 所示，从上面进行投影，得到的投影是一个小圆点，也就是说铁丝垂直于投影面时，从上向下垂直看，只看到铁丝端头这一点。

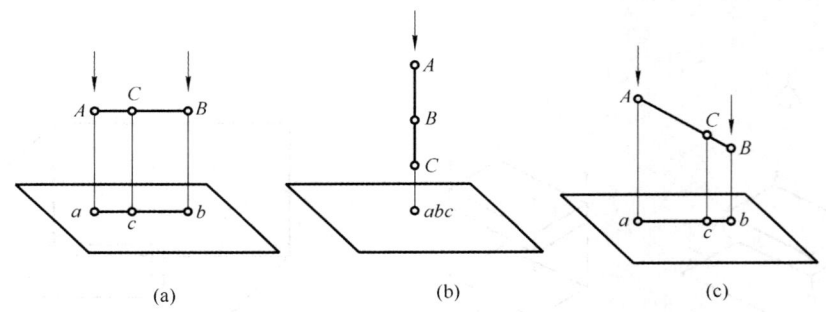

图 1-4 直线的正投影

当铁丝 AB 倾斜于投影面放置时，如图 1-4c 所示，仍旧从上面进行投影，所得到的投影是线段 ab。由于铁丝 AB 倾斜放置，当用眼睛向下垂直看时，在投影面上看到的线段 ab 就比铁丝 AB 短，也就是说倾斜于投影面的直线，它的投影是缩短了的直线。

铁丝 AB 不论怎样放置，它上面任意一点 C 的投影都落在铁丝的投影 ab 上面，如图 1-4 所示。

从上述内容可知：

(1) 直线平行于投影面时，它的投影是直线，且反映实长；

(2) 直线垂直于投影面时，它的投影是一个点；

(3) 直线倾斜于投影面时,它的投影是缩短了的直线;
(4) 直线上某一点的投影,必定在这条直线的投影上。

3. 平面的正投影特性

现拿一块矩形垫板,通过不同方向的投影来研究平面的正投影特性。

首先,如图 1-5a 所示,将垫板 ABCD 平行于投影面放置进行投影,在投影面上得到的投影为矩形 abcd,它的形状大小与垫板 ABCD 完全一致,投影反映了垫板的实形。

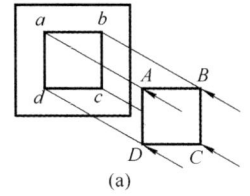 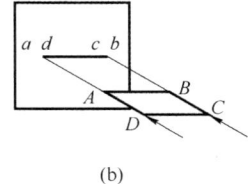 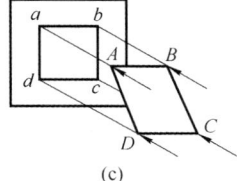

(a)   (b)   (c)

图 1-5 平面的正投影

再将垫板 ABCD 垂直于投影面放置,如图 1-5b 所示进行投影。由于投影方向与垫板放置方向一致,矩形垫板在投影面上的投影变成了一条直线。

然后,当垫板与投影面成一定角度倾斜放置时,如图 1-5c 所示进行投影。其投影将是通过垫板 ABCD 轮廓上各点的投影与投影面相交而得到的图形 abcd,图形 abcd 仍然是一个矩形,但比垫板 ABCD 缩小了。

从上述内容可知:

(1) 平面平行于投影面时,它的投影反映平面的真实形状,即大小和形状不改变;
(2) 平面垂直于投影面时,它的投影是一条直线;
(3) 平面倾斜于投影面时,它的投影是缩小了的平面。

三、投影的积聚和重合

1. 积聚

垂直于投影面的直线,它的投影是一个点。而且,在这条直线上的任意一点的投影都落在这一点上。如图 1-6a 所示,直线 AB 垂直于投影面,它的投影是点 a,而这条直线上任意一点 P 的投影也落在同一点 a 上,直线的这种投影特性,称为直线投影的积聚性。

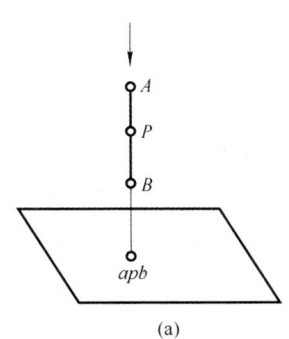 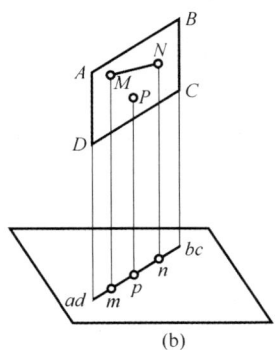

(a)   (b)

图 1-6 投影的积聚性

平面垂直于投影面时，它的投影是一条直线，这个平面上的任意一点、任意一条直线或几何图形，它们的投影也都积聚在这条直线上。如图 1-6b 所示，平面 $ABCD$ 垂直于投影面，它的投影是线段 ab，该平面上任意一点 P、任意一条线段 MN，它们的投影分别为点 p 和线段 mn，点 p 和线段 mn 都落在线段 ab 上。平面的这种投影特性，称为平面投影的积聚性。

2. 重合

将大小相等的两块三角板叠合在一起，平行于投影面放置进行投影，两块三角板的投影完全吻合，好像是一块三角板的投影，如图 1-7a 所示。

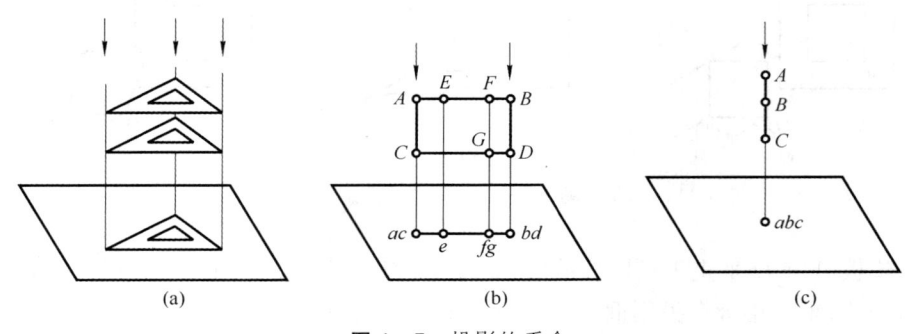

图 1-7 投影的重合

同样，长度相等相互平行的两条线段，如果其位置在垂直于投影面的平面内，那么，这两条线段的投影就重合在一起，这两条线段上的任意一点的投影也落在这条投影线上。如图 1-7b 所示，线段 AB 和线段 CD 的投影 ab 和 cd 重合。点 F 和点 G 的投影相重合，并落在投影 $ab(cd)$ 上，任意点 E 的投影与 $ab(cd)$ 相重合。

两个或两个以上的点，处在垂直于投影面的同一直线上进行投影时，其投影都重合在一起，如图 1-7c 所示 A、B、C 三个点的投影 a、b、c 重合在一起。

把两个或两个以上的点、直线段或平面的投影，叠合在同一投影面上叫做投影的重合。管道工程图里习惯地称为重叠。

第二节 投 影 图

一、单面投影图

物体在投影面上的投影应用于工程图上称为投影图或视图。一个物体的投影图是怎样画出来的呢？现在拿一个类似方形三通的凸形垫块来进行说明。

为了反映凸形垫块的顶面和底面的实形，在凸形垫块下面设一个水平的投影面，使它平行于凸形垫块的底面，如图 1-8a 所示，这个水平的投影面叫做水平投影面，简称 H 面。

从凸形垫块正上方向下进行投影。根据投影特性，凸形垫块顶部所构成的三个矩形面，平行于水平投影面，它们在该平面上的投影是三个连接在一起的矩形线框，如图 1-8b 所示。左右两个线框是凸形垫块两边低顶面的投影，中间一个线框是凸形垫块突出顶面的投影，都反映了实形。由这三个线框组成的大线框既是凸形垫块顶面的轮廓线，又是凸形垫块前后左右侧面的积聚投影，同时也是凸形垫块底面在水平面上的投影。

一个正投影图能够准确地表示出物体一个侧面的形状，但不能完整地表达一个物体。

譬如，凸形垫块的水平投影图，只能反映它的顶面的长度和宽度，而不能反映它的高度。图上虽然能反映出三个顶面的实形，但反映不出哪个面高，哪个面低。因为，同样一个凹形或阶梯形垫块都可以画成与凸形垫块一样的水平投影图，如图1-9所示。

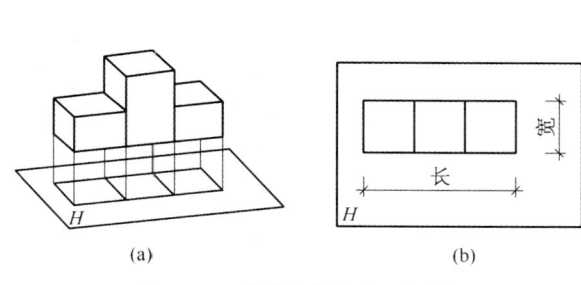

图1-8　凸形垫块的水平投影

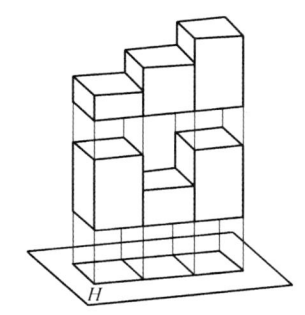

图1-9　凹形和阶梯形垫块的水平投影

为了反映凸形垫块立面形状，在凸形垫块后面设一个铅垂的投影面，使它平行于凸形垫块的正立面，如图1-10a所示。这个铅垂的投影面叫做正立投影面，简称V面。

从凸形垫块前面向正立投影面进行投影，由于凸形垫块顶面和侧面都垂直于正立投影面，它们在正立投影面上的投影都积聚为线段，围了一个"凸"字形的线框，反映了凸形垫块的正立面轮廓，如图1-10b所示。由于凸形垫块前后立面相互平行，形状大小完全一样，各对应顶点分别在同一条投射线上，因此前后立面在正立投影面上的投影重合在一起，而且反映了实形。

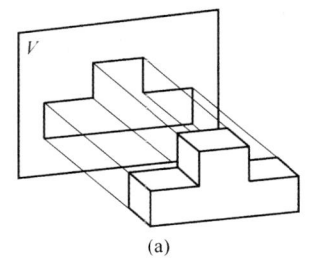

图1-10　凸形垫块的正面投影

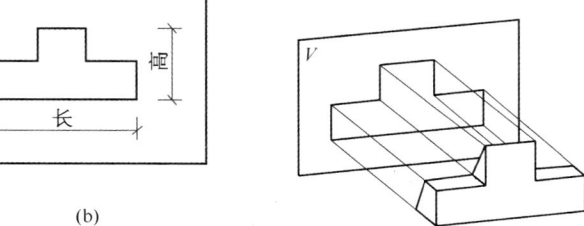

图1-11　三棱形的凸形垫块的正面投影

凸形垫块在正立投影面上的投影，虽然反映了它的长度和高度，但不能反映宽度。由于缺少宽度，同一个凸字形线框也可以代表上部为三棱形的凸形垫块，如图1-11所示。

为了完整而准确地反映物体的真实形状，还必须对物体的侧面进行投影。现在凸形垫块的右侧面设一个铅垂的投影面，并使它平行凸形垫块的侧面，如图1-12a所示。这个铅垂的投影面叫做侧立投影面，简称W面。

从左向右对凸形垫块的侧面进行投影，由于凸形垫块的顶面、底面和前后侧立面都垂直于侧立投影面，它们的投影都积聚为一线段，围成了"日"字形线框，反映了凸形垫块左右侧立面的轮廓，如图1-12b所示。由于侧立投影面的投影图只能反映物体的宽度和高度，而不能反映物体的长度，所以一个"日"字形线框也可以是其他垫块，例如角形垫块的侧面投影，如图1-13所示。

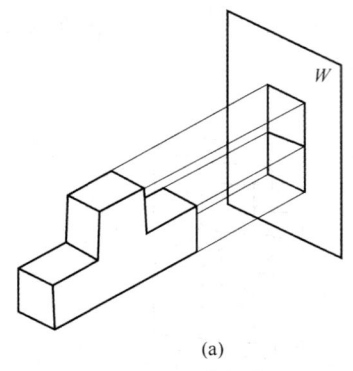
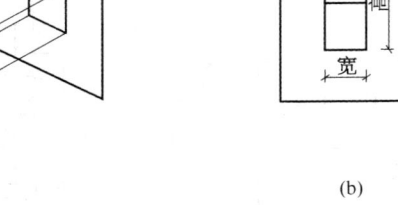
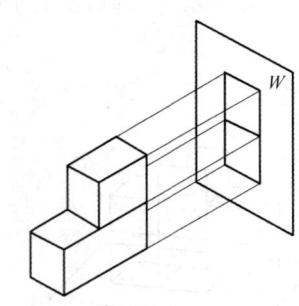

图 1-12　凸形垫块的侧面投影　　　　　　图 1-13　角形垫块的侧面投影

二、三面投影图的形成

通过上面的分析，单面投影图只能反映物体的一个侧面，而不能完整准确地反映物体的真实形状，因此，必须综合多个面上的单面投影图来反映物体的实际形状。存在于空间的物体都有长、宽、高三个向度，把握了这三个向度，就可以完整无误地表达物体的真实形状。如何反映物体的三个向度呢？一般采用三个互相垂直的平面做投影面，将物体放在其中进行投影来反映它的三个向度。这就好像屋角相互垂直的两垛墙和地板那样，物体分别向地板和另外两垛墙进行投影。

现在把水平投影面 H、正立投影面 V 和侧立投影面 W 共同组成一个三投影面体系，如图 1-14 所示。这三个互相垂直的投影面分别交于三条投影轴，V 面和 H 面的交线称为 OX 轴，H 面和 W 面的交线称为 OY 轴，V 面和 W 面的交线称为 OZ 轴。OX、OY、OZ 三轴的交点 O 称为原点。规定平行于 OX 轴方向的向度为物体的长度；平行于 OY 轴方向的向度为物体的宽度；平行于 OZ 轴的向度为物体的高度。

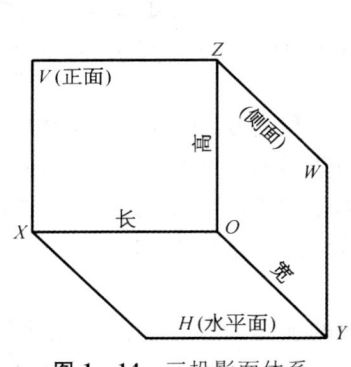
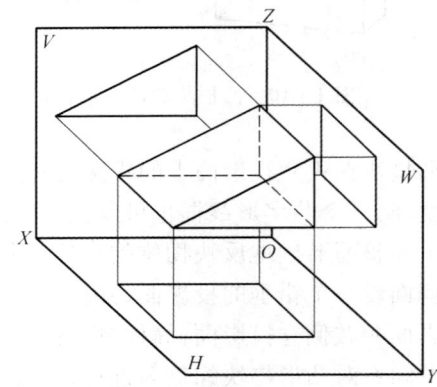

图 1-14　三投影面体系　　　　　　图 1-15　三角形斜垫块三面投影

取一块三角形斜垫块如图 1-15 所示，置于三投影面体系中进行投影，根据正投影特性，分别作出斜垫块在 V、H、W 三个投影面上的投影。

V 面上的投影是一个三角形线框,它反映了斜垫块前后立面的实形。斜垫块的顶面(斜面)、底面及侧立面都垂直于 V 面而积聚为线段,成为三角形线框的边线。

H 面上的投影是一个矩形线框,由于顶面倾斜于 H 面,这个矩形线框不是矩形顶面的实形。而底面平行于 H 面,故矩形线框反映了底面的实形。斜垫块的前后立面及侧面则垂直于 H 面而积聚为线段,成为矩形线框的边线。

W 面上的投影也是一个矩形线框,它缩小了斜垫块顶面的形象,但反映了侧立面的实形。斜垫块的前后立面则因垂直于 W 面而积聚为线段,成为矩形线框的两条边线。

在正立投影面上的投影图称为主视图,管道工程图中称为立面图;在水平投影面上的投影图称为俯视图,管道工程图中称为平面图;在侧立投影面上的投影图称为左(右)视图,管道工程图中称为左(右)侧面图,也可以简称为侧面图。

物体的三个视图分别画在相互垂直的面上,如图 1-16 所示。为了把三个视图画在同一平面上,V 面保持不动,将 H 面绕 OX 轴向下旋转 90°,W 面绕 OZ 轴向后转 90°,使 V、H、W 三个投影面都处于同一平面上,其中 Y 轴随 H 面旋转后以 Y_H 表示,随 W 面旋转后以 Y_W 表示,如图 1-17 所示。

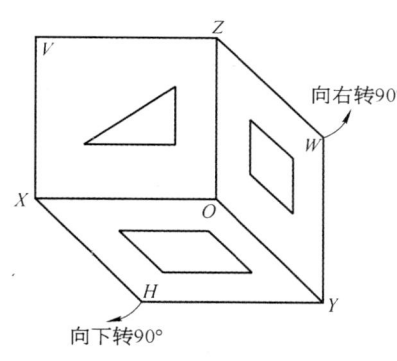

图 1-16 投影面将要展开

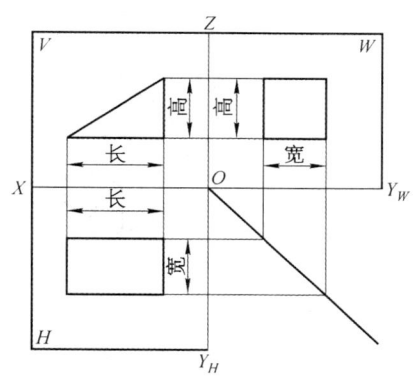

图 1-17 斜垫块的三面投影图

在实际的图样上,投影面的边框可不必画出,仅如图 1-18 所示即可。

三、三面投影图的特性

1. 三面投影图的位置关系

从三面投影图的形成过程可以知道,三面投影图来源于三投影面体系,是将 H、W 面绕轴旋转使三个投影面摊平,这就决定了三面投投图的位置关系。正面是主视图(立面图),它的下面是俯视图(平面图)。它的右面是左视图(左侧面图),如图 1-18 就是斜垫块的三面投影图。

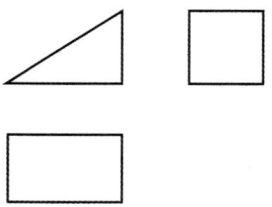

图 1-18 斜垫块三面投影图的位置关系

2. 三面投影图的投影规律

一个物体一般可以用三面投影图完整地表达出来。在三面投影图中,每一个投影图只能反映物体长、宽、高其中两个方向的尺寸:主视图反映物体的长度和高度;俯视图反映物体的长度和宽度;左视图反映物体高度和宽度。投影时,物体是在同一个位置分别向三个投影面投影的,这样三个视图之间必然保持如下投影关系：

主视图和俯视图，长对正；

主视图和左视图，高平齐；

俯视图和左视图，宽相等。

简单地说，就是三面投影图具有：长对正（等长），高平齐（等高），宽相等（等宽）的投影关系（简称"三等"关系）。

三面投影图的"三等"关系，是绘制和识读工程图最基本的规律，必须牢固掌握，熟练运用，严格遵守。

每个物体都有上、下、前、后、左、右六个面，这六个面在投影图上分别有所反映，如图 1-19 所示。三面投影图的主视图反映物体的上、下、左、右四个方面的位置关系，同时还反映出物体上平行于 V 面的各平面的实形；俯视图反映物体前、后、左、右四个方面的位置关系，同时还反映出物体上平行于 H 面的各平面的实形；左视图反映物体上、下、前、后四个方面的位置关系，同时还反映出物体上平行于 W 面的各平面的实形。

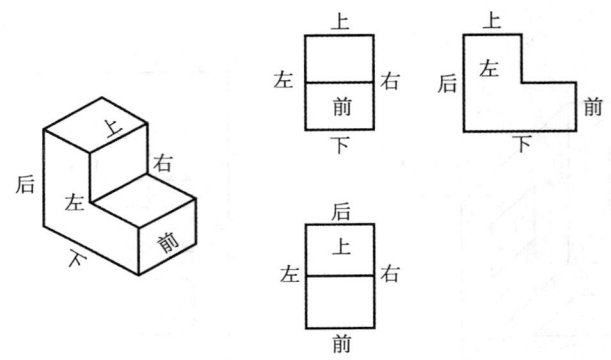

图 1-19　角形垫块三面投影图

特别值得注意的是，俯视图由于是沿 OX 轴向下旋转 90°形成的，所以图上的上、下位置，实际上是物体的后、前位置；左视图由于是沿 OZ 轴向右转 90°形成的，所以图上左、右位置，实际上是物体的后、前位置。所以对于俯视图和左视图来说，即有"远离主视是前边"或"里后外前"的投影关系。

对于某些形状比较复杂的物体，用三个视图有时还不能反映它的全貌。根据国家标准的规定，可在原有三个投影面的基础上，再增加三个投影面即六个投影面（形成一个正六面体），物体向六个投影面进行投影，得到六个视图为基本视图。除了前面介绍过的主视图、俯视图和左视图外，还有从右向左投影得到的右视图，从下向上投影得到的仰视图，从后向前投影得到的后视图。图面配置关系为：主视图在中间，上面为仰视图，下面为俯视图，右面为左视图，左面为右视图，左视图的右面为后视图。当六个基本视图在同一张图纸内不能按其位置关系布置时，可采用在相应视图附近用箭头指明投射方向，并标注相同字母，改变视图放置位置，这种基本视图位置可以自由配置的视图称为向视图，如图 1-20 所示。

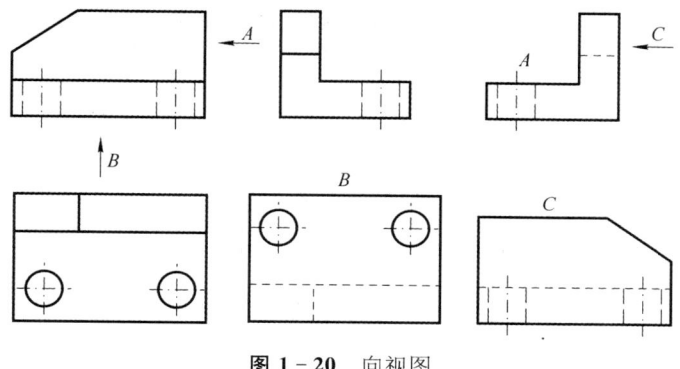

图 1-20 向视图

四、房屋建筑视图

根据《房屋建筑制图统一标准》(GB/T 50001)的规定,房屋建筑的视图,应按正投影法并用第一角画法绘制。如图 1-21 所示,自前方 A 投影称为正立面图,自上方 B 投影称为平面图,自左方 C 投影称为左侧立面图,自右方 D 投影称为右侧立面图,自下方 E 投影称为底面图,自后方 F 投影称为背立面图。

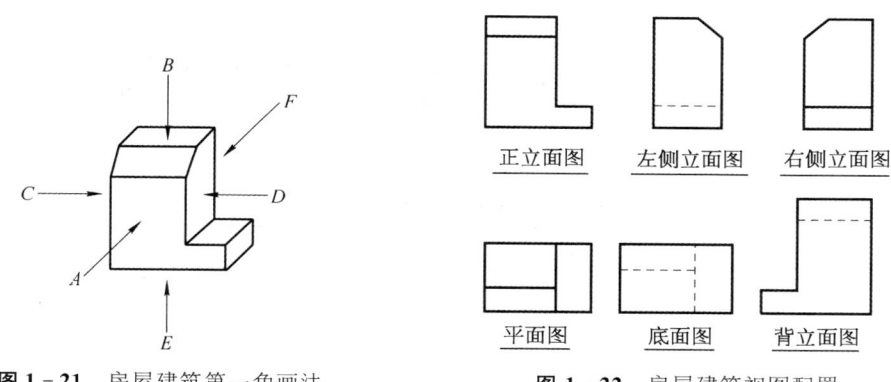

图 1-21 房屋建筑第一角画法　　　图 1-22 房屋建筑视图配置

如在同一张图纸上绘制若干个视图时,各视图的位置宜按图 1-22 的顺序配置。每个视图一般均应标注图名,图名宜标注在视图的下方或一侧,并在图名下用粗实线绘一条横线。

第三节　直线和平面的投影

一、直线在三投影面体系中的投影

直线在三投影面体系中,由于所处的位置不同可分为一般位置线、投影面平行线和投影面垂直线。

1. 一般位置线

一般位置线在空间处于同三个投影面都不平行的倾斜位置。从直线的投影特性可以知道,它在三个投影面上的投影都是倾斜线,其长度短于实长。一般位置线的投影特性见表 1-1。

表 1-1　一般位置线的投影特性

名　称	空　间　位　置	投　影　图	投　影　特　性
一般位置线	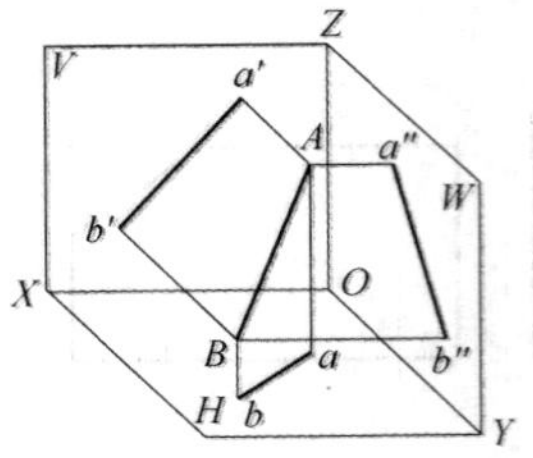	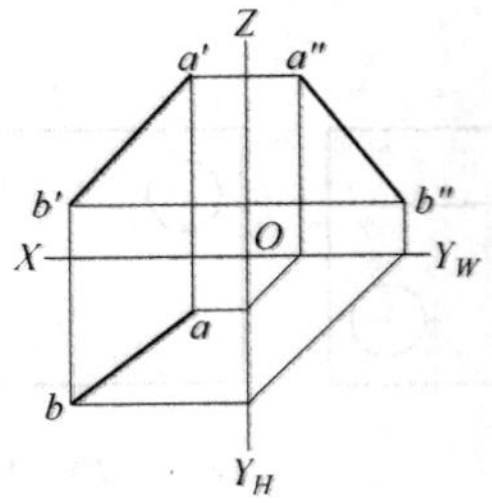	1. 三个投影都不反映实长 2. 三个投影对投影轴都不平行也不垂直

2. 投影面平行线

只平行于一个投影面,对另两个投影面处于倾斜位置的直线,叫做投影面平行线。投影面平行线有三种位置:

(1) 正平线——直线平行于立面;
(2) 水平线——直线平行于水平面;
(3) 侧平线——直线平行于侧面。

投影面平行线的投影特性是:在与它平行的投影面上的投影是倾斜的,但反映实长,而在其余两个投影面上的投影是水平线或垂铅线,且长度缩短,小于实长。投影面平行线的投影特性见表 1-2。

表 1-2　投影面平行线的投影特性

名　称	空　间　位　置	投　影　图	投　影　特　性
正平线	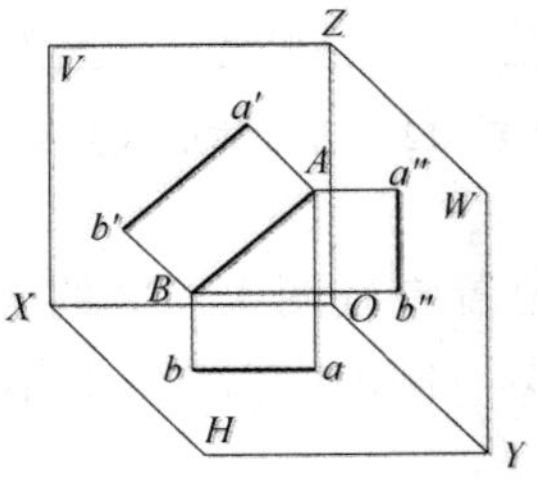	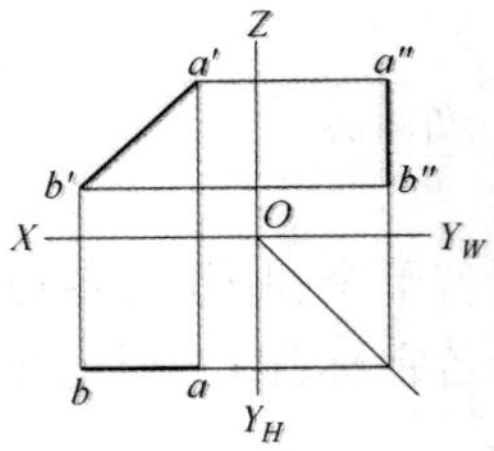	1. V 面投影反映实长,位置倾斜 2. H、W 面投影分别为水平线和铅垂线,且长度短于实长
水平线	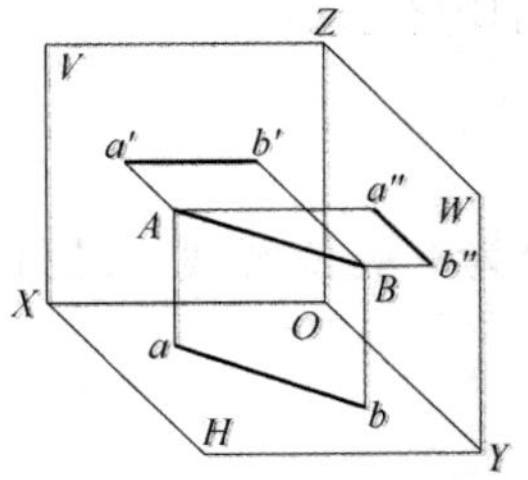	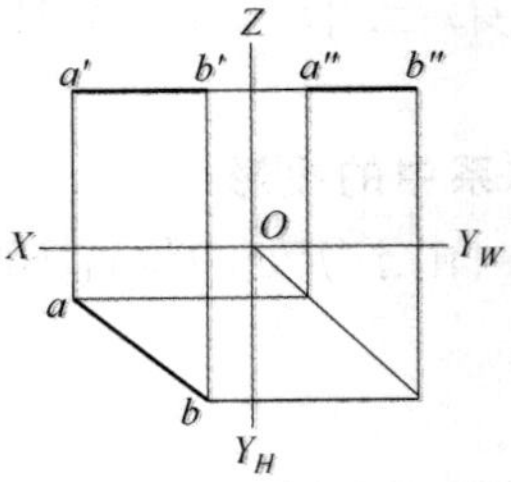	1. H 面投影反映实长,位置倾斜 2. V、W 面投影都是水平线,且长度短于实长

(续表)

名称	空间位置	投影图	投影特性
侧平线			1. W 面投影反映实长,位置倾斜 2. V、H 面投影都是铅垂线,且长度短于实长

3. 投影面垂直线

垂直于某一投影面,也就是对另两个投影面处于平行位置的直线,叫做投影面垂直线。投影面垂直线有三种位置:

(1) 正垂线——直线垂直于正立面;
(2) 铅垂线——直线垂直于水平面;
(3) 侧垂线——直线垂直于侧面。

投影面垂直线的投影特性是:在与它垂直的投影面上的投影积聚为一点,而在其余两个投影面上的投影反映实长。投影面垂直线的投影特性见表1-3。

表 1-3 投影面垂直线的投影特性

名称	空间位置	投影图	投影特性
正垂线			1. V 面投影积聚为一点 2. H、W 面投影分别为铅垂线和水平线,且反映实长
铅垂线			1. H 面投影积聚为一点 2. V、W 面投影都是铅垂线,且反映实长
侧垂线			1. W 面投影积聚为一点 2. V、H 面投影都是水平线,且反映实长

二、平面在三投影面体系中的投影

平面在三投影面体系中,由于所处位置不同,也可以分为三种:一般位置面、投影面平行面和投影面垂直面。

1. 一般位置面

一般位置面在空间处于同三个投影面都不平行的倾斜位置,从平面的投影特性可以知道,一般位置面在三个投影面上的投影仍是平面图形,但形状缩小。一般位置面的投影特性见表 1-4。

表 1-4　一般位置面的投影特性

名　称	空　间　位　置	投　影　图	投　影　特　性
一般位置面			1. 三个投影都为平面图形,但形状缩小 2. 三个投影都不积聚为直线

2. 投影面平行面

平行于一个投影面,对另两个投影面处于垂直位置的平面,叫做投影面平行面。投影面平行面有三种位置:

(1) 正平面——平面平行于正立面;
(2) 水平面——平面平行于水平面;
(3) 侧平面——平面平行于侧面。

投影面平行面的投影特性是:与平面平行的投影面上的投影,反映实形,其余两个投影面上的投影,积聚为水平线或铅垂线。投影面平行面的投影特性见表 1-5。

表 1-5　投影面平行面的投影特性

名　称	空　间　位　置	投　影　图	投　影　特　性
正平面			1. V 面投影反映实形 2. H、W 面投影分别积聚为水平线和铅垂线

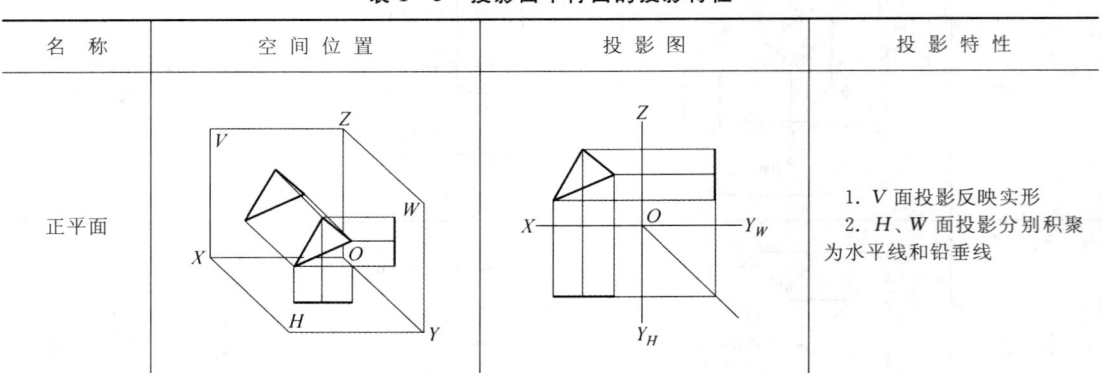

(续表)

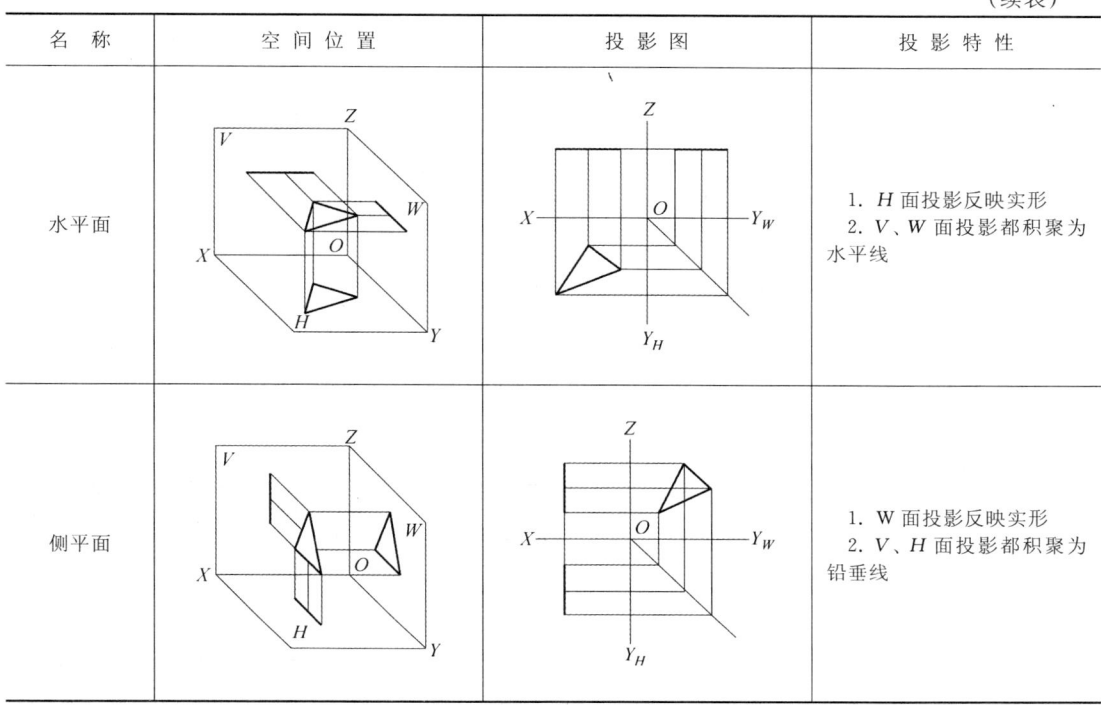

3. 投影面垂直面

垂直于某一个投影面,对另两个投影面处于倾斜位置的平面,叫做投影面垂直面。投影面垂直面有三种位置:

(1) 正垂面——平面垂直于正立面;
(2) 铅垂面——平面垂直于水平面;
(3) 侧垂面——平面垂直于侧面。

投影面垂直面的投影特性是:在与平面垂直的投影面上的投影,积聚为倾斜的直线,而在其余两个投影面上的投影仍为平面图形,但形状缩小。投影面垂直面的投影特性见表 1-6。

表 1-6 投影面垂直面的投影特性

名 称	空 间 位 置	投 影 图	投 影 特 性
正垂面			1. V 面投影积聚为直线 2. H、W 面投影仍为平面图形,但形状缩小

（续表）

名 称	空间位置	投影图	投影特性
铅垂面			1. H 面投影积聚为直线 2. V、W 面投影仍为平面图形，但形状缩小
侧垂面			1. W 面投影积聚为直线 2. V、H 面投影仍为平面图形，但形状缩小

第四节　基本形体的投影

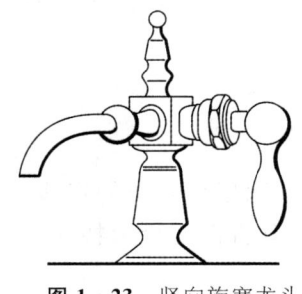

图 1-23　竖向旋塞龙头

一般管道设备和零部件等的形状都是由一些基本形体组合起来的，如图 1-23 所示竖向旋塞龙头，它是由圆柱、圆锥台、棱柱和球等基本形体组成的。

常见的基本形体分为两大类：一类是平面立体，如棱柱、棱锥、棱台等；另一类是曲面立体，如圆柱、圆锥、球体、圆环等。由于管道工程图中所接触的形体都是由基本形体组成的，掌握基本形体投影的画法，是识读管道支架、管道设备及附件详图的基础，因此，必须正确地、熟练地掌握常见的基本形体投影的画法。

一、平面立体

平面立体是由若干平面多边形图形围成的，各表面的交线叫棱线，棱线也是各表面的边界线，称为各表面的轮廓线。下面讨论几种常见的平面立体投影的画法。

1. 棱柱体

棱柱体是由互相平行的多边形上、下底和四边形侧面围成的。当棱柱体的上、下底为正多边形，侧面为矩形时，该棱柱体称为正棱柱。由于正棱柱体棱线互相平行，且与上、下底相互垂直，因此棱柱体的投影也是互相平行的。同时，凡垂直于投影面的棱线，在这个投影面上的投影便积聚为一点。现以正六棱柱为例来说明。

将正六棱柱置于三投影面体系中，使其两个侧面平行于 V 面，上、下底面平行于 H 面，如图 1-24a 所示。

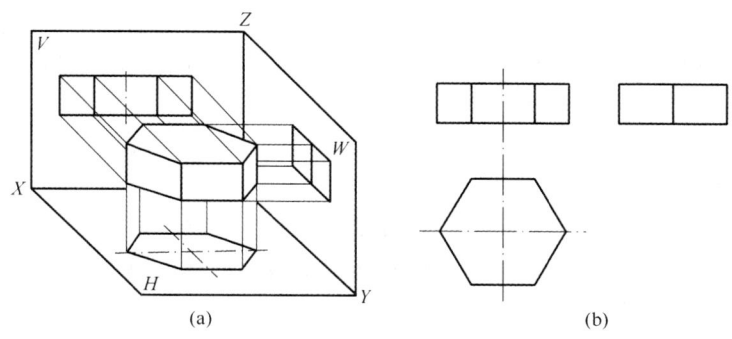

图 1-24　正六棱柱的投影图

正六棱柱在 V 面的投影由三个矩形线框组成,中间一个矩形线框反映了平行于 V 面的前后两个侧面的实形;左右各一个矩形线框是其余四个侧面的正面投影,由于倾斜于 V 面,所以投影小于实形;上下两条水平线是正六棱柱上、下底面在 V 面上的积聚投影。

H 面上的投影是一个正六边形,反映了上、下底面的实形,上、下底面投影重合在一起;正六边形的各边是正六棱柱各侧面在水平面投影的积聚投影。

在 W 面上的投影由两个矩形线框组成,两个矩形线框分别是正六棱柱左右四个侧面的投影,由于倾斜于 W 面,所以投影小于实形;上下两条水平线是正六棱柱上、下底面在 W 面的积聚投影;两边的垂直线是前后两个侧面的积聚投影。

正六棱柱的三面投影,如图 1-24b 所示。

2. 棱锥体

棱锥是由一个多边形的底面和若干个具有公共顶点的三角形侧面围成。若底面为正多边形,顶点位于底面中心的正上方,称为正棱锥。现以正四棱锥为例来讨论它的投影。

将正四棱锥置于三投影面体系中,使其底面平行于 H 面,左、右两个侧面垂直于 V 面,如图 1-25a 所示。

正四棱锥在 V 面上的投影是一个等腰三角形线框,它反映了正四棱锥前后两个侧面在正立面上的投影。因为两个面都倾斜于 V 面,所以投影小于实形。三角形线框各边是左右两个侧面和底面的积聚投影。

在 H 面上的投影是由四个三角形所组成的外形为四边形的线框,四边形线框反映了正四棱锥底面的实形,四个三角形分别反映了正四棱锥四个侧面的投影。由于侧面倾斜于 H 面,所以投影小于实形,四个三角形的各边分别是四个侧面棱边的投影。

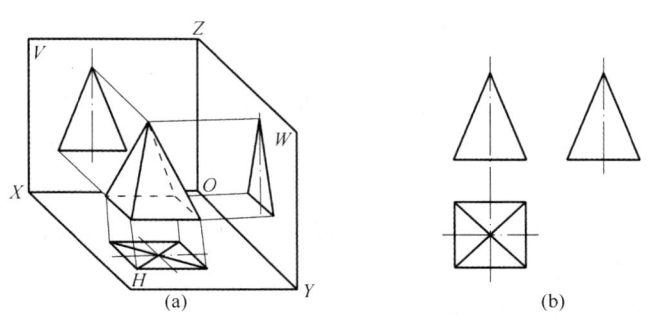

图 1-25　正四棱锥的投影图

在 W 面上的投影也是一个三角形线框,它反映了正四棱锥左右两个侧面的投影,因为两个侧面都倾斜于 W 面,所以投影小于实形。三角形线框的两条斜边是前后两个侧面的积聚投影,底边仍是底面的积聚投影。

正四棱锥的三面投影,如图 1-25b 所示。

二、曲面立体

曲面立体是由曲面或曲面与平面所围成的。曲面是由直线或曲线在空间按一定规律运动而形成的,当直线或曲线绕固定轴线作回转运动形成曲面体时,称为回转体。下面讨论几种常见的曲面立体投影的画法。

1. 圆柱体

圆柱体由圆柱面和上、下端面(平面)所围成。

将圆柱体置于三投影面体系中,使其轴线垂直于 H 面,如图 1-26a 所示。

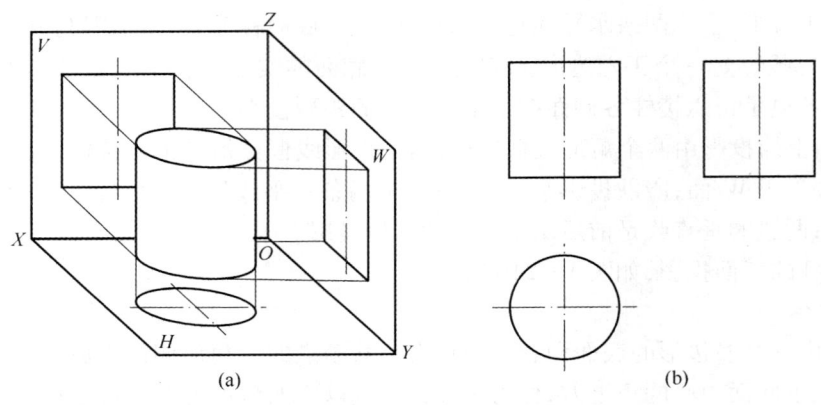

图 1-26 圆柱体的投影图

圆柱体在 V 面上的投影是一个矩形线框。矩形线框的上边和下边是圆柱体顶面和底面的积聚投影,而矩形线框的另外两条垂直边,是圆柱体表面最外边两条轮廓线的投影,并以此为界线决定圆柱面前半部可见,后半部不可见。

H 面上的投影是一个圆,反映顶面和底面的实形,同时又是圆柱体曲面的积聚投影。

W 面上的投影也是一个矩形线框,它是圆柱体侧面轮廓线投影产生的,矩形线框上、下边仍是圆柱体的顶面和底面的积聚投影,而矩形线框的另外两条垂直边,则是圆柱体左半个圆柱面和右半个圆柱面的分界线,并以此分为圆柱面左半部为可见,右半部为不可见。

圆柱体的三面投影,如图 1-26b 所示。

2. 圆锥体

圆锥体由一个平面和圆锥面所围成。侧面是圆锥曲面,底面是平面圆形。

将圆锥体置于三投影面体系中,使其轴线垂直于 H 面,这时圆锥体底面平行于 H 面,如图 1-27a 所示。

圆锥体在 V 面上的投影呈三角形线框,其高反映锥高,这个三角形线框是圆锥体左右两条轮廓线及底面的积聚投影。三角形线框的两斜边是圆锥体前后两半部的分界线,并以此分为圆锥体的前半部为可见,后半部为不可见。

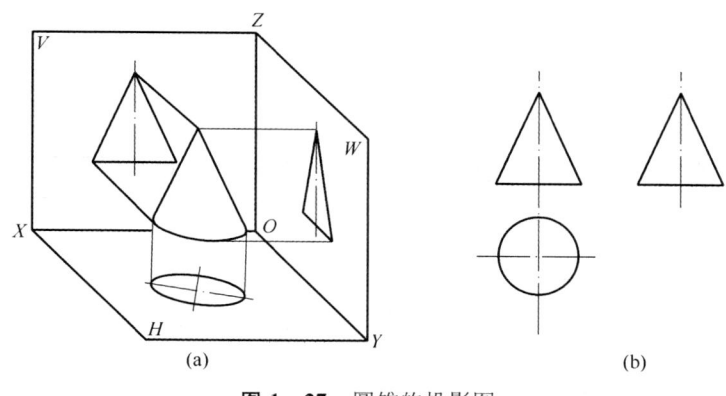

图 1-27 圆锥的投影图

在 H 面上的投影是一个圆,它既是整个锥面在 H 面上的积聚投影,又是底面投影实形的反映。

在 W 面上的投影也是一个三角形线框,这个三角形线框是圆锥体前后两条轮廓线及底面的积聚投影,同样三角形线框两条斜边是圆锥体左右两半部的分界线,左半部为可见,右半部不可见。

圆锥体的三面投影,如图 1-27b 所示。

3. 球体

球体是由球面所围成的。

球体的三面投影都是与球直径相等的圆,它们分别表示球体的前半球面、上半球面和左半球面的投影,并与不可见部分投影相重合。

V 面上投影的轮廓线是球面上平行于正立面最大圆的投影,其圆周是前、后半球的分界线。

H 面上投影的轮廓线是球面上平行于水平面的最大圆的投影,其圆周是上、下半球的分界线。

W 面上投影的轮廓线是球面上平行于侧面的最大圆的投影,其圆周是左、右半球的分界线。

4. 圆环

圆环可以看做是一个圆绕不通过圆心但在同一平面内的轴线回转而成的曲面体。

将圆环置于三投影面体系中,使环体平行于 H 面,如图 1-28a 所示。

圆环在 V 面上的投影是两段水平直线与圆相切而成的图形,圆弧部分表示圆母线旋转至平行 V 平面时的投影,其粗实线是可见部分,虚线是不可见部分。上下两段水平直线则是圆环最高与最低轮廓线的投影。

在 H 面上的投影是两个同心圆和一个同心点画线圆,它们分别是圆环最大轮廓线、最小轮廓线及圆母线圆心旋转时的轨迹。

W 面上的投影与 V 面投影相似,它反映了圆环左半环体可见表面。

圆环的三面投影,如图 1-28b 所示。

通过上面几个回转曲面体投影的讨论,可以得出回转曲面体投影图的以下几个共同特点:

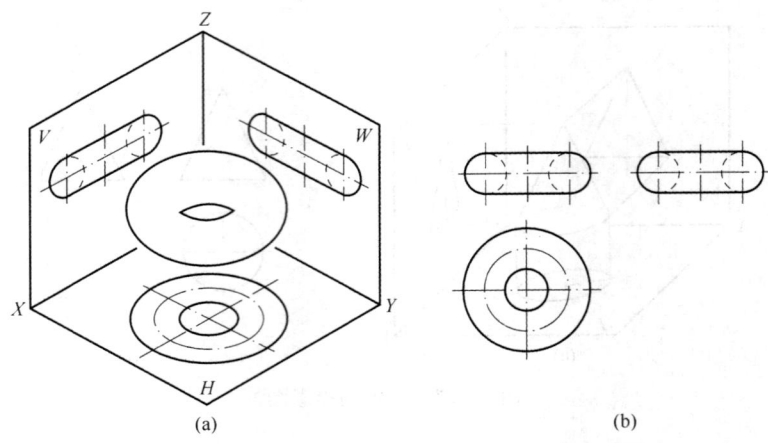

图 1-28 圆环的投影图

(1) 曲面体视图都应有点画线画出的回转轴线，即中心线；
(2) 曲面体的曲面轮廓在与其回转轴线垂直的投影面上都是圆；
(3) 当回转轴同时平行于两个投影面时，曲面轮廓在这两个投影面上的投影图完全相同，因此在实际应用中往往只用两个视图表示曲面体。

三、几种常见管配件的投影

1. 短管

短管是一个空心的圆柱体，内外表面都是圆滑的曲面，短管端部是两个同心圆，如图 1-29a 所示。

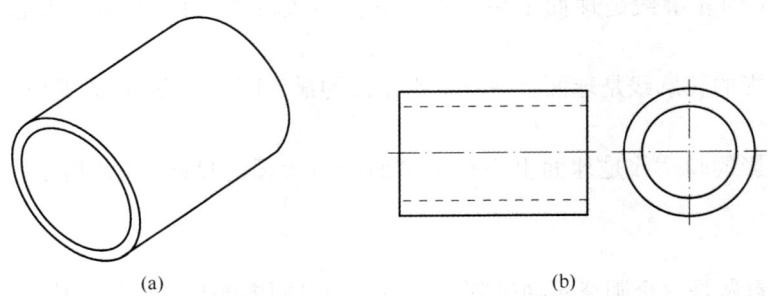

图 1-29 短管的投影图

将短管水平放置，使其轴线垂直于 W 面。短管在 V 面上的投影是一个内有两条虚线的矩形线框。由于管段内壁看不见，用虚线表示，因此管段内壁的轮廓线就画成了矩形虚线线框。但这一线框两端与管段端面可见轮廓线（实线）相重合，故按照规定画成实线而不画成虚线。

在 W 面上的投影是两个大小不同的同心圆，它反映了管段端面的实形。

H 面投影与 V 面投影相同，可以省略。短管的投影图，如图 1-29b 所示。

2. 异径管

同心异径管是内外表面光滑的空心圆锥台，其两个端面是大小不等的同心圆。将同心异径管垂直放置,使其轴线垂直于 H 面,它的投影如图 1-30 所示。

偏心异径管的投影图如图 1-31 所示。

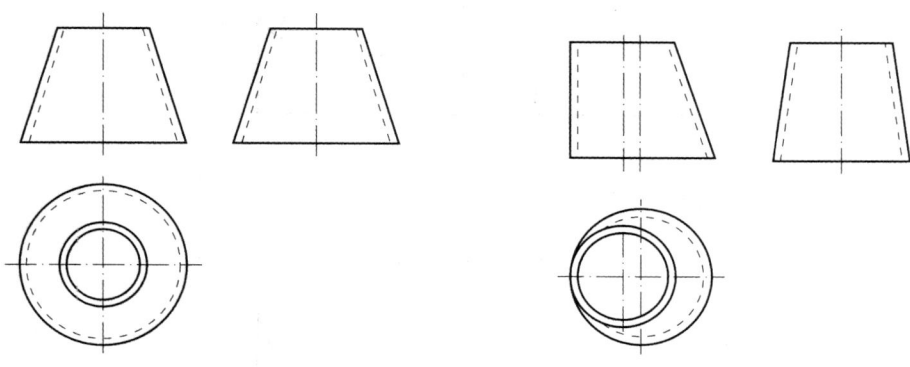

图 1-30　同心异径管投影图　　　　图 1-31　偏心异径管投影图

3. 平焊法兰

平焊法兰是带有大、小圆孔和凸台的扁平圆柱体,它的投影图如图 1-32 所示。

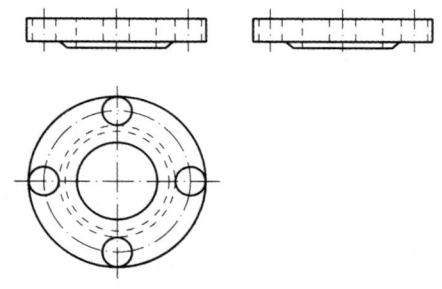

图 1-32　平焊法兰投影图

第五节　管道支架图

一、截交线和相贯线

1. 截交线

基本形体用平面截去一部分,剩下来的部分称为截断体,平面称为截切平面,截切平面与基本形体的交线称为截交线,如图 1-33 所示。

平面体上的截交线,由于是平面与平面相交,一般是封闭的多边形,情况比较简单。回转曲面体的截交线,因曲面性质和截切平面位置不同,而有圆、椭圆或曲线与直线的组合图形。

视图上截交线的画法,按正投影画法。如果是直交线,则需求出该直线上两点的投影,即可连成直线;如果是曲交线,则应找出几个特殊点。必要时还需找出几个辅助点,然后将这些点圆滑地连成曲线。为了帮助读者提高对曲面体截交线的识读能力,将常见的几种曲面体的截交线投影图列于表 1-7。

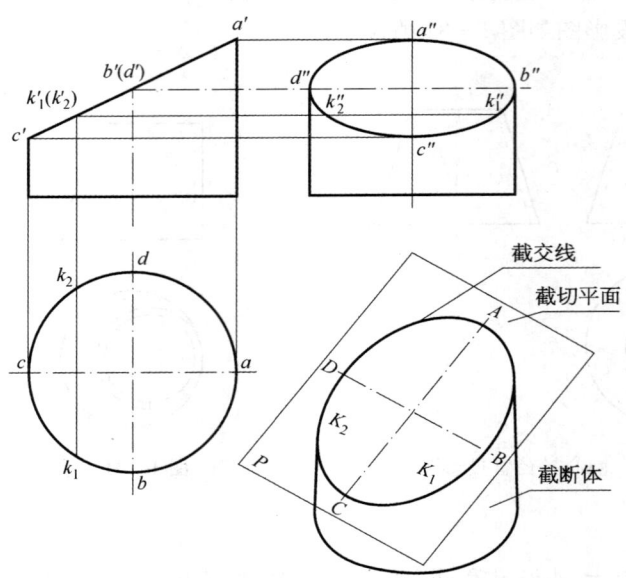

图 1-33　曲面体上的截交线

表 1-7　常见曲面体的截交线

形　体	立 体 图	投 影 图	说　明
图　柱			截切平面平行于轴线，截交线是平行轴线的两条直线
			截切平面倾斜于轴线，截交线为椭圆

第五节 管道支架图

(续表)

形 体	立体图	投影图	说 明
圆 锥	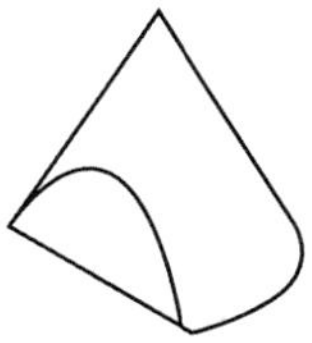	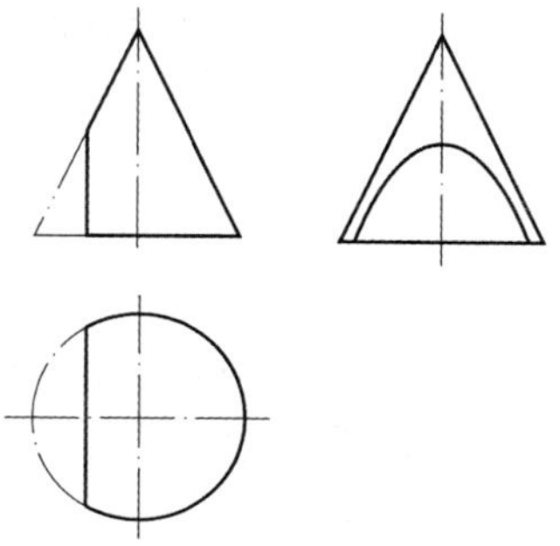	截切平面平行于轴线,截交线为双曲线
	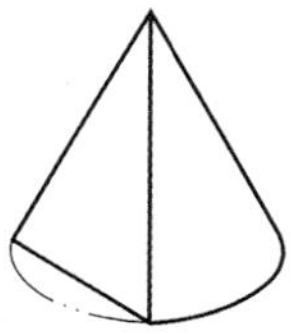	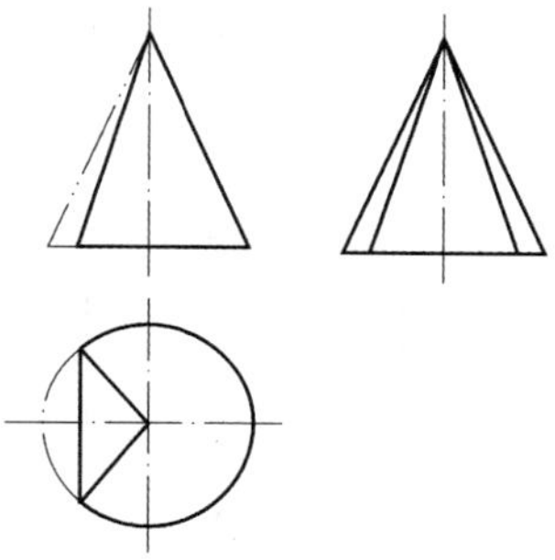	截切平面过锥顶倾斜于轴线,截交线为过锥顶的两相交直线
		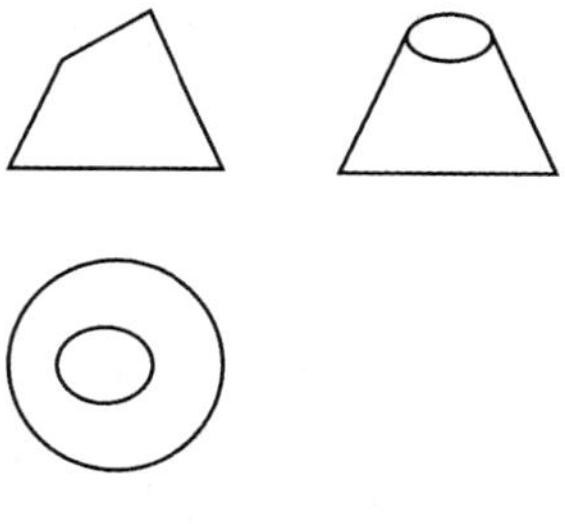	截切平面倾斜于轴线,截交线为椭圆
球 体	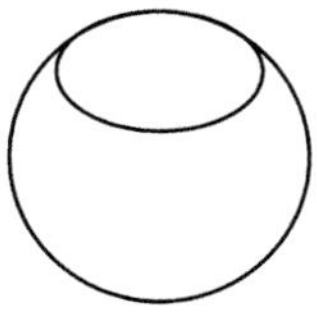	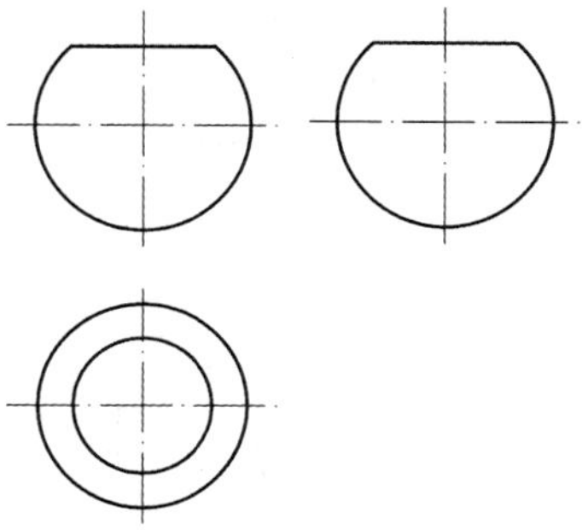	截切平面截切球体,截交线为圆

2. 两圆柱体的相贯线

两个基本形体相交时,它们表面产生的交线称为相贯线。

两个圆柱体相交时,相贯线是一条闭合的空间曲线。相贯线的画法与求截交线一样,先画出相贯线上一系列点的投影,然后将点的同面投影依次圆滑连接起来,它就是相贯线的投影。常见的两圆柱体的相贯线见表 1-8。

表 1-8 两圆柱体的相贯线

立 体 图	投 影 图	说 明
		两等径圆柱体轴线十字正交,相贯线是两个椭圆
		两等径圆柱体轴线丁字正交,相贯线是两个"半椭圆"
		两等径圆柱体轴线角形正交,相贯线是一个椭圆
		两不等径圆柱体轴线十字正交,相贯线是空间曲线

（续表）

立 体 图	投 影 图	说 明
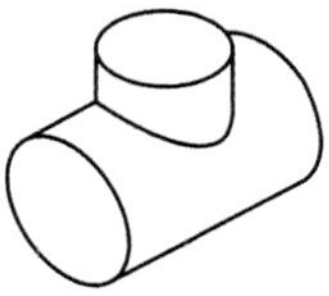	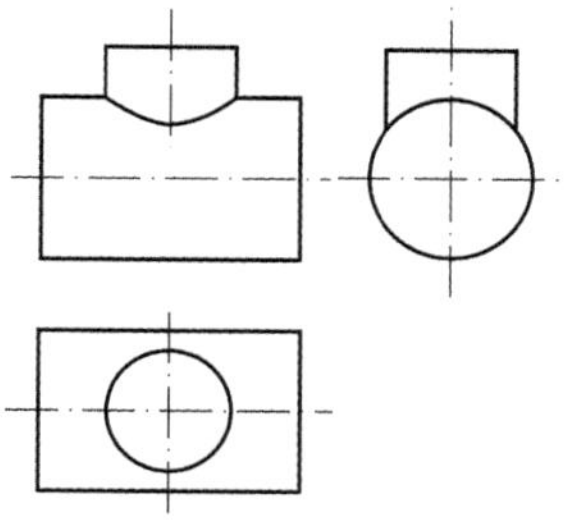	两不等径圆柱体轴线丁字正交，相贯线是空间曲线
	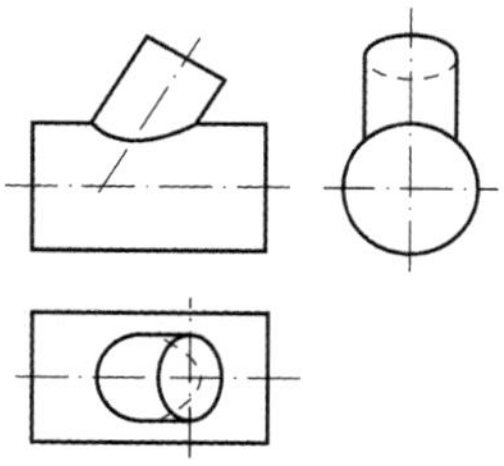	两不等径圆柱体轴线斜交，相贯线是空间曲线
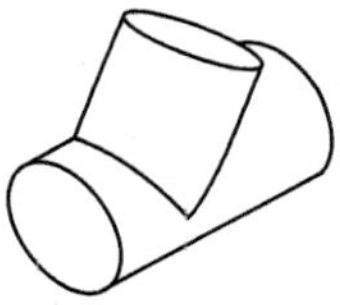	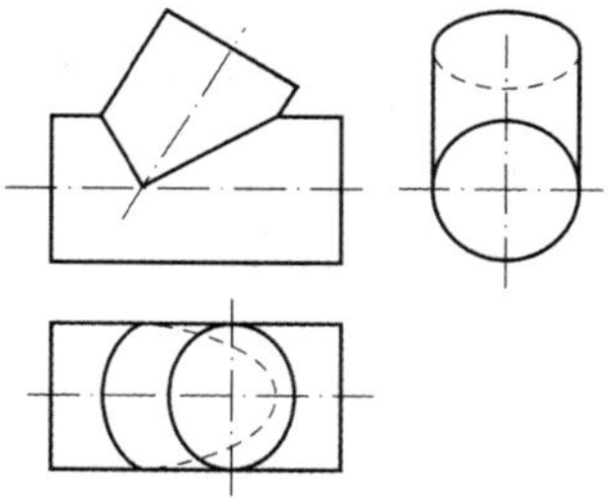	两等径圆柱体轴线斜交，相贯线是两个"半椭圆"
	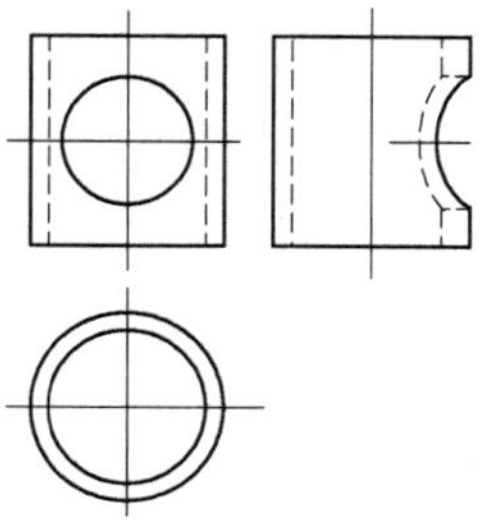	短管上开正交圆柱孔，内、外表面相贯线是空间曲线

二、螺纹的规定画法及其标注

1. 螺纹的规定画法

1) 外螺纹

螺纹牙顶所在的轮廓线(即大径)画成粗实线；螺纹牙底所在的轮廓线(即小径)画成细实线，螺杆的倒角或倒圆部分也应画出。表示小径的细实线通常画成大径的 0.85 倍，如图 1-34 所示。在垂直于螺纹轴线的投影面视图中，表示牙底的细实线圆只画出约 3/4 圆弧，此时倒角圆省略不画。

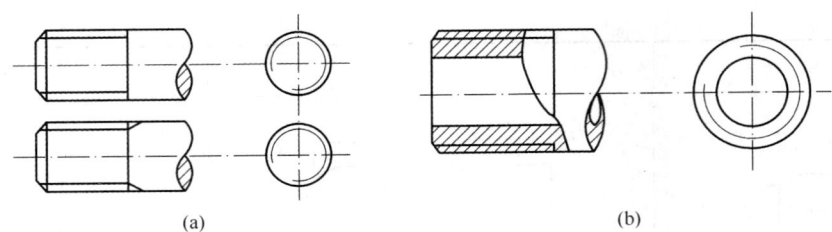

图 1-34　外螺纹的规定画法

2) 内螺纹

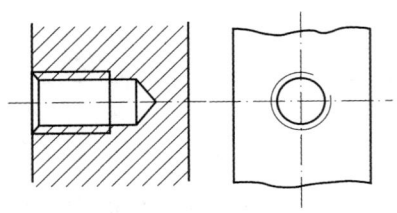

图 1-35　内螺纹的规定画法

在剖视图中,螺纹牙顶所在的轮廓线(即小径)画成粗实线;螺纹牙底所在的轮廓线(即大径)画成细实线,如图 1-35 所示。当螺纹不可见时,所有图线均按虚线绘制。

在垂直于螺纹轴线的投影面视图中,表示牙底的细实线圆只画约 3/4 圆弧,倒角圆省略不画。

3) 其他的一些规定画法

完整螺纹的终止界线(简称螺纹终止线)用粗实线表示,外螺纹终止线如图 1-34 所示,内螺纹终止线如图 1-35 所示。

当需要表示螺纹收尾时,螺尾部分的牙底用与轴线成 30°角的细实线绘制,如图 1-34a 所示。对于不穿通的螺孔(不穿通孔亦称盲孔),钻孔深度应比螺孔深度深 $0.2\sim0.5d$。由于钻头的刀刃锥角约等于 120°,因此,钻孔底部的圆锥坑的锥角应画成 120°,不要画成 90°,如图 1-35 所示。

2. 管螺纹及其标注

1) 管螺纹的分类

管螺纹按牙型角的不同可以分为 55°管螺纹和 60°管螺纹两大类。在管道安装工程中,我国长期以来一直使用 55°管螺纹,60°管螺纹仅用于机械(汽车、飞机、机床)行业中的气体和液体管路。

55°管螺纹分圆柱管螺纹和圆锥管螺纹两种。圆柱外螺与圆柱内螺纹连接时,为非螺纹密封;圆柱内螺纹或圆锥内螺纹与圆锥外螺纹连接时,为螺纹密封。

2) 管螺纹代号及标记

非螺纹密封的管螺纹的特征代号为 G;用螺纹密封的圆锥外螺纹的特征代号为 R,圆锥内螺纹为 R_c,圆柱内螺纹为 R_p。

管螺纹标注时应标记螺纹特征代号和尺寸代号。管螺纹尺寸代号指管道公称尺寸,以英寸表示。当螺纹为左旋时,应在最后加注"LH",并用"—"隔开,非螺纹密封的外螺纹还应标注公差等级。

例如 G½—LH 表示非螺纹密封的左旋内螺纹,尺寸代号为 ½ 英寸;G1A 表示非螺纹密封的外螺纹,尺寸代号为 1 英寸,A 级公差(外螺纹公差分 A、B 两级,内螺纹公差只有一种);R¾ 表示螺纹密封的圆锥外螺纹,尺寸代号为 ¾ 英寸;R_p¾ 表示螺纹密封的圆柱内螺纹,尺寸代号为 ¾ 英寸;R_c1½ 表示螺纹密封的圆锥内螺纹,尺寸代号为 1½ 英寸。

管螺纹标注时,应先从管螺纹的大径线上画引出线,然后将标记注写在引出线的水平线上,如图1-36所示。

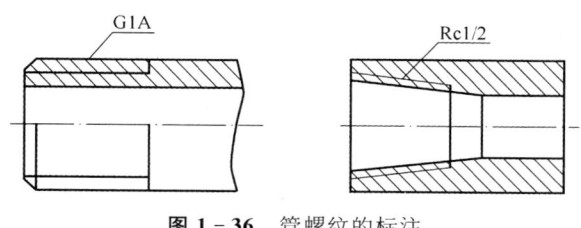

图1-36 管螺纹的标注

三、管道支架图的识读

1. 支架图的特点

管道支架图是管道详图中最简单的一种,它是按照正投影方法画出来的,一般用两个视图表示。

管道支架通常是由各种型钢、钢板及紧固件等制作组成。每一个管道支架根据制作情况不同,又可分成若干零部件,因此阅读管道支架图,首先要把各个零部件的空间形状想象出来,然后综合起来确定管道支架的确切形状和固定管道形式。

2. 识读的方法和步骤

识读管道支架图的方法与识读组合体视图的方法一样,都是采用形体分析法和线面分析法。

形体分析法就是对管道支架的形状进行分析。支架可以分成各个零部件,而各个零部件往往又由一些基本形体所组成,因此对于基本形体的投影特点及表达方法要很好掌握,以便在识读图样时,对图上所表达的物体进行逐个形体分析。

线面分析法就是对投影图中某些线、面的投影关系进行分析,从中找出它们之间的联系,想象出管道支架或其他物体的形状。对投影图进行线面分析,首先要熟练掌握各种线、平面、曲面以及截交线和相贯线的投影特点。投影图上的每一个闭合线框一般都表示物体的一个面,这个面是平面还是曲面,是反映了实形还是缩小了的面,要通过另外投影图中找出的与这个线框相对应的投影来决定。投影图上的线段,可能是两个平面的交线,或者是曲线投影的轮廓线,也可能是平面的积聚投影。判断这个线段到底是线、平面、还是曲面以及在空间的位置,同样要通过另外投影图中找出的与这个线段相对应的投影来决定。

在识读支架图时,要充分运用正投影规律,即"长对正,高平齐,宽相等"的规律。对识读线条或闭合线框时都要用到它,即以"三等"关系衡量一个面、一条线以及相互之间的关系,然后综合起来想象出物体的形状。同时在识读时,要充分注意到三个视图上所表示的位置关系,即上、下、前、后、左、右六个方向,通过"远离主视是前面""里后外前"这样一些投影位置关系,进一步确定物体的具体形状和空间位置。

另外,根据物体投影的两个视图,补画第三视图也是培养识读能力的一种方法。

识读的步骤大致是:

(1) 对投影图进行大致地分析,一般先从主视图看起,同时用形体分析法,将支架或其他组合体设想分成几个部分。

(2) 对分解出来的几个部分,利用线面分析法,结合投影规律,想象出其形状。

(3) 将所想象出的各个部分的形状,根据它们之间的空间位置关系,综合起来想象出整个支架或物体的确切形状。

(4) 把想象出的整个物体形状同投影图重新核对,看是否完全符合。如果有不相符的地方还要重新进行分析和对比,最后得出物体的正确形状。

3. 识读举例

【例1】 试对图 1-37 所示的管道支架图进行识读。

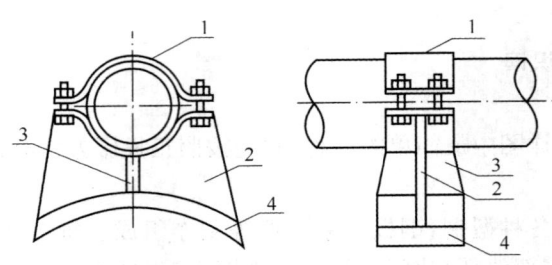

图 1-37 管道支架图
1—卡箍;2、3—支撑板;4—加强板

从图 1-37 中可大致看出管段被固定在两个半圆形的卡箍里,而卡箍则由几块钢板支撑。现把支架分解成卡箍1、支撑板2、支撑板3、加强板4及螺栓等零部件。

卡箍1在立面图上反映了它的正面形状,是两个带耳朵的半圆形。在侧面图上则表现为四个矩形线框,两个大的线框是卡箍半圆形部分投影的轮廓线,两个小的线框是卡箍两个耳朵侧面的投影,它反映了卡箍的厚度。

支撑板2共计两块,在立面图上反映了它的实形。它上面与卡箍1相连,下面与加强板4相连。在侧面图上是一个矩形线框,反映了支撑板的厚度,但不反映它的实际高度。

支撑板3在立面图上是一个矩形线框,它反映了该支撑板的厚度和实际高度。它的左面和右面分别与支撑板2相连,上面与卡箍1相连,下面与加强板4相连。在侧面图上,由于支撑板2的投影将它的投影分割成两相等的梯形,支撑板3的真正形状应是连起来无分割的大梯形,如图 1-38c 所示。

加强板4在立面图上反映了它的真实弧形和厚度,侧面图上是三个矩形,下面一个长矩形是加强板横断面的投影,不反映加强板的真实厚度。上面两个矩形,同样也只是加强板弧形面在侧面上的投影。

此外为固定管段,在卡箍上用四个带螺母螺栓进行紧固。带螺母螺栓根据规定画法画出,如图 1-37 所示。

为了使读者将支架分解后的各个部件的投影看得更清楚,特画出支架分解图(图 1-38)供参考。

值得一提的是,管道支架图上所画的管段,一般都用双线表示,即不画出管壁厚度,这主要使图面简洁,容易识读。关于管线双线表示法详见第二章。

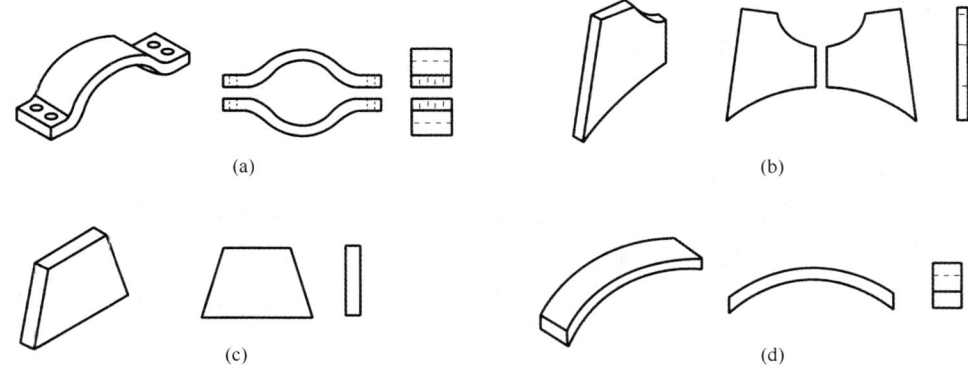

图 1-38 支架分解图

小 结

1. 点、直线和平面的正投影特性

点的投影仍旧是一个点。

直线的投影特性,可用下面的口诀记忆:

  直线平行投影面,投影实长现;

  直线倾斜投影面,投影线变短;

  直线垂直投影面,投影成一点。

平面的投影特性,可用下面的口诀记忆:

  平面平行投影面,投影实形现;

  平面倾斜投影面,投影形改变;

  平面垂直投影面,投影成直线。

2. 三面投影图的投影规律

可用下面三句话记忆:

  立、平视图长对正(等长);

  立、侧视图高平齐(等高);

  平、侧视图宽相等(等宽)。

3. 投影图上的线条、线框的意义

投影图中的线条:

(1) 可能是平面立体表面上的轮廓线的投影;

(2) 可能是平面具有积聚性的投影;

(3) 可能是曲面立体上曲面具有积聚性的投影;

(4) 可能是光滑曲面轮廓线的投影。

投影图中的线框:

(1) 可能是平面立体上一个平面的投影;

(2) 可能是曲面立体的一个曲面的投影;

(3) 可能是曲面立体上的一个平面的投影。

4. 识图方法和步骤

方法一般可采用形体分析法和线面分析法。

步骤一般是先概略后细致，先形体后线面，先外部后内部，先整体后局部，最后综合起来想象出物体的形状。

这一些都作为学习的入门和参考，图样虽千差万别，但都服从于投影规律，因此，若想顺利通过识图的难关，关键在于真正掌握投影规律和各种规定画法，同时要不断地进行实践。在实践中把学到的知识融会贯通，积累自己的识图经验，不断提高识图能力。在识图过程中，不要把自己框死，不要孤立地、教条地运用某一种方法，要学会善于思考，同时还要虚心向有经验的人员学习。只要有决心，入门并不难，提高识图能力和看图速度也是办得到的。

本章还就截交线、相贯线、螺纹的规定画法等内容作了必要的介绍，主要是为以后学习识读管道工程图和展开图打下基础，在学习中也要给予应有的重视。

复 习 思 考 题

1. 什么是正投影法，它的基本特点是什么？
2. 直线的正投影特性是什么，如何运用这些特性去识读图样？
3. 平面的正投影特性是什么，如何运用这些特性去识读图样？
4. 什么是投影的积聚和重合？
5. 物体的三面投影图是怎样形成的？三个投影图的位置关系如何？
6. 三面投影图的投影规律是什么？
7. 在三面投影图上是怎样表示物体六个方向的？
8. 两个投影图能表示一个物体吗，为什么？
9. 正平线的投影特性如何，为什么？
10. 侧平面的投影特性如何，为什么？
11. 棱柱体的投影特点是什么？棱柱体与棱锥体的投影有什么不同？
12. 圆柱体的投影特点是什么？圆柱体与圆锥体的投影有什么不同？
13. 球体的三面投影为什么都是圆？三个投影图所代表的球体表面有什么不同？
14. 圆环的投影如何表示？
15. 试画出常见管配件的投影图。
16. 什么是截交线，圆柱和圆锥与平面的截交线常见的有几种？
17. 常见的两圆柱体的相贯有哪几种？
18. 螺纹在图面上应该如何表示？管螺纹的特征代号是什么？
19. 管道支架图具有什么特点？
20. 怎样识读管道支架图？举例说明。

练 习 题

1. 观察下列立体图，找出相对应的三面投影图（在投影图的空白圆圈内填写对应的序号），并在投影图中标出立体图上用字母注明的平面或曲面投影。

练 习 题

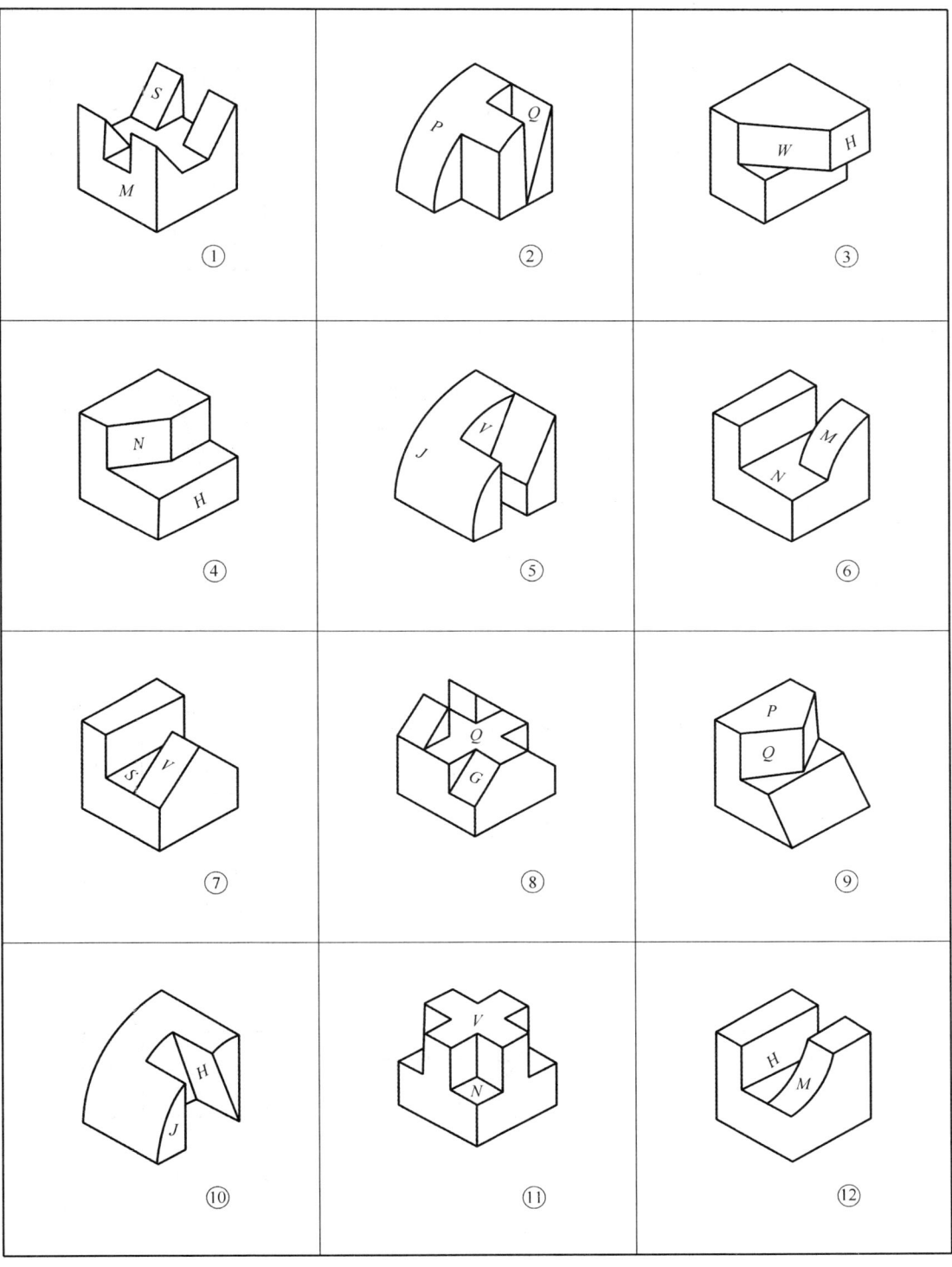

第一章　识图基本知识

2. 根据下列立体图画出三面投影图。

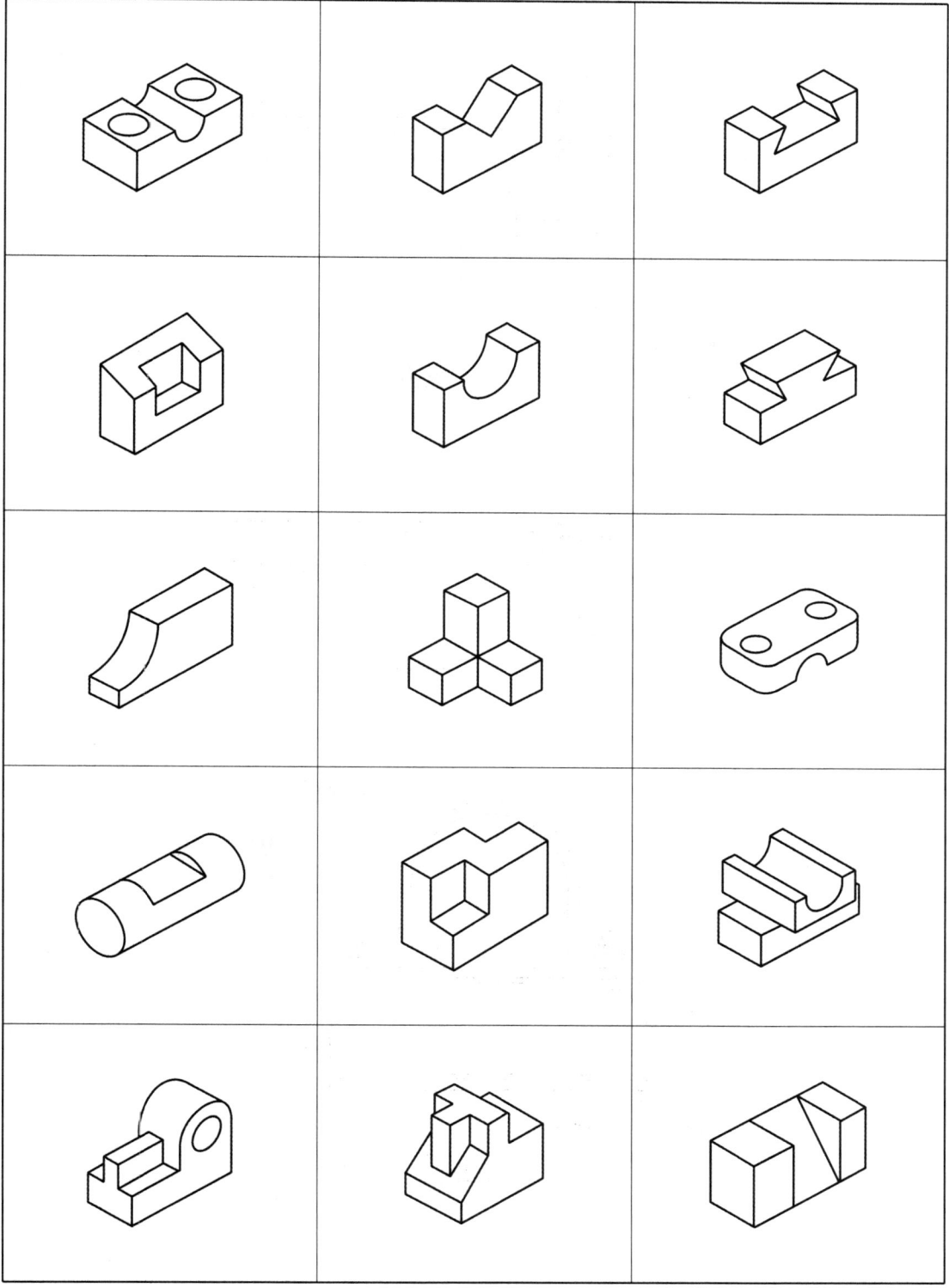

3. 识读下列管道支架图。

(1) 固定在钢结构上的双管托架图。

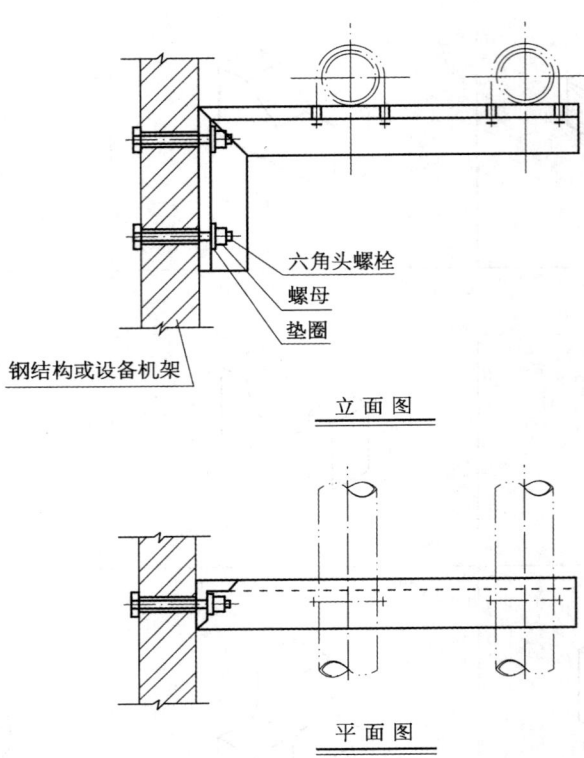

(2) 水平管支座图。

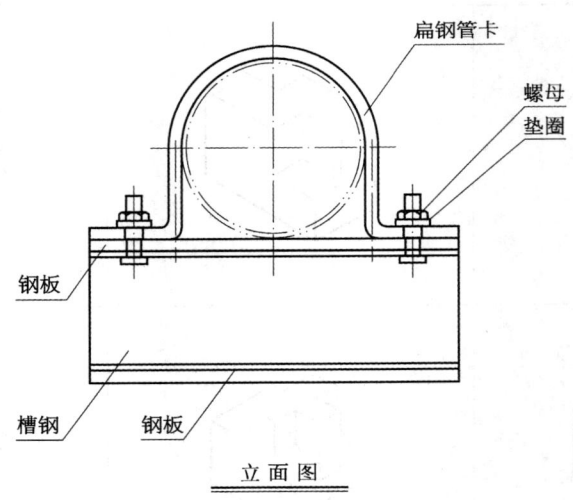

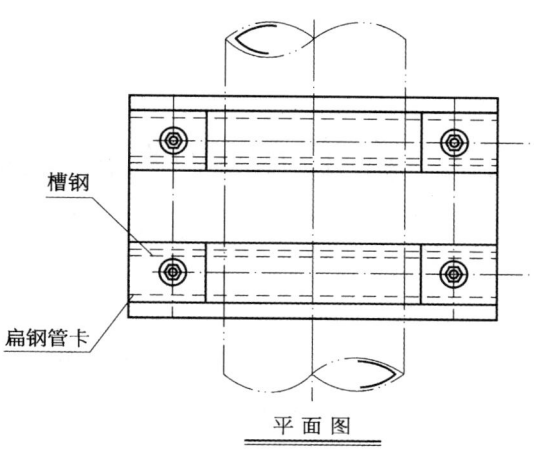

平面图

（3）角钢支架图。

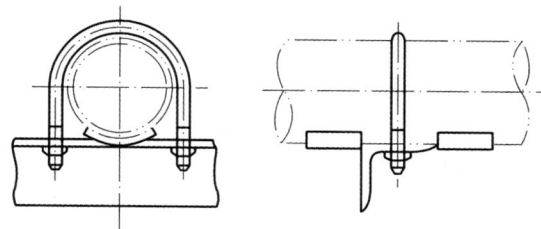

4. 试对管段夹具的立面图和侧面图进行识读。

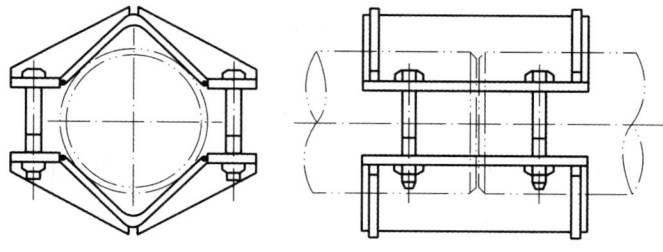

第二章　管道单线图和双线图

第一节　单线图和双线图的画法

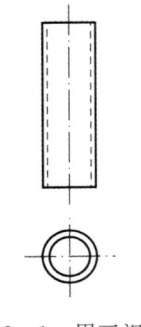

图 2-1　用三视图表示的管段

管段是空心圆柱体,按照正投影法绘图时,它的正投影图如图 2-1 所示。在主视图中用实线表示管段的外部轮廓线,用虚线表示管段的内壁,俯视图的两个同心圆中,小圆表示管段内壁,大圆表示管段的外壁。管道图是将管段、管件、附件等连接在一起画成能用于施工的图纸,如果管段、管件都按其单体的正投影图表示,图面比较杂乱,很难表示清楚。为了使施工图纸简洁明了,便于识读,便采用双线图和单线图的形式绘制管道施工图。

所谓双线图是用两根线条表示管段、管件的外形,画图时必须将中心线表示出来。单线图是用一条线表示管线和管件。画图时往往将大口径管道画成双线,一般管道以单线表示法为主。

一、管段的双线图和单线图

图 2-2 是管段的双线图,在立面图上管段用带有中心线的双条中实线表示,在平面图是一个带有十字中心线的中实线小圆圈。

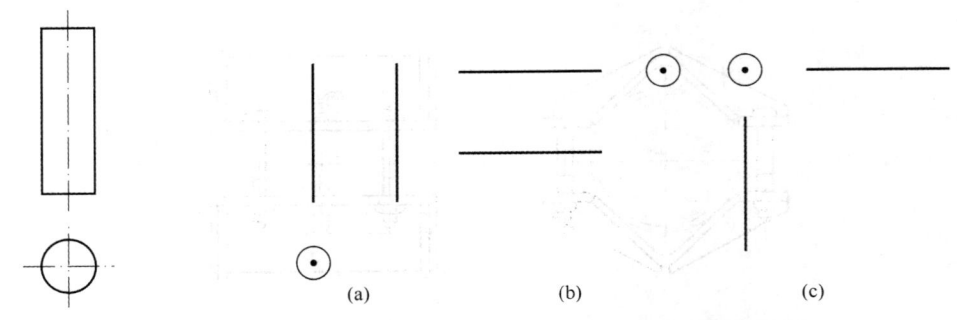

图 2-2　管段的双线图　　　　　图 2-3　管段在不同位置的单线图

图 2-3 是管段在不同位置的单线图。图 2-3a 是立管的三面投影图。管段在正立面图和侧立面图上均为铅垂线,在平面图上看到管口用小圆圈加点表示;图 2-3b 是左右走向水平管段的单线图,在平、立面图上均为水平线,在左侧立面图上看到管口用小圆圈加点表示;图 2-3c 是前后走向水平管段的单线图,在立面图上看到管口用小圆圈加点表示,在平面图上画成铅垂线,左侧立面图上画成反映实长的水平线。

二、弯管的双线图和单线图

图 2-4 是 90°弯管实形图和 90°弯管双线图。双线图只用两根线条画出弯管的外部形

状,投影时看到管口用带十字中心线的圆圈表示。看到弯管背时,将其画成带有十字中心线的半个实线小圆或画成虚线和实线各半组成的小圆,如图2-5所示。

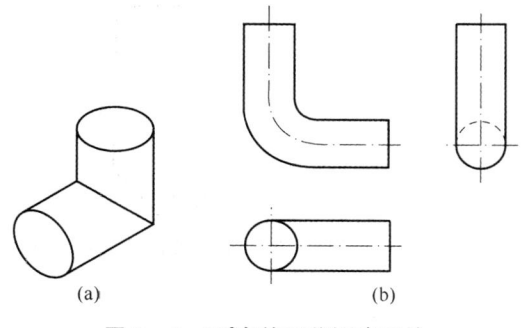

图2-4　90°弯管双线图表示法

(a)90°弯管实形图;(b)90°弯管双线投影图

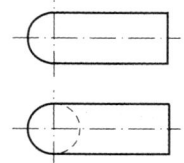

图2-5　90°弯管背的两种画法

图2-6是几种放置在不同位置的90°弯管单线三面投影图。现以图2-6a说明90°弯管单线图的画法,立面图反映实形,用两条相交90°的线条画成直角形,在平面图上90°弯管投影时看到弯管背用水平管画到小圆圈中心表示,侧面图里水平管投影时看到管口,画成小圆圈加点,立管画到小圆圈边上。

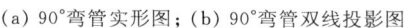

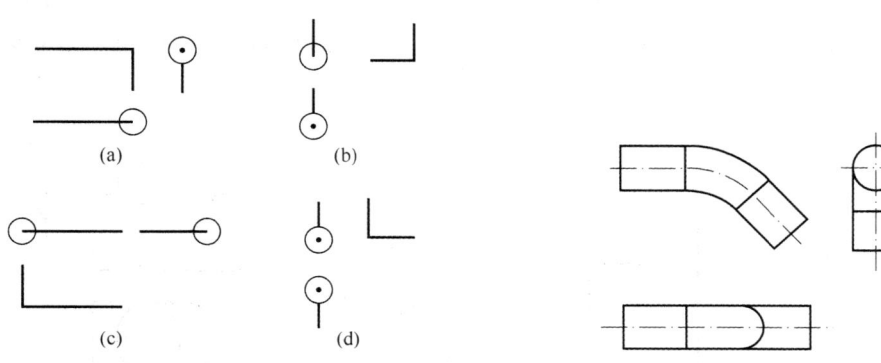

图2-6　90°弯管单线表示法　　　　　图2-7　45°弯管双线图表示法

图2-7是45°弯管的双线图,画图时应将直管与45°弯管的起弯点界线画出来。

图2-8是45°弯管处于不同位置的单线三面投影图,45°弯管单线图的画法要领是:投影时看到45°弯管背,画成半圆,先看到的管段指向半圆中心,后看到的管段画到半圆的边上。在管线图中连续转弯处半圆可以画成小圆圈,如图2-9所示。

三、三通的双线图和单线图

图2-10和图2-11是等径正三通和异径正三通的实形图和双线图,画双线图时必须把管段相交的相贯线投影画出来。

正三通单线图表示法如图2-12所示。图2-12a立面图反映三通实形,平面图上的三通支管投影时看到管口,画成小圆圈加点,三通主管是反映实长的水平线,画在小圆圈两边,左侧立面图上三通支管是反映实长的铅垂线,而三通主管垂直于侧立投影面,画成小圆圈加

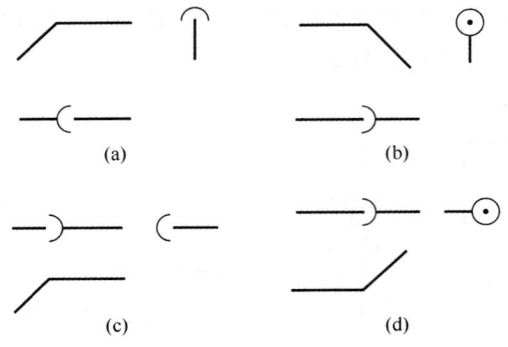

图 2-8　45°弯管单线图表示法

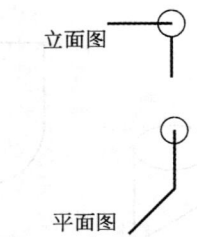

图 2-9　45°弯管连续转弯表示法

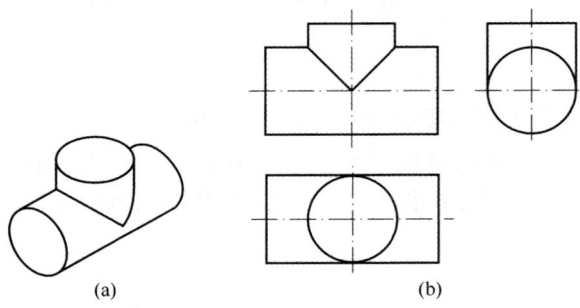

图 2-10　等径正三通双线图表示法

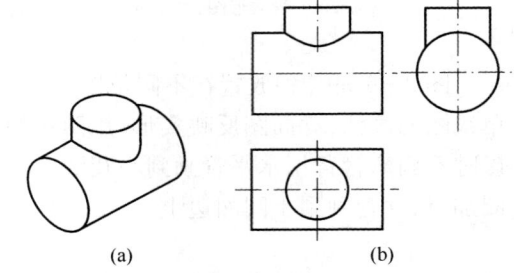

图 2-11　异径正三通双线图表示法

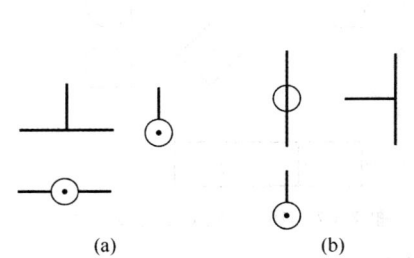

图 2-12　正三通单线图表示法

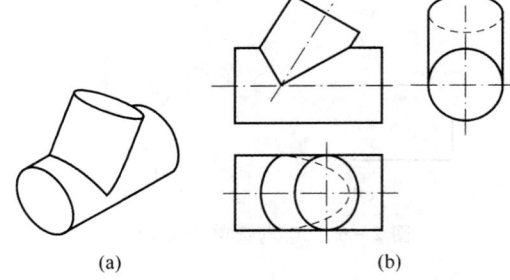

图 2-13　等径斜三通双线图表示法

点。图 2-12b 立面图上看到三通背,用直线穿过小圆圈表示,平面图上三通主管垂直于水平投影面,用小圆圈加点表示,三通支管是一条画在小圆圈上边的垂线,左侧立面图则反映三通实形。

图 2-13 是等径斜三通的实形图和双线图,图 2-14 是异径斜三通的实形图和双线图,双线图的画法与正三通双线图画法基本相似。

图 2-15 是斜三通的单线图,立面图反映斜三通的实形,成 Y 字形,侧面图上斜三通主管投影时看到管口,画成带点的小圆圈,而斜三通的支管则是缩短了的铅垂线,平面图的画法与立面图相同,这不是按投影方法画的,而是一种表示的符号。

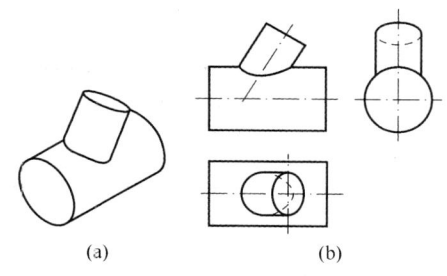
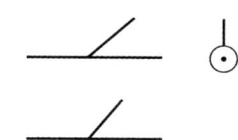

图 2-14　异径斜三通双线图表示法　　　　图 2-15　斜三通单线图表示法

四、四通的双线图和单线图

图 2-16 是正四通的实形图和双线图。画双线图时要注意等径四通和异径四通相贯线投影的不同画法。

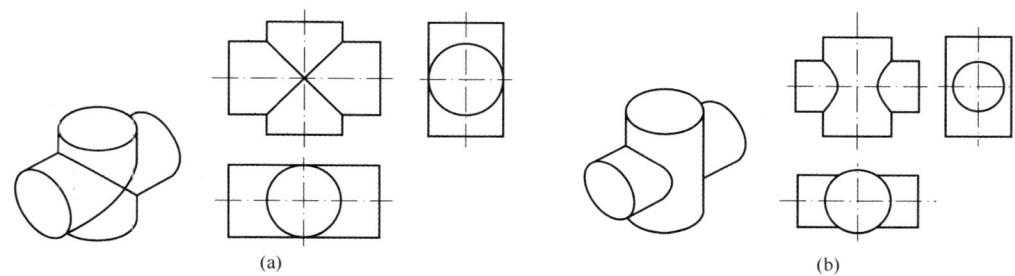

图 2-16　四通双线图表示法

(a) 等径正四通；(b) 异径正四通

正四通的单线图画法如图 2-17 所示，立面图反映实形，画成十字形，平面图和侧面图都画成直线与其中部的小圆圈加点的组合，小圆圈加点分别反映立管段垂直于水平面，左、右水平管段垂直于侧面，是均看到管口的表示。

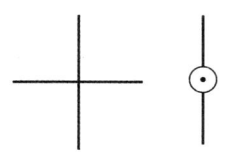

图 2-17　正四通单线图表示法

五、异径管的双线图和单线图

异径管又称异径接头或大小头，用于管道变径处。异径管有同心和偏心之分。图 2-18 是异径管的双线图，同心异径管画成等腰梯形，偏心异径管画成直角梯形。图 2-19 是异径管的单线图，同心异径管用等腰梯形或等腰三角形表示，偏心异径管用直角梯形或直角三角形表示。异径管的双线图和单线图都作为一种符号表示管道的变径，因此在平、立面图里的画法是一样的。

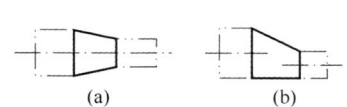
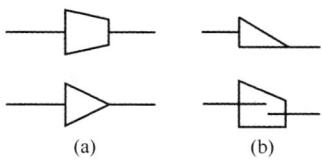

图 2-18　异径管双线图表示法　　　　图 2-19　异径管单线图表示法

(a) 同心异径管；(b) 偏心异径管　　　　(a) 同心异径管；(b) 偏心异径管

六、阀门的双线图和单线图

阀门在管道图里是用图例符号表示的,一般不画阀门手柄,如要画阀门手柄时,必须将手柄方向表达正确。现将法兰连接截止阀的画法列于表2-1中,闸阀和蝶阀的单线图画法见表2-2。

表 2-1 法兰截止阀画法

		阀柄向前	阀柄向后	阀柄向右	阀柄向左
单线图	立面				
	平面				
双线图	立面				
	平面				

表 2-2 法兰闸阀和法兰蝶阀画法

名称	俯视	仰视	主视	侧视	轴测投影
闸阀					
蝶阀		—			

七、组合管路单线图

1. 两个90°弯管的组合

两个弯管在同一平面上的组合,一般称为来回弯,图2-20是来回弯的三面投影图,立面图显示了来回弯的实形,它是由两根左、右横管1、3和立管2所组成;平面图由两条水平线和小圆圈组成,

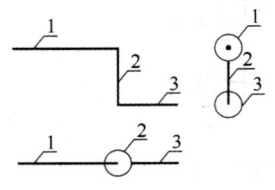

图 2-20 来回弯单线图

立管 2 垂直于水平投影面,画成小圆圈,横管 1 投影时先看到,画到小圆圈中心,横管 3 投影时后看到,画到小圆圈边上;左侧立面图由两个小圆圈和一条铅垂直组成,横管 1 投影时看到管口,画成带圆点的小圆圈,管 2 和管 3 所组成的 90°弯管投影时看到弯管背,用立管 2 进入小圆圈中心表示。

　　两个 90°弯管在两个相互垂直的平面内组合,即两个弯管互成 90°、三根管线相互垂直的组合,一般称为摇头弯,又称为摇手弯,图 2-21 是摇头弯三面投影图,立面图上前后走向的管 2 垂直于正立投影面画成小圆圈,左右走向的横管 1 投影时先看到,画到小圆圈中心,立管 3 投影时后看到,画到小圆圈边上;平面图里管 1、管 2 所形成 90°弯管显示了实形,立管 3 画成小圆圈,管 2、管 3 所形成的 90°弯管投影时看到弯管背,将管 2 画到小圆圈中心;左侧立面图,管 2、管 3 反映 90°弯管实形,管 1 看到管口,用小圆圈加点表示。

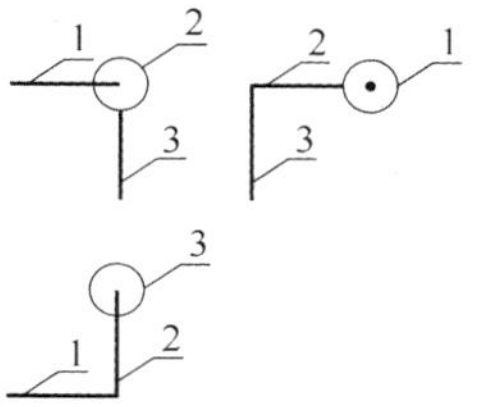

图 2-21　摇头弯单线图

　　从上面的分析可以看出,两个 90°弯管组合投影时,先投影到的管线画到小圆圈中心,后投影到的管线画到小圆圈边上,如图 2-20 的平面图和图 2-21 的立面图所示。在平面图里,投影时相对高的管线画到小圆圈中心,相对低的管线画到小圆圈边上;在立面图里,投影时相对前面的管线画到小圆圈中心,相对后面的管线画到小圆圈边上;在左侧立面图里,投影时相对左面的管线画到小圆圈中心,相对右面的管线面到小圆圈的边上。

2. 90°弯管和三通的组合

　　90°弯管和三通可以进行任意组合,用来表达管路的不同走向和分支,图 2-22a 显示了一个垂直放置的 90°弯管和一根前后走向水平管形成的组合管路,立面图里显示了 90°弯管的实形,管 2、管 3 所形成的三通投影时看到三通背,画成直线穿过小圆圈中心;平面图里管 1 投影时先看到,画到小圆圈中心,管 3 后看到,画到小圆圈边上;左侧立面图上反映了三通的实形,而管 1 看到管口,画成小圆圈加点。如图 2-22b 所示是一个水平放置的 90°弯管和一根立管所形成的组合管路,立面图显示了三通的实形,前后走向水平管 3 看到管口,画成小圆圈加点;平面图里 90°弯管反映实形,立管 2 看到管口,画成小圆圈加点;左侧立面图里左右走向横管 1 看到管口,画成小圆圈加点,立管 2 反映实长画成铅垂线,前后走向横管 3 反映实长画成水平线。

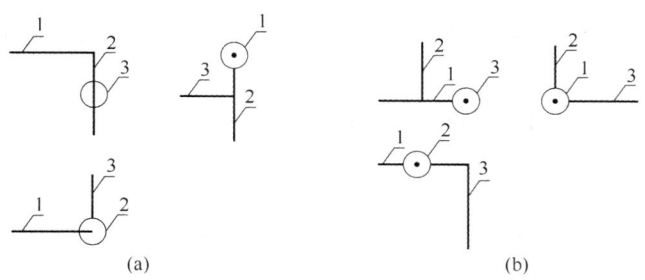

图 2-22　90°弯管和三通组合管路单线图

3. 多根管线的组合

　　图 2-23a 是由五根管线组合而成的管路系统平、立面图,在平面图上立管 2 画成小圆

圈,其余几根管线都围绕小圆圈画出,管 1 是最高管,画到小圆圈中心,管 3、管 4、管 5 画在小圆圈边上,这几根管线的高低位置关系通过立面图才能确定,即管 3 为次高管,管 5 为最低管,管 4 为次低管。

图 2-23b 立面图的图形画法与图 2-23a 平面图完全一样,但这几根管线反映的是前后位置关系,即管 1 为前管,管 5 为次前管,管 3 为后管,管 4 为次后管。图 2-23 除了能反映管线的前后高低位置关系,还能反映管线走向,如图 2-23a 中管 1、管 4 为左右走向水平横管,管 3、管 5 为前后走向水平横管,管 2 为立管。图 2-23b 中管 1、管 4 为左右走向水平横管,管 3、管 5 为立管,管 2 为前后走向水平横管。

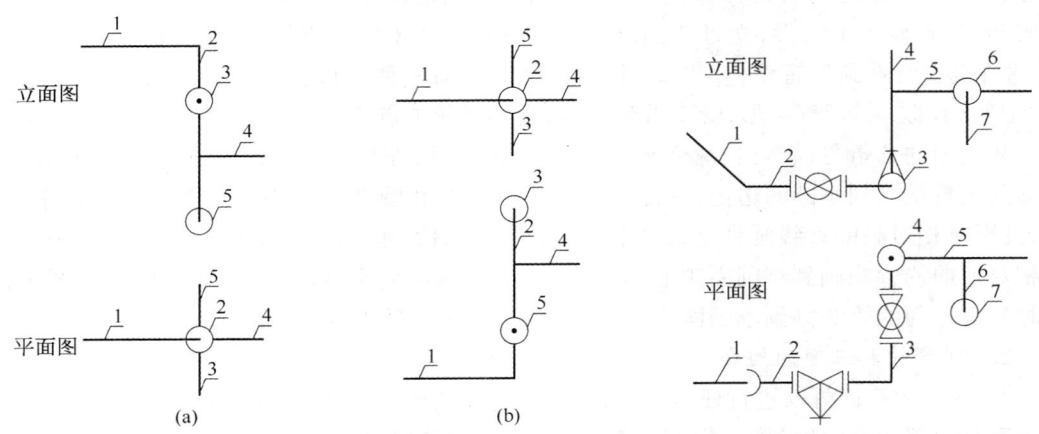

图 2-23 多根管线组合管路单线图　　　　**图 2-24** 多根管线组合管路单线图

图 2-24 是多根管线和阀门组成的管路平、立面图,通过对平、立面图的分析,可以看出该管路由一个 45°弯管、三个 90°弯管、两个三通和两个阀门等组成,它们之间是运用了直线投影特性和管线、管件表示方法绘制出来的。管 1、管 2 构成的 45°弯管在立面图上完整的显示其实形,管 2、管 3 所构成的 90°弯管在平面图上也反映了实形,管 3、管 4 所构成的 90°弯管在平面图上管 4 看到管口,用小圆圈加点表示,管 6 和管 7 构成的 90°弯管在平面图上和立面图上均看到弯管背,用直线画到小圆圈中心表示,管 4 和管 5 所构成的三通在立面图上反映实形,而管 5 和管 6 所构成的三通在平面图上反映实形,此外管 2 上的阀门在平面图上反映实形,管 3 上阀门在立面图上被弯管背挡住,但手柄和手轮却可以反映出,画到小圆圈的上面。

第二节　管道重叠和交叉的表示方法

一、管道的重叠

两条直径相同,长度相等的管道,敷设在同一铅垂面上,其在平面上的投影完全重合在一起,称为管道的重叠。

1. 两路直管重叠表示法

管道在平、立面图上的重叠,一般采用"折断显露法"表示,所谓折断显露法是假想将投影时先看到的管道截去一段,而露出后面管道的表示方法,管道折断处用折断符号表示。

图 2-25a 是两路直管在平面图上的重叠。从立面图上可以看出,管 1 为高位管,管 2 为

低位管;在平面图上将管1折断,露出管2,管1在折断处画上S形的折断符号。图2-25b是两路直管在立面图上的重叠,从平面图或侧立面图上可以看出,管1为前位管,管2为后位管;在立面图上将管1折断,露出管2,管1在折断处画上S形的折断符号。

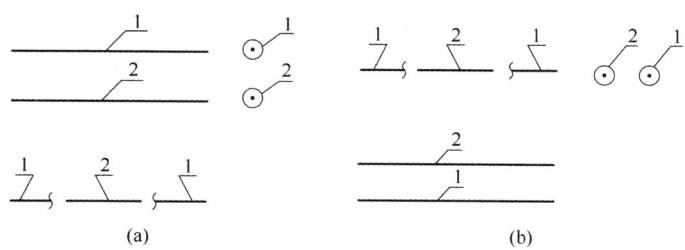

图2-25 两路直管重叠单线图表示法

图2-26是两路直管重叠双线图表示法,表示方法和原理与单线图完全一样。

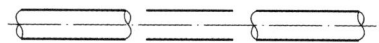

图2-26 两路直管重叠双线图表示法

2. 多路直管重叠表示法

多路直管投影重合时,也可以用折断显露法表示,图2-27为四路直管在平面图上的重叠。画图时要注意,同一根管线的折断符号应相同,如图上管1用一曲折断符号,管2用二曲折断符号,管3用三曲折断符号。看图时注意,只有对应相同折断符号才表示为同一根管线。

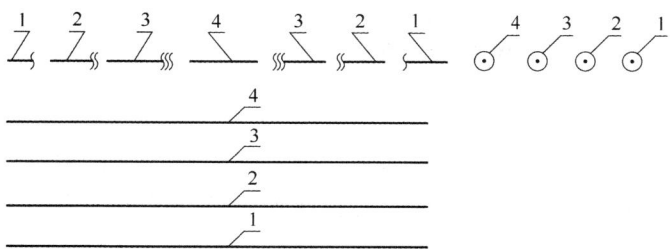

图2-27 四路直管重叠单线图表示法

多路直管重叠时,也可以用管线编号的方法表示,如图2-28所示。图2-29是多路直管重叠双线图表示法。

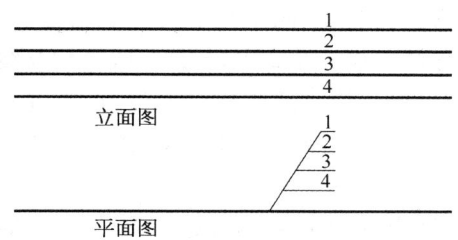

图2-28 四路直管重叠用管线编号表示

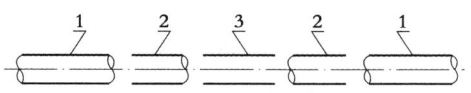

图2-29 多路直管重叠双线图表示法

3. 弯管和直管的重叠表示法

弯管和直管重叠的表示方法有两种，投影时先看到弯管后看到直管，用断开表示。如图 2-30a 所示，在立面图里弯管在上面，直管在下面，平面图里弯管全部显示，而直管画在弯管的边上，两者间距 3~4 mm。

投影时先看到直管，后看到弯管，用折断显露法表示。如图 2-30b 所示，在立面图里直管在上面，弯管在下面，平面图里直管折断，采用折断符号表示，中间空出的地方画弯管的平面图。

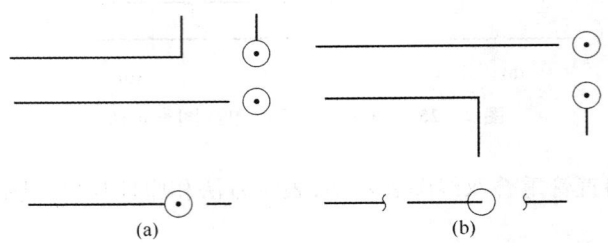

图 2-30 弯管与直管重叠单线图表示法

在管道图中管线与管件、阀门等重叠时，都可以采用折断显露法表示，如图 2-31 所示。

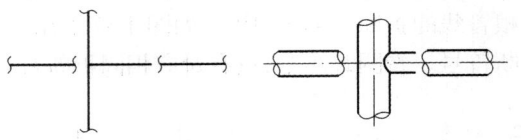

图 2-31 直管与管件重叠表示法

二、管道的交叉

管道交叉的画法有两种，一种是投影时，先看到的管线全部显示，后看到的管线断开或画成虚线；另一种是投影时，先看到的管线用折断线表示管线断开，反映后看到的管线。

图 2-32a 是单线管和双线管的交叉，从立面图上看出单线管高，双线管低，在平面图上单线高位管全部显示穿过双线管。图 2-32b 是单线图上的管线交叉，从平面图上看出管 1 在前，管 2 在后，在立面图上先看到管 1 全部显示，后看到管 2 断开。图 2-33a 是两根双线管的交叉，在平面图里高位管 1 全部显示，低位管 2 被遮住部分画虚线。图 2-33b 是单线管和双线管的交叉，在立面图里单线管被双线横管挡住，在穿过双线管时画虚线。图 2-33c 是两双线管交叉，在平面图里左右走向的低位管用断开表示。

图 2-34 是采用断开画法表示管道的交叉，在平面图里高位管用折断线表示断开，低位管就显现出来了。

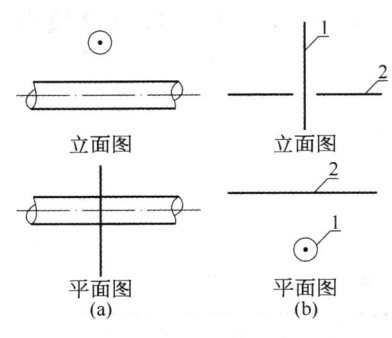

图 2-32 管道交叉表示法

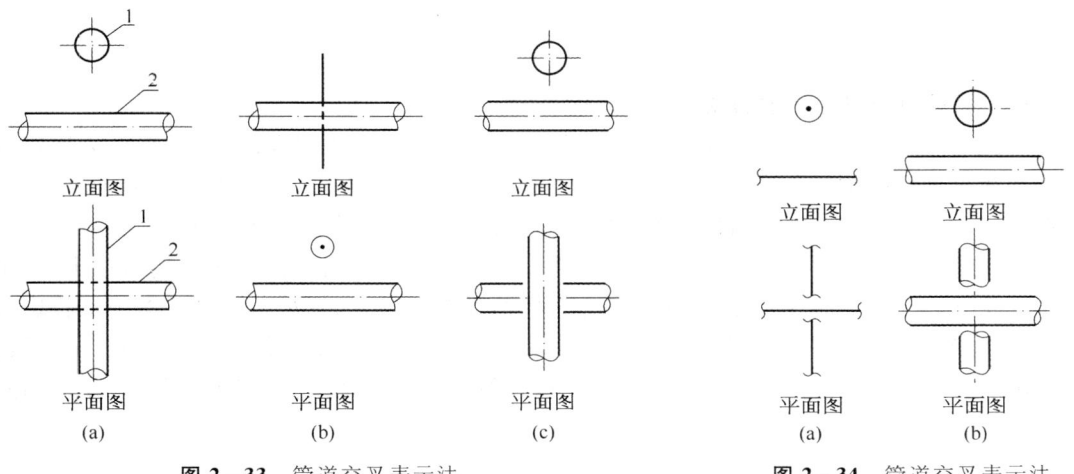

图 2-33 管道交叉表示法　　　　图 2-34 管道交叉表示法

【例1】 试分析如图 2-35 所示平面图中 a、b、c、d 各管段的位置。

图 2-35 是由 a、b、c、d 四路管线投影相交所组成的平面图。当图中小口径管线(单线表示)与大口径管线(双线表示)的投影相交时,如果小口径管线高于大口径管线,则小口径管线显示完整并画成粗实线,可见 a 管高于 d 管;如果大口径管线高于小口径管线,那么,小口径管线被大口径管线遮挡的部分应用虚线表示,也就是 d 管高于 b 管和 c 管。根据这个道理,可知 c 管既低于 a 管,又低于 d 管,但高于 b 管,也就是说,a 管为最高管,d 管为次高管,c 管为次低管,b 管为最低管。

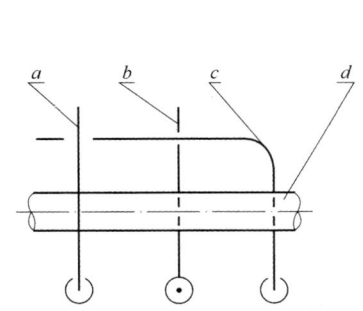

图 2-35 多路管线交叉的平面图

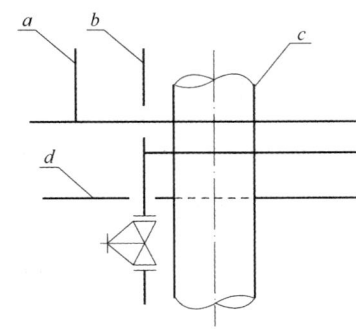

图 2-36 多路管线交叉的立面图

【例2】 试分析如图 2-36 所示立面图中 a、b、c、d 各管段的位置。

通过对图 2-36 的分析可知与双线管 c 相交叉的有三根管线,a、b 管呈实线为全部显示,d 管与 c 管交叉处 d 管画虚线,说明 a、b 管在前,c 管居中,d 管在后;单线管 a 与 b 相交叉,b 管断开,b 与 d 相交,d 管断开,说明 a 管在前,b 管居中,d 管在后。综合起来,即 a 管在最前面,b 管次前,d 管最后,c 管次后。

第三节 管线正投影图的识读

一、看管道正投影图的方法

画图是运用正投影方法将空间的管线表达到平面图纸上的过程,而看图则是运用正投影规律根据平面图形想象出空间管线的走向、位置和高低的过程。如图 2-37 所示,使正立面保持不动,将水平面和侧立面按箭头所指方向旋转回到三个投影面相互垂直的原始位置。然后由各视图向空间引投影线,即将立面图上 a'、b'、c'、d' 等各点沿投影线向前拔出,将平面图上 a、b、c、d 等各点沿投影线向上升起,将左侧立面图上 a''、b''、c''、d'' 等各点沿投影线方向向左横移,对应各点分别相交于 A、B、C、D,即摇头弯的空间位置得到复原。由于这种投影的可逆性,视图上各点的"旋转复位",就使管路系统的空间位置"再造"出来了。由此可见,看图是画图的逆过程。

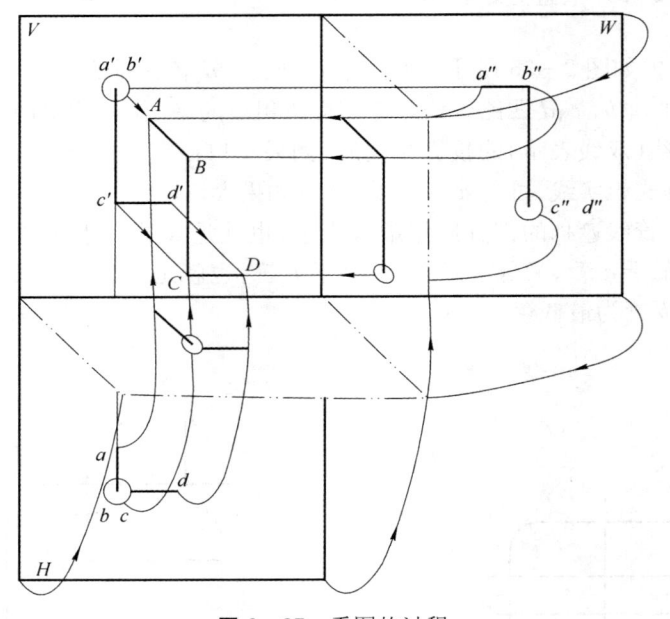

图 2-37 看图的过程

1. 看图的基本要领

(1) 必须将几个视图联系起来看。因为一个视图不能完全准确地反映管线的空间走向,看图时,要根据投影规律,将各个视图联系起来看,而不要孤立地看一个视图。

图 2-38 中三组管路的立面图完全一样,如果仅看立面图就无法判定管路的组成,但只要立面图和平面图联系起来看,其区别就非常明显了,图 2-38 中 a 图是由两个三通组成;b 图是由 90°弯管和三通组成;c 图是

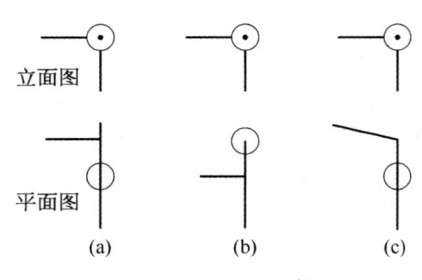

图 2-38 视图比较

由 45°弯管和三通组成。

（2）必须认清视图上每一条线和小圆圈的含义。管线正投影图是由线条和小圆圈所组成，因此，看图必须弄清楚各个走向管路在三面投影图上的投影，例如立管在正立面图和侧立面图上都是铅垂线，在平面图上是小圆圈；前后走向管线在正立面图上是小圆圈，在平面图上是铅垂线，且越往下，表示管线越往前，在侧立面图上是水平线；左右走向管线在正立面图和平面图上均为水平线，在侧立面图上是小圆圈。

（3）必须记住管段、管件、阀门等的表示方法。管路系统是由管段、管件、阀门及其他附件所组成，管道正投影图就是表示管段、管件等的相互关系，因此看图时一定要弄清楚管段及其附件的表示方法，对于管道交叉、重叠的表示方法也要记住，将有关的规定应用于看图过程中去。

2. 看图的方法和步骤

（1）看视图分管线。看图时首先要弄清图纸上给出的是哪些视图及各视图之间的关系。然后以立面图为主，联系其他视图，应用直线的投影特性，将管路系统分成一根一根管线。图 2-39a 是一组管线的平、立面图，以立面图为主，对照平面图，将管路系统分成六根管线，其编号为 1、2、3、4、5、6。

（2）旋转复位想走向。根据三面投影图的投影规律，按照已经分开并编号的管线，在平、立面图上逐一对照，然后经旋转复位即可想象出管路的走向。如图 2-39a 所示，这组管路的 1 号管线，在平面图上是个小圆圈，在立面图上是铅垂线，说明它是自上向下的一根立管；2 号管线，在平面图上是铅垂线，立面图上看到的是弯管背部的圆圈符号，所以 1 号管与 2 号管组成一个弯管，2 号管是自前向后；3 号管线和 5 号管线，在平、立面图上都是水平线，说明这两根管线是左右走向的管路；4 号管线和 6 号管线与 1 号管线相同，均为立管。

（3）综合起来想整体。搞清楚了各条管线的走向之后，再根据各条管线之间的相互关系，综合起来，将整个管路系统的组成及空间走向就想象出来了。如图 2-39a 所示，1、2、3 号管线组成了一个摇头弯，4、5、6 号管线组成了一个来回弯，摇头弯与来回弯之间用三通形式连接起来，这条管路的空间走向如图 2-39b 所示。

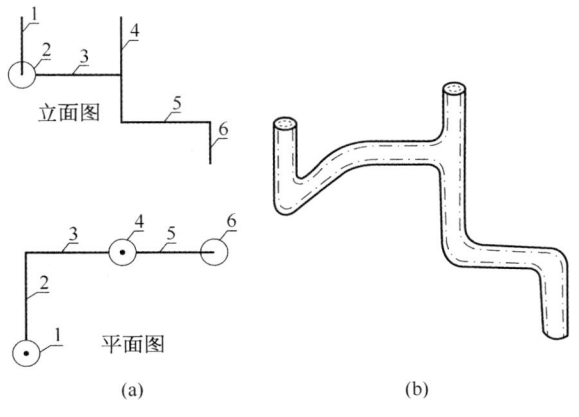

图 2-39 管路的看图方法

二、补画第三视图

根据给出的两个视图,补画所缺的第三视图,是培养看图能力和检验能否看懂视图的一种有效的方法。

补画第三视图,实际上是看图和画图的综合练习,要充分发挥想象力。首先要根据已知的两个视图想象出管路的组成及管路系统的空间走向,然后根据三面投影图的位置关系和投影规律来补,补画出的新视图的尺寸与给出视图的尺寸必须相符合。补画第三视图的方法和步骤是:

(1) 分析并看懂给出的两个视图;
(2) 在给出的两个视图上对管线进行对应编号;
(3) 作辅助线;
(4) 根据三面投影图的投影规律(即"三等"关系),利用对线条的方法,补画出新的第三视图。

图 2-40 是一组管路的平、立面图,要求画出该管路的左侧立面图。

经过对图 2-40 的分析,可以看出该管路系统由四根管线组成。利用旋转复位法使管路恢复到空间位置,可以想象出这组管路系统由两个 90°弯管以三通方式连接而成,有两根立管(其中一根立管上装有阀门),一根左右走向管线,一根前后走向管线,并装有阀门。

在平、立面图上对管线进行编号,1 号管和 3 号管为立管,2 号管为左右水平管,4 号管为前后水平管。

作辅助线的方法是在立面图里凡是管线高度发生变化处向右引水平线;在平面图里凡是管线前后长度发生变化处向右引水平线,然后作 45°线(或用圆规),使其与平面图引出的水平线相交,过相交点向上引垂线,使垂线与立面图所引水平线相交。

利用对线条的方法,使相同编号管线对应相交,即 1 号对 1 号,2 号对 2 号,3 号对 3 号,4 号对 4 号。凡是两条辅助线相交点为一根管线两个端点中的一个点或画小圆圈的位置,将两个相关的辅助线交点连接起来即为所求的管线,然后再按规定画上各种符号(如管口、弯管背、三通背、阀门柄等),补画的第三视图就完成了,如图 2-41 所示。

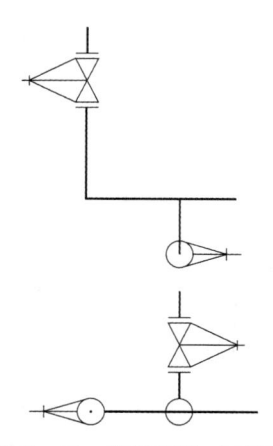

图 2-40 管路的平、立面图

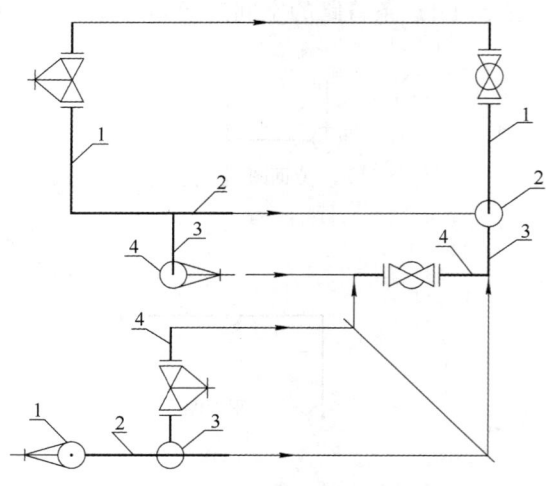

图 2-41 补画左侧立面图

图 2-42 是补第三视图的另两个例子。

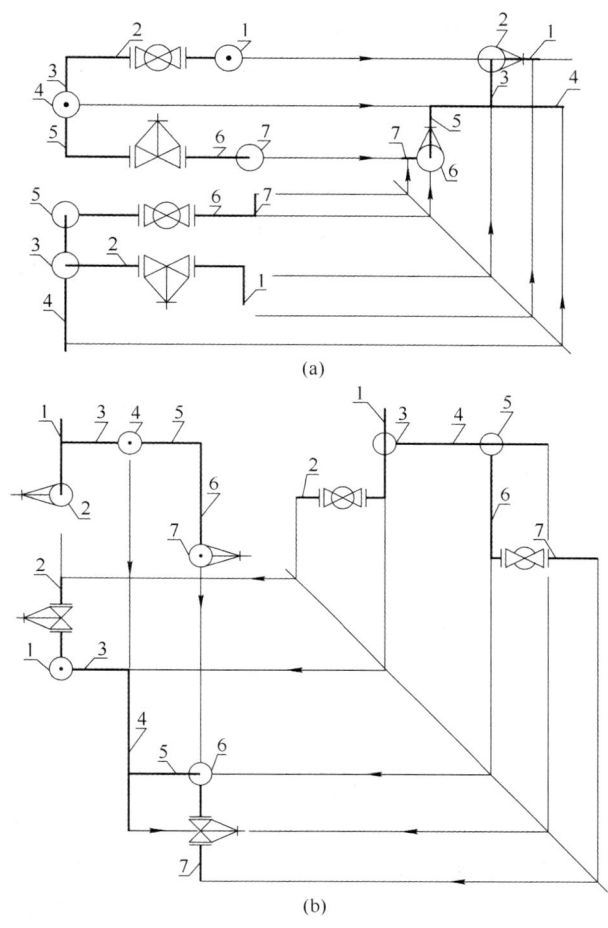

图 2-42 补画第三视图

(a) 利用平面图和正立面图补左侧立面图；(b) 利用正立面图和左侧立面图补平面图

三、翻图练习

提高看图能力还有一种方法，那就是进行管线图的翻图练习，翻图练习是给出一个平面图或立面图，画出相对应的立面图或平面图。

当给出一个视图进行翻图练习时，可以画出多个相应的视图，这是因为一个视图是不能完整准确地表达管路在空间的具体布置和走向，但作为练习，能画出多个相对应的视图，已经达到了提高看图能力的目的。

翻画视图的方法，首先对给出的视图进行分析，从管路的组成和走向进行分析，管线应一根一根地分析，确定其空间位置，搞清楚是立管、左右管路、前后管路还是斜管路，再将两根管线组合起来进行分析，看两根管线组合后是弯管、三通或四通，管路中其他附件如阀门、异径管、过滤器，各种小型管路设备等，在管路中的位置、与各管线的关系都要一一弄清楚。综合起来想象出这组管路的空间布置及走向，再根据管子、管件、阀门、各种附件的画法，画出相应的管路图。

画图时要充分运用直线的投影特性,根据直线的投影特性,翻图规律有:立(平)面图翻画平(立)面图,垂线变小圆圈,小圆圈变垂线,水平线不变。

图2-43是一组管路的立面图,将其翻画成平面图。首先对立面图进行分析,该管路由六根管线组成,其中立管(3、5号管)、左右走向管路(1、4号管)、前后走向管路(2、6号管)各两根,管1和管3组成了三通管,管2和管3是90°弯管,管3、管4、5构成了来回弯(两个90°弯管),管5和管6可以是90°弯管(图2-44a),也可以是三通管(图2-44b)。经过对立面图的分析之后,再根据直线投影特性,可以得出在平面图上管1、管4仍为水平线,管2、管6为铅垂线,管3、管5为小圆圈。最后用管段、管件、阀门等单线图表示法画出平面图,如图2-44所示。

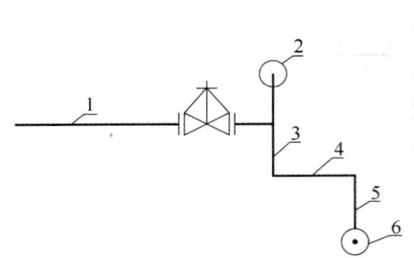

图2-43 管路立面图

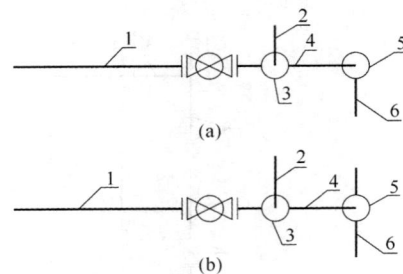

图2-44 翻画出的平面图

四、识读举例

【例1】 试对图2-45管路平、立面图进行识读。

图上共有五根管线,其中立管一根、左右走向管路和前后走向管路各两根,综合起来看是一组连弯管路,从立面图右上角看起,是从前向后转弯向左形成第一个弯管,在弯管的左右横管上有阀门,阀柄向前。第二个弯管是从右向左转弯向下,然后再转弯向后,并在前后走向管路上设阀门、阀柄向上,最后一个弯管是从前向后转弯向右。经过这样的分析管路在空间的立体走向就形成了。

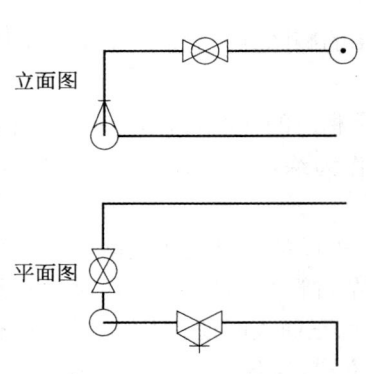

图2-45 管路平、立面图

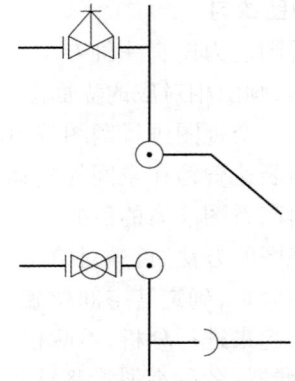

图2-46 管路的平、立面图

【例2】 根据图2-46补画第三视图。

分析给出的平、立面图,并对管线编号,可以看出管2和管3组成的90°弯管,在立管上开三通连接管1,在前后走向的水平横管上开三通连接由管4和管5组成的45°弯管。

作图时先画辅助线,在立面图上从管线高度发生变化处向右引水平线四条,在平面图上从管线前后长度发生变化处向右引水平线三条,与45°线相交后,从各交点向上引垂线,使平、立面图的引线对应相交,将相关交点连接起,按管道单线表示法画上有关符号,补第三视图就完成了,如图2-47所示。

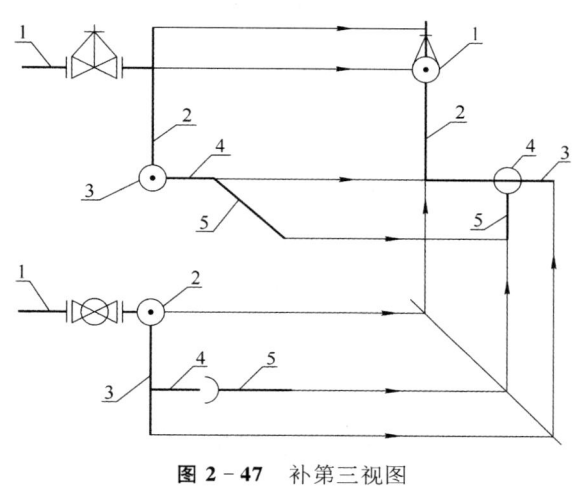

图2-47 补第三视图

【例3】 运用正投影原理,根据平面图(图2-48)试画出其立面图(垂直管线长短任意)。

图2-48 管路平面图　　　　图2-49 管路立面图

首先对图2-48进行看图分析该管路,共有六根管线,其中立管、左右走向管路及前后走向管路各两根。可以当成连弯管路翻画立面图,也可以是三通和弯管组合而成画立面图。现以连弯管路翻画立面图,根据直线投影特性(平面图翻画立面图垂线变圆圈,圆圈变垂线,水平线不变),立面图里应有两条铅垂线,两个小圆圈和两条水平线,将相关管线连接起来,并依据单线图表示法画上各种符号,立面图就完成了,如图2-49所示。

小　　结

管道单线图是用一条粗实线画出来的管线,双线图用画成有中心线的两条平行中实线表示。

初学者必须牢记立管、左右走向水平横管和前后走向水平横管的三面投影图,这是看图的基础。组合管路在不同图面上的表示方法要进一步理解,这是看图的关键。

管道的重叠和交叉是管道图经常碰到的现象,必须掌握其画法原理和具体画法,这是看图所必须具备的能力。

从这一章起将逐渐开始接触和熟悉管道图。在管道图中,出现最多的是管段、管件、阀门以及有关机器设备、厂房建筑的正投影,其中有好多都是曲面体的投影,显得复杂和难懂,初学看图时一定会碰到不少困难,但是只要不断地运用正投影原理进行反复实践,就可以熟能生巧,逐步掌握看图的方法。

复 习 思 考 题

1. 什么是管道的单线图和双线图?举例说明。
2. 试画出 45°、90°弯头的单、双线图。
3. 试画出来回弯和摇头弯的单、双线图。
4. 等径正、斜三通和异径正、斜三通的表示形式有无区别?
5. 三路直径相同、长短相等的管线平行敷设(同标高),试用折断显法画出其平、立面图。
6. 两路管线交叉一般有哪几种表示形式?
7. 在单、双线图同时存在的管道图中,怎样识读多路管线的交叉?
8. 识读管道正投影图的一般方法是什么?试举例说明。
9. 补管路的第三视图主要采用什么方法?

练 习 题

1. 画出 12 组 90°弯管的三面投影图。
2. 画出 4 组 90°弯管和三通组合管路的三面投影图。
3. 利用 2 个 90°弯管、2 个三通、2 个 45°弯管和 2 个阀门(阀柄向上、向前)组成管路,试画出该管路的平、立面图。
4. 运用投影原理,根据平面图,试画出其立面图(垂直管线部分长短自定)。

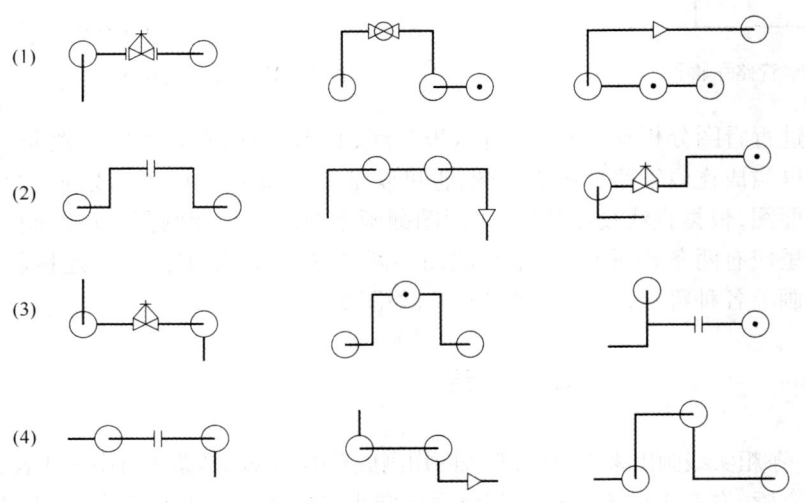

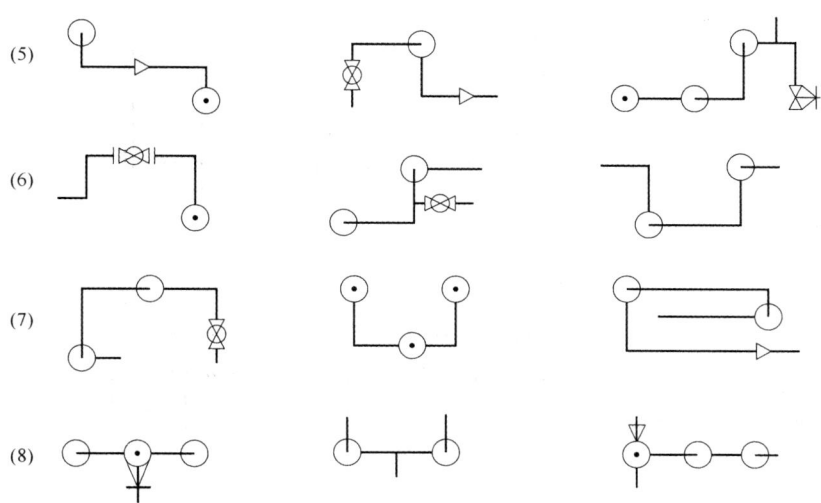

5. 运用投影原理,根据立面图,试画出平面图的草图(前后管段长度自定,注意管线交叉和重叠的表示方法)。

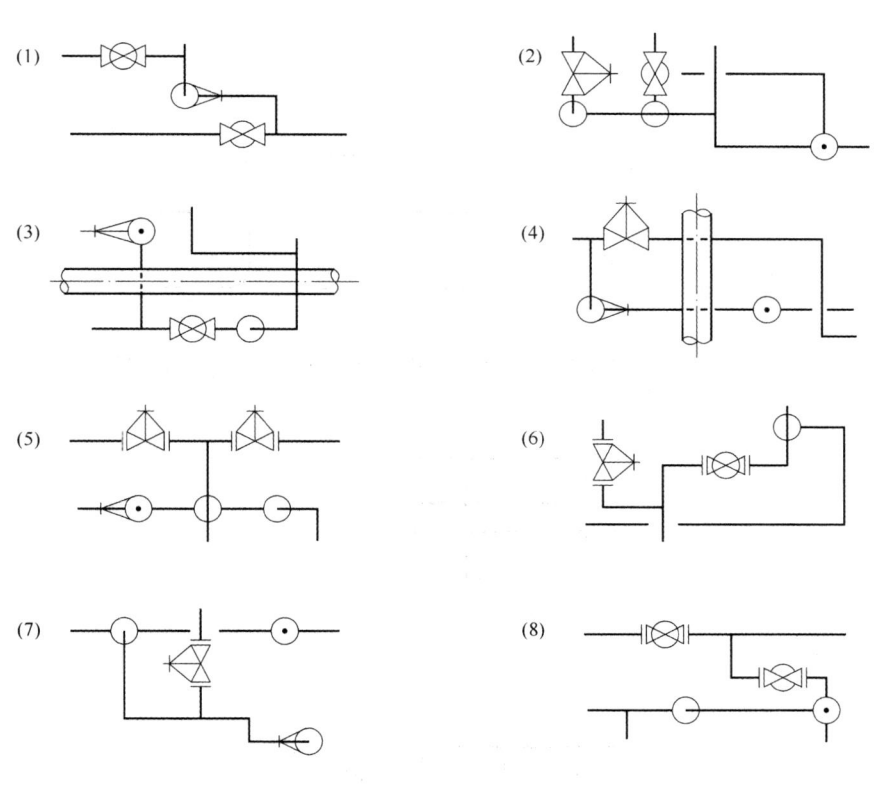

6. 补第三视图。

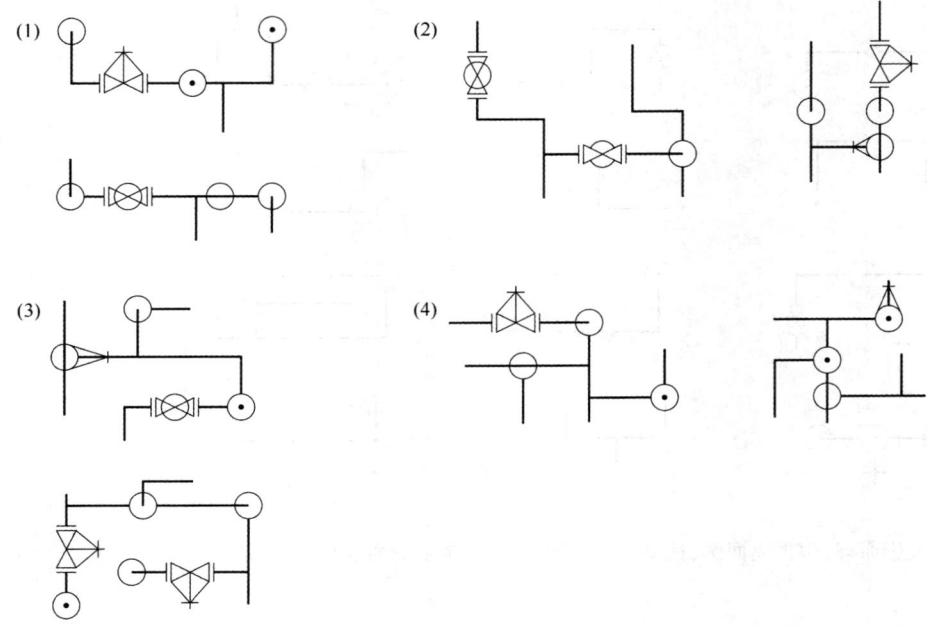

7. 试识读 45°弯头的平、立面图。

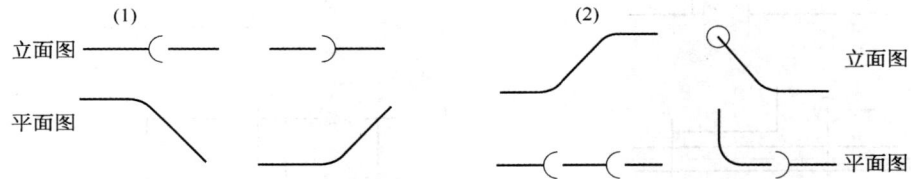

8. 根据平面图,这四路管线中顺次排列哪路最高、哪路居中、哪路最低?(管线自行编号)

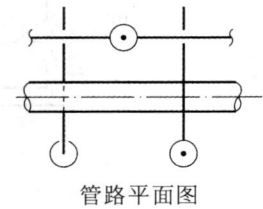

管路平面图

9. 试识读某路管线的平、立面图。

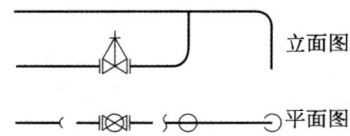

第三章 管道剖面图

在施工中，管道施工人员对管道施工图的要求是，图样一定要完整、清楚地反映各路管线的组成、走向和具体尺寸。按制图的规定，看不见的管段、管件或机器设备都用虚线来表示，在管线比较密集、布局又比较复杂的情况下，图样中虚线、实线就纵横交错难以辨认，甚至无法识读。为了解决这方面的问题，实践中人们创造出了剖面图和断面图。本章将着重介绍管道剖面图的画法和识读。

第一节 剖面图的概念

一、剖视的基本概念

为了清楚地反映管线的真实形状以及管件阀件的内部或被遮盖部分的结构形状，可以采用一个假想平面，把需要表达清楚的部位用假想平面剖切开来，并把处在观察者和剖切平面之间的部分物体移去，再把留下来的那部分物体向投影面重新进行投射，所得到的图形称为剖视图，在房屋建筑图中称为剖面图，如图 3-1 所示。

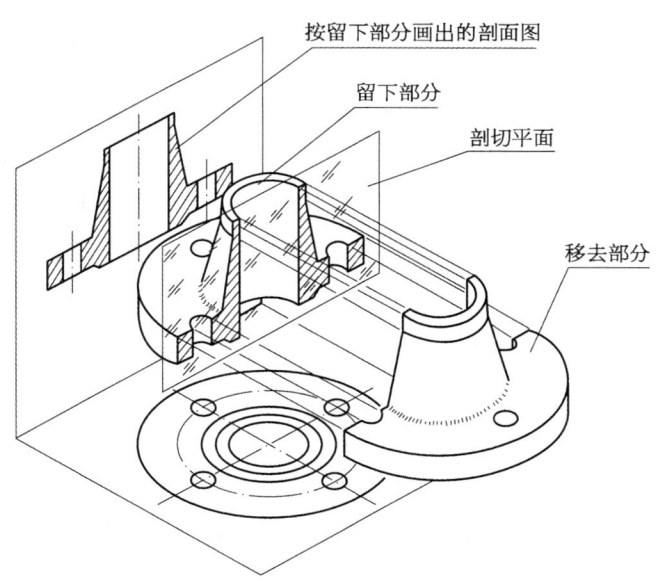

图 3-1 剖面图的基本概念

在图 3-1 中，把高颈法兰切开的假想平面称为剖切平面。剖面图中，剖切平面同物体（管段、管件或阀件）接触的部分称为断面，断面应画剖面符号。在图 3-1 中，剖面符号画成倾斜 45°的细实线，使断面同未被剖切部分相区别。

在剖切高颈法兰之前,应先确定剖切位置。在平面图上,对照剖切的位置,注上剖切位置线并标注剖切符号和剖面编号。然后假想沿此剖切位置线用一个平行于正立投影面的剖切平面将它切开,移去剖切平面前面部分,将留下的部分向正立投影面重新进行投影(得到的图形仍是立面图),并在剖切平面剖到的地方,画上 45°细斜线,这样就得到了高颈法兰的剖面图,如图 3-2 所示。

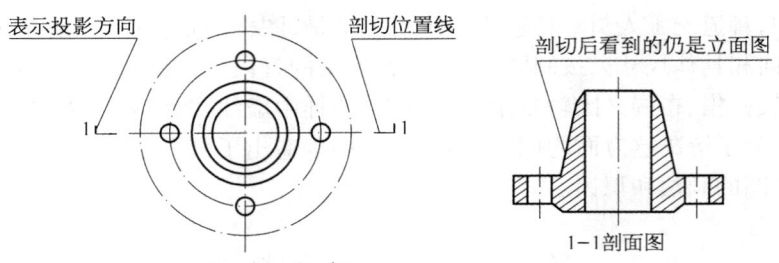

图 3-2　高颈法兰的剖面图

二、剖切符号

一组剖切符号一般包括三方面内容,即剖切位置、投射方向和剖面的宽度。为了达到识图时清楚、明了的目的,应在投影图中,把所要画的剖面图的剖切位置和投射方向用剖切符号表示出来,再对每一个剖面图加上编号,以免造成混淆。对剖面图的标注方法,一般有如下规定:

(1) 剖切位置线是用来表示剖切平面位置的,剖切位置线用断开的两短粗实线表示,长度宜为 6~10 mm,绘图时剖切位置线不应与其他图线相接触。在剖切位置线两端的同侧各画一段与它垂直的短粗实线,表示投射方向,这条线就是投射方向线,也叫投影方向线,长度应短于剖切位置线,宜为 4~6 mm。

(2) 剖切符号的编号宜采用阿拉伯数字或拉丁字母,按顺序连续编排,需要转折的剖切位置线在转折处加注相同的编号,如图 3-3 所示。在剖面图的下方应标出相应的编号,例如 1-1、2-2 或 A-A、B-B 剖面图。图 3-3a 为房屋建筑图表示法,图 3-3b 为技术制图表示法,两种表示方法在管道图中均有使用。

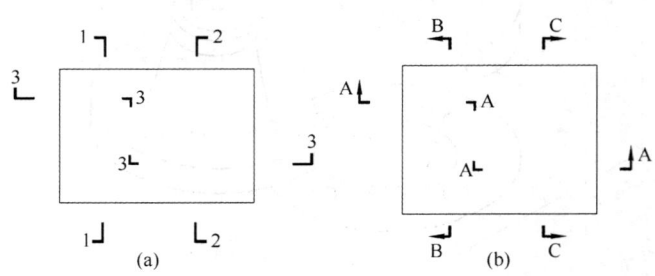

图 3-3　剖切符号

三、剖面图的种类

1. 全剖面图

只用一个剖切平面把物体完全切开后,重新投影所画出的剖面图,称为全剖面图。图 3-4 为止回阀的全剖面图。

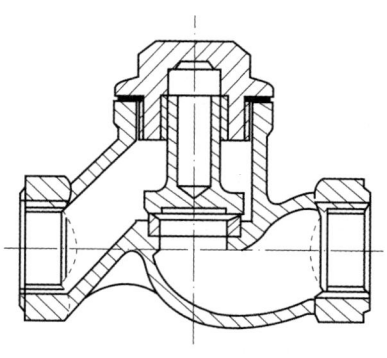

图 3-4　全剖面图

全剖面图适用于表示一般外形较简单或不对称的管件及阀门,这样能把管件或阀门的内部形状表示清楚。图 3-2 中的 1-1 剖面就属全剖面图。

2. 半剖面图

半剖面图就是把具有对称平面(能将物体分成对称两半的假想平面)的物体向垂直于这一对称平面的投影面投影。并将所得的图形以对称中心线为界,一半画成视图,以显外形,另一半画成剖面图,以示内部构造;也就是说,当物体在同一投影面上的视图和剖面图都是对称图形时,将对称中心线一侧的半个视图和另一侧的半个剖面图合并成一个图形。这种以对称中心线为界,由半个视图反映物体外部形状,半个剖面图表示内部形状的图形称为半剖面图,如图 3-5 所示是承口活接头的半剖面图。

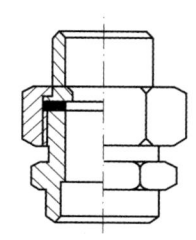

图 3-5　半剖面图

半剖面图一般适用于内外形状对称,其视图和剖面图均为对称图形的管件或阀门。

半剖面图的剖切位置和图名的标注方法与全剖面图相同。

3. 局部剖面图

局部剖面就是假想用剖切平面把管件、阀门或设备的某一部分剖开后画出的图形。图 3-6 为同心异径管的局部剖面图。

局部剖面是使用最灵活的一种剖面,它的特点是剖面部分同视图以波浪线分界,波浪线表示剖切的部位和范围,一般不应同图样中的其他图线重合。

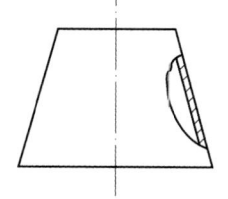

图 3-6　局部剖面图

局部剖面图一般也应用剖切符号和箭头标明剖切位置和投影方向,并用字母标出其名称。但剖切位置明显的局部剖面可不加标注。

4. 阶梯剖面图

用几个互相平行的剖切面剖开物体的方法称为阶梯剖。阶梯剖所得到的剖面图称为阶梯剖面图。阶梯剖用于表达物体上若干个不在同一平面上而又需要表达的内部结构。如图 3-7 所示,由于用一个剖切平面剖切,门和窗就不可能同时剖切到,所以采用两个相互平行的剖切平面进行剖切,就可以将门和窗的高度显示出来。

用阶梯剖画图时应注意,剖面图上不应画出平面转折处的界线,而且剖切平面的转折处不应与图上轮廓线重合。

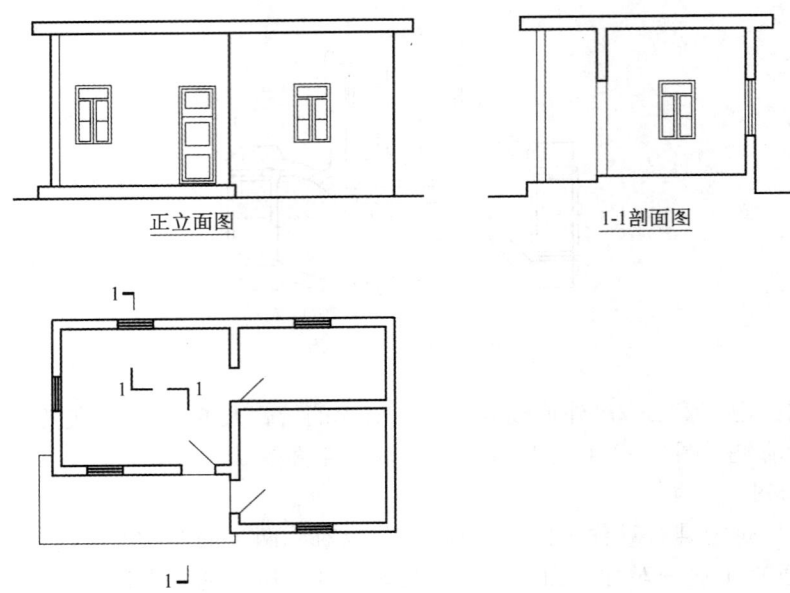

图 3-7 阶梯剖面图

第二节 断面图的概念

一、断面的基本概念

假想用一个剖切平面把物体的某一部分切断,物体被切断的部分称为断面。把断面形状用正投影方法重新进行投影,并在切断面上画出剖面符号,这种图样称为断面图(简称断面)。它与剖面图的区别在于只画出与剖切平面相接触的平面上的图形,而不画出剖切平面后方未被剖切部分的投影,如图 3-8 所示。

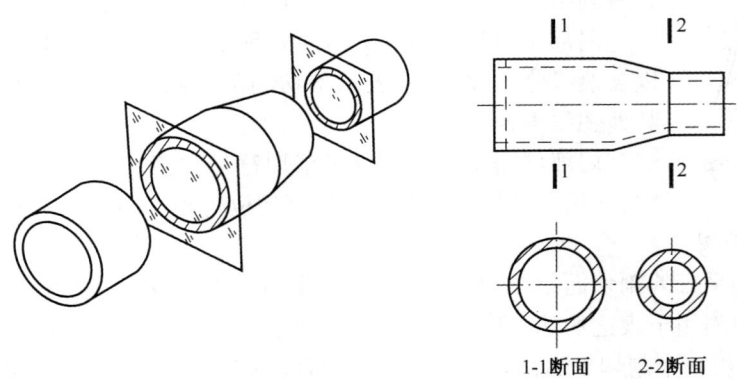

图 3-8 管段的断面图

画断面图时须用剖切符号在正投影图中(主要是平面图中)表示出剖切位置及投射方向。

断面的剖切符号应只用剖切位置线表示,并应以短粗实线绘制,长度宜为 6～10 mm,如图 3-8 所示,断面剖切符号的编号宜采用阿拉伯数字,按顺序连续排列,并应注写在剖切位置线的一侧;编号所在的一侧应为该断面的投射方向。剖面图与断面图上的剖面符号则根据物体(管段、管件、阀门及设备)的不同材料,而各不相同。对于金属材料,剖面符号应画成与水平线成 45°角的细实线,要求间隔均匀,方向一致,如图 3-8 所示。

表 3-1 为国家标准中规定的各种材料的剖面符号。

表 3-1 剖面符号

金属材料(已有规定剖面符号者除外)			胶合板(不分层数)	
线圈绕组元件			基础周围的泥土	
非金属材料 (已有规定剖面符号者除外)			混凝土	
格网(筛网、过滤网等)			钢筋混凝土	
玻璃及供观察用的其他透明材料			砖	
木 材	纵剖面		液体	
	横剖面			

二、重合断面

在视图中,将断面旋转 90°后,重合在视图轮廓以内画出的断面,称为重合断面。图 3-9 是用立面图和重合断面表示角钢和工字钢形状的视图。重合断面的轮廓线画成细实线。

当视图的轮廓线与重合断面的图形重叠时,视图的轮廓线仍需完整地表示清楚。剖切平面应与被剖切部分轮廓线垂直,以便反映受切断面的实形。

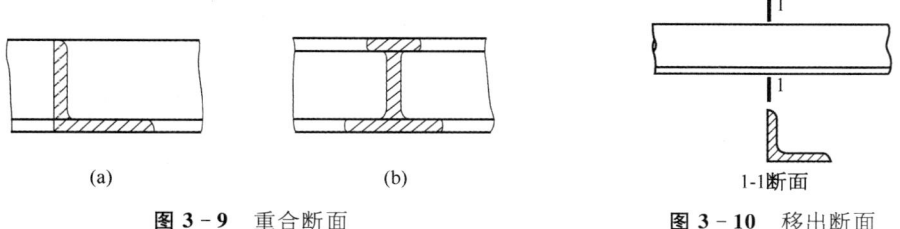

图 3-9 重合断面   图 3-10 移出断面

三、移出断面

将物体某一部分剖切后所形成的断面图,移画于投影图外一侧,称为移出断面,如图 3-10 所示。移出断面图的轮廓线应用粗实线绘制,断面内应画出剖面符号。

剖切平面应与被剖切部分的主要轮廓线垂直,以便反映断面的实形。一般情况下移出断面应尽量画在剖切平面迹线的延长线上,与物体的投影图靠近,断面图也可用较大比例画,以利标注尺寸和清楚地显示其内部构造。

四、中断断面

画在投影图中断处的断面图称为中断断面,如图 3-11 所示。

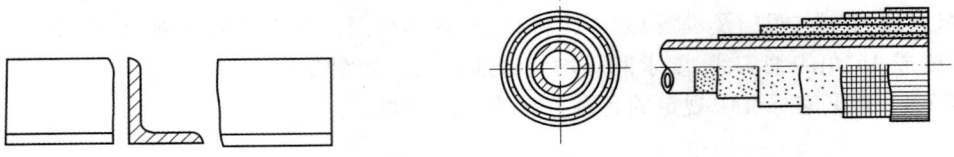

图 3-11 中断断面　　　图 3-12 分层断面图

五、分层断面

在视图中,用分层显示的方法来表示物体断面的图形称为分层断面图,如图 3-12 所示。在需要保温的管子外面,一般用好几种不同性质的材料紧密地分层地贴合在一起,如果仅用一个剖面来显示这保温层的不同材料,看到的就是许多大小不等的同心圆。尽管在每一个圆里画着不同材料的剖面符号,但是看起来比较杂乱。如用重合断面或移出断面来显示其各保温层的结构也达不到清楚、明了的目的,而用分层断面图的形式来表示就显得层次分明,形象直观。

第三节　管道剖面图的画法

一、管道剖面图的概念

1. 管道剖面图的作用

管道剖面图是管道施工图的主要图纸之一,特别是化工工艺管道施工图、动力管道施工图中采用得最多,设计人员为什么要采用管道剖面图来表达设计意图呢?这是因为剖面图是采用分层次的方法表达管道的布置和走向的,管道在空间的布置和走向是纵横交错的,画到投影图上会出现管道重叠的情况,重叠的管道多了就难以表示清楚,并且容易产生紊乱现象,画出的图很难让人识读。例如图 3-13a 是有两组管路的平面图,从平面图上可以看到 1 号管线由来回弯和阀门组成,2 号管线由摇头弯和异径管组成,平面图上两路管线表示得很清楚,但立面图(图 3-14)看起来就不够清楚,这是因为 1 号管线和 2 号管线标高相同,管线投影重叠所致。为了在立面上将管线表达清楚,就采用分层次的画法,即在 1 号管线和 2 号管线中间进行剖切,将 1 号管线移去,剩下的 2 号管线重新向立面投影就画出了 2 号管线的立面图,即如图 3-13b 所示的 1-1 剖面图。

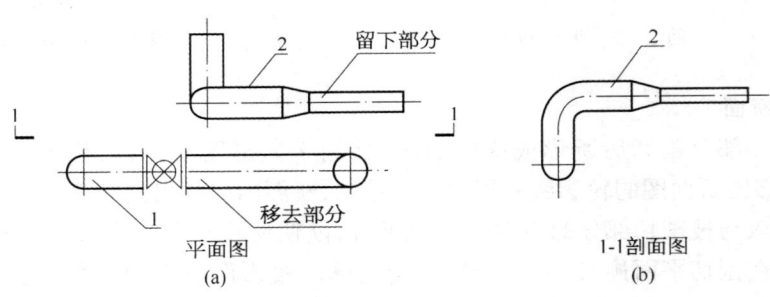

图 3-13　管线间的剖面图

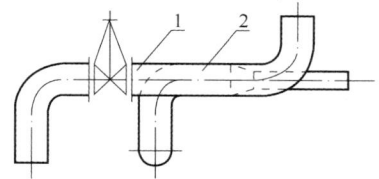

图 3-14 管线的立面图

管道剖面图是有选择的对管道立(侧)面图进行删选,画出图仍旧是立面图,因而管道剖面图的灵活性是显而易见的,设计人员可以根据需要在管道平面图上分层次有选择地画管道立面图。这个立面图可以是全部,也可以是局部,这对设计人员表达设计意图就比较方便了。

2. 管道剖面图的几种形式

1) 单路管线剖面图

在一组管路外面进行剖切,画这组管路的立(侧)面图。例如图 3-15 是一组混合水淋浴器的配管图。在平面图上有 1-1 和 2-2 两组剖切符号,画出的 1-1 剖面图是淋浴器配管的正立面图,2-2 剖面图是淋浴器配管的左侧立面图。

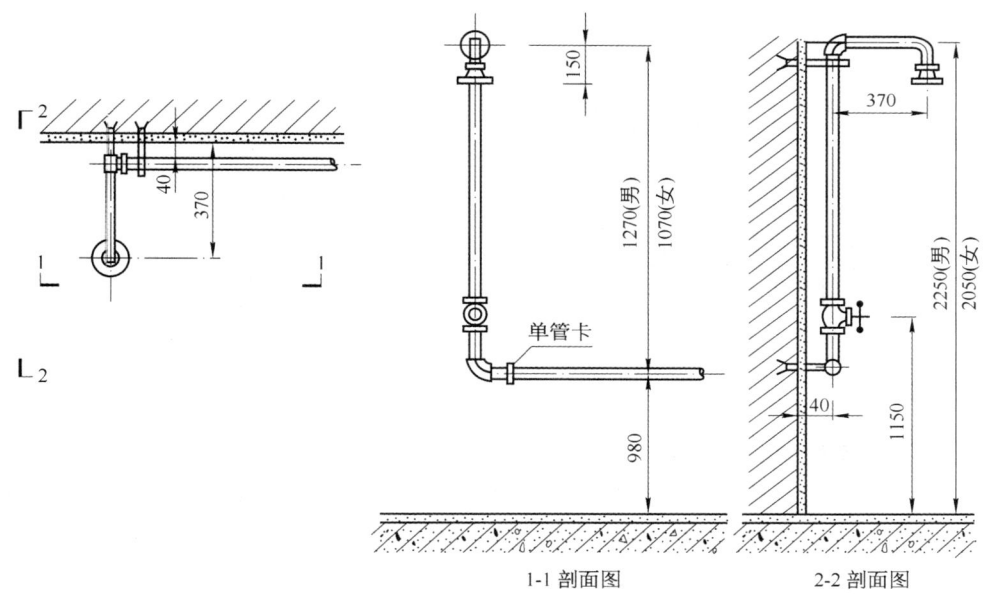

图 3-15 混合水淋浴器配管图

2) 管线间的剖面图

在两路或两路以上的管线之间,假想用剖切平面切开,然后把剖切平面与观察者之间所有管线移走,对保留下来的管线重新进行投影,这样得到的投影图称为管线间的剖面图,如图 3-13b 中 1-1 剖面图所示。

3) 管线断面的剖面图

与管线垂直剖切后画出的管线剖面反映管线断面情况,这种图就是管线断面的剖面图。如图 3-16 中 1-1 剖面图所示,单线图用小圆圈加点表示,双线图用带十字中心线的圆圈表示。

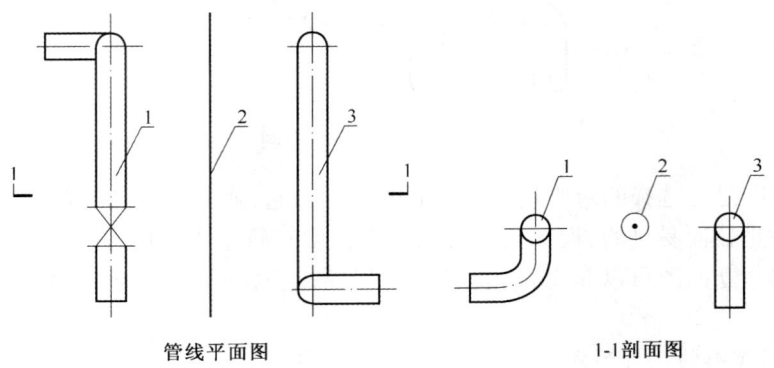

图 3-16 管线断面剖面图

4）管线间阶梯剖面图

用两个相互平行的剖切平面,在管线间进行剖切,所得到的剖面图称为管道阶梯剖面图,如图 3-17 中 1-1 剖面图所示。

在剖切平面的起始和终止处应画上剖切符号,在转折处用直角形粗短实线表示。

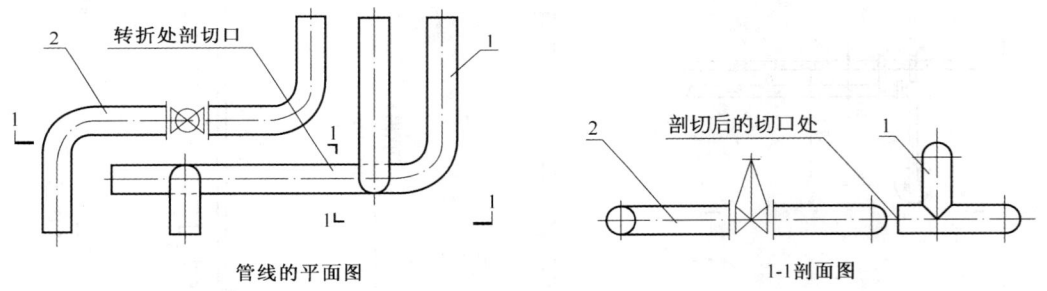

图 3-17 管线阶梯剖面图

二、管道剖面图的简单画法

管道剖面图一般是根据管道平面图上剖切符号所表示的剖切位置及投射方向来画,画出的图通常是立面图或侧面图,画图要按管线正投影方法来画,画图前要将已知的管道平面图、立面图或侧立面图看懂,了解管路系统的走向、组成以及各个管路系统之间的关系,画剖面图时应根据管路的标高、位置、走向和组成等参数,采用管道图的表示方法来画。

图 3-18 是一组简单的管道平、立面图,通过对平、立面图的分析,可知该管路由一个 90°弯管,两个三通及一个阀门组成,在平面图上有两组剖切符号,1-1 剖面是画管路一部分的右视图,2-2 剖面是画另一部分管路的左视图。画剖面图时依据剖切符号和立面图(兼顾平面图)来绘制。可以设想将画在平面图上的剖切符号的剖切位置线延伸到立面图上,然后根据剖切符号规定的投射方向,将留下的部分管路向左、向右转 90°进行投影画图。图 3-18 的 1-1 剖面就是将立面图上剖切后留下来部分管路向左转 90°画出来的右视图,如图 3-19a 所示,2-2 剖面则是留下部分管路向右转 90°画出来的左视图,如图 3-19b 所示。

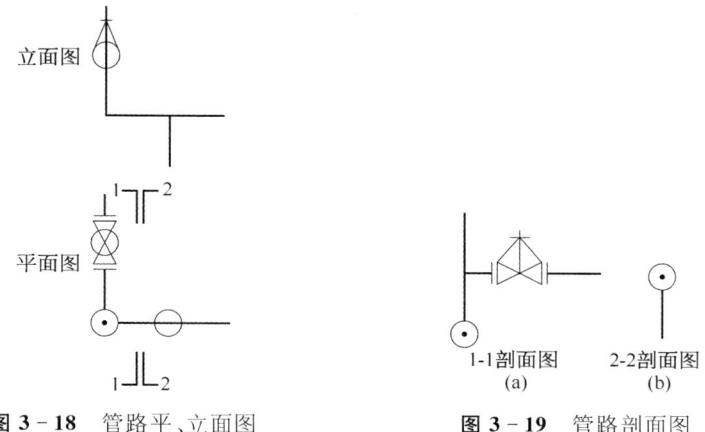

图 3-18 管路平、立面图　　图 3-19 管路剖面图

画管道剖面图时,剖面图上管路之间的尺寸和位置关系必须与平、立面图相一致。图 3-20 是一组管道平、立面图,通过对平、立面图的分析,可知前后走向的水平管道上面和下面各开三通连接一个带有阀门的来回弯,从立面图上看到管 1 比管 2 高,高差为 h。平面图上显示了管 1 和管 2 的前后相对位置,管 1 在前管 2 在后,两者之间的距离为 b。画 1-1 剖面图时,必须按管 1 和管 2 的相对位置画,即管 1 比管 2 高出距离为 h,管 1 画在管 2 的右边,两者相差距离为 b(管 1 的空间位在管 2 的前面)。画 2-2 剖面图时,先画出前后走向的水平管,在剖面图上为左右水平线,然后按管 1 与管 2 的间距 b 再画出各自的 90°弯管,如图 3-21 所示。

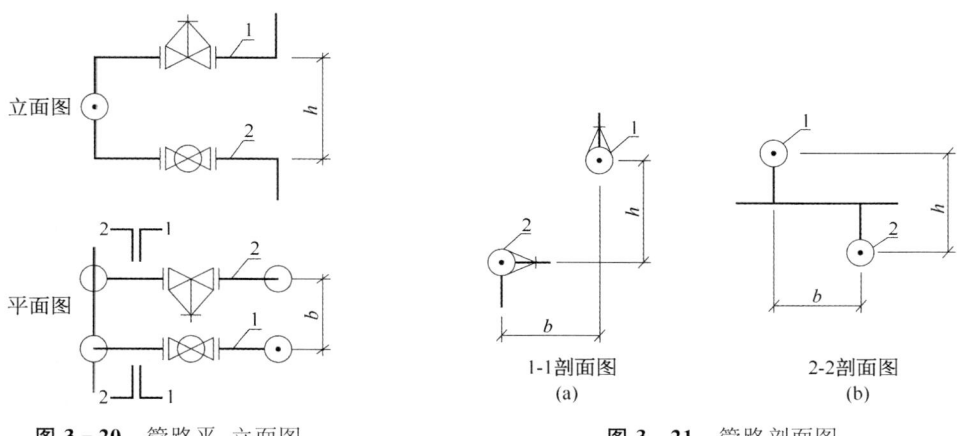

图 3-20 管路平、立面图　　图 3-21 管路剖面图

管道平面图上的剖切符号为水平(横向剖切)画法时,画出的管道剖面图应为某部分管路正面立面图或背立面图,画某部分管路正立面图时,只要在已知的管道立面图上作些修正就可以了,画背立面图时则需要旋转 180°后进行投影画图。图 3-22 为已知管道平、立面图,在平面图上有两组剖切符号,1-1 剖面为阶梯剖,画剖面图时,将立面图上三个 90°弯管(含阀门)及一个三通修正去掉即可,如图 3-23a 所示。2-2 剖面是画该管路靠左边一部分的背立面,画图一定要注意投射方向,并按管道图表示方法画上相应符号,2-2 剖面图如图 3-23b 所示。

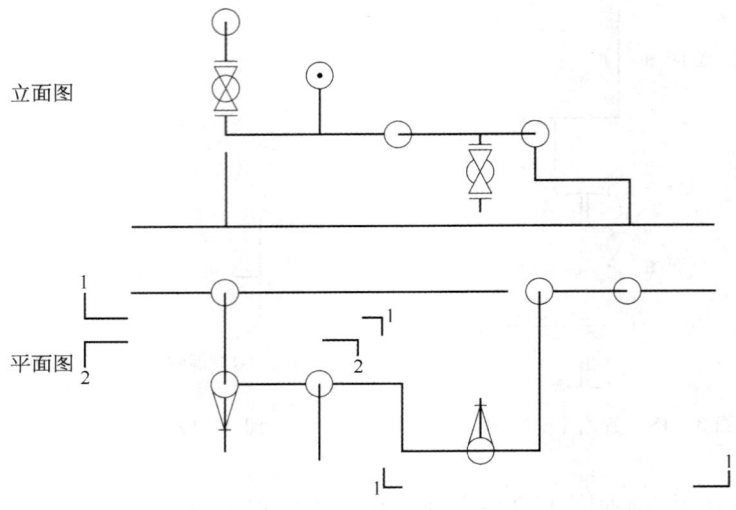

图 3-22　管路平、立面图

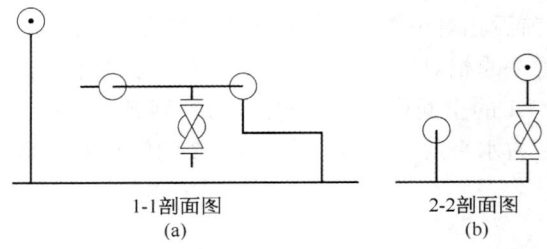

图 3-23　管路剖面图

设备配管的管道剖面图画法与普通管路系统的剖面图画法是一样的,画剖面图时设备是否要画,应视设备配管的配置情况和复杂程度而定,化工静止设备配管的剖面图设备一般要画出,传动设备如水泵、空压机等配管剖面图往往不画设备,只从设备进出口接管画起。

图 3-24 是一组由两台立式冷却器组成的配管平面图和立面图,通过对平、立面图的图样分析,可知图 3-24 是由四路管线和两台冷却器组成的,平面图上还标注着三组剖切符号1-1、2-2 和 3-3。据剖切符号上的投射方向,可知 1-1 剖面图是从前往后看所得到的除1 号管线外的立面图;2-2 剖面图是从右往左看所得到的图形,它反映 201 设备的配管布置;3-3 剖面图是从左往右看所得到的图形,它反映 202 设备的配管布置。立式冷却器的外形一般由封头、圆筒和支座三部分组成。为了便于拆卸和维修,封头和圆筒之间用法兰连接,冷却器上还应有输送冷却介质进出口的管接头,为了便于识读物料介质的管线,本图中没画出进口及出口的管接头。

在 1-1 剖面上看到的这个装置的正立面图(1 号管线除外),201 和 202 这两台冷却器显示完整。由于 1 号管线在剖切位置线外,因此图样上不画出;2 号管线在这个剖面中反映得最清楚,右上角有个圆心带点的小圆,它是 2 号管线在剖切位置线上切口断面的投影;3 号管线和 4 号管线有一部分被冷却器所遮挡而看不见,因此用虚线表示;3 号管线上有个圆心带点的小圆,它是 3 号管线在剖切位置线上的切口断面的投影,如图 3-25 所示。

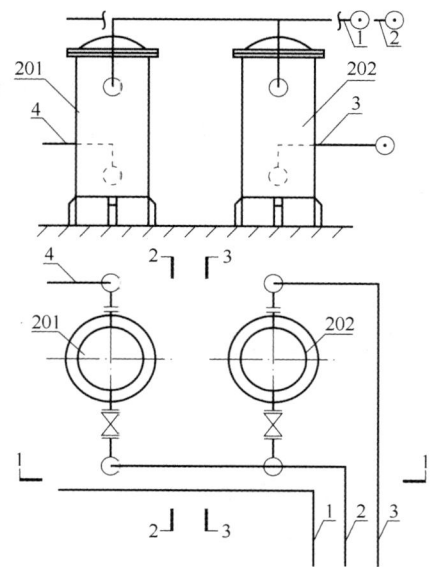

图 3-24 冷却器配管的平、立面图

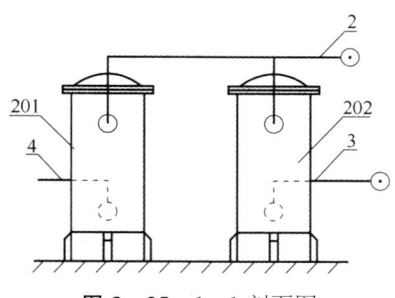

图 3-25 1-1 剖面图

在 2-2 剖面上，左上角并排着两个圆心带点的小圆，左边的一个小圆是 1 号管线，右边一个小圆是 2 号管线，它的下面还有一段与冷却器 201 连接的弯管。由于 3 号管线在剖切位置线之外，因此图样上不画出；4 号管线看到的是一路摇头弯，从 201 设备的接管处往左看，一只弯头是登高向上，另一只弯头是背对读者方向朝里去，如图 3-26 所示。

在 3-3 剖面上，右上角并排着两个圆心带点的小圆，右边一个小圆是 1 号管线的断口，左边一个小圆是 2 号管线的断口。在 1 号管线小圆右边的管线，看上去是一根管线，实际上是 1 号和 2 号管线重合后的投影，说明这两路管线在同一标高上（图面上已用数字标注清楚）。在 2 号管线小圆下面还有一段与冷却器 202 连接的弯管。

3 号管线在 3-3 剖面图里显示得比较完整，从 202 设备的接管处往左看，一只弯头是向上登高，另一只弯头是背对读者方向朝里去，然后再右拐弯，虚线部分是被冷却器遮挡所致，此管线向右截取的长度受到 3-3 剖切符号所表示的宽度范围的限制，因此比平面图里的 3 号管线短，如图 3-27 所示。

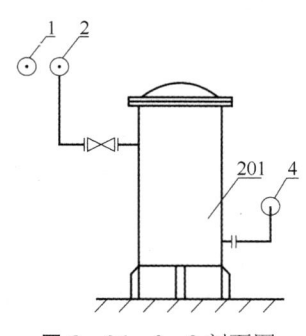

图 3-26 2-2 剖面图

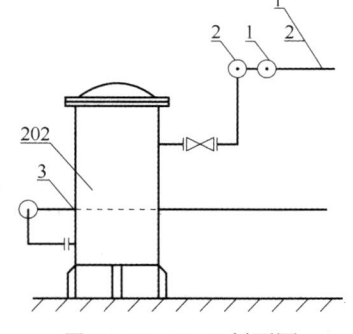

图 3-27 3-3 剖面图

图 3-28 是由六路管线和两台设备(301 和 302)组成的平面图。图中标注着一组阶梯剖切符号,通过剖切符号上的投射方向所示可知 1-1 剖面图(图 3-29)是从前往后看所得到的图形,通过直角形的阶梯剖切符号可知剖切平面在 4 号管线上转折。转折前和转折后的剖视方向不变,与一般视图不同的是转折处管子的切口平直,一般不用折断符号的形式画出。

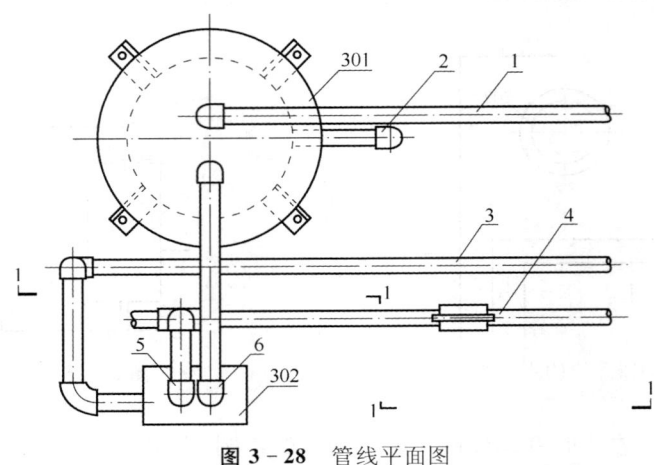

图 3-28 管线平面图

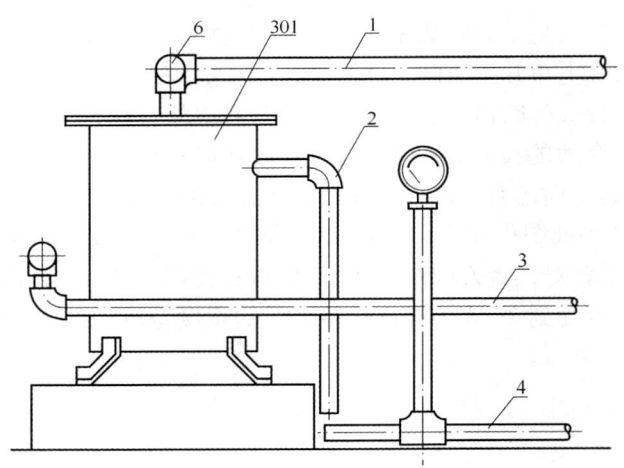

图 3-29 1-1 剖面图

在 1-1 剖面图上,1 号管线和 2 号管线显示清晰完整;3 号管线左上角有个小圆,它是 3 号管线的切口断面;4 号管线受转折剖切,所以仅看到右半段带压力表那路三通的管线,左半段在阶梯剖切位置线之外,因此不画出,转折处的切口是平直的;5 号管线全部在剖切位置线之外,因此不画出;6 号管线前半段在剖切位置线之外,因此也看不到。后半段所能看到的是一只弯头和一段短立管,而且这个弯头和短管的投影同 1 号管线弯头及短管的投影大部分重叠在一起,如图 3-29 所示。

三、管道剖面图的识读

管道剖面图是根据管道平面图上剖切符号画出来的管道立面图,管道剖面图的画法仍旧遵循正投影图的画法要求,因此,对于管道剖面图的识读应掌握以下几点。

(1) 充分理解管道正投影图的画法,特别是管道单、双线图的表示方法。对于管路在空中的布置和走向必须能通过视图表达出来,起码要掌握立管、左右走向水平横管、前后走向水平横管的表示方法,同时对于不同管路的空中变化如何反映到平、立、侧面图也必须理解。

(2) 识读管道剖面图时,首先要在平面图上找到剖切符号的具体位置和投射方向,据此看管道剖面图。

(3) 剖面图要和平面图对照看,同时参照给出的其他视图(如正立面图、侧立面图),以便对管线逐根进行分析,解决管线的空间位置和走向,将几根管线连接起来,弄清管线的组合情况。

(4) 设备配管的剖面图识读时,首先弄清设备的布置情况、管路接口位置以及设备之间的相互位置关系,然后逐个对设备及其管路进行细致查看,同时与平面图及其他视图比对来看,解决管线的空间布置。

(5) 看图时要注意同一根管线在不同的图面上画法是不一样的,看图时必须有管路立体走向概念。

【例1】 图3-30是一组管路的平、立面图和1-1、2-2剖面图,试对这组管路进行识读。

(1) 对平、立面图粗略识读,了解管路的组成和走向。这组管路共有管路18条,90°弯管13个,三通4个,阀门5个,中间法兰1副,异径管1个。管路走向从右边看起,自右向左返低再向前,转弯向左,这条水平管线上有中间法兰、异径管,开两路三通接支管,一路向下接阀门,另一路向上接阀门,再转弯向后向上接门形弯管和阀门。水平干管在左边转弯向上,立管上开三通,向后接支管,转弯向左接阀门,再转弯向后向下。向上的立管接门形弯管,并在另一立管上开三通,向左接带阀门的支管。

(2) 在平面图上查找剖切符号。这组管路上有两组剖切符号1-1和2-2。

(3) 对1-1剖面图的识读。从平面图上可知1-1剖面图是水平阶梯剖而画出来的,可参照立面图去理解。

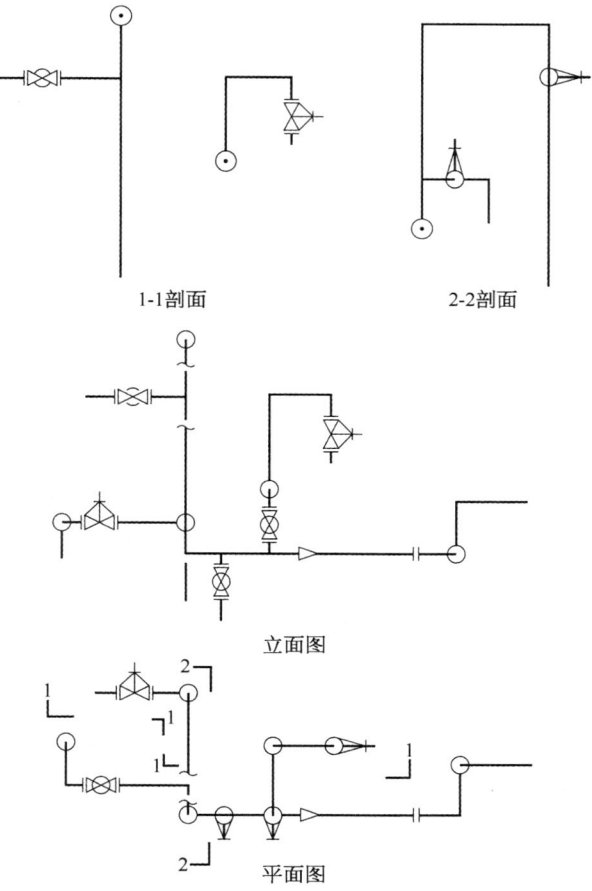

图3-30 管路平、立面图及剖面图

1-1剖面上有两组图形,左面是90°弯管与三通的组合,右面是门形弯管和90°弯管的组合。两个图面与立面图进行比较,原来的弯管背变成了小圆圈加点的管口,这是因为两根前后走向管线被剖切平面剖切所致。

(4) 对2-2剖面图的识读。2-2剖面图是剖切在平面图中部,从右向左投影画出来的右视图。参照平、立面图去理解,从右向左看是一个门形弯管,其右面立管上开三通,看到三通背,这根水平管上装设阀门;左面立管下部接90°弯管,由于管线被剖切,看到管口形成小圆圈加点,立管中部开三通接来回弯再向下,水平管上设有阀门。

【例2】 图3-31是设备配管的平、立面图及剖面图,试对这组设备配管的剖面图进行识读。

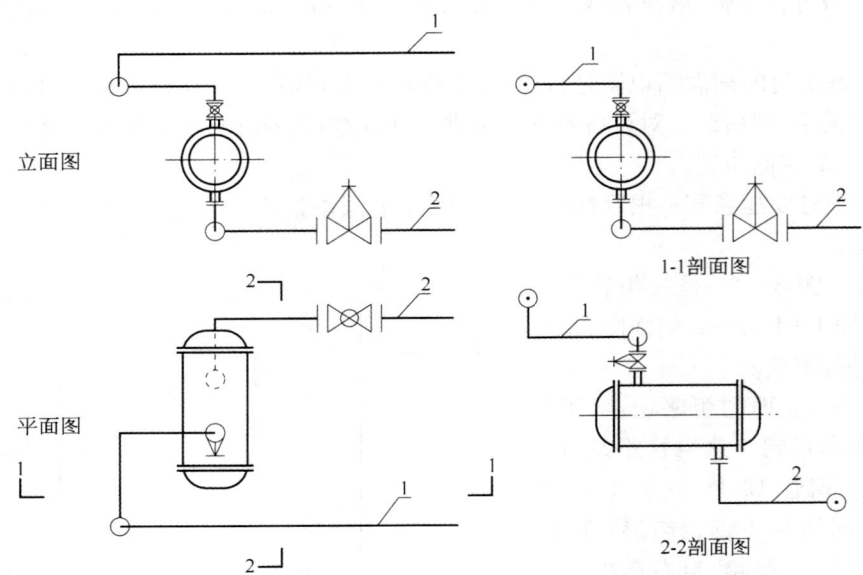

图3-31 设备配管的平、立面图及剖面图

(1) 对设备配管平、立面图粗略识读。这是一组水平放置的筒体设备,设备接管有两路,设备上部出口处设置阀门,管1自下向上转弯向左再向前,登高后转弯向右。设备下部管2从上向下转弯向后再向右,并在向右管线上装设阀门。

(2) 在平面图上查找剖切符号。这组设备配管图上有两组剖切符号1-1和2-2。

(3) 对1-1剖面图的识读。1-1剖面图是水平剖切后从前向后投影画出来的,1号管线上面部分被移去,前后走向管被剖切,画成了带点的小圆圈,2号管与立面图相同。

(4) 对2-2剖面图的识读。2-2剖面图是在设备右面竖向剖切向左投影画出的右视图,设备画成了水平筒体状,上部接管口在图面的左面,下部接管口在图面的右面。管路按空间走向分析,1号管线的最高左右走向管路被剖切,看到管口画成了带点的小圆圈,然后向下并转弯向后,再转弯向右并向下接阀门后与设备连通。2号管线自设备向下接出,转弯向后再向右,在剖面图上左右走向管线用带点小圆圈表示,阀门不在投影范围而不画。

识读管道剖面图要注意的问题是:剖面图上直观反映的管线方向不是它的空间实际走向,管线实际走向与剖切后投影方向有关。识读时要与平、立面反复对照,才能看得透彻。

【例3】 图3-32是高位水箱的平面图和1-1、2-2剖面图,试对1-1、2-2剖面图进行识读。

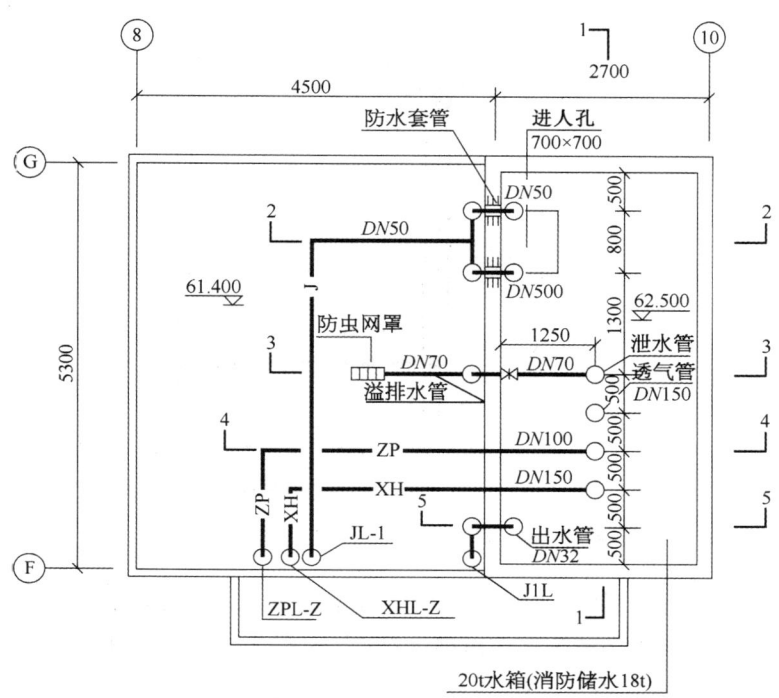

屋面水箱管道布置平面图

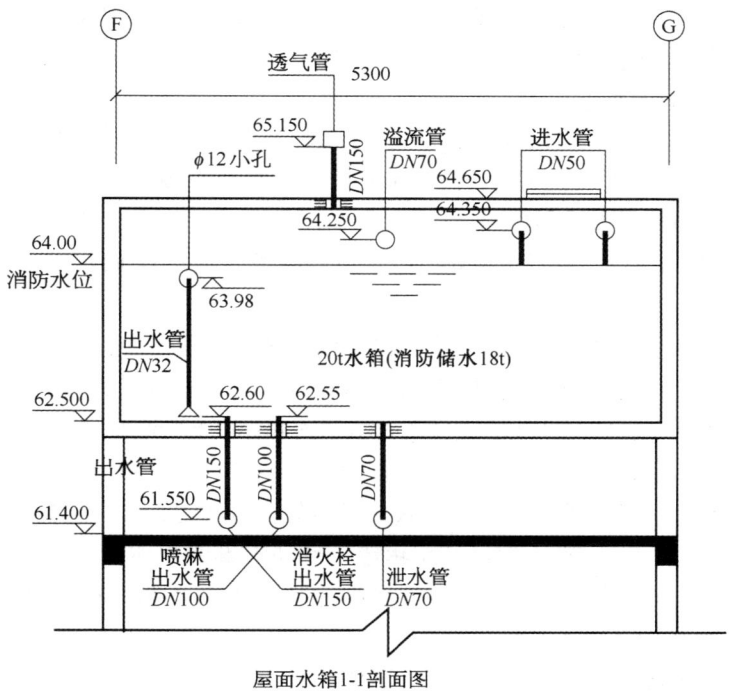

屋面水箱1-1剖面图

图3-32 高位水箱平面图和剖面图

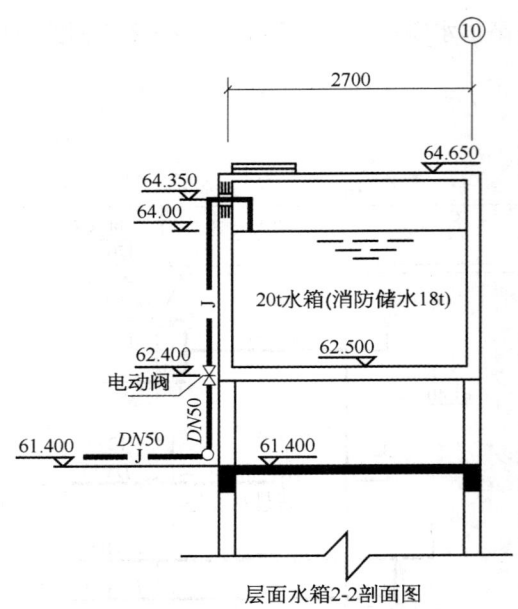

层面水箱2-2剖面图

图3-32 高位水箱平面图和剖面图(续)

(1) 识读高位水箱平面图。这是一座20 t(消防贮水18 t)的消防水箱,平面尺寸为5 300 mm×2 700 mm。管路系统有水箱进水管、生活水出水管、消火栓系统出水管、自动喷水灭火系统出水管、水箱溢水管、水箱泄水管及水箱透气管。

水箱进水管管路代号J,管径DN50,从F轴线给水立管(立管编号JL-1)向后转弯向右至水箱边登高分两路进入水箱。水箱泄水管管径DN70,从箱底接出,从右向左装阀门后与溢水管(管径DN70)相连,并排至屋面,在溢排水管末端设防虫网罩。水箱顶设透气管,管径DN150,用于向水箱透气。

自动喷水灭火系统又称喷淋系统,管路代号ZP,水箱出水管管径DN100,消火栓系统,管路代号XH,水箱出水管管径DN150,两条管路从水箱底部接出并行向左再转弯至F轴向下分别设总立管ZPL-Z和XHL-Z。

水箱上还有人孔,尺寸为700 mm×700 mm,各管路间的平面尺寸都有标注,可逐一阅读。

平面图上有五组剖切符号,仔细阅读为识读和绘制剖面图作准备。

(2) 识读1-1剖面图。1-1剖面是沿水箱前后方向(竖向)剖切,反映水箱所有配管立面的布置。水箱设置在标高61.40 m平台上。水箱内底标高62.50 m,箱顶面标高64.65 m,消防水位64.00 m。水箱进水管管径DN50,有两根,其标高为64.35 m。溢流管管径DN70,管中心标高64.25 m。透气管从水箱顶盖接出,管径DN150,接至标高65.15 m。泄水管从水箱底接出,管径DN70,至标高61.55 m转弯。自动喷淋管出水管管径DN100从水箱底接出,至标高61.55 m转弯。消火栓出水管,管径DN150,从水箱底接出至标高61.55 m转弯。管道穿过水箱壁均设防水套管。

(3) 识读2-2剖面图。2-2剖面是左右方向(水平)剖切,反映水箱进水管立面的布置,进水管管径DN50,从左向右沿61.40 m平台敷设,至水箱边用三通在前后方向分两路,向上设立管,在标高 62.40 m 处设电动阀,立管在标高 64.35 m 处转弯进入水箱,管道在水箱内弯成 180°向下供水。

管道穿越水箱壁时设防水套管。

小　结

在三面投影图的基础上,为了清楚、明了地表达管件和阀件的内部形状,出现了剖面图和断面图,它们的基本原理和三面投影图的原理完全相同,只不过是由于采取了假想剖切,使得管件和阀件内部形状及层次显露得更加清楚明显。

管道剖面图在图样中看起来好像比较特殊,实际上其投影的原理同三面投影图一样,遵循的仍是正投影原理。由于管线的剖切符号绝大多数都显示在平面图上,因此,管道剖视图实际上就是用剖切的方法,把管线的立面图进行有目的的删选,删选后的图样仍旧是立面图。因此,管道剖面图的看图方法首先是根据平面图上的剖切符号确定剖视方向,方向确定后,其他部分都同管道立面图的看图方法相同。剖面图在管道施工图中是最常见到的一种图样,当一组比较复杂的管线仅仅依靠平、立面图还是不能表达清楚时,就必须借助几个方向的剖面图来处理解决。

复 习 思 考 题

1. 常见的管件和阀门的剖面图有哪几种形式?试举例说明。
2. 剖面图和断面图有什么区别?
3. 一组剖切符号包含哪些内容?
4. 常见的剖面图有哪几种形式?试举例说明。
5. 试举例说明管线与管线之间的剖面图应怎样识读。

练　习　题

1. 根据平面图和立面图画出剖面图。

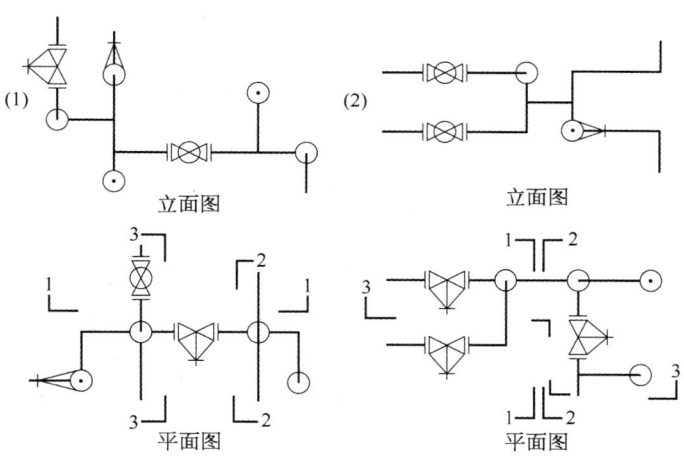

2. 根据下列平面图和 A-A 剖面图试画出其 B-B 剖面图。

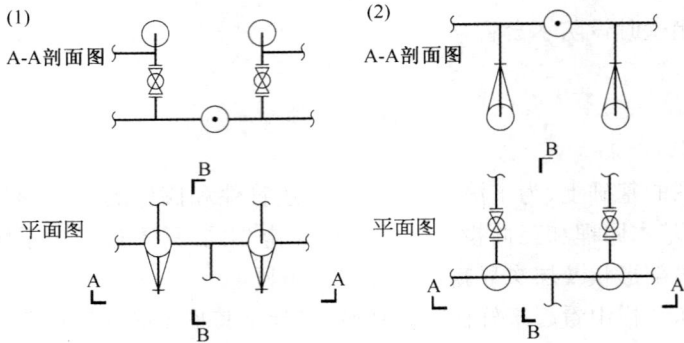

3. 根据平面图和 A-A 剖面图试画出 B-B 剖面图。

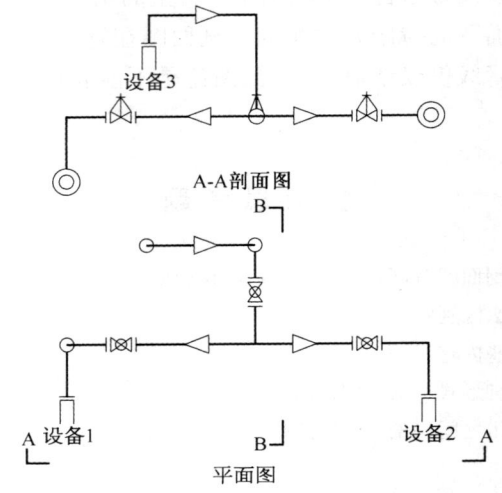

4. 根据平、立面图，试画出 A-A、B-B 剖面图。

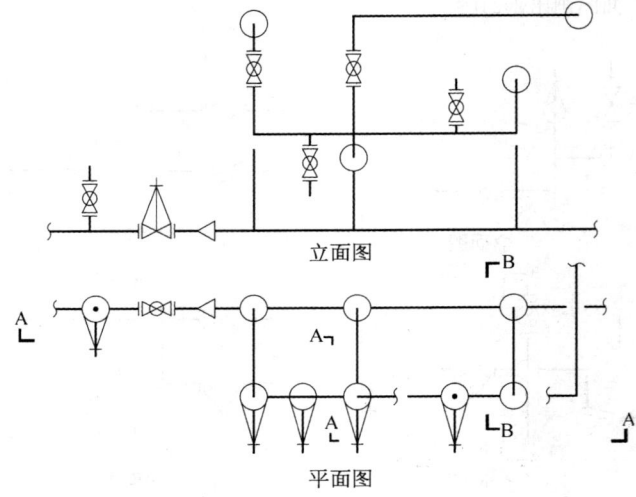

5. 根据平、立面图画出 1-1、2-2、3-3 剖面图。

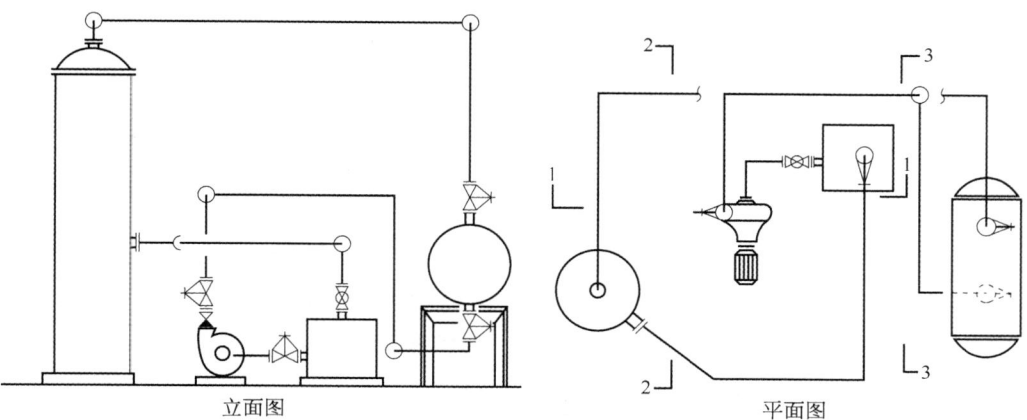

立面图　　　　　　　　　平面图

6. 根据平、立面图，画出其相应剖面图。

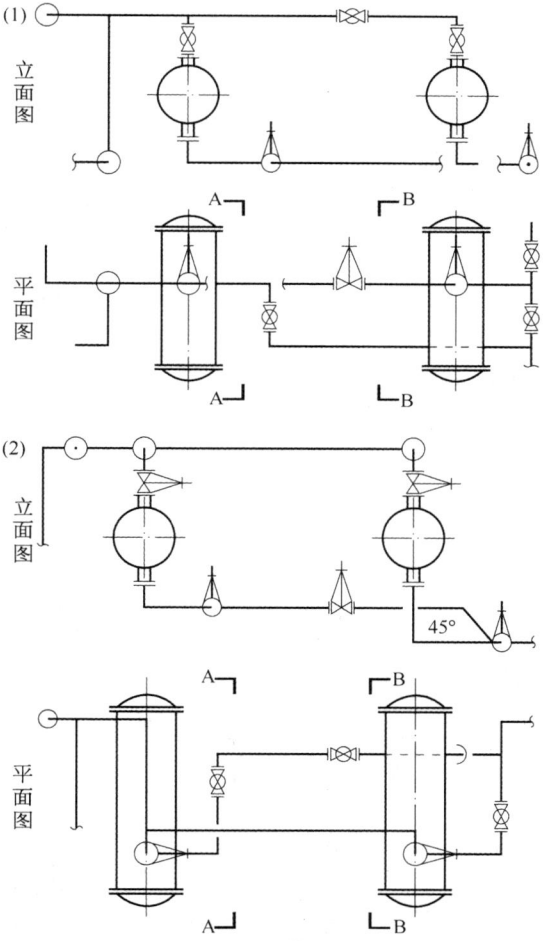

7. 根据本章第三节中【例3】给出的高位水箱平面图及 1-1、2-2 剖面图，试画出 3-3、4-4、5-5 剖面图。

8. 试对水泵配管的平面图和剖面图进行识读。

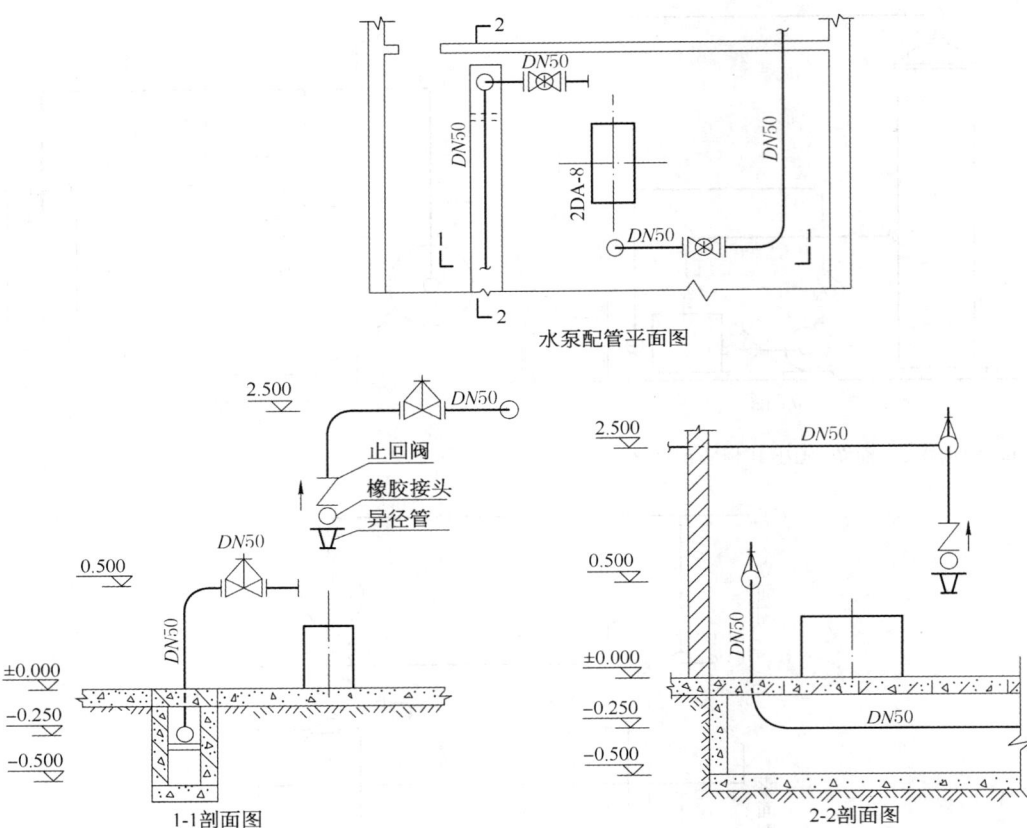

9. 试对工艺泵配管平面图和剖面图进行识读。

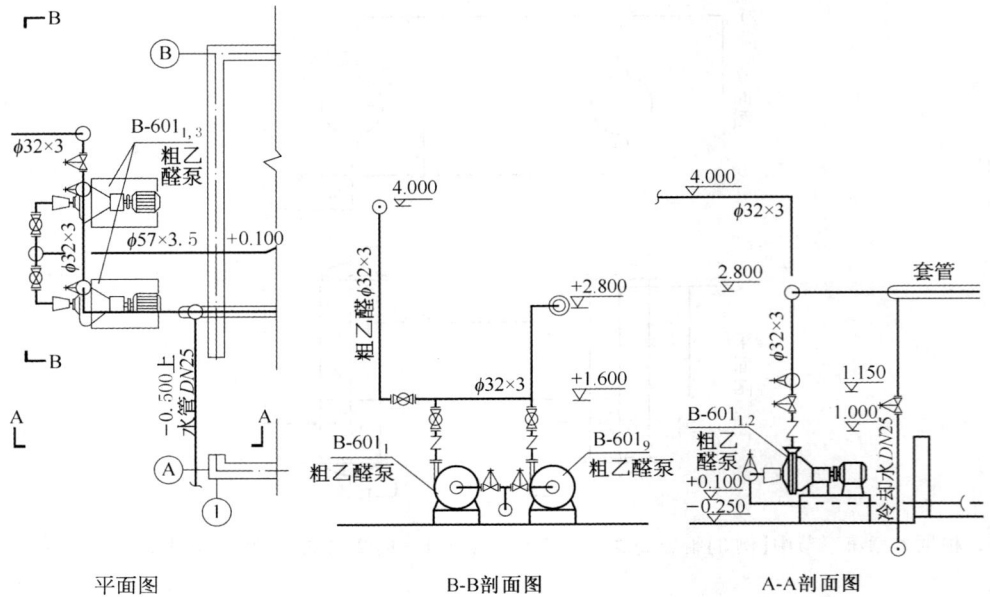

第四章 管道轴测图

管道施工图中通常采用两种图样,一种是根据正投影原理绘制的平面图、立面图和剖面图等;另一种是根据轴测投影原理绘制的管线立体图,即轴测图。

目前,国际上在管道工程的设计方面已全面推广模型设计,采用电子计算机绘制以单线形式表示的管段轴测图取代过去的管道布置图,以加快设计速度,提高设计质量,并为管道工程的工厂化施工创造条件。此外,设计人员的现场技术交底,管道预制加工的草图绘制也大多用轴测图的形式,因此不论是给水排水、采暖通风还是化工工艺的管道施工图中,轴测图都占有重要地位。

这一章节,不仅要学习管道轴测图的识读方法,而且还要掌握简单的绘制方法。

第一节 轴测图的概念

一、轴测图的作用

图4-1是一组水池、水泵和水塔的管路图,这组管路的流程是由水泵进口处的管道从水池里吸水,然后通过水泵出口处的管道把水送到水塔里面。这路管线虽然很简单,但必须把平面图、立面图和侧面图结合起来才能看懂。由此可见,用正投影法画出的图样尽管能准确无误地反映出管线的空间走向和具体位置,但由于分散地反映在几个图面上,缺乏立体感,所以看起来既不形象又很费力。管道轴测图则能把平、立面图中的管线走向在一个图面里形象、直观地反映出来。如果一个系统里有许多纵横交错的管线,轴测图就更能显示出它独特的作用。它那富有立体感的线条能清晰完整、一目了然地把整个管线系统的空间走向和位置反映出来,使施工人员很快就能建立起立体概念。

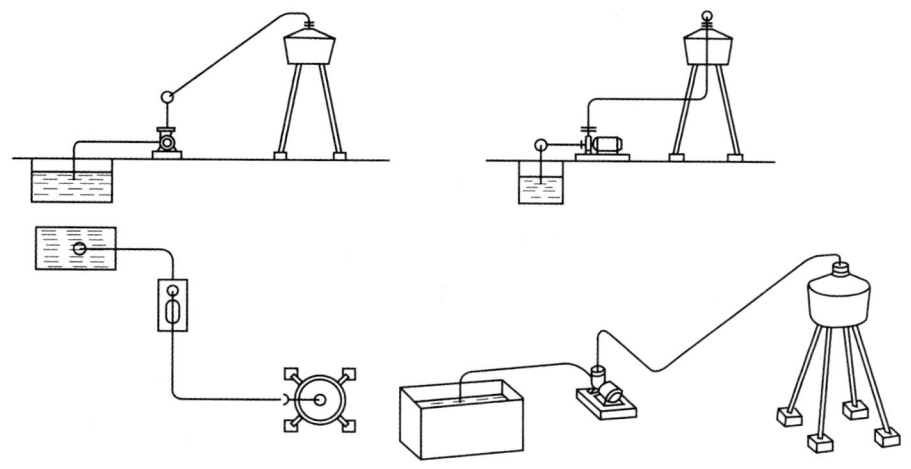

图4-1 管道平、立、侧面图同轴测图的比较

二、轴测图的形成

轴测图是用平行投影法将物体连同确定其空间位置的直角坐标系沿不平行任一坐标面的方向投射在单一投影面(轴测投影面)上所得到的具有立体感的图形,如图 4-2 所示。

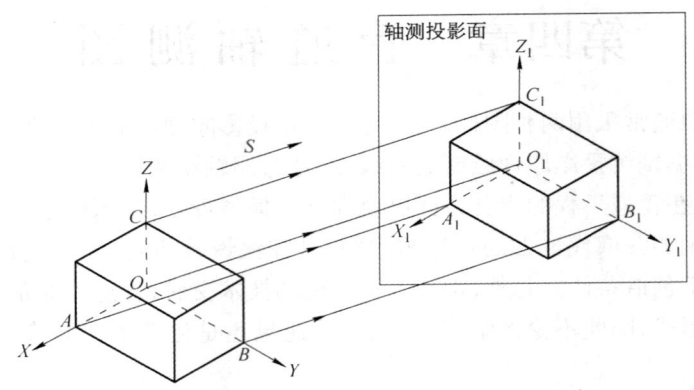

图 4-2 轴测图的形成

在轴测投影中,当投影方向垂直投影面时,所得到的轴测投影图称为正轴测投影图;当投影方向倾斜于投影面时,所得到的轴测投影图称为斜轴测投影图。

三、轴测轴、轴间角、轴向及轴向伸缩系数

如图 4-2 所示,形体的直角坐标轴 OX、OY、OZ 在轴测投影面上的投影称为轴测轴,分别标记为 O_1X_1、O_1Y_1、O_1Z_1。

相邻两轴测轴之间的夹角 $\angle X_1O_1Y_1$、$\angle Y_1O_1Z_1$、$\angle X_1O_1Z_1$ 称为轴间角。

在管道图中轴测轴所代表的方向称轴向。

在轴测投影中,平行于空间坐标轴方向的线段,其投影长度与其空间实际长度之比称为轴向伸缩系数。三个轴向伸缩系数分别用 p、q、r 表示。

OX 轴的轴向伸缩系数 $p = \dfrac{O_1X_1}{OX}$;

OY 轴的轴向伸缩系数 $q = \dfrac{O_1Y_1}{OY}$;

OZ 轴的轴向伸缩系数 $r = \dfrac{O_1Z_1}{OZ}$。

四、轴测投影的特性

由于轴测投影是用平行投影法形成的,所以具有平行投影的全部特性,在绘图时经常使用以下几点。

(1) 物体上相互平行的线段,其轴测投影仍相互平行。

(2) 空间同一线段上各段长度之比在轴测投影中保持不变。

(3) 物体上与坐标轴平行的线段,其轴测投影平行于相应的轴测轴,且同一轴向所有线段的轴向伸缩系数均相同。

与坐标轴不平行的线段具有与之不同的伸缩系数,不能直接量测与绘制,只能根据端点坐标,作出两端点后连线绘出。

五、轴测图的分类

如前所述,根据投影方向与轴测投影面的相对位置不同,轴测图分为两大类:正轴测图

和斜轴测图。

根据三个轴的轴向伸缩系数的不同,又可分为三种:

(1) 正(斜)等测:$p = q = r$;

(2) 正(斜)二测:$p = q \neq r$ 或 $p = r \neq q$ 或 $q = r \neq p$;

(3) 正(斜)三测:$p \neq q \neq r$。

在管道图经常使用正等测、正面斜等测和正面斜二测,绘图时采用简化的轴向伸缩系数。

六、管道轴测图的画法

管道轴测图是根据管道平、立(剖)面图来画的,画图的方法步骤和注意事项如下。

(1) 分析给出的管道平、立(剖)面图。搞清楚管道系统的组成,可以先一根管线一根管线分析,确定其空间位置,再找出各管线之间的关系,对于管件、附件、阀门等也要一一查明,最后综合起来想象出管道的空间走向。

(2) 定轴定方向。根据要画的轴测图的种类,确定轴测轴、轴间角和轴向伸缩系数(一般采用简化轴向伸缩系数),并设定轴测轴所代表的方向。

(3) 量取线段作图。在平、立(剖)面图上量尺寸,用轴向伸缩系数计算出实际画图尺寸,画出轴测图。画图时一根管线一根管线的画,凡是立管、左右走向水平横管和前后走向水平横管均可在相对应的轴测轴或其平行线上量取,量取线段时要注意方向性,必须使轴测图上管线方向与平、立(剖)面图相一致。

(4) 凡不平行于坐标轴方向的管线,画图时可采用添加平行于轴测轴的辅助线的方法,找出它与轴测轴的关系,然后把两个端点连接起来。

(5) 凡不平行于轴测投影面的圆,其轴测图画成椭圆。

(6) 设备配管的轴测图,设备可以不画,但要画出设备上管道接口。

(7) 管道轴测图多用单线图方式表示。

第二节　管道正等测图

一、正等测图的轴间角和轴向伸缩系数

使空间形体的三个坐标轴与轴测投影面的倾角都相等,用正投影法将物体连同其直角坐标轴向轴测投影面投影时,所得到的轴测图称为正等测图,如图 4-3a 所示。

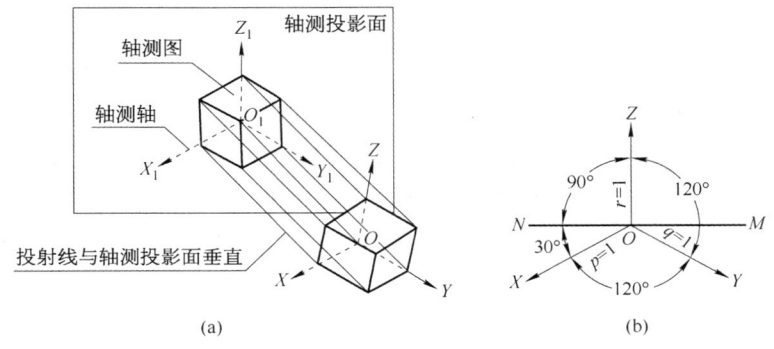

图 4-3　正等测图

(a) 正等测图的形成;(b) 轴间角、轴倾角和轴向的简化伸缩系数正等测图的轴间角都相等,即∠XOY = ∠YOZ = ∠XOZ = 120°。

由于物体三个坐标轴与轴测投影面的倾角相等,所以三个轴的轴向伸缩系数也都相等,根据计算 $p = q = r = 0.82$。但为了作图方便,在工程实际中,一般采用简化轴向伸缩系数,即 $p = q = r = 1$,如图 4-3b 所示。采用简化轴向伸缩系数画图时,沿各轴向的所有线段,都直接按物体上相应线段的实际长度量取,不需要换算。

轴测轴 OX 和 OY 与水平线的夹角∠XON、∠YOM 称为轴倾角,轴倾角均为30°,如图4-3b 所示。

二、管道正等测图画法

管道轴测图是管道走向的立体图,画图时必须确定轴测轴所代表的方向。管道正等测图一般将 OZ 轴选定为上下方向,而 OX 轴和 OY 轴的选轴方法有两种,一种是 OX 轴定为前后方向,则 OY 轴为左右方向,如图 4-4a 所示;另一种是 OX 轴定为左右方向,则 OY 轴为前后方向,如图 4-4b 所示。之所以有两种定轴方法,这主要是 OX 轴和 OY 轴可以换位的缘故。在现实管道施工图中以采用图 4-4a 者居多。

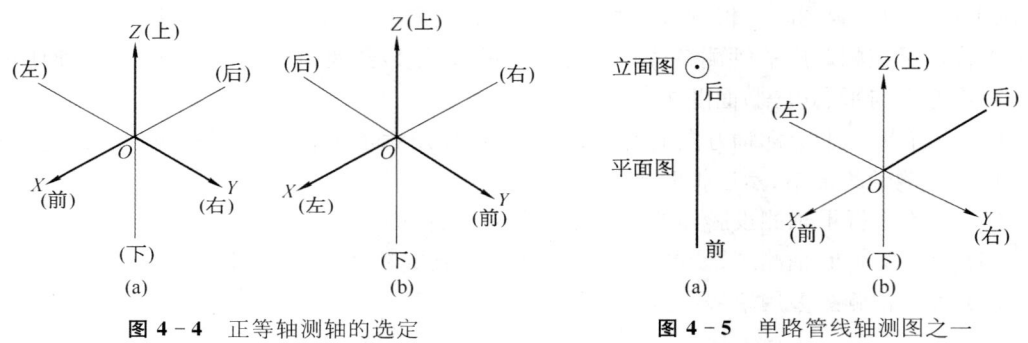

图 4-4　正等轴测轴的选定　　　　图 4-5　单路管线轴测图之一

1. 单路管线的正等测图

画单路管线的轴测图时,首先是分析图形,弄清这路管线在空间的实际走向和具体位置:究竟是左右走向的水平位置,还是前后走向的水平位置,或是上下走向的垂直位置。在确定这路管线的实际走向和具体位置后,就可以确定它在轴测图中同各轴之间的关系。

在图 4-5a 中,通过对平、立面图的分析可知这是根前后走向的水平位置的管线,在此基础上,确定前后走向是 OX 轴,由于 X、Y、Z 三轴的简化轴向伸缩系数均为1,沿轴量尺寸时,可从 O 点起在 OX 轴上用圆规或直尺直接量取管线在平面图上线段的实长,如图4-5b 所示。此实长是指平、立面图中线段的长度,并非指由数字标注的真正长度。

在图 4-6a 中,通过对平、立面图的分析,可知这是根上下走向的垂直管线,在此基础上确定上下走向是 OZ 轴,沿轴量尺寸时,可从 O 点起在 OZ 轴上直接量取管线在立面图上的实长,如图 4-6b 所示。

在图 4-7a 中,通过对平、立面图的分析,可知这路是左右走向的水平管线,现确定左右走向为 OY 轴,沿轴量尺寸时,可从 O 点在 OY 轴上直接量取管线在平、立面图上的实长,如图 4-7b 所示。

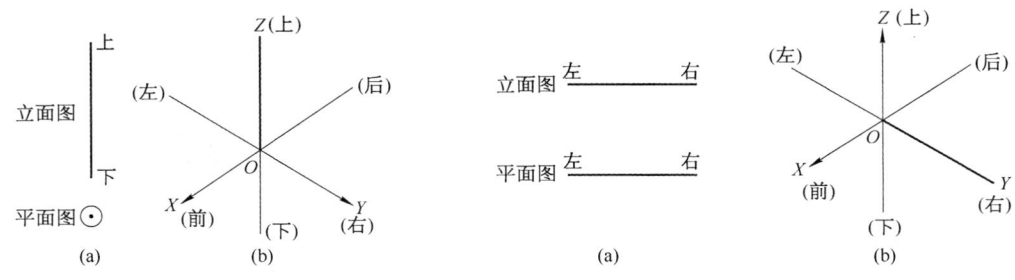

图 4-6 单路管线轴测图之二　　　　图 4-7 单路管线轴测图之三

2. 多路管线的正等测图

在图 4-8a 中,通过对平、立面图的分析可知,1、2、3 号管线是左右走向的水平管线,4、5 号是前后走向的水平管线,而且这五根管线标高相同,在此基础上,确定前后走向的管线是沿 OX 轴,那么 OY 轴则应和左右走向的管线一致。在沿轴量尺寸时,不仅可以把尺寸量在三根轴线反方向的延长线上,也可以把尺寸量在三根轴线的平行线上。管线与管线之间的间距和编号应同平面图上间距和编号相一致,如图 4-8b 所示。

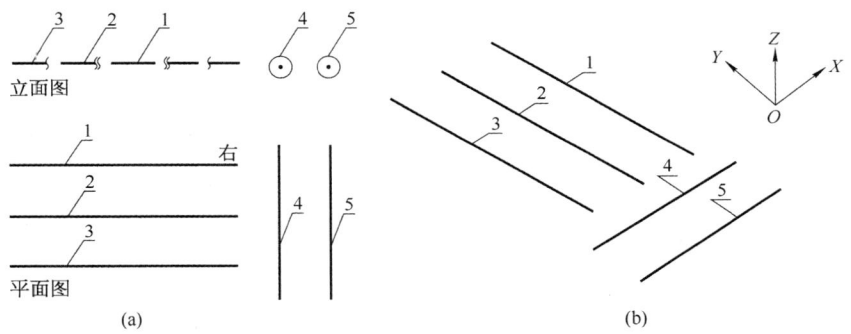

图 4-8 多路管线的轴测图

3. 交叉管线的正等测图

在图 4-9a 中,通过对平、立面图的分析可知,这两路管线,一路是左右走向的水平管线,另一路是前后走向的水平管线,由于两路管线标高不同,所以在平面图上这两路管线所呈现的投影是交叉投影,其交叉角为 90°。选定前后走向的管线与 OX 轴一致,那么 OY 轴则应与左右走向的管线一致(简称定轴定方向)。沿轴量尺寸时,可把 O 点作为中心点,在 OX 和 OY 轴上,分四小段量取管线在平、立面图上的实长。在交叉管线的轴测图中,标高高的或前面的管线应显示完整,标高低的或后面的管线应用断开的形式画出,这样管线才有立体感,如图 4-9b 所示。

在图 4-10a 中,通过对平、立面图的分析可知,在这四路管线中,2、4 号是左右走向的水平管线,1、3 号是前后走向的水平管线,由于四路管线标高各不相同,所以在平面图上是一组投影互相交叉的图形,其交叉角为 90°。选定 OX 轴与前后走向的水平管线一致,OY 轴则与左右走向的管线一致。沿轴量尺寸时,不仅可以把尺寸量在三根轴的平行线上,也可以把尺寸量在轴线反方向的延长线上。交叉管线轴测图应根据高的管线或前面的管线显示完整,低的管线或后面的管线按断开的形式画出,如图 4-10b 所示。

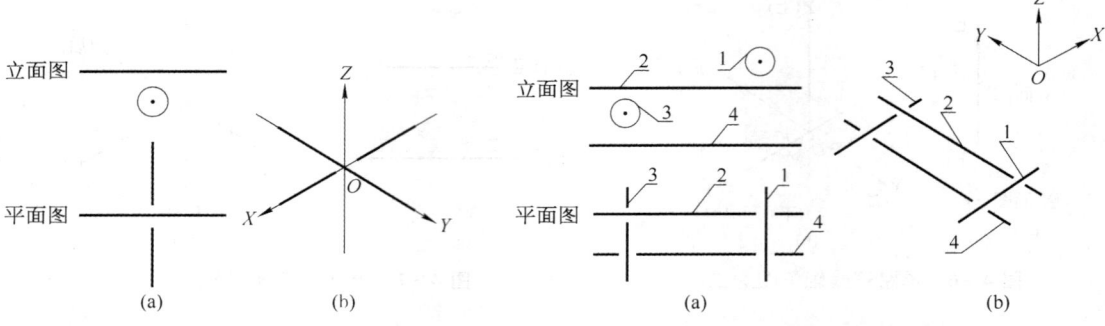

图 4-9 两路交叉管线的轴测图　　图 4-10 多路交叉管线的轴测图

4. 弯管的正等测图

在图 4-11a 中，通过对平、立面图的分析可知，这只弯管（角度为 90°，下同），可以理解为由左右走向和前后走向的两部分管线连接而成，弯管本身是水平放置的。选定 OX 轴为前后方向，OY 轴为左右方向。沿轴量尺寸时要考虑整个弯管的走向，此走向应根据该弯管在空间的实际走向和具体位置来确定，如图 4-11b 所示。

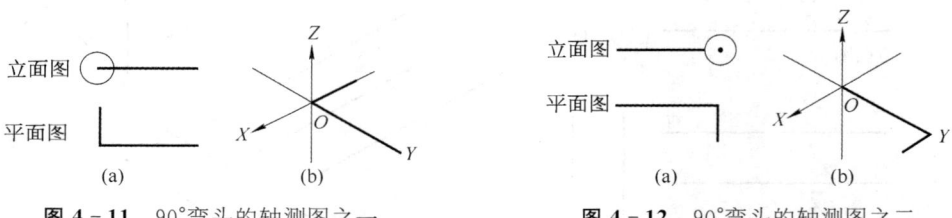

图 4-11　90°弯头的轴测图之一　　图 4-12　90°弯头的轴测图之二

在图 4-12 中，尽管平、立面图反映出来的弯管也是水平放置的，但是整个弯管的实际走向和具体位置在方向上与图 4-11 恰好相反。

图 4-13a 是竖放的 90°弯管，其走向是从上向下转弯向前，在 OZ 轴量取立管长度，再在 OX 轴量取前后走向水平管段长度，两管段组合起来就是该 90°弯管的轴测图。图 4-13b 虽然也是竖放的 90°弯管，但走向与 4-13a 不同，画法基本相同，在 OZ 轴上量取立管长度再从转弯点向后量取水平管长度，组合起来轴测图就完成了。

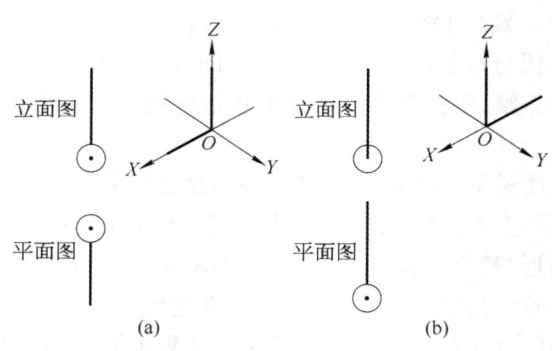

图 4-13　90°弯头的轴测图之三

5. 三通管的正等测图

在图 4-14 中,通过对平、立面图的分析可知,这只正三通管可以分解成两部分,即一部分是上下走向的管段,另一部分是前后走向管段,并 90°连接。现选 OZ 轴为上下方向,OX 轴为前后方向,按平面图尺寸在 OX 轴上量出三通管长度和找出三通分支点,再从分支点向上画三通支管,作图就完成了。

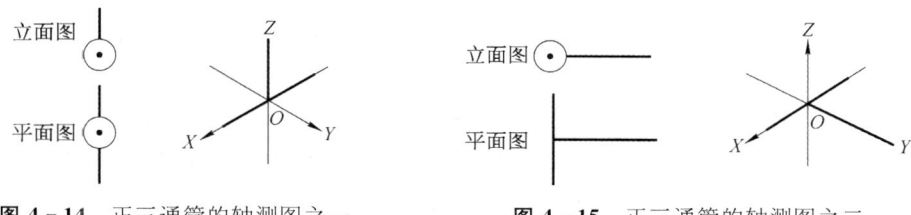

图 4-14　正三通管的轴测图之一　　　　图 4-15　正三通管的轴测图之二

在图 4-15 中,从平、立面图上反映出来的正三通管是水平放置的。选轴时,主要考虑 OX 轴和 OY 轴,在 OZ 轴上没有三通管线存在。画法与图 4-14 相同。

6. 法兰连接图形符号的画法

法兰连接图形符号在管道系统中用平行短线表示。垂直管路或管段的法兰连接图形符号按与水平线方向成 30°角绘制,如图 4-16a 所示,水平管路或管段的法兰连接图形符号按垂直方向绘制,如图 4-16b 所示。

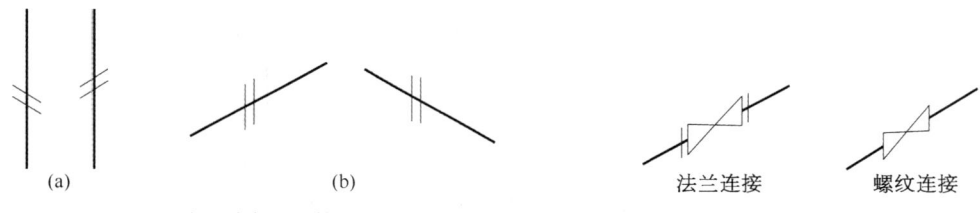

图 4-16　法兰连接图形符号的画法　　　　图 4-17　阀门图形符号一般画法
(a) 垂直管段的法兰连接画法; (b) 水平管段的法兰连接画法

7. 阀门图形符号的画法

阀门图形符号的画法一般按图 4-17 绘制。必要时,应画出阀门上的控制元件图形符号的类型(人工、活塞等)和位置,如图 4-18 所示。当控制元件符号的位置与任一直角坐标轴平行时,可不标注(图 4-18),否则应标注其与直角坐标平面的相对位置(图 4-19)。

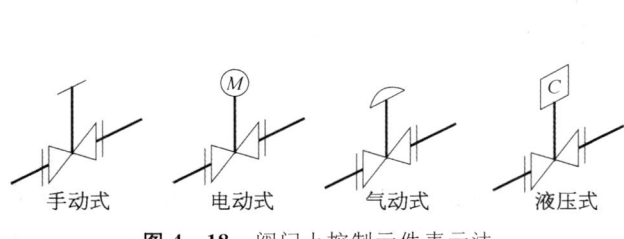

图 4-18　阀门上控制元件表示法

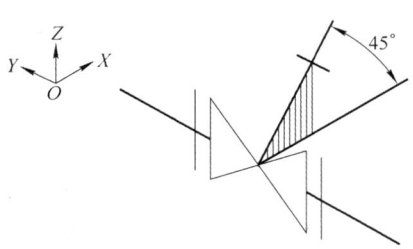

图 4-19　阀门上控制元件不平行于直角坐标轴时的表示法

阀门柄的方向在轴测图上需要画出来时,一般采用习惯画法绘制,现以常见的画法介绍其绘图要点。

(1) 阀门符号用细实线绘制,阀门符号的两个相对的三角形的底边应平行于某一轴测轴。

(2) 阀门柄从两个相对三角形的交点引出,阀柄的方向根据平、立面图上的方向画,不能画反。

(3) 手动阀门代表手轮的短线必须与设置阀门的管线走向相一致,即平行于设置阀门的管线。

(4) 阀柄边上的两条辅助线的画法:凡阀柄与阀门符号三角形底边相平行(也即阀柄与法兰相平行)时,辅助线画到阀门符号三角形的尖角上;不平行时,辅助线画到阀门符号三角形底边的中点。图 4-20 是阀门两种画法的正等测图。

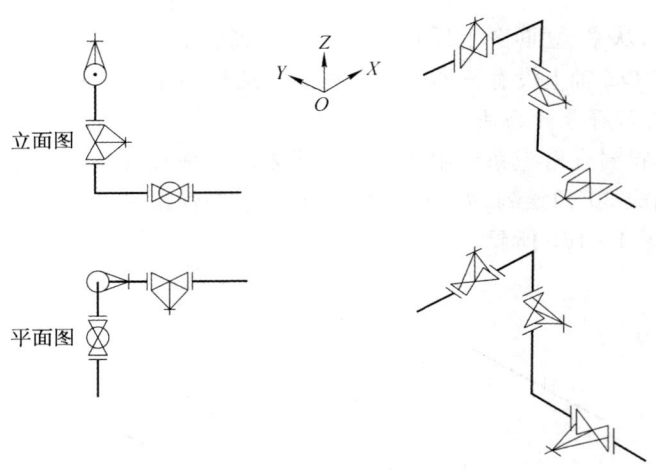

图 4-20 手动式带柄阀门画法

8. 偏置管的画法

1) 偏置管的概念

空间管路系统的管路走向主要是上下、前后和左右六个方向,即管路系统中的立管、前后水平管路和左右水平管路,这些管路在空间均平行于某个坐标轴,同时垂直于某一投影面,如立管平行于 OZ 轴,垂直于水平投影面;前后管线平行于 OY 轴,垂直于正立投影面;左右管线平行于 OX 轴,垂直于侧立投影面。

为了使不同位置、不同标高的设备能用管路连接起来,管路系统有时会出现用 45°弯管、斜三通、斜四通等管件使管路转换方向,从而与相关设备连接,这些不平行于某个坐标的斜管路称为偏置管。

2) 偏置管的画法

由于偏置管不平行于坐标轴,因而在画正等测图时必须加辅助线,为了将管路走向表示清楚,必须在辅助线与管线投影之间形成的三角形内画上阴影线(平行细实线)。国家标准《技术制图 管路系统的图形符号 管路、管件和阀门等图形符号的轴测图画法》(GB/T 6567.5)(以下简称 GB/T 6567.5)规定如下。

当管路或管段不平行于直角坐标轴时,在轴测图上应同时画出其在相应坐标平面上的投影及投射平面。

(1) 当管路或管段的所在平面平行于直角坐标平面的垂直面时,应同时画出其在水平面上的投影及投射平面,如图 4-21 所示。

(2) 当管路或管段的所在平面平行于直角坐标平面的水平面时,应同时画出其在垂直面上投影及投射平面,如图 4-22 所示。

(3) 当管路或管段不平行于任何直角坐标平面时,应按图 4-23 绘制。

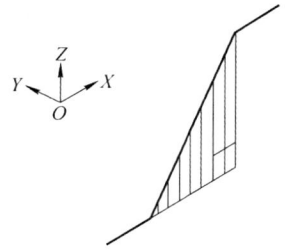

图 4-21 管段平面平行于 XOZ 平面时的表示

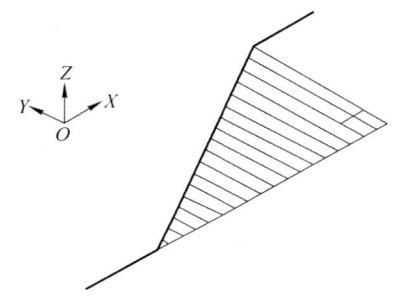

图 4-22 管段平面平行于水平投影面时的表示

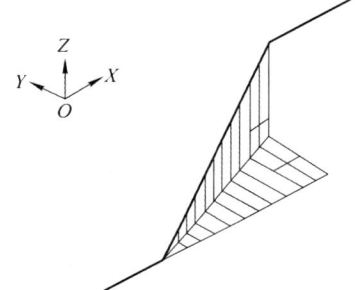

图 4-23 管段不平行于任何直角坐标平面时的表示

(4) 管路或管段的投射平面一般用直角三角形表示(图 4-21~图 4-23),也允许用长方形或长方体表示,如图 4-24 和图 4-25 所示。

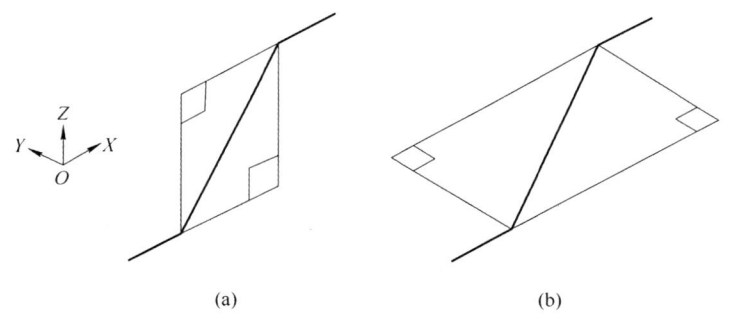

(a)　　　　　　(b)

图 4-24 用长方形表示投射平面

当用直角三角形表示投射平面时,应在投射平面内画出与其相关投影垂直且间距相等的平行线。水平投射平面内的平行线应平行于 X 轴或 Y 轴,其他投射平面内的平行线应平行于 Z 轴。

管路或管段的投影、投射平面及投射平面内的平行线均用细实线绘制。

图 4-26a 是 45°弯管的平、立面图,弯管由管 1 和管 2 组成,管 1 是前后走向管路,可以直接画出,管 2 是偏置管,画轴侧图时作两条辅助 ab 和 bc。先在管 1 前后走向的后端取一

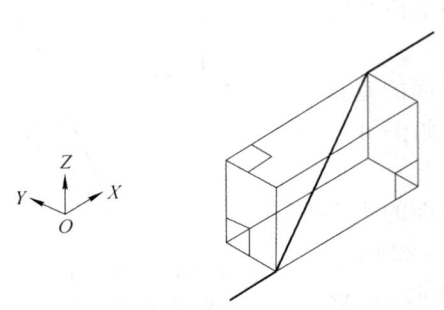

图 4-25 用长方体表示投射平面

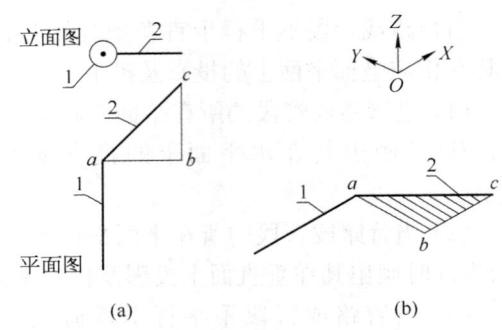

图 4-26 偏置管的画法之一

点为 a，从 a 点作平行 OY 轴的细实线，得线段 ab，再从 b 点作 OX 轴平行线得出 c 点，连接 ac 即得偏置管 2，由于偏置管 2 在水平面内倾斜，所以在其投射平面 abc 内画上与 OY 轴(或 OX 轴)平行的细实线，如图 4-26b 所示。

图 4-27a 是竖放斜三通管的平、立面图，管 1 是立管，管 2 是偏置管。画轴测图时作两条辅助线 ab 和 bc，画好立管 1 之后在其上面找到三通分支点 a，然后作平行于 OY 轴的细实线 ab，再作平行 OZ 轴的细实线 bc，连接 ac 即为偏置管 2，由于偏置管 2 在正立面内倾斜，因此在投射平面 abc 内画上与 OZ 轴平行的细实线，如图 4-27b 所示。

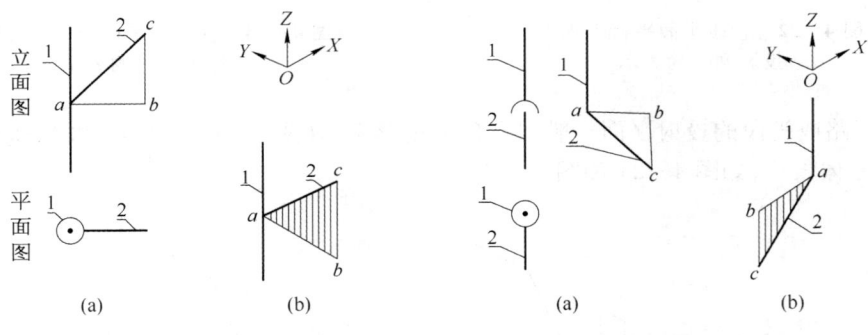

图 4-27 偏置管的画法之二 　　　　　图 4-28 偏置管的画法之三

图 4-28a 是 45°弯管竖直放在空间的三面投影图，通过对三面投影图的分析可知。管 1 是立管，管 2 是前后向倾斜的偏置管，左侧立面反映了 45°弯管的实形，画轴测图时先在左侧立面图上作两条辅助线 ab 和 bc，在立管 1 下端取点 a，通过 a 点作 ab 平行于 OX 轴，再作 bc 平行于 OZ 轴，得到 c 点，连接 ac 即为偏置管 2，因为偏置管 2 在侧立面内倾斜，所以在投射平面 abc 内画上平行于 OZ 轴的细实线，如图 4-28b 所示。

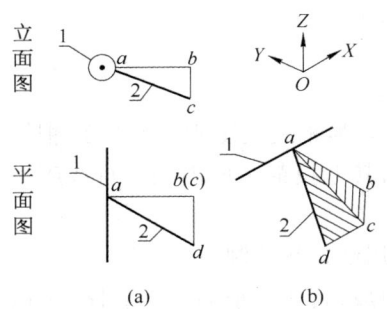

图 4-29 偏置管的画法之四

图 4-29a 是水平放置斜三通管的平、立面图，管 1 是前后走向的管路，斜三通支管 2 在正立面向下倾斜，在水平面内向前倾斜。为了能将支管 2 轴测图画出来，首先在立面图上作辅助线 ab 和 bc，形成三角形 abc，三角形 abc

在平面图上的投影成为一条线 $ab(c)$，再作辅助线 cd，使之形成三角形 acd，画轴测图时先画前后管线 1，在上面找到三通分支点 a，从点 a 作 ab 平行于 OY 轴，再作 bc 平行于 OZ 轴，形成三角形 abc，最后作 cd 平行 OX 轴，得到 d 点，连接 ad 即为偏置管 2 的空间位置，辅助线 ab 倾斜至 ac 是在正立面内倾斜的，因此在投射平面 abc 内画上与 OZ 轴平行的细实线，辅助线 ac 倾斜至 ad 是在水平面内倾斜，投射平面 acd 内则要画上与 OY 轴（或 OX 轴）平行的细实线，如图 4-29b 所示。

9. 组合管路的正等测图

组合管路是指由各种管件和阀门所组成的管路系统，画组合管路的轴测图是将各个管件、阀门等按其在管路中的位置、方向逐一画出连成系统，组合管路轴测图的简单画法和步骤如下。

画轴测图时，应以管道平面图、立（剖）面图为基础，首先根据正投影原理对管线的平、立（剖）面图进行图形分析。弄清管线的实际走向是怎样的，有几路分支，转几次弯以及弯头的角度是多少，管线上有什么配件、阀门，使脑中有一个立体形象。

在图形分析的基础上，对所绘管线分段编号，再逐段进行分析，弄清在左右、前后、上下这六个空间方位上每一段管线的具体走向，并确定同各轴测轴的关系，这一步称为定轴定方位。在正等测图中，一般情况下往往定 OX 轴为前后走向，定 OY 轴为左右走向，定 OZ 轴为垂直方向。

画管道轴测图时，根据简化轴向伸缩系数 $p=q=r=1$ 绘制，但有时也不必严格按比例绘制，只要考虑阀门和管件之间的比例协调即可。

线型一般都用单根粗实线来表示，画图时，假想把粗细不等的空心圆管都看成一条线而得出的投影，当然也有用双线来表示的。

具体画图的次序一般是先画前面，再画后面，先画上面，再画下面，从系统的一端画向另一端，被挡住的后面或下面的管线画时要断开画出。

根据平、立面图所确定的比例以及简化轴向伸缩系数，用圆规或直尺一段段地量出平、立面图的管线长度，并把它沿轴向量取在轴测轴或轴测轴的平行线上，然后把量取的各线段连起来即成轴测图。

【例 1】 试将连弯管路画成正等测图。

1) 对平、立面图分析

图 4-30a 是连弯管路的平、立面图，现将平、立面图上管线对应编号，共有六根管线，其中立管（1、5 号）、左右水平走向管路（3、6 号）和前后水平走向管路（2、4 号）各两根；90°弯管有五个，其中水平放置的两个，竖直放置的三个。管路走向从管 1 上端开始是从上向下转弯向后再向右，管 4 从后向前转弯向下再向右。

经过以上分析，完成了对平、立面图的看图过程。

2) 画管路系统正等测图

首先定轴定方向，设定 OZ 轴为上下方向，OX

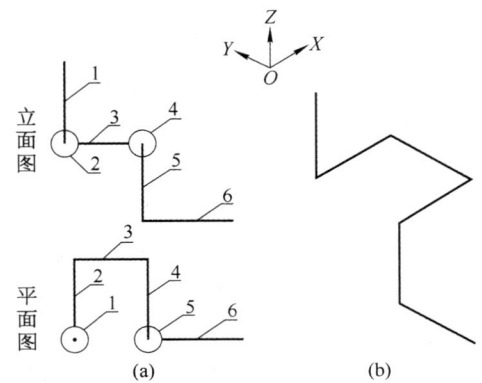

图 4-30 连弯管路平、立面图及正等测图

轴为前后方向，OY 轴为左右方向，轴测轴标记画在管线轴测图的左上方。

画图采用简化轴向伸缩系数 $p=q=r=1$，在平、立面图上量取尺寸，直接画轴测图。画图要特别注意管线连接点（即转弯处）一定要符合平、立面图上的要求，不能画反。

管 1 画成平行于 OZ 轴的铅垂线，在其下边端点画管 2 平行于 OX 轴，第一个 90°弯管就画好了。再从管 2 后面端点向右画平行于 OY 轴线条，后面的管 4、管 5、管 6 按其走向画平行相对应的轴测轴的线条，连起来后管路正等测图就画好了，如图 4-30b 所示。

【例 2】 根据平、立面图，试画出弯管与三通管组合管路的正等测图。

1) 分析平、立面图

图 4-31a 是弯管与三通组合管路平、立面图，现对管线编号，共八根管线，其中立管一根(3 号)，前后水平走向管两根(4、7 号)，左右水平走向管两根(2、6 号)，偏置管三根(1、5、8 号)。管 1 和管 2 构成水平放置的 45°弯管，管 2、管 3 和管 4 是一组摇头弯，管 4 和管 5 及管 6 和管 7 是两组 90°弯管，管 5 和管 6 构成竖直放置的 45°弯管，管 7 和管 8 是斜三通。

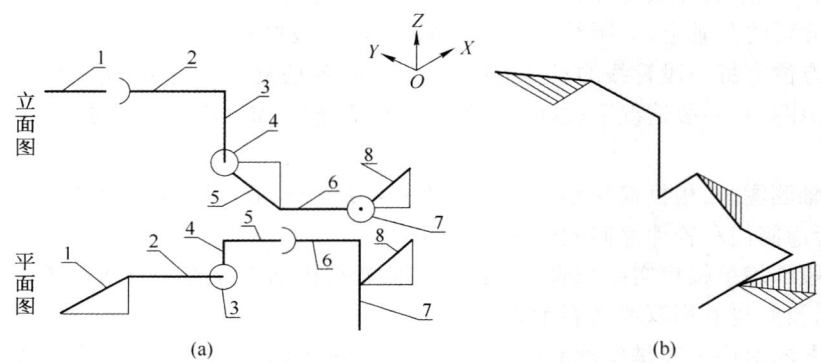

图 4-31 弯管与三通管组合管路平、立面图及正等测图

管路的走向，从管 1 开始向右后方再向右，管 3 从上向下再向后，从管 4 后端向右下方再向右，转弯向前即为管 7，在管 7 上开斜三通，其支管 8 向后上方抬起。

2) 画管路系统正等测图

定轴定方向与例 1 相同，轴测轴标记画在轴测图的左上方。画图采用简化轴向伸缩系数 $p=q=r=1$。

首先在平、立面图上对偏置管作辅助线，以便于利用辅助线作图。平面图上的偏置管的辅助线应平行于 OX 轴和 OY 轴；立面图上的偏置管的辅助线应平行 OZ 轴和 OX 轴（或 OY 轴），如图 4-31a 所示。

画轴测图时，先在 OY 轴平行线上截取管 2 长度，画出管 2，在管 2 的左端点利用辅助线画出管 1（具体画法详见偏置管画法）。在管 2 右端向下画平行 OZ 轴线段为管 3，再接连画平行 OX 轴的线段为管 4，管 5 为偏置，画图时先画辅助线再画出管 5，管 6 和管 7 均为平行直角坐标的正走向管路，画图时只要平行于相对应的轴测轴即可。管 8 是不平行于任何直角坐标平面的一般位置管线，画图先按平面图再按立面图，利用辅助线画出偏置管 8。偏置管和辅助线形成的投射平面按国家标准 GB/T 6567.5 规定画上阴影线，如图 4-31b 所示。

【例 3】 试把带阀门管线的平、立面图画成正等测图。

通过对平、立面图的分析可知,本系统共有八根管线,其中立管三根,左右走向管路两根,前后走向管路三根,有六个90°弯管,其中五个90°弯管形成连弯,另一个90°弯管用三通与另一路管线相连接,管路中有三个阀门,阀柄方向分别向左、向上和向前,画轴测图时可从左侧向右侧逐根画出,也可以从右向左绘制,画阀门时必须注意阀柄的方向,管线轴测图如图4-32b所示。

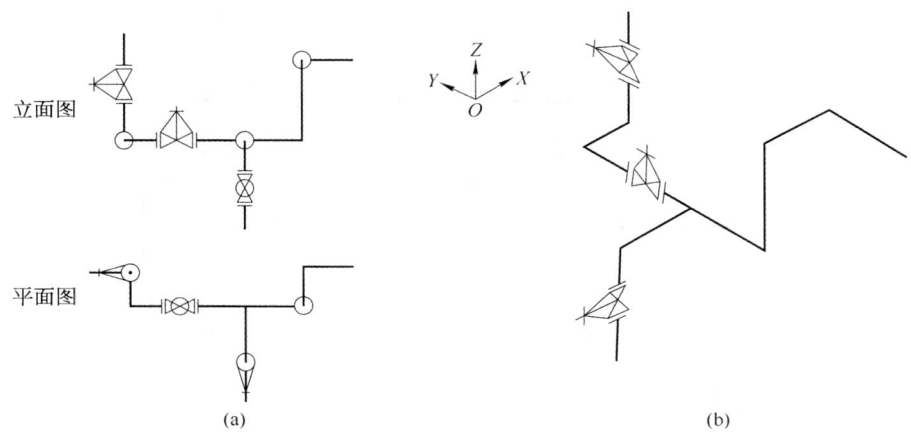

图4-32 带阀门管线平、立面图及正等测图

10. 设备配管的正等测图

设备配管的正等测图在工艺管道施工图中是常见的一种图样,它是以系统图或管段图形式表现的,所谓系统图是将设备(或设备接口)按照相互上下前后位置关系画出来,反映整个系统情况,管段图是一段一段的画,它并不准确地表达设备或设备接口的空间位置关系。

画设备配管的正等测图时,条件允许时可将设备按形体正等测图画法画出,也可以示意性的画出来,但为了更清楚地表达管路内附件及管件的位置和相互关系,以及管路的走向,防止因图面线条过多、重叠、交叉等造成图样识读的困难,设备本体往往可以不画,只画出设备与管路连接的接口短管。

设备接口短管必须按设备平、立面图显示的位置和方向画,并保证设备接口的走向符合轴测图的画法。图4-33a是一组立式罐的平、立面图,立式罐上有三组设备接口,分别显示三个方向的接管,每个设备接口的画法要保证接管本身方向正确,如图4-33b所示。法兰连接的法兰画法应按图4-16的规定绘制。

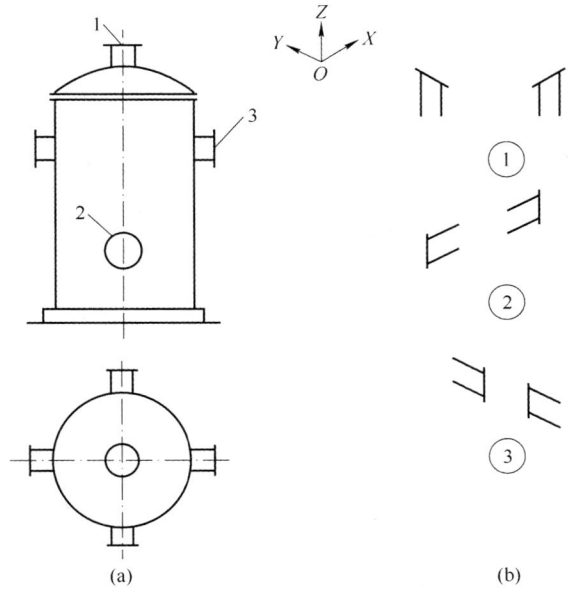

图4-33 设备配管接口画法

设备配管的轴测图画法与组合管路画法一样,可以从设备某一接口顺序逐步画出,图面可以画成系统图也可以画成管段图,图 4-34 是热交换器配管平、立面图及正等测图。

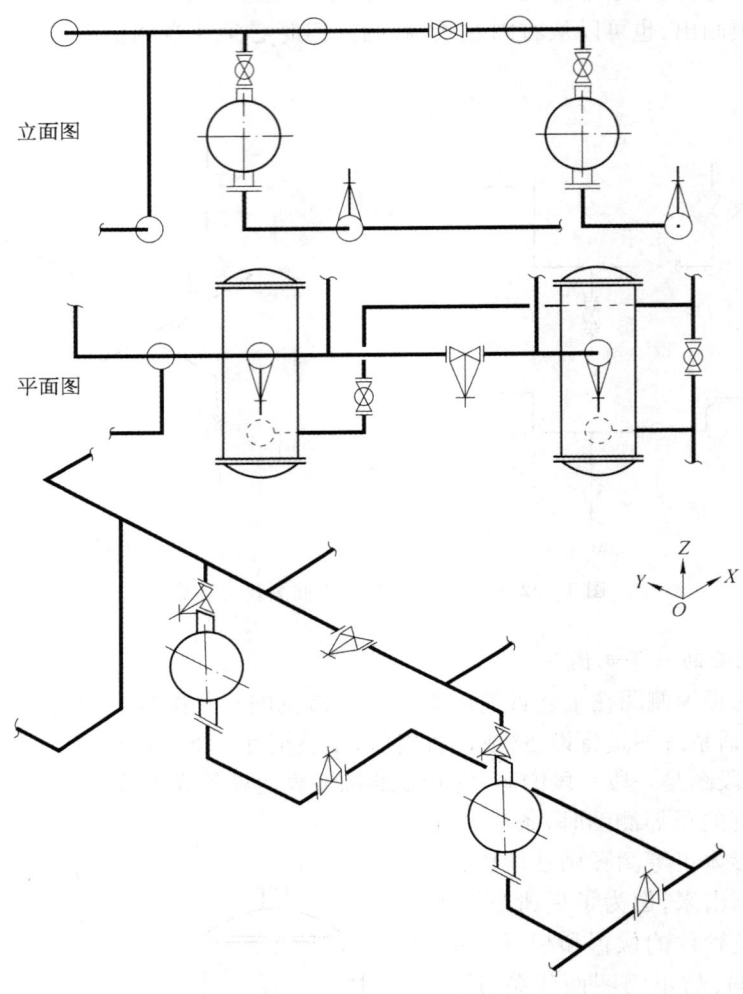

图 4-34 热交换器配管图

三、管道正等测图的识读

管道正等测图是管道走向的立体图,识读时应与平、立(剖)面图同时对照看,平、立(剖)面图主要解决设备、管道、附件等的平面和竖向布置,没有立体感,识读起来有一定难度,而正等测图则可一目了然地反映管线、设备及管路附件的空间走向。管道正等测图识读的主要方法、内容和注意事项如下。

(1) 通过轴测轴标记和平面图弄清楚管路走向。轴测轴标记除前面介绍的用 OX、OY、OZ 代表六个方向的平面坐标,国际上常采用空间坐标,它与平面坐标的区别就是加上了标高,如图 4-35 所示。图中 UP 向线定为正标高线;DN 向线定为负标高线;E 向线定为东向线,称为东坐标;N 向线定为北向线,称为北

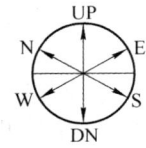

图 4-35 空视图方位标记

坐标;W 向线定为西向线,称为西坐标;S 向线定为南向线,称为南坐标。

只给出轴测图而没有平面图时,可自行设定方向,即 OZ 轴为上下方向,OX 轴为前后(或左右)方向,OY 轴为左右(或前后)方向,再查明每根管线的走向。

(2) 当图面上管线较多时,要先查明管路种类、代号或编号,再沿每种介质管路查看管径、标高、坡度、变径、管道转弯和分支等。

(3) 查明管路上设备、管路附件设置情况。设备可能画成立体图,也可能只画出设备接管口。要查明设备类型、型号、参数、接管口位置。管道附件种类很多,要查明各种管路附件的规格、型号、设置位置及基本作用。

(4) 有说明、图例、材料表、设备表等文字部分,也必须仔细阅读,并与图面进行核对。

现以图 4-36 为例对正等测图进行识读。这是综合输送管路的正等测图,共有五台设备,其中立式罐三台,编号 F0101、F0102 和 F0103,油泵两台,编号为 J0101 和 J0102。有六种介质管路,水管代号 W,有三条,编号分别为①、②、③;碱液管代号 B,编号④;压缩空气管代号 A,编号⑤、⑥;油管代号 O,编号⑦、⑩;氨管代号 AM,编号⑧;蒸汽管代号 S,编号⑨。

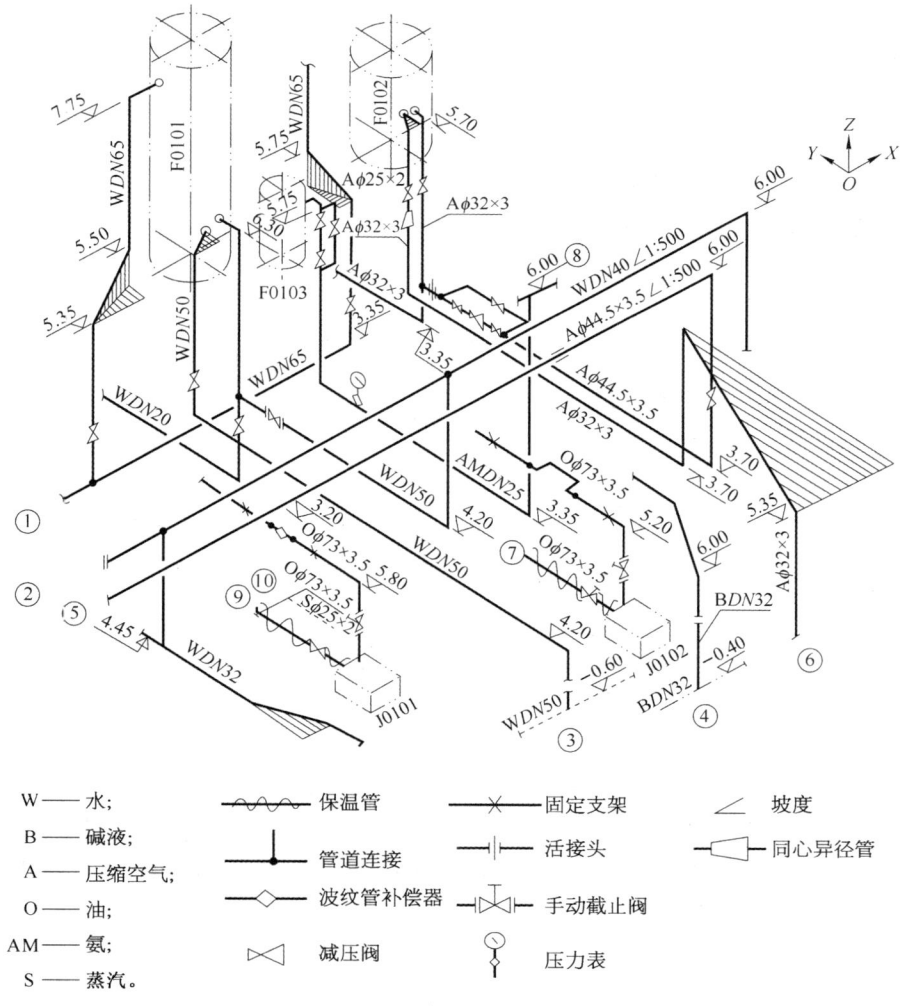

图 4-36 综合输送管路的正等测图

现对部分管路进行识读。先设定 OZ 轴为上下方向，OX 轴为前后方向，OY 轴为左右方向。①号管 WDN65 标高 3.35 m，自前向后开三通分两路，向上管路装截止阀至 5.35 m 处转弯向左后上方形成来回弯，在 7.75 m 处转弯向后接入 F0101 设备中。水平管从三通向后转弯登高装截止阀向上，然后转弯向左前上方，至标高 5.75 m 处继续向上。⑤号管 A $\phi 44.5 \times 3.5$ 标高 6.00 m，坡度 1∶500，由前向后然后转弯向下在立管上装截止阀，至 3.70 m 转弯向左装一组减压阀组（带有旁通管和旁通阀）。再用活接头与管路连接，开正三通，然后在立管上下两边变径至 $\phi 32 \times 3$，立管向上装设截止阀，在标高 5.70 m 转弯接入设备 F0102，从三通向下至 3.35 m 再转弯向左继续向前。⑦号管是油泵 J0102 的配管，泵的吸入管 $\phi 73 \times 3.5$ 装截止阀，管路外面要保温，泵的压出管上装截止阀，管路代号 O，规格 $\phi 73 \times 3.5$，在标高 5.20 m 处转弯，水平管方向是从右向左，管路上设有方型补偿器和固定支架。其余管路请读者自己进行分析。

第三节　管道正面斜等测图

空间形体的一个面（或两个直角坐标轴）与轴测投影面平行，而投射方向倾斜于轴测投影面所得到的轴测图，称为斜轴测图。

当空间形体的正面平行于正平面，而且以该正平面作为轴测投影面时，所得到的斜轴测图称为正面斜等测图；当空间形体的底面平行于水平面，而且以该水平面作为轴测投影面时，所得到的斜轴测图称为水平斜等测图。

一、正面斜等测图的轴间角和轴向伸缩系数

如图 4-37 所示为正面斜等测图的形成。

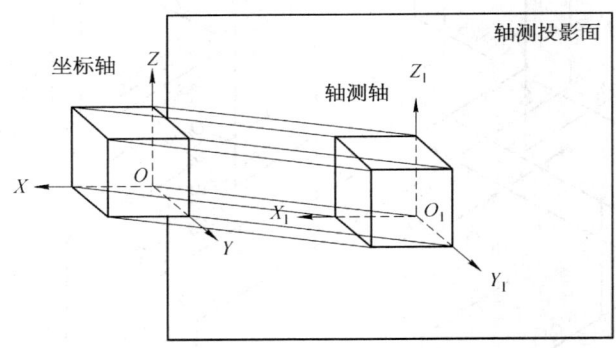

图 4-37　正面斜等测图的形成

空间形体的直角坐标轴 OX 和 OZ 平行于轴测投影面，其投影不发生变化，所以轴间角 $\angle X_1O_1Z_1 = 90°$。坐标轴 OY 与轴测投影面垂直，但因投射方向是倾斜的，OY 轴的轴测轴也是条斜线，其与轴测轴 O_1X_1（或水平线）的夹角，一般取 $135°$，因此轴间角 $\angle X_1O_1Y_1 = \angle Y_1O_1Z_1 = 135°$。

正面斜等测图的简化轴向伸缩系数 $p = q = r = 1$，如图 4-38a 所示。

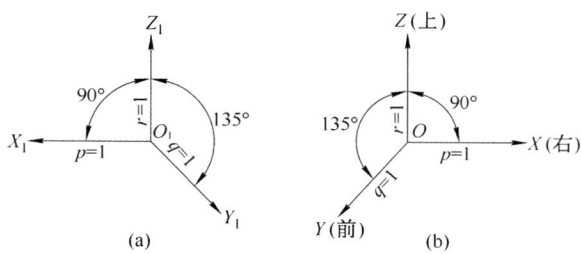

图 4-38 轴间角和轴向伸缩系数

二、管道正面斜等测图画法

管道正面斜等测图的画法与管道正等测图画法基本相同。管道正面斜等测图对轴测轴的选择如图 4-38b 所示,轴测轴所代表方向选择 OX 为左右方向,OY 为前后方向,OZ 为上下方向。画图时选用的简化轴向伸缩系数均为 1,因此可以直接从平、立(剖)面图上量取线段作图。

1. 单路管线的正面斜等测图

画单路管线的正面斜等测图时,首先是分析图形,弄清这路管线在空间的实际走向和具体位置:究竟是左右走向水平放置,还是前后走向水平放置,或是上下走向垂直放置。在确定了这路管线的实际走向和具体位置后,就可以确定它在正面斜等测图中与各轴之间的关系。

在图 4-39a 中,通过对平、立面图的分析可知,这是一路前后走向水平放置的管线。选定前后走向是 OY 轴,由于 X、Y、Z 三轴的简化轴向伸缩系数均为 1,沿轴量尺寸时,可从 O 点起在 OY 轴上用圆规或直尺直接量取管线在平面图上线段的实长,如图 4-39b 所示。

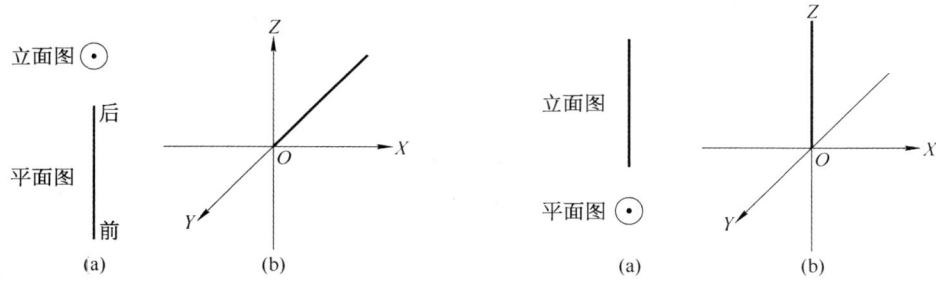

图 4-39 单路管线正面斜等测图之一　　图 4-40 单路管线正面斜等测图之二

在图 4-40a 中,通过对平、立面图分析可知,这是一路上下走向的垂直管线,选定上下走向是 OZ 轴,沿轴量尺寸时,可以从 O 点起,在 OZ 轴上直接量取管线在立面图上的实长,如图 4-40b 所示。

在图 4-41a 中,通过对平、立面图的分析可知,这是一根左右走向的水平管线。选定左右走向为 OX 轴,沿轴量尺寸时,可从 O 点起,在 OX 轴上直接量取管线在平、立面图上的实长,如图 4-41b 所示。

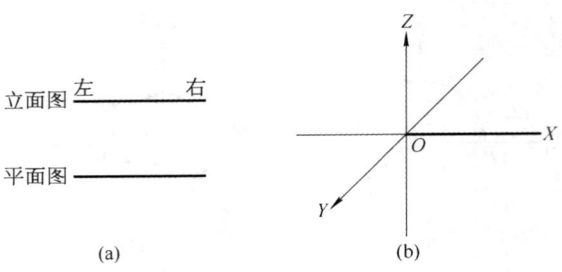

图 4-41 单路管线正面斜等测图之三

2. 多路管线的正面斜等测图

在图 4-42a 中,通过对平、立面图的分析可知,1、2、3 号管线是左右走向的水平管线,4、5 号是前后走向的水平管线,而且这五路管线的标高相同。选定 OX 轴是左右走向,OY 轴为前后走向。在沿轴量尺寸时,不仅可以把尺寸量在三根轴线反方向的延长线上,也可以把尺寸量在三根轴线的平行线上,管线与管线之间的间距和编号应同平面图上间距和编号一致,如图 4-42b 所示。

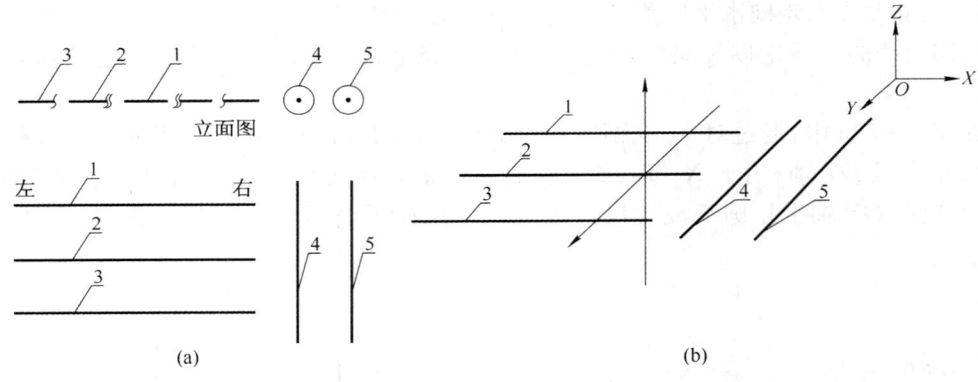

图 4-42 多路管线正面斜等测图

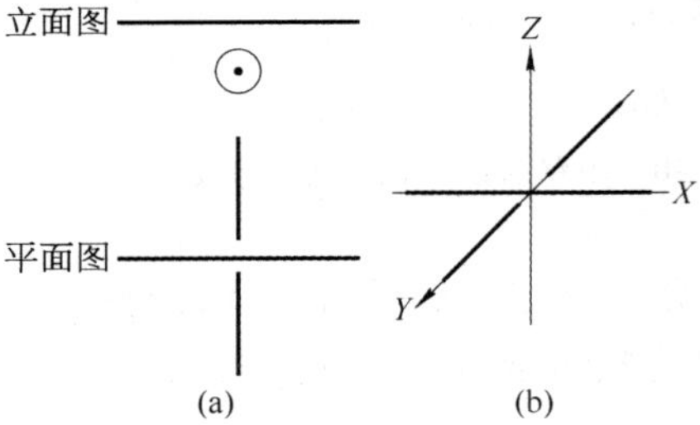

3. 交叉管线的正面斜等测图

在图 4-43a 中,通过对平、立面图的分析可知,这两路管线,一路是左右走向,另一路是前后走向的水平管线,由于两路管线的标高不同,所以在平面图上的图形是交叉投影,其交叉角为 90°。选定左右走向为 OX 轴,OY 轴则为前后走向,沿轴量尺寸时,可以把 O 点作为中心点,在 OX 和 OY 轴上,分四小段量取管线在平、立面图上的实长。在交叉管线的轴测图中,标高高的或前面的管线应显示完整,标高低的或后面的管线应用断开的形式画出,这样管线才有立体感,如图 4-43b 所示。

图 4-43 两路交叉管线的正面斜等测图

在图 4-44a 中，通过对平、立面图的分析可知，在这四路管线中，2、4 号管是左右走向，1、3 号管是前后走向的水平管线，由于四路管线标高各不相同，所以在平面图上是一组投影互相交叉的图形，其交叉角为 90°。选定 OX 轴为左右走向，OY 轴为前后走向，沿轴量尺寸时，不仅可以把尺寸量在三根轴的平行线上，也可以把尺寸量在轴线的反方向的延长线上。交叉管线轴测图，应根据标高高的或前面的管线显示完整，标高低的或后面的管线按断开的方式画出，如图 4-44b 所示。

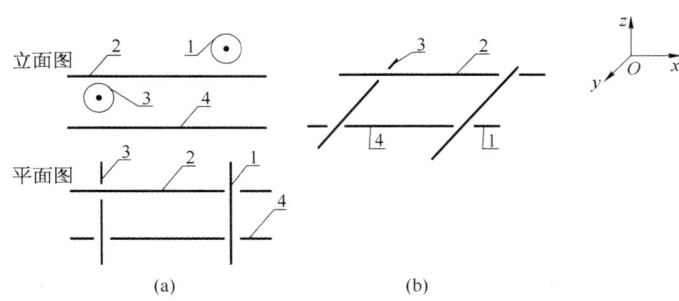

图 4-44　多路交叉管线的正面斜等测图

4. 弯管的正面斜等测图

在图 4-45a 中，通过对平、立面图的分析可知，这是一个水平放置的 90°弯管，其走向是从左向右再转弯向前，在 OX 轴上按在平、立面图上量取的尺寸画出左右走向管段，再在左右水平管段的右端，从后向前按在平面图上量取的尺寸画出弯管前后走向管段，这样 90°弯管的正面斜等测图就完成了。

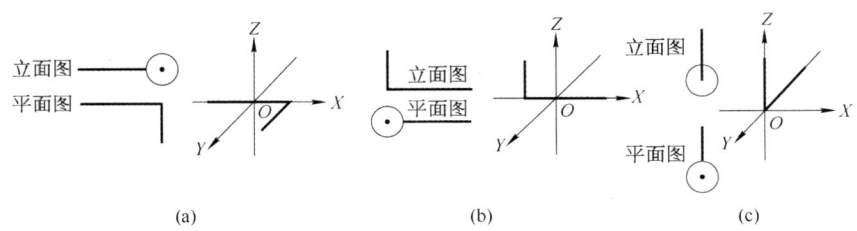

图 4-45　90°弯管的正面斜等测图

在图 4-45b 中，可知是一个竖直放置的 90°弯管，其走向是从上向下再转弯向右。按在平、立面图上量取的尺寸在 OX、OZ 轴画出其正面斜等测图，这个轴测图与立面图图形尺寸完全一致，这是因为直角坐标轴 OX、OZ 平行于轴测投影面的缘故。

通过对图 4-45c 平、立面图的分析，可知这是一个竖直放置的 90°弯管，其走向是从上向下转弯向后，按平、立面图量取的尺寸在 OY 轴和 OZ 轴上画出它的正面斜等测图。

5. 三通管的正面斜等测图

分析图 4-46a，可知是一个竖直放置的正三通管，倒 T 字形，主管前后方向，支管从主管分支向上。在平面图上测量前后走向主管的长度，在轴测轴 OY 上进行截取画出主管，同时在平面图上量出支管分支点距主管前端（或后端）的距离，在 OY 轴上已画出的主管上截取，找出分支点。在立面图上测量支管长度，将其从 OY 轴主管分支点向上画出，正三通管的正面斜等测图就完成了。

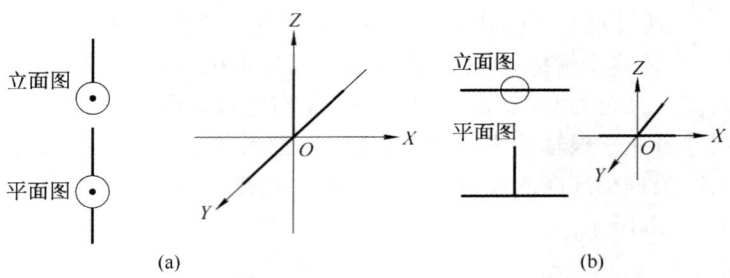

图 4-46 正三通管的正面斜等测图

图 4-46b 是水平放置的正三通管,主管为左右方向,支管为前后方向,按平、立面图上主管长度在 OX 轴上画出主管,并找到分支点,过分支点在 OY 轴上画出支管,正三通管的正面斜等测图就完成了。

6. 组合管路正面斜等测图

组合管路的正面斜等测图的画法与管路的正等测图画法基本相同,不相同的地方是定轴定方向不一样。正面斜等测图选定 OZ 轴为上下方向,OX 轴为左右方向,OY 轴为前后方向,画图时根据在平、立面图上量出的尺寸,画到相应的轴测轴或轴测轴平行线上即可。

【例1】 根据给出的弯管与三通管组合管路,试画出该管路正面斜等测图。

1) 分析平、立面图

图 4-47a 是弯管与三通管组合管路的平、立面图,现对管线编号,共十根管线,其中立

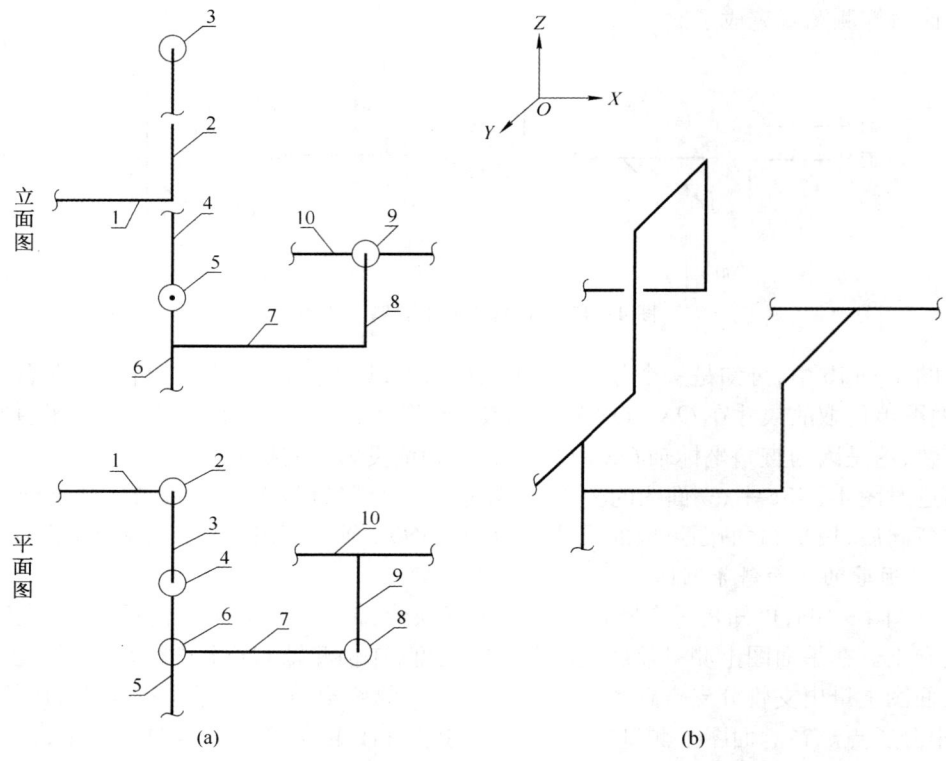

图 4-47 弯管与三通管组合管路平、立面图及正面斜等测图

管四根(2、4、6、8号管),前后水平走向管段三根(3、5、9号管),左右水平走向管段三根(1、7、10号管)。管1～管5构成连弯管路,其中两个90°弯管,一个门形弯管,管7～管9构成摇头弯,管6、管7和管9、管10分别构成竖直放置和水平放置的三通。

管路走向,从管1开始向右登高转弯向前,再返低转弯向前,在管5上开三通向下接管6,管6开三通向右登高转弯向后,开三通与管10连接。

2)画管路正面斜等测图

定轴定方向,设定 OZ 轴为上下方向,OX 轴为左右方向,OY 轴为前后方向,轴测轴标记画在管路轴测图的左上方,OY 轴采用简化轴向伸缩系数 $q=1$。画轴测图时在平、立面图上量取尺寸,直接在各轴测轴及其平行线上截取线段作图。

画图从管1开始,管1画成水平线,在其右端向上画垂线为管2,两者形成90°弯管,从管2顶端画平行于 OY 轴向前的线条是管3,管3的前端点向下画垂线为管4,从管4底部端点画平行于 OY 轴向前的线条是管5,管5中部开三通向下接管6,管6中部开三通画向右的水平线是管7,管7右端点向上画垂线是管8,管8顶端点画平行于 OY 轴向后的线条是管9,管9后端画一三通,水平管是管10,这组管路的正面斜等测图就完成了,如图4-47b所示。

【例2】 试将图4-48工艺管道平、立面图画成正面斜等测图。

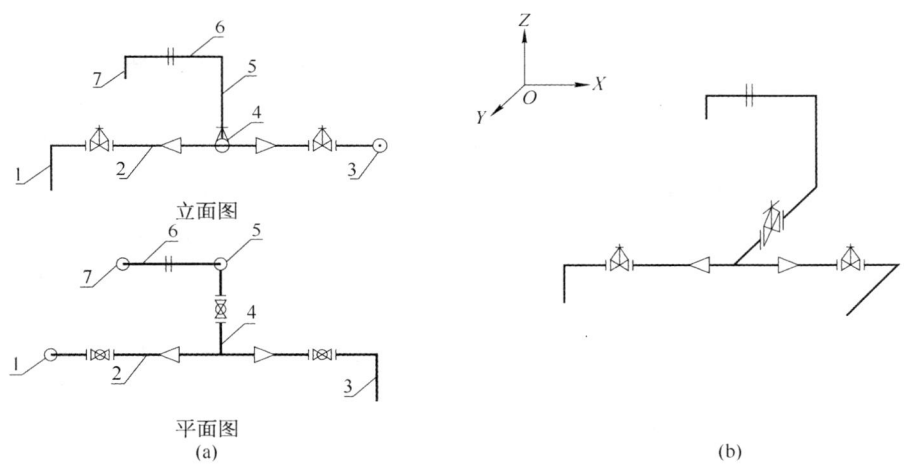

图 4-48 工艺管道平、立面图及正面斜等测图

1)分析平、立面图

在平、立面图上对管路进行编号,共有七条管线,立管三根(1、5、7号管),左右水平走向管段两根(2、6号管),前后水平走向管段两根(3、4号管)。管1、管2和管3构成了摇头弯的形式,在管2上有两个阀门,两个异径管,一个三通。管4、管5、管6和管7构成连续弯曲的形式,管4上有阀门,管6上有中间法兰。

管1～管3的走向为从下向上转弯向右再转弯向前,管4～管7的走向为从管4开始向后转弯向上,再从右向左最后向下。

2)画管路正面斜等测图

定轴定方向与例1相同。画图从管1开始画垂线,管2画水平线,在其上面画出两个阀门和两个异径管,管3画斜线(平行于 OY 轴),三条线连接起来。在管2中部向后画的斜线是管 4,在管 4 中间画出阀柄向上的阀门,然后再向上画垂线是管 5,其顶端点向左画水平线是管 6,管 6 上画两条平行竖线代表法兰,在管 6 左端点向下画垂线是管 7,这组工艺管道正面斜等测图就完成了,如图 4-48b 所示。

【例 3】 试把一组设备配管的平、立面图画成正面斜等测图。

图 4-49a 是两台设备配管的平、立面图,通过对平、立面图的分析可知,设备 101 和设备 102 上面有两路管线,一路自 101 设备上面接出登高后向前并转弯向右,至 102 设备前面向下转弯后再向后与 102 设备接通;另一路自 101 设备侧面接出,自左向右再转弯向后,至 102 设备左侧登高向上再转弯向右,在 102 设备上面向下与 102 设备接通。101 设备接口处都装有阀门。

定轴定方向与例 1 相同。画图时从 101 设备开始逐段画出,凡是立管画垂线,左右水平走向管段画水平线,前后水平走向管段画斜线(平行于 OY 轴),将相关管段连接起来,设备配管的正面斜等测图就完成了,如图 4-49b 所示。

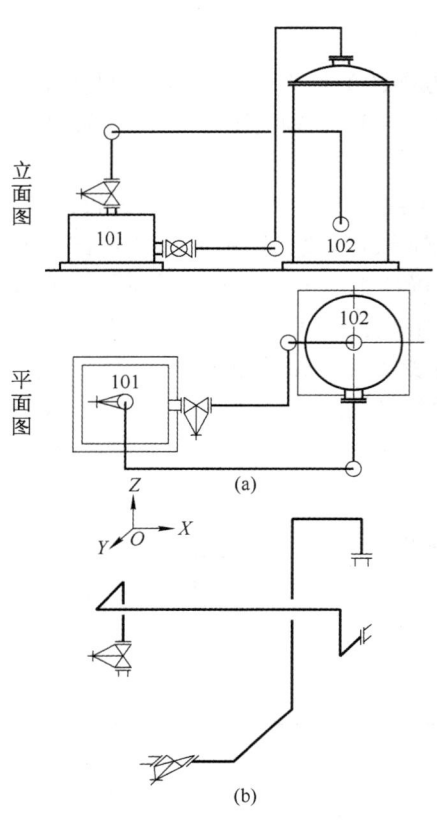

图 4-49 设备配管平、立面图及正面斜等测图

三、管道正面斜等测图的识读

管道正面斜等测图一般用来绘制给水排水、采暖通风和动力管道的施工图,成为施工主要图纸之一。由于其立体感强、极易识读而为广大管道施工人员所欢迎,由于管道正面斜等测图不能反映设备、管道及管路附件的平面和立面的具体位置,因此识读此类图纸必须参照相关的平、立(剖)面图,以确定建筑物、设备和管道之间的平、立面位置关系。管道正面斜等测图的识读方法、内容和要求与管道正等测图基本相同,但要注意以下几点。

(1) 给水排水、采暖通风和动力管道都是分系统绘制施工图的,在识读时必须查找系统编号逐一识读。

识读方法通常是沿介质流动方向看,供给管道(如给水、供汽、送风)从大口径管道向小口径管道看;排出或回流管道(如排水、回水、回风)则从小口径管道向大口径管道看。

(2) 看图要注意管路系统的分支、转弯等情况,立管常常进行编号,识读可按立管编号进行识读。

(3) 管道竖向尺寸在正面斜等测图中都是以标高形式表达的,所谓标高是指管道上某点与基准面之间相对高度,单位为 m。识读要弄清楚是相对标高还是绝对标高以及数值是多少,标高的表示方法将在第五章介绍。

(4) 管道上管路附件、设备等可以通过图例了解。水平管道往往都有坡度,识读时要弄清楚坡度的大小和坡向。

【例 4】 试对图 4-50 消防水箱配管的正面斜等测图进行识读。

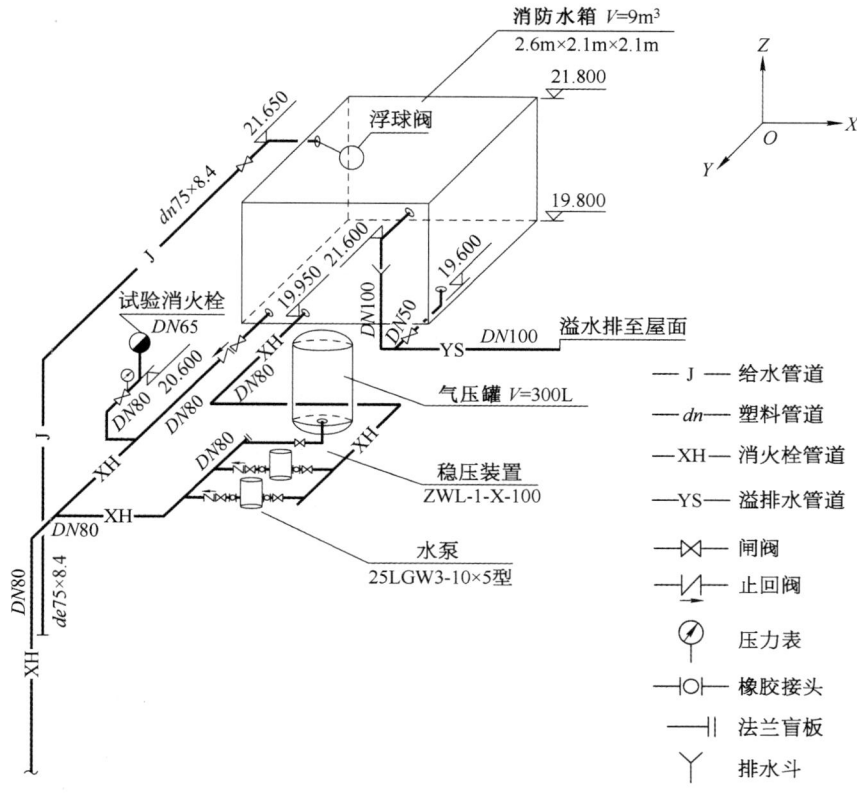

图 4-50　消防水箱配管正面斜等测图

(1) 查看设备的设置。消防水箱一座,其尺寸为 2.6 m×2.1 m×2.1 m,有效容积 9 m³,水泵两台,型号 25LGW3-10×5 型,气压罐一台,其容积 V = 300 L,水泵和气压罐构成稳压装置,型号 ZWL-1-X-100 型。

(2) 了解水箱管路的设置。水箱的进水管是由生活给水系统提供的,管路代号 J,管道采用塑料管,规格 dn75×8.4,前后水平走向在标高 21.65 m 设置闸阀,转弯后接入消防水箱,在水箱内设置浮球阀。

消防出水管有两路,管路代号 XH,均从水箱下部标高 19.95 m 处接出,其中左边一路装设闸阀、止回阀,从后向前敷设并开三通向左接出支管,管径 DN80,登高到 20.60 m 转弯向后,在其水平管路上装设闸阀和压力表后接消火栓。另一路在右边接出,是消防稳压装置连接管路,管径 DN80,从后向前转两个弯绕到设备的右边,开两个三通与水泵相连。水泵进水管设闸阀和橡胶接头,出水管设橡胶接头、闸阀和止回阀。两台水泵出水管合起来设联通管,管径 DN80,联通管上开三通,向右接水平管路并设闸阀,登高后与气压罐相连接。联通管向前转弯向左用三通与左边一路水箱出水管连接,向前再向下与室内消火栓给水系统相连接。

水箱本体还设有溢水管和泄水管,溢水管从水箱前面标高 21.60 m 处接出,管径 DN100,向下至屋面,转弯向右与泄水管连通。水箱泄水管从水箱底部接出,管径 DN50,在标高 19.60 m 处转弯向前,在水平管上加装闸阀与溢水管连通,合并后的溢排水管

$DN100$ 排至屋面。

【例5】 试对图4-51某住宅给水系统图进行识读。

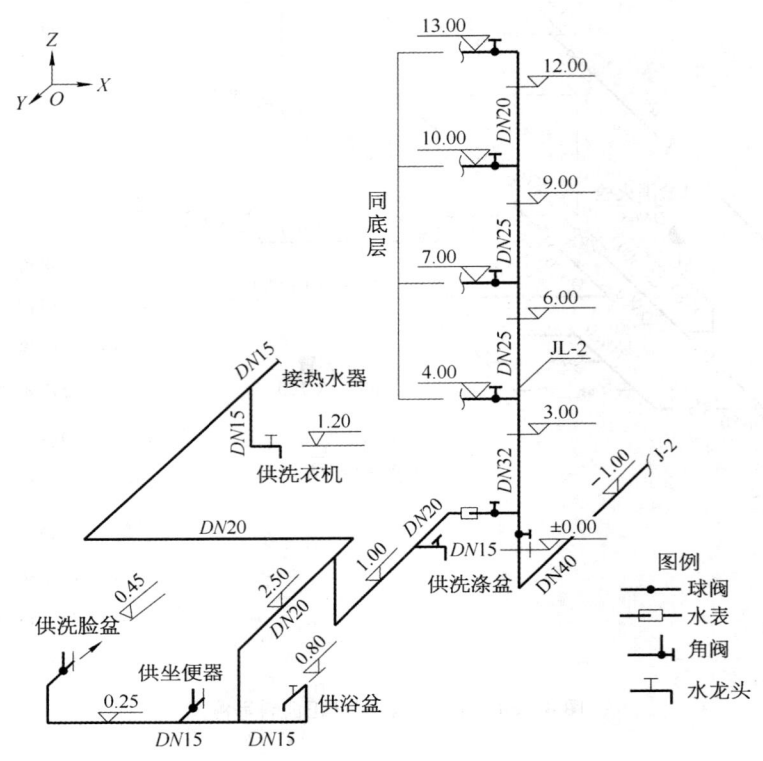

图4-51 某住宅给水系统图

图4-51只给出了给水系统轴测图,没有平面布置图,只能根据系统轴测图了解系统的组成及走向,无法知晓设备及管路的布置,有关给水排水管道施工图的识读具体见第七章。

这是一幢五层楼的给水系统图,用正面斜等测形式绘制而成,2~5层支管的布置走向与底层相同,现对底层管路进行识读。

管道系统编号J-2,引入管管径$DN40$,标高-1.00 m,进入室内向上穿过底层地坪± 0.00 m之后在立管装设$DN40$球阀。在标高1.00 m处开三通接底层入户管,该管上装设球阀和水表,口径均为$DN20$,转弯向前开三通接$DN15$水龙头为洗涤盆供水。管路继续向前登至2.50 m处分成前后两路,后面一路$DN20$从前向后转弯向左再向后,开三通向下,管径$DN15$,接水龙头为洗衣机供水,三通的另一路向后接热水器,管径$DN15$。标高2.50 m处的三通向前,管路管径$DN20$,向下至标高0.25 m开三通,形成左右向管路,向右管路$DN15$登高至0.80 m接龙头为浴盆供水;向左管路$DN15$水平开三通接角阀,为坐便器供水;向左管路末端登高至0.45 m接角阀为洗脸盆供水。

系统立管自底层入户管接出后变径为$DN32$,二楼入户管接出后变径为$DN25$,四层入户管接出后变径为$DN20$。二~五楼入户管标高分别为4.00 m、7.00 m、10.00 m、13.00 m,楼层标高分别为± 0.00 m、3.00 m、6.00 m、9.00 m、12.00 m。

小　结

懂得了轴测图的简单画法,再结合图例和有关规程就能顺利地看懂图纸。轴测图的画法比平、立面图的画法既方便又简单。

对于正等测管道轴测图的画法,可以归纳成下面四句话:

画图必须定方向;

立管画垂线;

前后、左右画斜线;

垂线、斜线夹角120°。

对于正面斜等测图的画法,也可以归纳成下面四句话:

立管画垂线;

左右画平线;

前后画斜线;

斜线与平线、垂线夹角135°。

上面把管道正等测图和管道正面斜等测图的画法作了一个归纳,仅供参考。

复习思考题

1. 什么是管道轴测图？它有哪些特点？
2. 常用的管道轴测图有哪几种形式？试举例说明。
3. 简述正等测轴测图的画法和步骤(请用图形和文字说明)。
4. 简述正面斜等测轴测图的画法和步骤(请用图形和文字说明)。
5. 简述偏置管轴测图的画法和步骤(请用图形和文字说明)。
6. 简述阀门手柄及法兰轴测图的画法。

练　习　题

1. 试把来回弯及摇头弯的平、立面图画成轴测图(在每小题里上图为立面图,下图为平面图)。

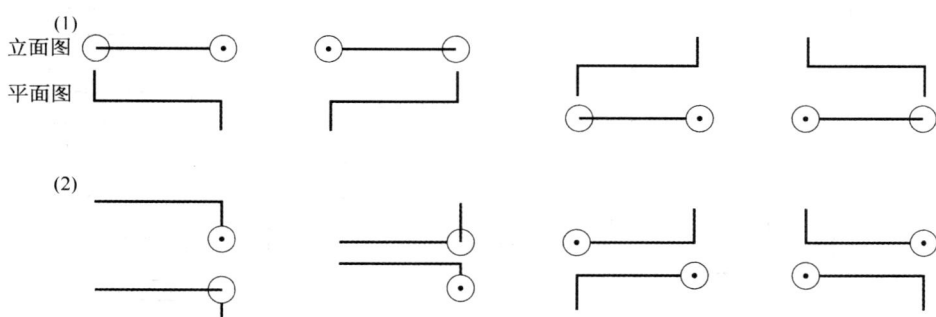

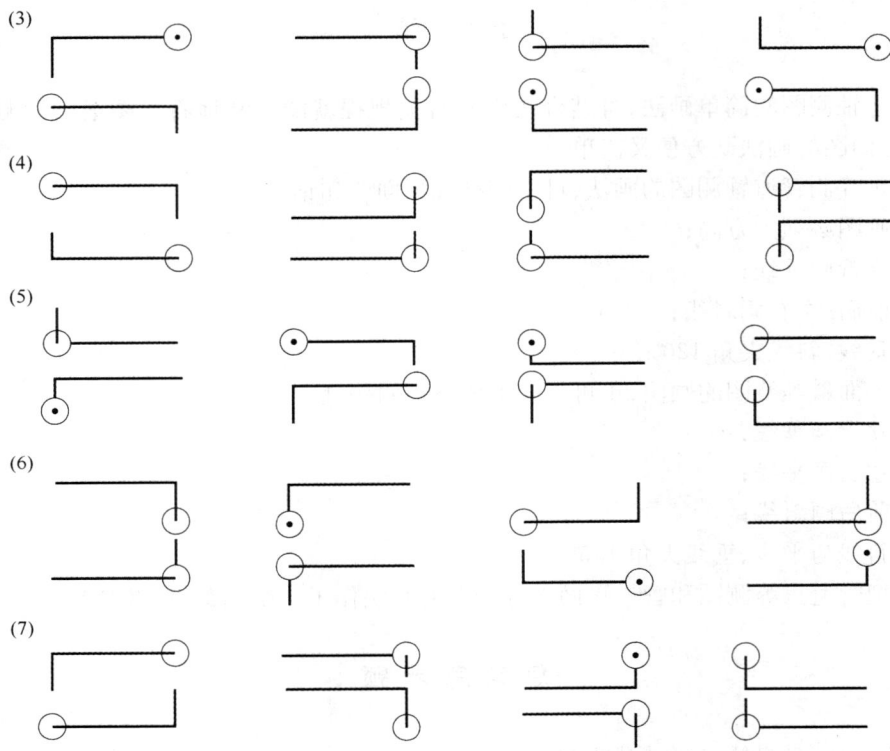

2. 试把下列平、立面图画成轴测图(在每小题里上图为立面图,下图为平面图)。

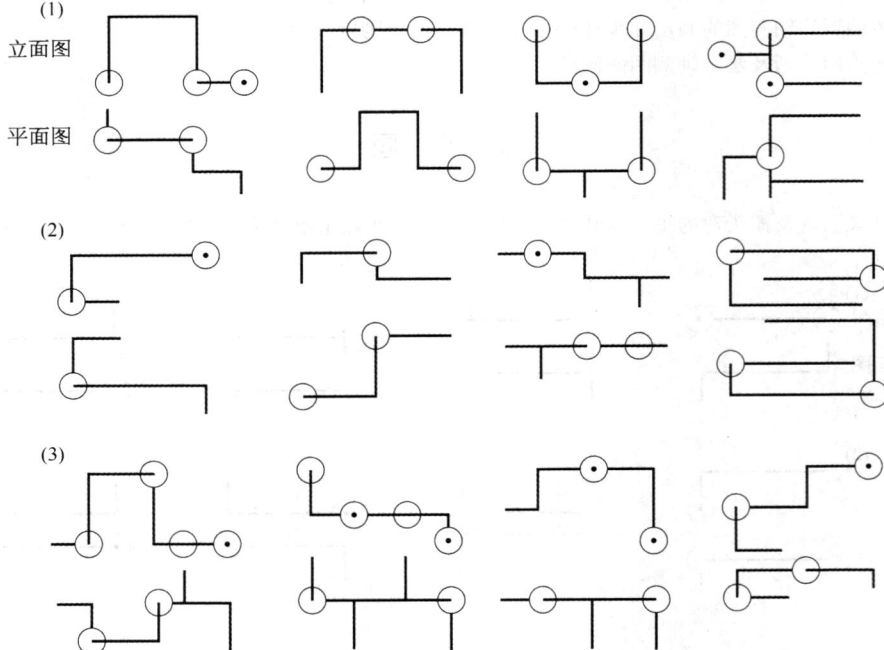

(4)

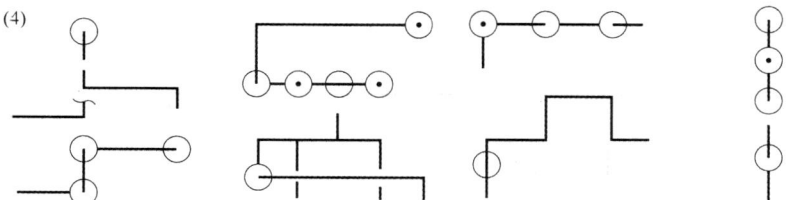

3. 试把下列平、立面图画成正等测图(在每小题里上图为立面图,下图为平面图)。

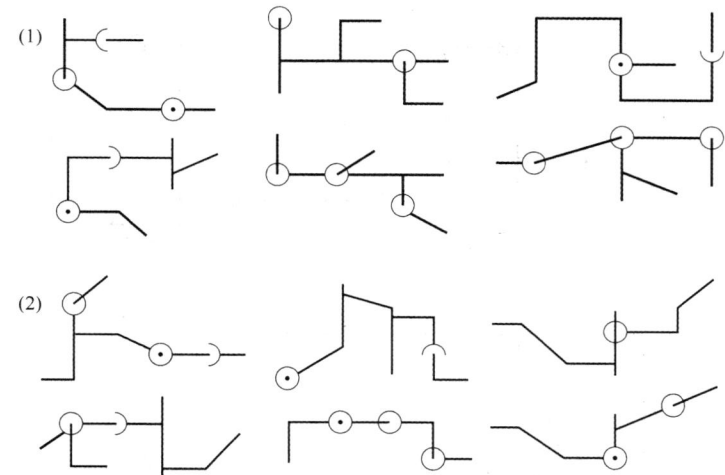

4. 试把下列平、立面图画成正等测图(在每小题里上图为立面图,下图为平面图)。

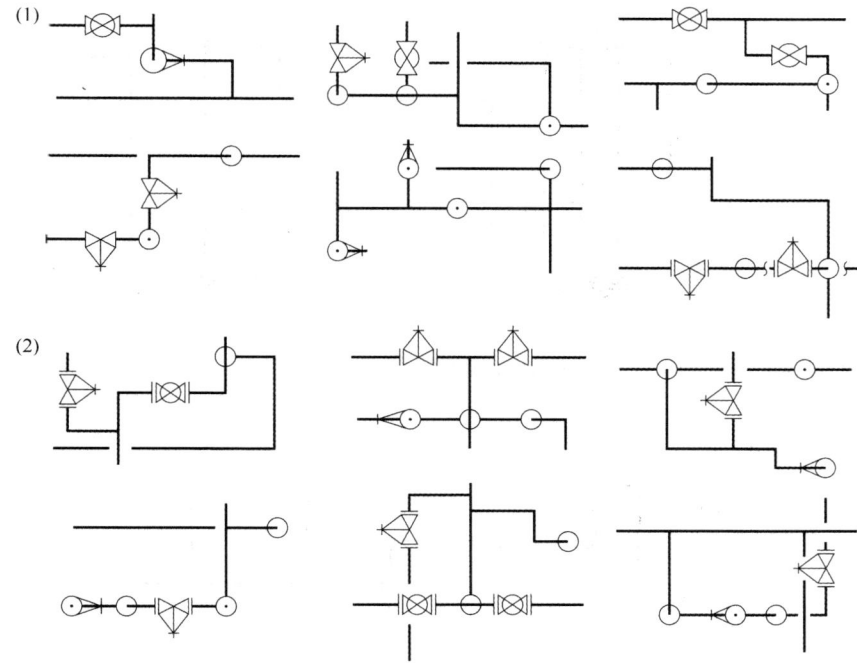

5. 试把热交换器及其配管的平、立面图画成正等测图。

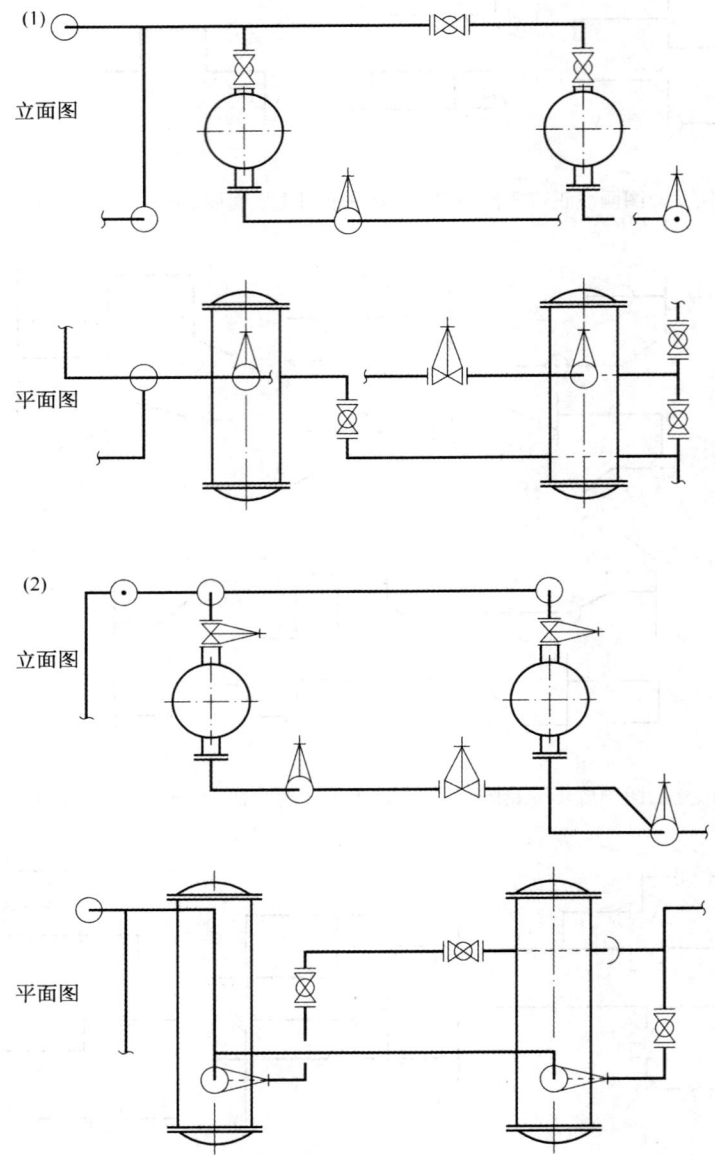

6. 试把分气缸及其配管的平、立面图画成正等测图。

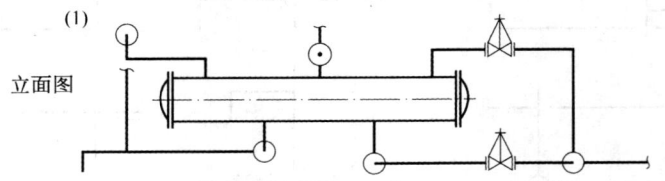

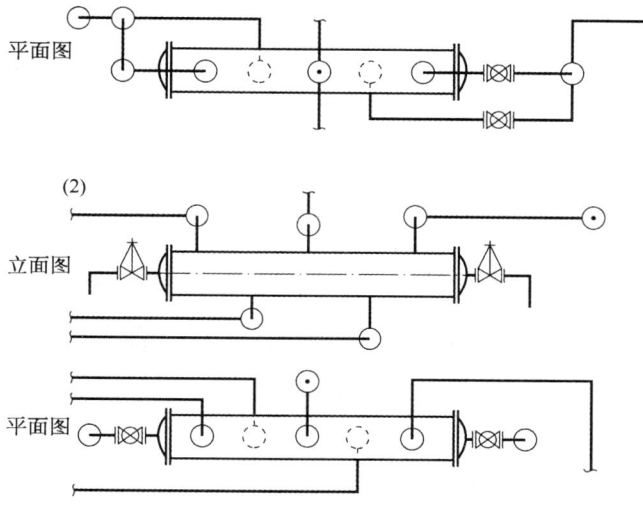

(2)

7. 试把油泵配管系统画成正等测图。

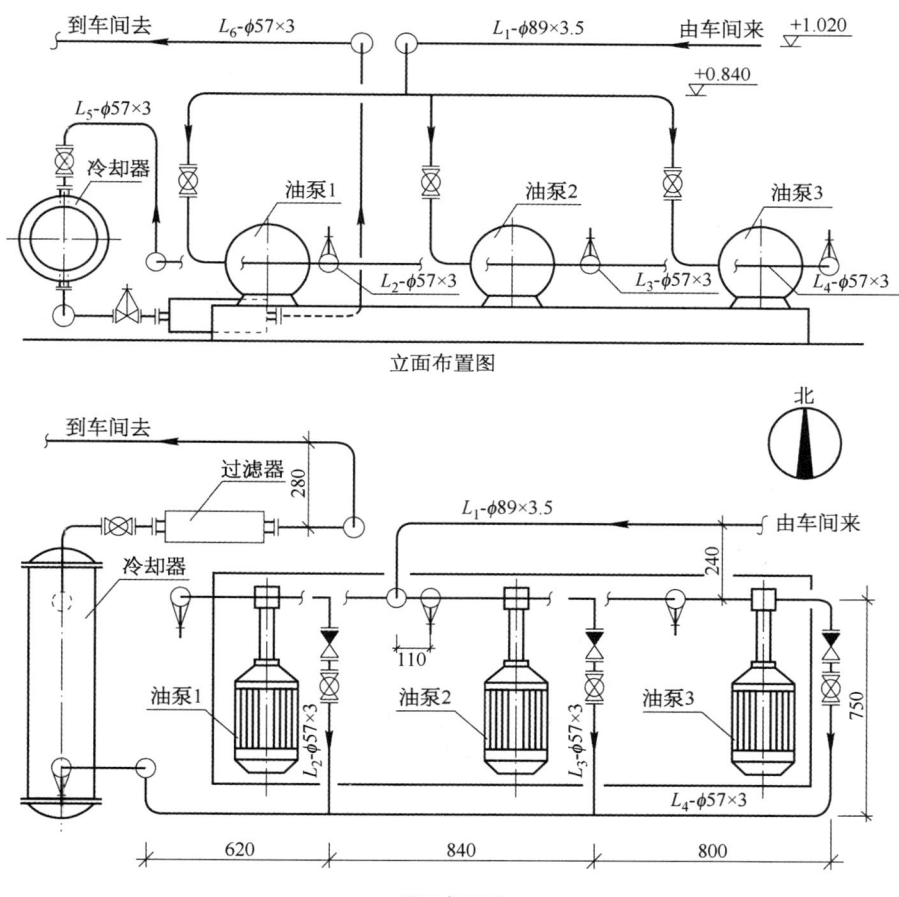

立面布置图

平面布置图

8. 根据给出的平、立面图画出管道系统的正等测图。

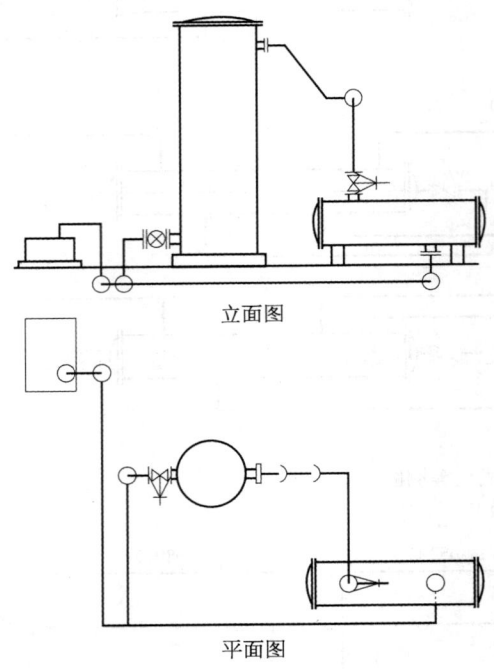

立面图

平面图

9. 试对下列正等测图进行识读。

(1)

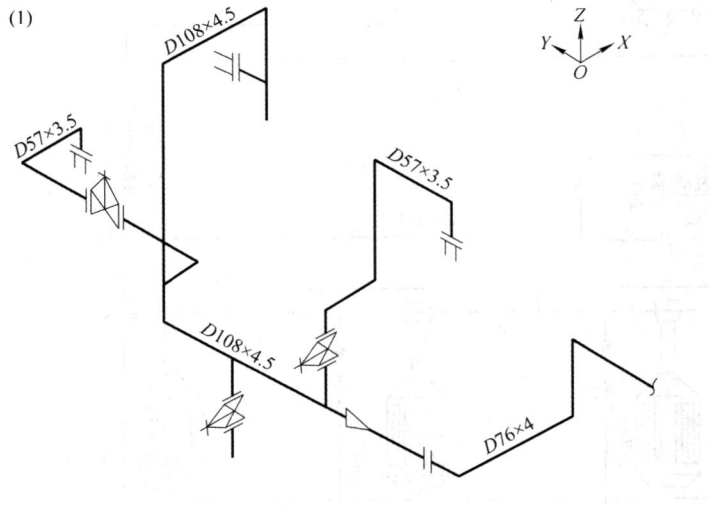

(2)

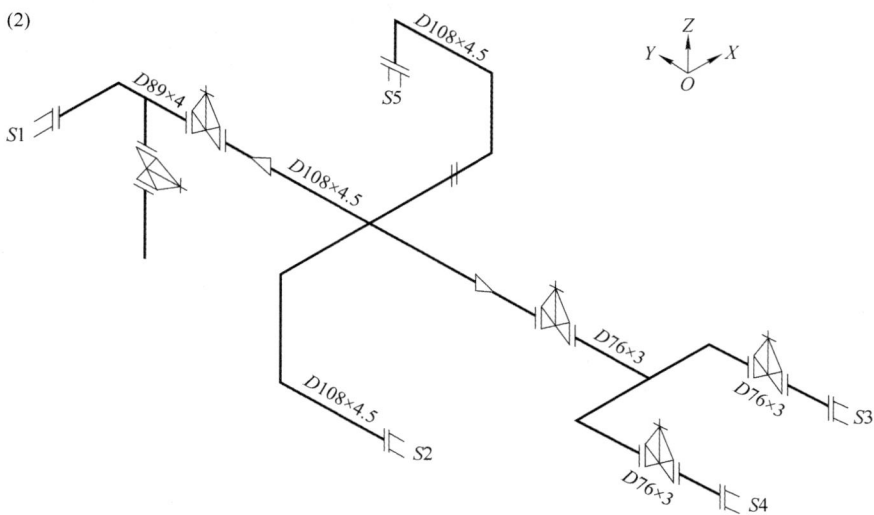

10. 试对下列正面斜等测图进行识读。

(1)

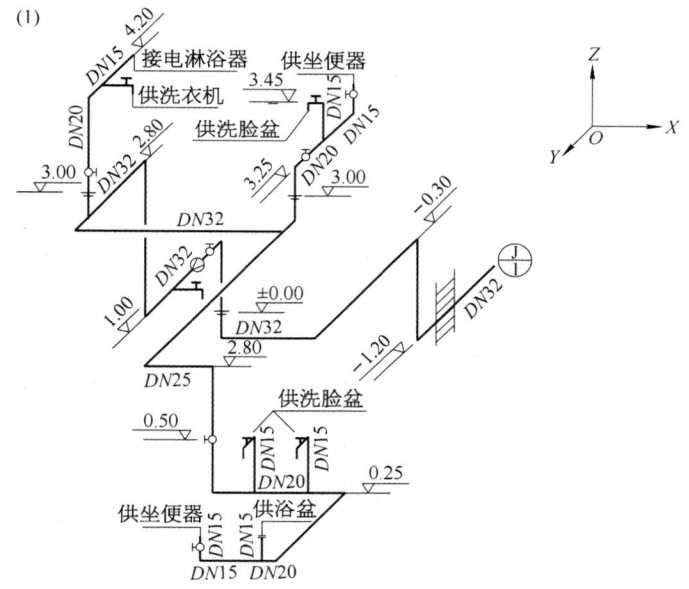

(2)

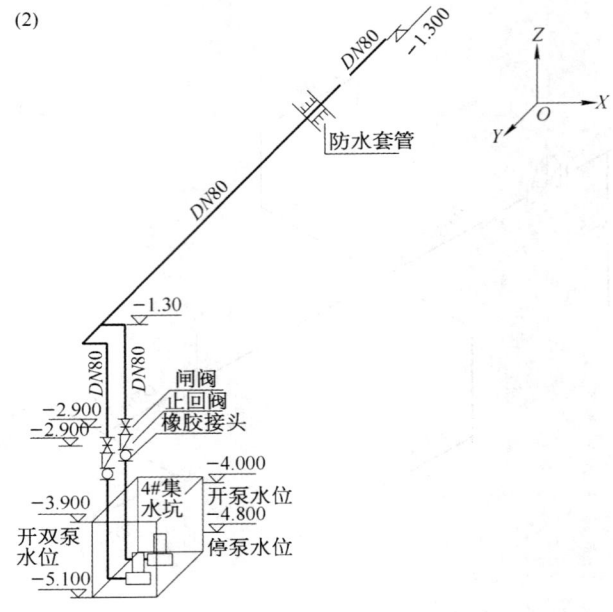

11. 试对氨水泵配管正等测图进行识读。

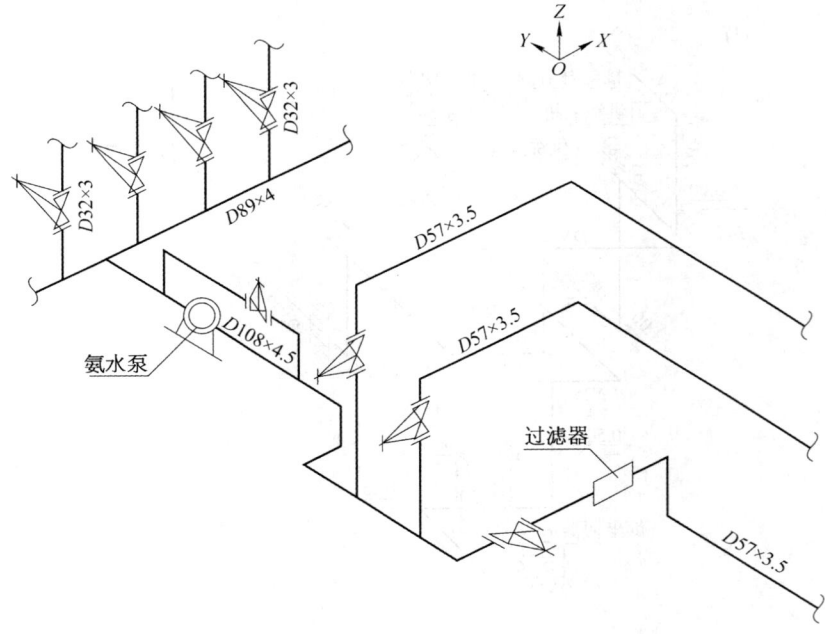

第五章　管道施工图基本知识

　　管道施工图是管道工程中用来表达和交流技术思想的重要工具,设计人员用它来表达设计意图,施工人员依据它来进行预制和施工,所以人们往往把施工图称为工程的语言。而熟悉图纸核对资料,则又是施工准备的一项重要工作。

　　管道施工图是怎样分类的,它又由哪些具体的图纸所组成？当拿到一套施工图纸应该用什么方法,分哪几个步骤去了解和看懂它？当拿到其中的某一张图纸应该用什么方法去弄懂弄通它？要解决这些问题,看来仅懂得投影原理还是不够的,必须掌握正确的识图方法和必要的专业工艺知识才行。为此,这一章中将主要学习各专业管道施工图所共有的基本知识,以及识读管道图的步骤和方法。

第一节　管道施工图的分类

一、按专业分类

　　管道施工图按专业可分为化工工艺管道施工图、采暖通风管道施工图、动力管道施工图和给水排水管道施工图等。每一个专业里又可分为许多具体的工程施工图或具体的专业施工图。如给水排水管道施工图可分为给水管道施工图、排水管道施工图和卫生工程施工图;采暖通风施工图可分为采暖、通风、空气调节和制冷管道施工图;动力管道施工图又可分为氧气管道、燃气管道、空压管道、乙炔管道和热力管道等具体的专业管道施工图。

二、按图形和作用分类

　　按图形及其作用,管道施工图可分为基本图和详图两大部分。基本图包括图纸目录、施工图说明、设备材料表、流程图、平面图、系统轴测图和立(剖)面图,详图包括节点图、大样图和标准图。

1. 图纸目录

　　对于数量众多的施工图纸,设计人员把它按一定的图名和顺序归纳编排成图纸目录以便查阅。通过图纸目录可以知道参加设计和建设的单位,工程名称、编号及图纸的名称等。

2. 施工图说明

　　凡在图样上无法表示出来而又非要施工人员知道的一些技术和质量方面的要求,一般都用文字形式来加以说明。它的内容一般包括工程的主要技术数据、施工和验收要求以及注意事项。

3. 设备、材料表

　　指该项工程所需的各种设备和各类管道、管件、阀门以及防腐、保温材料的名称、规格、型号、数量的明细表。

　　以上这三点看上去不过是些文字说明,也没有线条和图形,但它是施工图纸必不可少的一个组成部分,是对线条、图形的补充和说明。对于这些内容的了解有助于进一步看懂管道施工图。

4. 流程图

流程图是对一个生产系统或一个化工装置的整个工艺变化过程的表示,通过它可以对设备的位号、建(构)筑物的名称及整个系统的仪表控制点(温度、压力、流量及分析的测点)有一个全面的了解。同时,对管道的规格、编号,输送的介质,流向以及主要控制阀门等也有一个确切的了解。

5. 平面图

平面图是施工图中最基本的一种图样,它主要表示建(构)筑物和设备的平面分布,管线的走向、排列和各部分的长宽尺寸,以及每根管子的管径和标高等具体数据。施工人员看了平面图后,对这项工程就有了大致的了解。

6. 系统轴测图

系统轴测图是一种立体图,它能在一个图面上同时反映出管线的空间走向和实际位置,帮助想象管线的布置情况,减少看正投影图的困难,它的这些优点能弥补平、立面图的不足之处,是管道施工图中的重要图样之一。系统图有时也能替代立面图或剖面图,例如,室内给水排水或室内采暖工程图样主要由平面图和系统图组成,一般情况下,设计人员不再绘制立面图和剖面图。

7. 立面图和剖面图

立面图和剖面图是施工图中最常见的一种图样,它主要表达建(构)筑物和设备的立面分布,管线垂直方向上的排列和走向,以及每路管线的编号、管径和标高等具体数据。

在管道施工图中,立面图和剖面图从识读的方法上来说大致相同。

8. 节点图

节点图能清楚地表示某一部分管道的详细结构及尺寸,是对平面图及其他施工图所不能反映清楚的某点图形的放大。节点用代号来表示它的所在部位,例如"A 节点",那就要在平、立(剖)面图上找到用"A"所表示的部位。

9. 大样图

大样图是表示一组设备的配管或一组管配件组合安装的一种详图。大样图的特点是用双线图表示,对物体有真实感,并对组装体各部位的详细尺寸都作了注记。

10. 标准图

标准图是一种具有通用性质的图样。标准图中标有成组管道、设备或部件的具体图形和详细尺寸,但是它一般不能用来作为单独进行施工的图纸,而只能作为某些施工图的一个组成部分。一般由国家或有关部委出版标准图集,作为国家标准、部标准或行业标准的一部分予以颁发。

第二节 符号及图例

一、图线

施工图上的管段及管件多半采用统一的图线来表示,各种不同的图线所表示的含意和作用又有所不同,常用的几种图线见表 5-1。

表5-1 管道图中常用的几种图线

序号	名称	线型	宽度	适用范围及说明
1	粗实线	——————	b	1. 主要管线 2. 图框线
2	中实线	——————	$0.5b$	1. 辅助管线，双线表示的管道轮廓线 2. 设备及零(附)件的轮廓线
3	细实线	——————	$0.25b$	1. 建筑物和构筑物的轮廓线 2. 尺寸、标高、角度等标注线及引出线
4	粗单点长画线	—·—·—	b	主要管线(在同一张图纸中，区别于粗实线所代表的管线)
5	单点长画线	—·—·—	$0.25b$	1. 定位轴线 2. 中心线
6	双点长画线	—··—··—	$0.25b$	假想轮廓线
7	粗虚线	— — —	b	1. 地下管线 2. 被设备所遮盖的管线 3. 排水管线、其他重力流管线或回水管线
8	中虚线	— — —	$0.5b$	1. 设备内辅助管线 2. 自控仪表连接线 3. 不可见轮廓线
9	波浪线	～～～	$0.25b$	1. 管件、阀件断裂处的边界线 2. 表示构造层次的局部界线
10	折断线	—⌇—	$0.25b$	断开界线

图线的宽度 b 一般宜从 2.0 mm、1.4 mm、1.0 mm、0.7 mm、0.5 mm 中选取，波浪线一般是用徒手画出。

二、管路的规定代号

管道图中输送各种液体和气体的管道一般采用实线表示。为了区别各种不同类的管路，在图线的中间须注上汉语拼音字母(或英文字母)的规定符号，如介质为给水的管路用 J 表示。部分管道代号示例如图5-1所示。

输送液体与气体管路的规定符号，按国家标准及相关规定，见表5-2(工艺管道物料名称及代号见表9-3及附表9-2)。

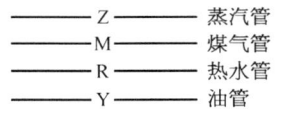

图5-1 管道规定代号示例

表5-2 液体与气体管路的代号

类别	名称	规定符号	类别	名称	规定符号	类别	名称	规定符号
1	给水管	J	6	凝结水管	N	11	氧气管	YQ
2	排水管	P	7	冷冻水管	L	12	氮气管	DQ
3	废水管	F	8	蒸汽管	Z	13	氢气管	QQ
4	污水管	W	9	煤气管	M	14	氩气管	YA
5	热水管	R	10	压缩空气管	YS	15	雨水管	Y

(续表)

类别	名称	规定符号	类别	名称	规定符号	类别	名称	规定符号
16	通气管	T	19	鼓风管	GF	22	乳化剂管	RH
17	乙炔管	YI	20	通风管	TF	23	油管	Y
18	二氧化碳管	E	21	真空管	ZK	24	空调凝结水管	KN

在施工图中，如果仅有一种管路或同一图上大多数是相同的管路，其符号可略去不标，但须在图纸中加以说明。

此外，管道图中常见有各种字母符号，每个字母都表示一定的意义，如 $R(r)$ 表示管道的弯曲半径，i 表示管道的坡度，G 表示管螺纹，ϕ 表示无缝钢管外径及机器设备的直径，dn 表示塑料管公称外径，d 表示钢筋混凝土管或非金属管的内径，DN 表示焊接钢管、阀门及管件的公称尺寸（公称通径），δ 表示管材和板材的厚度等。

三、管道图例

施工图上的管件和阀门多半采用规定的图例来表示。这些简单图样并不完全反映实物的形象，仅只是示意性地表示具体的设备、管件或阀门。各种专业施工图都有各自不同的图例符号，但也有些图例符号相互通用，现将各种管道施工图通用的图例示于表 5-3 中。

表 5-3 管道施工图常用图例

序号	名称	图例	说明
1	管道	 ———————	用于一张图内只有一种管道
		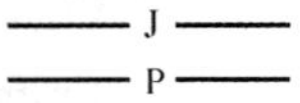 ——— J ——— ——— P ———	用汉语拼音字头表示管道类别
		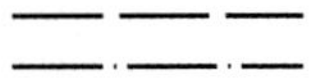 — — — —·—·—	用图例表示管道类别
2	保温管	 ∼∼∼∼∼	也适用于防结露管
3	拆除管	 —×—×—×—	
4	地沟管	≡≡≡≡≡	
5	防护套管	—[——]—	
6	介质流向	 ———▶———	
7	坡向	 ———→———	
8	管道伸缩器	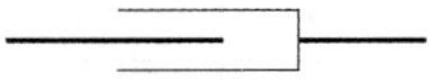 —[===]—	
9	波纹管	 ——◇——	
10	可曲挠橡胶接头	—|○|—	

(续表)

序号	名称	图例	说明
11	方形伸缩器		
12	球形伸缩器		
13	挠性管、软管		
14	固定支架		
15	滑动支架		
16	底阀		
17	角阀		
18	截止阀	$DN \geqslant 50$　　$DN<50$	
19	闸阀		
20	三通阀		
21	四通阀		
22	止回阀	或	
23	球阀		
24	旋塞阀	平面　　系统	
25	电磁阀		
26	电动阀		
27	液动阀		

(续表)

序号	名 称	图 例	说 明
28	气动阀	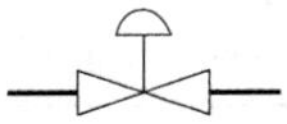	
29	减压阀	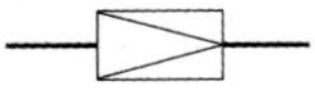	左侧:低压 右侧:高压
30	弹簧安全阀	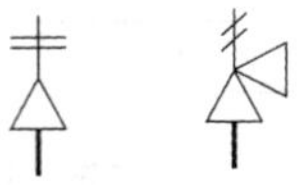	
31	平衡锤安全阀	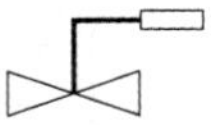	
32	蝶阀	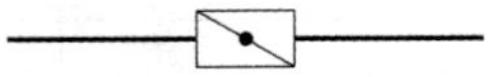	
33	隔膜阀	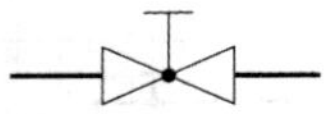	
34	温度计		
35	压力表		
36	流量孔板		

第三节 施工图表示方法

一、比例

管道图纸上图形与实物相对应的线性尺寸之比叫做比例,比例的大小是指其比值的大小,如1∶50 大于1∶100,比例的符号为"∶",比例应以阿拉伯数字表示,如1∶1、1∶2、1∶100 等。一张图上仅有一种比例时,应在标题栏中标注比例,一张图上有几种比例时,比例宜写在图名的右侧,字的基准线应取平。

管道施工图的比例依据装置或车间内管道布置的复杂程度和画图的需要进行选择。各类管道施工图常用的比例见表5-4。

表5-4 管道施工图常用比例

名 称	比 例
厂区(小区)总平面图	1∶1 000、1∶500、1∶300
总图中管道断面图	纵向1∶1 000、1∶500、1∶300 横向1∶200、1∶100、1∶50

（续表）

名　称	比　例
室内管道平、剖面图	1∶200、1∶150、1∶100、1∶50
管道系统轴测图	1∶150、1∶100、1∶50 或不按比例
流程图或原理图	无比例
设备加工图	1∶100、1∶50、1∶40、1∶20
部件、零件详图	1∶50、1∶30、1∶20、1∶10、1∶5、1∶2、1∶1、2∶1

二、标高

标高是标注管道或建筑物高度的一种尺寸形式。标高符号应以直角等腰三角形表示，按图 5-2a 所示形式用细实线绘制，如标注位置不够，也可按图 5-2b 所示形式绘制。标高符号的具体画法如图 5-2c、d 所示。标高符号的尖端应指至被注高度的位置，尖端的指向可以向下，也可以向上。标高数字应以 m 为单位，在一般图纸中宜注写到小数点后第三位，在总平面图及相应的厂区（小区）管道施工图中注写到小数点后第二位。平面图和系统轴测图中管道标高应按图 5-3 的方式标注，剖面图中的管道标高应按图 5-4 所示进行标注，平面图中，沟渠标高应从标注点用引出线引出后再画标高符号，如图 5-5 所示。平面图中无坡度要求的管道标高可以标注在管道规格后的括号内，如图 5-8 所示，管道标高为 2.00 m。

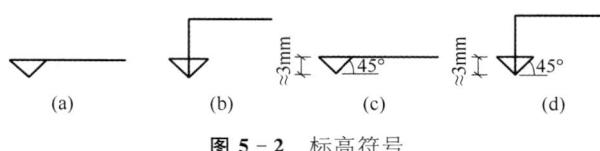

图 5-2　标高符号

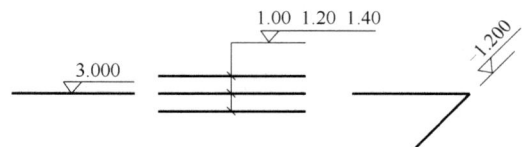

图 5-3　平面图与系统图中管道标高的标注

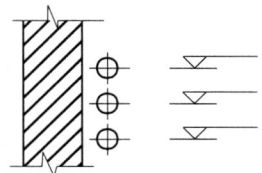

图 5-4　剖面图中管道标高的标注

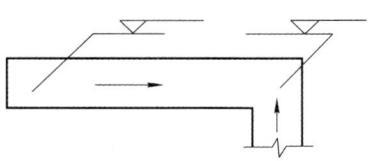

图 5-5　平面图中地沟标高的标注

压力管道应标注管中心标高，如果标注管道外底或顶标高时，应在数字前加"底"或"顶"字样。沟渠或重力流管道宜标注沟（管）内底标高。在下列部位应标注标高：

(1) 沟渠和重力流管道起讫点、转角点、连接点、变坡点、变径(尺寸)点及交叉点；
(2) 压力流管道中的标高控制点；
(3) 管道穿外墙、剪力墙和构筑物的壁及底板等处；
(4) 不同水位线处；
(5) 建(构)筑物中土建部分的相关标高。

标高有绝对标高和相对标高两种。

绝对标高是把我国青岛附近黄海的平均海平面定为绝对标高的零点，其他各地标高都以它为基准。如果总平面图上某一位置的高度比绝对标高零点高 5.2 m，那么这个位置的绝对标高为 5.20。总平面图应标注绝对标高，宜注明标高体系。

相对标高一般是以新建建筑物的底层室内主要地坪面定为该建筑物的相对标高的零点，用±0.000 表示，比地坪面低的用负号表示，如-1.350 表示这一位置比室内底层地坪面低 1.35 m，比相对标高零点高的标高数值前不写"+"号，如 3.200 表示这一位置比室内底层地坪面高 3.2 m。单位建筑应标注相对标高，并应注明相对标高与绝对标高的换算关系。

在建筑物内，管道也可标注相对本层建筑地面的标高，标注方法为 $H+\text{X.XXX}$，H 表示本层建筑地面标高(如 $H+0.250$)，也有用 F 或 B 表示本层建筑地面标高的。

三、方位标

确定管道安装方位基准的图标，称为方位标。在管道底层平面图上，一般用指北针表示建筑物或管线的方位。单独的指北针用细实线画出，圆圈直径以 24 mm 为宜，指针的尾端宽度宜为 3 mm，指针头部应注"北"或"N"字。在建筑总平面图或室外总体管道布置图上，除用指北针外还可以用风向频率玫瑰图来表示朝向。在化工管道平面图上，可以用带有指北方向的坐标方位图表示朝向。

管道图方位标如图 5-6 所示。

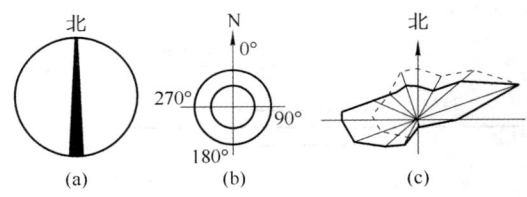

图 5-6 方位标

(a) 指北针；(b) 坐标方位图；(c) 风玫瑰图

四、管径标注

施工图上的管道必须按规定标注管径。管径尺寸应以 mm 为单位，在标注时通常只注写代号与数字，而不注明单位。

低压流体输送用焊接钢管、镀锌焊接钢管、铸铁管等，管径应以公称尺寸 DN 表示，如 $DN15$、$DN50$ 等；无缝钢管、直缝或螺旋缝电焊钢管、有色金属管、不锈钢管等，管径应以外径×壁厚表示，如 $D108\times4$、$\phi426\times7$ 等；耐酸瓷管、混凝土管、钢筋混凝土管、陶土管(缸瓦管)等，管径应以内径 d 表示，如 $d230$、$d380$ 等。塑料管管径可用公称外径表示，如 $dn20$、$dn110$ 等，也可以按产品标准的方法表示。

管径在图面上一般标注在以下位置上：①管径尺寸变径处；②水平管道的管径尺寸注在

管道的上方;③斜管道的管径尺寸注在管道的斜上方;④立管的管径尺寸注在管道的左侧,如图5-7所示。当管径尺寸无法按上述位置标注时,可另找适当位置标注。多根管线的管径尺寸可用引出线进行标注,如图5-8所示。采用双线绘制的管道,也可以标注在管道轮廓线内。

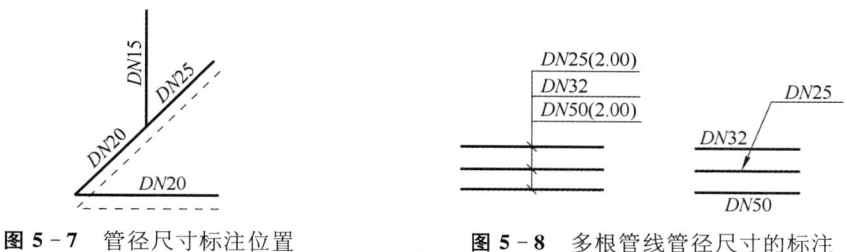

图5-7 管径尺寸标注位置　　　　图5-8 多根管线管径尺寸的标注

五、坡度及坡向

管道的坡度及坡向表示管道倾斜的程度和高低方向,坡度的表示方法有两种,一种是在管线上方用箭头表示坡向,箭头指向低的一端,坡度的代号为"i",坡度值用数字表示,如图5-9a所示;另一种是在管线上方用坡度符号 ⟩ 加坡度值表示,如图5-9b所示。

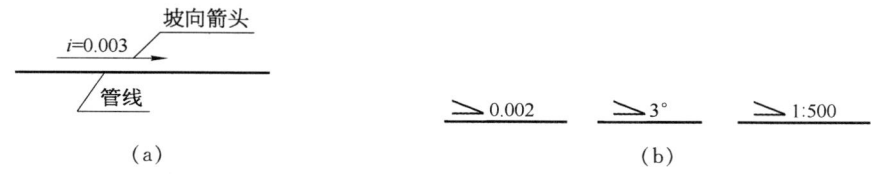

图5-9 坡度及坡向表示方法

六、尺寸标注

管道施工图的图样中注有详细尺寸,它可作为管道制作、安装的依据,尺寸由尺寸线、尺寸起止符号(或箭头)、尺寸界线和尺寸数字等四部分组成,如图5-10所示。尺寸单位为mm。

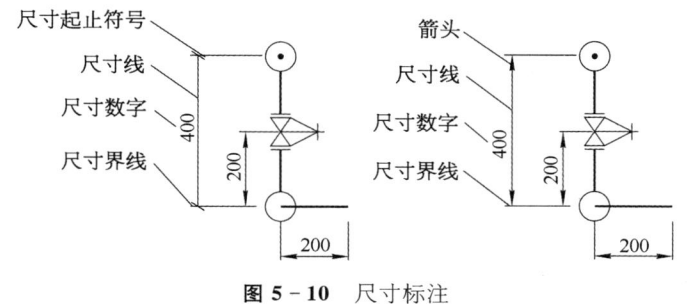

图5-10 尺寸标注

七、管线的表示方法

1. **管道系统编号**

(1) 当建筑物的给水引入管和排水排出管的数量超过一根时,宜对管线进行编号,编号

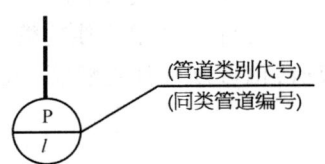

图 5-11 建筑给水排水管道系统编号

宜按图 5-11 的方法表示。

管道类别代号应以汉语拼音字母表示,如给水系统为 J,污水系统为 W 等。

(2) 一个工程设计中同时有供暖、通风、空调等两个及以上不同系统时,应进行系统编号。暖通空调系统编号、入口编号,应由系统代号和顺序号组成。系统代号由大写拉丁字母表示,见表 5-5,顺序号由阿拉伯数字表示。系统代号、编号的画法如图 5-12 所示,当一个系统出现分支时,可采用图 5-12b 的表示法。

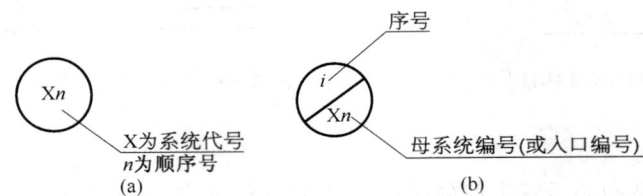

图 5-12 暖通空调系统、入口编号

表 5-5 暖通空调系统代号(GB/T 50114)

序号	系统名称	代号	序号	系统名称	代号	序号	系统名称	代号
1	室内供暖系统	N	7	除尘系统	C	13	排烟系统	PY
2	制冷系统	L	8	送风系统	S	14	排风兼排烟系统	P(PY)
3	热力系统	R	9	新风系统	X	15	人防送风系统	RS
4	空调系统	K	10	回风系统	H	16	人防排风系统	RP
5	新风换气系统	XP	11	排风系统	P			
6	净化系统	J	12	加压送风系统	JY			

2. 管道立管编号

(1) 建筑给水排水室内管道穿越楼层立管,其数量超过一根时宜进行编号,编号宜按图 5-13 的方法表示。

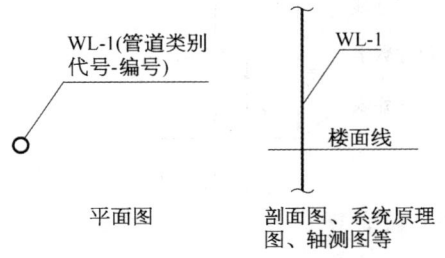

图 5-13 建筑给水排水立管编号

图 5-14 室内采暖系统立管编号

(2) 室内采暖系统立管编号可采用系统代号加编号来表示,如图 5-14 所示,在不致引起误解时,可只标注序号,但应与建筑轴线编号有明显区别。

八、管道连接表示方法

管道的连接与管材、管径、管道输送介质的种类、温度、压力等有关,常见的管道连接方式有法兰连接、螺纹连接、承插连接、焊接连接、粘接连接等。管道的一般连接形式见表 5-6。

表 5-6 管道的一般连接形式

序号	名 称	符 号	序号	名 称	符 号
1	法兰连接	——∥——	6	法兰堵盖	—∣∣
2	承插连接	——⊃——	7	活接头	——∥∣——
3	螺纹连接	——∣——	8	盲板	—∣
4	焊接连接	——●——	9	管道丁字上接	——⊕——
5	螺纹管帽	└——	10	管道丁字下接	——⊕——

法兰连接符号在平、立(剖)面图及系统图中最为常见,承插、螺纹和焊接连接符号一般仅在系统图中出现,而在平、立(剖)面图中很少出现。管道连接形式往往在施工说明中注明。

九、管道折断、接续及设计分界线

1. 管道折断表示法

当管道断开或省去一段管道时,可采用折断符号表示,如图 5-15 所示。

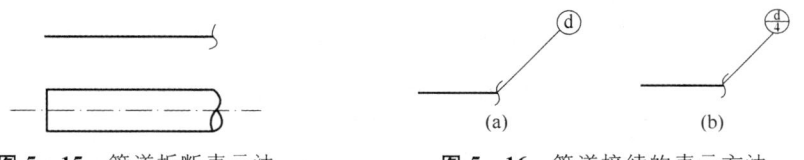

图 5-15 管道折断表示法　　**图 5-16** 管道接续的表示方法

2. 管道接续的表示法

管道接续引出线应采用细实线绘制。始端指在折断处,末端为折断符号的编号。

同一管道的两个折断符号在一张图中时,折断符号的编号应用小写英文字母表示。标注在直径为 5~8 mm 的细实线圆内,如图 5-16a 所示。

同一管道的两个折断符号不在一张图中时,折断符号的编号应用小写英文字母和图号表示,标注在直径为 10~12 mm 的细实线圆内。上半圆内应填写字母,下半圆内应填写对应折断符号所在图纸的图号,如图 5-16b 所示。

3. 设计分界线

设计分界线应采用如图 5-17 所示的标志。

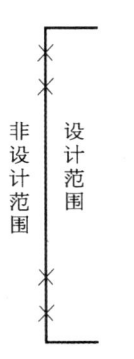

图 5-17 设计分界线

第四节　管道安装基础知识

一、管道元件的公称尺寸和公称压力

1. 管道元件的公称尺寸

管道的规格一般用管径表示,管径又有内径和外径之分,为了便于管道连接和互换一般采用公称尺寸(公称通径)DN来表示。公称尺寸是由字母DN和后跟无因次的整数数字组成的尺寸标志。

一般情况下,公称尺寸的数值既不是管道元件的内径,也不是管道元件的外径,而是与管道元件外径相接近的一个整数值。

公称尺寸系列规定见表5-7。

表5-7　管道元件公称尺寸 DN(GB/T 1047)

DN6	DN40	DN200	DN600	DN1 400	DN2 600	DN4 000
DN8	DN50	DN250	DN700	DN1 500	DN2 800	
DN10	DN65	DN300	DN800	DN1 600	DN3 000	
DN15	DN80	DN350	DN900	DN1 800	DN3 200	
DN20	DN100	DN400	DN1 000	DN2 000	DN3 400	
DN25	DN125	DN450	DN1 100	DN2 200	DN3 600	
DN32	DN150	DN500	DN1 200	DN2 400	DN3 800	

塑料管的规格常用公称外径dn表示,塑料管管材或管件插口外径的规定数值即为公称外径,单位为mm。在热塑性塑料管材系统中,它适用于除法兰和用螺纹尺寸表示的部件外的所有热塑性塑料管道系统部件。常用的公称尺寸DN和公称外径dn对照见表5-8。

表5-8　公称尺寸 DN 与公称外径 dn 对照表

DN	15	20	25	32	40	50	65	80	100	125	150
dn	20	25	32	40	50	63	75	90	110	140	160

2. 公称压力、工作压力及试验压力

制品在基准温度下的耐压强度称为公称压力,用符号PN表示,PN是与管道元件的力学性能和尺寸特性相关、用于参考的字母和数字组合的标志。它由字母PN和后跟无因次的数字组成,如公称压力为1.0 MPa,记为$PN10$。管道元件公称压力系列见表5-9。

表5-9　管道元件公称压力系列

DIN 系列	PN2.5	PN6	PN10	PN16	PN25	PN40	PN63	PN100
ANSI 系列	PN20	PN50	PN110	PN150	PN260	PN420		

工作压力是为了保证管路工作时的安全,而根据介质的各级最高工作温度所规定的一种最大压力。最大工作压力是随着介质工作温度的升高而降低,用P表示,单位为MPa。

试验压力是在常温下对管子或管路附件出厂进行试验或当管道系统安装完毕后对管道

系统进行试验的压力。压力试验一般有强度试验和严密性试验,试验压力用 P_s 表示,单位为 MPa。

二、常用管材

1. 钢管及其管件

管道工程所用钢管,按照制造方法分为无缝钢管和焊接钢管;按照用途分为一般钢管和专用钢管。

1)输送流体用无缝钢管

输送流体用无缝钢管简称无缝钢管,一般用 10、20、Q295、Q345 牌号钢制造。按制造方法不同分为热轧钢管和冷拔(轧)钢管两种,热轧钢管外径 $D32 \sim D630$,冷拔(轧)钢管外径 $D6 \sim D200$,管道工程常用规格可参见《输送流体用无缝钢管》(GB/T 8163)。

输送流体用无缝钢管,适用于输送冷水、热水、蒸汽、燃气、油品以及无腐蚀性化工介质,是工程上用量最大、应用最广的管材。

管道连接以焊接为主,也可采用法兰连接、沟槽式连接。常用的管件有钢制对焊无缝管件(GB/T 12459)和钢板制对焊管件(GB/T 13401),其中包括弯头(45°、90°、180°)、三通、四通、异径接头(大小头)、管帽等。

采用法兰连接时,常用的管件是管法兰。管法兰的类型有以下几种:①平焊法兰。法兰与设备或管道采用平面角焊缝的形式连为一整体,根据其结构的差异,可进一步分为板式平焊法兰、带颈平焊法兰、带颈承插平焊法兰。②整体法兰。与管体或设备不可拆卸固定在一起时,称为整体法兰。③对焊法兰。法兰与管道采用对接环焊缝的形式连成一体,形成的焊缝可以进行无损探伤检验,焊缝受力条件好。④螺纹法兰。法兰具有内螺纹可以与管道上的外螺纹以螺纹连接方式固定在管道端部。⑤松套法兰。其特点是法兰与管道不直接连成一体,而是把法兰盘套在管子外面,这种结构法兰无需焊接,法兰和管道可以采用不同材质的材料,适用于铜、铝、不锈钢、非金属管道连接。松套法兰根据其结构的差异可分为平焊环松套板式法兰、对焊环松套板式法兰、对焊环松套带颈板式法兰、板式翻边松套法兰。⑥法兰盖。又称为法兰盲板,与同规格型号法兰连接,形成切断密封结构形式。

法兰类型示意图如图 5-18 所示。

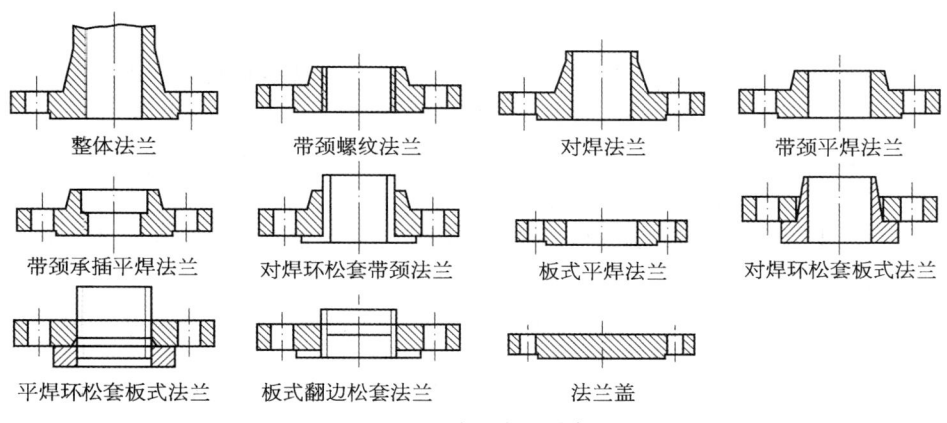

图 5-18 法兰类型示意图

法兰按其密封面形式可分为平面、突面、凹凸面、榫槽面和环连接面等,法兰密封面形式如图 5-19 所示,密封面形式代号见表 5-10。

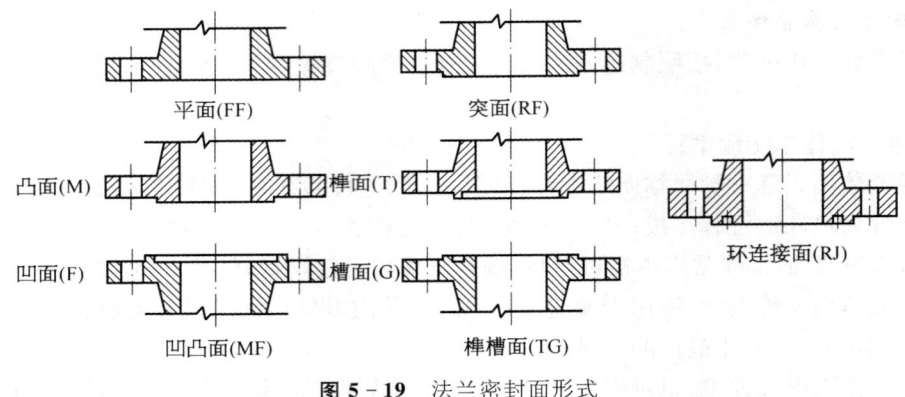

图 5-19 法兰密封面形式

表 5-10 法兰密封面代号

密封面形式		代号	
平面		FF	
突面		RF	
凹凸面	凸面	MF	M
	凹面		F
榫槽面	榫面	TG	T
	槽面		G
环连接面		RJ	

我国现行法兰同时存在四种标准:国家标准《钢制管法兰》(GB/T 9112~9124)、机械行业标准《管路法兰》(JB/T 74~86.2)、化工行业标准《钢制管法兰、垫片、紧固件》(HG 20592~20635)、石化行业标准《石油化工钢制管法兰》(SH 3406)。

2) 专用无缝钢管

(1) 低、中压锅炉用无缝钢管(GB 3087)用 10、20 优质碳钢制造,适用于工作压力 $P \leqslant 2.5$ MPa、温度 $t \leqslant 450$ ℃ 的中、低压锅炉其及相应的蒸汽、高温热水工程。

(2) 高压锅炉用无缝钢管(GB 5310)用优质碳素结构钢、合金结构钢、不锈耐热钢等制造,适用于高压蒸汽锅炉、过热蒸汽管道等。

(3) 高压化肥设备用无缝钢管(GB 6479)用 20 优质碳钢和低合金结构钢制造,适用于高压化肥设备和管道,也可用于其他高压化工设备及管道。

(4) 石油裂化用无缝钢管(GB 9948)用 10、20 优质碳钢、12CrMo、15CrMo 等制造,用于石油精炼厂的炉管、热交换器及管道。

(5) 流体输送用不锈钢无缝钢管(GB/T 14976)用 0Cr18Ni9、00Cr19Ni10、0Cr23Ni13、0Cr25Ni20、0Cr18Ni10Ti、0Cr18Ni11Nb、0Cr17Ni12Mo2、00Cr17Ni14Mo2、0Cr13 等制造,用于输送腐蚀性介质、低温或高温介质管道。

3）焊接钢管

（1）低压流体输送用焊接钢管（GB/T 3091）用 Q195、Q215、Q235、Q295、Q345 等牌号钢制造，管段外径 10.2～2 540 mm，壁厚 0.5～20.62 mm，详见《焊接钢管的尺寸及单位长度重量》（GB/T 21835）。管外径 10.2～168.3 mm 焊接钢管的管端可以加工成螺纹，采用螺纹连接。其余规格的管子一般可采用焊接、沟槽式连接、法兰连接，其管件可采用标准的焊接管件或加工管件。

螺纹连接采用带螺纹的管配件，如弯头（45°、90°）、三通、四通、外接头、内接头、异径接头、内外螺丝、活接头、锁紧螺母、外方堵头、管帽等。螺纹连接的管子按壁厚不同分为普通钢管和加厚钢管，普通钢管适用于公称压力 1.0 MPa，加厚钢管适用于公称压力 1.6 MPa。按表面质量不同又可分为镀锌钢管和非镀锌钢管。

低压流体输送用焊接钢管适用于输送水、燃气、空气、油品、低压蒸汽等压力较低的流体。

（2）螺旋缝焊接钢管分低压流体输送管道用螺旋缝埋弧焊钢管（SY/T 5037）和普通流体输送管道用螺旋缝高频焊钢管（SY/T 5038）两种，适用于水、污水、空气、低压蒸汽、油品等低压流体的输送。

2. 铸铁管及其管件

1）给水铸铁管

给水铸铁管按材质可分为灰口铸铁管和球墨铸铁管。属于灰口铸铁管的有连续铸铁管（GB/T 3422），它是采用连续铸造法生产的，管子规格为 $DN75\sim DN1\,200$，管道连接采用承插捻口刚性连接，主要用于室外给水管道。灰口铸铁管还有柔性机械接口铸铁管（GB/T 6483），采用橡胶圈机械接口，主要适用于燃气管道，管子规格为 $DN100\sim DN600$。灰口铸铁管的管件有承插、法兰连接管件和柔性机械接口管件，具体见《灰铸铁管件》（GB/T 3420）。

球墨铸铁管主要是《水及燃气管道用球墨铸铁管、管件和附件》（GB/T 13295），适用输送水及中压 A 级以下的燃气，管道规格 $DN40\sim DN2\,600$（输送燃气口径不大于 $DN700$）。管道均采用柔性接口，分为机械式、滑入式和法兰式三种；机械接口又分为 K 型、NⅡ型和 SⅡ型三种；滑入式接口形式为 T 型。

铸铁排水管一般系柔性接口，而传统的承插连接排水铸铁管已停止生产和使用。《排水用柔性接口铸铁管、管件及附件》（GB/T 12772）规定，按直管结构形式分为承插口直管和无承插口直管两种；按接口形式分为机械式接口和卡箍式接口；管件按其结构形式分为承插口管件、无承口管件和全承口管件。

由于柔性接口排水铸铁管具有较大的轴向伸缩和挠曲变形，密封性和抗震性能好，适用于建筑高度超过 100 m 的高层建筑排水系统。

3. 塑料管及复合管

1）给水用硬聚氯乙烯（PVC—U）管材（GB/T 10002.1）

给水用硬聚氯乙烯管主要适用于生活给水系统，管材的公称压力有 0.63 MPa、0.8 MPa、1.0 MPa、1.25 MPa、1.6 MPa、2.0 MPa 和 2.5 MPa 共七个级别可供选用。管材规格 $dn20\sim dn1\,000$，按连接方式分为弹性密封圈式和溶剂粘接式两种。

给水用硬聚氯乙烯（PVC—U）管件（GB/T 10002.2）分粘接式承口管件、弹性密封圈式承口管件、螺纹接头管件和法兰连接管件等四种。粘接式承口管件适用于 $dn \leqslant 160$ mm 管道，弹性密封圈式承口管件适用于 $dn \geqslant 63$ mm 管道，螺纹连接管件适用与螺纹管件连接用，法兰连接管件适用与法兰管件连接用。

2) 聚乙烯管

聚乙烯管在建筑给水及燃气工程中广泛地使用，品种也比较多，主要有给水用聚乙烯(PE)管材(GB/T 13663)、冷热水用交联聚乙烯(PE—X)管材(GB/T 18992.2)、冷热水用耐热聚乙烯(PE—RT)管材(CJ/T 175)、燃气用埋地聚乙烯(PE)管材(GB 15558.1)。

聚乙烯(PE)管道和耐热聚乙烯(PE—RT)管道的连接主要采用热熔和电熔连接，根据需要也可以采用机械式连接。交联聚乙烯(PE—X)管道采用锻压黄铜或不锈钢管件以机械方式连接。

3) 冷热水用聚丙烯管材(GB/T 18742.2)

聚丙烯管分无规共聚聚丙烯(PP—R)管和嵌段共聚聚丙烯(PP—B)管两种，工程上大多采用 PP—R 管。PP—R 管适用于给水、热水、地板采暖和低温散热器采暖等工程，管道主要采用热熔或电熔连接，采用螺纹或法兰连接时，应由生产厂提供专用配件。

4) 塑料排水管

排水管主要采用建筑排水用硬聚氯乙烯(PVC—U)管材(GB/T 5836.1)，管道可采用胶黏剂连接或弹性密封圈连接。管材常用规格为 $dn50 \sim dn160$，排水管件除一般用于转弯、分支、变径、连接管件外还有一些特殊管件，如检查口、清扫口、伸缩节、H 管、存水弯、通气帽等。

为了降低水流噪声，工程上还常采用排水用芯层发泡硬聚氯乙烯(PVC—U)管材(GB/T 16800)，立管采用硬聚氯乙烯(PVC—U)内螺旋管，以提高排水能力。

5) 金属与塑料复合管

钢塑复合管是在钢管内壁衬(涂)一定厚度塑料层复合而成的管材，按生产方法不同分为衬塑钢管和涂塑钢管两种。建筑给水钢塑复合管的管材选用，当系统工作压力不大于 1.0 MPa 时，宜采用涂(衬)塑焊接钢管、可锻铸铁衬塑管件，采用螺纹连接；当系统工作压力大于 1.0 MPa 但不大于 1.6 MPa 时，宜采用涂(衬)塑无缝钢管、无缝钢管件或铸钢涂(衬)塑料管件，采用法兰或沟槽连接。钢塑复合管既保留了钢管强度高、耐压、耐冲击的优点，又体现了塑料管耐腐蚀、无污染、内壁光滑、流体阻力小的优点，是镀锌钢管升级换代产品。

铝塑管是采用铝合金材料经过对接焊或搭接焊而成的铝管，作为嵌入管壁金属增强，通过热熔黏合剂与内外层的聚乙烯、交联聚乙烯或耐温聚乙烯等共挤复合成型的管材。按用途不同分有冷水用铝塑复合管(代号 L)，白色；热水用铝塑复合管(代号 R)，橙红色；燃气用铝塑复合管(代号 Q)，黄色；特种流体用铝塑复合管(代号 T)，红色。管道外径 $D_w \leqslant 32$ mm 时，宜采用卡套式管接头管件。$D_w \geqslant 40$ mm 时宜采用承插式管接头管件连接。

超薄壁不锈钢塑料复合管是我国 1997 年首先开发的新型建材，外层为不锈钢(0Cr18Ni9 或 00Cr17Ni12Mo2)材料，其厚度不大于管材外径的 1/60，内层为符合卫生要求的塑料，塑料与不锈钢间采用热熔胶或特种胶黏剂粘合而构成的三层组合管材。根据管材内层材料不同，可以分为冷水用管材和热水用管材两种。冷水管内层采用符合卫生要求的高密度聚乙烯(HDPE)或硬聚氯乙烯(PVC—U)，工作温度不大于 40 ℃。热水管内层采用符合卫生要求的耐温聚乙烯(PE—RT,PE—X)或氯化聚氯乙烯(PVC—C),长期工作温度不大于70℃,瞬时温度不大于90℃。超薄壁不锈钢塑料复合管的公称压力为1.6 MPa。管道可采用粘接、卡套式连接及弹性密封圈管件连接。

6) 塑料管及复合管管材代号

塑料管及复合管管材代号见表5-11。

表 5-11 塑料管及复合管管材代号

管材代号	管材名称	管材代号	管材名称
PO	聚烯烃类材料总称	PVC—U	硬聚氯乙烯冷水管
PE	聚乙烯类材料总称	PVC—C	氯化聚氯乙烯冷、热水管
PE80	最小要求强度(MRS)为8.0 MPa的聚乙烯冷水管	PVC—M	给水用抗冲改性聚氯乙烯冷水管
PE100	最小要求强度(MRS)为10.0 MPa的聚乙烯冷水管	ABS	丙烯腈—丁二烯—苯乙烯共聚冷水管
PE—RT	耐热聚乙烯冷、热水管	PAP	铝塑复合管(简称铝塑管)总称
PE—X	各种交联方法交联的聚乙烯冷、热水管	PAP(PE—AL—PE)	聚乙烯冷水铝塑管
PP	聚丙烯类材料总称	XPAP(PEX—AL—PEX)	交联聚乙烯冷、热水铝塑管
PP—B	嵌段共聚聚丙烯冷、热水管	SNP	不锈钢塑料复合管总称
PP—R	无规共聚聚丙烯冷、热水管	SNP	不锈钢塑料复合冷水管
PB	聚丁烯冷、热水管	SNPR	不锈钢塑料复合冷、热水管

三、管道阀门

1. 阀门型号的编制方法

任何阀门都有一个特定的型号,这个型号是根据阀门的类别、驱动方式、连接形式、结构形式、阀座密封面或衬里材料、公称压力及阀体材料来制定的。各单元的排列顺序如下:

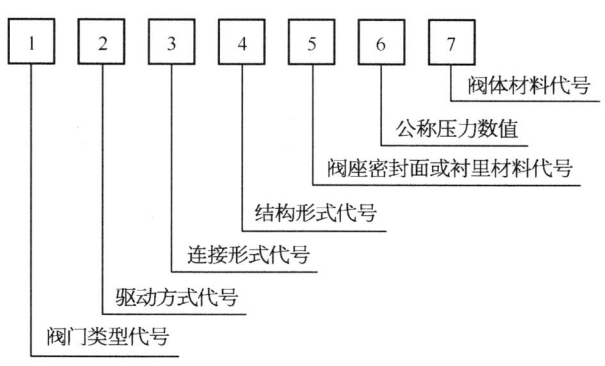

1 阀门类型代号
2 驱动方式代号
3 连接形式代号
4 结构形式代号
5 阀座密封面或衬里材料代号
6 公称压力数值
7 阀体材料代号

第一单元用汉语拼音字母表示阀门的类别,代号见表5-12。

表 5-12 阀门类型代号

类型	代号	类型	代号	类型	代号
闸阀	Z	蝶阀	D	安全阀	A
截止阀	J	隔膜阀	G	减压阀	Y
节流阀	L	旋塞阀	X	疏水阀	S
球阀	Q	止回阀和底阀	H	柱塞阀	U

第二单元用一个阿拉伯数字表示阀门的驱动方式,代号见表 5-13。对于手轮、手柄或扳手等直接驱动的阀门和自动阀门,则在阀门型号中取消本单元。

表 5-13 阀门驱动方式代号

驱动方式	代号	驱动方式	代号	驱动方式	代号
电磁动	0	正齿轮	4	气-液动	8
电磁-液动	1	伞齿轮	5	电动	9
电-液动	2	气动	6		
蜗轮	3	液动	7		

注:对于气动或液动常开式用 6K、7K 表示,常闭式用 6B、7B 表示;气动带手动用 6S 表示,防爆电动用 9B 表示。

第三单元用一位阿拉伯数字表示阀门与管段的连接形式,代号见表 5-14。

表 5-14 阀门连接形式代号

连接形式	内螺纹	外螺纹	法兰	焊接	对夹	卡箍	卡套
代号	1	2	4	6	7	8	9

第四单元用一位阿拉伯数字表示结构形式,代号见表 5-15。

表 5-15 各类阀门结构形式代号

结构代号 阀门类型	0	1	2	3	4	5	6	7	8	9
闸阀 Z	明杆楔式弹性闸板	明杆楔式单闸板	明杆楔式双闸板	明杆平行式单闸板	明杆平行式双闸板	暗杆楔式单闸板	暗杆楔式双闸板			
截止阀 J 节流阀 L		直通式			角式	直流式	平衡直通式	平衡角式		
旋塞阀 X				填料直通式	填料T形三通式	填料四通式		油封直通式	油封T形三通式	
球阀 Q		浮动直通式			浮动L形三通式	浮动T型三通式		固定直通式		
蝶阀 D		杠杆式	垂直板式	斜板式						

(续表)

结构代号 阀门类型	0	1	2	3	4	5	6	7	8	9
隔膜阀 G		屋脊式		截止式				闸板式		
止回阀 H		升降直通式	升降立式		旋启单瓣式	旋启多瓣式	旋启双瓣式			
安全阀 A	封闭带散热片全启式	封闭微启式	封闭全启式	不封闭带扳手双联微启式	封闭带扳手全启式	不封闭带控制机构微启式	不封闭带控制机构全启式	不封闭带扳手微启式	不封闭带扳手全启式	脉冲式（先导式）
减压阀 Y		薄膜式	弹簧薄膜式	活塞式	波纹管式	杠杆式				
疏水阀 S		浮球式				钟形浮子式		双金属片式	脉冲式	热动力式

注：杠杆式安全阀在阀门类型代号前加汉语拼音字母"G"。

第五单元用汉语拼音字母表示阀座密封面或衬里材料，代号见表5-16。

表5-16 阀座密封面或衬里材料代号

阀座密封面或衬里材料	代号	阀座密封面或衬里材料	代号
铜合金	T	渗氮钢	D
橡胶	X	硬质合金	Y
尼龙塑料	N	衬胶	J
锡基轴承合金（巴氏合金）	B	衬铅	Q
氟塑料	F	搪瓷	C
Cr13系不锈钢	H	渗硼钢	P
Mo2Ti系不锈钢	R	蒙乃尔合金	M
18-8系不锈钢	E	塑料	S

第六单元用公称压力数值直接表示（按JB 74的规定），并以短线与前五单元隔开。阀门的公称压力的数值用10倍的兆帕(MPa)数表示。

第七单元用汉语拼音字母表示阀体材料，代号见表5-17，对于公称压力小于或等于1.6 MPa的灰铸铁阀体和公称压力大于或等于2.5 MPa的碳素钢阀体，则省略本单元。

表5-17 阀体材料代号

阀体材料	代号	阀体材料	代号
灰铸铁	Z	铬钼钢	I
可锻铸铁	K	18-8系不锈钢	P
球墨铸铁	Q	Mo2Ti系不锈钢	R
铜及铜合金	T	铬钼钒钢	V
碳钢	C	Cr13系不锈钢	H
钛及钛合金	A	铝合金	L
塑料	S		

2. 常用阀门

1) 闸阀

闸阀是最常用的截断阀门之一,不适用于调节介质流量,主要用于大、中口径管道。这种阀门由于阀杆的结构形式和运动方式不同分为明杆式和暗杆式两种。明杆式适用于消防给水管道,暗杆式适用于安装位置受限制的地方。根据闸板结构不同又可分为楔式、平行式。楔式闸板分为刚性闸板、弹性闸板和双闸板等。闸阀的适用参数为 $DN15 \sim DN1\,800$,$PN0.1 \sim PN3.2$,$t \leqslant 550\,℃$;适用介质有水、蒸汽、燃气、油品、硝酸类、醋酸类。

2) 截止阀

截止阀是一种常用的截断阀,它利用阀杆下端的阀盘与阀体凸缘部分相配合来控制阀门的启闭。截止阀按结构形式不同分为直通式、直角式和直流式。直通式是最常见的结构,但其流体阻力大,安装时注意流体"低进高出",方向不得装反。直角式适用较小口径管道,直流式流体阻力小,多用于含固体颗粒或黏度大的流体。截止阀的适用参数为 $DN6 \sim DN200$,$PN0.6 \sim PN32$,$t \leqslant 550\,℃$;适用介质有水、蒸汽、油品、氨、酸碱类。

3) 止回阀

止回阀又称逆止阀、单流阀、单向阀,是一种自动启闭的阀门,按结构不同分为升降式和旋启式两大类。升降式的阀瓣是垂直于阀体作升降运动,水平升降式止回阀只能安装在水平管道上,立式升降式应安装在立管上。旋启式止回阀的阀瓣是围绕密封面作旋转运动,根据阀瓣的数目可分为单瓣旋启式和多瓣旋启式。此外还有球式和梭式止回阀,主要用于阀前压力较小的部位,关闭后密封性能要求严密的部位,宜选用有关闭弹簧的止回阀,要求削弱关闭水锤的部位,宜选用速闭消声止回阀和有阻尼装置的缓闭止回阀。止回阀的适用参数为 $DN10 \sim DN1\,800$,$PN0.25 \sim PN16$,$t \leqslant 550\,℃$;适用介质有水、蒸汽、油品、氨、硝酸类、醋酸类。

4) 蝶阀

蝶阀是用随阀杆转动的圆形蝶板作启闭件,以实现启闭动作的阀门。主要作截断阀使用,目前蝶阀在低压大中口径管道上的使用越来越多。带扳手的蝶阀,可以安装在管路或设备的任何位置上,带传动机构的蝶阀,一般应直立安装或按产品使用说明书的规定安装。蝶阀产品的安装,应使介质流向与阀体上所示箭头方向一致。蝶阀的适用参数为 $DN100 \sim DN300$,$PN0.25 \sim PN1.0$,$t \leqslant 150\,℃$;适用介质有水、蒸汽、空气、油品、燃气。

5) 球阀

球阀是用带圆形通孔的球体作启闭件,球体随阀杆转动,以实现启闭动作的阀门。按结构的密封机理,球阀分为浮动球阀和固定球阀,球阀具有流体阻力小、启闭迅速、结构简单等优点,但使用温度范围较小,也影响了其使用。安装带传动机构的球阀应直立安装或按产品使用说明书的规定安装。球阀的适用参数为 $DN10 \sim DN700$,$PN1.6 \sim PN6.3$,$t \leqslant 150\,℃$;适用介质有水、油品、天然气、硝酸类、醋酸类。

6) 旋塞阀

利用阀件内所插的中央穿孔的锥形栓塞以控制启闭的阀件,称为旋塞,是一种快开式阀门。由于密封面的形式不同,又分为填料旋塞、油封式旋塞和无填料旋塞。旋塞阀具有结构简单、启闭迅速、操作方便、流体阻力小和流量大的特点。便于制成三通路或四通路阀门,可作为分配换向用。旋塞阀的适用参数为 $DN15 \sim DN150$,$PN0.6 \sim PN1.6$,$t \leqslant 400\,℃$;适用介质有水、油品。

7) 减压阀

减压阀是通过其启闭件的节流,将进口压力降至某一需要的出口压力,并能在进口压力及流量变动时,利用介质本身的能量保持出口压力基本不变的阀门。按动作原理分为直接作用式减压阀和先导式减压阀。直接作用式减压阀是利用出口压力的变化直接控制阀瓣的运动,直接作用式减压阀有波纹管直接作用式减压阀和薄膜直接作用式减压阀两种;先导式减压阀由导阀和主阀组成,出口压力的变化通过导阀放大来控制主阀阀瓣的运动,先导式减压阀有活塞先导式减压阀、波纹管先导式减压阀和薄膜先导式减压阀等几种。减压阀可以用于空气和蒸汽等介质,当用于冷、热水时必须采用既能减压又能稳压的水用减压阀。减压阀的适用参数为 $DN20 \sim DN300$,$PN1.0 \sim PN6.3$,$t \leqslant 400\ ℃$;适用介质有蒸汽、空气、水。

8) 安全阀

安全阀是设备和管道的自动保险装置,当设备和管道中的压力超过了最高工作压力或调定压力值时,安全阀可自动排泄,使设备或管道不致因超压而遭到破坏或造成事故,当压力降低到工作压力或调定压力值时,安全阀便自动关闭。按结构形式不同安全阀分为弹簧式和杠杆式两大类。安全阀的适用参数为 $DN15 \sim DN200$,$PN1.0 \sim PN32$,$t \leqslant 600\ ℃$;适用介质有水、蒸汽、空气、油品、氨、硝酸类、氮、氢气。

9) 疏水阀

疏水阀是用于蒸汽管道及设备中,能自动排除凝结水,并阻止蒸汽泄漏的阀门。常见的疏水阀有浮桶式、倒吊桶式、热动力式及恒温式等几种。疏水阀的适用参数为 $DN15 \sim DN80$,$PN0.6 \sim PN1.6$,$t \leqslant 550\ ℃$。

四、管道支、吊架及补偿器

1. 管道支、吊架

管道支、吊架是管道工程的重要组成部分。按其用途和结构形式可以分为固定支架和活动支架两大类。固定支架用于管道上不允许有任何位移的支承点,固定支架常用的形式如图 5-20 所示。

活动支架用于水平管道上有轴向位移或横向位移,但没有或只有很少垂直位移的地方。活动支架有滑动支架(图 5-21)、导向支架(图 5-22)、滚动支架(图 5-23)和吊架(图 5-24)。

弹簧支、吊架用于管道有垂直位移的地方或震动较大的管道,弹簧支、吊架常用形式如图 5-25 所示。

2. 管道补偿器

由于热力管道的自然补偿受到管道自身结构和其他条件的限制,在大多数情况下,解决管道热伸长的补偿主要采用人工补偿器。常用的有方形补偿器、波纹管补偿器、填料式补偿器、球形补偿器等。

1) 方形补偿器

方形补偿器又称矩形伸缩器,由管段弯制或由弯头组焊而成,其优点是制造方便,补偿能力大,轴向推力小,维修方便,运动可靠;缺点是占地面积较大。方形补偿器按其外形可分为Ⅰ型——标准式($c=2h$),Ⅱ型——等边式($c=h$),Ⅲ型——长臂式($c=0.5h$),Ⅳ型——小顶式($c=0$),如图 5-26 所示。

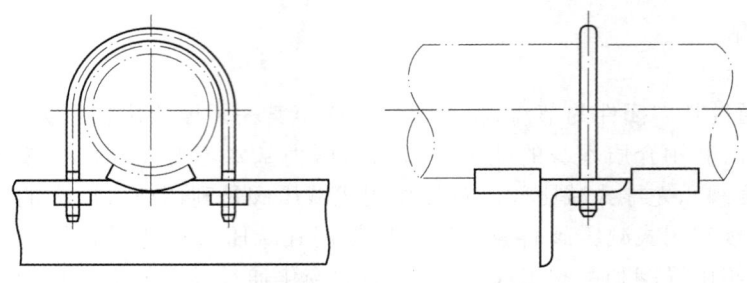

带挡板U形螺丝固定支架

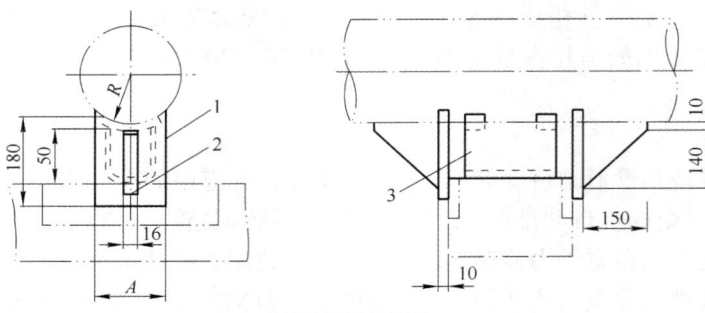

单面挡板固定支架

图 5-20　固定支架

1—挡板；2—肋板；3—支承支座

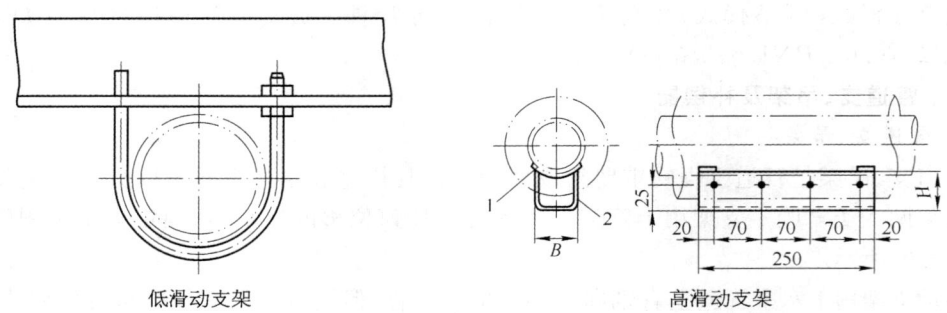

低滑动支架　　　　　　　　　　　高滑动支架

图 5-21　滑动支架

1—弧形板；2—垫板；

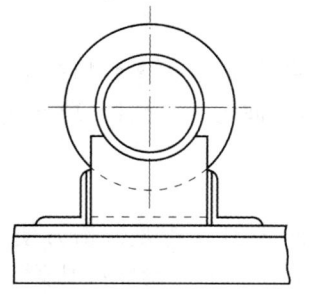

图 5-22　导向支架

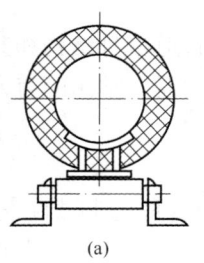
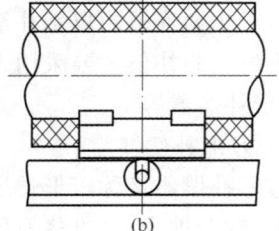

图 5-23　滚动支架

(a) 滚柱支架；(b) 滚珠支架

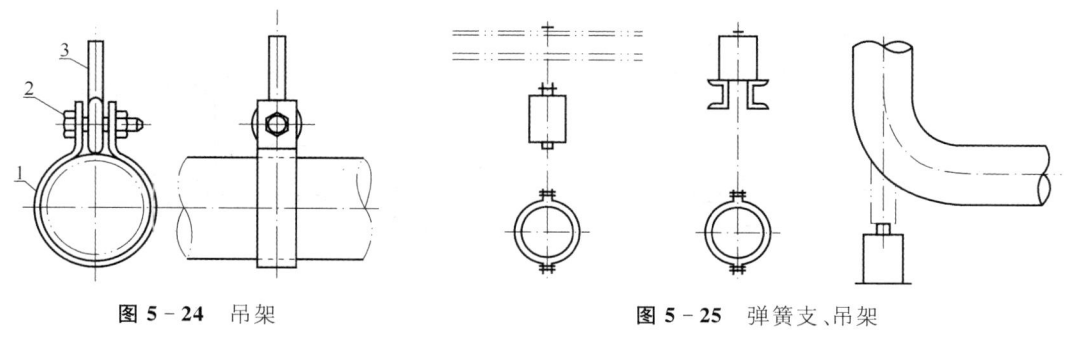

图 5-24 吊架

1—管卡；2—螺栓；3—吊杆

图 5-25 弹簧支、吊架

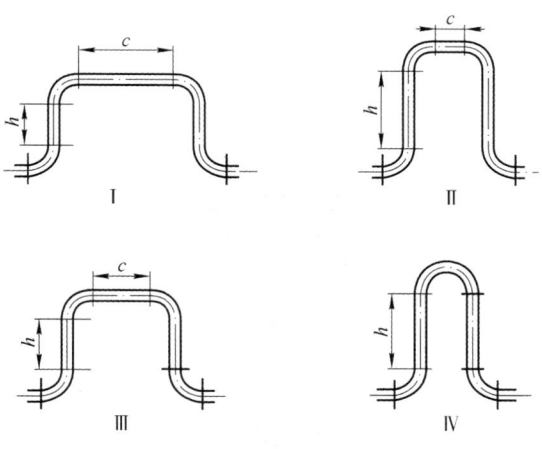

图 5-26 方形补偿器

2）波纹管补偿器

波纹管补偿器是采用疲劳极限高的 1Cr18Ni9Ti 不锈钢板制成,适用于工作温度 450 ℃以下,公称压力 0.25～25 MPa,公称尺寸 $DN25 \sim DN1\,200$ 的弱腐蚀介质的管路上。波纹管补偿器如图 5-27 所示。

3）填料式补偿器

填料式补偿器又称套筒补偿器,如图 5-28 所示,它由套管、插管和密封填料三部分组成,它是靠插管和套管的相对运动来补偿管道的热变形量的。填料式补偿器的材质有铸铁和钢质两种,铸铁补偿器适用于压力在 1.3 MPa 以下的管道,钢质补偿器适用压力不超过 1.6 MPa 的热力管道；其形式有单向和双向的两种。

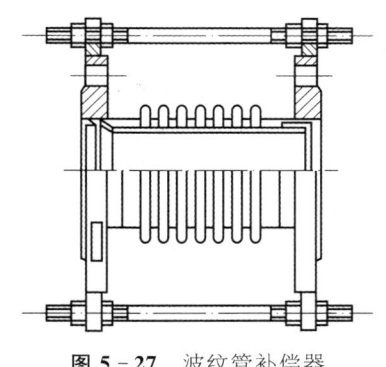

图 5-27 波纹管补偿器

4）球形补偿器

球形补偿器如图 5-29 所示,它是利用补偿器的活动球形部分角向转弯来补偿管道的热变形。它允许管子在一定范围内相对转动,因而两直管可以不必保持在一条直线上。

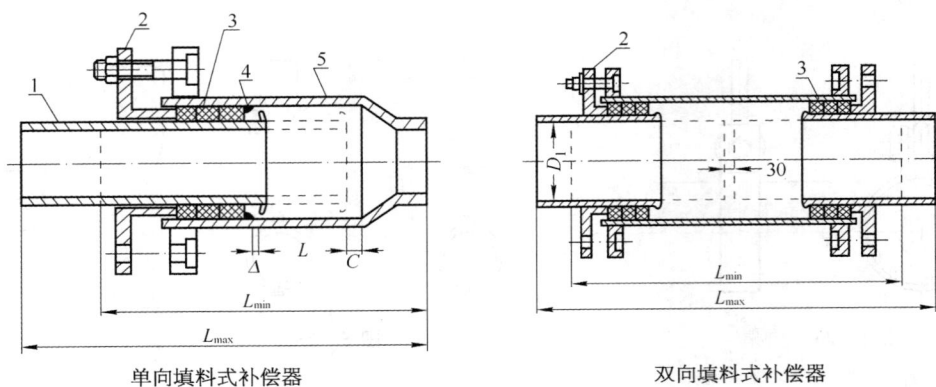

图 5-28 填料式补偿器

1—伸缩套管；2—填料法兰；3—填料；4—填料挡环；5—固定套管
L_{min}—最小长度；L_{max}—安装长度

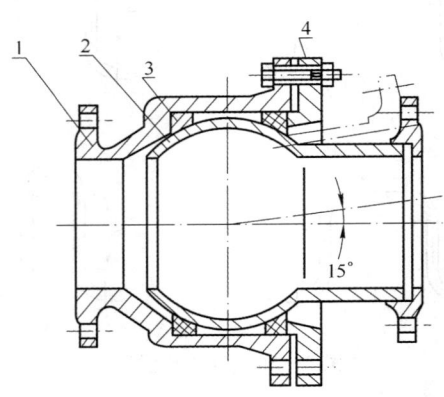

图 5-29 球形补偿器

1—壳体；2—球体；3—密封圈；4—压紧法兰

五、管道的安装知识

1. 一般施工程序

管道安装广泛服务于民用和工业各部门，虽然类型复杂，但有许多需要共同遵守的规则。从施工准备到竣工验收，其间不外乎以下 14 个程序：

(1) 熟悉图纸及有关技术资料；

(2) 施工测量与放线；

(3) 沟槽开挖；

(4) 配合土建预留孔洞及预埋件；

(5) 弯管及管件加工；

(6) 支架制作及安装；

(7) 管道预制及组装；

(8) 管道敷设及安装；

(9) 管道与设备连接；

(10) 自控仪表及其管道安装;
(11) 试压及清(吹)洗;
(12) 防腐和保温;
(13) 调试及试车;
(14) 交工验收。

以上是一般程序,根据工程性质不同,其中所有环节不一定都会出现,但这些环节的顺序大致不变。

2. 室内管道

室内各类管道的主要敷设方式有明装和暗装两种。所谓明装是指管道暴露敷设在墙、柱、梁、楼板上,其最大的优点是便于安装和维修,缺点是影响建筑物的美观。明装管路穿过墙壁和楼板时,一般宜设套管。所谓暗装是指管道隐蔽敷设在管道井、吊平顶内、装饰板后面、地坪架空层内或者直接埋设在墙体内,其优点是美观和减少噪声,缺点是不便于维修。

室内管道安装有工艺管道也有水暖管道。室内水暖管道的安装一般有干管、立管和支管,安装的步骤是从安装干管开始,然后再安装立管和支管。在土建主体工程完成后,墙面如已粉刷完毕,即可开始室内管道安装工作。水暖管道的安装应与土建的施工密切配合,按照图纸要求预留孔洞,如基础的管道入口洞、楼板的立管洞、墙面上的支架洞、过墙管孔洞以及设备基础地脚螺栓孔洞等。

干管安装时应先了解和确定干管的标高、位置、坡度和管径等,正确地按尺寸埋好支架。待支架牢固后,就可以架设连接。管段和管件、阀门等可先在地面组装,长度以方便吊装为宜。干管安装后,还要拨正调直,使得从管段一端看过去,整根管道都在一条直线上。干管安装后,即可安装立管。同时,根据墙面上的线和立管与墙面确定的尺寸,可预先埋好立管卡子。立管长度较长,如采用螺纹连接时,可按图纸上所确定的立管管件,量出实际尺寸记录在图纸上,先进行预组装。但预组装后经过调直,将立管的管段做好编号,须再拆开运到现场重新组装。室内管道安装完毕后,各管子都要按规定的尺寸,用卡子等固定在建筑物的结构上。

3. 室外管道

1) 直接埋地敷设

埋地敷设的一般施工程序是测量、放线、开挖管沟、管沟内管段基础处理、管道预制、管道防腐处理、下管、连接、试压、回填土并夯实等。

2) 地沟管道敷设

地沟形式分通行地沟、半通行地沟和不通行地沟三种。地沟能保护管道不受外力和风、雨、雪的侵蚀,使管道防腐保温层不受损坏。地沟施工一般都由土建承担。管道施工人员要主动和土建方面配合,做好地沟支架的预埋工作,确保施工的顺利进行。

(1) 通行地沟主要在管路较多、管线较长,在沟内任何一侧管道排列高度均超过 1.5 m 时采用。地沟内人行通道高度不得低于 1.8 m,通道宽度不应小于 0.7 m,人在地沟内可较自由地进行安装和检修工作。通行地沟支架一般采用型钢。

支架安装时要求平直牢固,某一个支架不正就会影响整个管道的安装质量。如同一地沟内有几层管道,敷设的顺序应从最下面一层开始,最好能将下面的管子安装、试压、保温完成后,再安装上面的管子,这样做法有利于安装和保温操作。

(2) 半通行地沟和通行地沟基本相同。地沟净高通常为 1.2～1.4 m,通道宽度一般为

0.5～0.7m,以人能弯着腰走路并能进行一般维修管理工作为宜。管道敷设安装方法也与通行地沟基本相同。

(3) 不通行地沟一般用在距离较短、管路数量较小、管径较小、不需要检修的管路上。地沟的断面尺寸无严格规定,以能满足管道安装即可。在不通行地沟内,管道只布置成单层,沟内两管之间净距以能保证安装和检修为宜。

在不通行地沟敷设管道时,最好在土建垫层完毕后就立即施工,这样做的好处是因为不通行地沟的断面较小,如果砌好砖墙后,管道的施工范围就狭小,尤其是会给焊接和保温这两道工序带来困难。土建打好地沟垫层后,先按图纸标高进行复查,并在垫层上弹出地沟的中心线,按规定间距安装支架,再在支架上敷设管段。

3) 地上管道的敷设

地上敷设管道就是将管道安装在架空支架上。其优点是易于安装、维修,对交叉管道防腐保温问题容易解决,是一种较经济的管道敷设形式。缺点是管道常年裸露在外,受风、雨、雪的侵蚀,管道防腐保温材料易遭破坏,管路架空安装在不同程度上也影响交通和环境美观。

按支架敷设高度的不同,管道架空可分为低支架敷设、中支架敷设和高支架敷设。

(1) 低支架也称管墩,低层支架面距地面一般为0.5～1m,由于支架高度低,便于安装维修,支架用料也较省,是一种经济的支架形式。低支架多采用砖砌或钢筋混凝土结构。

(2) 中支架敷设是最常见的一种架空敷设方式,支架距地面高度一般为2.5～3.0m,这样便于行人来往和机动车辆通行。中支架分2～3层,可使较多路管线共架敷设。中支架采用钢筋混凝土结构或钢结构。

(3) 高支架距地面一般为4.0～6.0m,主要是在管路跨越公路或铁路时采用,支架也可分成2～3层,可使较多管路共架敷设,为维修方便,在阀门、流量孔板、补偿器等处设置操作平台。高支架采用钢筋混凝土结构或钢结构。

架空管道安装顺序应是:

(1) 按设计规定的安装坐标,测出支架上的支座安装位置;

(2) 安装支座;

(3) 根据吊装条件,在地面上先将管件及附件组成组合管段,再进行吊装;

(4) 管段及管件的连接;

(5) 试压与保温。

架空管道支架应在管路敷设前全部做好,钢筋混凝土支架要求达到一定的养护强度方可安装。对支架的检查主要是支架的稳固性、标高和坡度等是否符合要求,尤其是对中、高支架的每层支架面都要复测,防止因支架表面高低不一或支架坡度弄反,使管路安装上去后发生倒坡现象。

管道在安装前,应尽可能地在地面上进行预制组装,根据施工图纸把适当数量的管段、管件和阀门组装在一起,然后再分段进行吊装就位,这样可以使大量高空作业变为地面作业,减少固定焊口的数量,减少脚手架的搭建,对加快工程进度,提高焊接质量,降低工程造价都是有益的。

管道安装完毕后,应对管道系统进行压力试验,按试验的目的,可分为检查管道机械性能的强度试验和检查管道连接情况的严密性试验。按试验时使用的介质,可分为用水作介质的水压试验和用气体作介质的气压试验。管道试压前不得油漆和保温,以便对管道进行外观检查。所有法兰连接处的垫片应符合要求,螺栓应全部拧紧。管道与设备之间应加上盲板,试压结束后拆除。按空管计算支架及跨距的管道,进行水压试验应加临时支撑。

第五节　管道施工图的识读

一、管道施工图的特点

管道施工图属于建筑图和化工图的范畴,它的显著特点是示意性和附属性。管道作为建筑物或化工设备的一部分,在图纸上是示意性画出来的,图纸中以不同的图线来表示不同介质或不同材质的管道,图样上管件、附件、器具、设备等都用图例符号表示,这些图线和图例只能表示管线及其附件等安装位置,而不能反映安装的具体尺寸和要求,因此在学习看图之前,必须初步具备管道安装的专业工艺知识,了解管道安装操作的基本方法及各种管路的特点与安装要求,熟悉各类管道施工规范和质量标准,只有这样才算具备了看图的基础。

属于建筑范畴的管道,如给水排水管道、采暖与制冷管道、动力站管道等,大多数都布置在建筑物上。管道对建筑物的依附性很强,看这类管道施工图,必须对建筑物的构造及建筑施工图的表示方法有所了解,才能看懂图纸,搞清管道与建筑物之间的关系。化工管路是化工设备的一部分,它将各个化工设备连接起来,形成了化工装置。化工管路既有独立性的一面,又有与化工设备相关的一面,看懂这类施工图,必须对化工生产工艺流程和化工设备的构造、作用以及在图样上的表示方法有所了解。

二、看图方法

各种管道施工图的看图方法,一般应遵循从整体到局部,从大到小,从粗到细的原则,同时要将图样与文字对照看,各种图样对照看,以便逐步深入和逐步细化。看图过程是一个从平面到空间的过程,必须利用投影还原的方法,再现图纸上各种线条、符号所代表的管路、附件、器具、设备的空间位置及管路的走向。

看图顺序是首先看图纸目录,了解建设工程性质、设计单位、管道种类,搞清楚这套图纸一共有多少张,有哪几类图纸,以及图纸编号;其次是看施工说明书、材料表、设备表等一系列文字说明,然后按照流程图(原理图)、平面图、立(剖)面图、系统轴测图及详图的顺序,逐一详细阅读。由于图纸的复杂性和表示方法的不同,各种图纸之间应该相互补充,相互说明,所以看图过程不能死板的一张一张地看,而应该将内容相同的图样对照起来看。

对于每一张图纸,看图时首先看标题栏,了解图纸名称、比例、图号、图别以及设计人员,其次看图纸上所画的图样、文字说明和各种数据,弄清管线编号、管路走向、介质流向、坡度坡向、管径大小、连接方法、尺寸标高、施工要求;对于管路中的管段、管件、附件、支架、器具、设备等应弄清楚材质、名称、种类、规格、型号、数量、参数等;同时还要弄清楚管路与建筑物、设备之间的相互依存关系和定位尺寸。

三、看图的内容

1. 流程图

(1) 掌握设备的种类、名称、位号(编号)、型号。

(2) 了解物料介质的流向以及由原料转变为半成品或成品的来龙去脉,也就是工艺流程的全过程。

(3) 掌握管段、管件、阀门的规格、型号及编号。

(4) 对于配有自动控制仪表装置的管路系统还要掌握控制点的分布状况。

图 5-30 是油泵管路系统流程图,通过图 5-30 可以看到,油泵管路系统的工艺设备共有五台,其中静止设备有两台,油过滤器 301 和油冷却器 302;传动设备有曲轴箱 304 和两台油泵 303_{-1}、303_{-2}。

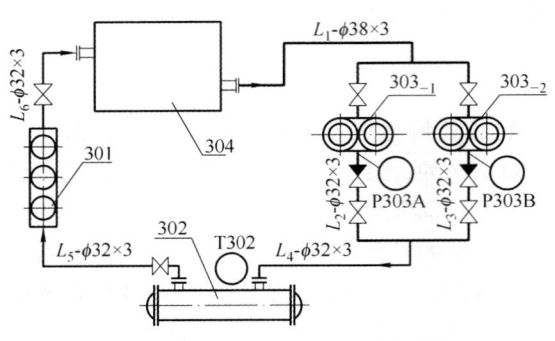

图 5-30 油泵管路系统流程图

这是一组由油泵、冷却器、过滤器和压缩机曲轴箱通过管路的连接而组成的油冷却循环系统。润滑曲轴的油从曲轴箱 304 沿管线 L_1-$\phi38\times3$ 进入油泵 303_{-1} 或 303_{-2},油经泵加压后打出沿管线 L_2-$\phi32\times3$ (L_3-$\phi32\times3$) 和 L_4-$\phi32\times3$ 流向冷却器 302 冷却,再沿管线 L_5-$\phi32\times3$ 流向过滤器 301 进行过滤,最后油沿管线 L_6-$\phi32\times3$ 重新回到压缩机曲轴箱使用。

通过流程图还可知道油泵 303_{-1} 及 303_{-2} 的出口管上各有一只压力表 P303A 和 P303B,在冷却器 302 的油管出口上有一只温度计 T302。

图 5-30 中油泵有两台,一台是常用油泵,另一台是备用油泵。如果运转的油泵需要维修或发生故障时,备用油泵就顶替工作。

2. 平面图

(1) 了解建筑物的朝向、基本构造、轴线分布及有关尺寸。

(2) 了解设备的位号(编号)、名称、平面定位尺寸、接管方向及其标高。

(3) 掌握各条管线的编号、平面位置、介质名称、管段及管路附件的规格、型号、种类、数量。

(4) 管道支架的设置情况,弄清支架的形式作用、数量及其构造。

3. 立(剖)面图

(1) 了解建筑物竖向构造、层次分布、尺寸及标高。

(2) 了解设备的立面布置情况,查明位号(编号)、型号、接管要求及标高尺寸。

(3) 掌握各条管线在立面布置上的状况,特别是坡度坡向、标高尺寸等情况,以及管段、管路附件的各类参数。

图 5-31 是压缩空气站平面布置图和 1-1 剖面图。通过对平面布置图的识读可以看到机房大门朝北,建筑定位轴线为 1~2 和 A~B。机房内布置了三台空气压缩机,图面上画出了压缩机的基础,压缩机与建筑定位轴线之间、设备与设备之间的定位尺寸表达得很清楚,如北面空压机基础中心线距 B 轴线 2 000 mm,两台空压机基础中心线间距为 2 500 mm,空压机基础边距东墙内墙面 1 000 mm。室外布置了三台贮气罐,北面贮气罐中心线距 B 轴线 3 500 mm,两台贮气罐中心线间距为 2 500 mm,贮气罐中心线距 2 轴线外墙面间距为 1 800 mm。

空压机出口管路管径 $\phi76\times4$,管路中心线距空压机基础中心线 750 mm,出口管法兰面距返高立管中心 350 mm,距空压机基础右边 700 mm;三台空压机出口管距穿过 2 轴线出机房,距 2 轴线外墙面 350 mm 返低向下设立管,在贮气罐的进出口均设置法兰阀门;三台贮气罐出气管汇集到总管,总管管径 $\phi89\times4.5$,在北端距立管 300 mm 处设法兰盲板,在南面贮气罐出气管以南 800 mm 转弯向西,并用两个 45°弯管使管路沿 A 轴向西敷设。

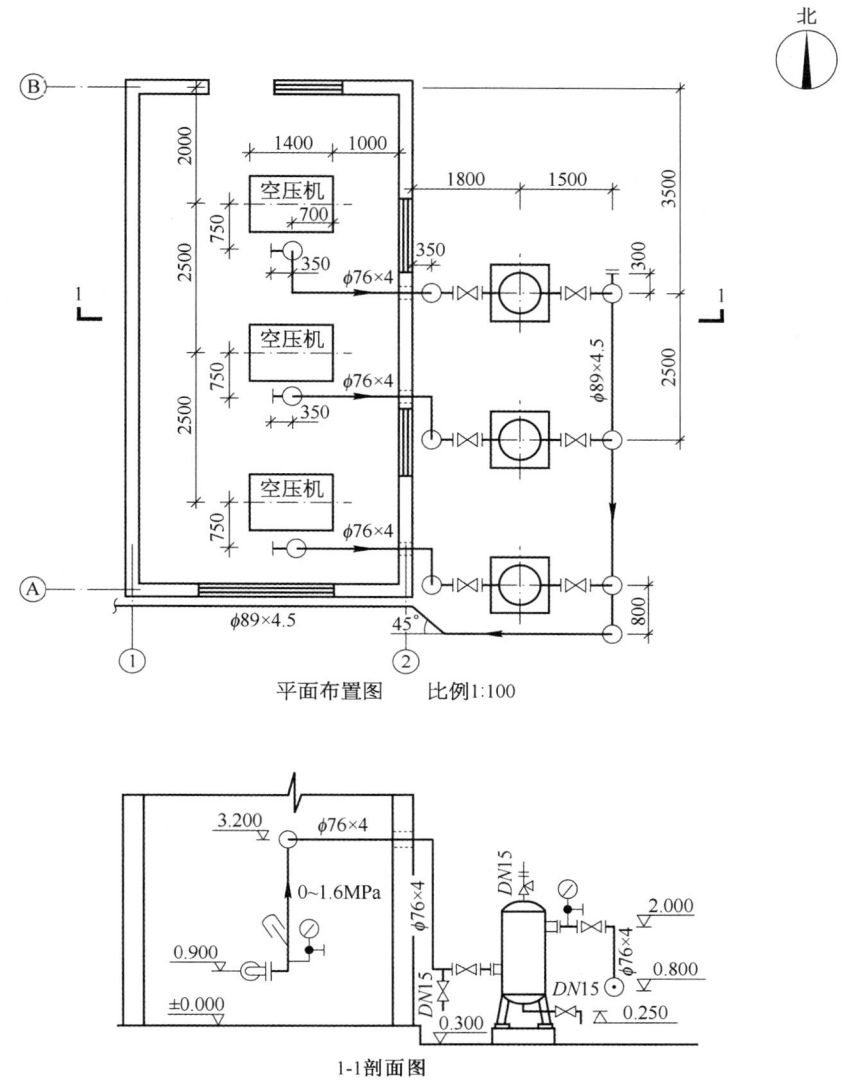

图 5-31 压缩空气站平面图及剖面图

1-1 剖面图反映了设备和管路的竖向布置。空压机出口管路的标高为 0.90 m,在立管设置了压力表和温度计,管道在标高 3.20 m 处转弯向南再向东,管径 $\phi76\times4$,管路穿过 2 轴线返低转弯与贮气罐连接,在这根水平管路上装设控制阀,并设 DN15 放水阀。贮气罐出气管标高 2.0 m,在其水平管路上装设控制阀、压力表,管径 $\phi76\times4$。贮气罐顶部装设 DN50 弹簧安全阀,底部装设 DN15 放水阀。

4. 系统图

(1) 掌握管路系统的空间立体走向,弄清楚管路标高、坡度坡向、管路出口和入口的组成。

(2) 了解干管、立管及支管的连接方式,掌握管件、阀门、器具、设备的规格、型号、数量。

(3) 了解管路与设备的连接方式、连接方向及要求。

图 5-32 是油泵管路系统轴测图,它充分反映了油泵管路的立体空间走向和管路基本参数。由曲轴箱 304 接出的水平油管路 L_1,管径 $\phi 38 \times 3$,标高 1.000 m,从后向前,然向下至标高 0.850 m 开三通形成左右向水平管路,在油泵 303_{-1}、303_{-2} 的左边向下,其立管在标高 0.550 m 处设法兰控制阀门,然后转弯向右分别与油泵 303_{-1} 和 303_{-2} 连接。油泵出口管路 L_2、L_3 标高 0.280 m,从左向右再转弯向前,在前后的水平管上各加装法兰控制阀门和法兰止回阀,两泵出口汇合后管线编号 L_4,管径 $\phi 32 \times 3$,转四个 90°弯,在标高 0.380 m 处与冷却器 302 连接。冷却器出口管从前向后,标高 0.380 m,水平管路装设法兰控制阀门,这条管路编号为 L_5,转弯向右接入过滤器 301,过滤器出口管 L_6,管径 $\phi 32 \times 3$,装法兰控制阀门后登高至 1.150 m 转弯向后接入曲轴箱 304。

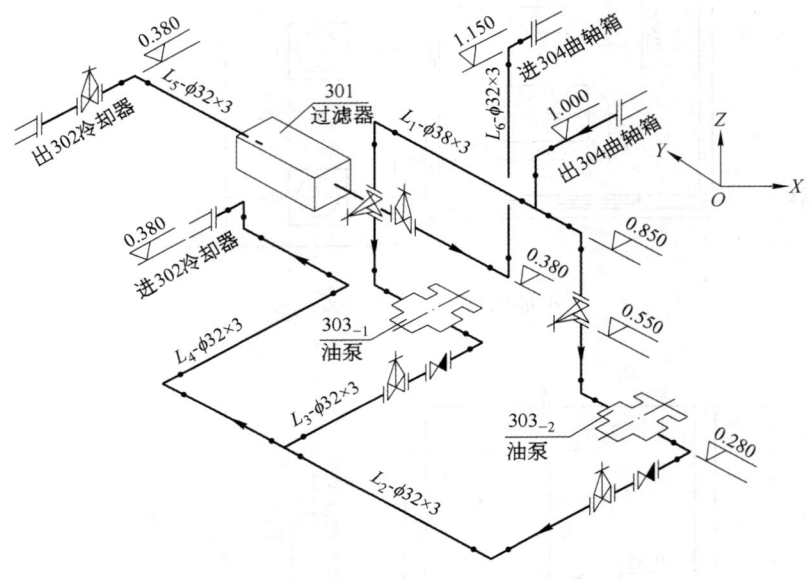

图 5-32 油泵管路系统轴测图

小 结

管道施工图主要就是识读流程图、平面图、立(剖)面图和系统图这四种图样,尤其是识读关键的平面图和立(剖)面图这两种图样,掌握了这关键的两种图样,其余图样的识读就迎刃而解了。对于初学者一般都感到图纸上的线条多而复杂,但是只要能掌握正投影和轴测投影的原理,掌握介质的工艺流程,以及管配件、阀件的常用图例和画法,并能仔细地按上述步骤和方法进行识读,那么即使图面相当复杂还是能够看懂的。

复 习 思 考 题

1. 什么是管道施工图?它有几种分类方法?
2. 在管道施工图中常用的图线有哪几种?每种图线的适用范围有哪些?

3. 管道施工图图例的含义是什么？请画出几种常用图例。
4. 管道施工图中常用的符号有哪些，主要代表哪些内容？
5. 管道施工图中标高如何表示？
6. 管道坡度在施工图中如何表示？画图说明。
7. 方位标的作用是什么？试画出两种方位标。
8. 管道施工图的尺寸如何标注，管径如何表示？
9. 整套施工图由哪些图样和内容组成？
10. 单张施工图如何识读？
11. 识读整套管道施工图的方法和步骤有哪些？

第六章 建筑施工图基本知识

第一节 概　　述

一、房屋的组成

管道工程经常与建(构)筑物相联系,因此,管道施工人员必须弄清楚建筑物的类型和房屋的基本组成,对建筑物的结构有一个大致的了解。

施工中所接触的建筑物,一般不外乎民用建筑、工业建筑和农业建筑。住宅、学校、商店、医院、办公楼等属于民用建筑;化工厂、钢铁厂、机械厂、纺织厂、电站等属于工业建筑;农机站、畜牧场等属于农业建筑。

建筑物的基本组成,一般有基础、墙和柱、梁、地面、楼板、屋面、门、窗、楼梯、走廊、台阶等。图6-1是一个四层住宅建筑的立体示意图,从图上可以清楚地看到房屋的基本组成,建筑构、配件之间所处的位置,以及相互之间的关系。

二、房屋建筑图的基本表示方法

建筑物是立体的,建筑物的外形、室内布置和建筑结构等也各不相同,怎样才能将房屋的外表、结构、构造、装修及各种设备完整地表达出来呢？一是按比例将它缩小,二是运用正投影原理,将房屋的外形及内部构造画到图纸上面。当沿着垂直于建筑物外墙的方向进行投影时,就可以得到建筑物外表各个立面的投影图;当用剖切的方法,假设把房屋切开来,进行水平投影和垂直投影,就可以得到建筑物内部的平面和立面的投影图。再辅以建筑物局部的详图就可以完整地表示一个建筑物的外形及内部构造了。

房屋建筑图有平面图、立面图、剖面图及详图等。

1. 建筑平面图

建筑平面图,就是假设用一个水平面把房屋沿门窗洞口处切开,移去上半部,从上垂直向下投影所得到的水平投影图。它主要表示房屋的面积、墙壁的厚度、房间的分布、楼梯及门窗的大小和位置等,如图6-2所示。

2. 建筑立面图

建筑立面图,就是从房屋的正立面、背立面和侧立面进行投影所得到的投影图。通常按照建筑物的各个立面的不同朝向,将几个投影图分别称为东立面图、西立面图、南立面图和北立面图。有时候也把主要的立面图称为正立面图,两边的立面图称为左、右立面图,背后的立面图称为背立面图。它主要表示建筑物的长、宽、高的尺寸和外部形状,如图6-3所示。

3. 建筑剖面图

建筑剖面图,就是假设用一平面把房屋沿垂直方向切开,移去一边,向另一边进行投影所得到的正立面投影图。它主要表示建筑物内部在垂直方向上的情况,如屋面坡度、楼房的分层、楼板厚度和门窗各部高度等。剖面图所选取的剖切位置,应该是建筑物内部有代表性或空间变化较复杂的部位,必要时可以采用阶梯剖面图法(见第三章),从而达到完整表达的目的,如图6-4所示。

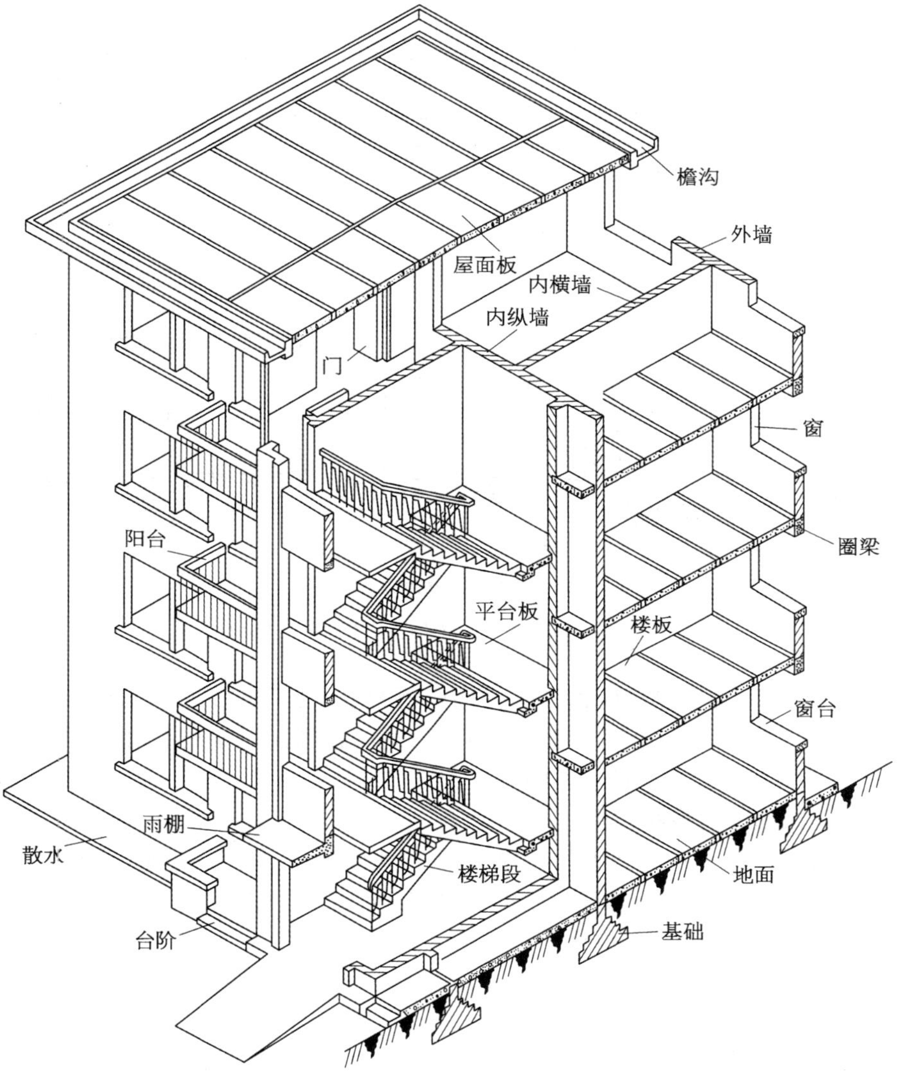

第一节 概 述

图 6-1 房屋的组成

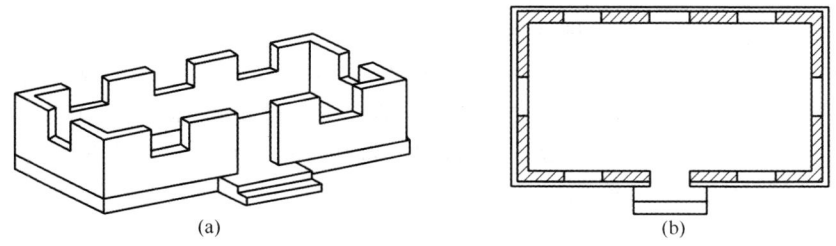

图 6-2 房屋平面图的形式
(a) 假定沿水平方向剖切；(b) 相应的平面图

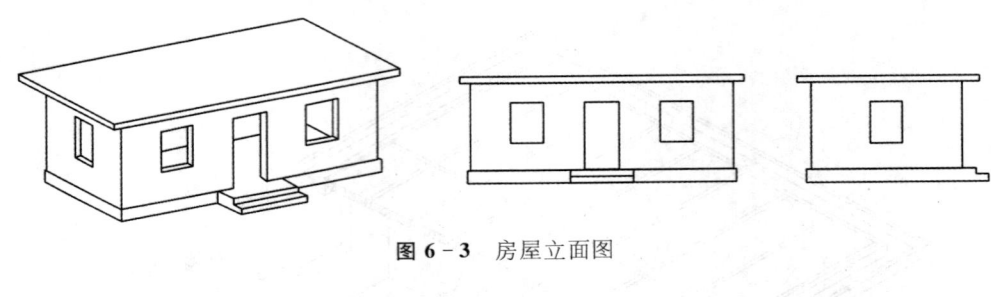

图 6-3 房屋立面图

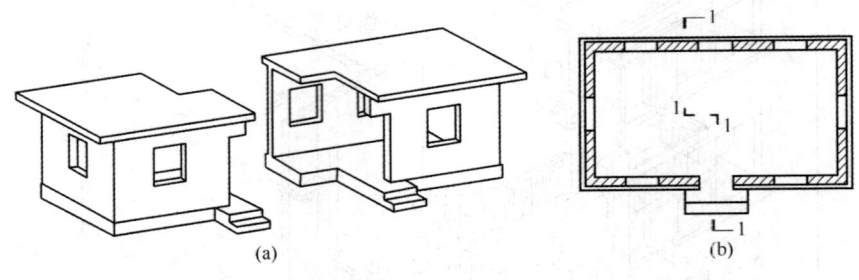

图 6-4 房屋阶梯剖切
(a) 假定用转折的办法剖切；(b) 相应的平面图

由于平面图、立面图和剖面图都用较小的比例绘制，房屋很多细部无法表示清楚，因此建筑图中还要有各部详图，如墙身、楼梯、门窗等，同时还要加以必要的文字说明，以便对建筑材料、施工方法、装修要求等进行说明。

三、建筑施工图的内容和作用

房屋建筑图是直接为施工服务的图样，按其专业分工不同有建筑施工图（简称建施），结构施工图（简称结施）、设备施工图（包括给水排水施工图，简称水施；采暖通风施工图，简称暖施；电气施工图，简称电施；统称设施）。

建筑施工图一般包括图纸目录、施工总说明、总平面图、建筑平面图、建筑立面图、建筑剖面图、门窗表、建筑详图等。

建筑施工图主要表示建筑物的总体布局、外部造型、内部布置、细部构造、内外装饰以及一些固定设施和施工要求的图样。它的作用就是为房屋建造的施工定位、基础开挖、砌筑墙身、铺设楼层面板、制作楼梯、屋面、安装门窗和固定设施以及室内外的装饰服务，是编制房屋工程预算和施工组织计划等的依据。

四、建筑施工图的特点及识读方法

建筑施工图中的图样都是用正投影法绘制的，有些采用我国"国标"规定画法。房屋的形体庞大而图纸幅面有限，所以施工图一般是用缩小比例绘制的，施工图中用图例符号表示构、配件和材料，因此识读建筑施工图，必须具备一定的投影知识，掌握形体的各种图示方法和建筑制图标准的有关规定，要熟记建筑施工图中常用图例符号、线型、尺寸和比例的意义，了解房屋的组成和构造的知识。

一般的识读方法是从粗到细，由大到小。拿到图纸后先粗略地看一下，了解这套图纸有多少类别，每一类图纸中有多少张图纸，每张图纸的简单内容是什么，然后再按不同类别仔细识读。识读一般先平面，后立、剖面，最后看详图，并且还要将各个图对照识读，在头脑里不断地将平、立、剖面图上的线条变成空间实物。经过认真仔细反复的识读,就可以将图纸的内容、设计的目的、施工的方法等逐步搞清,为施工打下基础。管道施工人员识读建筑图,主要是搞清建筑结构、平立面布置及尺寸,以便在配合土建留洞留槽、预埋支吊架、管道预制及管道安装时心中有数,保证施工的准确性。

识读图纸时应细致耐心,要把图纸上有关的线条、符号、数字互相进行核对,把平、立、剖面图对照起来识读,有关细节必须查阅详图进一步搞清图纸所要表达的意思,以便通过反复对照、不断思考想象达到掌握图纸的目的。

第二节 建筑总平面图的识读

总平面图是表示建设工程的在建项目和其他附属设施的总体布置图,一般画在有等高线或加上坐标方格的地形图上(在地势平坦的地区,可不画等高线,但要画出附近的道路、建筑物以及其他地物地貌特征),总平面图表示新建房屋的平面形状、位置、标高、朝向和绿化布置等,同时还画出附近的道路、河流、街道以及原有建筑物、拆除建筑物等。

识读总平面图的内容及注意事项如下。

(1) 首先要熟悉图例符号。总平面图上所使用的图例符号,在国家标准《总图制图标准》(GB/T 50103)中作了详细规定,现将常用图例符号列于表 6-1 中。总平面图上有文字说明时,应认真阅读,借以帮助了解图纸的内容和要求。识读时要看清比例,总平面图比例都比较小,一般采用 1∶500、1∶1 000、1∶2 000 等,如图 6-5 所示的总平面图的比例为 1∶500。

表 6-1 总平面图图例

名 称	图 例	说 明
新建建筑物	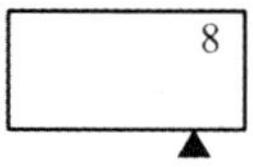 ▭8 ▲	1. 需要时,可用▲表示出入口,可在图形内右上角用点数或数字表示层数 2. 建筑物外形用粗实线表示
原有建筑物	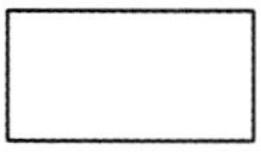 ▭	用细实线表示
计划扩建的预留地或建筑物	 ⌐ ¬	用中虚线表示
拆除建筑	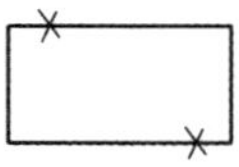 ▭	用细实线表示
围墙及大门	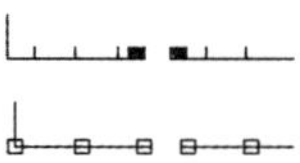	上图为实体性质的围墙,下图为通透性质的围墙,若仅表示围墙时不画大门
坐标	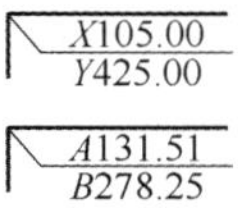 X105.00 / Y425.00 A131.51 / B278.25	上图表示测量坐标,下图表示建筑坐标

（续表）

名 称	图 例	说 明
室内地坪标高	▽ 154.2	
室外整平标高	▼ 143.00	
填挖边坡		边坡较长时,可在一端或两端局部表示
原有道路		
计划扩建的道路		

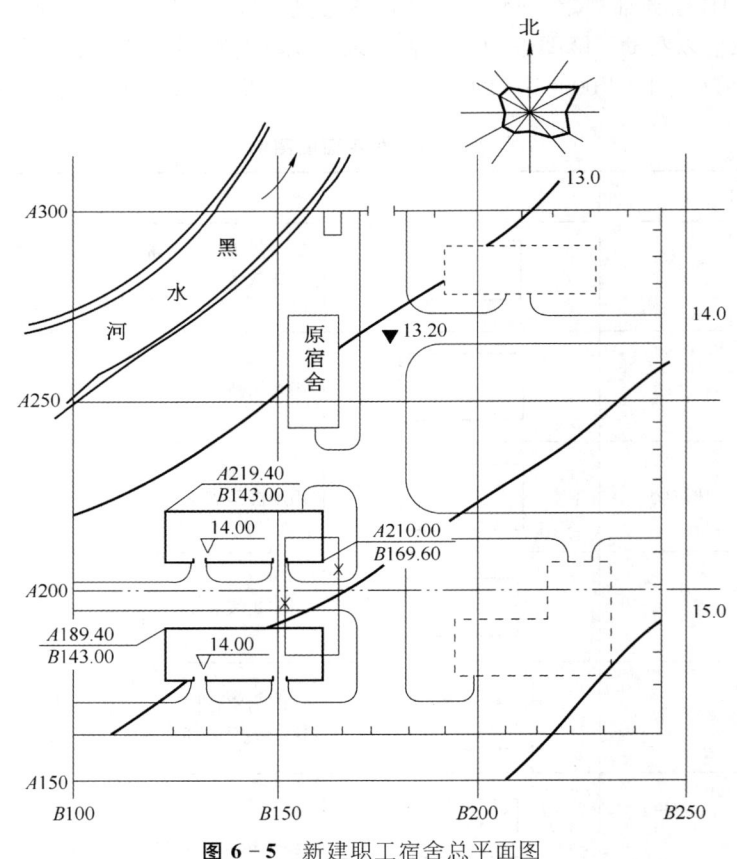

图 6-5 新建职工宿舍总平面图

（2）了解工程性质、建设地段的地形地貌、用地范围、新建建筑物的布置、原有建筑物及拆除建筑物的位置、新老道路布置以及四周环境等。图6-5是新建职工宿舍总平面图，从图上可以清楚看到新建的两幢职工宿舍建在黑水河畔，原有宿舍中拆除一幢，建设地点地势自北向南逐渐升高，宿舍区的大门在北面，用砖石围墙围起来，大院内尚有拟建建筑两幢。新建建筑物转角标有建筑坐标，根据建筑坐标可以计算出建筑物的长度为26.6m、宽度为9.4m，两幢建筑物之间距离为20.6m。

（3）查明新建的建筑物室内外标高及道路标高。按国家标准规定，总平面图上标高以m为单位，标注到小数点后面两位，所注标高均为绝对标高。图6-5中新建职工宿舍室内标高为14.00m，道路标高为13.20m。

（4）查明建筑物的朝向。朝向的依据是指北针或风玫瑰图，如图6-5所示的职工宿舍的朝向为坐北朝南，建筑物南面有两个出入口。

（5）建筑总平面图上有时有等高线或定位方格，识读时也要搞清楚。如图6-5所示的总平面图上等高线为13.00、14.00、15.00，自南向北降低，建筑方格为$A150 \sim A300$、$B100 \sim B250$，方格间代表的距离为50m。

第三节　建筑平面图的识读

建筑平面图是假想沿水平方向剖切房屋后由上向下观察而得到的图样，在图纸上，凡是被切到的部分，如墙、柱等的轮廓线画成粗实线，没有剖切到但能观察到的部分，画成细实线，被遮盖的构件或在剖切线上面的轮廓线，则用虚线表示，因此在识读时对各种图线的含义要给予充分的注意。

建筑平面图每层有一张，如果其中有几层的房间布置条件完全相同，可用一张平面图表示。底层平面图除了画出建筑的主要轮廓线、内部房间和门窗的布置情况外，还将室外的台阶、花池、散水、雨水管等画出。两层以上各层平面图，除画出内部情况外，还画出雨篷、阳台等，在识读时也不能疏忽。

识读平面图的内容和注意事项如下。

（1）查明标题，了解工程性质，通过底层平面图的指北针或风玫瑰图查明建筑物的朝向，如图6-6是一传达室的平面图，方位坐北朝南。

（2）了解建筑物的形状、内部房间的布置，入口、走道、楼梯的位置以及相互之间的联系。从本例中可以知道传达室是两层楼，楼上楼下各一个房间，底层的门在南面，楼梯在室外。

（3）查明定位轴线，了解墙和柱等承重构件的位置。定位轴线是把房屋中的墙、柱等承重构件的轴线用点画线引出，并进行编号，以便施工中定位放线和查阅其他图纸。定位轴线的编号写在直径8~10mm的圆圈内，水平方向编号采用阿拉伯数字，由左向右依次注写，垂直方向编号采用大写的拉丁字母，由下向上顺序注写。两个轴线之间，如有附加轴线时，编号可用分数表示，分母表示前一轴线的编号，分子表示附加轴线编号，如1/C表示C号轴线之后附加的第一根轴线。图6-6中传达室的水平向轴线编号为1、2，垂直向轴线编号为A、B。

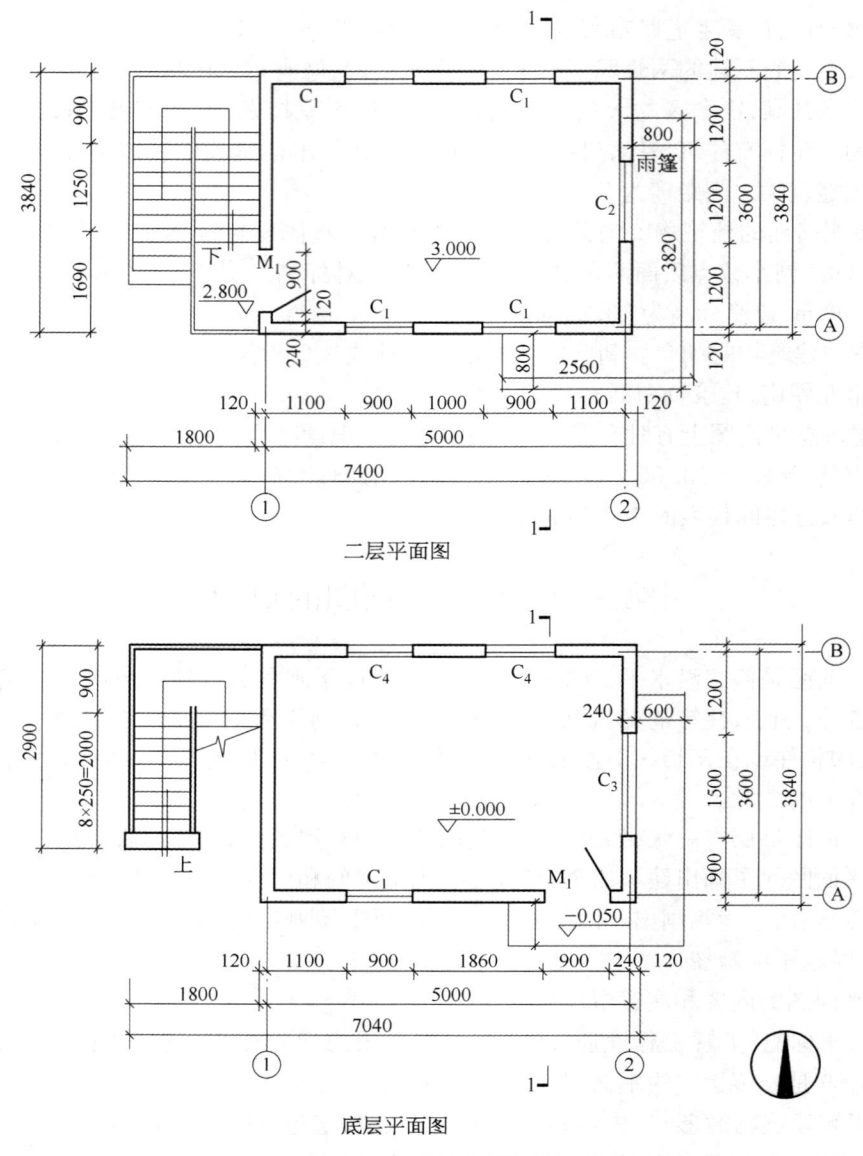

图 6-6 传达室平面图

(4) 查看建筑物各部尺寸,从这些尺寸中可以知道建筑物的总长度、总宽度、总的建筑面积等。

平面图外部一般注有三排尺寸,最外面一排尺寸表示建筑物外形轮廓的总尺寸,即最外层边墙之间的尺寸。例如图 6-6 中传达室最外面一排尺寸为 7 040 mm 和 3 840 mm。中间一排尺寸是定位轴线间的尺寸,这排尺寸是开挖基槽的定位依据,传达室这一排尺寸为 5 000 mm 和 3 600 mm。最里面一排尺寸是外墙上门和窗洞的宽度及其位置尺寸,如传达室底层门洞宽 900 mm,右边距 2 号轴线 240 mm。

平面图内部对房间净长、净宽、墙壁厚度、门窗洞、预留洞槽、地沟、固定设备等的尺寸都有标注,识读时应逐个仔细去看,反复对照。

(5) 查看地面及楼层标高。平面图上一般均注有相对标高,以底层室内地坪定为±0.000。标高数字一律以 m 为单位,标注至小数点后三位,低于室内地坪的标高在数字前加"-"号。例如图 6-6 中,传达室二层地坪标高为 3.000 m,底层门口踏步标高为-0.050 m。

(6) 查看门窗位置及编号,了解各扇门的开启方向。平面图上门窗都是通过图例来表示的,图 6-7 是常见的门窗图例。门的代号是 M,后面注以编号,如 M_1、M_2……,窗的代号是 C,后面注以编号,如 C_1、C_2……。同一种编号的门窗其构造和各部尺寸相同,门窗的构造一般可查有关的详图或标准图。例如图 6-6 中传达室的上、下层,门是同一种规格,其编号是 M_1,窗有四种规格,其编号是 C_1、C_2、C_3、C_4。

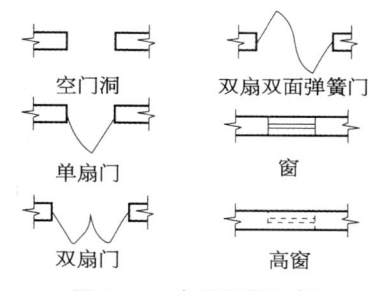

图 6-7　常见门窗图例

(7) 平面图上还反映出其他有关专业对土建的预留洞槽的要求,例如设备、管道安装孔,通风管穿墙、穿楼板孔洞,暗装消火栓在墙上的洞槽等,识读时要弄清楚洞槽的位置和尺寸。

(8) 识读时要注意室外台阶、花池、散水、雨水管、明沟等位置和尺寸。

(9) 还要注意到剖面图的剖切位置。

(10) 对于工业建筑还要查明各种设备、行车等的位置。

第四节　建筑立面图的识读

建筑立面图是针对建筑物各个立面所做的投影图,它反映了建筑物的外貌和装修的作法。立面图除了按朝向和正背方向命名外,还有以定位轴线编号来命名的。

立面图上的门窗分格通常都用简略画法,对于檐口的构造、阳台栏杆、装修等细部,均用图例表示,其具体构造做法应另见详图和文字说明。

识读立面图的主要内容和注意事项如下。

(1) 查看房屋的各个立面的外貌,了解屋面、门窗、阳台、雨篷、台阶、花池、勒脚、室外楼梯、雨水管等的位置和形式。图 6-8 是传达室的南立面,对照平面图(图 6-6),可从图上看到 M_1 是普通单扇门,门上有雨篷,C_1 是单层向外开的平开窗,屋角有雨水管,西侧有室外楼梯。图 6-9 是传达室的西立面,从图上可看到室外楼梯的立面位置情况、二楼门的位置以及檐口的情况。

窗的开关方式在立面图上用窗格内的斜线表示,单实线表示向外开,单虚线表示向内开,斜线的交点处表示窗的合页或转轴所在侧,如图 6-10 所示。

(2) 了解房屋各部位的标高。建筑立面图上通常注有室内外地坪、雨篷底面、窗台、窗口上沿、檐口或女儿墙顶等相对标高,通常都以室内地坪作为±0.000。从传达室南、西两立面中可以看出室外地坪标高为-0.200 m,雨篷底面标高为 2.400 m,檐口顶面标高为 6.000 m 等等。

(3) 查明墙面装修材料与做法。如传达室南立面上与窗上、下口相平的区域内采用颜色水泥假面砖粉刷,勒脚用水泥粉刷,其余部分用 1∶1∶6 水泥三合细粉刷刷色。

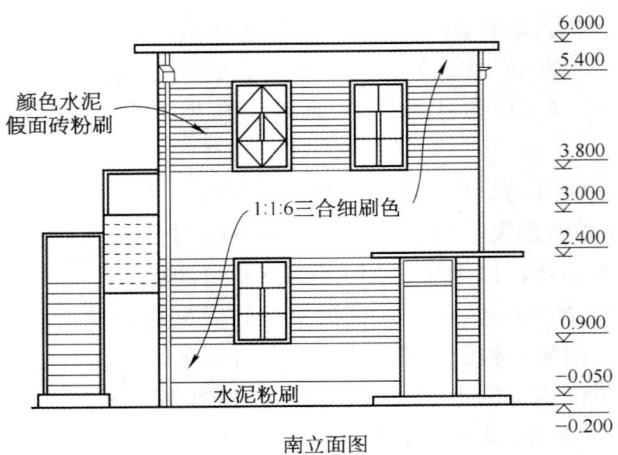

图 6-8 传达室南立面

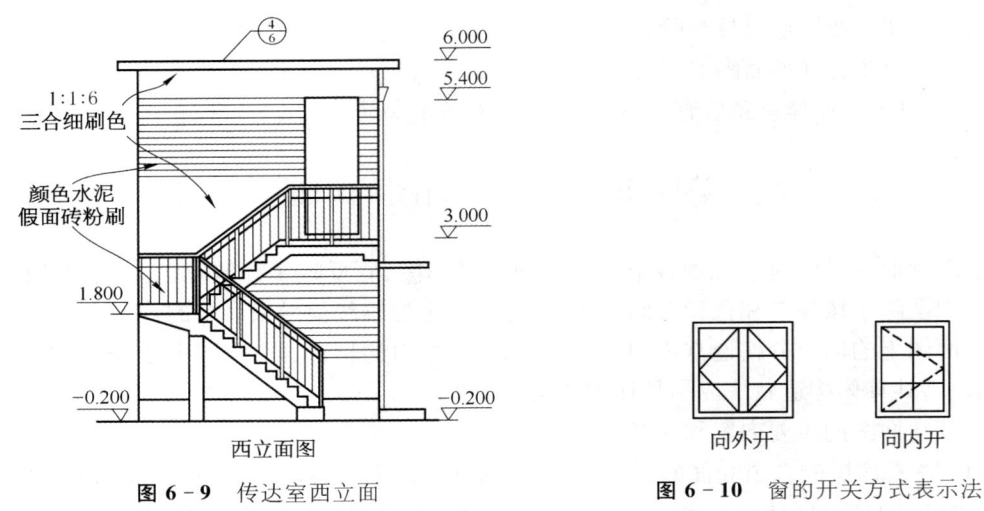

图 6-9 传达室西立面

图 6-10 窗的开关方式表示法

第五节 建筑剖面图的识读

建筑剖面图是假想用一垂直于外墙的剖切平面,自上而下剖切,将房屋剖切后重新投影所得到的图样,因而房屋内部分层情况、主要构件之间的联系以及各个部位的标高等都能清楚地反映出来。

剖面图上被剖切到的构件或配件的断面,为了区别不同材料,都用剖面符号表示。建筑材料剖面符号的规定可查阅《房屋建筑制图统一标准》(GB/T 50001)。

比例小于 1∶50 的平、剖面图可不画出抹灰层,但宜画出楼地面、屋面的面层线;比例为 1∶100~1∶200 的平、剖面图,可画简化的材料图例(如砌体墙涂红、钢筋混凝土涂黑等),但宜画出楼地面、屋面的面层线。

识读剖面图的主要内容和注意事项如下。

(1) 首先搞清楚剖面图是从哪里剖切向哪边投影得来的。剖面图下面都注有图名,如 1-1 剖面图、2-2 剖面图等,识读时根据剖面图的图名,在平面图上找到剖切位置,然后将剖面图与平面图对照起来进行识读。图 6-11 是传达室的 1-1 剖面图,它代表的剖切位置经查阅图 6-6 平面图可知是通过底层门窗和二楼的南北窗口,剖切平面剖切到了门、窗、雨篷、楼板、屋面等。

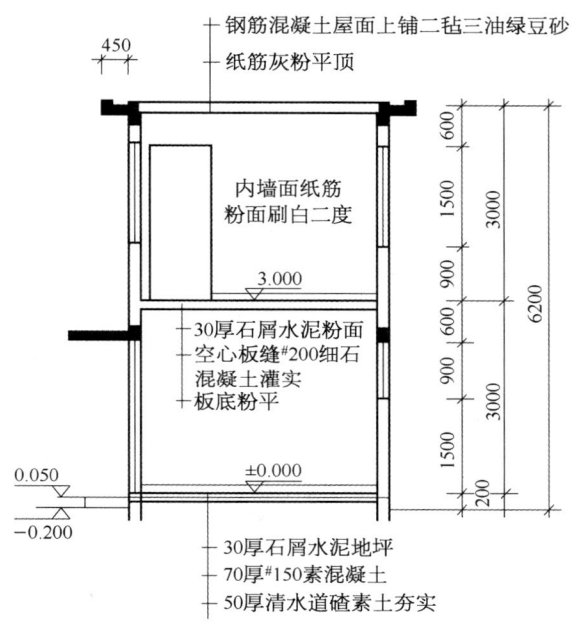

图 6-11 传达室 1-1 剖面图

(2) 查明房屋的主要构件的结构形式、位置以及相互之间的关系,如屋面、楼板、梁、楼梯的结构形式,用料情况,与墙、柱之间的联系等。从图 6-11 中可以看出建筑的屋面是钢筋混凝土板上铺二毡三油绿豆砂,楼板为空心钢筋混凝土楼板,底层地坪为 50 mm 厚清水道碴素土夯实后捣 70 mm 素混凝土,然后用 30 mm 石屑水泥砂浆粉平。

(3) 了解室外明沟、散水、踏步、屋面坡度等情况。从传达室 1-1 剖面图上可以看出室外门口踏步高 150 mm。

(4) 查清各部的尺寸和标高,如室外地坪标高,各楼层标高,室内净空尺寸,建筑物总高度等。从图 6-11 中可以看到传达室总高度为 6.00 m,二楼地坪标高 3.00 m,室内外地坪高差 0.20 m 等。

第六节　建筑施工详图的识读

前面介绍的建筑施工图都属于基本图,这些图纸反映了建筑物的全貌,但是比例都比较小,对于房屋的许多局部构造和施工要求等无法表达清楚。为了满足建筑施工的需要,对于建筑物的细部、构配件等用较大的比例画出来,这种图称为建筑施工详图,简称详图。

一、详图种类

(1) 有特殊设备的房间详图。主要表明固定设备的位置、形状、尺寸以及预埋件、沟槽等,如化验室、卫生间等详图。

(2) 有特殊装修的房间详图。主要表明装修的做法和要求,如吊顶平面、花饰、较复杂墙的装修等详图。

(3) 局部构造详图。主要表明局部构造的细部和做法,如墙身、楼梯、门窗、台阶、黑板等详图。

二、详图索引标志

详图索引标志主要是为了便于在识读平、立面图时查找有关详图,通过索引标志可以反映基本图与详图之间的关系。

1. 索引标志

当施工图上某一部分或某一构件另有详图时,应以索引符号索引,索引符号用单圆圈表示,圆圈直径为 10 mm,圆圈内过圆心画一水平线,分子表示详图编号,分母表示该详图所在图纸编号,如图 6-12 所示,a 图表示 5 号详图在本张图纸内;b 图表示 3 号详图在第 4 号图纸上;c 图表示采用标准图,标准图册编号为 J103,5 号标准图在第 2 号图纸上。

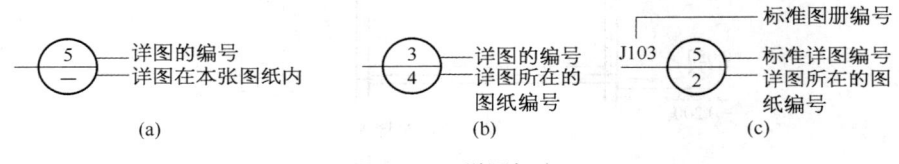

图 6-12 详图标志

2. 局部剖面的详图索引标志

当表示图上某一局部剖面另有详图时,采用在引出线一端加一短粗线的方法表示,引出线所在一侧应为投射方向。局部剖面的详图索引如图 6-13 所示,a 图表示 5 号剖面详图在本张图纸内,剖面的投射方向向右;b 图表示 4 号剖面详图在 3 号图纸上,剖面的投射方向向右;c 图表示 3 号剖面详图在本张图纸内,剖面的投射方向向下;d 图表示 2 号剖面详图在 4 号图纸上,剖面的投射方向向上。

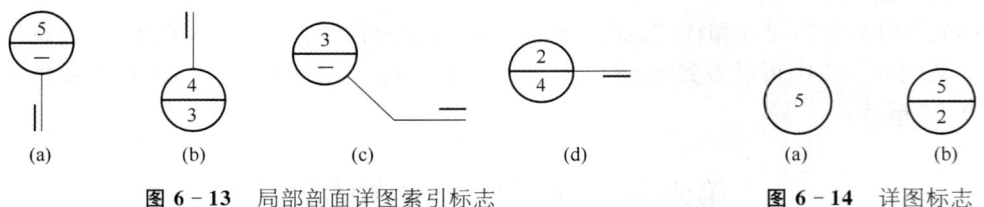

图 6-13 局部剖面详图索引标志　　图 6-14 详图标志

3. 详图的标志

详图的标志用圆圈表示,圆圈直径一般为 14 mm,如图 6-14 所示,a 图表示 5 号详图在被索引的图纸内;b 图表示 5 号详图在 2 号图纸上。

三、标准图

建筑标准图是建筑施工图中一种具有通用性质的图样。标准图有表示一些局部构造，如门、窗、梁、楼板、屋架等的标准部件图或标准构件图；还有表示整套构造的标准设计图，如各城市在建造住宅时，设计的标准住宅图纸就是一例。通常所讲的标准图是指局部的标准构件图。

为了使用方便，将同种性质的构件图汇编成册，并定名编号，称为标准图集。标准图集有全国通用的，有地区通用的，还有某设计院编制仅在本院设计工程项目中通用的，因此在使用标准图集时要注意看清是哪个单位编制的，防止搞错，然后按图集内规格编号去查找。

四、识读举例

图 6-15 是传达室檐口构造详图，在西立面图(图 6-9)上的索引标志是 $\frac{4}{6}$，表示檐口构造详图的编号是第 4 号，在施工图的第 6 号图纸上。

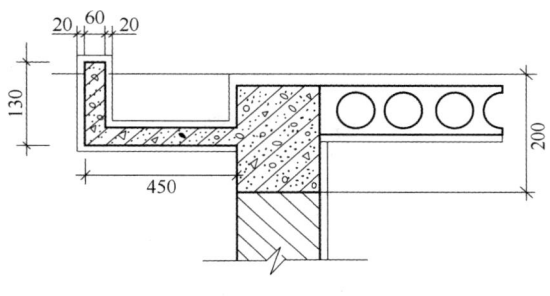

图 6-15 檐口构造详图

该檐口构造详图提供了檐口的做法及各部尺寸。从图中可知檐口是钢筋混凝土捣制的，檐口高 130 mm，宽 450 mm，防水的做法是二毡三油。

小　　结

房屋建筑施工图包括三大部分，即建筑施工图、结构施工图和设备施工图，它的画法有些地方不同于机械图，有专门的建筑制图标准，为能正确地识读建筑施工图，必须熟悉和掌握建筑制图标准的有关规定。建筑施工图的识读方法和注意事项如下。

(1) 通过平时工作了解建筑的类型，弄清房屋的基本组成、结构和构造。

(2) 搞清比例的概念，并学会使用比例尺。

(3) 熟悉建筑图例符号。

(4) 识读图纸的顺序通常为平面图、立面图、剖面图、详图，但不能机械地分开来看图，而应该有机地联系起来对照看图。

(5) 识读时要细心，正确运用投影原理，使平面的图形在头脑里变成立体实物。

复 习 思 考 题

1. 试述房屋的基本组成和建筑图的表示法。
2. 房屋建筑施工图分为哪几类？各类施工图的作用如何？
3. 识读建筑施工图应注意哪些问题？
4. 建筑坐标和测量坐标表示方法有何区别？它们在总平面图上的作用如何？
5. 识读建筑总平面图的主要内容和注意事项有哪些？
6. 建筑物的定位轴线如何表示？画图说明。
7. 建筑平面图尺寸如何标注？
8. 门、窗在建筑平面图上如何表示？画图说明。
9. 建筑平面图能反映哪些内容？
10. 建筑立面图能反映哪些内容？窗的开关方式在图上如何表示？试画图说明。
11. 建筑剖面图能反映哪些内容？
12. 建筑详图有哪几种？举例说明。
13. 建筑详图索引标志如何表示？

练 习 题

1. 试对下面的建筑平面图和剖面图进行识读。

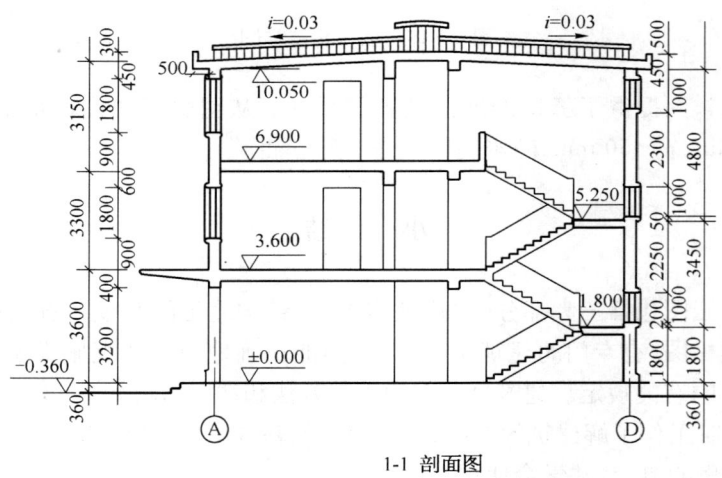

1-1 剖面图

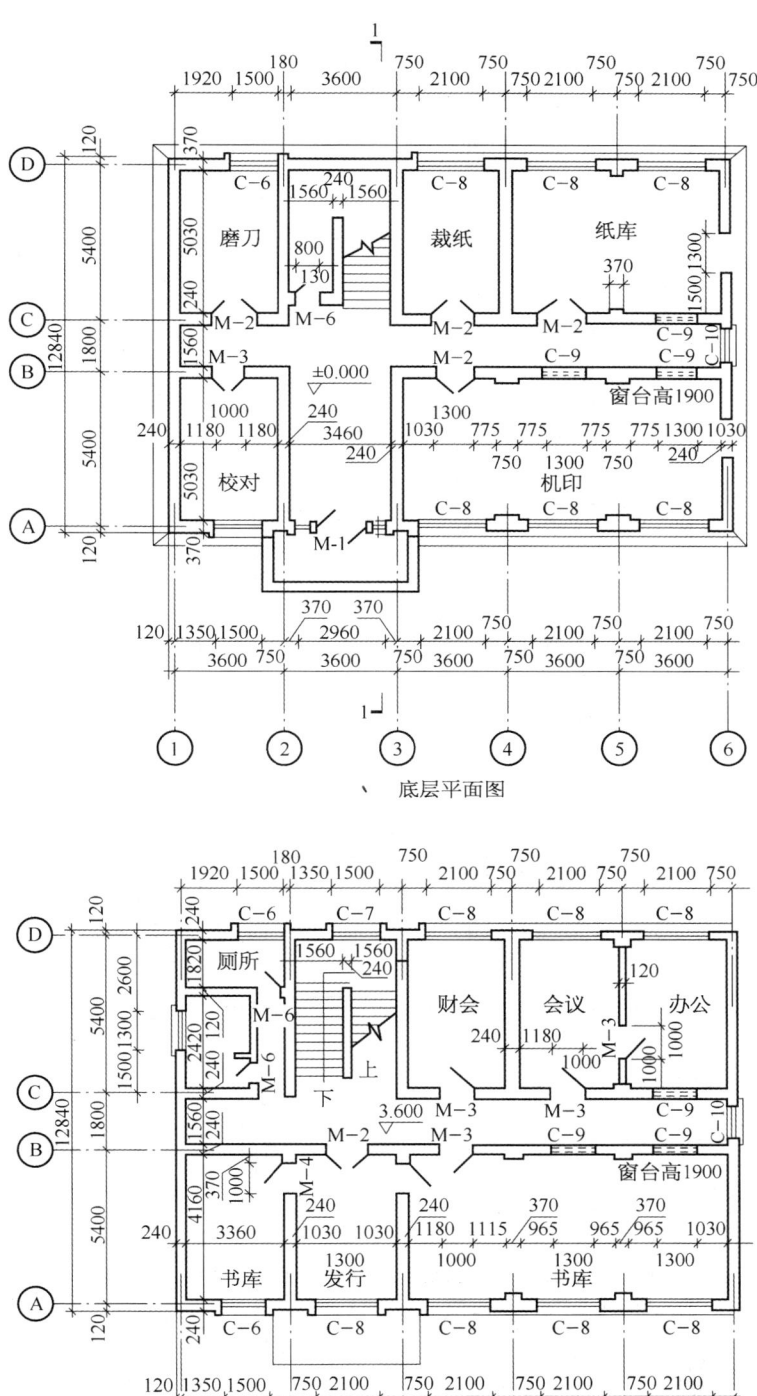

一、底层平面图

二、三层平面图

2. 试对职工宿舍建筑平面图、剖面图和立面图进行识读。

150　第六章　建筑施工图基本知识

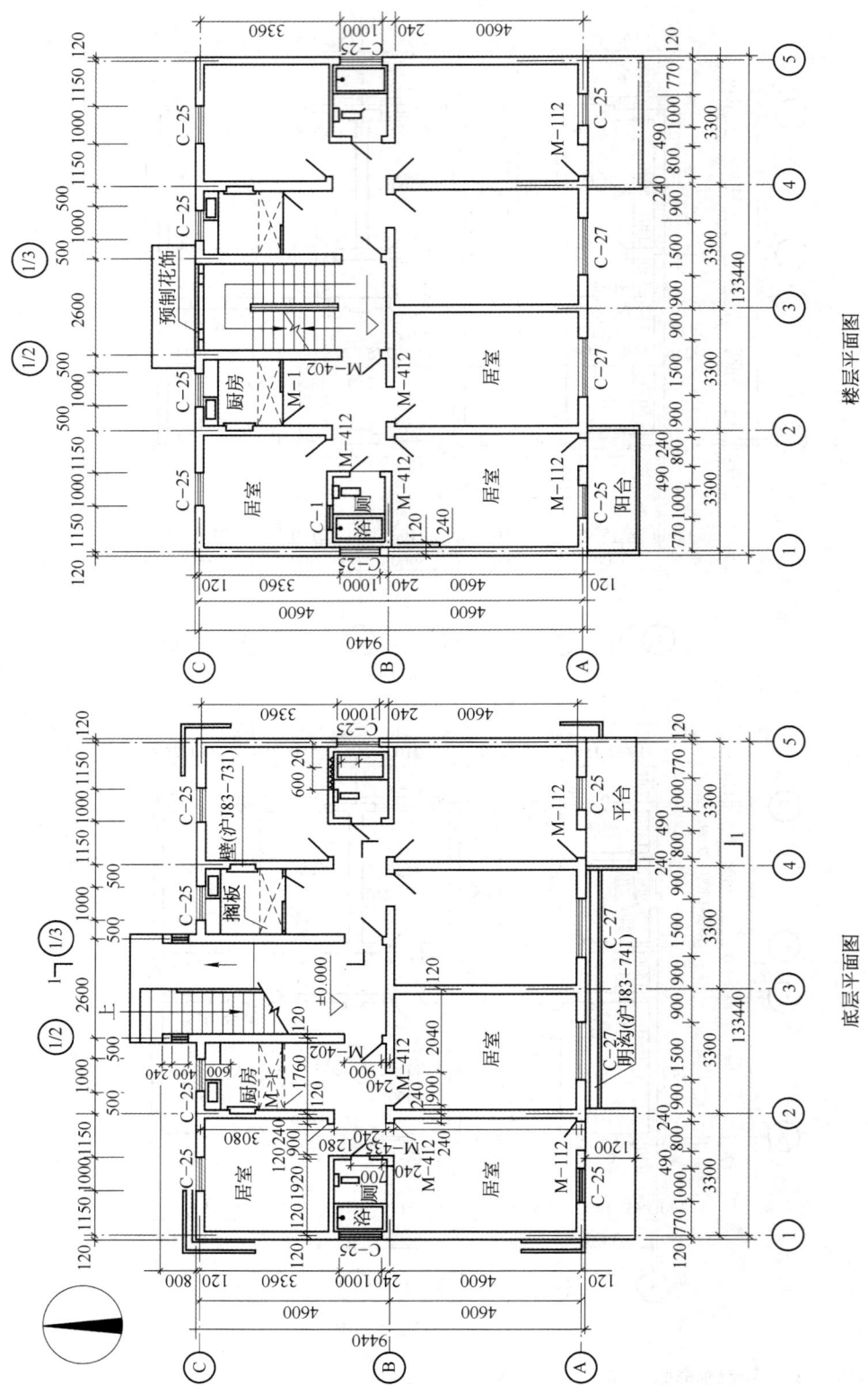

练 习 题

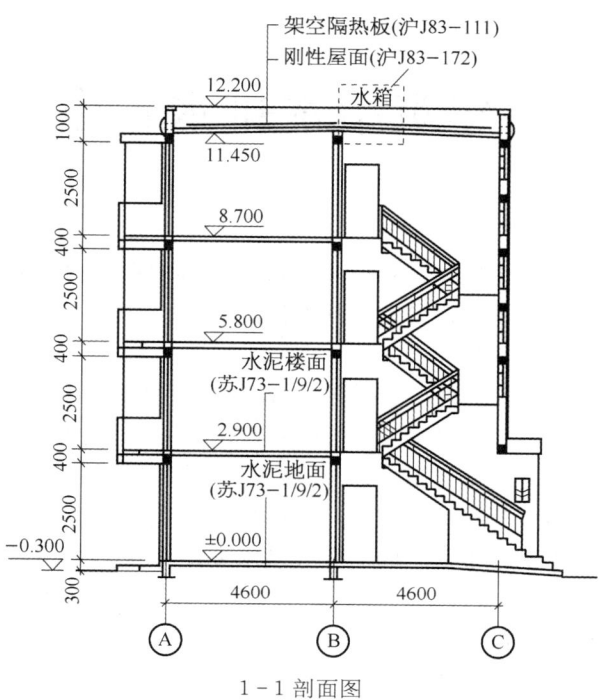

1-1 剖面图

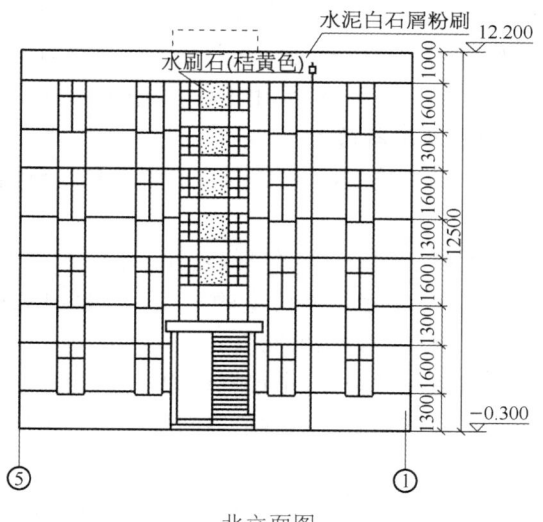

北立面图

第七章 建筑给水排水管道施工图

第一节 概 述

给水工程通常是指自水源取水,将水净化处理后,经输配水系统送往用户,直至到达每一个用水点的一系列构筑物、设备、管道及其附件所组成的综合体。给水工程可分为室外给水工程和室内给水工程两大部分。

排水工程一般是指生活、生产污(废)水和雨水管网、污水处理及污水排放的一系列管道、设备及构筑物所组成的综合体。排水工程也可以分为室外排水工程和室内排水工程两大部分。

给水排水工程按其所处的位置不同,分为城市给水排水工程和建筑给水排水工程两种。城市给水排水工程属于市政建设工程,建筑给水排水工程属于建筑安装工程。市政给水工程与建筑小区(厂区)室外给水工程之间的界线以水表井为界,无水表井者,以与市政管道碰头点为界;市政排水工程与建筑小区(厂区)排水工程之间以与市政碰头检查井为界。

一、施工图的组成及内容

建筑给水排水管道施工图的图纸主要包括目录、设计说明、平面图、剖面图、平面放大图、系统图、详图等,此外还有设备材料表、预算书等。

1. 设计说明书与图例表

凡是图纸不易用图样表示而又必须告知的内容,可以用文字说明,如设计依据、范围、工程概况、系统设置、设备选型、安装要求、套用标准图及其他注意事项。

图例表的设置是为看图提供方便,一般采用工程常用图例,包括我国国标和自编图例。

2. 建筑给水排水总平面图及纵断面图

建筑小区(厂区)给水排水管道施工图主要是总平面图和纵断面图,管网比较简单的只画总平面图。

建筑给水排水总平面图反映各建筑物的外形、名称、位置、标高及朝向;全部给水排水管网及构筑物的位置、距离、型号等;给水排水管道的管径、埋设深度、坡度、流向、管道长度以及与市政管网碰头位置、管径、标高、水流、坡向等。

管道纵断面图用于地下管道种类繁多、布置复杂的地段,管道纵断面图分为上下两个部分,上部为管路断面图形,下部为数据表格。管道纵断面图通常采用不同比例绘制。

3. 建筑给水排水平面图

建筑给水排水平面图是结合建筑平面图,反映管道及设备平面布置情况,充分反映了建筑物、设备和管道之间的平面位置关系,如设备的定位尺寸、给排水管道平面位置、系统及立管编号、用水点的位置;底层平面图包含给水引入管、排水排出管、水泵接合器等的定位尺寸、穿建筑外墙的标高、防水套管形式等;对给水排水设备较多处,如泵房、水箱间、热交换器间、饮水间、卫生间、水处理间、报警阀组房间、气体消防贮瓶间等因比例问题,一般应另绘局部放大平面图。

4. 建筑给水排水系统图

目前,建筑给水排水系统图有两种表达方式,即系统轴测图和展开系统原理图。展开系统原理图具有简捷、清晰等优点,但也存在仅能表达二维关系的缺点。

系统轴测图是给水排水管道的立体图,较为直观,深受广大管道施工人员的欢迎。它反映管道走向、分支、标高、管径、仪表及阀门、管道流向及坡度、各用水点的连接位置以及管道系统及立管编号,同时还能反映建筑楼层标高、层数及建筑平面高差等。

展开系统原理图一般不按比例绘制,它主要反映系统的来龙去脉和工作原理。图面上有管径、立管编号、阀门及主要附件的表示,同时也能反映建筑物的楼层标高、层数及建筑平面高差等。

5. 安装详图

凡是管道附件、设备、仪表及特殊配件需要加工又无标准图可利用时,应绘制详图。详图分标准图和节点详图,前者由国家及各部委或地方编绘的详图,后者由设计人员根据工程具体情况绘制。详图比例一般较大,采用双线图画法居多。

6. 主要设备材料表

设备材料表是把某一建筑给水排水施工图所需主要设备、材料和有关数据列成表格,表示其名称、型号、规格(参数)、数量、备注等内容。

二、施工图的图示特点

(1) 建筑给水排水平面图、剖面图、详图采用正投影法绘制;系统轴测图是用轴测投影法绘制的,展开系统原理图是用示意法绘制的。

(2) 图中管道、阀门、器具和设备一般采用图例表示,有很强的示意性。

(3) 给水及排水管道一般采用单线图画法,不同管径的管道,以同样线宽线条表示,管线坡度无需按比例画出(画成平线),管径和坡度均用数字注明。

(4) 靠墙敷设管道,不按比例表示管道与墙的间距,暗装管道可以画在墙外,但设计说明中应注明。同一平面位置布置几根不同高度的管道,可不严格按投影来画,平面图只画成平行排列的线条。

以上几点充分显示了建筑给水排水管道施工图的示意性。

第二节 室内给水排水管道施工图

一、室内给水系统

室内给水系统根据供水对象不同,可分成生产、生活和消防等三种给水系统。在一个建筑内可能单独设置三个独立的给水系统,也可能设置生产与生活、生产与消防、生活与消防或三者共用的给水系统。

1. 室内给水系统组成

室内给水系统由以下几个基本部分组成。

(1) 引入管:穿过建筑物外墙或基础,自室外给水管将水引入室内给水管网的水平管。引入管应有不小于 0.003 的坡度,坡向室外管网。

(2) 水表节点:需要单独计算用水量的建筑物,应在引入管上装设水表,有时根据需要计算水量的要求也可以在配水管上装设水表,如住宅建筑的分户水表。水表一般设置在易于观察的室内或室外水表井(箱)内,水表井内设有闸阀、水表和泄水阀门等。

(3) 配水管网:由水平干管、立管和支管所组成的管道系统。

(4) 配水器具与附件:卫生器具的配水龙头、用水设备、闸门、止回阀等。

(5) 升压设备:当室外管网压力不足时,所设置的水箱和水泵等设备。

室内给水系统的组成如图 7-1 所示。

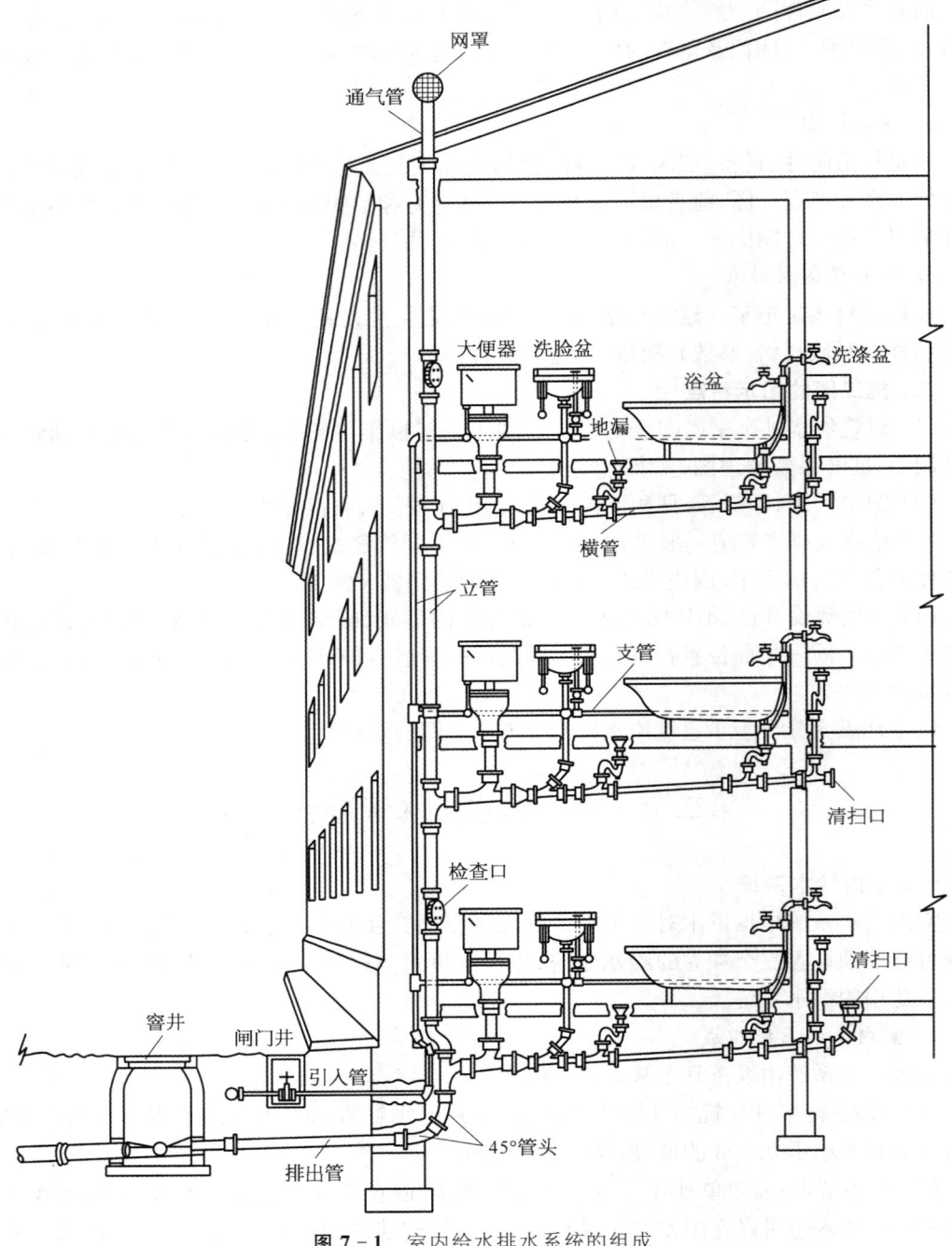

图 7-1 室内给水排水系统的组成

2. 常用的给水系统图式

室内给水系统图式主要根据建筑物的性质、高度、配水点的布置情况、室内所需的水压和室外给水管网的供水情况所决定,常用的给水系统图式有以下几种。

1) 直接给水系统

室内仅有给水管道系统,没有任何升压设备,直接从室外给水管道上接管引入。它适用于室外管网的水量、水压在任何时间内都能保证室内给水设备需要的建筑物,其系统图式如图 7-2 所示。

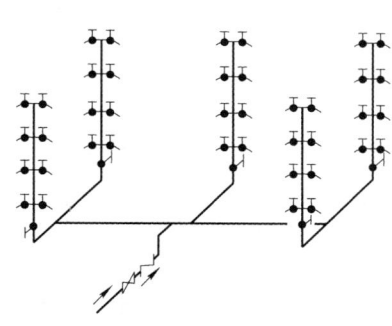 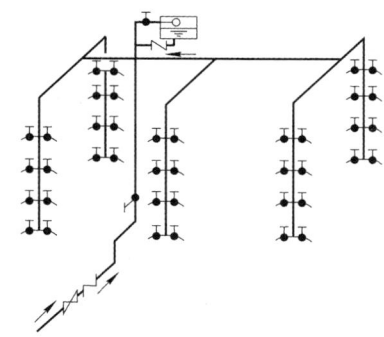

图 7-2 直接给水系统图式　　　　　图 7-3 设有水箱的给水系统图式

2) 设水箱的给水系统

当室外管网中的水压周期性不足或一天内某些时间内不足,以及当某些用水设备要求水压恒定或要求安全供水的场合宜采用设水箱的给水系统。这种给水系统设有水箱,其系统图式如图 7-3 所示。

3) 设有水泵的给水系统

设水泵的给水系统,适用于室外管网压力不足,且室内用水量均匀,需要局部增压的给水系统,其系统图式如图 7-4 所示。

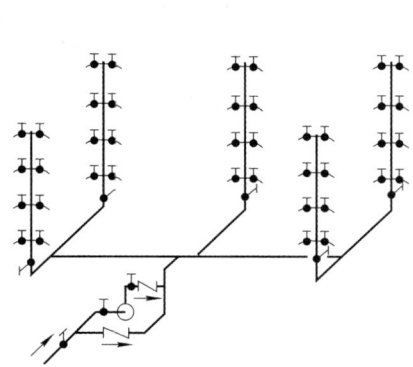 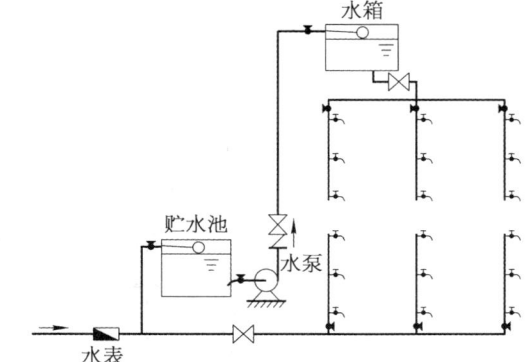

图 7-4 设有水泵的给水系统图式　　图 7-5 设水池、水泵和水箱联合工作的
　　　　　　　　　　　　　　　　　　　　　　给水系统图式

4) 设水池、水泵和水箱联合工作的给水系统

当室外给水管网水压经常不足,而且不允许水泵直接从室外管网吸水和室内用水不均匀时,常采用该种供水系统,其系统图式如图 7-5 所示。

5) 气压给水系统

气压给水系统是指给水系统内设置气压给水设备,利用密闭压力水罐内气体的可压缩性来贮存水、调节水量和升压供水,如图7-6所示。气压水罐的作用相当于高位水箱,但其位置可以设在建筑的高处或低处,安装方便,且易实现自动控制。该种系统适用于室外管网压力低于或经常不能满足建筑内所需水压的场合。

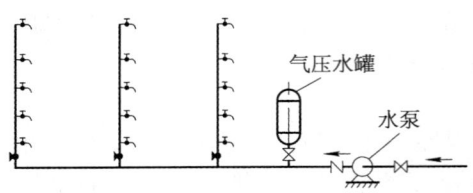

图 7-6 气压给水系统图式

6) 分区给水系统

在高层建筑中,给水立管如果过高时,由于管内静水压力过大,会使下层管网中管道接头及附件因受过高压力而损坏,配水龙头放水时产生喷溅,水锤和噪声也会加剧,不利于供水。为了保证高层建筑中给水管网受压均匀,可采用竖向分区的给水系统,分区最低卫生器具配水点处的静水压力不宜大于0.45 MPa,特殊情况下不宜大于0.55 MPa,水压大于0.35 MPa的入户管(或配水横管),宜设减压或调压设施。高层建筑分区给水系统采用最多的是水泵-高位水箱供水方式,图7-7是高层建筑减压阀供水系统图。

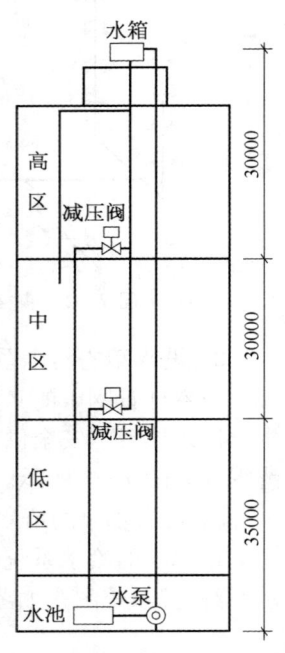

图 7-7 高层建筑减压阀供水系统图式

3. 室内给水管道的布置形式

室内给水管道的布置形式,按水平干管所设位置不同有以下四种。

(1) 下分式。又称下行上给式,其水平干管于底层埋地敷设或设在地沟内,在有地下室的建筑内可以设在地下室天花板下面,管路系统则自下而上供水。常用于一般居住建筑和公共建筑中的直接给水系统,其图式如图7-2所示。

(2) 上分式。又称上行下给式,水平干管敷设在建筑物顶层天花板下或吊顶层内,管路系统自上而下供水。一般用于多层建筑或设有水箱的给水系统,其图式如图7-3所示。

(3) 中分式。水平干管敷设在建筑物底层的天花板下或中层的走廊内,管路系统向上、向下分配供水。一般适用于直接给水系统,其图式如图7-8所示。

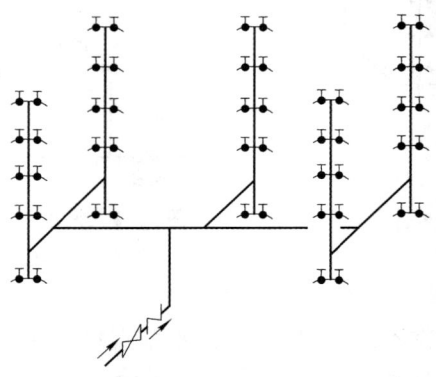

图 7-8 中分式给水系统图式

(4) 环状式。构成环状管网的管路系统,分水平干管环状式和立管环状式两种,用于大型公共建筑、高层建筑、生产工艺不允许断水的车间及设有十个以上消火栓的室内消防管道。图 7-9 为立管环状供水系统图式,图 7-10 为水平干管环状供水系统图式。

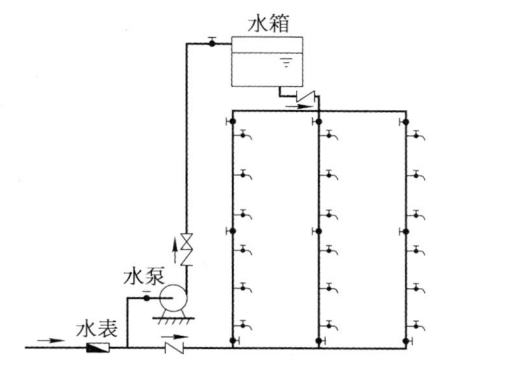

图 7-9 立管环状供水系统图式

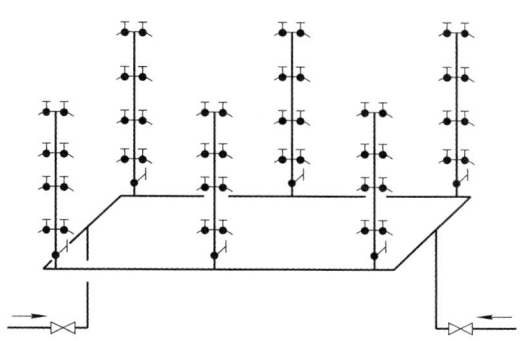

图 7-10 水平干管环状供水系统图式

室内给水管道布置时要满足下列基本要求:

(1) 室内生活给水管道宜布置成枝状管网,单向供水。

(2) 室内给水管道不应穿越变配电房、电梯机房、通信机房、大中型计算机房、计算机网络中心、音像库房等遇水会损坏设备和引发事故的房间,并应避免在生产设备上方通过。室内给水管道的布置,不得妨碍生产操作、交通运输和建筑物的使用。

(3) 室内给水管道不得布置在遇水会引起燃烧、爆炸的原料、产品和设备的上面。

(4) 埋地敷设的给水管道应避免布置在可能受重物压坏处。管道不得穿越生产设备基础,在特殊情况下必须穿越时,应采取有效的保护措施。

(5) 给水管道不得敷设在烟道、风道、电梯井内、排水沟内;给水管道不宜穿越橱窗、壁柜;给水管道不得穿过大便槽和小便槽,且立管离大、小便槽端部不得小于 0.5 m。

(6) 给水管道不宜穿越伸缩缝、沉降缝、变形缝。如必须穿越时,应根据情况采取下列保护措施:①在墙体两侧采取柔性连接;②在管道或保温层外皮上、下部留有不小于 150 mm 的净空;③在穿墙处做成方形补偿器,水平安装。

生活给水管道宜明装,如建筑有特殊要求时可暗装。管道暗设时,应符合下列要求:

(1) 不得直接敷设在建筑物结构层内;

(2) 干管和立管应敷设在吊顶、管井、管窿内,支管宜敷设在楼(地)面的找平层内或沿墙敷设在管槽内;

(3) 敷设在找平层或管槽内的给水支管的外径不宜大于 25 mm;

(4) 敷设在找平层或管槽内的给水管管材宜采用塑料、金属与塑料复合管材或耐腐蚀的金属管材;

(5) 敷设在找平层或管槽内的管材,如采用卡套式或卡环式接口连接的管材,宜采用分水器向各卫生器具配水,中途不得有连接配件,两端接口应明露,地面宜有管道位置的临时标志。

给水管道穿越下列部位或接管时,应设置防水套管:

(1) 穿越地下室或地下构筑物的外墙处；
(2) 穿越屋面处(有可靠的防水措施时,可不设套管)；
(3) 穿越钢筋混凝土水池(箱)的壁板或底板连接管道时。

给水引入管与排水排出管的水平净距不得小于 1 m。室内给水与排水管道平行敷设时,两管间的最小水平净距不得小于 0.5 m；交叉铺设时,垂直净距不得小于 0.15 m。给水管应铺在排水管上面。

室内的给水管道,应选用耐腐蚀和安装连接方便可靠的管材,可采用塑料给水管,如 PVC-U 给水管、PP-R 给水管、PEX 给水管,也可采用铜管、不锈钢管和复合管,复合管是指金属和塑料复合而成的管材,如钢塑管、铝塑管等。

给水管道上使用的阀门,应根据使用要求不同选用不同阀门。需要调节流量和水压的,如公用洗手盆的进水管,大、小便器(槽)的自动冲洗水箱的进水管,妇女净身盆的进水管,饮水器的进水管等应采用调节阀、截止阀；要求水流阻力小的部位(如水泵吸水管上)宜采用闸板阀；安装空间小的场所宜采用蝶阀、球阀；水流需双向流动的管段上不得使用截止阀；口径较大的水泵出水管上宜采用多功能阀。

止回阀的阀型选择,应根据止回阀的安装部位、阀前水压、关闭后的密封性能要求和关闭时引发水锤大小等因素确定。阀前水压小的部位,宜选用旋启式、球式和梭式止回阀；关闭后密封性能要求严密的部位,宜选用有关闭弹簧的止回阀；要求削弱关闭水锤的部位,宜选用速闭消声止回阀或有阻尼装置的缓闭止回阀。一般速闭消声止回阀用于小口径水泵,阻尼缓闭止回阀用于大口径水泵。

给水减压阀有比例式和可调式两种。生活给水系统宜选用可调式减压阀,可调式减压阀公称直径小于或等于 40 mm 时,应采用直接式减压阀,公称直径大于或等于 50 mm 宜采用先导式减压阀。可调式减压阀组由以下组件组成(沿水流方向)：蝶阀或闸阀、过滤器、压力表、可调式减压阀、可曲挠橡胶接头或管道伸缩器、压力表、蝶阀或闸阀,如图 7-11 所示。

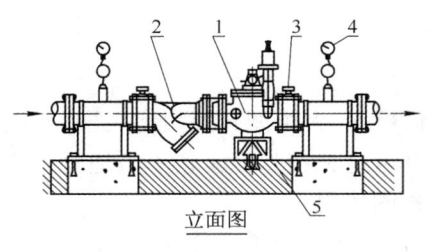

立面图

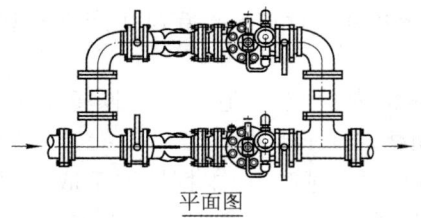

平面图

图 7-11 可调先导式给水减压阀安装图
1—减压阀；2—伸缩式 Y 型过滤器；3—对夹式蝶阀；4—压力表；5—支架

二、室内排水系统

1. 系统的分类及组成

室内排水系统按污水性质可分为生活污水系统、工业废水系统和雨水系统。室内排水体制分为分流制和合流制,分流制是分别单独设置生活污水、工业废水和雨水系统；合流制是将其中任意两种或三种管道系统组合在一起。

室内排水系统由下列几部分组成。
(1) 污(废)水收集器：各种卫生器具、排放生产废水的设备、雨水斗及地漏等。
(2) 排水管道：包括横支管、立管和排出管的排水管道系统。
(3) 通气管道：包括伸顶通气管、环形通气管、器具通气管、专用通气立管、主通气立管、副通气立管等多种方式,如图 7-12 所示。

(4) 清通设备:为了清理疏通管道而设置的各类检查口、检查门、检查井和清扫口。

(5) 抽升设备:对于高层建筑的地下室或地下技术层的污水、集水不能自流排至室外时,必须设置污水抽升设备。

(6) 污水处理设备:当室内污水未经处理不允许直接排入城市排水道或污染水体时,应进行局部处理,设置的污水处理构筑物及设备。

室内排水系统的组成如图 7-1 所示。

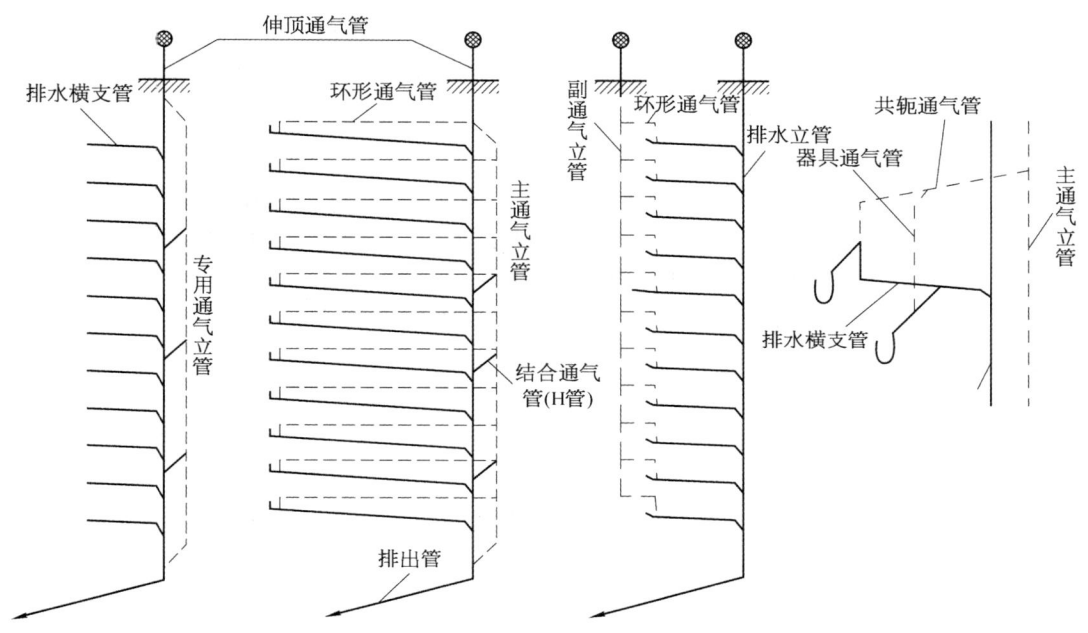

图 7-12 几种典型的通气管

2. 排水管道布置与敷设

排水管道的布置应满足良好的水力条件,满足维修及美观要求,保证管道正常运行及安全使用和经济的要求。

1) 排水管道的布置

室内排水管道的布置,应考虑有足够的空间或方便的条件,以利安装、拆换管件和清通维护工作的进行。

明装的管道应尽量沿墙、梁、柱作平行布置,以保持室内的美观。当建筑或工艺有特殊要求时,可在管槽、管井、管沟及吊顶内暗设。为便于检修,暗装的排水立管必须在立管检查口处设检修门。

排水立管应设在靠近杂质最多、最脏及排水量最大的排水点处,排水横管应尽量作直线布置,少拐弯,排出管宜以最短距离通至建筑物外部。由室内通向室外排水检查井的排水管,井内引入管应高于排出管或两管顶相平,并有不小于 90°的水流转角,如跌落差大于 300 mm 可不受角度限制。

室内排水管道不得布置在遇水引起燃烧、爆炸的原料、产品和设备的上面,不得穿越生活饮用水池部位的上方。排水横管不得布置在食堂、饮食业厨房的主、副食操作烹调备餐的上方。当条件限制不能避免时,应采取防护措施。

室内排水沟与室外排水管道连接处,应设水封装置。

饮食业工艺设备引出的排水管及饮用水水箱的溢流管,不得与污水管道直接连接,并应留出不小于 100 mm 的隔断空间。

排水管道穿过地下室外墙或地下构筑物的墙壁处,应采取防水措施。排出管穿过墙基时,在管道上空应留出 0.15 m 的净空,以防建筑下沉压坏管子。

排水管道不得穿过沉降缝、伸缩缝、变形缝、烟道和风道。排水立管不得穿越卧室、病房等对卫生、安全有较高要求的房间,并不得靠近与卧室相邻的内墙。

排水管道应避免布置在可能受到设备振动影响或重物压坏处。管道不得穿越生产设备基础,若必须穿越时,应作技术上的特殊处理。

2) 排水管道的连接

卫生器具排水管与排水横管垂直连接,应采用 90°斜三通,排水管道的横管与立管连接,宜采用 45°斜三通或 45°斜四通和顺水三通或顺水四通,排水立管与排出管端部的连接,宜采用两个 45°弯头或弯曲半径不小于 4 倍管径的 90°弯头。

排水管应避免在轴线偏置,当受条件限制时,宜用"乙"字管或两个 45°弯头连接。支管、立管接入横干管时,宜在横干管管顶或其两侧 45°范围内接入。

3) 地漏的设置

厕所、盥洗室、卫生间及其他需经常从地面排水的房间,应设置地漏。地漏应设置在易溅水的器具附近地面最低处。

应优先采用直通式地漏,卫生标准要求高或非经常使用地漏排水的场所,应设置密闭式地漏,食堂、厨房和公共浴室等排水宜设置网框式地漏。

4) 检查口和清扫口的设置

铸铁排水立管上检查口之间的距离不宜大于 10 m,塑料排水立管宜每六层设置一个检查口,但在建筑物最低层和设有卫生器具的二层以上建筑的最高层,应设置检查口。当立管水平拐弯或有"乙"字管时,该层立管拐弯处和"乙"字管上部应设检查口。

连接两个及两个以上大便器或三个及三个以上卫生器具的铸铁排水横管上,宜设清扫口;连接四个及四个以上大便器的塑料排水横管上,宜设清扫口。水流偏转角大于 45°的排水横管上,应设检查口或清扫口。

立管上的检查口中心距地(楼)面 1.0 m,并应高于该层卫生器具上边缘 0.15 m,地下室立管上设置检查口时,检查口应设在立管底部之上。埋地横管上的检查口应设在检查井内。立管上检查口检查盖应面向便于检查清扫的方位,横干管上的检查口应垂直向上。

排水横管上的清扫口,宜设置在楼板或地坪上,且与地面相平,排水横管起点的清扫口与其端部相垂直的墙面距离不得小于 0.15 m。

5) PVC-U 排水管伸缩节及阻火圈(防火套管)的设置

当层高小于或等于 4 m 时,立管应每层设一伸缩节,当层高大于 4 m 时,应根据设计伸缩量确定;横干管设置伸缩节,应根据设计伸缩量确定;横支管上合流配件至立管的直线管段超过 2 m 时,应设伸缩节,但伸缩节之间的最大间距不得超过 4 m。

高层建筑明设立管管径大于或等于 110 mm 时,在楼板贯穿部位应设置阻火圈或长度不小于 500 mm 的防火套管,在防火套管周围筑阻水圈。

横干管穿越防火分区隔墙和防火墙时,管道穿越墙体的两侧应设置阻火圈或长度不小于 500 mm 的防火套管且防火套管明露部位长度不小于 400 mm。

高层建筑管径大于或等于 110 mm 的横支管与暗设立管相连时,墙体贯穿部位应设置阻火圈或长度不小于 300 mm 的防火套管,且防火套管的明露部位长度不宜小于 200 mm。

室内排水系统一般应采用建筑排水用硬聚氯乙烯(PVC-U)管,当建筑高度超过 100 m 的超高层建筑往往采用柔性接口排水铸铁管。

三、卫生器具

室内给水排水工程经常碰到的主要设备是卫生器具,卫生器具是用来满足人们生活中洗涤和收集生活与生产中产生的污(废)水的设备。在识读给水排水管道施工图时,必须先弄清楚各种卫生器具的构造、外形尺寸和安装尺寸,否则即便是看懂了管道及卫生器具布置图,由于不知道卫生器具的构造和安装尺寸,还是不能按图施工,作为一个管道施工人员对常用的卫生器具的安装尺寸必须熟记。常用的卫生器具有洗脸盆、洗涤盆、污水盆、浴盆、大小便器(槽)、化验盆、妇女卫生盆等。卫生器具安装标准图详见《卫生设备安装》。

1. 洗脸盆

洗脸盆常装在卫生间、盥洗室和浴室中。洗脸盆大多用上釉陶瓷制成,形状有长方形、椭圆形、半圆形及三角形等。按架设方式分为托架式、台式和立柱式三种。按安装形式分为单独安装和成组安装,成组安装的洗脸盆不得超过六个,其中心距一般为 700 mm。

给水管可以明装或暗装,龙头一般安装在盆体上,但也有的安装在盆体的上空,此时龙头标高应距地面 1.0 m。

洗脸盆的安装高度为 0.8 m,单独安装时洗脸盆的排水管管径为 32 mm,成组安装时排水管管径为 50 mm,存水弯可采用 S 式或 P 式,成组安装排水管上统一使用的存水弯必须带清扫口。

图 7-13 是单柄 4″龙头台上式洗脸盆安装图。图中存水弯分别画出 S 式和 P 式的安装位置。冷、热水支管一般为暗装,冷水横支管距地面 0.35～0.45 m,热水横支管距地面 0.525～0.655 m,冷、热水的角式截止阀距地面 0.45～0.57 m(施工质量验收规范规定 0.45 m),不同产品安装尺寸不同,安装时应以产品说明书尺寸为准。

2. 大便器

大便器有坐式和蹲式两种。坐式大便器多装设在住宅、宾馆等建筑内;蹲式大便器的卫生条件较坐式为好,多装设在机关、学校和工厂等公共卫生间内。

坐式大便器的本身构造包括存水弯,按其存水弯所在位置和形式,可分为里 S、外 S、高 P 和低 P 式坐式大便器。坐式大便器的冲洗设备主要是低水箱,有的也用高水箱和闭式冲洗阀。用冲洗阀时冲洗系统应与生活饮用水系统有隔断措施(如设高位水箱或设防污器)。此外还有一种带水箱的坐式大便器,即坐箱式或连体式大便器,水箱与大便器连为一体。

蹲式大便器本身构造不带存水弯,安装时需另设存水弯(近年来市场上出现了带存水弯的蹲式大便器)。存水弯有 S 式和 P 式两种,P 式常用于楼层,以缩短横管的吊装敷设高度。存水弯又有 PVC-U 存水弯和陶瓷存水弯之分,陶瓷存水弯多设于底层,若用于楼层时,应将存水弯砌入坑台中,此时坑台应做成两踏步平台。

蹲式大便器的冲洗设备常用高水箱或冲洗阀,但也有设低水箱的,低水箱底面距踏步面距离为 900 mm,以保证水有一定的冲力。

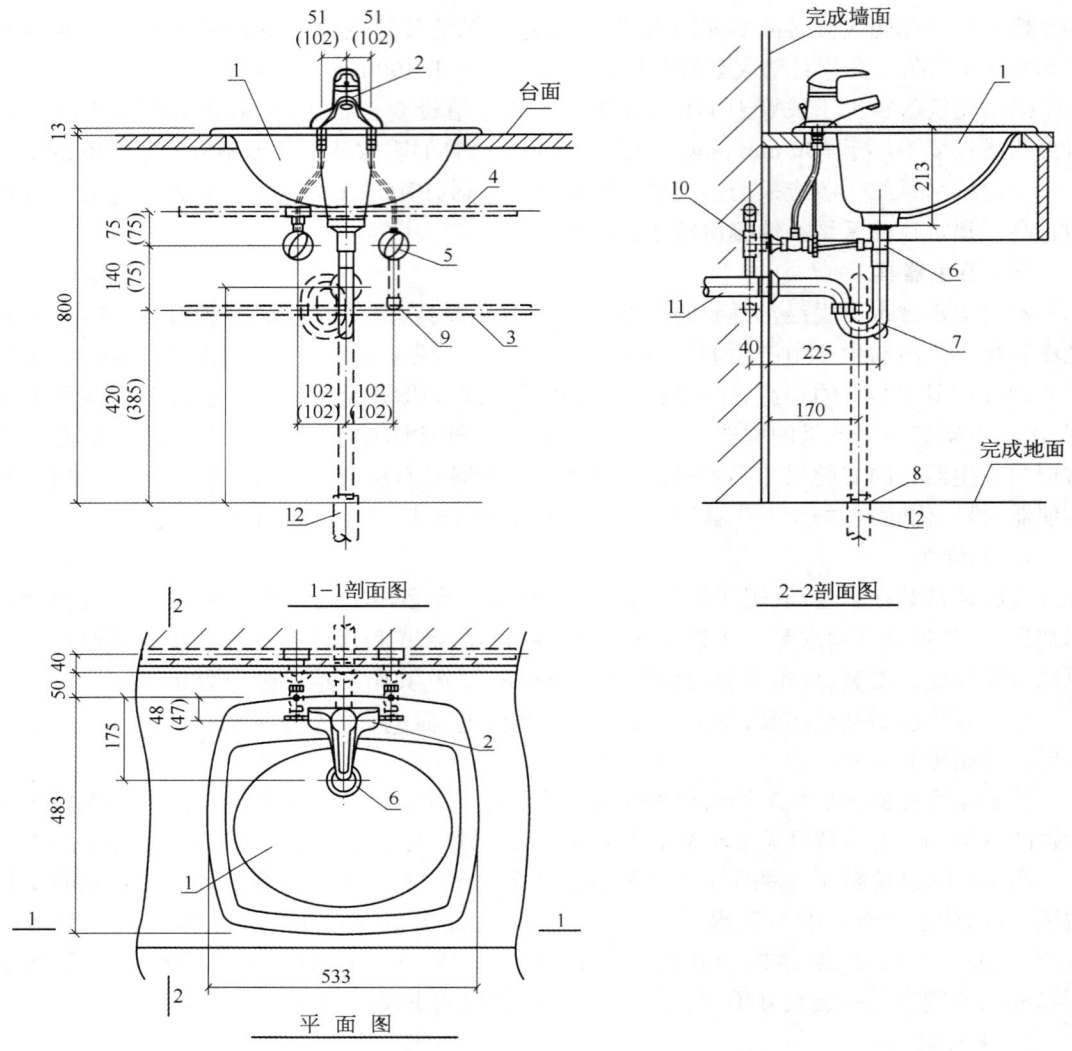

图 7-13 单柄 4″龙头台上式洗脸盆安装图

1—台上式洗脸盆；2—DN15 单柄 4″龙头；3—PVC-U 冷水管；4—PP-R 热水管；5—DN15 角式截止阀；
6—DN32 提拉排水装置；7—DN32 存水弯；8—DN32 罩盖；9—PP-R、PVC-U 异径三通；
10—dn20 PP-R、PVC-U 内螺纹弯头；11、12—dn40 PVC-U 排水管

图 7-14 是坐箱式坐便器安装图，图 7-15 是自闭式冲洗阀蹲式大便器安装图。

低水箱坐式大便器给水 DN15 角式截止阀距地（楼）面的高度，设计一般为 250 mm，施工质量验收规范规定 150 mm，安装时应以产品说明书规定为准。大便器排水口距光墙间距分别为挂箱式 400 mm，坐箱式大部分为 305 mm，但也有其他尺寸，连体式 210～400 mm。自闭式冲洗阀距地（楼面）高度因产品不同，一般为 800 mm。

高水箱蹲式大便器给水横管距踏步面为 2.20～2.30 m，给水 DN15 角式截止阀或直通阀距踏步 2.04～2.10 m，蹲式大便器排水口距光墙面 600～680 mm，自闭式冲洗阀距踏步面高度 600～800 mm。

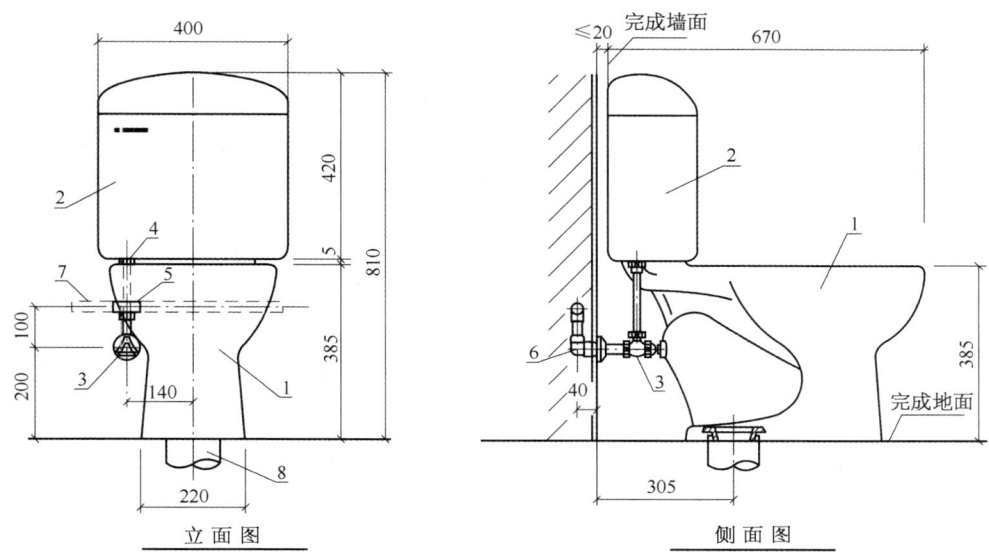

图 7-14 坐箱式坐便器安装图

1—坐便器；2—坐箱式低水箱；3—DN15 角式截止阀；4—DN15 进水阀配件；5—PVC-U 异径三通；
6—dn20 PVC-U 内螺纹弯头；7—PVC-U 冷水管；8—dn110 PVC-U 排水管

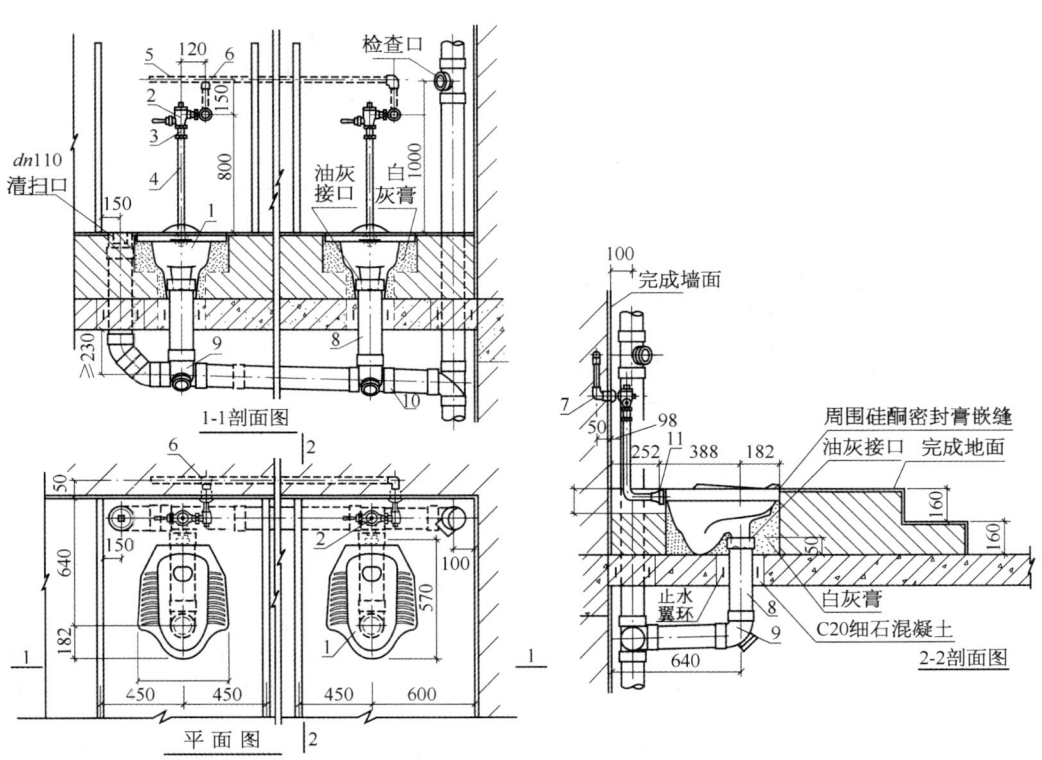

图 7-15 自闭式冲洗阀蹲式大便器安装图

1—蹲式大便器（带水封）；2—DN25 自闭式冲洗阀；3—DN32 防污器；4—DN32 冲洗弯管；
5—PVC-U 冷水管；6—PVC-U 异径三通；7—dn32 PVC-U 内螺纹弯头；8—dn110 PVC-U 排水管；
9—dn110 PVC-U 90°弯头；10—PVC-U 90°顺水三通；11—胶皮碗

3. 洗涤盆与污水池

洗涤盆装设在卫生间用于收集洗涤物品产生的污水,并排放到污废水管中去。洗涤盆一般用陶瓷制造,其规格不一,常用的有 610 mm×410 mm 和 610 mm×460 mm 两种。

污水池一般用砖砌粉光贴瓷砖或水磨石制造,分架空式和落地式两种。污水池尺寸及做法可参见我国建筑国标图集,图 7-16 为冷、热水龙头洗涤盆安装图。

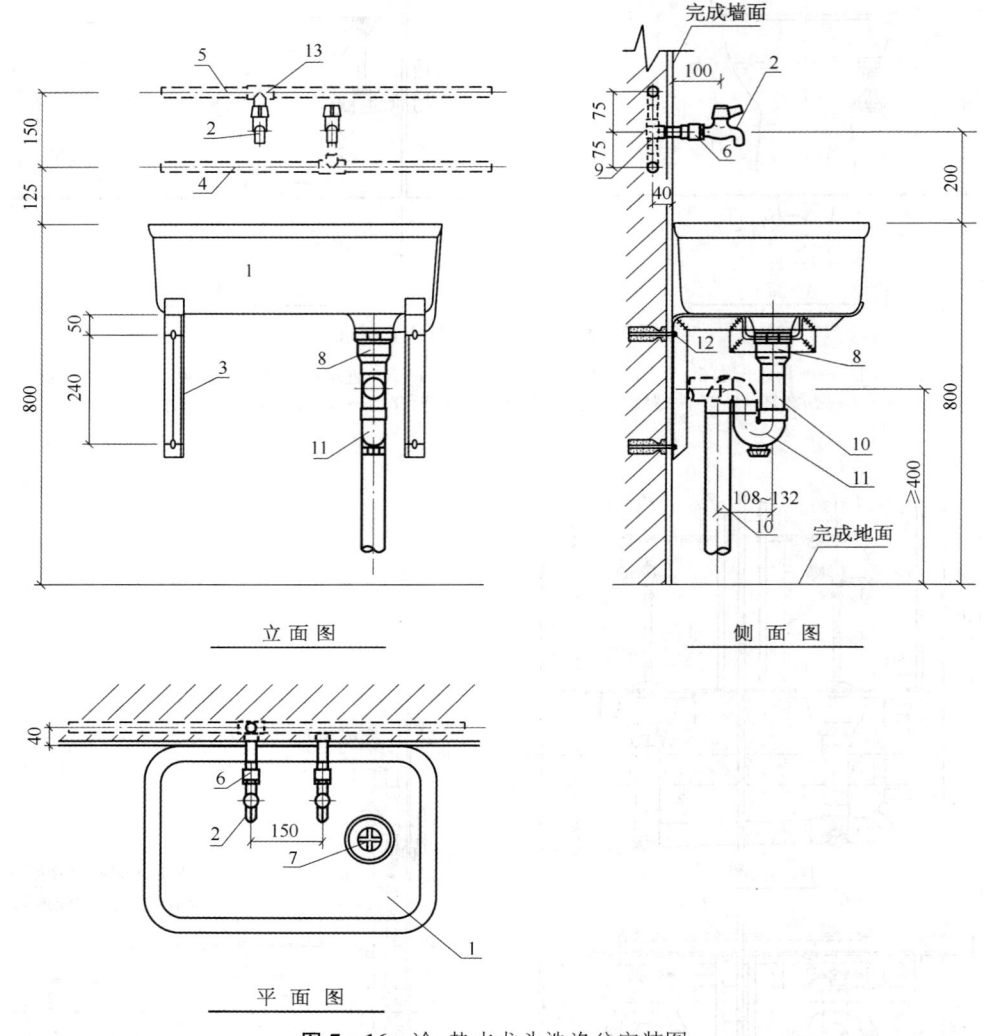

图 7-16 冷、热水龙头洗涤盆安装图

1—陶瓷洗涤盆;2—DN15 龙头;3—托架;4—PVC-U 冷水管;5—PP-R 热水管;6—dn20 PP-R、PVC-U 内螺纹接头;7—DN40~DN50 铜或尼龙排水栓;8—dn50×40、dn50×50 PVC-U 转换接头;9—dn20 PP-R、PVC-U 90°弯头;10—dn50 PVC-U 排水管;11—dn50 PVC-U 存水弯;12—M8×80 螺栓;13—PP-R、PVC-U 异径三通

洗涤盆和架空污水池上边沿距地(楼)面 800 mm,落地式污水池上沿距地(楼)面 500 mm。冷水龙头距盆(池)上边沿 200 mm,如装冷、热水龙头,冷水横管中心距地(楼)面 925 mm,热水横管在冷水横管上面 150 mm,冷水龙头偏右,热水龙头偏左,两龙头中心间距 150 mm,冷、热水龙头距地(楼)面 1 000 mm。

4. 浴盆

浴盆设在卫生间或浴室中供人们洗澡,一般采用陶瓷、铸铁搪瓷、钢板搪瓷、玻璃钢、大理石、水磨石等材料制成,浴盆外形呈长方形者居多,盆上边沿下有溢水口,溢水口同侧盆底有排水口。浴盆长度多为 1 200 mm、1 400 mm、1 500 mm、1 600 mm、1 700 mm 等,宽度大多为 700~800 mm。

浴盆上边沿距室内地坪 480~520 mm,浴盆的冷、热水龙头有单柄和双柄之分,一般浴盆龙头均带有手提式花洒或固定式莲蓬头,供淋浴冲洗之用。冷、热水龙头中心距浴盆上边沿 100~150 mm,冷、热水横管中心间距 75~100 mm,热水横管在冷水横管上面。浴盆排水附件不包括存水弯,因此管道安装时必须安装 $dn50$ PVC-U 存水弯,存水弯形式以 P 式居多。图 7-17 是单柄龙头裙边浴盆安装图。

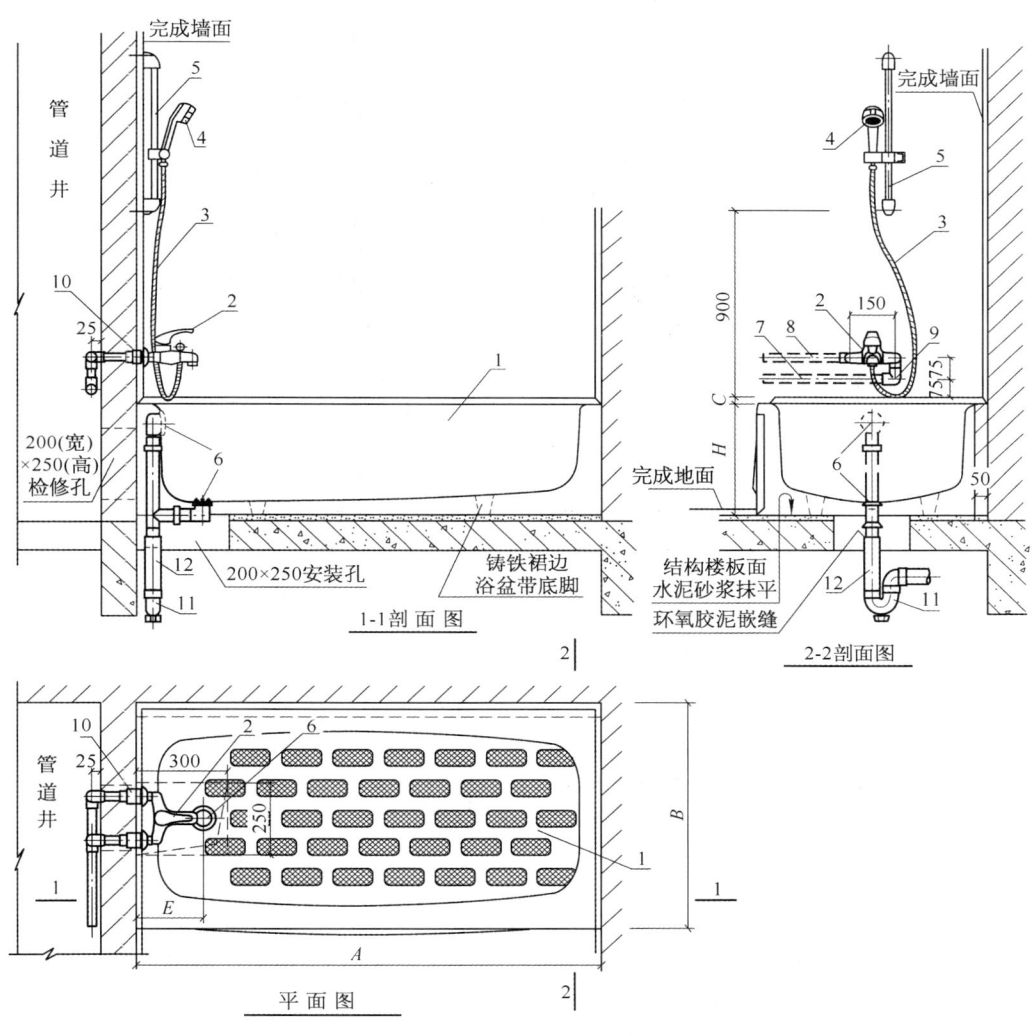

图 7-17 单柄龙头裙边浴盆安装图

1—裙边浴盆;2—DN15 单柄浴盆龙头;3—DN15 金属软管;4—DN15 手提式花洒;5—滑杆;6—DN40、DN32 排水配件;7—$dn20$ PVC-U 冷水管;8—$dn20$ PP-R 热水管;9—$dn20$ PP-R、PVC-U 90°弯头;10—$dn20$ PP-R、PVC-U 内螺纹接头;11—$dn50$ PVC-U 存水弯;12—$dn50$ PVC-U 排水管

5. 小便器

小便器设在男卫生间内,可以单独设置,但更多的是几个连在一起,常用的小便器有挂式小便器、立式小便器和小便槽三种,在冲洗方式上常采用自闭式冲洗阀或感应式冲洗阀,过去也采用自动冲洗水箱冲洗。

图 7-18 是自闭式冲洗阀壁挂式小便器安装图,小便器上边沿距室内地坪 600 mm,冷水横管距室内地坪间距视小便斗种类、尺寸不同,一般为 1 200～1 500 mm,自闭式冲洗阀距室内地坪 1 020～1 200 m。

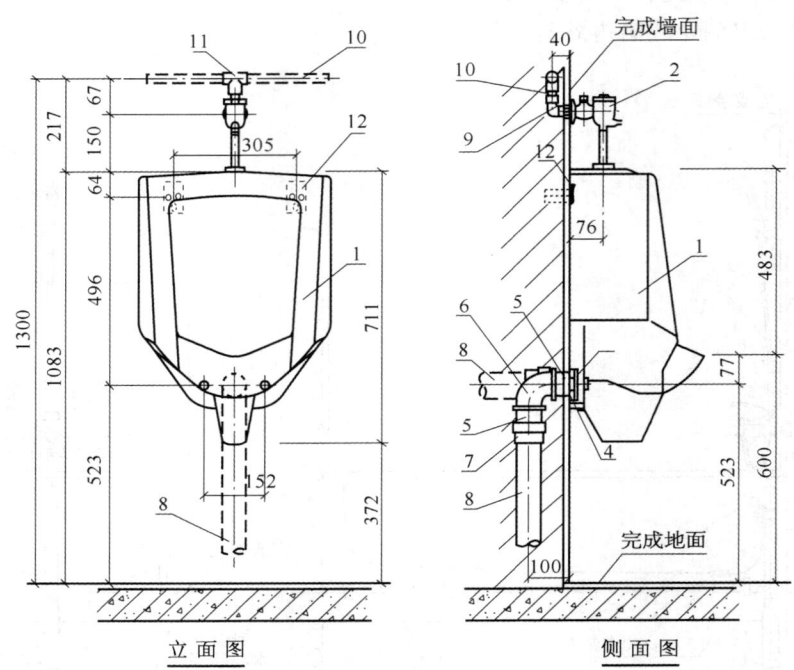

图 7-18 自闭式冲洗阀壁挂式小便器安装图

1—壁挂式小便器;2—DN15 自闭式冲洗阀;3—DN50 橡胶止水环;
4—DN50 排水法兰盘;5—DN50 外螺纹短管;6—DN50 弯头;
7—dn50×50 PVC-U 转换接头;8—dn50 PVC-U 排水管;
9—dn20 PVC-U 内螺纹弯头;10—dn20 PVC-U 冷水管;
11—PVC-U 异径三通;12—挂钩

6. 厨房洗涤槽

厨房洗菜洗碗用的洗涤槽有陶瓷制造和不锈钢板制造两种,又有单槽和双联槽之分。图 7-19 为厨房双联洗涤槽安装图。

洗涤槽上边沿距地面 800 mm,冷水横管中心距地面 425 mm,热水横管距地面 575 mm,冷、热水三角阀距地面 500 mm,如果产品不带存水弯时,应在排水管上装 dn50 PVC-U 存水弯。

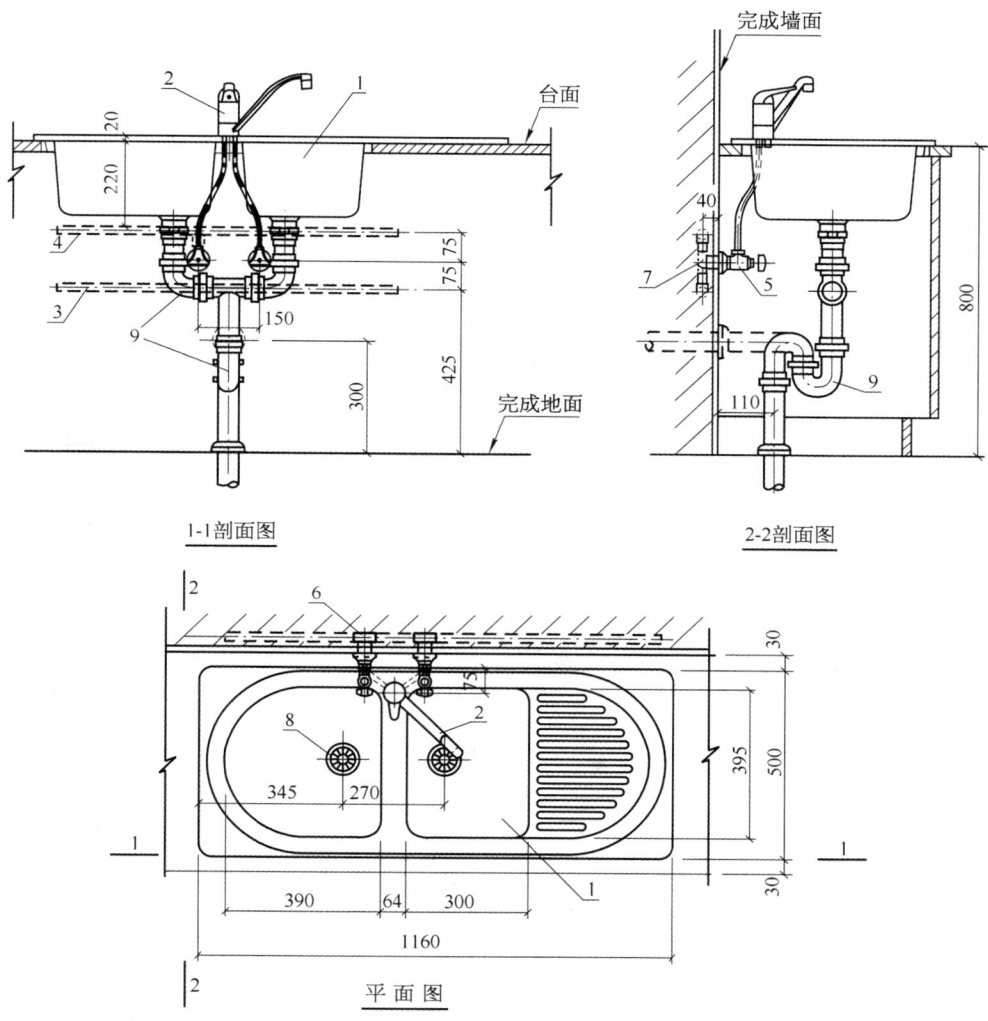

图 7-19 厨房双联洗涤槽安装图

1—洗涤槽；2—DN15 单柄单孔厨房龙头；3—PVC-U 冷水管；4—PP-R 热水管；
5—DN15 角式截止阀；6—异径三通；7—dn20 PVC-U、PP-R 90°内螺纹弯头；
8—dn40 带网格排水栓；9—dn40 双联排水存水弯

四、图例及管路代号

给水排水管道施工图中的管线、卫生器具、阀门、管路附件、设备及构筑物等都是用图例符号表示的，在识读施工图时，必须弄明白管线、卫生器具、阀门、管路附件、设备及构筑物的图例符号。

给水排水管道在进行工程设计时一般都按我国国家标准《给水排水制图标准》（GB/T 50106）的有关规定进行绘图。施工图中所用图例除在第五章中介绍的通用图例外，给水排水管道施工图常用图例见表 7-1，给水排水管路代号见表 7-2。

表 7-1 给水排水管道施工图常用图例

名称	图例	名称	图例
管道及管道附件			
给水管		圆形地漏	
排水管		方形地漏	
多孔管		自动冲洗水箱	
管道立管	XL-1 平面　XL-1 系统	刚性防水套管	
存水弯		柔性防水套管	
检查口		防虫网罩	
清扫口	平面　系统	Y 形除污器	
通气帽	成品　蘑菇形	毛发聚集器	平面　系统
雨水斗	YD- 平面　YD- 系统	倒流防止器	
排水漏斗	平面　系统	吸气阀	
阀门			
自动排气阀	平面　系统	温度调节阀	
浮球阀	平面　系统	压力调节阀	
水力液位控制阀	平面　系统	延时自闭冲洗阀	
角阀		感应式冲洗阀	
消声止回阀		吸水喇叭口	平面　系统

(续表)

名　　称	图　例	名　　称	图　例
给水配件及仪表			
放水龙头	平面　　系统	混合水龙头	
皮带龙头	平面　　系统	旋转水龙头	
洒水(栓)龙头		浴盆带喷头、混合水龙头	
化验龙头		水表	
肘式龙头		转子流量计	
脚踏开关			
卫生设备及水池			
立式洗脸盆		妇女净身盆	
台式洗脸盆		立式小便器	
挂式洗脸盆		壁挂式小便器	
浴盆		蹲式大便器	
化验盆、洗涤盆		坐式大便器	
带沥水板洗涤盆		小便槽	
盥洗槽		淋浴喷头	
污水池		厨房洗涤盆	
给水排水设备			
水泵	平面　　系统	管道泵	
潜水泵		喷射器	

(续表)

名称	图例	名称	图例
卧式热交换器		水锤消除器	
立式热交换器		浮球液位器	
快速管式热交换器		除垢器	
开水器			
小型给水排水构筑物			
矩形化粪池	HC	雨水口(双箅)	
隔油池	YC	阀门井、检查井	
沉淀池	CC	水封井	
降温池	JC	跌水井	
中和池	ZC	水表井	
雨水口(单箅)			

表 7-2　给水排水管道规定代号(摘自 GB/T 50106)

序号	名称	代号	序号	名称	代号
1	生活给水管	J	11	废水管	F
2	热水给水管	RJ	12	污水管	W
3	热水回水管	RH	13	通气管	T
4	中水给水管	ZJ	14	雨水管	Y
5	循环冷却给水管	XJ	15	压力废水管	YF
6	循环冷却回水管	XH	16	压力污水管	YW
7	热媒给水管	RM	17	压力雨水管	YY
8	热媒回水管	RMH	18	膨胀管	PZ
9	蒸汽管	Z	19	虹吸雨水管	HY
10	凝结水管	N	20	空调凝结水管	KN

五、施工图的识读

1. 平面图

室内给水排水管道平面布置图是施工图纸中最基本和最重要的图样,常用的比例是1∶100和1∶50两种,它主要表明建筑物内给水和排水管道及有关卫生器具或用水设备的平面布置。

室内给水排水管道平面图是分层绘制的,因为底层有给水引入管和排水排出管应单独绘制,其他各楼层如卫生器具、用水设备及管道布置相同时,可只绘制一个相同楼层平面图,即标准层平面图,但必须注明各楼层的层次和标高,地下室和屋顶有给水设备及管道时都要单独绘制平面图。一般工程给水和排水管道绘制在同一张平面图上,大型复杂工程则分开绘制。

平面图中每层给水和排水管道布置是以连接该层卫生器具、用水设备为准,而不是以楼地面作为分界线,属于同一层的管道都画在该层平面图中。

通常给水管道用单线条的粗实线表示,排水管道用单线条的粗虚线表示。给水立管是指每个给水系统穿过地坪及楼层的竖向给水干管,但要注意区别,在空间竖向转折的管道不能算作立管。立管在平面图上以小圆圈表示。管道平面图上的线条都是示意性的,卫生器具、用水设备都是用图例表示的,因此在识读图纸的同时还必须熟悉给水排水管道的施工工艺。在识读管道平面布置图时应该掌握的主要内容和注意事项如下。

(1) 查明卫生器具、用水设备(开水炉、水加热器等)和升压设备(水泵、水箱等)的类型、数量、安装位置、定位尺寸。

卫生器具和各种设备通常是用图例画出来的,它只能说明器具和设备的类型,而不能具体表示各部位尺寸及构造,因此,在识读时必须结合有关详图或技术资料,搞清楚这些器具和设备的构造、接管方式和尺寸。

(2) 弄清楚给水引入管和污水排出管的平面位置、走向、定位尺寸、与室外给水排水管网的连接形式、管径及坡度等。

给水引入管通常自用水量最大或不允许间断供水的地方引入,这样可使大口径管道最短,供水可靠。给水引入管上一般都装设阀门。阀门如果设在室外阀门井内,在平面图上就能完整地表示出来,这时要查明阀门的型号及距建筑物的距离。

污水排出管与室外排水总管的连接,是通过检查井来实现的,要了解排出管的长度,即外墙至检查井的距离。排出管在检查井内通常取管顶平连接(排出管与检查井上的排水管管顶标高相同),以免排出管埋设过深或产生倒流。

给水引入管和污水排出管通常都注上系统编号,系统编号一般注写在底层室外进入室内的管道边上,识读时应分系统逐个系统进行识读。

(3) 查明给水排水干管、立管、支管的平面位置与走向、管径尺寸及立管编号。

从平面图上可以清楚地查明管路是明装还是暗装,以确定施工方法。平面图上的管线虽然是示意性的,但还是有一定比例的,因此估算材料可以结合详图,用比例尺度量进行计算。

每个系统内立管较少时,仅在引入管处进行系统编号,只有当立管较多时,才在每个立管旁边进行编号。立管编号标注方法与系统编号基本相同。

(4) 在给水管道上设置水表时,必须查明水表的型号、安装位置以及水表前后阀门设置情况。

(5) 对于室内排水管道,还要查明清通设备布置情况。有时为了便于清扫,在适当的位置设置有门弯头(即设有清扫口的弯头),在识读时也要加以考虑。对于大型厂房特别要注意是否设有检查井,检查井进出管的连接方向也应搞清楚。

对于雨水管道,要查明雨水斗的型号及布置情况,并结合详图搞清雨水斗与天沟的连接方式。

2. 管道系统图

管道系统图应表示出管道内的介质流经的设备、管道、附件、管件等连接和配置情况。通常采用轴测系统图形式绘制。在高层建筑和大型公共建筑亦可采用展开系统图形式绘制。管道展开系统图可不受比例和投影法则限制,按展开图绘制方法分系统绘制。下面介绍轴测系统图的识读。

给水排水管道轴测系统图是根据各层平面布置图中用水设备、管道等平面位置及竖向标高用 45°正面斜轴测图的方式表达管道空间走向的一种立体图。管道系统图的基本要素应与平面图相对应,管路采用单线表示,系统图的比例一般与平面图相同,系统图中管线重叠、密集处可采用断开画法,断开处宜以相同的小写拉丁字母表示,也可用细虚线连接。给水和排水系统图应分别绘制,对于两层及其以上的卫生器具和管道布置完全相同时,可以只绘出一层的卫生器具与横支管的详细系统图,在其他楼层标注与某层相同即可。

在给水系统图上卫生器具不用画出,只需画出龙头、淋浴器莲蓬头、冲洗水箱等符号,用水设备如锅炉、热交换器、水箱等则画出示意性的立体图,并在支管上注以文字说明。在排水系统图上也只画出相应的卫生器具的存水弯或器具排水管。在识读时应掌握的主要内容和注意事项如下。

(1) 查明给水管道系统的具体走向,干管的敷设形式,管径尺寸及其变化情况,阀门的设置,引入管、干管及各支管的标高。给水系统末端支管管径凡未注明的,一般均为 $DN15$。

识读给水管道系统图时,一般按引入管、干管、立管、支管及用水设备的顺序进行。

(2) 查明排水管道系统的具体走向、管路分支情况、管径尺寸与横管坡度、管道各部位标高、存水弯形式、清通设备设置情况、弯头及三通的选用(90°弯头还是 45°弯头,顺水三通还是斜三通)等。

识读排水管道系统时,一般是按卫生器具或排水设备的存水弯、器具排水管、排水横管、立管、排出管的顺序进行的。在识读时结合平面图及说明,了解和确定管材及管件。排水管道为了保证水流通畅,根据管道敷设的位置往往选用 45°弯头、顺水三通、两个 45°弯头相连接构成弯曲半径较大的 90°弯头,有利于系统排水。存水弯有铸铁和塑料、P 式和 S 式以及有清扫口和不带清扫口之分,在识读图纸时也要视卫生器具的种类、型号和安装位置予以确定下来。

(3) 系统图上对各楼层标高都有注明,识读时可据此分清管路是接自哪一层的。管道支架在图上一般都不表示出来,由施工人员按有关规程和习惯做法自己确定。给水管支架常用的有管卡、钩钉、吊环和角钢托架,支架需要的数量及规格应在识读图纸时确定下来。

PVC-U 排水管非固定支、吊架一般选用生产厂家定型塑料产品管卡、吊卡,管道支架间距当立管管径为 50 mm 时,不得大于 1.2 m;管径大于等于 75 mm 时,不得大于 2 m。住宅 PVC-U 排水立管一般每层设两个,此外还要注意伸缩节、阻火圈等的设置。

3. 详图

室内给水排水管道的详图,主要是管道节点、水表、消火栓、水加热器、开水炉、卫生器具、过墙套管、排水设备、管道支架等的安装图。这些图都是用正投影法画出来的,图纸上都有详细尺寸,可供安装时直接使用。

4. 识读举例

【例1】 图7-20和图7-21是一幢三层楼房的给水排水管道平面图和轴测系统图,试对这套图纸进行识读。

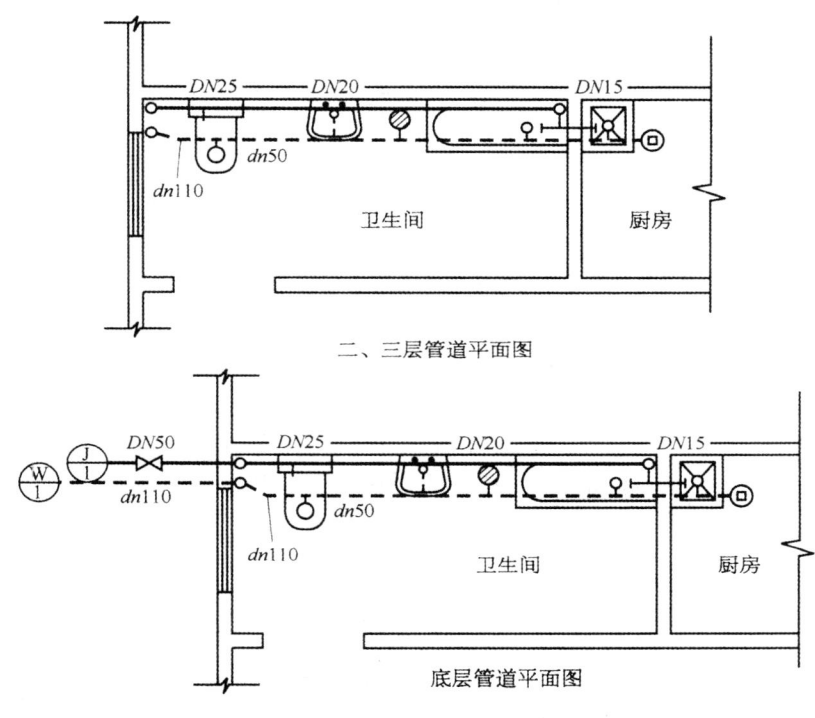

图7-20 管道平面图

图7-1是这套图的立体透视图,识读时可进行参考。从平面图上看出各层卫生间内设有低水箱坐式大便器、洗脸盆、浴盆各一套,为了排除卫生间的地面污水和冲清地面方便还设有一只地漏,厨房内设有洗涤盆一只。

给水系统编号J/1,引入管直径$DN50$,在室外设有闸门,埋深0.8 m,进入室内沿墙角设置立管。立管直径在底层分支前为$DN50$,底层与二层分支前为$DN32$,二层至三层为$DN25$。每层设一分支管,分别向大便器水箱、洗脸盆和洗涤盆供水。底层分支管标高为0.250 m,从立管至洗脸盆一段管径为$DN25$,洗脸盆至浴盆一段管径变为$DN20$。分支管沿内墙敷设(图7-20),在卫生间内墙墙角登高至标高0.670 m转弯水平敷设,再分支;一路穿墙进入厨房登高至标高1.000 m接洗涤盆龙头,管径为$DN15$;另一路接浴盆龙头,管径也是$DN15$。二楼和三楼分支管上的接管管径、距地面的距离与底层完全相同。

排水系统编号W/1,每层设一根排水横管,横管上连接有洗涤盆、浴盆、地漏、洗脸盆和大便器等器具的排水管。横管末端装设清扫口,底层清扫口从地下弯到地板上,二楼和三楼清扫口设在二楼和三楼天花板下面。自洗涤盆至大便器的排水横管管径为 $dn50$，大便器至立管段管径为 $dn110$，排水立管、通气管和排出管的管径都是 $dn110$。排出管穿外墙标高为 $-1.000\ m$，横管坡度都是 0.02。

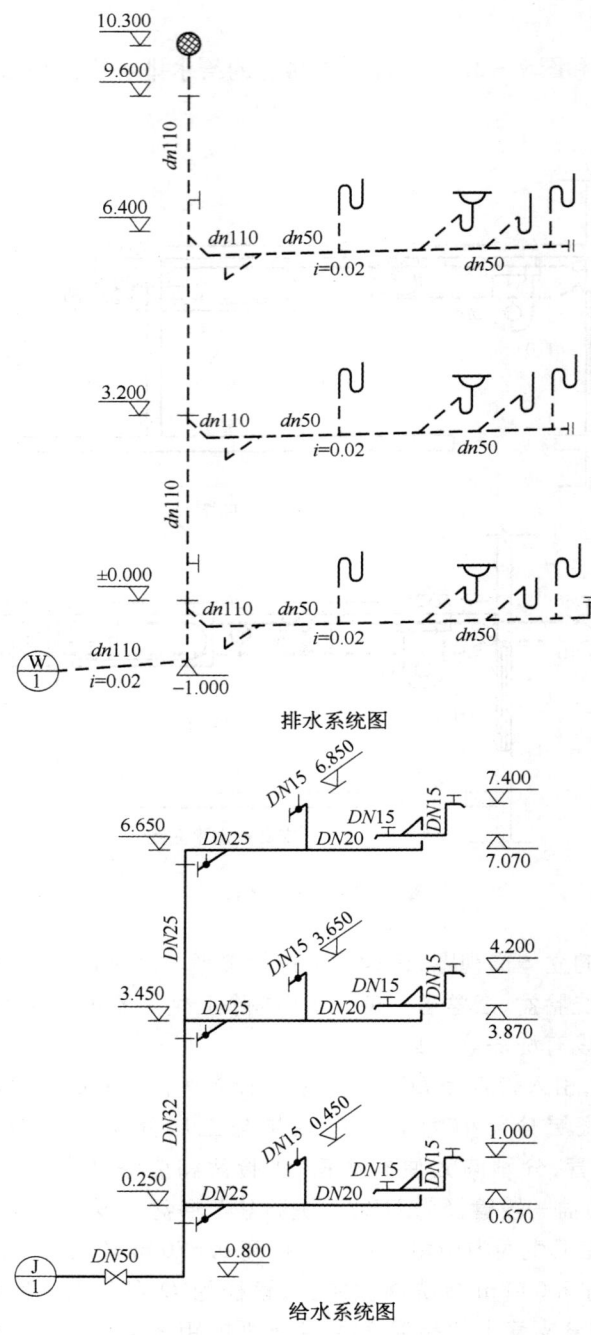

图 7-21　管道轴测系统图

给水排水管道平面图和轴测系统图对管路的布置和走向都表示得很清楚,但管路与卫生器具的连接则未作表达,还需另外查阅详图。如大便器与排水管道的连接可按图 7-14 所示的详图进行。从该图上看出大便器水箱进水管,管径 $DN15$,三通中心距大便器中心偏左 140 mm,三通水平安装并连接角式截止阀,角式截止阀与水箱之间用 15 mm 铜管或不锈钢软管镶接,大便器的器具排水管,在横管上三通水平设置与 PVC-U 90°弯头相连接,弯头中心距光墙面 350 mm,弯头上再装一段 PVC-U 排水管至地面。

给水管管材选用硬聚氯乙烯(PVC-U)给水管或聚丙烯(PP-R)给水管,排水管管材选用硬聚氯乙烯 PVC-U 排水管。

【例 2】 图 7-22～7-24 是三层办公楼的给水排水管道平面图和轴测系统图,试对这套图纸进行识读。

通过对管道平面图的识读可知底层有淋浴间,二层和三层有卫生间。淋浴间内设有四组淋浴器,一只洗脸盆,还有一个地漏。二楼男卫生间内设有高水箱蹲式大便器两套、小便器两组、洗涤盆一只;女卫生间内设有高水箱蹲式大便器一套、洗脸盆一只。三楼卫生间内卫生器具设置与二楼相同。此外男、女卫生间均设有地漏、女卫生间还有清扫口。

给水系统(用粗实线表示)是生活给水下分式系统。给水引入管在 7 号轴线东面 615 mm 处,由南向北进屋,管道埋深 -0.8 m,进屋后分成两路,一路由西向东进入淋浴室,它的立管编号为 JL-1,在平面图上是个小圆圈;另一路进屋继续向北,作为预留管道,它的立管编号是 JL-2,在平面图上也是一个小圆圈。

JL-1 设在 A 号轴线和 8 号轴线的墙角,自底层至标高 7.900 m。该立管在底层分两路供水,一路由南向北沿 8 号轴线墙壁敷设,标高为 0.900 m,管径 $DN32$,经过四组淋浴器进入卧式贮水罐;另一路由西向东沿 A 轴线墙壁敷设,标高为 0.350 m,管径 $DN15$,送入洗脸盆。在二层楼内也分两路供水,一路由南向北,标高 4.600 m,管径 $DN20$,接龙头为洗涤盆供水,然后登高至标高 5.800 m,管径 $DN20$,为蹲式大便器高水箱供水,再返低至标高 3.950 m,管径 $DN15$,为洗脸盆供水;另一路由西向东,标高 4.300 m,至 9 号轴线登高到标高 4.800 m 转弯向北,管径 $DN15$,为小便斗供水。三楼管路走向、管径、设置高度均与二楼相同。

JL-2 设在 B 号轴线和 7 号轴线的楼梯间内,在标高 1.000 m 处设闸门,作为预留管,今后需要时可从阀门处连接管路。

在卧式贮水罐 S126-2 上,有五路管线同它连接。罐端部的上口是 $DN32$ 蒸汽管进罐,下口是 $DN25$ 凝结水管出罐(附一组由疏水器和三只阀门组成的疏水装置,疏水装置的安装尺寸与要求详见《采暖通风国家标准图集》),贮水罐底部是 $DN32$ 冷水管进罐,顶部是 $DN32$ 热水管出罐,底部还有一路 $DN32$ 排污管至室内明沟。

热水管(用粗点画线表示)从罐顶部接出,加装阀门后朝下转弯至 1.100 m 标高后由北向南,为四组淋浴器供应热水,并继续向前至 A 轴线墙面朝下至标高 0.525 m,然后自西向东为洗脸盆提供热水。热水管管径从罐顶出来至前两组淋浴器为 $DN32$,后两组淋浴器热水干管管径 $DN25$,去洗脸盆一段管径为 $DN15$。

排水系统(用粗虚线表示)在二楼和三楼都是分两路横管与立管相连接。一路是地漏、洗脸盆、三只蹲式大便器和洗涤盆组成的排水横管,在横管上设有清扫口(图面上用 SC1、SC2 表示),洗脸盆之前的管径为 $dn50$,之后的管径为 $dn110$;另一路是两只小便斗和地漏组成的排水横管,地漏之前的管径为 $dn50$,之后的管径为 $dn110$。两路管线坡度均为 0.02。底层是洗脸盆和地漏所组成的排水横管,属埋地敷设,地漏之前管径为 $dn50$,之后为 $dn110$,坡度 0.02。

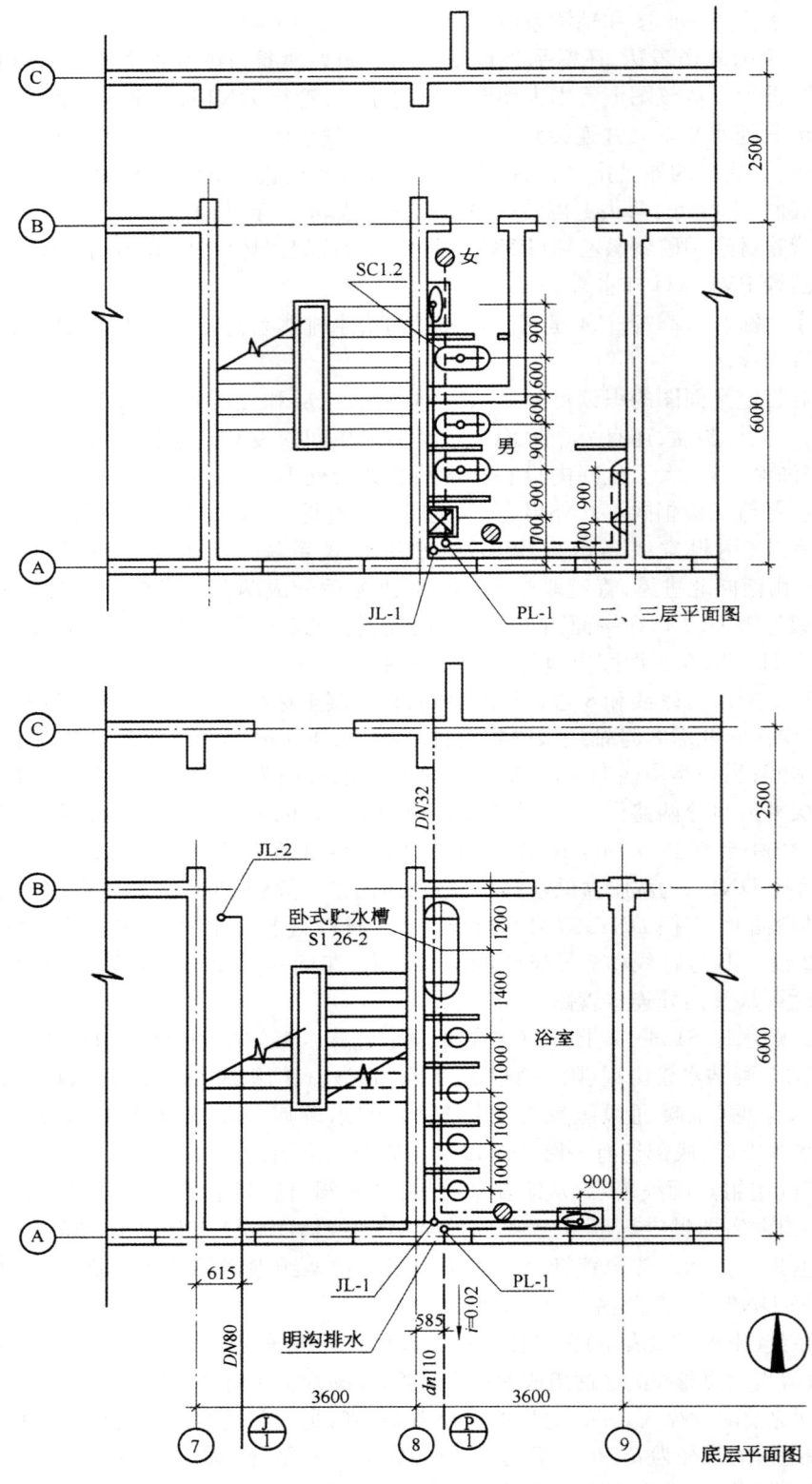

图 7-22 管道平面图

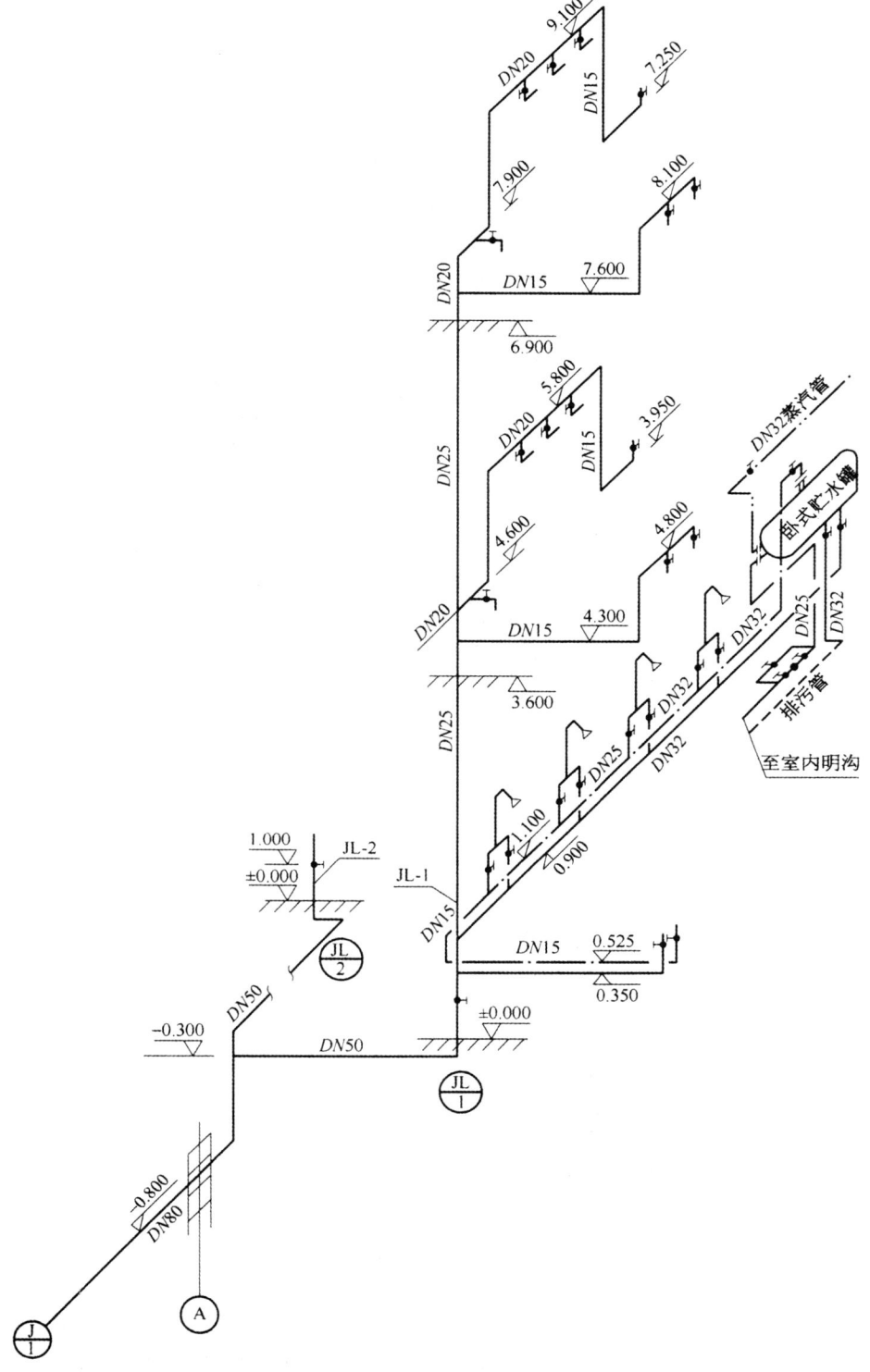

图 7-23 给水管道轴测系统图

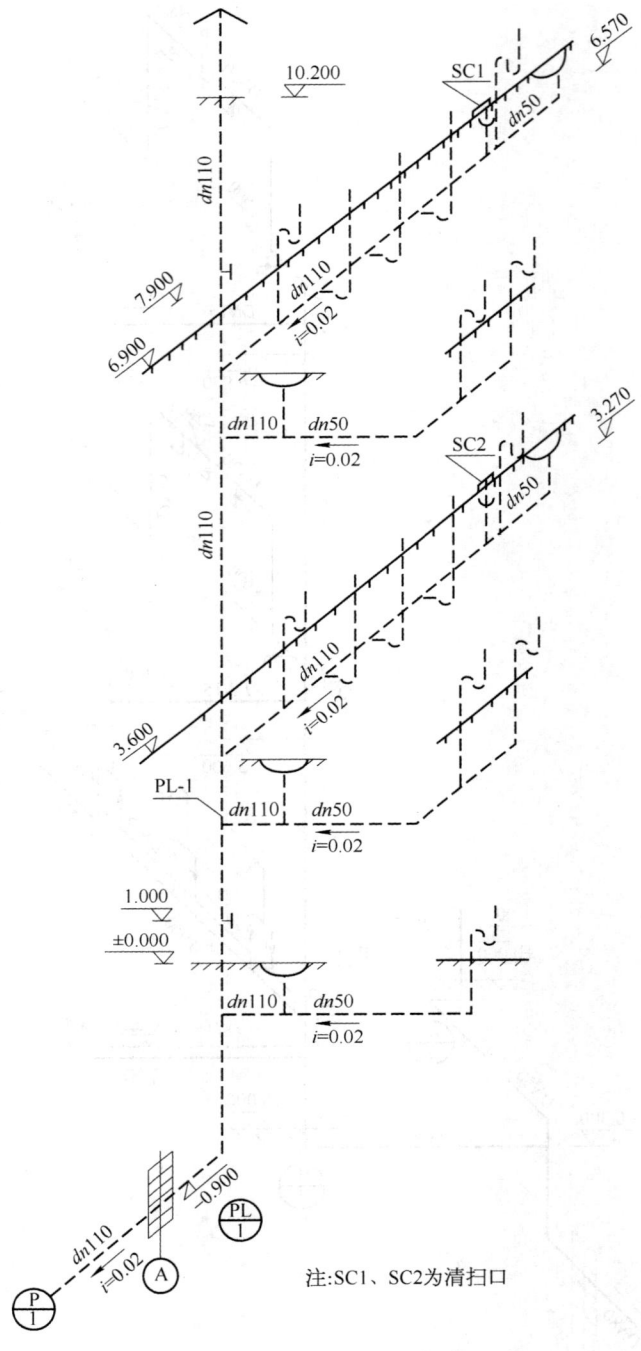

图 7-24 排水管道轴测系统图

排水立管及通气管管径 $dn110$，立管在底层和三层分别距地面 1.00 m 处设检查口，通气管伸出屋面 0.7 m。排出管管径 $dn110$，过墙处标高 -0.900 m，坡度 0.02。

第三节　建筑消防管道施工图

一、消火栓给水系统

1. 系统组成及供水方式

消火栓给水系统由消防水源、供水设施、室内管网、消火栓组件及水泵接合器等组成。

消防水源主要是指室外给水管网、天然水源。为确保供水安全,室外消防给水管网应布置成环状,环状管网的输水干管及向环状网输水的输水管均不应少于两条。当室外管网或天然水源不能满足消防用水量时,应设消防水池。

供水设施包括消防水泵、消防水箱、消防水池及气压给水设备。

室内消防给水系统一般多为单独设置,根据建筑类别、高度等因素确定采用环状或枝状管网。

消火栓组件由消火栓箱、消火栓、水枪、水龙带等组成,消火栓箱内可设置单栓、双栓或消火栓与消防软管卷盘的组合,消火栓箱内还装有启动消防水泵的按钮。

消防水泵接合器是消防车与室内消防给水系统连接的设备,它由闸阀、止回阀、安全阀及接口等组成。水泵接合器有地上式、地下式和墙壁式等。水泵接合器周围 15~40 m 范围内应设有室外消火栓或消防水池。

多层建筑消火栓给水系统的供水方式可分为三种:①不设水箱和消防水泵的消火栓给水系统;②设有水箱的消火栓给水系统;③设有水箱和消防水泵的消火栓给水系统,如图 7-25 所示。

当消火栓栓口静水压力大于 1 MPa 时,高层建筑消火栓给水系统应采取分区供水方式。分区供水方式又分为并联分区和串联分区两种方式,如图 7-26 所示为并联分区消防供水方式。当消防给水系统中不设消防水箱时,可在每区的系统中增设一台补压泵,负责经常维持消防系统的压力。补压泵流量小、扬程高,采用压力继电器来控制补压泵的启闭,其系统形式如图 7-27 所示。

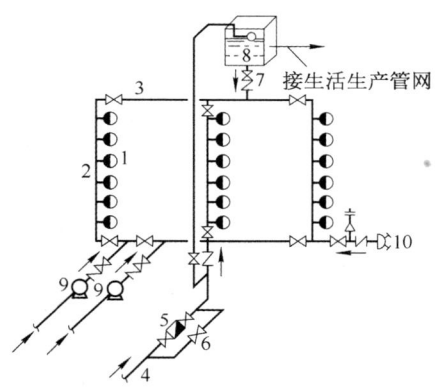

图 7-25　设有水箱和消防水泵的消火栓给水系统

1—室内消火栓;2—消防竖管;3—干管;
4—进户管;5—水表;6—旁通管及阀门;
7—止回阀;8—水箱;9—水泵;
10—水泵接合器

2. 室内消防给水管道的布置

室内消火栓给水系统与自动喷水灭火系统的管网应分开设置,如有困难,二类高层建筑及多层建筑可合用消防泵,但管网应在自动喷水灭火系统的报警阀前(沿水流方向)分开。

室内消火栓数量超过十个且室内消火栓用水量大于等于 15 L/s 时,其室内消防给水管道至少应有两条进水管与室外环状网连接,并应将室内管道连成环状或将进水管与室外管道连成环状。

室内消防立管的布置应保证同层相邻立管上两个消火栓的水枪的充实水柱同时到达被保护范围内的任何部位。高层建筑消防立管管径不小于 100 mm。室内消防给水管道应采用阀门分成若干独立段,以备检修。阀门布置应保证检修管道时关闭的立管不超过一条,当消防立管超过四条时,可关闭不相邻的两条。阀门应有明显的启闭标志。

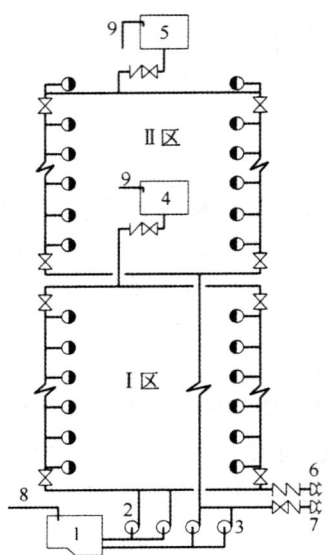
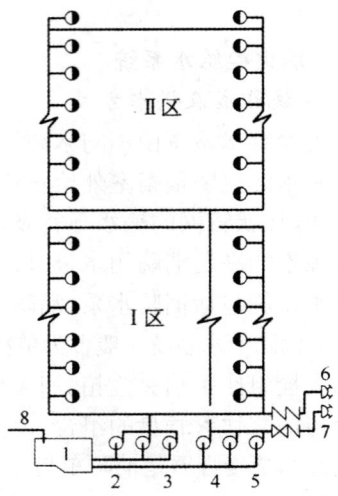

图 7-26 并联分区消防供水方式

1—水池；2—Ⅰ区消防水泵；3—Ⅱ区消防水泵；4—Ⅰ区水箱；5—Ⅱ区水箱；6—Ⅰ区水泵接合器；7—Ⅱ区水泵接合器；8—水池进水管；9—水箱进水管

图 7-27 无水箱消防供水方式

1—水池；2—Ⅰ区消防主泵；3—Ⅰ区补压泵；4—Ⅱ区消防主泵；5—Ⅱ区补压泵；6—Ⅰ区水泵接合器；7—Ⅱ区水泵接合器；8—水池进水管

设有消防给水的建筑物,其各层(无可燃物的设备层除外)均应设置消火栓。室内消火栓应分设于走道、楼梯出入处或楼梯前室等明显、易于取用的地点,消防电梯前室应设消火栓,高层建筑应在平屋顶设一个带有压力显示装置的试验和检查用消火栓。

消火栓栓口离地面高度宜为 1.10 m,栓口出水方向宜向下或与设置消火栓的墙面相垂直。

高层建筑的室内消火栓的布置间距不应大于 30 m,居住建筑、多层公共建筑和高层建筑的裙房中室内消火栓的布置间距不应超过 50 m。

消火栓栓口处的出水动压超过 0.5 MPa 时,应有减压设施。通常用减压孔板或减压阀来减压,减压孔板设置方法有以下三种：①在消火栓进水管上设置一副法兰盘,中间夹减压孔板一块(不锈钢、铜板或铝板)；②在消火栓进水管上加一活接头中间嵌装一块减压孔板；③在消火栓后固定接口内安装直口型减压孔板。

二、自动喷水灭火系统

1. 系统的分类

1) 湿式自动喷水灭火系统

该系统适用于室内温度不低于 4 ℃ 且不高于 70 ℃ 的建筑物、构筑物内。湿式自动喷水灭火装置,由洒水喷头、管网、报警阀组、水流报警装置(水流指示器和压力开关)和供水设备等组成,如图 7-28 所示。

2) 干式喷水灭火系统

干式喷水灭火系统适用于室内温度低于 4 ℃ 或高于 70 ℃ 的建筑物、构筑物内。管网平时充满低压压缩空气,与湿式系统的区别是采用干式报警阀,并设置一套充气设备。发生火灾时,先排出管路中的压缩空气,随后水进入管网,经喷头喷出灭火。

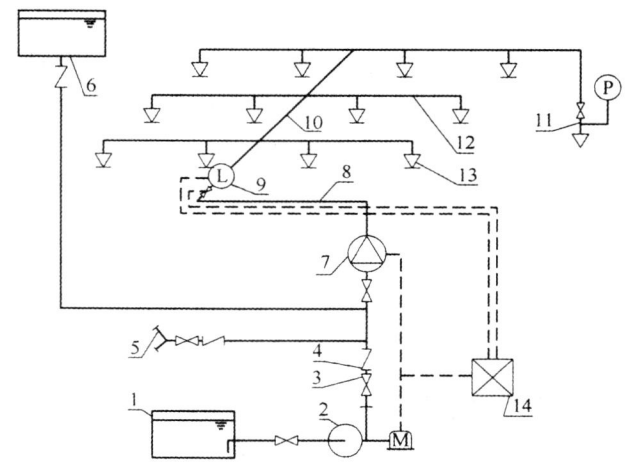

图 7-28 湿式系统示意图

1—水池；2—水泵；3—闸阀；4—止回阀；5—水泵接合器；6—消防水箱；7—湿式报警阀组；8—配水干管；9—水流指示器；10—配水管；11—末端试水装置；12—配水支管；13—闭式洒水喷头；14—报警控制器

3）预作用喷水灭火系统

该系统由预作用阀、闭式喷头及管道等组成，平时在预作用阀之后的管道内充满有压或无压气体，类似于干式系统。当发生火灾时，火灾探测器的动作先于喷头，使预作用阀打开，阀后的管道内即充满水。当火场温度达到喷头的动作温度时，喷头即开始喷水灭火。适用于不允许有水渍损失的建筑物、构筑物。

此外还有适用于严重火灾危险级的雨淋喷水系统；适用于阻隔火灾保护建筑物门窗、洞口，或对大空间起防火分隔作用的水幕系统；适用于保护电气设备、油类设备的水喷雾灭火系统等。

2. 系统主要组件

1）喷头

喷头是自动灭火的关键部件，由喷头架、溅水盘、喷水口及其堵水支撑等组成。喷水口有堵水支撑的称闭式喷头，无堵水支撑的称开式喷头，开式喷头口是敞开的。喷头的喷水口堵水支撑的结构形式较多，有玻璃球支撑型、易熔合金锁片支撑型等。图 7-29 是玻璃球闭式喷头类型及结构图。

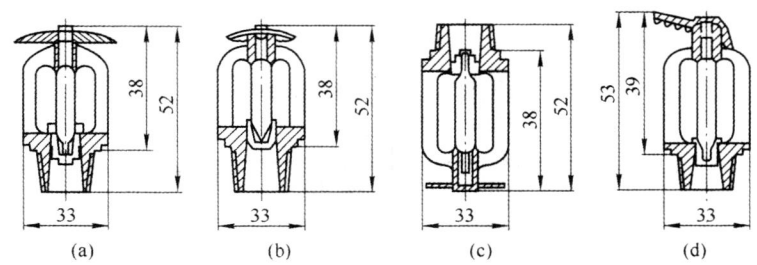

图 7-29 玻璃球闭式喷头类型及构造

(a) 普通型；(b) 直立型；(c) 下垂型；(d) 边墙型

2) 报警阀组

由报警阀、水力警铃、压力开关、延迟器、控制阀等组件组成,能自动控制水流、自动报警及启动消防水泵的控制组件是报警阀组。报警阀组根据其构造和功能分为湿式报警阀组、干式报警阀组、雨淋报警阀组和预作用报警阀组。

湿式报警阀组如图 7-30 所示,主要由报警阀、水力警铃、压力开关、延迟器、控制阀等组件组成。

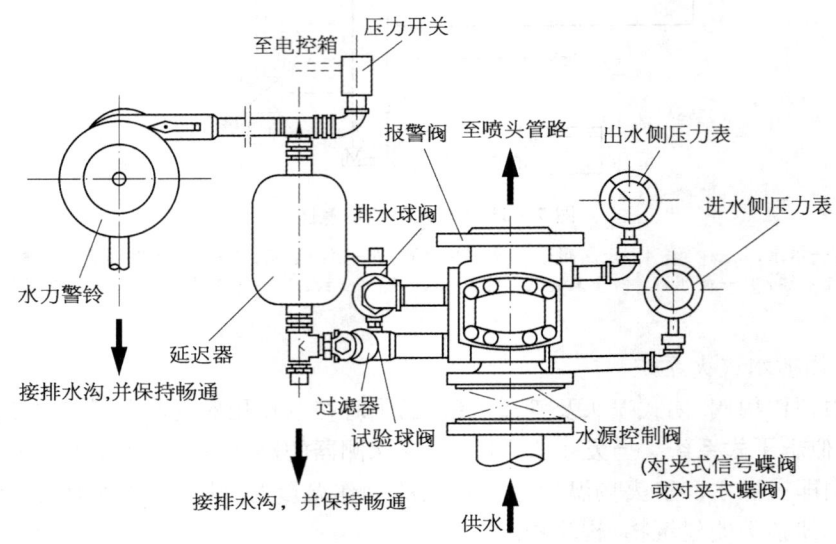

图 7-30 湿式报警阀组

3) 水流指示器

水流指示器是将水的流动转换成电信号报警的部件。当失火时,喷头喷水使管内水流动,推动水流指示器的桨片或叶片,使其电气开关导通电警铃报警,或直接启动消防水泵供水。水流指示器一般安装在喷水管网的每一层或每一分区的干管或支管的始端,可直接报知建筑物的哪一层、哪一部位的喷头在灭火。

水流指示器按叶片的形状分为叶片式和桨片式,按安装基座形式分为鞍座式、管式和法兰连接式。

图 7-31 是水流指示器和信号阀的安装图。

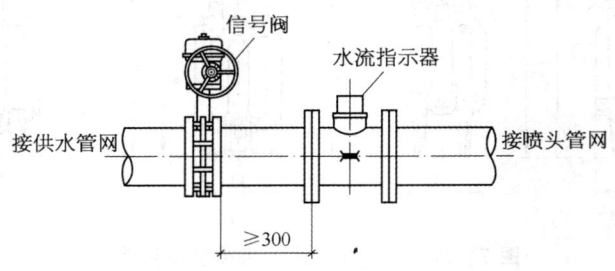

图 7-31 水流指示器和信号阀安装图

3. 管道

1)管道布置

建筑物内的供水干管,当系统中设有两个及两个以上报警阀时,宜设成环状。在自动喷水管网上应设水泵接合器,其数量不宜少于两个。

环状供水干管应设分隔阀门,阀门的布置应保证在发生事故时关闭报警阀的数量不超过三个。

自动喷水灭火系统报警阀后的管道上严禁设置其他用水设施,且报警阀后的配水管中除信号阀和末端试水阀外不得设置任何阀门。

2)管道负荷

配水管两侧每根配水支管控制的标准喷头数,轻、中危险级场所不应超过八只,同时在吊顶上下安装喷头的配水支管,上下侧均不应超过八只。严重危险级及仓库危险场所不应超过六只。

轻、中危险级场所中配水支管、配水管控制的标准喷头数不应超过表 7-3 的规定。

表 7-3 轻、中危险级场所中的配水支管、配水管控制的标准喷头数

公称管径(mm)	控制的标准喷头数(只)	
	轻危险级	中危险级
25	1	1
32	3	3
40	5	4
50	10	8
65	18	12
80	48	32
100	—	64

短立管(即接喷头的短管)及末端试水装置的连接管,其管径不应小于 25 mm。

3)管材及管道安装

管道公称尺寸 DN 小于 100 mm 时,应采用热镀锌钢管,以螺纹连接;当管道公称尺寸 DN 等于或大于 100 mm 时,应采用热镀锌无缝钢管,沟槽卡箍连接或法兰连接。当管道变径时,宜采用异径接头, $DN > 50$ mm 的管道不宜采用活接头。

管道支、吊架的位置以不妨碍喷头喷水效果为原则,管道支、吊架与喷头之间的距离不宜小于 300 mm,与末端喷头之间的距离不宜大于 750 mm。配水支管上每一直管段、相邻两喷头之间的管段设置的吊架均不宜少于一个,当喷头之间距离小于 1.8 m 时,可隔段设置吊架,但吊架间距不宜大于 3.6 m。当 $DN \geq 50$ mm 时,每段配水干管或配水管设置防晃支架不应少于一个,当管道改变方向时,应增设防晃支架。

管道穿过建筑物的变形缝时,其前后应设置不锈钢波纹管,穿过墙体或楼板时应加设套管。管道横向安装宜设 0.002~0.005 坡度,且应坡向排水管,当喷头数量少于五只时,可在管道低凹处加设堵头;当喷头数量多于五只时,宜设置带有排水阀的排水管,并接至排水管道。

当梁、通风管道、排管、桥架等障碍物的宽度大于 1.2 m 时,其下方应增设喷头,如图 7 - 32 所示。

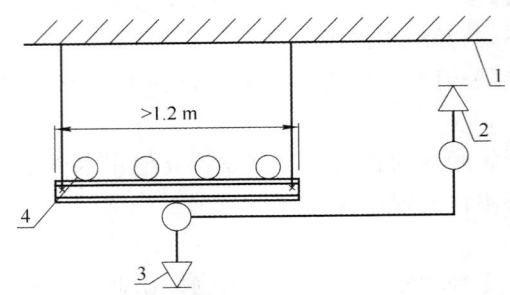

图 7 - 32 障碍物下方增设喷头

1—顶板;2—直立型喷头;3—下垂型喷头;4—排管(或梁、通风管道、桥架等)

闭式自动喷水灭火系统的每个报警阀控制喷头数,湿式和预作用喷水灭火系统不宜超过 800 个;干式喷水灭火系统不宜超过 500 个。

水力警铃应安装在公共通道或值班室附近的外墙上,水力警铃和报警阀的连接应采用镀锌钢管,其管径应为 20 mm,总长度不宜大于 20 m。安装后水力警铃的启动压力不应小于 0.05 MPa。

三、消防水箱及消防泵

1. 高位消防水箱

在消防给水系统中,当采用稳高压消防给水系统或临时高压消防给水系统时,应设高位消防水箱。高位消防水箱宜设置在建筑的最高部位,且应保证自动喷水灭火系统最不利点处的最低静水压力和喷水强度;并应保证室内消火栓给水管网能充满水,对超高层建筑应保证最不利点的室内消火栓静水压力不小于 0.15 MPa。当高位消防水箱不能满足上述要求时,消防给水系统应设局部稳压设施。

高位消防水箱与高位生活水箱合用时,应控制合用水箱的有效容积,合用水箱的消防出水管上应采用密闭性能良好的止回阀。合用水箱应有确保消防用水不被挪作他用的技术措施。

发生火灾时,由消防泵供给的消防用水不应进入高位消防水箱。高位消防水箱的出水管应设止回阀和阀门,消火栓给水系统和自动喷水灭火系统应分别设置出水管(消防泵合用的除外),且接自动喷水灭火系统用的出水管应在报警阀前接入管网。

2. 消防泵及其配管

消防泵、消防稳压泵、消防转输泵均应设置备用泵,备用泵的工作能力不应小于其中最大的一台消防工作泵。

消防泵应采用自灌式吸水方式,一组消防泵的吸水管不应少于两条,其中一条检修时,其余吸水管仍能通过全部水量。消防泵吸水管应设闸阀或带有锁定装置的蝶阀;出水管上应设止回阀、闸阀(蝶阀)、压力表和直径 65 mm 的试验用的放水阀或直径为 65 mm 的栓口。当消防泵的最大出口压力大于 1.0 MPa 时,其出水管上应设泄压阀或防超压的措施;泄压阀的设定压力不应小于室内消防给水系统的工作压力。消防泵管路设置如图 7 - 33 所示。

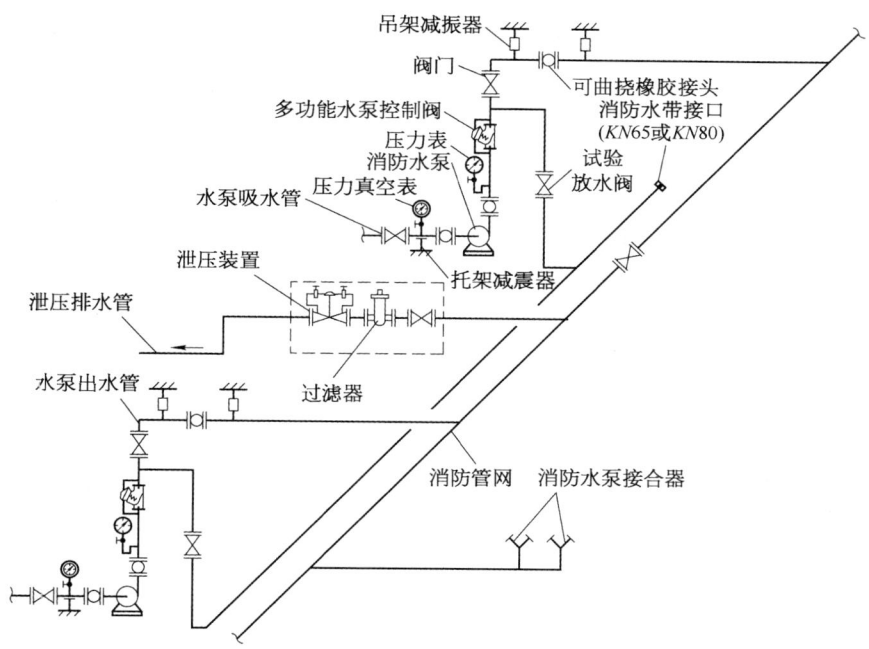

图 7-33　消防泵管路设置

消防水泵房内一组消防水泵,应有不少于两条出水管直接与环状管网连接。

消防泵宜设置隔振器(垫),消防泵的进、出水管段上宜设置软接头等管道隔振措施。

四、图例及管路代号

按《给水排水制图标准》(GB/T 50106)规定的消防设施的图例见表 7-4,管道规定代号见表 7-5。

表 7-4　建筑消防管道施工图图例

名　称	图　例	备注	名　称	图　例	备注
室外消火栓			自动喷洒头(闭式)	平面 / 系统	下喷
室内消火栓(单口)	平面　系统	白色为开启	自动喷洒头(闭式)	平面 / 系统	上喷
室内消火栓(双口)	平面　系统		自动喷洒头(闭式)	平面 / 系统	上下喷
水泵结合器			侧墙式自动喷洒头	平面 / 系统	
自动喷洒头(开式)	平面 / 系统		干式报警阀	平面 / 系统	

(续表)

名 称	图 例	备注	名 称	图 例	备注
消防炮			水力警铃		
湿式报警阀	平面　系统		雨淋阀	平面　系统	
预作用报警阀	平面　系统		末端试水装置	平面　系统	
信号闸阀			手提式灭火器		
水流指示器			推车式灭火器		

表 7-5　建筑消防管道规定代号(摘自 GB/T 50106)

序号	名　称	代号	序号	名　称	代号
1	消火栓给水管	XH	4	水幕灭火给水管	SM
2	自动喷水灭火给水管	ZP	5	水炮灭火给水管	SP
3	雨淋灭火给水管	YL			

注：分区管道用加注角标方式表示，如 XH_1、XH_2、ZP_1、ZP_2 等。

五、施工图的识读

1. 平面图

建筑消防管道平面图是反映消防设备、消防管道及主要组件的布置，以及消防设备、管道与建筑物之间的平面位置关系，识读时应掌握的主要内容和注意事项如下。

(1) 查明消防设备的布置情况，消防泵房一般设在建筑物的地下室或建筑首层，要弄清楚消防泵房内消防设备的构成，对其中的消防主泵、稳压泵应查明其型号和参数，气压罐要查明类型、型号、容积及其他参数。如果是成组设备要查明消防供水设备的类型、组成、型号及相关参数。要查明消防泵的位置和定位尺寸，同时查明水泵基础尺寸，如图纸上未标明时，以无隔振安装应较水泵机组底座四周宽出 100~150 mm，有隔振安装较水泵隔振台四周各宽 150 mm 确定。

消防水箱根据用途不同设置的位置也不相同，一般在屋顶设置高位水箱，而中间转输水箱则设在建筑技术层内。识读平面图时要弄清楚消防水箱布置在哪里，水箱的数量、容积及相关参数，还要查明水箱的定位尺寸，水箱外壁至墙面的距离，有阀一侧一般为 0.8~1.0 m；无阀一侧为 0.5~0.7 m。

(2) 查明消防供水情况。不设消防泵的建筑要查找消防管道进入建筑的入口位置、管径、控制阀门的设置以及阀门的型号、规格、位置等。有消防水泵的系统要查明消防水泵的水源是直接从室外引入，还是设水池，如设水池要查明水池的位置、容积、定位尺寸以及接管情况。直接从室外管网连接消防水泵时，要弄清楚水泵进水管的位置、管径、阀门设置等。

按规定从室外给水管道上单独接出消防管道及从城市给水管网上直接吸水的消防泵吸

水管,在与室外管网连接前应设置倒流防止器,要查明倒流防止器的设置情况。

(3) 了解室内消防管道的布置情况。对于消火栓给水系统,首先要查明供水总管的位置,从室外直接接入的总管一般画在底层平面图上,要弄清楚进入室内的具体位置、管径、标高;如果从消防泵房供水的,要查找消防泵房所在层的平面图或泵房放大图,找出接入管网的总管,查明管径、标高。供水干管是环状网时,要弄清楚环状网的范围、与立管的连接、环管上阀门的设置。

立管在平面图上用小圆圈表示,可按立管编号逐一识读,看图时要注意不同楼层的平面布置图最好对照看。

自动喷水灭火系统平面图识读时,应先查找供水管道。供水管道如果是环状网,要查明环状网的具体布置、与喷淋泵的连接情况以及管网上阀门的设置,要查明报警阀的具体位置和报警阀至水力警铃连通管路的布置,还要了解系统排水管的布置情况。自动喷水灭火系统一般在系统的最低点设排水管,并将其引至卫生间污水盆上空或地漏附近。平面图上对于配水支管的布置都标注尺寸,识读时要认真仔细查明,为计算材料和施工作好准备。如果施工图纸中只有平面图而没有系统图和剖面图时,要注意查看配水干管的标高,以便搞清管道上下走向的变化。对于配水支管的管径,一般在喷头数相同配置时,只在其中一根配水支管上标注管径,识读时要加以注意。如果配水支管上不标注管径,可参照表 7-3 确定。

(4) 了解消火栓、喷头及其他主要组件的布置情况。查明消火栓的设置地点、敷设方式(明装、暗装或半暗装)、箱门材料、开门形式(右开门或左开门)、箱体尺寸(单栓 800 mm×650 mm,双栓 1 000 mm×700 mm,双栓带自救卷盘 1 200 mm×750 mm)、消火栓形式及规格。

自动喷水灭火系统的喷头都是用图例画在平面图上,从图例上就可以分清楚是上喷、下喷、上下喷或侧喷。不同形式的喷头(如上喷、下喷或侧喷)其溅水盘是不一样的,看图时就要分清楚。还要结合设计说明书弄清楚喷头的不同结构形式,如玻璃球闭式喷头,易熔金属元件闭式喷头、吊顶型喷头、隐蔽型喷头、干式洒水喷头、开式洒水喷头、水幕喷头、喷雾喷头、快速反应喷头等。要查明喷头的安装位置和规格尺寸。

要查明报警阀组的类型、规格、型号、设置地点及安装的具体位置,在设置报警阀组的房间内应有排水明沟或排水管,看图时一并查明。

每个楼层或每个防火分区的配水干管始端往往设有水流指示器,必须查明水流指示器设置的具体位置、型号、规格,以及与它相连接的信号阀的规格和连接方式。

每个报警阀组控制的最不利点处应设末端试水装置,要查明末端试水装置设置的地点及组成,图上未注明时,可按图 7-34 进行安装。当需要监测系统末端压力时,可在图 7-34 的基础上,另外增设一个球阀,球阀设在试水接头之前。

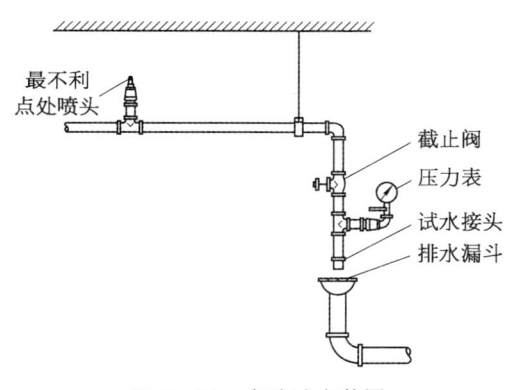

图 7-34 末端试水装置

2. 系统图

建筑消防给水系统图的画法与室内给水系统图的画法完全一样。识读时应掌握的主要内容和注意事项如下。

(1) 了解消防给水系统的立体走向。看图沿水流方向从总干管开始,要查明管路的具体布置、标高、管径、干管与立管的连接、阀门的设置。特别要注意自动排气阀的设置,按规定不设高位消防水箱的消防给水系统和在减压阀后的管网中,其立管顶部应设自动排气阀。

(2) 消防泵配管系统,应从泵的进水管开始识读。查明消防泵进水管上阀门、过滤器、压力表、橡胶接头等的设置情况,水平横管变径时应采用偏心异径管,管顶平接。出水管上除了要查明阀门、止回阀、压力表的设置之外,还要查明试验放水阀和泄水装置的设置。对于泵用阀门必须弄清楚其规格、型号、材质。还要对消防泵出水管与消防管网的连接加以了解,必须达到不少于两条出水管与环状网连接,并合理设置阀门。

(3) 了解高位消防水箱、气压给水设备的设置情况。查明消火栓系统和自动喷水灭火系统与水箱连接的位置、标高、管径、阀门设置、管路走向,与消防泵相连通的消防立管上必须设置止回阀,以防止水泵供水进入水箱。要查明消防水箱和气压给水设备自身的配管与阀门的设置情况。

(4) 查明消火栓、水泵接合器、报警阀组和减压装置的设置情况。弄清消火栓形式、规格以及消火栓箱的安装方式。对于水泵接合器要了解其与室内管网的连接形式,水泵接合器的类型、型号、规格、安装具体尺寸、方位可查阅标准详图。在减压阀供水系统中,要查明减压阀设置的位置、减压阀类型、口径、型号、减压阀组的构成。要了解报警阀的类型及阀组与系统的连接情况。

3. 剖面图

自动喷水灭火系统和消防泵房管道系统往往画管道剖面图。管道剖面图是设备、系统组件及管道在立面上的布置,主要反映它们之间的立面相对位置关系。由于是用正投影法画出来的,看图难度较大,必须与平面图反复对照,不断想象,才能看懂。剖面图识读应掌握的主要内容和注意事项如下。

(1) 根据剖面图的编号,在管道平面图上找到该剖面的剖切位置和投射方向,顺投射方向看过去就反映了该剖面的全貌。

(2) 查明设备、系统组件及管路的立面布置。了解消防泵、消防水箱及气压给水设备上管道立面设置情况,包括设备的类型、型号,设备接口的标高,连接管路走向、标高、管径以及阀门的设置。了解消火栓、喷头、报警阀组、水流指示器、末端试水装置等的立面设置,包括组件的类型、型号、口径、标高以及相互之间的关系。

4. 识读举例

【例1】 图 7-35 和图 7-36 为四层办公楼消防给水管道平面图和系统图,试对其进行识读。

通过对平面图的识读,了解到这是一幢四层楼的建筑,在给出的建筑中每层嵌墙暗设两组消火栓,一组在楼梯边上,另一组在走廊墙上。消防给水总管 $DN100$ 自市政给水管网接入,在进入建筑之前设置了法兰闸阀和防污隔断阀(倒流防止器),装在 $\phi 1\,000$ mm 圆形给水阀门井内。进入建筑物自东向西分两路连接消防立管 XL-1 和 XL-2,XL-1 设在楼梯边上,XL-2 设在办公室内。从系统图上可知进水总管标高 -1.10 m,进入室内登高至 -0.30 m,继续从东向西并接出立管,每根立管始端在底层设控制阀门,口径 $DN100$。消火栓设在每层离地面 1.10 m 处(注意消火栓横支管一般开三通距地面 0.85 m 左右),消防立管管径 $DN100$,消火栓为 $DN65$ 单栓(消火栓箱尺寸一般可为 800 mm$\times 650$ mm$\times 240$ mm)。

第三节 建筑消防管道施工图

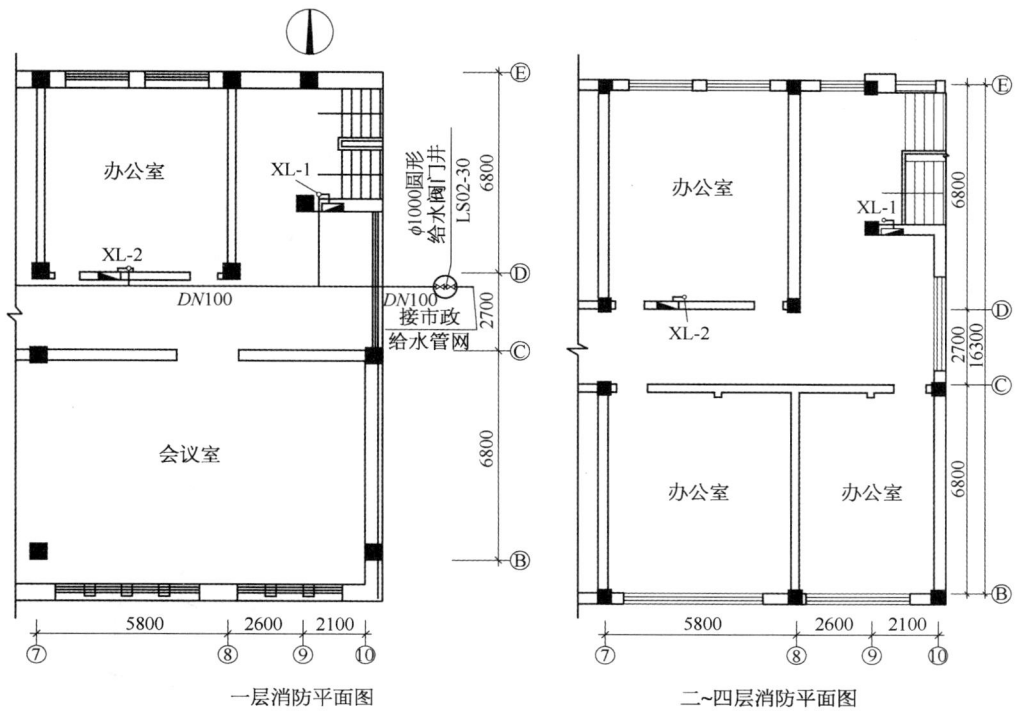

图 7-35 消防给水管道平面图

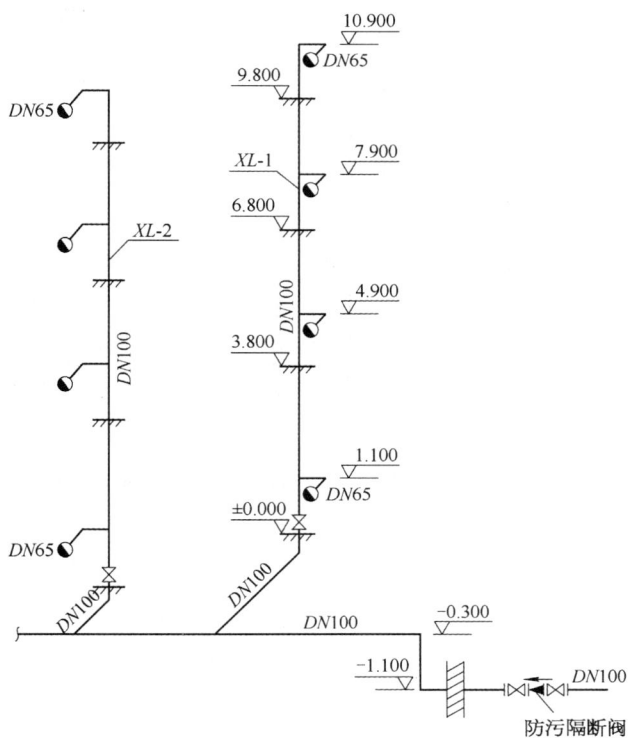

图 7-36 消防给水系统图

【例 2】 图 7-37 和图 7-38 是地下车库自动喷水灭火系统平面图和 1-1 剖面图,试对这套施工图进行识读。

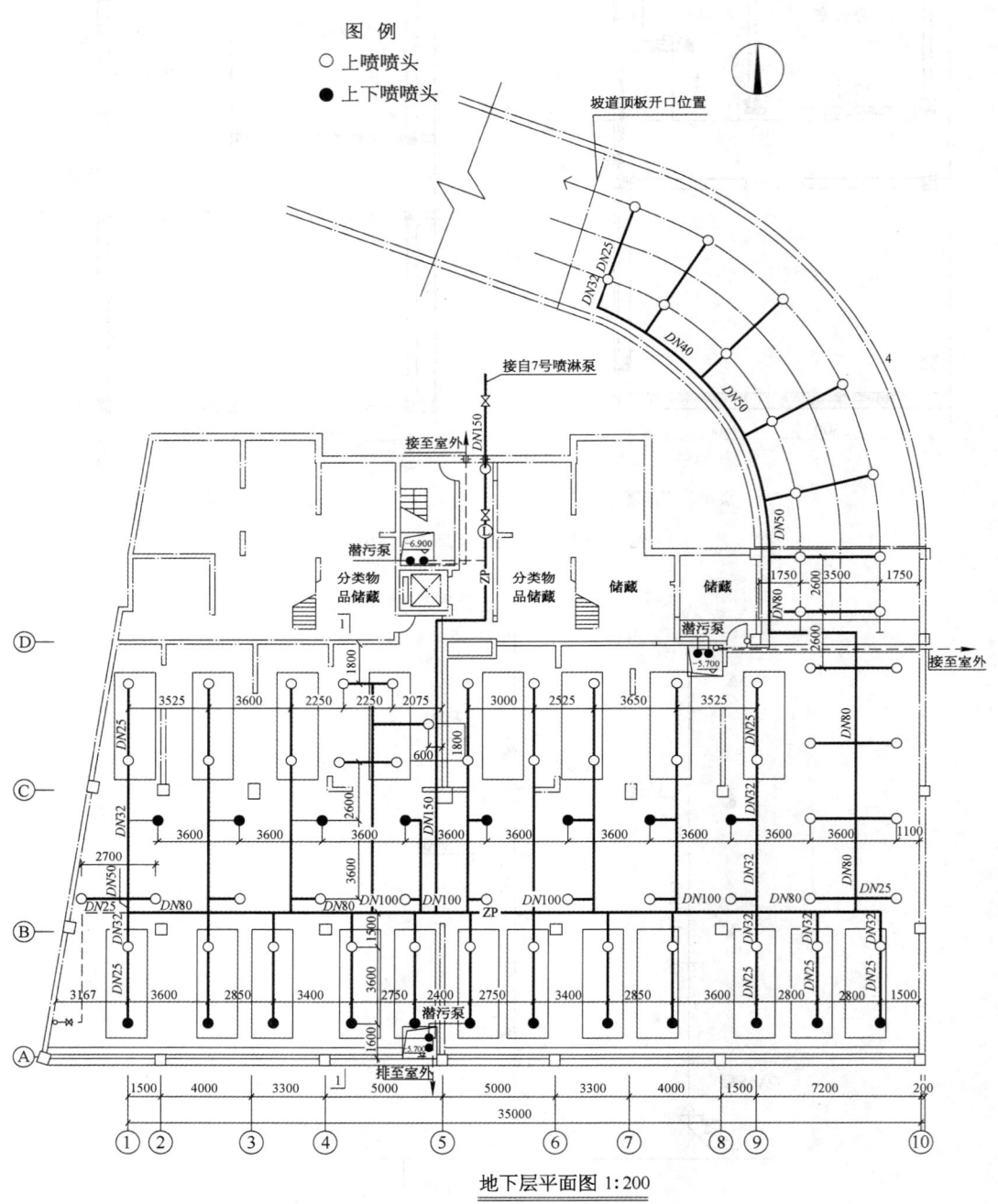

图 7-37 地下车库自动喷水灭火系统平面图

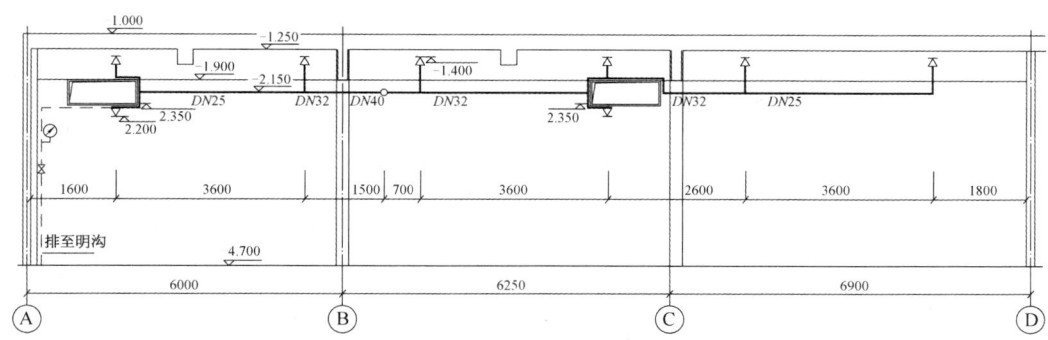

图 7-38 1-1 剖面图

地下车库喷淋管道接自 7 号喷淋泵,室外管道管径 $DN150$,装设阀门后,从北面进入地下室,穿越地下室外墙加装防水套管,管路代号为 ZP。干管管径 $DN150$,标高－2.15 m (图 7-38)进口处设置了信号阀和水流指示器,口径均为 $DN150$,水流指示器后面的管道开三通接出一根排水管(图上用虚线表示),从东向西排入集水坑。喷淋总管从北向南,进入车库前转弯由东向西,在电梯边上转弯向南至 B 轴线处开三通形成东西走向干管,管径 $DN100$。向西的配水干管连接四根配水支管至 4 轴线附近变径为 $DN80$,又连接六根配水支管至西面最后一根配水支管,在配水干管的末端开三通设置了一组末端试水装置,管径 $DN25$,接至 A 轴线附近向下排至明沟(图 7-37)。向东的配水干管连接十组配水支管至 9 轴线附近变径为 $DN80$,继续向东在 9~10 轴线中间开三通向北,至 D 轴线附近转弯向西再向北,沿弧线坡道布置,管径也逐渐变为 $DN50$、$DN40$,最后一组配水管管径 $DN32$、$DN25$。

了解了配水干管的布置之后,要详细查看每组配水支管的布置,包括配水支管之间的距离。喷头设置情况(上喷、下喷或上下喷)、喷头之间距离,现以近 1 轴线的两组配水管为例进行说明。向南的配水支管管径为 $DN32$、$DN25$,设置两组喷头,一组上喷,一组上下喷,两组喷头的间距为 3 600 mm。上下喷的喷头设在风管的上面和下面,与管道的连接如图 7-38 所示。向北的配水支管管径分别为 $DN50$、$DN32$、$DN25$,设置五组喷头,其中四组上喷,一组上下喷,东西向设置的两组喷头间距 2 700 mm,南北向设置的喷头间距自南向北分别为 3 600 mm、2 600 mm 和 3 600 mm,最北面喷头距墙 1 800 mm,最南面喷头距墙 1 600 mm。配水支管在 C 轴线处向上返过风管,并在风管上下设置喷头(图 7-38),此外在 D、9 轴线坡道处有排水管,排至附近的集水坑。

【例 3】 图 7-39 是水泵房平面图,图 7-40~图 7-42 是 E-E 剖面图、F-F 剖面图、G-G 剖面图,试对这套施工图进行识读。

从平面图上可以看出,消防泵房和生活水泵房分别为两个独立的房间。消防泵房在建筑定位轴线 11~12 和 B~D 范围内,房间不规整,进门设在南面。生活水泵房在建筑定位轴线 11~12 和 D~E 范围内,进门设在东面,两泵房以 D 轴线为界。两泵房内均设排水沟,其方向在消防泵房沿 D 轴线,生活水泵房沿 11 轴至外墙转弯向东与集水坑相连(排水沟在图上用虚线画出)。集水坑设在生活水泵房靠墙近门处,其平面尺寸为 2 000 mm×1 500 mm,坑深 2.2 m。

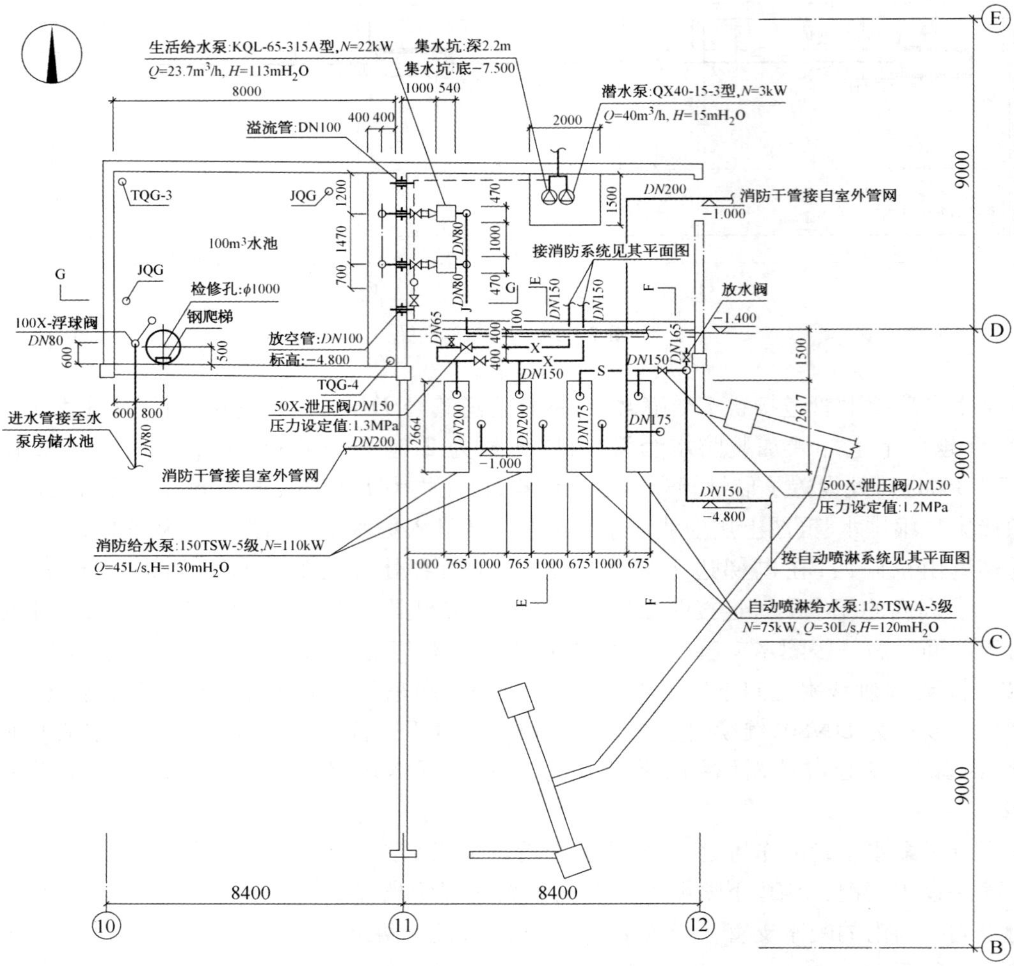

图 7-39 水泵房平面图

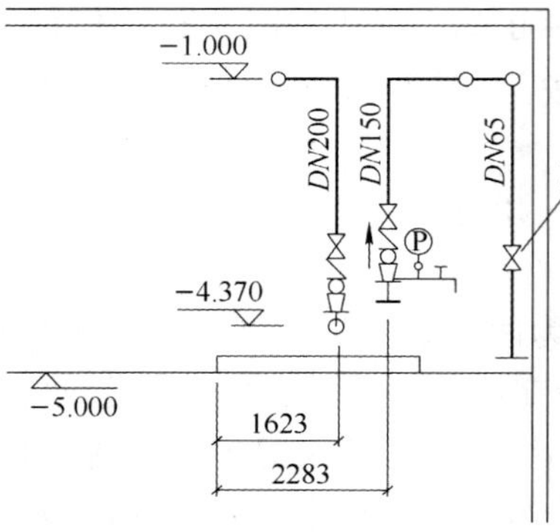

图 7-40 E-E 剖面图

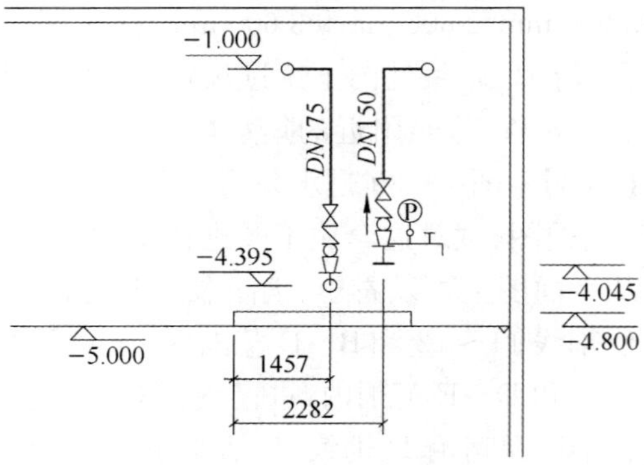

图 7-41 F-F 剖面图

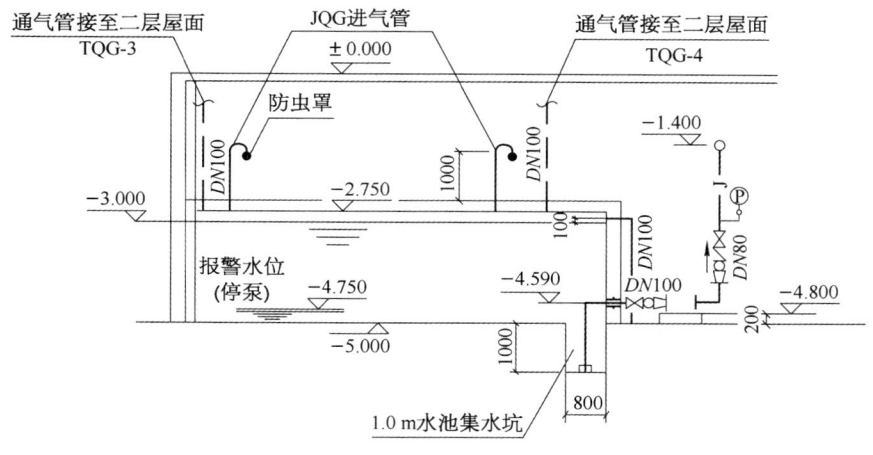

图 7-42 G-G 剖面图

消防泵房内设有两台消火栓泵、两台喷淋泵。消火栓泵布置在泵房的西面,泵基础距 11 轴线墙面 1 000 mm,两台消火栓泵基础边间距 1 000 mm,基础平面尺寸为 2 664 mm× 765 mm。喷淋泵基础平面尺寸为 2 664 mm×675 mm,两泵基础边间距 1 000 mm,消火栓泵基础与喷淋泵基础边的净距为 1 000 mm。

消火栓泵型号为 150TSW-5 级,其参数为 $Q=45$ L/s,$H=130$ m H_2O,$N=110$ kW。喷淋泵型号为 125TSW-5 级,其参数为 $Q=30$ L/s,$H=120$ m H_2O,$N=75$ kW。消防泵的吸水管从水泵房两侧进入,一条从西面穿过 11 轴线进入泵房,另一条从东面穿过 12 轴线进入,水泵吸水管在泵房内架空敷设形成两个 90°转角 Z 字形,管径 DN200,标高−1.00 m。从吸水干管上平开三通,转弯向下分别接入消火栓泵和喷淋泵,在吸水立管上均设有闸阀、止回阀、橡胶接头和异径管,消火栓泵吸水管管径 DN200,接入标高−4.370 m(图 7-40),喷淋泵吸水管管径 DN175,接入标高−4.395 m(图 7-41)。消火栓泵和喷淋泵的出水管上均设闸阀、止回阀、压力表、橡胶接头和异径管,方向均为自下向上至−1.00 m 转弯与室内管网相连,出水管管径为 DN150。在 DN150 的水平横干管上均设 500X 型 DN150 的泄压阀和 DN65 的放水阀,排水管引入明沟。消火栓泵出水管与总干管连接处中间设闸门。喷淋泵出水管在泵房内从标高−1.00 m 返低至−4.80 m 转弯从泵房东侧出墙。

生活水泵布置在靠近 11 轴线附近,水泵基础尺寸为 540 mm×470 mm,泵基础边距 11 轴线间距 1 000 mm,两泵基础边净距 1 000 mm。生活水泵型号为 KQL-65-315A,其参数为 $Q=23.7$ m³/h,$H=113$ m H_2O,$N=22$ kW。水泵吸水管 DN100 从水池内吸水,管中心距水池壁 400 mm。吸水口设在水池的集水坑内,吸水管端部设吸水喇叭口,吸水横管标高−4.590 m,吸水管水平段设有 DN100 闸阀、橡胶接头、异径管,穿过水池壁设防水套管。出水管 DN80,标高与进水管相同,转弯向上,在立管上设闸阀、止回阀、橡胶接头、压力表和异径管,在标高−1.400 m 两泵出水管汇合,管径仍为 DN80,转弯后送出泵房。

100 m³ 水池在生活水泵房的西侧,平面尺寸只给出了长为 8 000 mm,水池内底标高−5.000 m,内顶标高−2.750 m,最高水位−3.000 m,报警水位(停泵)−4.750 m。集水坑宽 800 mm,深 1 000 mm。水池顶设 ϕ1 000 mm 的检修孔。进水管设在水池南侧,管径 DN80,

设 100X 型浮球阀,浮球阀从水池顶部接入。溢水管 $DN100$ 设在泵房内,溢水管底标高比最高水位(-3.000 m)高 100 mm,溢水管接至室内排水沟。放空管 $DN100$,标高-4.800 m,加装阀门后接至室内排水沟。水池顶部设置两根进气管,其代号为 JQG,管径 $DN100$,端部要设防虫网罩,还设置两根透气管 TQG3、TQG4,管径 $DN100$,接至二层屋面。

在生活水泵房内还设有两台 QX40-15-3 型潜水泵用于排除泵房积水,其参数为 $Q=40\ m^3/h$、$H=15\ m\ H_2O$,$N=3\ kW$。

【例4】 试对天龙苑 4 号楼整套给水排水管道施工图进行识读。

天龙苑 4 号楼由两个单元组成,两个单元 1～18 层内的房间布置、管道布置完全相同,由于图面较大,现只节录一个单元的图纸,供识图时参考。

1) 图纸目录设备表、材料表、施工说明及图例

表 7-6 是天龙苑 4 号楼图纸目录。

表 7-6 图纸目录

序号	图号	图纸名称	张数	折 A1
1	TL-04-1	设备一览表	1	0.25
2	TL-04-2	材料汇总表	2	0.25
3	TL-04-3	说明及图例	1	1
4	TL-04-4	给水、消防系统原理图	1	1
5	TL-04-5	地下层给水排水平面图	1	1
6	TL-04-6	一层给水排水平面图	1	1
7	TL-04-7	标准层给水排水管道布置详图	1	1
8	TL-04-8	屋顶平面、水箱层平面图	1	1
9	TL-04-9	给水、消防系统图	1	1
10	TL-04-10	排水系统图	1	1

表 7-7 是天龙苑 4 号楼设备一览表。

表 7-7 设备一览表

序号	名称	型号	规格及技术参数	数量	单台设备所附电机容量(kW)
1	生活泵	CR32-5-2	$Q=24\ m^3/h$	2	11
2	消防泵	CR45-3	$Q=36\ m^3/h$	2	11
3	消防排水泵	WQ36-12-3	$Q=36\ m^3/h$	4	3
4	排水泵	WQ25-14-2.2	$Q=25\ m^3/h$	1	2.2
5	排水泵	WQ10-10-1	$Q=10\ m^3/h$	2	1
6	单栓消火栓硫酸铵盐干粉灭火器组合箱	1 600 mm×700 mm×240 mm	$DN65$	39	
7	水泵接合器		$DN100$	1	
8	可调式减压阀组		$DN70$	2	
9	水位控制阀		$DN80$	3	

表 7-8 是天龙苑 4 号楼材料汇总表。

表 7-8　材料汇总表

序号	名称	规格	单位	数量	备注
1	无缝钢管	$D108 \times 4.5$	m	160	
2	镀锌钢管	$DN80$	m	30	
3	镀锌钢管	$DN70$	m	30	
4	喷塑钢管	$DN80$	m	160	
5	喷塑钢管	$DN70$	m	70	
6	喷塑钢管	$DN50$	m	15	
7	喷塑钢管	$DN40$	m	15	
8	PP-R 给水管	$dn32$	m	150	
9	PP-R 给水管	$dn25$	m	504	
10	PP-R 给水管	$dn20$	m	112	
11	PVC-U 内螺旋排水管	$dn110$	m	400	
12	PVC-U 排水管	$dn160$	m	30	
13	PVC-U 排水管	$dn110$	m	500	
14	PVC-U 排水管	$dn75$	m	30	
15	PVC-U 排水管	$dn50$	m	30	
16	多通道地漏	$dn50$	只	56	
17	洗衣机地漏	$dn50$	只	56	
18	防返溢地漏	$dn50$	只	252	
19	闸阀	$DN100$	只	8	
20	闸阀	$DN80$	只	7	
21	闸阀	$DN70$	只	5	
22	闸阀	$DN50$	只	3	
23	止回阀	$DN100$	只	8	
24	止回阀	$DN80$	只	3	
25	止回阀	$DN50$	只	3	
26	蝶阀	$DN100$	只	8	
27	蝶阀	$DN80$	只	7	
28	蝶阀	$DN70$	只	4	
29	球阀	$DN25$	只	56	
30	球阀	$DN20$	只	56	
31	压力表	$Y-100$, $0 \sim 1.6\ MPa$	只	13	
32	橡胶隔振接头	$DN100$	只	6	
33	橡胶隔振接头	$DN80$	只	5	
34	水泵隔振器		套	16	
35	洗脸盆		套	56	
36	浴缸		套	56	
37	大便器		套	56	
38	洗涤盆		套	56	

天龙苑4号楼给水排水设计施工说明如下。

(1) 设计依据。

《建筑给水排水设计规范》(GB 50015—2003)2009年版

《高层民用建筑设计防火规范》(GB 50045—95)2005年版

《自动喷水灭火系统设计规程》(GB 50084—2001)2005年版

《民用建筑水灭火系统设计规程》(DGJ 08—94—2007)

《建筑排水塑料管道工程技术规程》(CJJ/T 29—2010)

《建筑给水聚丙烯管道工程技术规范》(GB/T 50349—2005)

其他有关的强制性条文、规范、规定。

(2) 概况。

① 本设计大楼属二类居住建筑。

② 尺寸单位:标高以 m 计,其余尺寸以 mm 计。

③ 本设计采用相对标高,±0.000 室内地坪标高,室内外高差 0.90 m。

④ 大楼屋顶每单元设一个有效容积为 16 m^3 的钢筋混凝土水箱。其中消防储水量为 6 m^3。

(3) 给水系统。

① 本设计的居民用水是由屋顶水箱供应,或屋顶水箱通过减压阀减压后供应。静水压力≤0.35 MPa。给水泵及水池设在地下水泵房内。给水泵为两台 CR32-5-2 型($Q=24\ m^3/h$, $H=80\ m\ H_2O$, $N=11\ kW$,一用一备)。水池采用有效容积为 22 m^3 的钢筋混凝土水池。

② 屋顶水箱至各用户的给水管及水泵房至屋顶水箱给水管采用喷塑钢管,沟槽式机械接头连接或法兰连接。住户内水管采用 PP-R 给水管(压力等级为 1.6 MPa),热熔连接。

③ 住户分户水表采用口径不小于 20 mm 的干式水表。

④ 阳台及屋面部分的给水管道采用橡塑海绵保温,保温材料厚度为 20 mm。

(4) 消防系统。

① 室内消防用水量 10 L/s,室外消防用水量 15 L/s。

② 消防供水系统直接从市政给水管抽取。消防泵设在地下水泵房内。消防泵为两台 CR45-3 型($Q=36\ m^3/h$, $H=68\ m\ H_2O$, $N=11\ kW$,一用一备)。

③ 消防给水管道管径<$DN100$ 的,采用热镀锌钢管及配件,丝扣连接。管径≥$DN100$,采用无缝钢管热镀锌沟槽式机械接头连接或法兰连接。

(5) 排水系统。

① 室内排水采用污水、废水分流制。屋顶雨水、阳台排水、空调凝结水排至 13#雨水井。

② 排水管采用 PVC-U 排水管,承插粘接。厨房废水排水立管采用 PVC-U 内螺旋排水管。

③ 排水管的施工安装,管道支、吊架的设置,伸缩节的设置必须满足《建筑排水塑料管道工程技术规程》(CJJ/T 29—2010)的规定。

④ 排水管立管管径大于或等于 110 mm 时,楼板贯穿部位应设置阻火圈或长度不小于 500 mm 的防火套管,且在防火套管周围筑阻水圈。

⑤ 排水管管径大于或等于 110 mm 的横管支管与暗设立管相连接时,墙体贯穿部位应设置阻火圈或长度不小于 300 mm 的防火套管,且防火套管的明露部分长度不宜小于200 mm。

⑥ 排水横干管穿越防火分区隔墙时,管道穿越墙体的两侧应设置阻火圈或长度不小于 500 mm 的防火套管。

⑦ 排水立管与排出管采用两个 45°弯头连接。

(6) 灭火器设置。住宅的每层公共部位设置两具 3 kg 磷酸铵盐干粉灭火器,地下室配电间单独设置两具 3 kg 磷酸铵盐干粉灭火器。

(7) 其他。

① 卫生洁具安装以业主确认的供货商提供的产品安装图为准。具体做法参见《卫生设备安装》(99S304),本设计的卫生洁具安装尺寸参考美标产品尺寸。

② 穿越屋面的管道须设置防水套管,套管其顶部应高出屋面 250 mm,底部应与楼板底面相平。

③ 各给水排水管道必须设置支、吊架,具体做法除已说明的外,其余应参见《室内管道支架及吊架》(03S402)。

④ 各类排水、消防管道在安装完毕后,可采用各种色漆以示区分。

⑤ 各给水排水管窿在管道安装完毕后,楼面开孔部分应用防火材料进行封堵。

⑥ 水池、水箱溢流出口处设不锈钢防虫网罩。

⑦ 地漏水封高度不得小于 50 mm。

⑧ 除说明部分外,未尽部分均按《建筑给水排水及采暖工程施工质量验收规范》(GB 50242—2002),《建筑排水塑料管道工程技术规范》(CJJ/T 29—2010),《建筑给水聚丙烯管道工程技术规范》(GB/T 50349—2005),《自动喷水灭火系统施工及验收规范》(GB 50261—2005)及其他有关规范施工、验收。

图例见表 7-9。

表 7-9 给水排水管道图例

图例	名称	图例	名称
———dn———	给水管(PP-R 管)		泄压阀
———XDN———	消防给水管		水位控制阀及浮球阀
———dn———	排水管		室内消火栓箱及室内消火栓
—·—·—·—	雨水管及凝结水排水管		水泵结合器
	闸阀		隔振接头
	止回阀		Y 型过滤器
	蝶阀		水表
	球阀		水表及水表井

⊘ ⌷	多通道地漏	⊗	通气帽
⊘ ⌷	带洗衣机排水多通道地漏	⊢	检查口
⊕ ⌣	防返溢地漏	⌀	压力表

2) 对给水、消防供水原理图的识读

(1) 生活供水系统。从图 7-43 上可以看到市政给水接入小区后分两路,一路为室外绿化供水系统;另一路进入地下室,DN80 涂塑钢管加装闸阀和水位控制阀进入 22 m^3 清水池。两台 CR32-5-2 生活泵(一用一备)从清水池吸水,并在吸水管上加装闸阀,水泵出口装设止回阀、闸阀,管径 DN100 分两路送到东、西两单元,管道变径为 DN80 自下而上送到屋顶水箱间,水箱容积16 m^3,进水管加装闸门后接入水箱。每个单元屋顶均设一个水箱,两水箱之间设有 DN100 的连通管,水箱出水管管径 DN80 加装阀门送入 18 层。大楼内给水设两个分区,低区为 1～9 层,高区为 10～18 层,水箱出水管在 18 层变径 DN70 分两路,一路供高区各住户的用水,另一路至 9 层设减压阀,减压后向低区住户供水,每个住户均设分户水表,水表之后采用PP-R 给水管接至各个用水点。

(2) 消防供水系统。室外进户的总管 DN100,进入泵房间后与两台 CR45-3 消防泵连接(一备一用),管道进泵前加装阀门,消防泵出水管上设止回阀和切断阀门,DN100 出水管送到东、西两单元,每根消防立管在每层设一组消火栓,其中一个单元消防立管出屋面后设一组屋顶试验消火栓,两根消防立管在地下室和屋面均连通,构成立体环状网,并在连通管中间、两根立管的地下层、1 层、18 层均设闸阀,屋面消防给水横管设止回阀、切断阀门再与屋顶水箱连通。此外从地下室向外接出 DN100 的管道,与室外地上式水泵接合器接通。

3) 对地下层给水排水平面图的识读

图 7-44 是 4 号楼西单元地下层给水排水平面图。本单元地下层有水泵房,水泵房内设有 22 m^3 水池一座,两台生活泵和两台消防泵,为排除泵房内积水设有 1 500 mm×1 000 mm×1 000 mm 集水坑 A,内装 WQ25-14-2.2 潜污泵一台。在电梯井底部设有 2 100 mm×2 300 mm 集水坑 C,内装 WQ36-12-3 潜污泵二台,用来排除电梯井可能产生的污水。本单元有一个管道井,管道井内设 DN80 屋顶水箱进水立管、DN100 消防给水立管和 dn75 管道井排水立管。楼梯间下设 900 mm×900 mm 集水井 B,内装 WQ10-10-1 潜污泵一台,用来接纳从管道井内排出的污水,并排至室外明沟,管道井内每层均设地漏(图7-54),接至排水立管,再排到集水坑 B,其中底层管道井地漏单独直接排入集水坑 B。

在建筑物的西侧从小区室外给水管接入两路管线,一路 DN80 沿走廊敷设接至地下水池;另一路 DN100 管道与 DN80 给水管并行敷设进入水泵房与消防水泵接通。生活泵和消防泵出水管出泵房后沿地下层走廊向东向西敷设,在东西两单元连接处设阀门和金属软管,两路管线均进入两个单元的管道井内(本图只画出西单元管道井),设立管接至屋面水箱(图7-50、图 7-51)。在 1～19 轴线处从消防干管上接出一路从南向北的管线至一层室外地面装水泵接合器(图 7-50)。各层消火栓设在管道井墙壁上,面向电梯。

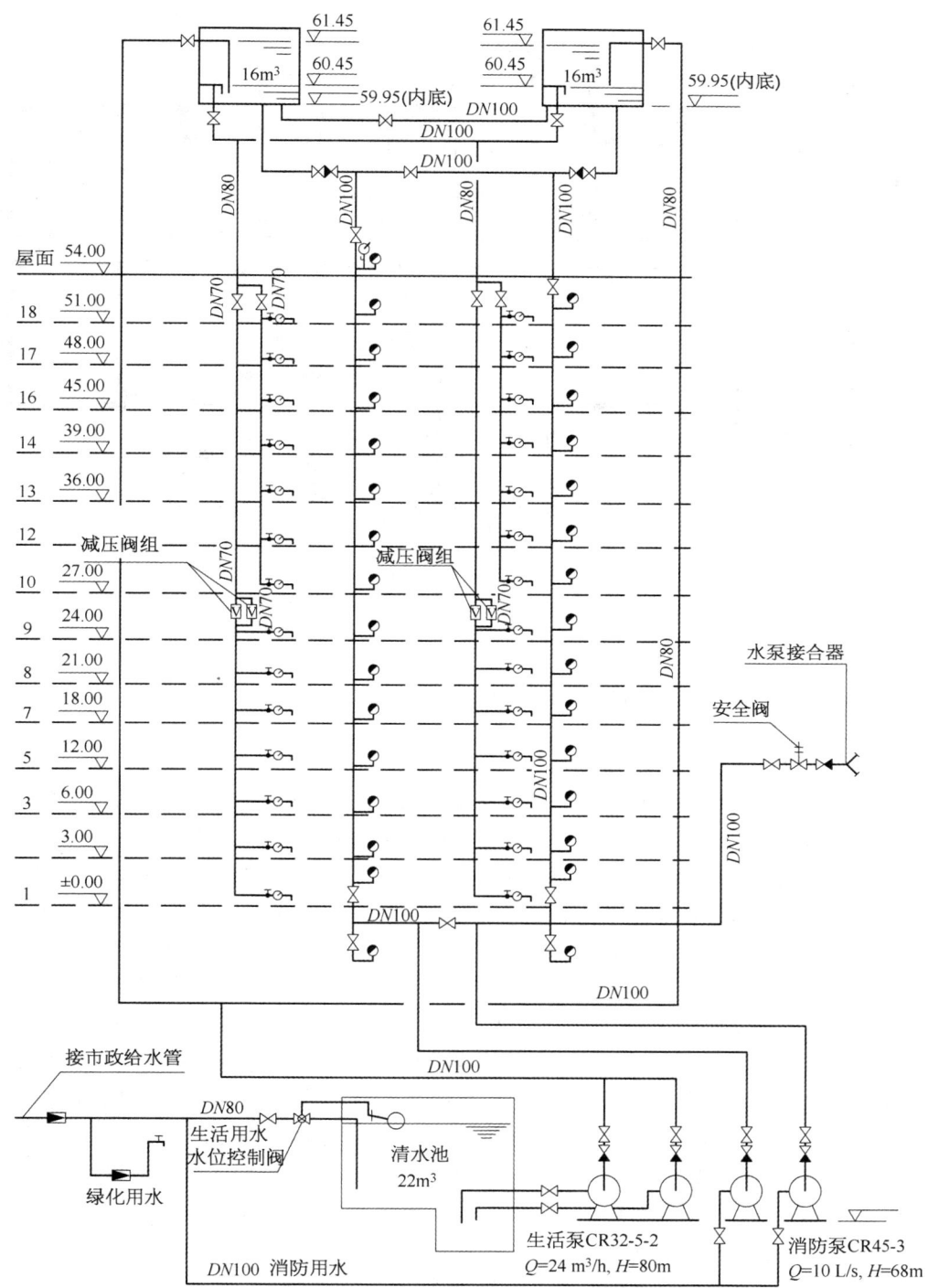

图 7-43 给水、消防供水原理图

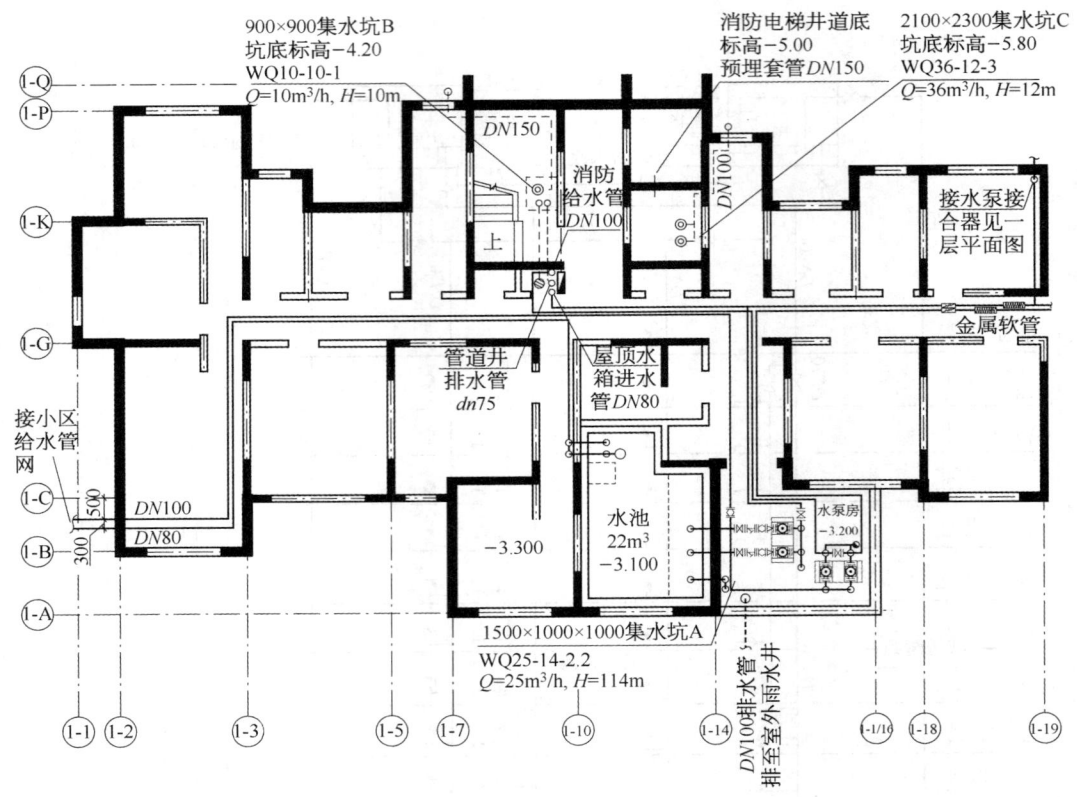

图 7-44　地下层给水排水平面图

4）对一层给水排水平面图的识读

图 7-45 是 4 号楼西单元一层给水排水平面布置图。本单元有三住户，即 4A 型、4B 型、4C 型。4A 型房为三室两厅两卫一厨，4B 型房为两室两厅一卫一厨，4C 型房为两室两厅二卫一厨。4A 型房主卫生间内设有低水箱坐式大便器、浴盆和洗脸盆大三件，副卫生间内设有低水箱坐式大便器、洗脸盆和淋浴器各一组，同时设有洗衣机给水接管和洗衣机地漏，卫生间右侧北阳台设洗涤盆一组，厨房间内设洗菜盆和燃气热水器给水预留管口。4B 型房卫生间内除三大件外尚有洗衣机安装位置，给水有接口，排水有洗衣机地漏，厨房间内设洗菜盆，与厨房相连的南阳台上设洗衣机和燃气热水器，给排水均有相应接口和地漏。4C 型房卫生器具及厨房设备设置与 4A 型房基本一样，只是副卫生间内不装淋浴器而装浴盆。

排水系统采用分流制，底层单独排出，楼层排水立管在底层排出。4A 型房排水系统为 P8~P19，排水立管为 PL-10、PL-11、PL-14、PL-15、PL-16、PL-19。4B 型房排水系统为 P1~P7，排水立管为 PL-1、PL-2、PL-5、PL-6。4C 型房排水系统为 P20~P31，排水立管为 PL-20、PL-23、PL-24、PL-25、PL-30、PL-31。

给水管从管道井出来沿走廊送至 4A、4B、4C 三住户。

5）对标准层给水排水平面图及给水系统图的识读

由于图面较大，且各型房的给水排水管道布置形式基本相同，因此仅以 4B 型为例进行管道布置、走向及各类参数的分析和识读。

第三节 建筑消防管道施工图

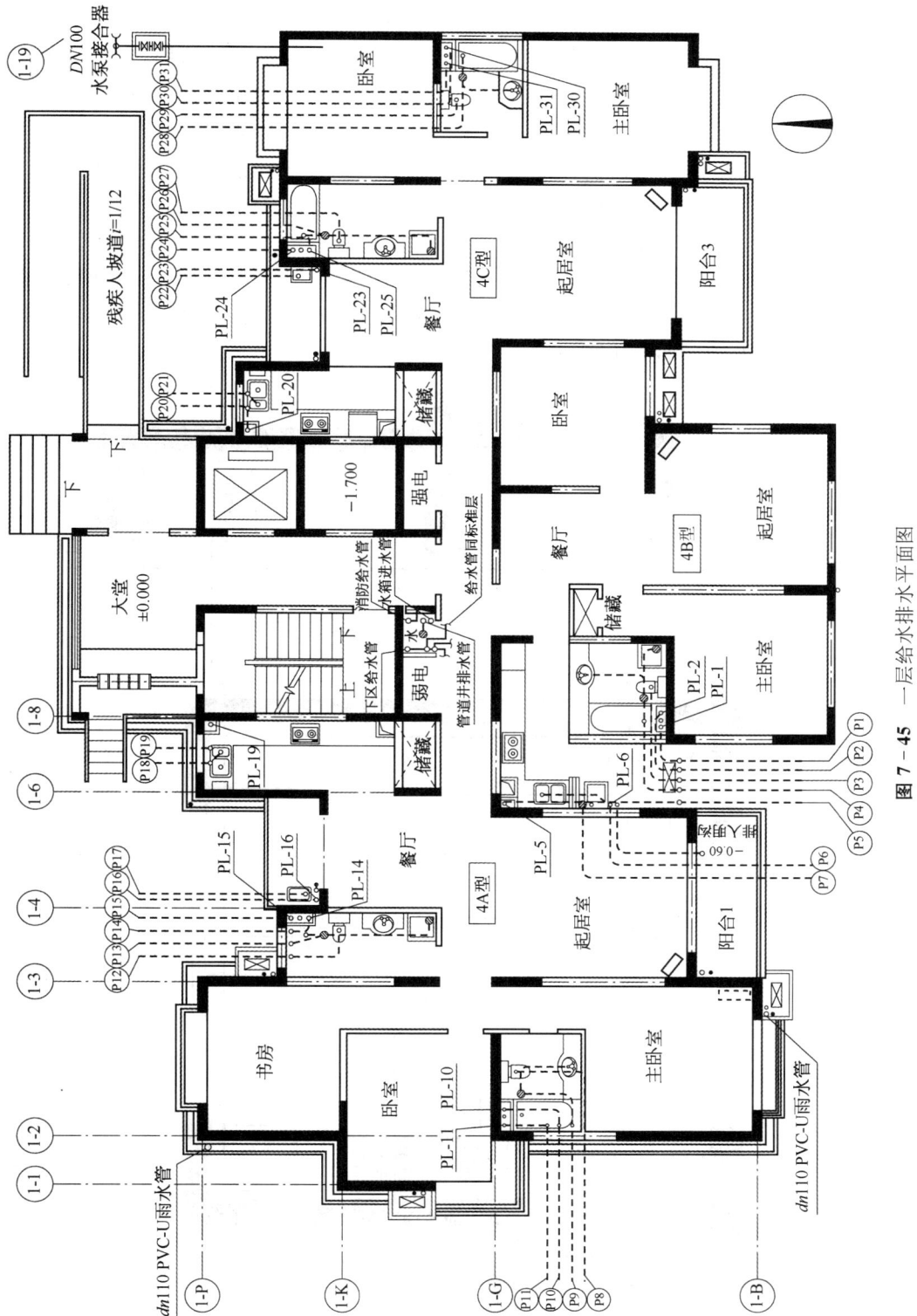

图7-45 一层给水排水平面图

图 7-46 是标准层 4B 型房的给水排水平面图,通过对图面的分析可知,在管道井内立管上分三路加装水表后接入 4A 型、4B 型和 4C 型房。再参照图 7-47 的 B 型房给水系统图,看到进入 4B 型房的管道为 $dn32$ PP-R 给水管,标高 $H_r+2.80$ m,进户后分两路,一路自北向南,管径 $dn25$,进入卫生间分支向下再向西标高 $H_r+0.45$ m 接洗脸盆。$dn25$ PP-R 管继续向南至卫生间墙角向下再向西,开三通分别接至洗衣机龙头、低水箱大便器,转弯登高至标高 $H_r+0.63$ m 接浴缸,具体标高、尺寸、转弯见平面图和系统图。另一路沿厨房间内墙由东向西再转弯向南与洗菜盆、洗衣机龙头和燃气水加热器相连接,具体标高、尺寸、转弯也详见平面图和系统图。

4B 型房的排水立管有四根,坐式大便器排水管直接接到管窿井内 PL-2 立管,浴盆、洗脸盆、洗衣机地漏的排水通过多通道地漏排至 PL-1 立管,洗菜盆排水管直接排到 PL-5 立管,洗衣机地漏排水管接到 PL-6 立管。

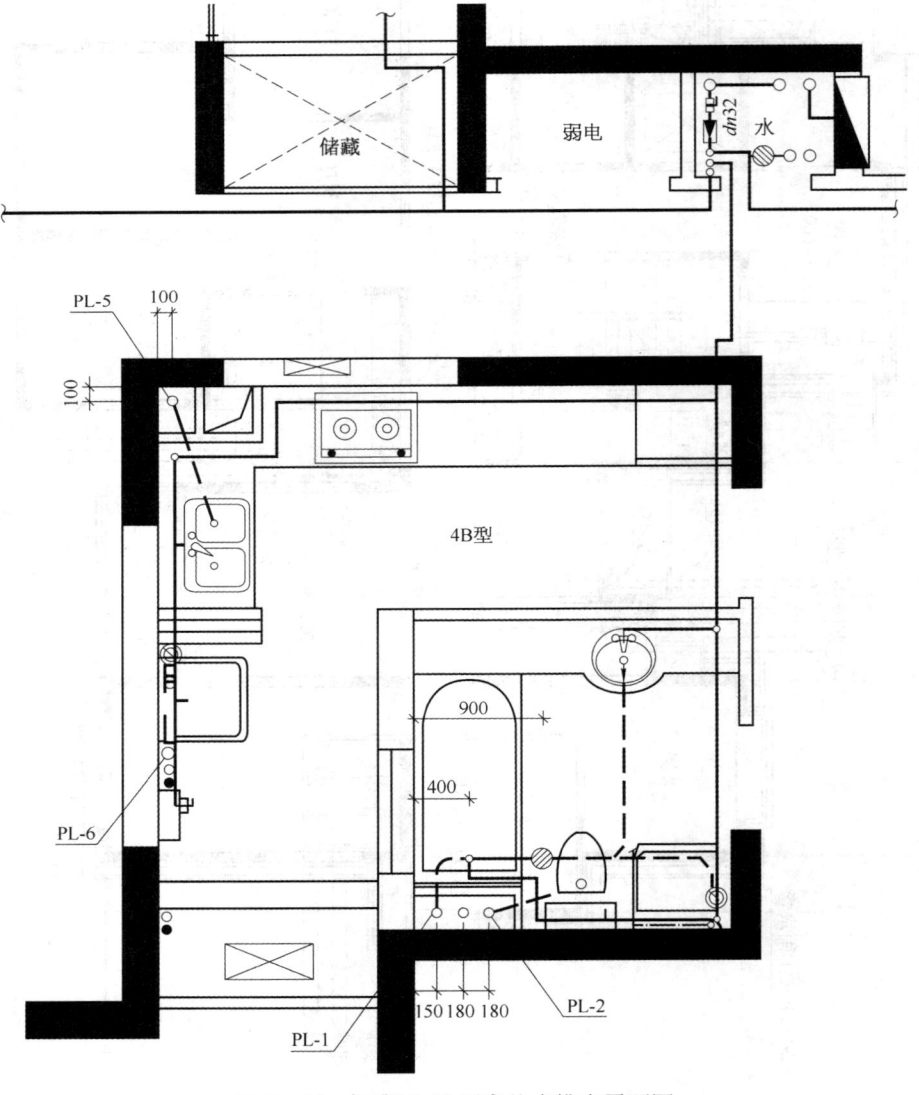

图 7-46 标准层 4B 型房给水排水平面图

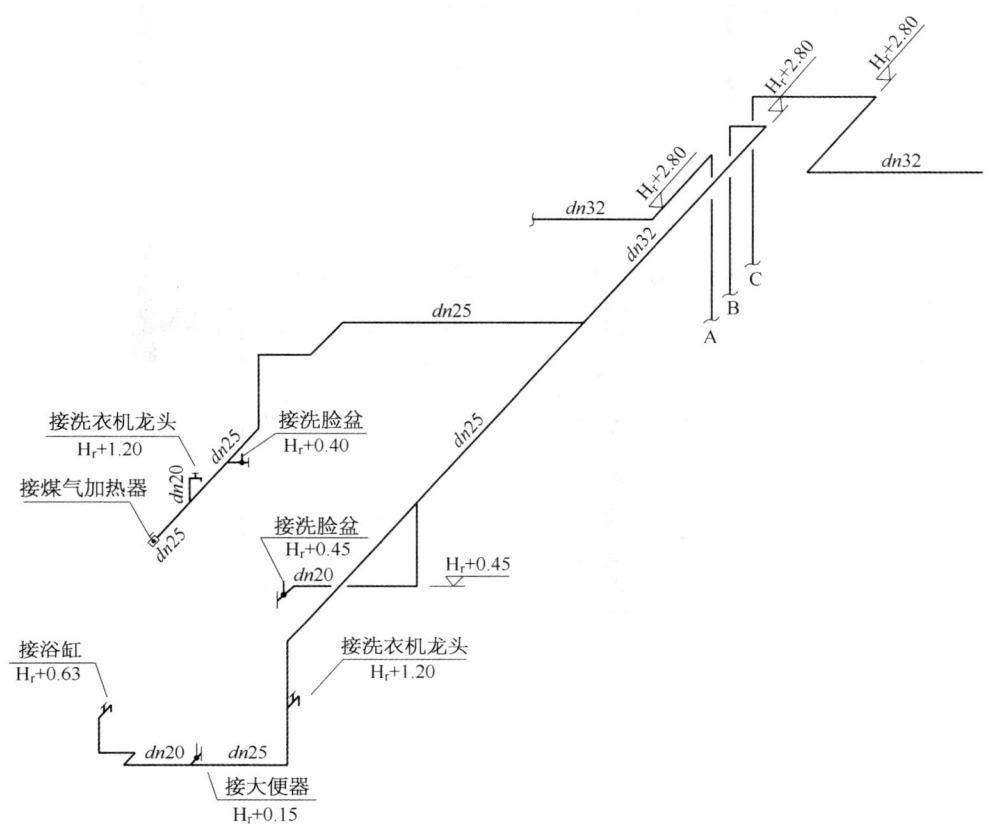

图 7-47　4B 型房给水系统图

6) 对水泵房配管平面图及水泵配管系统图的识读

图 7-48 是水泵房配管平面图,图 7-49 是水泵配管系统图。通过对上述两张施工图的识读,可以比较清楚地了解生活泵和消防泵的设置及配管情况。

水池进水管从本单元西侧接入(图 7-44)管径 $DN80$,标高 -0.60 m,在储藏间外墙转弯向下再向南,至水池边向上加装蝶阀(标高 -2.00 m)和水位控制阀接入水池。

生活泵吸水管在水池内设喇叭口,喇叭口底面标高 -3.60 m,接管管径 $DN100$,登高至 -2.70 m 转弯设水平管,该管上设闸阀、Y 型过滤器、橡胶接头和偏心大小头,偏心大小头按规定应取管顶平,偏心大小头与水泵进水口接拢。生活水泵出水管用弯头与立式泵出水口接拢,出水立管上设有橡胶接头、压力表、止回阀和闸阀。出水管管径 $DN100$,在标高 -0.6 m 处设水平管与两泵出水管连通,并在横管南端设 $DN70$ 放水阀,其标高 -1.80 m,水平横管在泵房内加装 $DN100$ 闸阀后出水泵房。

消防泵的吸水管也是从本单元西侧接入,管径 $DN100$,标高 -0.60 m,进入泵房后在水平横管上加装橡胶接头,继续向南并转弯向东,在东西向水平横管上加装压力表,然后分两路向下加装闸阀、Y 型过滤器和橡胶接头转弯与立式消防泵进口接拢,两台消防泵吸水管管径为 $DN100$。消防泵出水口加装弯头向上,在每台泵的出水立管上设橡胶接头、压力表、止回阀和闸阀,并在止回阀和闸阀之间开三通接装 $DN70$ 的放水控制阀,两泵放水管连接后加

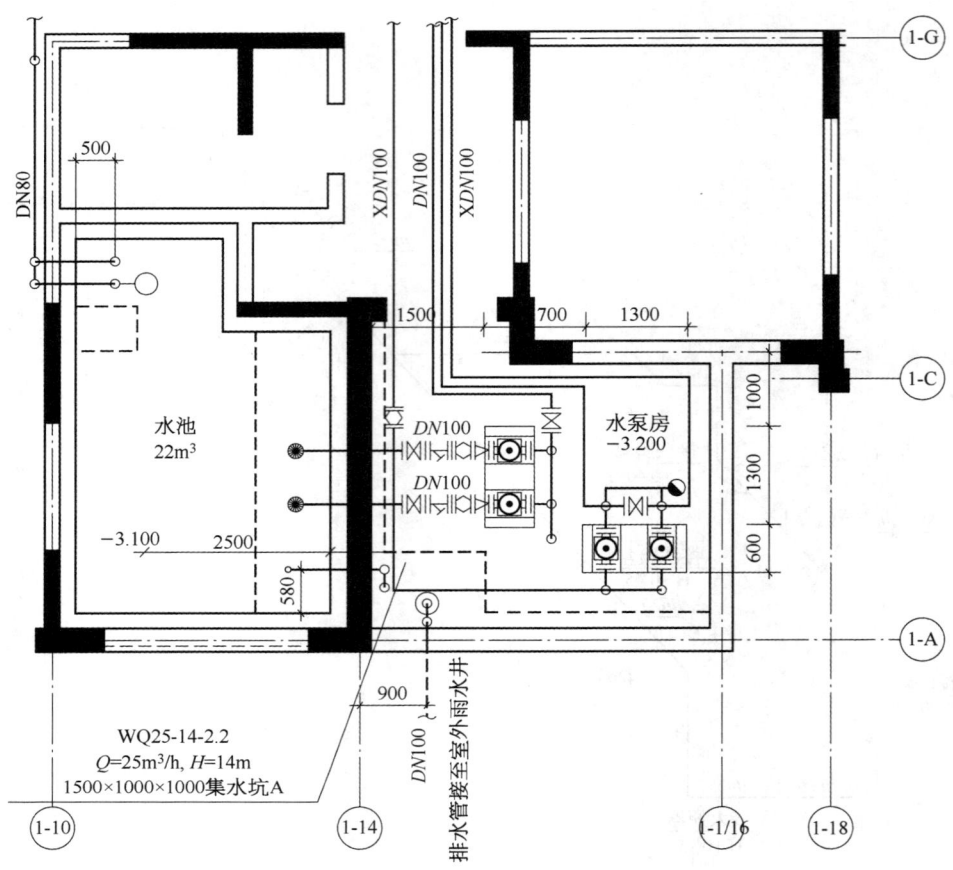

图 7-48　水泵房配管平面图

装压力表和试水阀,试水阀标高-2.20 m,消防泵出水管管径为 $DN100$,消防泵出水立管至-0.60 m设水平环管,在两台消防泵立管之间的水平管上设闸阀,水平环管在泵房内自南向北转弯向西再向北出泵房。

此外清水池上还设有 $DN100$ 的溢流管和泄水管。

7) 对室内给水系统图的识读

图 7-50 是 4 号楼西单元室内给水系统图,通过对地下层给水排水平面图(图 7-44)、一层给水排水平面图(图 7-45)、标准层给水排水平面图(图 7-46)和室内给水系统图的分析可以比较清楚了解室内给水系统的给水分区、管路走向等情况。

生活给水管道从泵房出来,沿地下室走廊敷设,管径 $DN100$,标高-0.60 m,在 1～19 轴线处(即东西两单元分界线)设两只蝶阀和金属软管。在西单元管道井边上转弯入井设立管,从地下室直接送出至 18 层屋面接到屋顶水箱,该立管的管径变为 $DN80$。本单元室内给水系统竖向分区分为高区和低区,低区为 1～9 层,高区为 10～18 层,水箱出水管进入 18 层分两路,均装 $DN70$ 蝶阀,一路为高区供水,从水箱直接供水,在每层的管道井内设三组 $DN20$ 的干式水表,分别向 4A 型、4B 型和 4C 型住户供水,立管管径从 $DN70$ 变至 $DN50$;另一路为低区供水,在 9 层管道井内设两组减压阀组,安装参见 98 沪 S/T-101-17 详图。经减压后立管管径从 $DN70$ 变为 $DN50$,在每层管道井内同样设三组 $DN20$ 干式水表。

第三节 建筑消防管道施工图

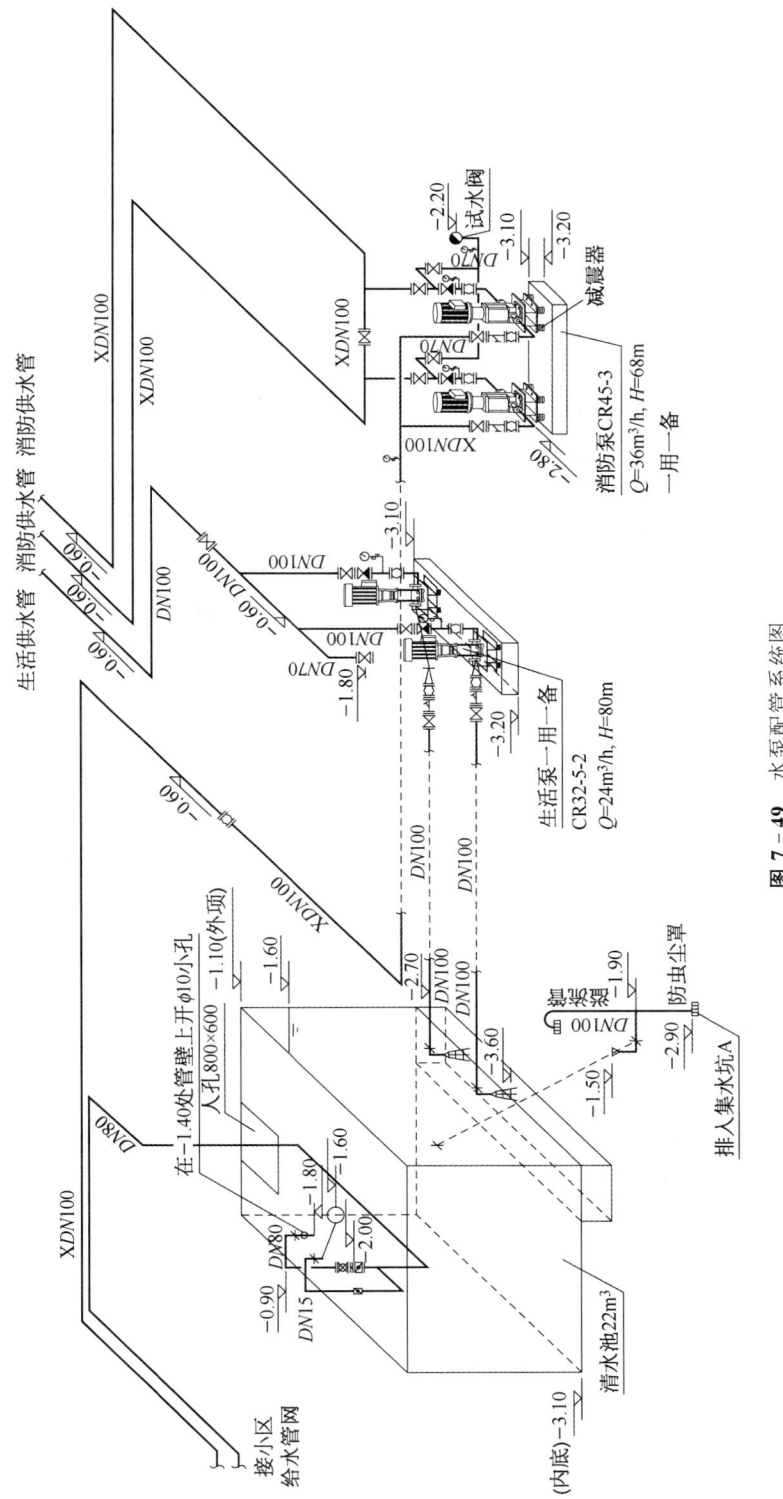

图 7-49 水泵配管系统图

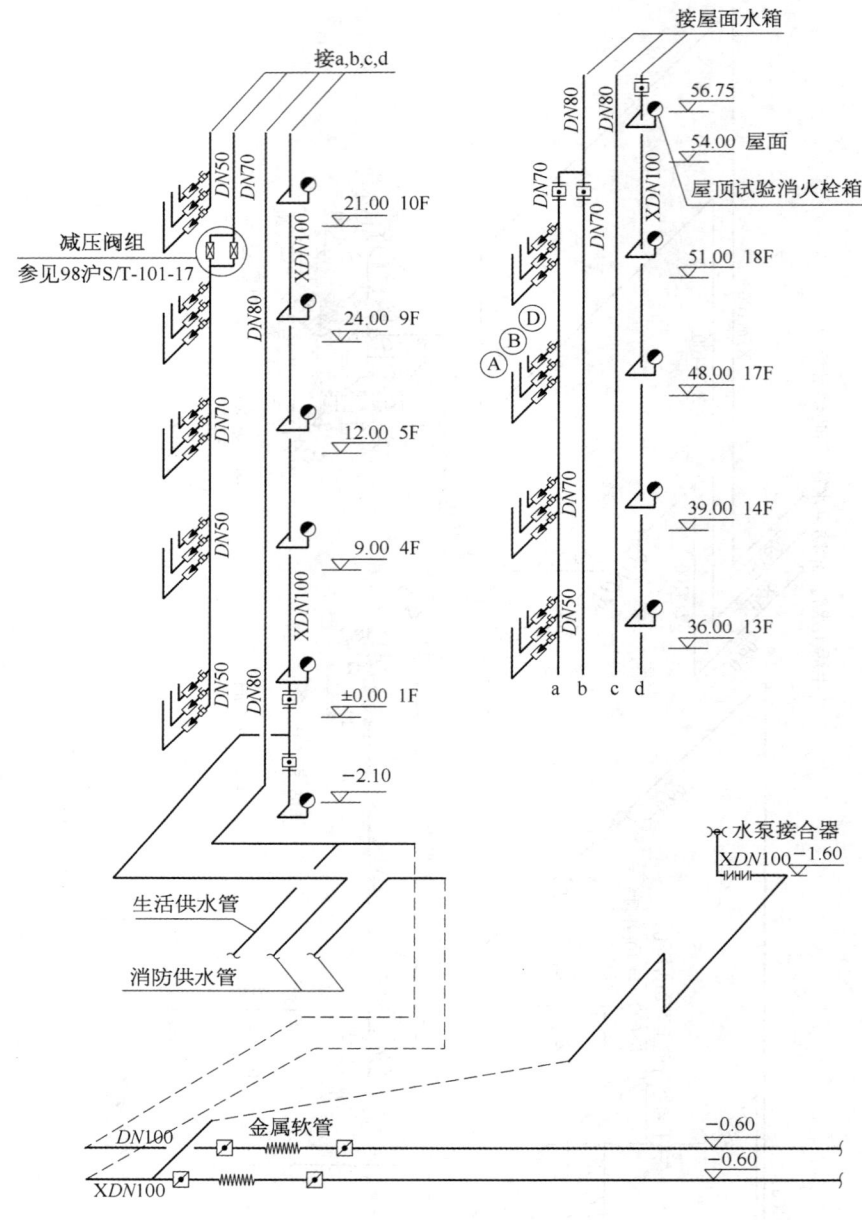

图 7-50 室内给水系统图

消防给水管道从泵房出来后,环管西端接入西单元管道井,环管东端沿地下室走廊从西向东敷设,标高-0.60 m,管径 $DN100$,在 1~19 轴线处装两只蝶阀和金属软管,同时在水平干管上开三通沿 1~19 轴线自南向北并出地面加装水泵接合器(图 7-44、图 7-45)。消防立管设在管道井内,立管在地下室、1 层和屋面均设蝶阀,同时在屋面还设带有压力表的试验消火栓,各层消火栓设在管道井的东侧面向电梯。

8) 对水箱配管图的识读

图 7-51 是水箱层管道平面布置图,图 7-52 是水箱配管系统图。

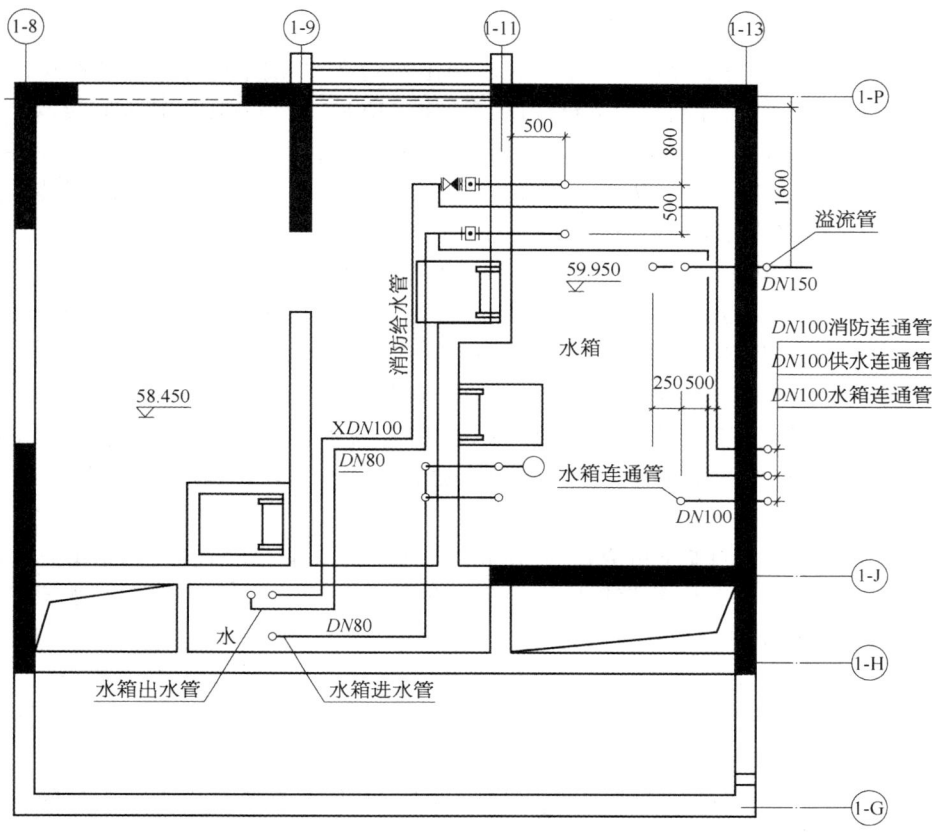

图 7-51 水箱层管道平面布置图

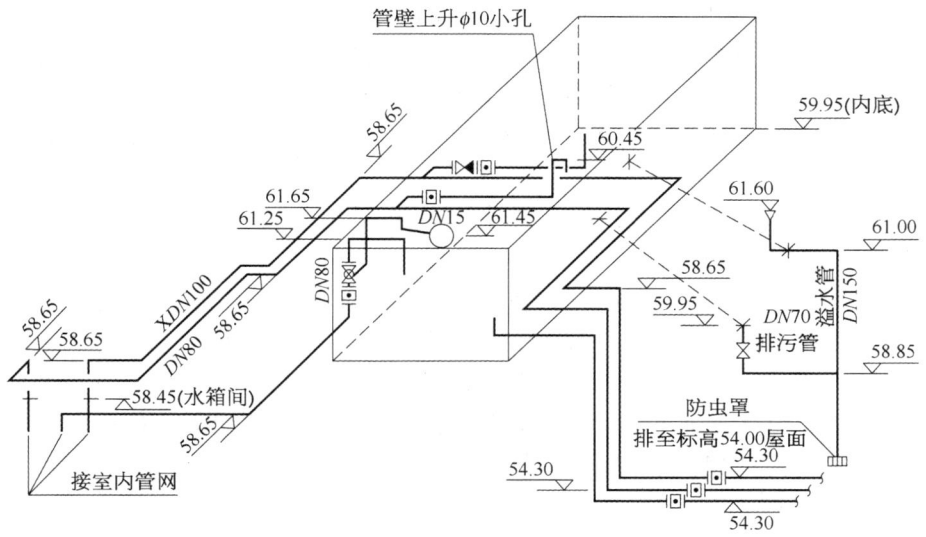

图 7-52 水箱配管系统图

屋顶水箱每个单元设一只,设在屋面层电梯机房间上面,水箱外层用钢筋混凝土现场浇捣,内层为不锈钢板焊制,所有接口短管均为不锈钢管并送出混凝土墙板层。

水箱的进水管从管道井穿出屋面至标高 58.65 m 转弯向东再转两个弯登高加装蝶阀、水位控制阀进入水箱,进水管管径 DN80。水箱出水管在水箱内做成 180°弯管并在转弯处开 ϕ10 小孔,弯管开孔处标高 60.45 m,出水管管径 DN80,从箱底接出装蝶阀转弯开三通分两路,一路向西标高 58.65 m,水平转弯后从北向南敷设转三只弯再向西转弯接入管道井;另一路向东再转弯向南、向东,从标高 58.65 m 返低至 54.30 m 沿屋面自西向东装蝶阀与东单元水箱出水管道连接,即水箱出水连通管。

水箱的溢水管 DN150 靠东侧接出,溢水喇叭口顶面标高 61.60 m,向下至 61.00 m 转弯出箱体,向下接至屋面(标高 54.00 m),在管端要设防虫网罩。水箱排污管从水箱底 59.95 m 处接出,管径 DN70 并装闸阀后与溢水管连接,排至屋面。

消防管从管道井穿出屋面至标高 58.65 m,向东再从南向北转三个弯至水箱下面,平开三通向北转弯接止回阀、蝶阀再向前从水箱底接入水箱。平开三通向东一路为东西单元消防环管。具体走向与水箱出水管的连通管完全一致。(在水平环管上装 DN100 蝶阀)。

为保证 4 号楼供水的安全可靠,东西单元两个水箱还设有水箱连通管,本单元连通管从水箱底部接出,管径 DN100,管道接出后向东再向下至 54.30 m,与消防环管、水箱出水管连通管并列敷设,与东单元管道连接。

9) 对室内排水系统的识读

因图面较大不能给出西单元全部排水系统的平面图和系统图,现只以 4B 型房为例对其排水系统的平面图和系统图进行识读。

图 7-46 是 4B 型房给排水平面图,图 7-53 是 4B 型房排水系统图。卫生间内有两根排水立管 PL-1 和 PL-2,两根排水立管以共用一根通气立管形式敷设在管窿内,三根立管管径均为 dn110,每层低水箱坐式大便器直接排入 PL-2 立管,卫生间内洗脸盆、浴盆和洗衣机地漏以 dn50 管子接入多通道地漏,再以 dn75 管子接入 PL-1 立管,这两根排水管的排出管(水平敷设)管径放大至 dn160,底层大便器单独排出,管径 dn110,底层洗脸盆、浴盆和洗衣机地漏同样接多通道地漏单独排出,管径为 dn75。

厨房间洗菜盆废水直接排入 PL-5,PL-5 立管采用内螺旋排水管,管径 dn110,其排出管管径放大至 dn160。

阳台间洗衣机地漏接至立管 PL-6,管径 dn110,排出管管径 dn160,底层洗衣机地漏单独排出,管径由 dn50 变为 dn75。

排水立管每三层设检查口,伸顶通气管出屋面高度不小于 0.3 m,并装通气帽。

图 7-54 是管道井排水系统图,为排除管道井内可能产生的污水,管道井内设置了一根"管道井排水管 1"(其平面位置可参见图 7-44、图 7-46),管径 dn75,2~18 层井内地坪设地漏,接至立管,立管接至地下室后转弯向北接到楼梯间下面的集水坑 B(图 7-54),标高至 −3.30 m。立管出屋面加装通气帽,立管每三层设一个检查口,一层管道井内地漏单独接出向北至集水坑 B。

10) 对地下室集水坑排水管道系统图的识读

地下室集水坑平面布置如图 7-44 所示,排水系统图如图 7-55 所示。

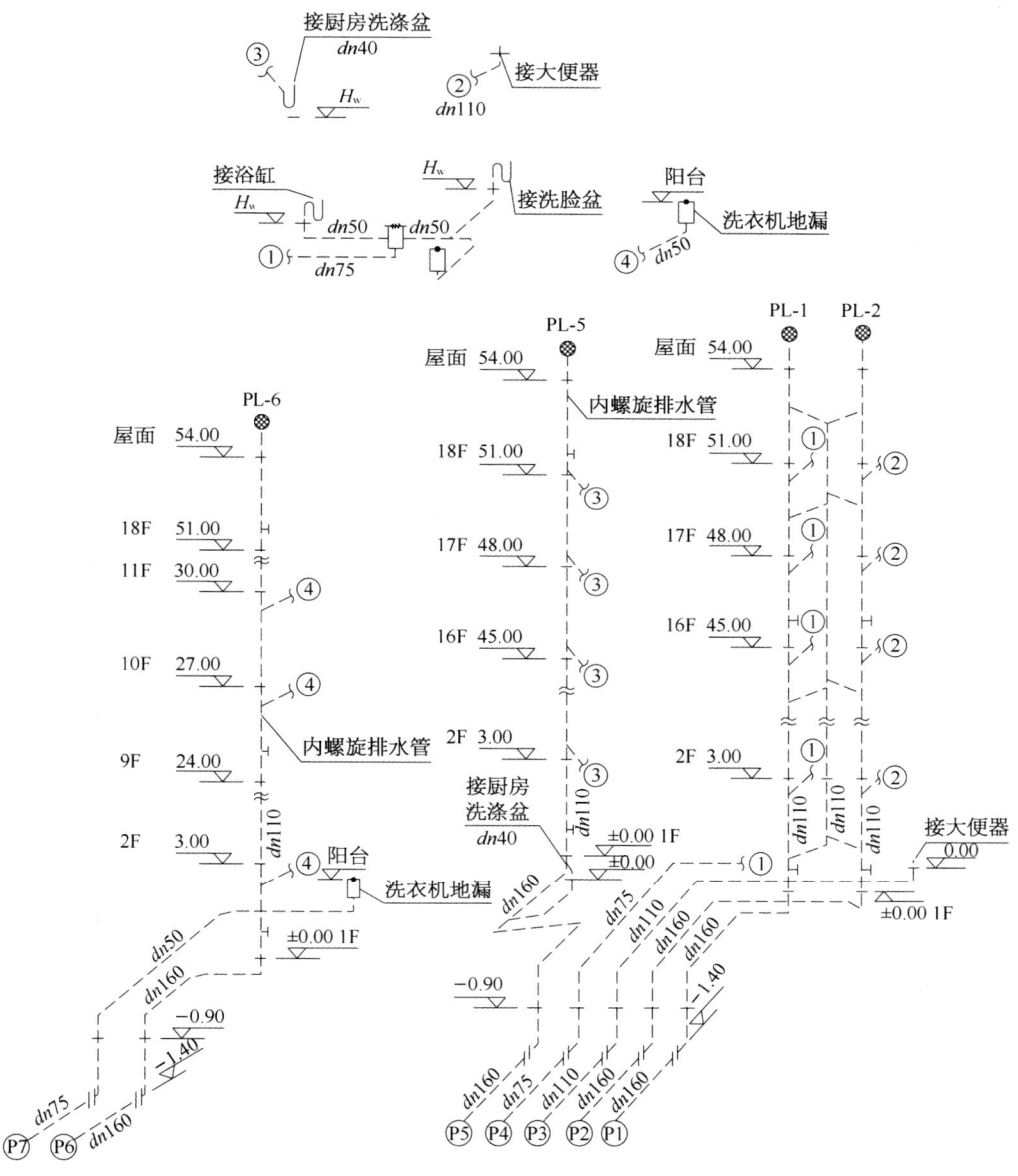

图 7-53 4B型房排水系统图

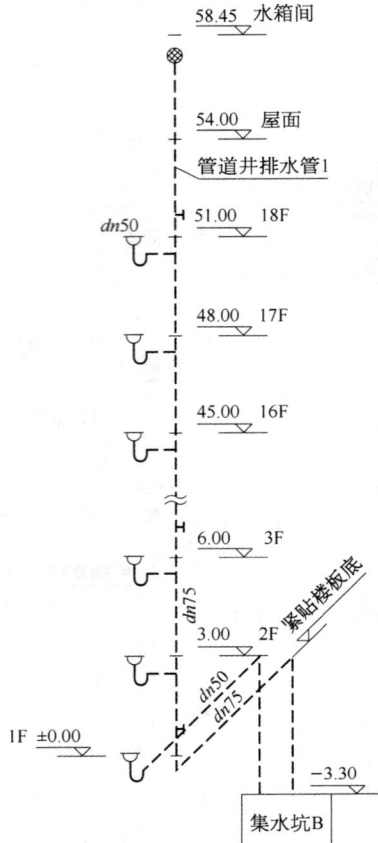

图 7-54 管道井排水系统

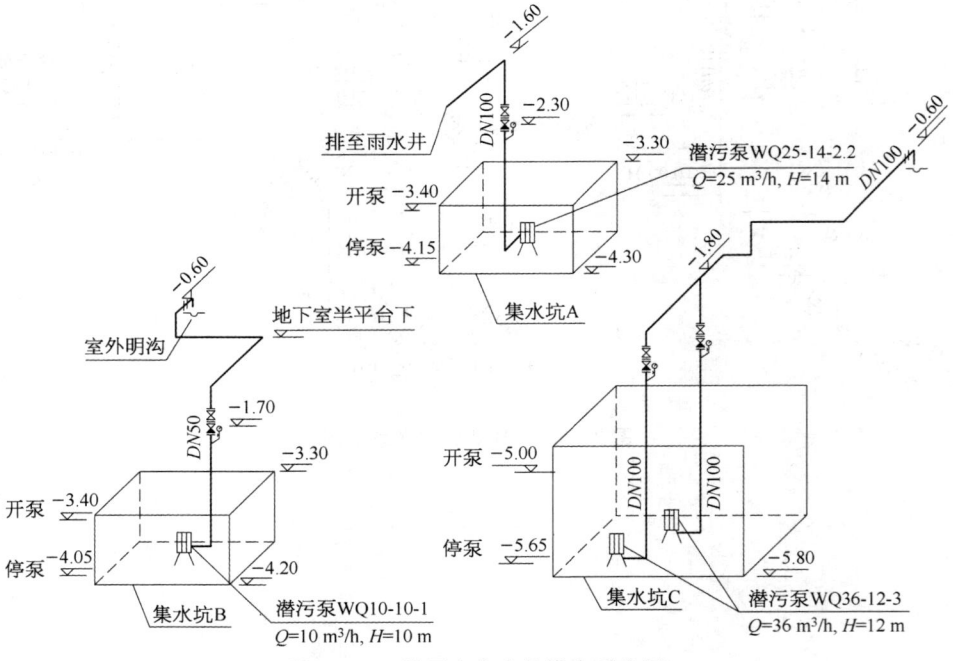

图 7-55 地下室集水坑排水系统图

地下泵房内设有一座1 500 mm×1 000 mm×1 000 mm 的集水坑 A 用来排除泵房内污水，集水坑内设一台 WQ25-14-2.2 潜污泵，泵装在坑底，坑底标高-4.30 m，立管管径 DN100，在标高-2.30 m 处装止回阀、闸阀和压力表，至标高-1.60 m 转弯出墙排至室外雨水井。

楼梯间下面设有 900 mm×900 mm 集水坑 B，坑底标高-4.20 m，坑内设一台 WQ10-10-1 的潜污泵，立管上在-1.70 m 处设止回阀、闸阀和压力表，至标高在地下室半平台下转弯向北向西登高出墙接入室外明沟。

电梯井下-4.20 m 设 2 100 mm×2 300 mm 集水坑 C，坑内设 WQ36-12-3 潜污泵两台，两台泵排出立管上设止回阀、闸阀和压力表，在-1.80 m 标高处设有水平横管，两立管合并后向北再向东出内墙至储藏间登高再向北、向东转弯出外墙（图7-44），标高-0.60 m，接入室外明沟。立管和水平管的管径均为 DN100。

集水坑排污泵排水管管材采用镀锌钢管，螺纹连接。

11) 对阳台排水、屋面雨水及空调凝结水系统图的识读

(1) 阳台排水地漏和排水管位置可参见图7-45，凡有阳台的均有阳台排水，阳台排水管道具体接法如图7-56a 所示。

(2) 屋面雨水是属建筑设计范围，在管道图上反映不出来或者反映不全面，因此必须查阅建筑施工图顶层和一层平面图后才能施工。

(3) 空调板位置以及空调排水管的位置如图7-45 所示，由于空调板有向上返边，板上雨水无法排除，因此空调排水采用在空调板上装地漏，用地漏排水方式，具体安装如图7-56b 所示。

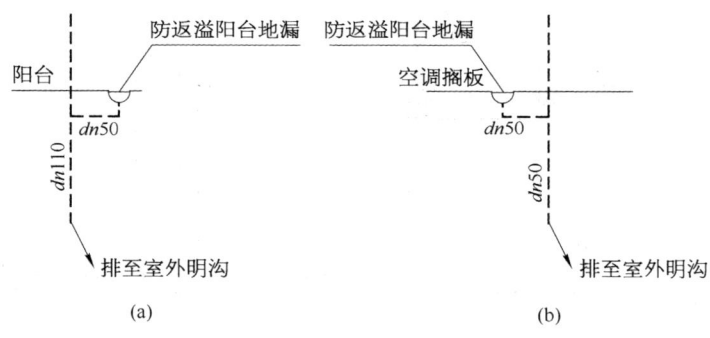

图 7-56 阳台排水及空调排水示意图
(a) 阳台排水示意图；(b) 空调凝结水排水示意图

12) 对详图的识读

(1) 可调式减压阀组节点图。图7-57 是给水立管上设置可调式减压阀的安装详图。从图上可知减压阀安装在9层，标高为25.50 m，每组减压阀是由两组并联阀组所组成，每组减压阀组由蝶阀、Y 型过滤器、软接短管、可调式减压阀、蝶阀和阀前阀后压力表所组成，减压阀的压力等级为1.0 MPa，阀后压力为0.08 MPa，减压阀口径为 DN70，减压阀组是垂直安装在管道井内。

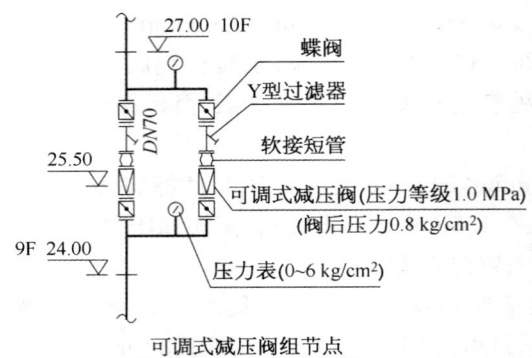

图 7-57　可调式减压阀组节点详图

(2) 带灭火器箱组合式消防柜详图。图 7-58 是带灭火器箱组合式消火栓柜的安装详图,从图面上可知组合式消防柜由两部分组成,上部为 950 mm×700 mm×240 mm 的单栓消防箱,下部为 650 mm×700 mm×240 mm 的灭火器箱。组合式消防柜是用钢和铝合金材料制成,消防给水支管可从消火栓箱后面进箱,管中心距箱底 100 mm,管中心距消火栓中心 200 mm,消火栓中心距箱前表面 140 mm,距后表面 100 mm。

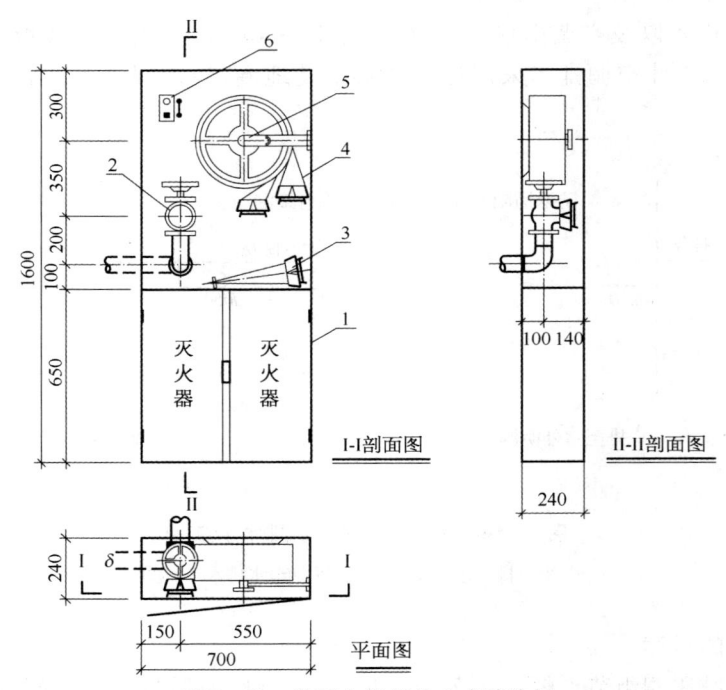

图 7-58　带灭火器箱组合式消防柜

1—消防柜；2—DN65 消火栓；3—ϕ19 水枪；4—DN65 衬胶水带；5—水带卷盘；6—消防按钮

(3) 地上式消防水泵接合器详图。图 7-59 是地上式消防水泵接合器的安装图,SQ 型水泵接合器的工作压力为 1.6 MPa,最小流量为 110 m³/h,水泵接合器由闸阀、止回阀、安全阀、排水阀和 KWS 型接口等组成。

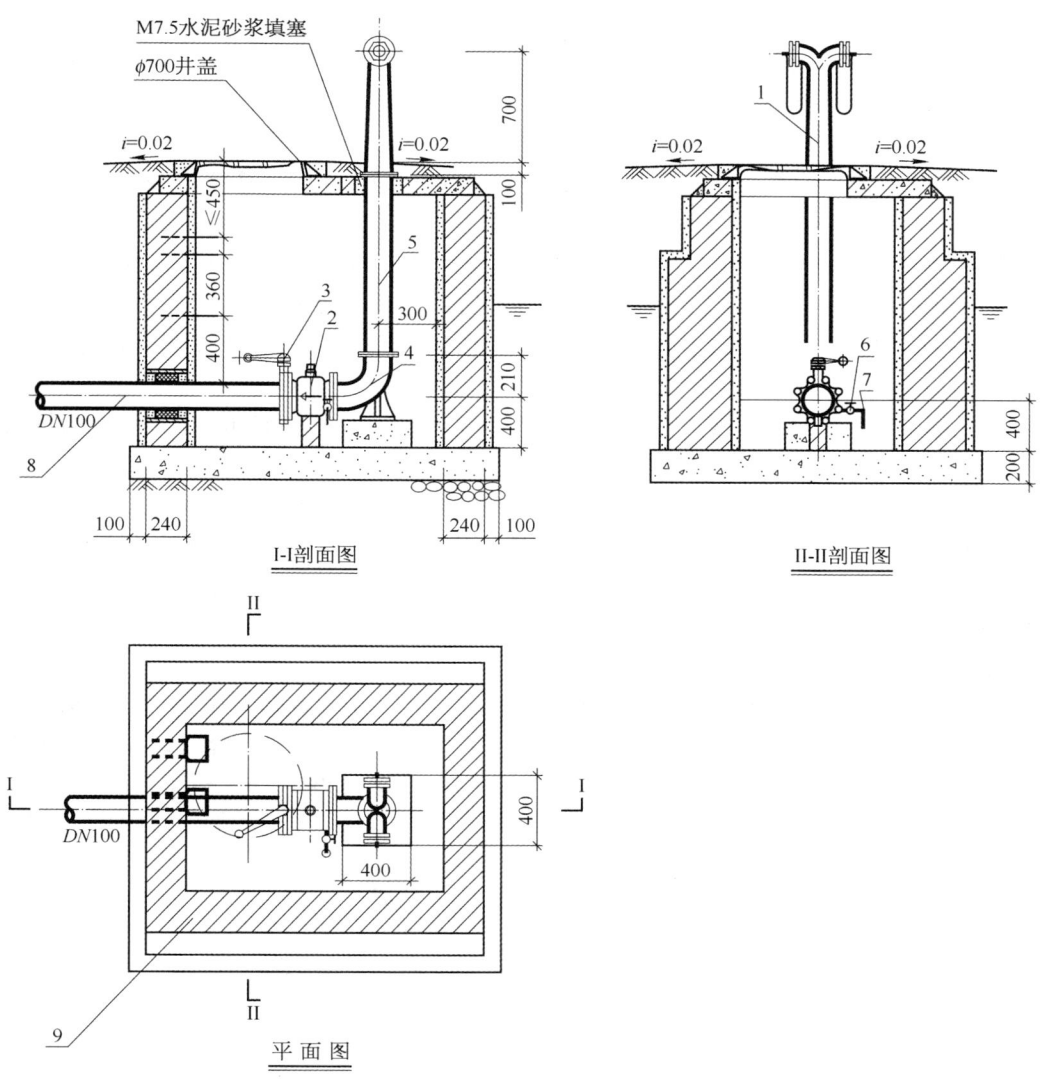

图 7-59　SQ100 型地上式消防水泵接合器安装图
1—DN100 消防接口本体；2—DN100 安全止回阀；3—DN100 蝶阀；4—DN100 90°弯头；5—DN100 法兰接管；
6—DN25 截止阀；7—DN25 镀锌钢管；8—DN100 法兰直管；9—阀门井

第四节　室外给水排水管道施工图

一、给水系统

1. 给水系统的组成

室外给水工程是指从取水，经净水、贮水最后通过输配水管网，送到用水建筑物的这样一个系统。室外给水工程可以分为城市给水系统和建筑小区或工厂厂区室外给水系统。

建筑小区或工厂厂区给水工程的范围是从城市给水工程的水表井起，至建筑物室外阀门井或水表井止，包括室外给水管道、附件及阀门井室等。

2. 建筑小区或工厂厂区给水管网

室外给水管网的敷设方式分埋地敷设和架空敷设两种,一般大多数采用埋地敷设。管材主要采用给水铸铁管,石棉水泥或自应力水泥刚性接口,近年来采用柔性接口球墨铸铁管越来越普遍。

给水管网的布置有树枝式和环状式两种。树枝式是指给水管网像树枝一样从干管到支管,如果管网中有一处损坏,将影响它以后管线的用水;环状式是将管网连接成环,一旦部分管线损坏,断水范围较小。居住小区的室外给水管网,宜布置成环状,或与市政给水管道连接成环状网。环状给水管网与市政给水管的连接管不宜少于两条。

居住小区的室外给水管道,应沿区内道路平行于建筑物敷设,宜敷设在人行道、慢车道或草地下。

室外给水管道管顶最小覆土深度不得小于土壤冰冻线以下 0.15 m,行车道下的管线覆土深度不宜小于 0.7 m。

室外给水管道上的阀门,宜设阀门井或阀门套筒。

室外消火栓应沿道路设置,并宜靠近十字路口,消火栓距路边不应超过 2 m,距房屋外墙不宜小于 5 m。室外消火栓的间距不应超过 120 m,其保护半径不应超过 150 m。室外消火栓的形式分地上式和地下式两种。

二、排水系统

室外排水系统可分为污水排除系统和雨水排除系统。污水排除系统是指生活污水和工业废水系统,它是由管道、泵站、处理构筑物及出水口所组成。雨水排除系统由房屋雨水排除管道、厂区或庭院雨水管、街道雨水管道及出水口所组成,如图 7-60 所示。

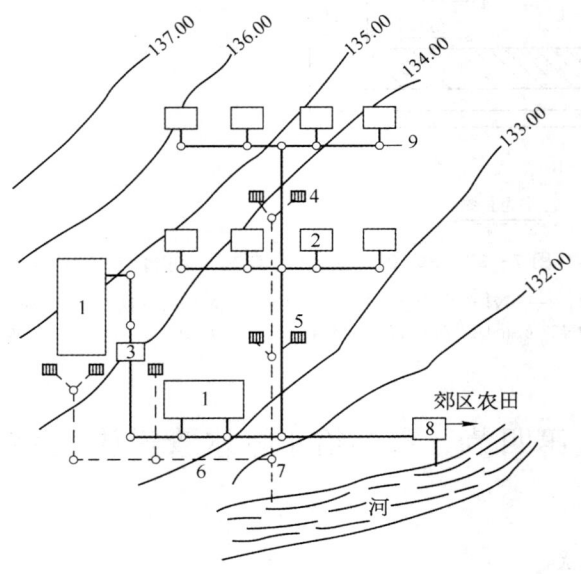

图 7-60 排水系统的组成

1—生产车间;2—住宅;3—局部污水处理构筑物;4—雨水口;5—污水管道;
6—雨水管道;7—出水管渠;8—污水处理厂;9—检查井

室外的排水体制有分流制和合流制两种。分流制是指生活污水、工业废水和雨水分别用两个或两个以上的排水系统进行排除的体制。合流制是指污水和雨水用同一管道系统排除的体制。

污、废水在排放前应加以适当处理,处理方法有物理处理、生物处理、污泥处理和专用回收处理等。

污水的局部处理构筑物有化粪池、隔油井、消毒池等。

室内排水管道与城市排水管道之间的管道系统,称为庭院排水系统、住宅小区排水系统或厂区排水系统。庭院排水管道通常设在房屋有卫生间和厨房间的一侧,以减少室内污水排出管的长度。庭院排水管道宜沿建筑物平行敷设,与室内污水排出管交接处应设检查井,检查井与房屋外墙距离不宜少于2.5~3 m,但也不要大于10 m,大于10 m时应在排出管上另设检查井。

室外排水管道在管道方向改变处、交汇处、坡度改变处以及高程改变处都要设置检查井,直线管段长度超过一定数值时,也要设检查井。室外排水系统在管道底面高程急剧变化的地点和水流流速需要降低的地点,应设置跌水井。小型排水构筑物可查阅小型排水构筑物国标图集。

雨水管道系统的雨水口,一般设在道路边沟上,两个雨水口的直线间距最小为30 m,最大为80 m,雨水口通常以砖砌或混凝土浇制,雨水口与总管的连接管道长度不得超过25 m。

三、施工图的识读

1. 室外给水排水管道总平面布置图

室外给水排水管道总平面图是画在建筑总平面图上,因此建筑物、构筑物、道路的形状、坐标、标高、编号等应与建筑总平面图相一致。

给水管道用粗实线表示,各类井室及污水局部处理构筑物都采用图例表示,并按规定进行编号。

图上应绘制出市政给水排水与住宅小区或工厂厂区管道连接点的位置、连接井编号、管径、坐标、标高及水流方向。应绘出建筑物的给水引入管和污废水排出管的具体位置,并标注定位尺寸。

排水管道用粗虚线表示,在管道始端、转弯、变坡、交汇等处均应设检查井。检查井在图上用2~3 mm小圆圈表示,检查井应从上游开始,按主次之分进行编号。比较简单的管网应在检查井处标注各流向的管内底标高,还要标注坡度和管径。

给水管道应标注管径、管段长度。

室外给水排水管道平面图,主要表示一个厂区、地区(或街区)给水排水布置情况。识读的主要内容和注意事项如下。

(1) 查明管路平面布置与走向。给水管道的走向是从大管径到小管径,通向建筑物的;排水管道的走向则是从建筑物出来到检查井,各检查井之间从高标高到低标高,管径是从小到大的。

(2) 室外给水管道要查明消火栓、水表井、阀门井的具体位置。当管路上有泵站、水池、水塔以及其他构筑物时,要查明这些构筑物的位置,管道进出的方向,以及各构筑物上管道、阀门及附件的设置情况。

(3) 要了解给水排水管道的埋深及管径。管道标高往往标注绝对标高,识读时要搞清楚地面的自然标高,以便计算管道的埋设深度。室外给水排水管道的标高通常是按管底来标注的。

(4) 室外排水管道识读时,特别要注意检查井的位置和检查井进出管的标高。当没有标高标注时,可用坡度计算出管道的相对标高。当排水管道有局部污水处理构筑物时,还要查明这些构筑物的位置,进出接管的管径、距离、坡度等,必要时应查看有关的详图,进一步搞清构筑物的构造以及构筑物上配管情况。

2. 纵断面图

由于地下管路种类繁多,布置复杂,为了更好地表示给水排水管道的纵断面布置情况,有些工程还绘制管道纵断面图。识读时应该掌握的主要内容和注意事项如下。

(1) 查明管道、检查井的纵断面情况。有关数据均列在图样下面的表格中,一般应列有设计地面标高、自然地面标高、检查井编号及距离、管道埋深、管内底或管中心标高、水平距离、管材和平面示意图等。

(2) 由于管道长度方向比直径方向大得多,绘制纵断面图时,纵竖向采用不同的比例。横向比例,城市(或居住区)为1∶5 000或1∶10 000,工矿企业为1∶500或1∶1 000;竖向比例为1∶50或1∶100。

(3) 重力流管道不绘制管道纵断面图时,可采用管道高程表,管道高程表格式及内容见表7-10。

表 7-10 管道高程表

序号	管段编号		管长(m)	管径(mm)	坡度(‰)	管底坡降(m)	管底跌落(m)	设计地面标高(m)		管底标高(m)		埋深(m)		备注
	起点	终点						起点	终点	起点	终点	起点	终点	

3. 详图

室外给水排水详图,主要是表示管道节点、检查井、室外消火栓、阀门井、水塔水池构件、水处理设备及各种污水处理设备等,有些已制成标准图在全国或某一地区内通用。识读方法与室内给水排水详图的识读方法相同,不再介绍。

4. 识读举例

图7-61和图7-62是新建办公楼室外给水排水管道平面图和纵断面图,试对其进行识读。

室外给水管道布置在办公楼的北面,距外墙约2 m(用比例尺量),平行于外墙埋地敷设,管径 $dn75$,由三处进入大楼,其管径分别为 $dn32$、$dn50$、$dn32$。室外给水管道在大楼西北角转弯向南,接水表后与市政自来水管道连接。

室外排水管道有两个系统,一个是生活污水系统,另一个是雨水系统,生活污水系统经化粪池后与雨水管道汇总排至市政排水管道。

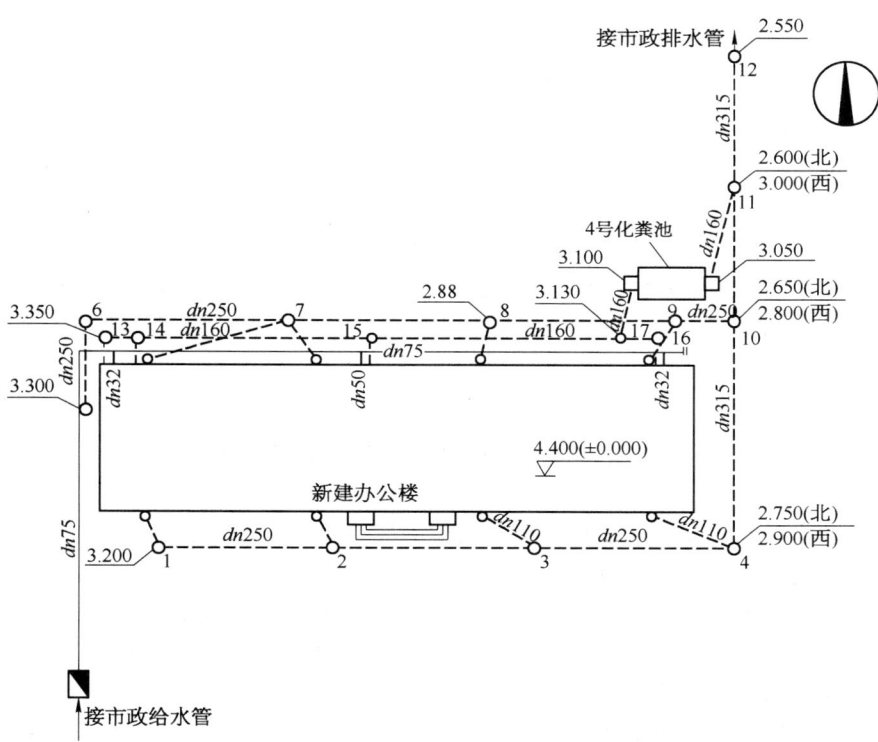

图 7-61 办公楼室外给水排水管道平面图

高程(m)			dn250 2.90	dn250 2.80	dn160 3.00	
设计地面标高(m)		4.10	4.10	4.10	4.10	
管底标高(m)		2.75	2.65	2.60	2.55	
管道埋深(m)		1.35	1.45	1.50	1.55	
管径(m)			dn315	dn315	dn315	
坡度			0.002			
距离(m)			18	12	12	
检查井编号		4	10	11	12	
平面图						

图 7-62 排水管道纵断面图

生活污水管道由大楼三处排出,排水管管径、埋深需另见室内排水管道施工图。生活污水管道平行于大楼北外墙敷设,管径 $dn160$,管路上设有五个检查井(编号为 13、14、15、16、17),大楼生活污水汇集到 17 号检查井后,排入 4 号化粪池,化粪池的出水管接至 11 号检查井,与雨水管汇合。

室外雨水管收集大楼屋面雨水,大楼南面设四根雨水立管、四个检查井(编号 1、2、3、4),北面设有四根立管、四个检查井(编号 6、7、8、9),大楼西北设一个检查井(编号 5)。南、北两条雨水管管径均为 $dn250$,雨水总管自 4 号检查井至 11 号检查井管径为 $dn315$,污水雨水汇合后管径仍为 $dn315$,雨水管起点检查井的管底标高分别为 1 号检查井 3.200 m、5 号检查井 3.300 m,总管出口 12 号检查井管底标高为 2.550 m,其余各检查井管底标高可查看图 7-61 或图 7-62。

第五节　按施工图计算材料

施工一个项目或安装一个管路系统所需要的材料,一般是按施工图计算出来的,作为正式施工用的图纸都必须经过建设单位、设计单位、监理单位和施工单位共同会审。计算工程材料的工作应在深入了解施工图纸表达的设计意图的基础上进行,计算工程材料是一项细致的工作,要反复深入地看图,充分理解和弄清管路系统的工作原理、流程、组成,并要熟悉图上的各种标注和施工说明。

计算工程材料除了对图纸的正确理解和作深入地研究外,还必须具备施工工艺知识,对安装材料的种类、规格、型号、适用范围以及选用方法等一定要心中有数,也可以借助于材料手册解决材料规格、重量等数据。施工方法不同,工程材料的选用也有所不同,如钢管采用螺纹连接时,其连接件采用螺纹管配件,若采用焊接连接时,其连接件可能采用压制管件或焊接管件,因此在进行材料计算之前,应根据施工技术交底要求确定施工方法,按照规定的施工方法,对图纸进行分析,计算出相应的工程材料。当施工图纸不能反映某些设备、器具的安装材料时,应参照有关的详图或标准图计算材料。

一、工程材料的计算规则和方法

(1) 室、内外给水排水管道的计算分界线当给水引入管在室外设有阀门的,以阀门为分界线;引入管不设阀门的,以距建筑物外墙表面 1.5 m 为分界线。室、内外排水管道以排出管出户第一个检查井为分界线。

(2) 室、内外给水排水所用管子是以管材品种不同(如镀锌焊接钢管、排水铸铁管、硬聚氯乙烯管等)、管径大小分别沿平面图、剖面图的管道中心线量取或按系统图上管道标高进行计算,以延长米为单位。计算时不扣除管道配件、阀门及其他附件的长度,排水管道计算时要扣除检查井等各种局部构筑物所占长度,坡度影响不另行计算。

(3) 阀门和水表应按不同的种类、型号、规格以"个"为单位进行计算,水表成组安装时,应将水表、阀门、管配件等分别单独进行计算。

(4) 室内给水排水管道配件,如螺纹弯头、三通、内外接头、异径外接头、活接头、通丝外接头、给水铸铁管管件、排水铸铁管管件和塑料管件等均以个为单位,按不同种类、规格进行计算。法兰以"片"为单位进行计算,中间法兰按两片计算,阀门法兰或与设备连接法兰按实际数量计算。

(5) 消火栓分室内消火栓和室外消火栓进行计算,计算时以"组"为单位。每组室内消火栓应包括消火栓、消火栓箱、水枪、水龙带、报警按钮等,计算时要注明规格、型号、尺寸。与其连接的管件、附件和固定用材料应另行计算。

(6) 各类卫生器具按"组"计算。计算时应根据当地市场供货的特点决定每种卫生器具所包括的内容,不包括在每组供货范围内的附件应另行计算,如存水弯、不锈钢软管、角形截止阀等。

各种不同的卫生器具可按供货商提供的样品或样本进行计算。

淋浴器安装计算材料时,要将管子、淋浴器明阀、配件、莲蓬头、管卡等全部分析计算出来。小便槽冲洗水箱、冲洗管应按小便槽长度查施工详图进行计算。

(7) 管道支、吊架凡采用成品件的(如立管卡子、吊卡等),按管道口径大小和设置需要以"个"为单位进行计算,需要加工的(如角钢支架)则要计算加工所需要的具体材料。

(8) 管道油漆应根据底漆、面漆不同要求,先计算出油漆面积,再按各种不同油漆涂刷的消耗定额,计算出所需油漆的数量。

(9) 各种辅助材料可根据加工安装的需要,参照材料消耗定额进行估算。

二、计算举例

【例1】 图 7-63~图 7-65 是某住宅给水排水平面图和系统图。给水管采用 PP-R 给水管,排水管采用 PVC-U 排水管,平面图比例 1:100,试计算该工程所需主要材料。

先熟悉图纸。从平面图和系统图可以看出,本住宅为五层,每个单元内有卫生间和厨房间,卫生器具为低水箱坐便器、洗脸盆、浴盆和厨房洗涤盆各一组。给水系统编号 J-1、J-2,排水系统编号 P-1~P-4。

现根据施工图计算一个单元所需主要材料。第一步,在系统图变径处作好标志,然后根据平面图量出水平管道的长度,按系统图给出的管道标高计算管段的长度,并记在系统图上(图上用圆圈内数字表示)。第二步,计算管配件和管道附件,利用系统图和平面图对照起来进行计算,分清规格尺寸,相同的累积相加,计算时要充分考虑安装和检修上的需要,并正确选用各种管件,如三通是顺水三通还是 45°斜三通,是 90°弯头还是两只 45°弯头,以及转换接头等。第三步,计算卫生器具,按组(套)计算。第四步,估算辅助材料,力求准确,不要漏项。经过计算,住宅一个单元的主要材料见表 7-11~表 7-13。

表 7-11 给水系统主要材料表

材料名称	规格型号	单位	数量	备注(计算式)
PP-R 给水管	DN40	m	3.80	1.5+0.3+[1.0-(-1.0)]
PP-R 给水管	DN32	m	3.00	4.0-1.0
PP-R 给水管	DN25	m	6.00	10.0-4.0
PP-R 给水管	DN20	m	51.75	[0.8+2.0+(2.8-1.0)+2.0+(2.8-0.25)+0.6]×5+(13-10)
PP-R 给水管	DN15	m	10.60	[(0.45-0.25)+0.8+0.7+(0.67-0.25)]×5

（续表）

材料名称	规格型号	单位	数量	备注(计算式)
内螺纹铜球阀	DN40，Q11F-16T	只	1	
内螺纹铜球阀	DN20，Q11F-16T	只	5	1×5
干式水表	DN20	只	5	1×5
PP-R 90°弯头	DN40	只	1	
PP-R 90°弯头	DN20	只	21	4×5+1(立管)
PP-R 90°弯头	DN15	只	10	2×5
PP-R 内螺纹 90°弯头	DN15×1/2″	只	10	2×5
PP-R 三通	DN40×20	只	1	
PP-R 三通	DN32×20	只	1	
PP-R 三通	DN25×20	只	2	
PP-R 三通	DN20	只	5	1×5
PP-R 内螺纹三通	DN20×1/2″	只	10	2×5
PP-R 异径接头	DN40×32	只	1	
PP-R 异径接头	DN32×25	只	1	
PP-R 异径接头	DN25×20	只	1	
PP-R 异径接头	DN20×15	只	10	2×5
PP-R 外螺纹直通	DN40	只	2	配 DN40 内螺纹球阀
PP-R 外螺纹直通	DN20	只	5	1×5,配 DN20 内螺纹球阀
PP-R 内螺纹直通	DN20	只	5	1×5,配 DN20 水表
水表箱		只	5	1×5
塑料管卡	DN40	只	1	
塑料管卡	DN32	只	2	
塑料管卡	DN25	只	4	
塑料管卡	DN20	只	42	8×5+2(立管用)
塑料管卡	DN15	只	30	6×5
角钢	∟40×4	m	5	
U 形螺丝	DN20	只	10	2×5

表 7-12 排水系统主要材料表

材料名称	规格型号	单位	数量	备注(计算式)
PVC-U 排水管	$dn110$	m	30.1	$3+[15.9-(-1.2)]+(1.2+0.8)\times 5$
PVC-U 排水管	$dn50$	m	18.5	$(0.9+1.4+0.9+0.5)\times 5$
PVC-U 内螺旋排水管	$dn75$	m	20.1	$3+[15.9-(-1.2)]$,用于厨房排水立管
PVC-U 90°弯头	$dn110$	只	5	1×5
PVC-U 90°弯头	$dn50$	只	15	3×5
PVC-U 45°弯头	$dn110$	只	2	用于立管与排出管的连接
PVC-U 45°弯头	$dn75$	只	2	用于立管与排出管的连接
PVC-U 45°弯头	$dn50$	只	5	1×5(平面转角)
PVC-U 顺水三通	$dn110$	只	10	2×5
PVC-U 顺水三通	$dn110\times 50$	只	10	2×5
横向进水型三通	$dn75\times 50$	只	5	配内螺旋管用
PVC-U 防臭地漏	$dn50$	只	5	
PVC-U 检查口	$dn110$	只	3	
PVC-U 检查口	$dn75$	只	3	
PVC-U 通气帽	$dn110$	只	1	
PVC-U 通气帽	$dn75$	只	1	
PVC-U 管卡	$dn110$	只	20	2×5(横管用)$+2\times 5$(立管用)
PVC-U 管卡	$dn75$	只	10	2×5(立管用)
PVC-U 管卡	$dn50$	只	5	

表 7-13 卫生工程材料表

材料名称	单位	数量	备注
低水箱坐便器	组	5	包括 DN15 角式截止阀、不锈钢软管
洗脸盆	组	5	包括面盆龙头、存水、角阀及软管
浴缸	组	5	包括龙头、排水附件
厨房洗涤盆	组	5	包括龙头、排水附件

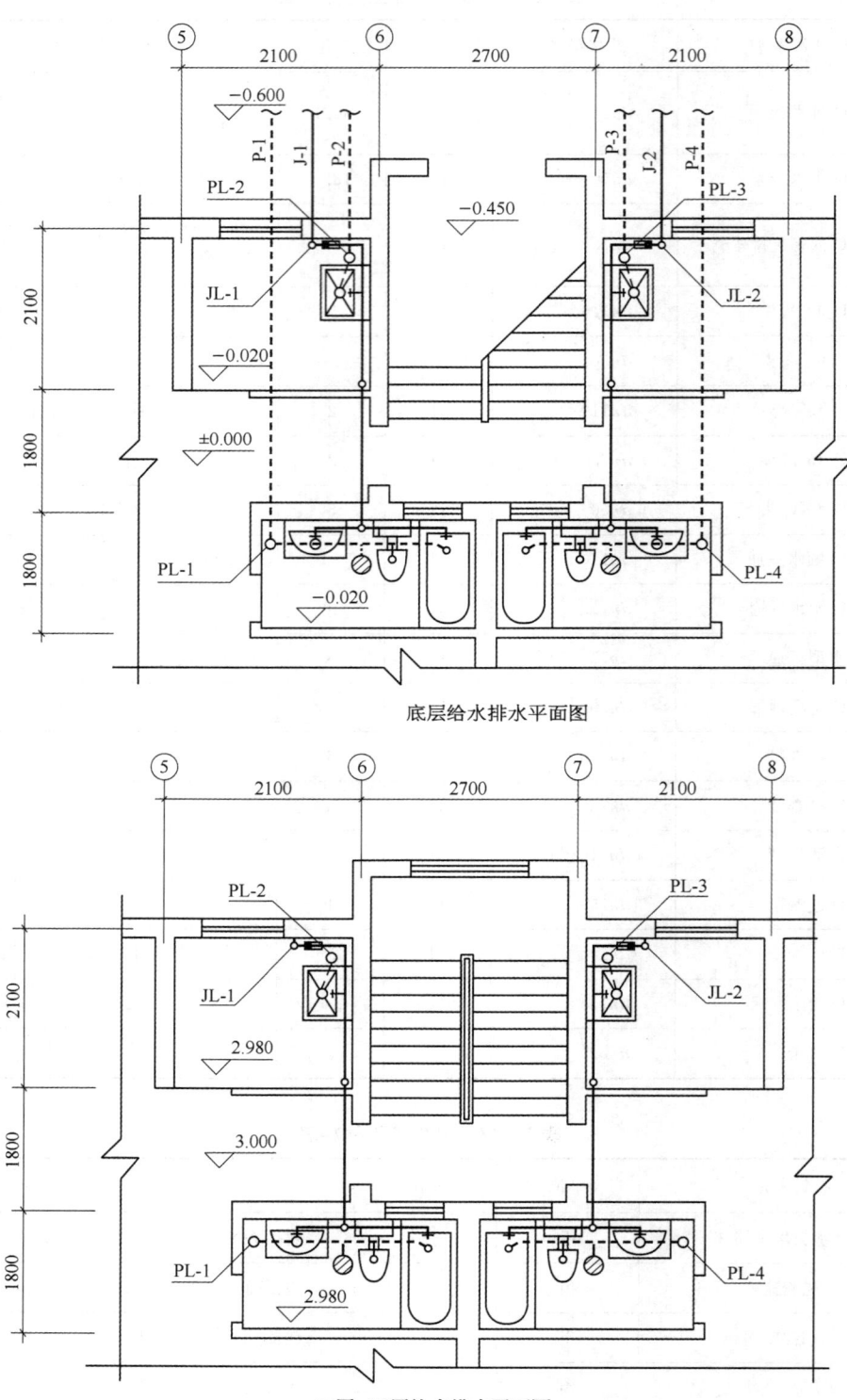

底层给水排水平面图

二层-五层给水排水平面图

图 7-63 某住宅给水排水平面图

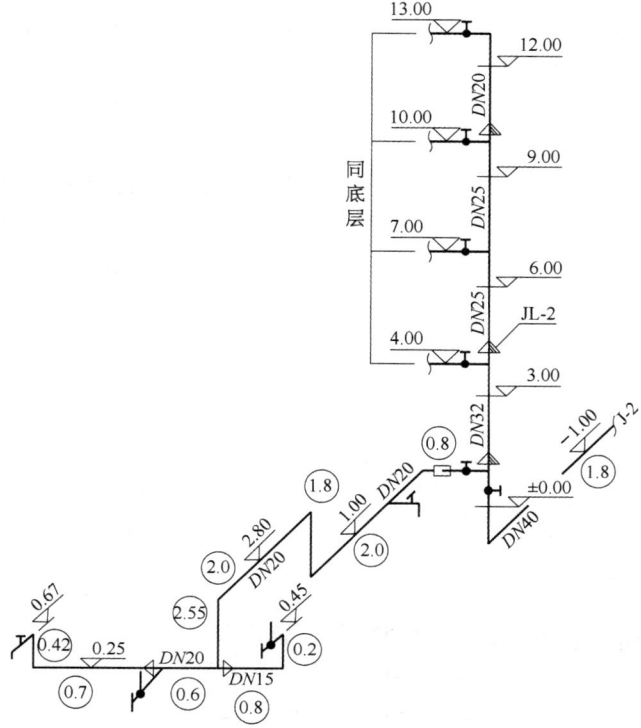

图 7-64 某住宅给水系统图

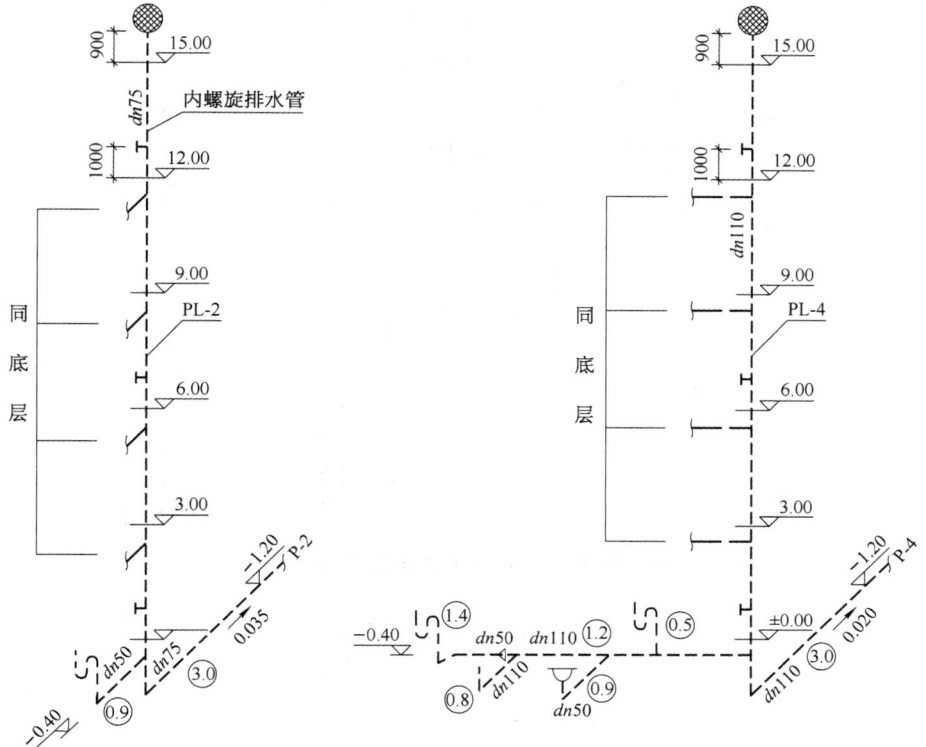

图 7-65 某住宅排水系统图

【例2】 图7-66和图7-67为某娱乐中心自动喷水灭火系统一、二层管道平面图,比例1:100。材料选用当 $DN \geqslant 100$ mm 时,采用无缝钢管热镀锌,沟槽机械连接;当 $DN <$ 100 mm 时采用镀锌钢管,螺纹连接,试根据施工图计算主要材料。

1) 分析施工图

本工程为两层建筑。自动喷水灭火系统从消防泵房内湿式报警阀组接出后,从建筑物北面进入室内,进入室内之前在室外设有 $\phi 1\,000$ mm 圆形给水阀门井,内设有 $DN100$ 法兰闸阀和 $DN100$ 法兰止回阀,室外设有两组地上式消防水泵接合器。室外管道标高 -1.40 mm。

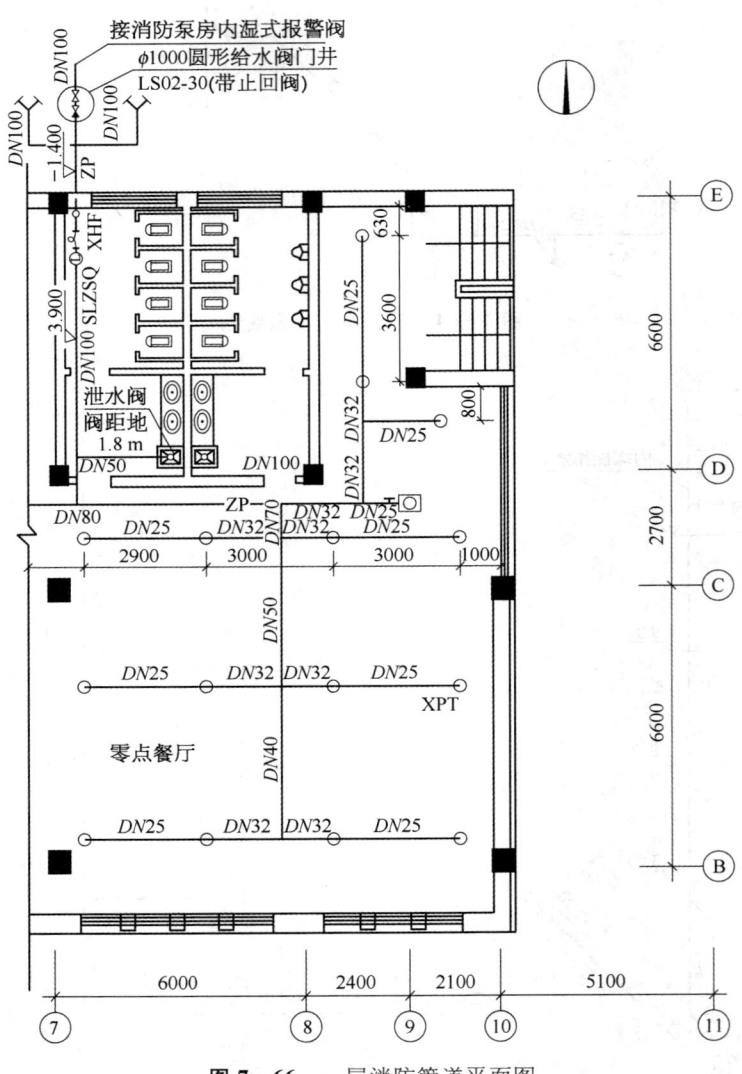

图7-66 一层消防管道平面图

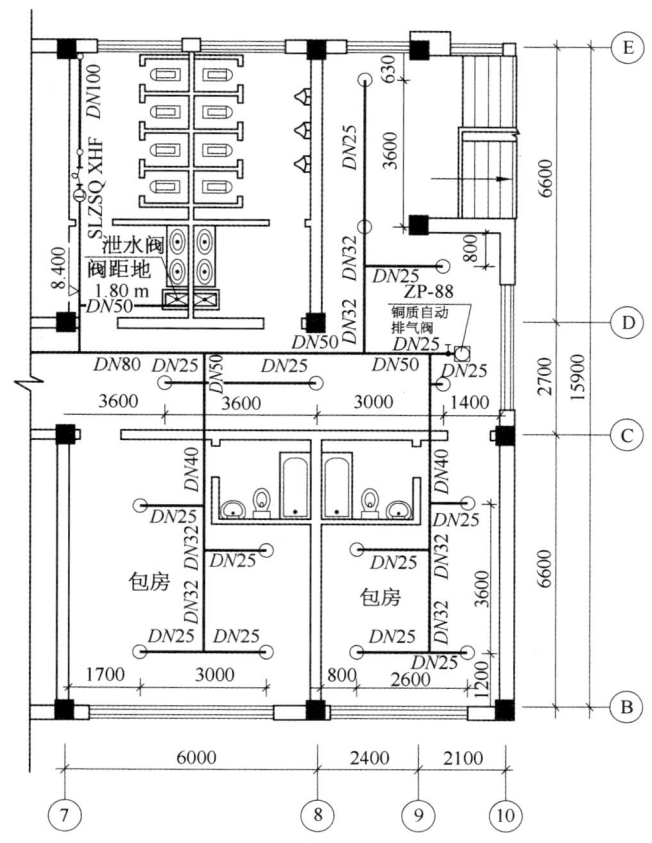

图 7-67 二层消防管道平面图

管道进入室内沿墙角设喷淋总管,管径 $DN100$。底层在标高 3.90 m 处开三通接出喷淋干管,管径 $DN100$,水平干管自北向南敷设,在靠近立管附近装设 $DN100$ 的信号阀和水流指示器,同时开三通接出 $DN50$ 的排水管,该排水管自西向东至洗涤盆上空,向下在立管上距地面 1.80 m 处设泄水阀。水平干管在 D 轴线附近开三通接出东西向配水干管,管径 $DN80$,在配水干管上接出两路配水管,一路自北向南,管径为 $DN70$、$DN50$ 和 $DN40$,在此配水管上接出三条配水支管,接 12 个喷头,另一路自南向北,管径为 $DN32$、$DN25$,接 3 个喷头。在管路末端设有 $DN25$、ZP-88 型铜质自动排气阀。

二层在标高 8.40 m 处从喷淋总管转弯接出水平干管,干管上的信号阀、水流指示器和排水管的设置与底层相同。水平干管在走廊里开三通接出东西向配水干管,管径 $DN80$、$DN50$,配水干管向南接出两条配水管,管径 $DN50$、$DN40$、$DN32$,接 11 个喷头,向北接出一条配水管,管径为 $DN32$、$DN25$,接 3 个喷头。系统末端也设置了 $DN25$ 自动排气阀。

喷头在平面图上的定位尺寸均已表示清楚,可仔细查阅。

2) 室外管道及喷淋总立管材料分析

$D108 \times 4.5$ 无缝钢管 19.8 m,其中室外总阀门至喷淋总立管长度(比例尺量)3.0 m;喷淋总立管长度 $8.4-(-1.4)=9.8$ m;消防水泵接合器管路长度(比例尺量和估算)7.0 m。

$DN100$	法兰闸阀	1只
$DN100$	法兰止回阀	1只
$DN100$	水泵接合器	2组(其中应包括$DN100$消防接口本体、$DN100$安全止回阀、$DN100$蝶阀、$DN100$ 90°弯头、$DN25$放水阀等)
$DN100$	90°沟槽弯头	4只
$DN100$	沟槽三通	1只
$DN100$	沟槽四通	1只
$DN100$	沟槽刚性卡箍接头	18只
$DN100$	沟槽挠性卡箍接头	1只(用于室外入户处)
$DN100$	沟槽法兰	4只(用于法兰阀门和水泵接合器的连接)

3) 底层喷淋管道材料分析

(1) 喷淋干管(自E轴线至D轴线)和配水干管(自7轴线至10轴线)管段材料如下。

$D108×4.5$	无缝钢管(比例尺量)	7.3 m
$DN80$	镀锌钢管(比例尺量)	4.9 m
$DN50$	镀锌钢管	2.5(水平管比例尺量)+(3.9-1.0)(立管)=5.4 m
$DN32$	镀锌钢管(比例尺量)	1.1 m
$DN25$	镀锌钢管(估算)	1.0 m(用于连接自动排气阀)
$DN100$	对夹信号蝶阀	1只
$DN100$	马鞍型水流指示器	1只(不需配沟槽法兰)
$DN50$	截止阀	1只(放水阀)
$DN25$	螺纹球阀	1只
$DN25$	ZP-88型铜质自动排气阀	1只
$DN100$	沟槽法兰	2片(配对夹信号蝶阀用)
$DN100$	沟槽正三通	1只
$DN100×80$	沟槽异径管(卡箍螺纹式)	1只
$DN100$	沟槽刚性卡箍接头	5只
$DN100×50$	螺纹式机械三通	1只
$DN80×70$	镀锌中小三通	1只
$DN32$	镀锌正三通	1只
$DN50$	镀锌90°弯头	1只
$DN25$	镀锌90°弯头	1只
$DN80×32$	镀锌异径接头	1只
$DN32×25$	镀锌异径接头	1只

(2) 配水管及配水支管材料如下。

$DN70$	镀锌钢管(比例尺量)	0.8 m
$DN50$	镀锌钢管	3.6 m
$DN40$	镀锌钢管	3.6 m

$DN32$	镀锌钢管	$3.0\times3+3.0=12.0$ m
$DN25$	镀锌钢管	$2.9\times3+3\times3+3.6+2=23.3$ m(另外短立管一根长度 $3.9-3.2=0.7$ m,15 根短立管共计长度 $0.7\times15=10.5$ m,两项总计 33.8 m)
$DN70\times32$	镀锌四通	1 只
$DN50\times32$	镀锌四通	1 只
$DN40$	镀锌正三通	1 只
$DN32\times25$	镀锌三通	8 只
$DN25$	镀锌 90°弯头	8 只
$DN70\times50$	镀锌异径接头	1 只
$DN50\times40$	镀锌异径接头	1 只
$DN40\times32$	镀锌异径接头	2 只
$DN32\times25$	镀锌异径接头	7 只
$DN25\times15$	镀锌异径接头	15 只
$DN15$	下垂式装饰型喷头	15 只

4) 二层喷淋管道材料分析

(1) 喷淋干管和配水干管管段材料如下。

$D108\times4.5$	无缝钢管	7.3 m
$DN80$	镀锌钢管(比例尺量)	3.1 m
$DN50$	镀锌钢管	5.4(排水管同底层)+5.4(比例尺量)= 10.8 m
$DN25$	镀锌钢管	1.0 m(估)
$DN100$	对夹信号蝶阀	1 只
$DN100$	马鞍型水流指示器	1 只
$DN50$	截止阀	1 只
$DN25$	球阀	1 只
$DN25$	ZP-88 型铜质自动排气阀	1 只
$DN100$	沟槽法兰	2 片
$DN100$	沟槽三通	1 只
$DN100\times80$	沟槽异径管(卡箍螺纹式)	1 只
$DN100$	沟槽刚性卡箍接头	5 只
$DN100\times50$	螺纹式机械三通	1 只
$DN80\times50$	镀锌三通	1 只
$DN50$	镀锌三通	1 只
$DN50\times32$	镀锌三通	1 只
$DN80\times50$	镀锌异径接头	1 只
$DN50\times25$	镀锌异径接头	1 只
$DN50$	镀锌 90°弯头	1 只

| DN25 | 镀锌 90°弯头 | 1 只 |

(2) 配水管及配水支管材料如下。

DN50	镀锌钢管(比例尺量)	$0.8 \times 2 = 1.6$ m
DN40	镀锌钢管	$3.0 \times 2 = 6.0$ m
DN32	镀锌钢管	$3.6 \times 2 + 3.0 = 10.2$ m
DN25	镀锌钢管	$3.0 \times 2 + 2.6 \times 2 + 3.6 \times 2 + 0.4 + 1.8 + 0.7 \times 14 = 30.4$ m

DN50×25	镀锌四通	1 只
DN50×25	镀锌三通	1 只
DN40×25	镀锌三通	2 只
DN32×25	镀锌三通	4 只
DN32	镀锌三通	2 只
DN25	镀锌 90°弯头	13 只
DN50×40	镀锌异径管	2 只
DN40×32	镀锌异径管	2 只
DN32×25	镀锌异径管	5 只
DN25×15	镀锌异径管	14 只
DN15	下垂式装饰型喷头	14 只

5) 其他材料

管道支架根据情况自行选用，一般可作吊架，也可以用角钢焊钢板再用膨胀螺栓固定在楼板上，支架制作还需电焊条、氧气、乙炔等材料。

螺纹连接的填料可选用聚四氟乙烯生料带。自动喷水灭火系统管道油漆，一般可采一度或二度底漆，再涂刷二度面漆，底漆可采用红丹防锈漆或醇酸底漆，面漆应采用红色油性调和漆或红色磁漆，选用油漆材料时要注意底漆和面漆的配伍。

无缝钢管应送电镀厂进行热镀锌，然后再进行滚槽加工。埋地无缝钢管应进行防腐处理，防腐处理应根据土壤腐蚀特性选择石油沥青防腐结构等级，一般情况下可选用普通级的三油三布。所需材料为 10 号建筑石油沥青、中碱玻璃布、$\delta = 0.2$ mm 的聚氯乙烯工业膜。

管道穿越楼板和墙壁时，应设套管，套管口径比管道直径大 1~2 档。

6) 主要材料汇总表

将室外、室内管道材料汇总后形成材料汇总表，见表 7-14。

表 7-14　自动喷水灭火系统材料表

材料名称	规格型号	单位	数量	备注
无缝钢管	D108×4.5	m	34.4	
镀锌钢管	DN125	m	0.9	制作套管
镀锌钢管	DN80	m	8.0	
镀锌钢管	DN70	m	0.8	
镀锌钢管	DN50	m	21.4	

（续表）

材料名称	规格型号	单位	数量	备注
镀锌钢管	DN40	m	9.6	
镀锌钢管	DN32	m	23.3	
镀锌钢管	DN25	m	66.2	
法兰闸阀	Z41T-10, DN100	只	1	
法兰止回阀	H44T-10, DN100	只	1	
水泵接合器	SQ100型, DN100	组	2	
对夹信号蝶阀	ZSXF型, DN100	只	2	
水流指示器(马鞍型)	ZSJZ型, DN100	只	2	
内螺纹截止阀	J11T-16, DN50	只	2	
内螺纹球阀	Q11F-16, DN25	只	2	
铜质自动排气阀	ZP-88型, DN25	只	2	
沟槽90°弯头	DN100	只	4	
沟槽三通	DN100	只	3	
沟槽四通	DN100	只	1	
沟槽法兰	DN100	只	8	
沟槽异径管	DN100×80	只	2	卡箍螺纹式
螺纹式机械三通	DN100×50	只	2	
沟槽刚性卡箍接头	DN100	只	28	
沟槽挠性卡箍接头	DN100	只	1	
下垂型玻璃喷头	ZST×15/68℃ DN15	只	29	另附装饰盘
镀锌螺纹三通	DN80×70	只	1	
镀锌螺纹三通	DN80×50	只	1	
镀锌螺纹三通	DN50	只	1	
镀锌螺纹三通	DN50×32	只	1	
镀锌螺纹三通	DN50×25	只	1	
镀锌螺纹三通	DN40	只	1	
镀锌螺纹三通	DN40×25	只	2	
镀锌螺纹三通	DN32	只	3	
镀锌螺纹三通	DN32×25	只	12	
镀锌螺纹四通	DN70×32	只	1	
镀锌螺纹四通	DN50×32	只	1	
镀锌螺纹四通	DN50×25	只	1	
90°镀锌弯头	DN50	只	2	
90°镀锌弯头	DN25	只	23	
镀锌异径接头	DN80×50	只	1	
镀锌异径接头	DN80×32	只	1	

(续表)

材料名称	规格型号	单位	数量	备注
镀锌异径接头	DN70×50	只	1	
镀锌异径接头	DN50×40	只	3	
镀锌异径接头	DN50×25	只	1	
镀锌异径接头	DN40×32	只	4	
镀锌异径接头	DN32×25	只	13	
镀锌异径接头	DN25×15	只	29	
角钢	∟50×4	m	23.8	
槽钢	⊏8	m	1.2	
钢板	$\delta=6$ mm	m²	2.2	
带帽U字螺丝	DN100	只	4	
带帽U字螺丝	DN80	只	2	
带帽U字螺丝	DN70	只	1	
带帽U字螺丝	DN50	只	2	
带帽U字螺丝	DN40	只	3	
带帽U字螺丝	DN32	只	6	
带帽U字螺丝	DN25	只	22	
膨胀螺栓	M12	只	16	
膨胀螺栓	M10	只	82	
电焊条	$\phi 3.2$ mm	kg	10	
氧气		瓶	2	
乙炔气		瓶	1	
聚四氟乙烯生料带		卷	12	

小 结

给水排水工程是管道施工人员接触较多的工程项目之一,其管路系统与某些化工装置相比较为简单,且设备少,施工图也容易识读,因而,对初学者来说,给水排水管道施工图是容易掌握的。在学习本章时,要重点领会以下几个方面。

(1) 掌握给水排水工程基本知识是识图的前提。要了解给水排水工程的系统组成和基本图式,给水排水工程施工工艺以及管路系统的布置、管道材料、设备、配件等。

(2) 给水排水工程平面图和系统图是用图例表示的,其管路布置与卫生器具的连接又都是示意性的,因此需要多看多记,熟悉它们。另外,管道支管的标高是依据卫生器具(或用水设备)来决定的,所以作为一个管道施工人员,对一些常用的安装尺寸应该熟记。

(3) 识读给水排水管道施工图时,管路系统走向依据系统图,平面位置和尺寸则依据平面图。并且,识读时要平面图与系统图对照一起看,有些地方表示不清楚,还要查阅详图。

给水工程施工图的看图顺序顺水流方向进行,室内管道按引入管、干管、立管、支管到卫生器具(或用水设备),室外管道由总管到支管或大管径管道到小管径管道。排水管道施工图的看图顺序也是顺水流方向的,室内管道从卫生器具存水弯、器具排水管、横管、立管到排出管,室外管道由支管到干管或由小管径管道到大管径管道。

(4)纵断面图用于街区管网,一般厂区给水排水工程施工图不画纵断面图,读者对纵断面图只要有一般性了解就可以了。

(5)为节省篇幅,本章对室外给水排水工程构筑物的配管未作详细介绍,特别是自来水厂和污水处理设备都未作介绍,读者如果需要这方面的知识,可阅读有关专著。

复习思考题

1. 给水排水管道施工图按图样内容分类可以分为哪几种,按图纸性质又可以分为哪几种?
2. 室内给水系统由哪几个基本部分组成? 常用的给水系统图式有哪几种?
3. 室内排水系统是由哪几个基本部分组成?
4. 屋面雨水排水方式有哪几种? 内排水系统由哪几部分组成?
5. 洗脸盆安装高度是多少? 冷、热水横管安装高度是多少?
6. 室内给水排水管道平面图识读的主要内容和注意事项是什么?
7. 室内给水排水管道系统图识读的主要内容和注意事项是什么?
8. 室外给水系统由哪些构筑物及管网组成?
9. 室外给水管网布置形式有哪几种?
10. 室外给水排水管道平面图识读的主要内容和注意事项是什么?
11. 室外给水排水管道纵断面图包括哪些内容?

练 习 题

1. 试画出一组并排三只坐式大便器的施工图。
2. 试对下列室内给水排水管道平面图和系统图进行识读并算出主要材料。

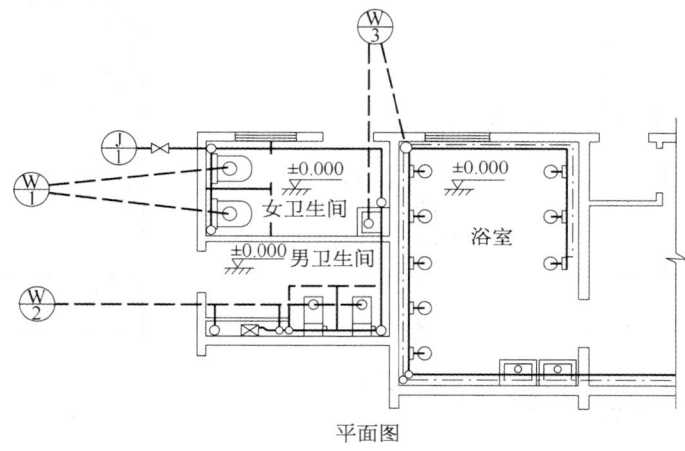

平面图

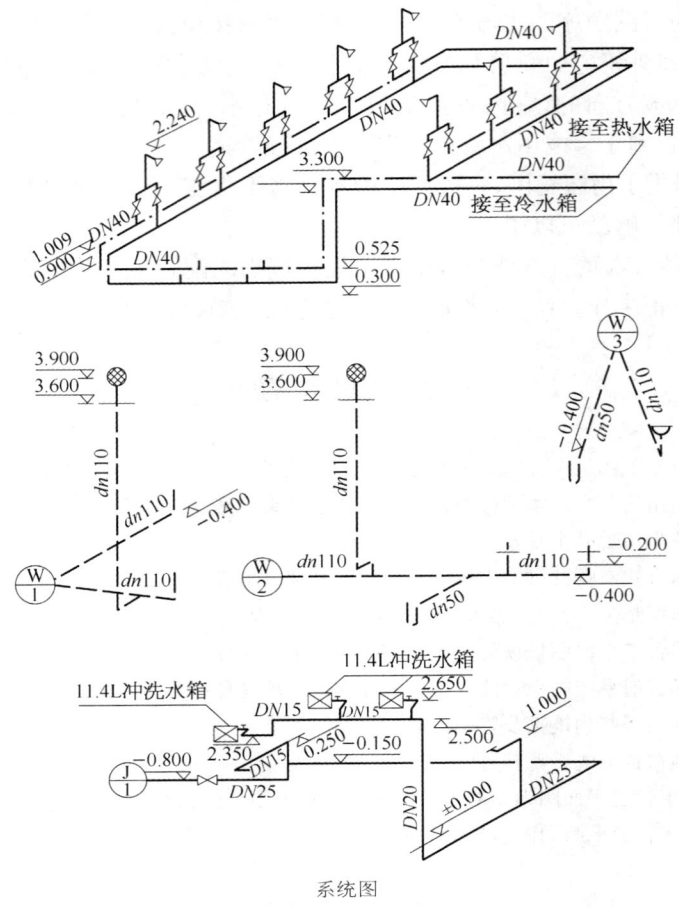

系统图

3. 试对二层办公楼卫生间的给水排水管道平面图和系统图进行识读并算出主要材料。

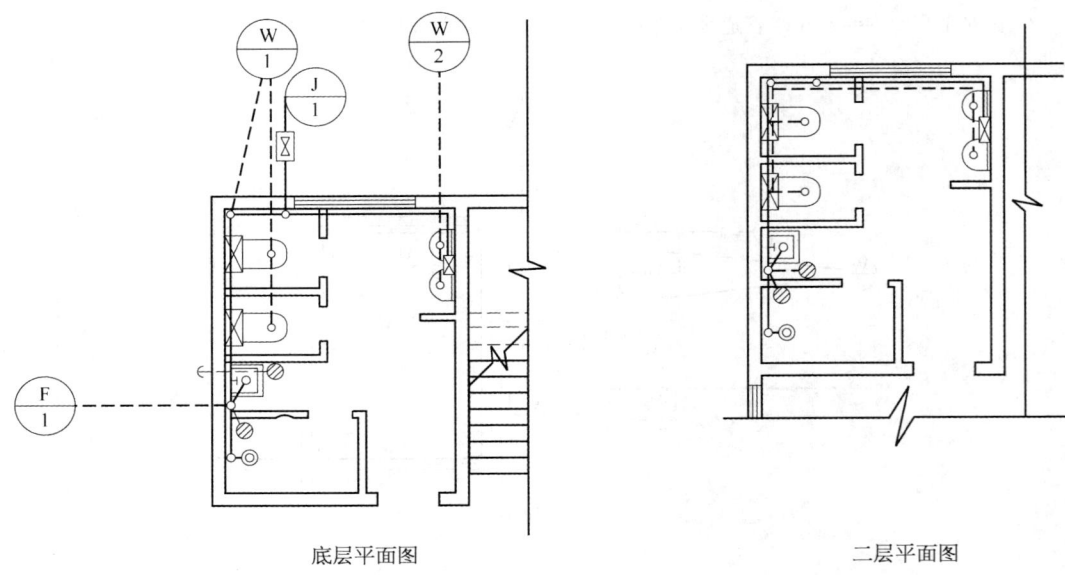

底层平面图　　　　　　二层平面图

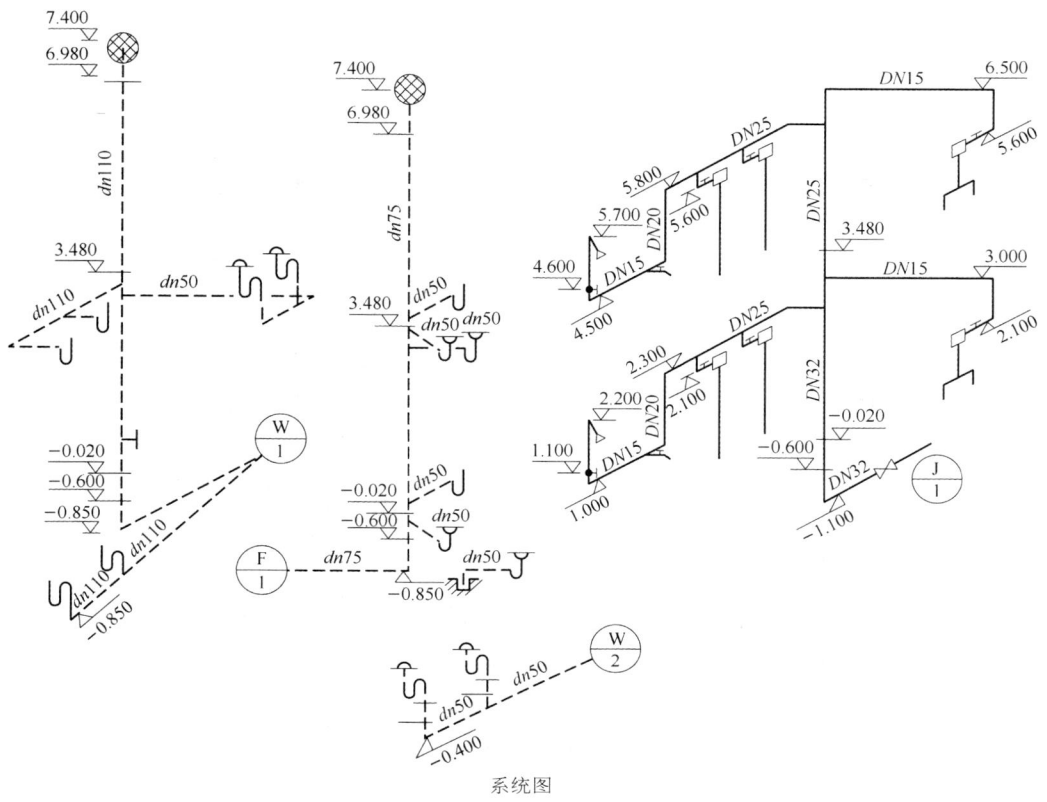

系统图

4. 试对六层办公楼消火栓管道施工图进行识读并计算主要材料。

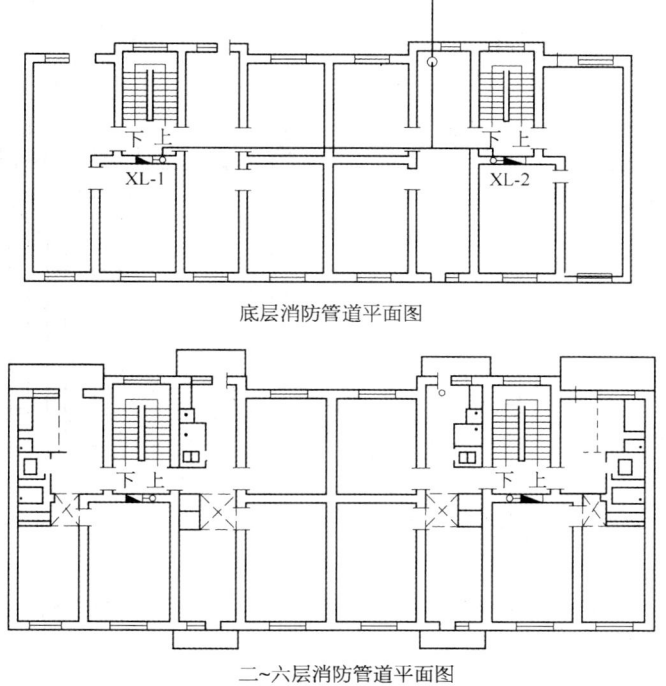

底层消防管道平面图

二~六层消防管道平面图

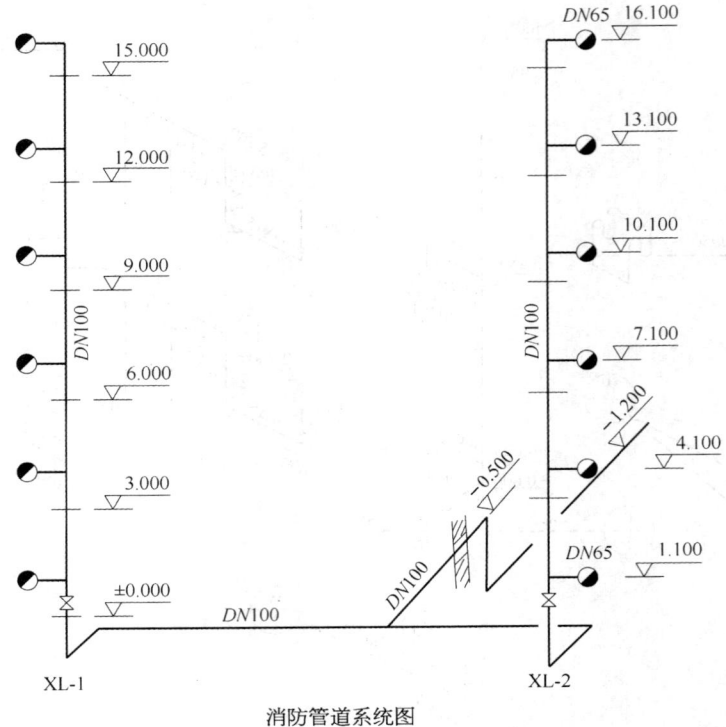

消防管道系统图

5. 试对某学校教学大楼的盥洗室、卫生间给水排水管道施工图进行识读并计算主要材料。

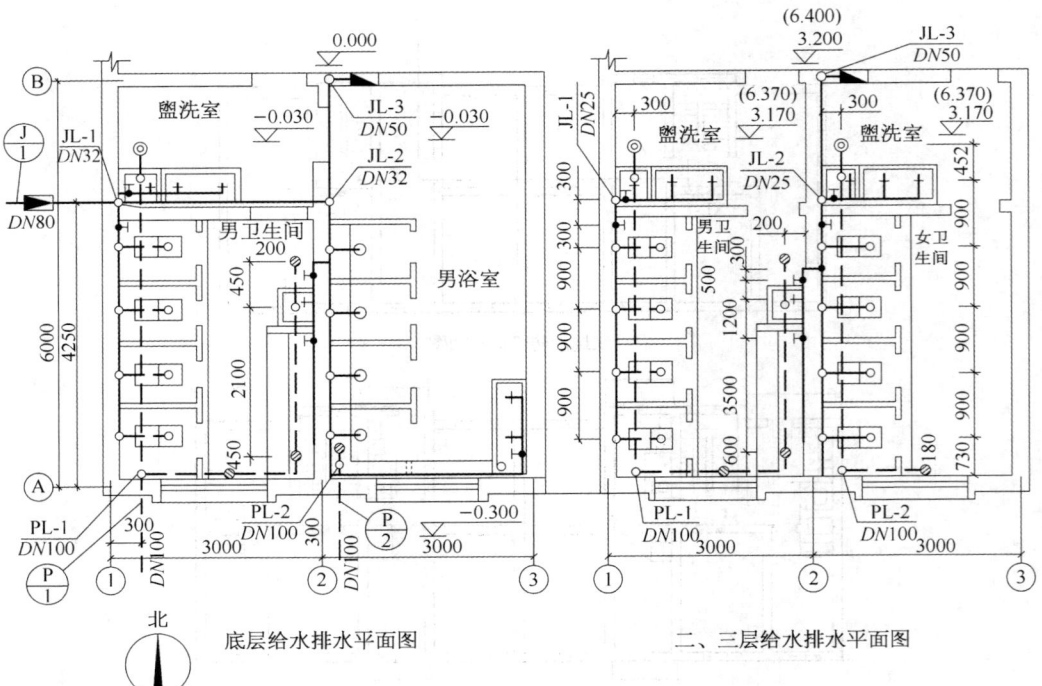

底层给水排水平面图　　　二、三层给水排水平面图

练习题

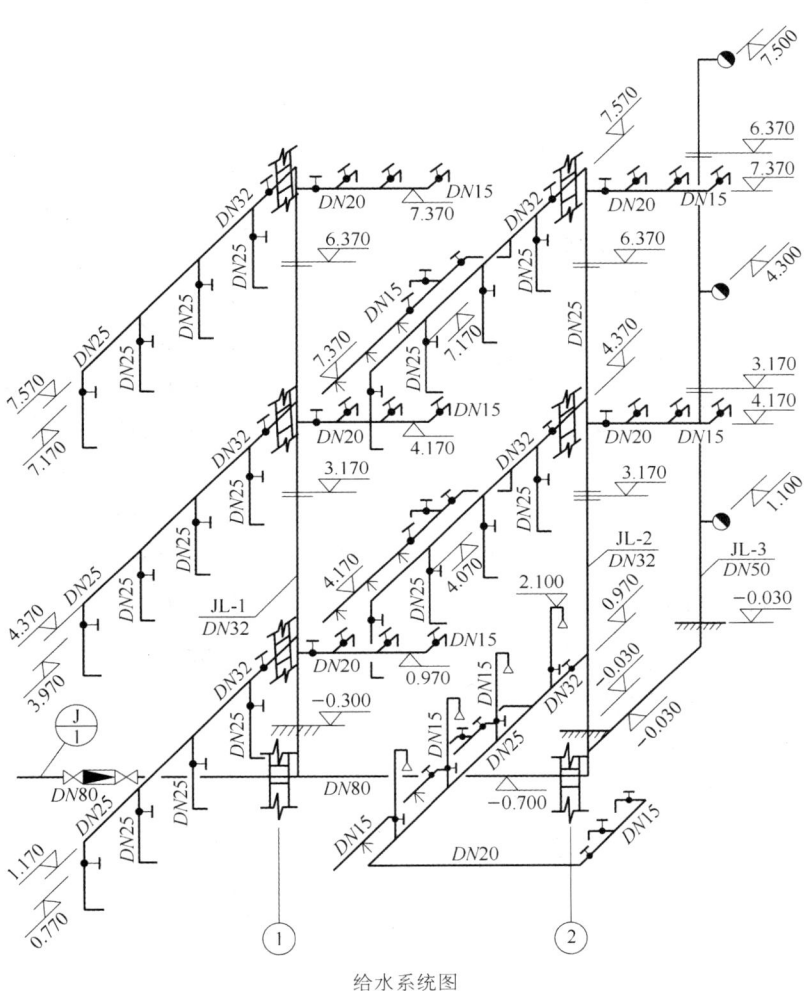

给水系统图

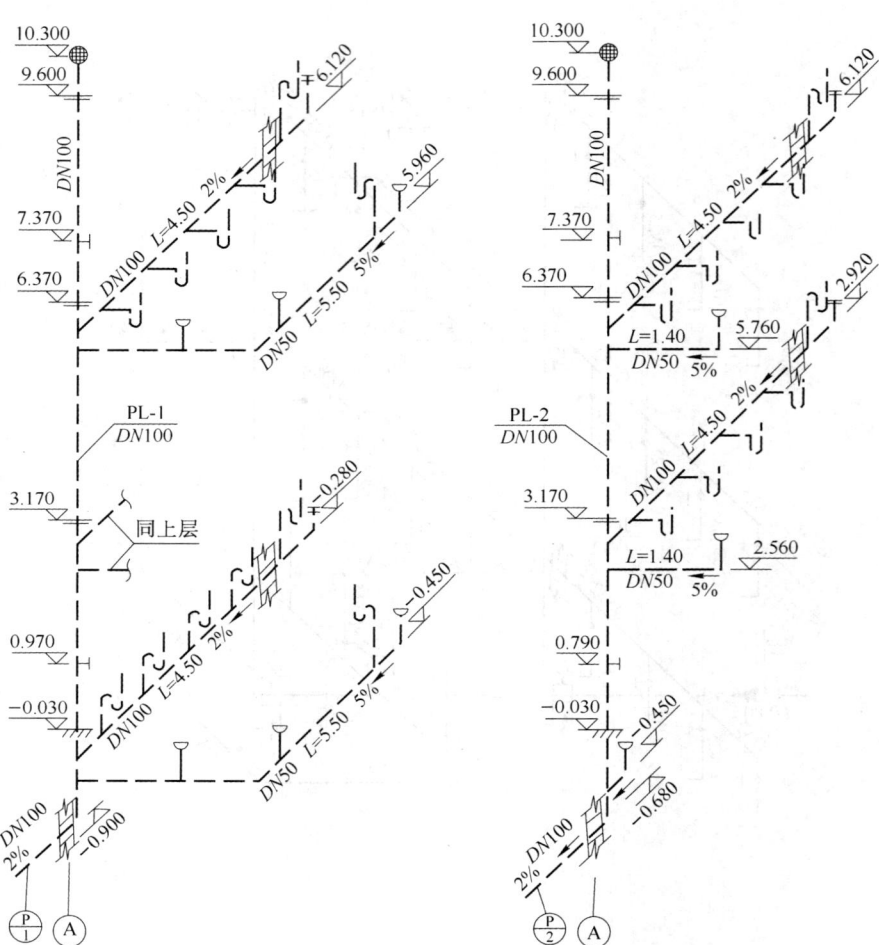

盥洗室、卫生间污水管道系统图　　　　浴室、卫生间、盥洗室污水管道系统图

6. 试对二级泵站管道施工图进行识读并计算主要材料。

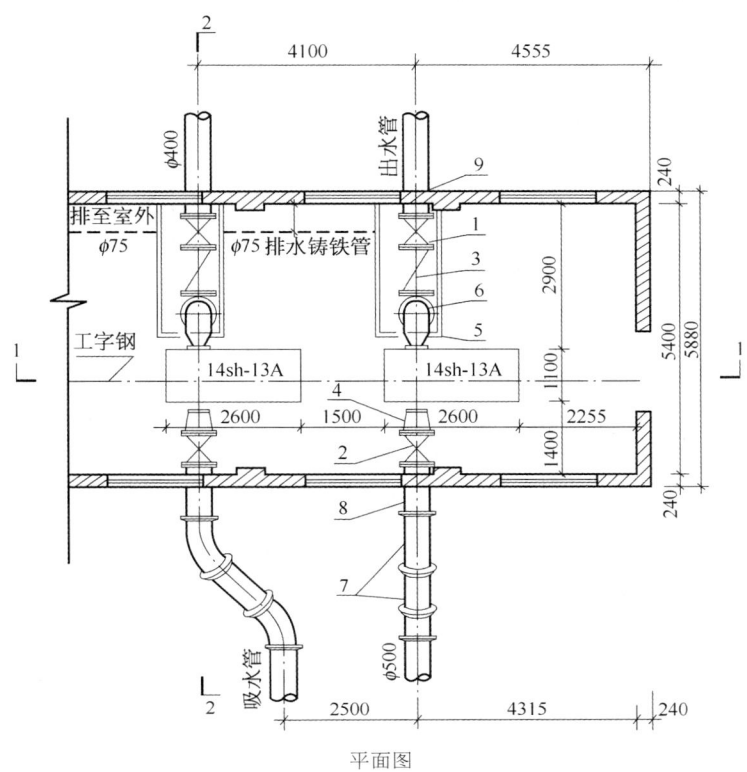

平面图

管配件数量表

编号	名称	规格	材料	符号	单位	数量	备注
1	闸门	$\phi 400$,Z944T-10	钢	⋈	只	2	
2	闸门	$\phi 500$,Z45T-10	钢	⋈	只	2	
3	止回阀	$\phi 400$,H44T-10	钢	⋁	只	2	
4	偏心渐缩管	$\phi 500 \times 350$	钢	⊲	只	2	S311-1,2ϕ350 法兰,$PN=1.25$ MPa
5	渐缩弯头	$\phi 400 \times 300 \times 90°$	钢	⌐	只	2	
6	弯头	$\phi 400 \times 90°$	钢	⌐	只	2	S311-1
7	弯头	$\phi 500 \times 45°$	铸铁	⌐	只	4	
8	短管	$\phi 500$,$L=1\,100$ mm	钢	⊢	只	2	
9	短管	$\phi 400$,$L=1\,500$ mm	钢	⊢	只	2	

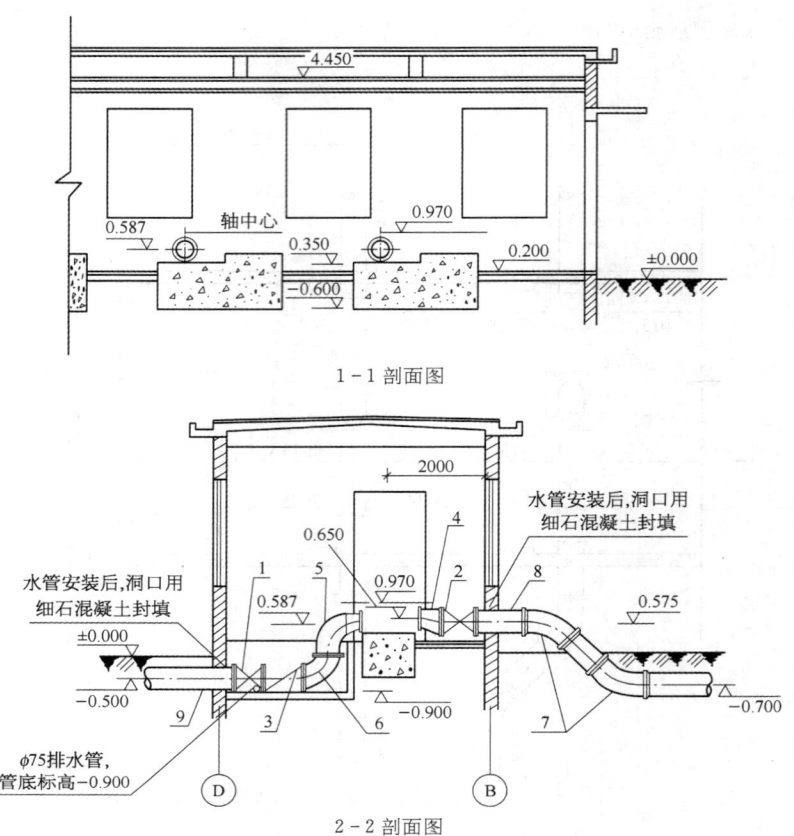

1—1 剖面图

2—2 剖面图

7. 试对水泵房管道施工图进行识读。

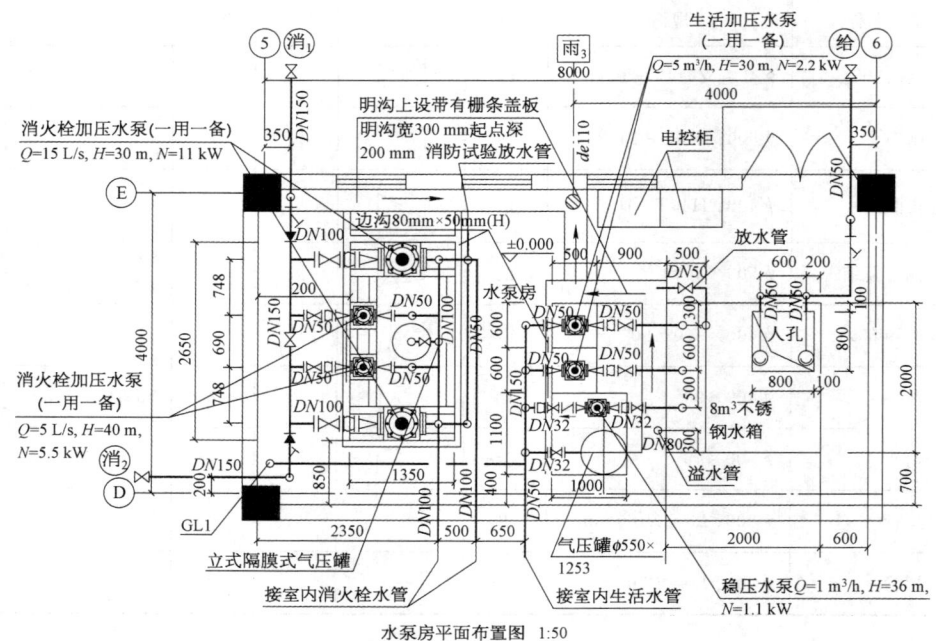

水泵房平面布置图 1:50

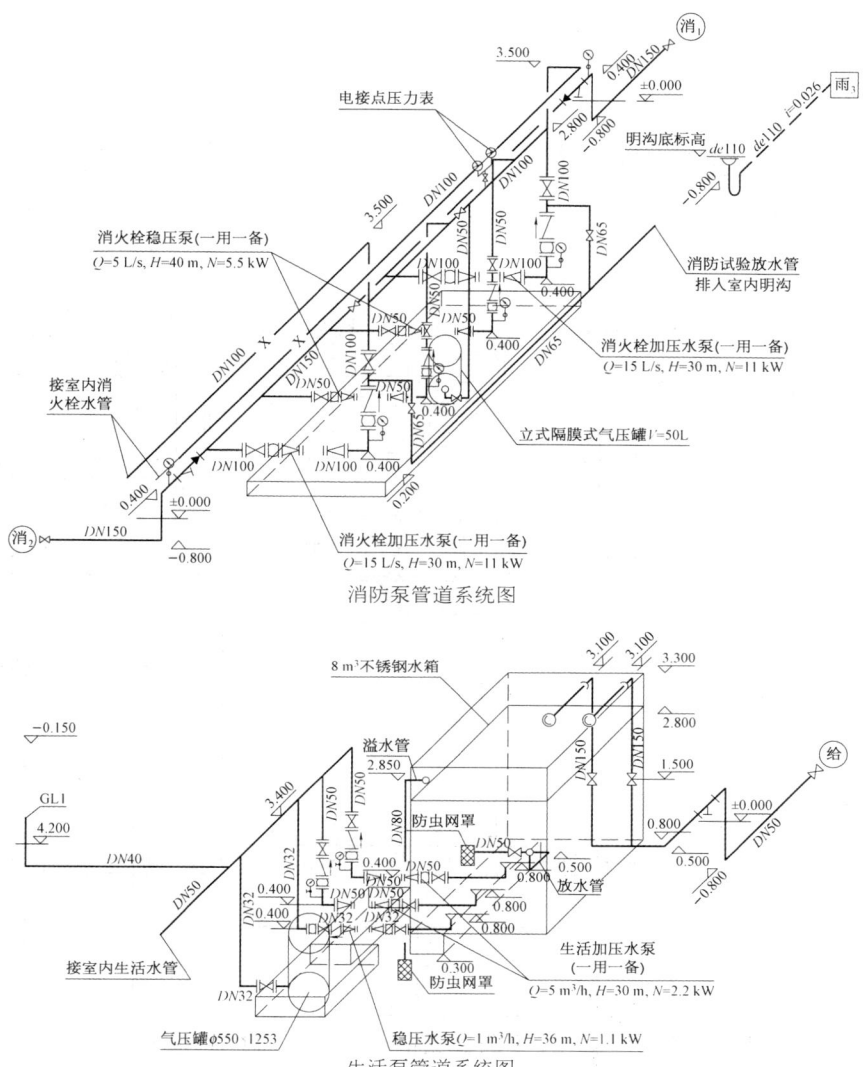

消防泵管道系统图

生活泵管道系统图

说 明

1. 本单体室内地坪相对标高为±0.000 m,室外地坪相对标高为−0.150 m。
2. 本工程生活加压水泵采用变频加压形式,其加压水泵选用两台(一用一备),性能为 $Q=5$ m³/h, $H=30$ m, $N=2.2$ kW。稳压水泵性能为 $Q=1$ m³/h, $H=36$ m, $N=1.1$ kW 一台。气压罐规格为 $\phi 550\times 1253$。
3. 消火栓增压稳压设备详见图集2002沪S/T-102,消火栓增压设备型号为XZW-0.30/50-0.40/18-50。其中消火栓加压水泵两台(一用一备),其性能为 $Q=15$ L/s, $H=30$ m, $N=11$ kW,稳压水泵两台(一用一备),其性能为 $Q=5$ L/s, $H=40$ m, $N=5.5$ kW,立式隔膜式气压罐容积为50 L。
4. 消火栓增压稳压设备中稳压压力由电接点压力表联动稳压泵进行控制。
5. 所有水泵基础先浇150 mm素混凝土,然后再配置与水泵匹配的隔振基础。
6. 生活加压水泵每台配置JSD-85型橡胶隔振器,支承点数为4点。软接头为可曲挠橡胶接头KXT-Ⅲ型,详见国标《立式水泵隔振及其安装》(95SS103)。
7. 消火栓加压水泵每台配置JSD-210型橡胶隔振器,支承点数为4点。软接头可曲挠橡胶接头KXT-Ⅲ型,详见国标《立式水泵隔振及其安装》(95SS103)。
8. 水箱为不锈钢成品水箱,水箱进水最高水位为2.80 m,最低水位为1.30 m,报警水位为2.90 m。

8. 试对某大楼底层自动喷水灭火系统平面图进行识读。

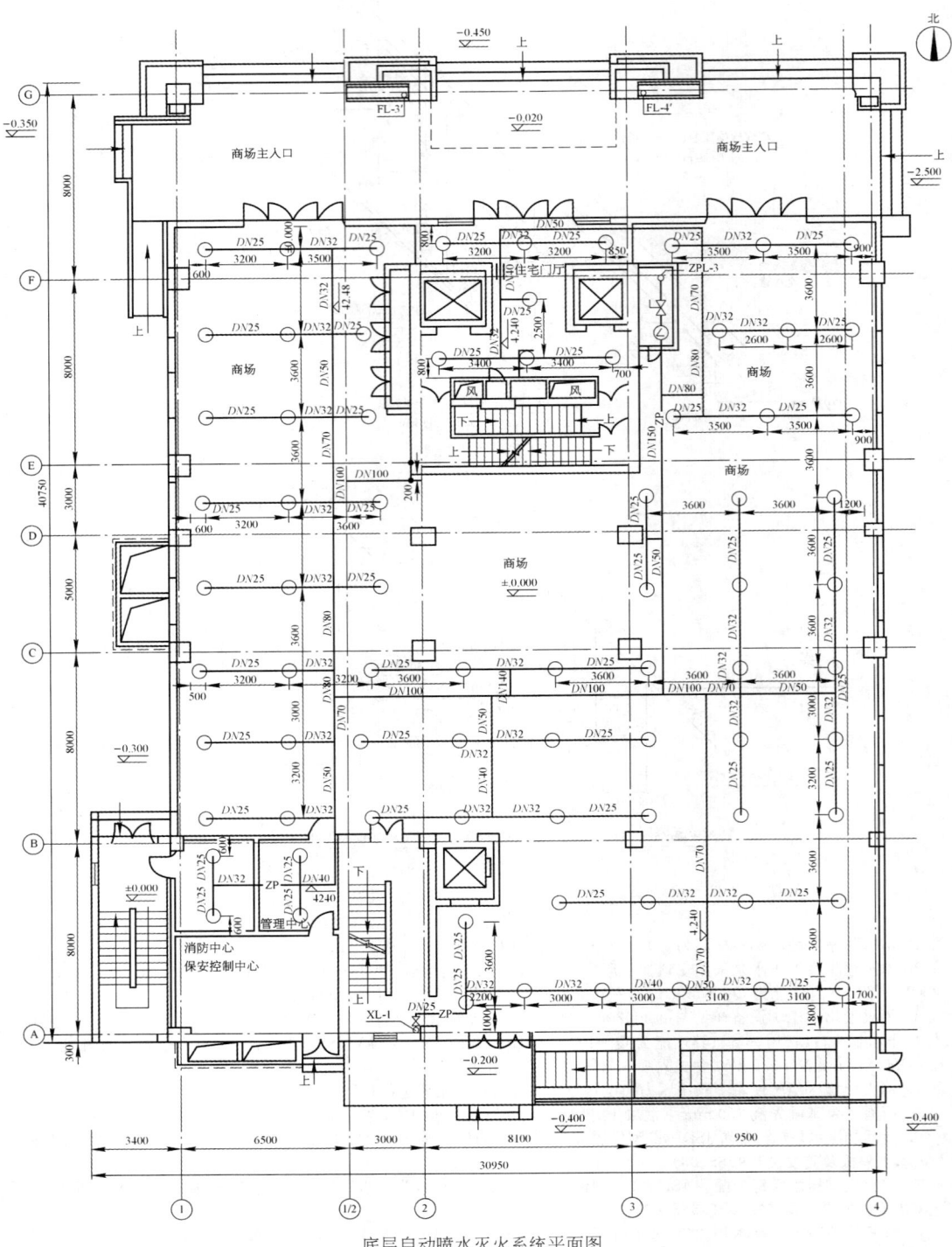

底层自动喷水灭火系统平面图

9. 试对某工厂厂区消防及雨水管道施工图进行识读。

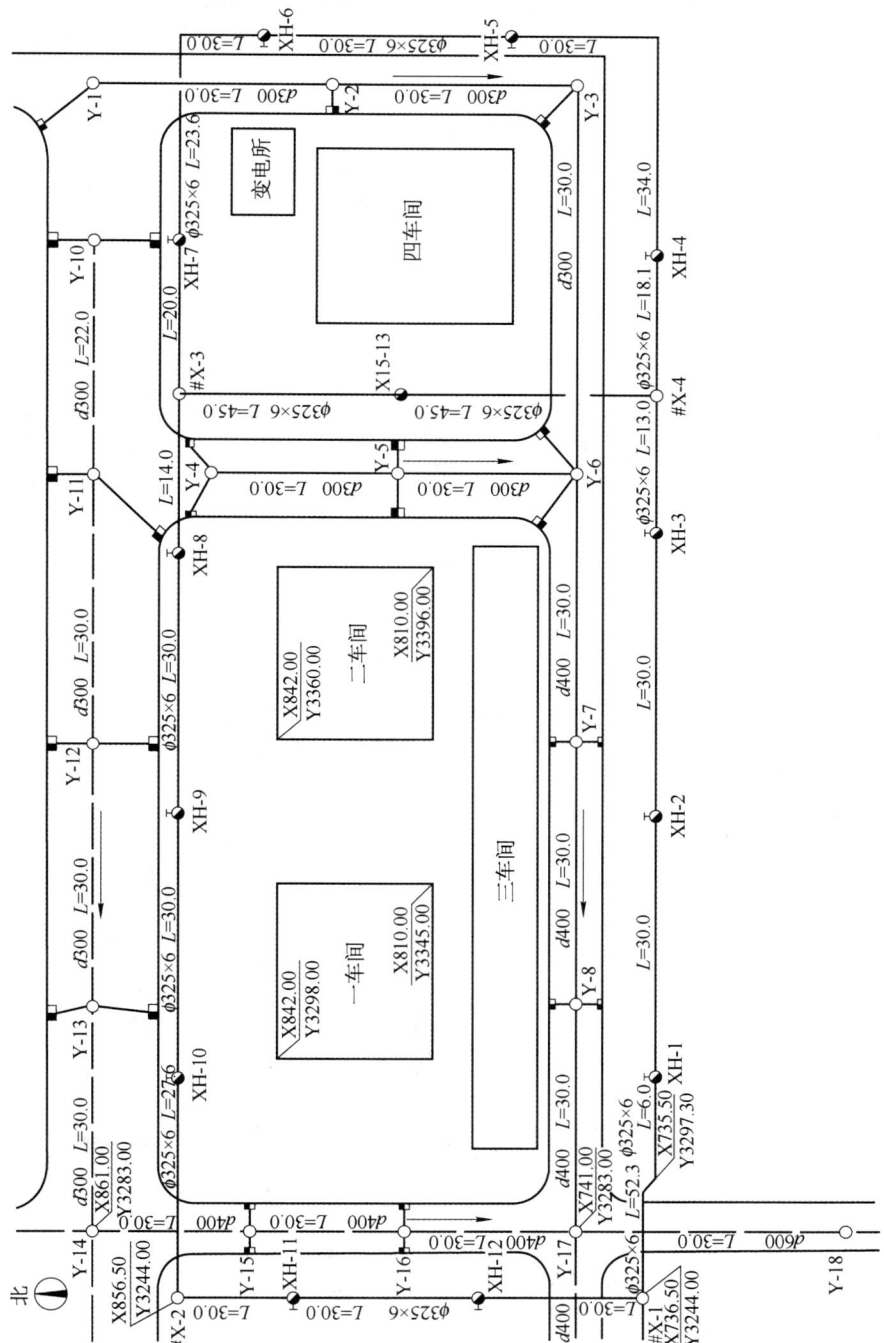

厂区消防及雨水管道总平面图

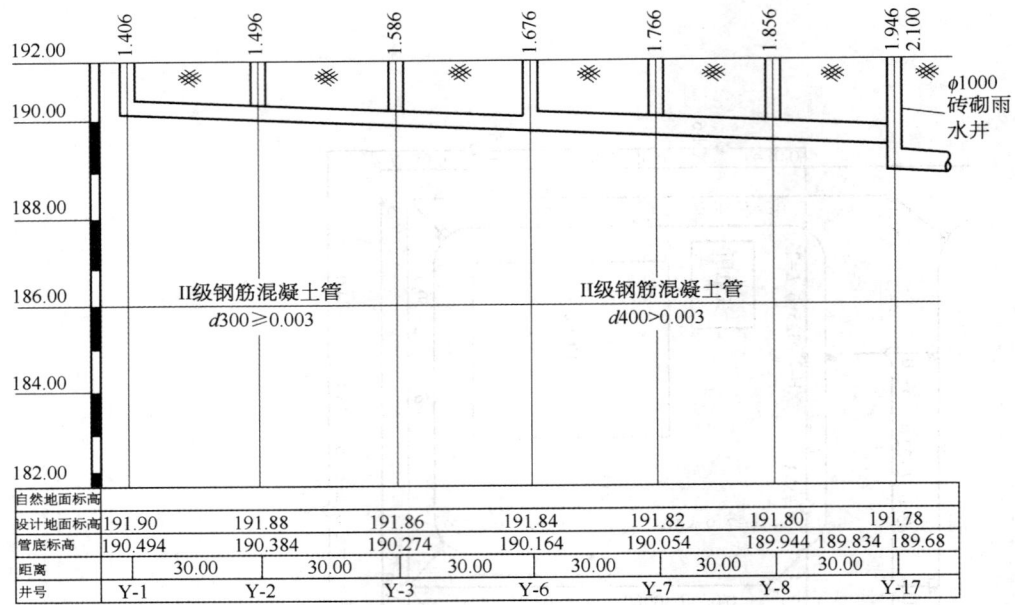

雨水管道纵断面图

10. 试对某建筑物室外给水排水施工图进行识读。

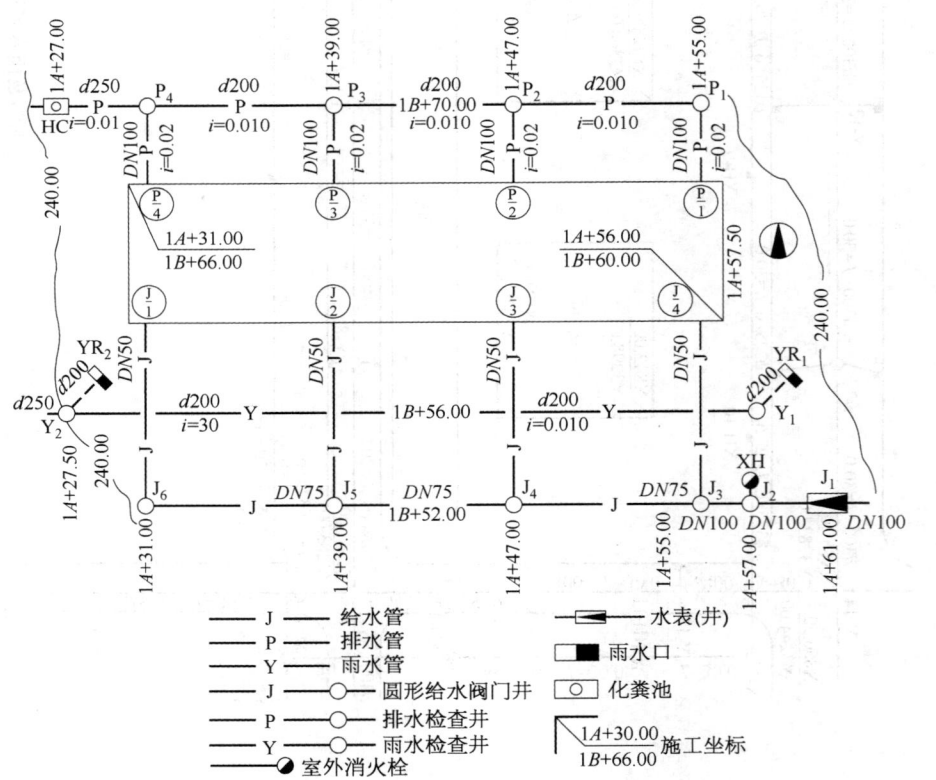

室外给水排水总体平面图

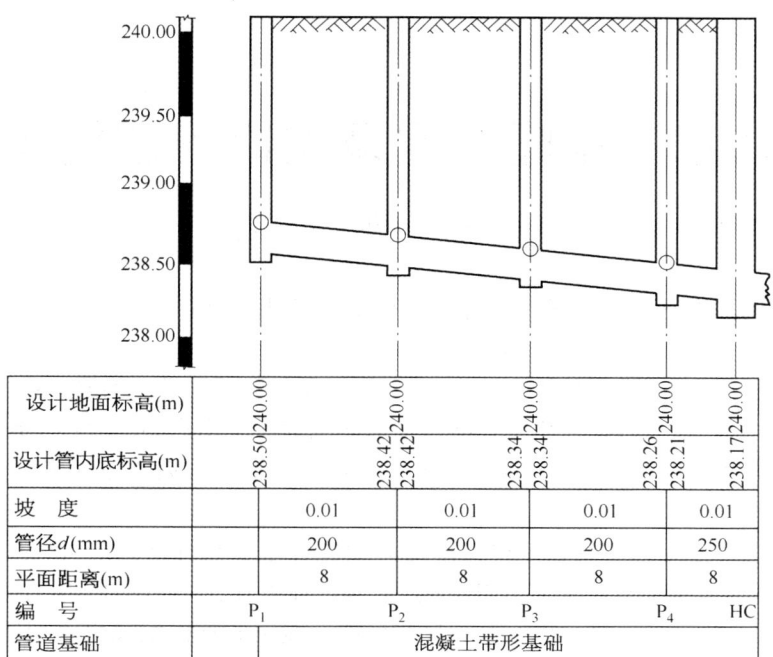

室外污水管道纵断面图

第八章 采暖与空调制冷管道施工图

第一节 概 述

采暖与空调工程是为了改善人们的生活和工作条件及满足生产工艺、科学实验的环境要求而设置的。

采暖供热工程由热源、室外热力管网和室内采暖系统所组成。热源一般指生产热能的部分,即锅炉房、热电站等;室外热力管网指输送热能到各个用户的部分(热能是以蒸汽和热水的形式作为介质来输送的);室内采暖系统则是指以对流或辐射的方式将热量传递到室内空气中去的采暖管道和散热器。

空调制冷系统是指为空调系统提供冷源的制冷设备及其管路系统,常见的制冷设备有电动冷水机组、溴化锂吸收式冷水机组、直燃型溴化锂吸收式冷热水机组、空气源热泵冷热水机组、地下井水源热泵冷热水机组等。这些机组一般制成整机型或模块型冷水机组,大型制冷站则由各个设备与管路系统组成,制备冷冻水为空调系统服务。

采暖与空调制冷管道施工图主要包括下列内容。

1. **设计及施工说明**

主要用来说明图纸中表达不出来的设计意图和施工中需要注意的问题。通常在工程设计及施工说明中写有总耗热量,总耗冷量,冷热媒的来源及参数,各不同房间内温度、相对湿度及空气洁净度,采暖及空调制冷管道材料的种类规格,冷热管道的保温材料、方法及厚度,管道及设备的刷油次数、要求等。

2. **施工图纸**

采暖与空调制冷管道施工图,包括管道平面布置图、剖面图、轴测系统图和详图。管道平面布置图主要表示管路及设备的平面位置以及与建筑物之间的位置关系。由于锅炉房、空调机房、冷冻机房等管路比较复杂,需要绘制管道剖面图,它主要表示管道及设备的竖向位置;比较复杂的室外供热管道,往往还应绘制纵断面图和横断面图。采暖与空调制冷管道均需绘制轴测系统图,因为轴测系统图能比较直观地反映管道的走向及管道与设备之间的关系。详图则主要是管道节点详图及标准通用图。

此外,图纸中还有设备表、材料表等。

采暖与空调制冷管道施工图通常按照国家标准《暖通空调制图标准》(GB/T 50114)规定绘制的,但也有些设计单位仍旧按照习惯画法绘制图样,在识读图纸时应予以注意。

由于图纸都是用图例符号画成的,因此在看懂了系统原理之后,还要结合设计施工说明和有关验收规范以及操作规程,考虑如何进行安装和怎样达到设计要求,这些都要经过不断地实践才能逐步达到熟练程度。

为了达到熟悉掌握施工图纸的目的,还必须学习和掌握采暖与空调制冷工程的专业工艺理论和操作知识。

第二节　室内采暖管道施工图

一、热水采暖系统

热水采暖所用的热媒是热水(低于100 ℃)或高温热水(高于100 ℃),根据热水在系统中循环流动的动力不同,可以分为自然循环热水采暖系统和机械循环热水采暖系统。自然循环热水采暖系统主要依靠冷热水的密度不同,造成自然循环流动,这种系统由锅炉、供水管、散热器和回水管组成。机械循环热水采暖系统主要依靠系统中的循环泵作动力,促进系统的循环流动,这种系统由热源、管道、散热器和循环泵组成。在识读热水采暖系统施工图时,首先要弄清楚本系统属于哪一种类型。

室内热水采暖系统的管道与散热器之间的连接形式有很多种,识读时必须先掌握这些连接形式,才便于对系统进行有效的分析。

按照供水干管敷设的位置不同,可分为上供下回式、中供下回式和下供下回式系统;按照立管的布置特点,可分为单管式和双管式系统;按照管道敷设方式的不同,可分为垂直式和水平式系统。下面对常见的系统图分别作简单的介绍。

图8-1是双管上供下回式热水采暖系统。供水干管设在整个系统之上,通常敷设在顶层的天棚里或天花板下面,供回水立管则成组平行地设立于散热器的一侧或两组散热器中间,回水干管敷设在系统的最下面,一般设在底层的地板上、地沟内或地下室的楼板下,系统最高点设膨胀水箱,系统中的空气由膨胀水箱予以排除,所以水平干管或支管安装时必须有一定的坡度。

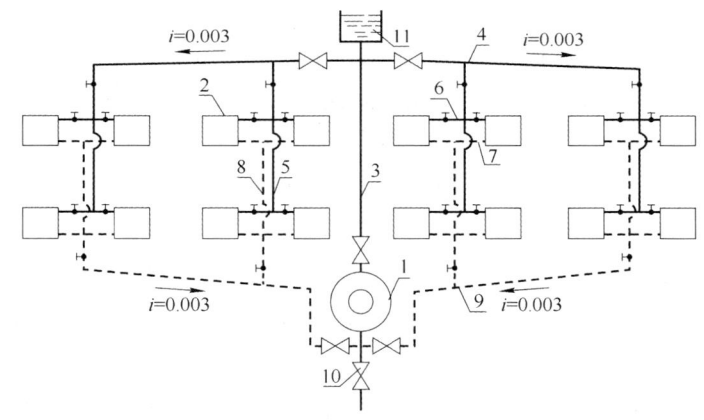

图 8-1　双管上供下回式热水采暖系统
1—锅炉;2—散热器;3—供水总立管;4—供水干管;5—供水立管;6—供水支管;
7—回水支管;8—回水立管;9—回水干管;10—阀门;11—膨胀水箱

图8-2是双管中供下回式热水采暖系统。供水干管设在系统中部,向上向下供水,回水干管设在系统下部,立管的设置方法与上供下回式相同,顶层散热器的排气由设在散热器上部的手动或自动放气阀予以排除。

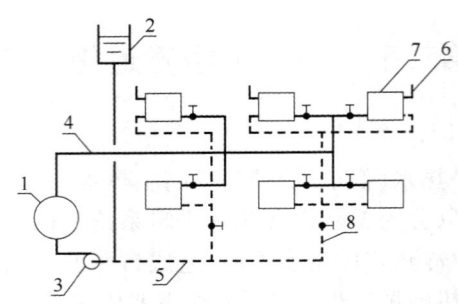

图 8-2 双管中供下回式热水采暖系统

1—锅炉；2—膨胀水箱；3—循环泵；4—供水干管；5—回水干管；
6—手动或自动放气阀；7—散热器；8—回水立管

图 8-3 是双管下供下回式热水采暖系统。供水干管和回水干管都设在系统中所有散热器的下面，一般敷设在底层地板上、地沟内或地下室楼板下，立支管敷设方法与上供下回式相同，系统的空气排除较困难，可以靠上层散热器上的手动放气阀排除，也可以利用空气管与膨胀水箱连通进行排气，还可以利用专门设置的集气罐进行排气。

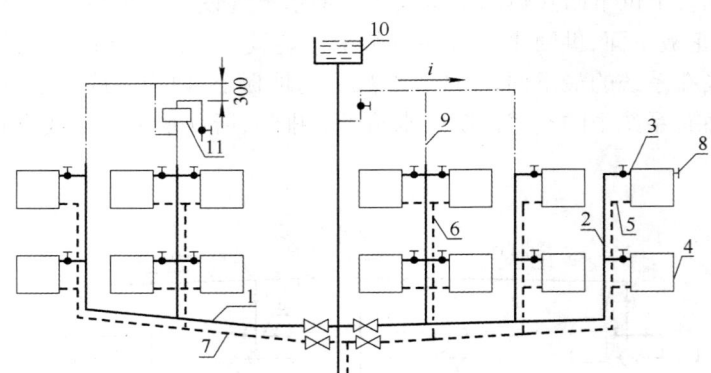

图 8-3 双管下供下回式热水采暖系统

1—供水干管；2—供水立管；3—供水支管；4—散热器；5—回水支管；6—回水立管；
7—回水干管；8—手动放气阀；9—空气管；10—膨胀水箱；11—集气罐

图 8-4a 是单管垂直式热水采暖系统，供水干管设在系统上部，对散热器的供水是自高层至低层，按顺序全部流过，最后汇流于回水干管，再回到锅炉内，这种系统的缺点是不能进行局部调节。图 8-4b 是单管垂直跨越式热水采暖系统，它克服了不能进行局部调节的缺点。这两种系统的排气都是通过安装在系统最高处的集气罐来完成的。

图 8-5a 是单管水平式热水采暖系统，热水通过供水立管送到各层水平支管将散热器串接起来，最后由回水支管进入回水立管再返回锅炉房。这种系统也有不能进行局部调节的缺点。图 8-5b 是跨越式的连接方式，它克服了不能进行局部调节的缺点。单管水平式热水采暖系统的排气方式，可以采用每个散热器上安装放气阀的局部排气法，也可以将散热器上部用一根专设的空气管连接起来，最后由一个散热器上的放气阀排气，如图 8-5 中的下层，所有散热器设空气管集中排气，上层则为每个散热器各自局部排气。图中的 Z 型补偿器是管道受热膨胀时进行补偿用的。

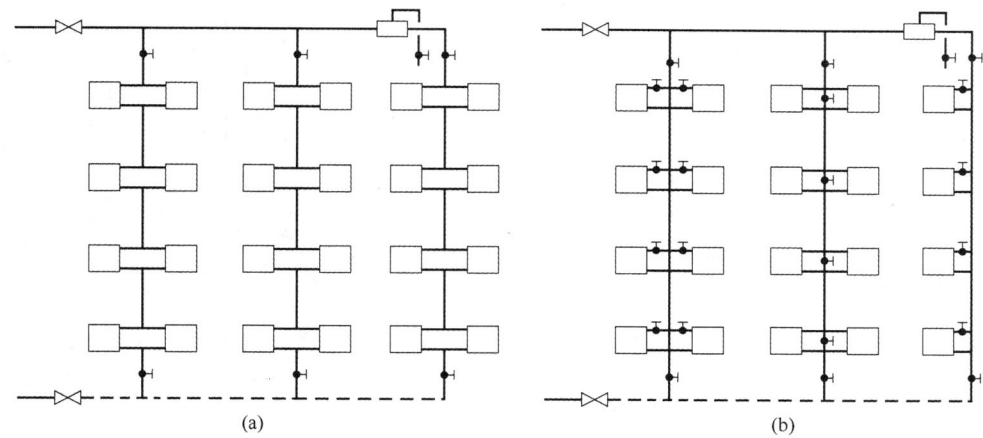

图 8-4 单管垂直式热水采暖系统

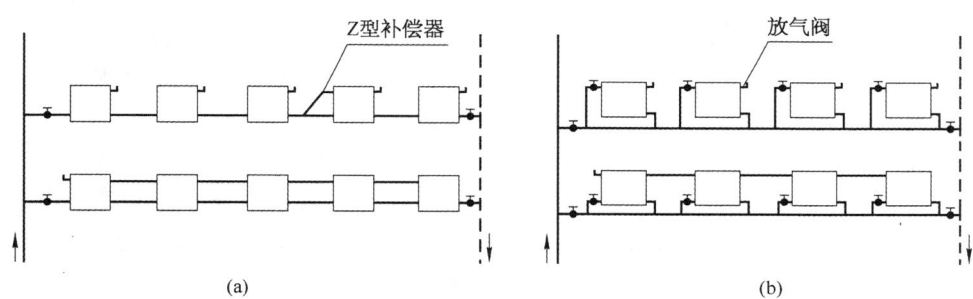

图 8-5 单管水平式热水采暖系统

二、蒸汽采暖系统

蒸汽采暖所用的热媒是蒸汽,蒸汽经过管道送到散热器,在散热器中放出热量凝结为冷凝水,再回到锅炉重新加热成蒸汽后循环使用。

按照供汽压力的大小,蒸汽采暖系统可分为两种:供汽压力等于或低于 0.07 MPa 时,称为低压蒸汽采暖系统;供汽压力高于 0.07 MPa 时,称为高压蒸汽采暖系统。按照回水动力不同,蒸汽采暖系统可分为重力回水和机械回水采暖系统。按照蒸汽干管敷设的位置不同可分为上供下回式、中供下回式和下供下回式采暖系统。按照立管的布置特点可以分为单管式和双管式采暖系统。

图 8-6 是双管上供下回式蒸汽采暖系统。供汽干管敷设在顶层散热器之上,凝结水管敷设在底层散热器下面,供汽、凝结水立管和连接散热器支管均分开设置,在每根凝结水立管的下端和供汽主立管的低点各设疏水器一个。

图 8-7 是双管中供下回式蒸汽采暖系统。供汽干管敷设在建筑物中间某一层的地板上或顶棚下,凝结水干管敷设在底层散热器下面。供汽、凝结水立管和连接散热器的供汽、凝结水支管均分开设置。在每组散热器的凝结水支管上设一疏水器(或在每根凝结水立管的下端设一疏水器)。

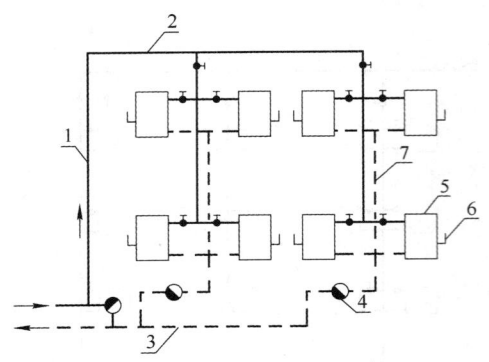

图 8-6 双管上供下回式蒸汽采暖系统

1—供汽主立管;2—供汽干管;3—凝结水干管;
4—疏水器;5—散热器;6—自动(手动)放气阀;
7—凝结水立管

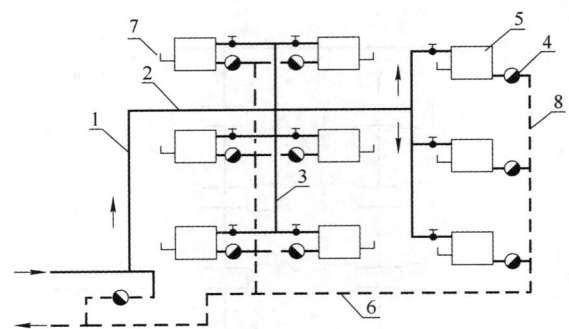

图 8-7 双管中供下回式蒸汽采暖系统

1—供汽主立管;2—供汽干管;3—供汽立管;
4—疏水器;5—散热器;6—凝结水干管;
7—自动(手动)放气阀;8—凝结水立管

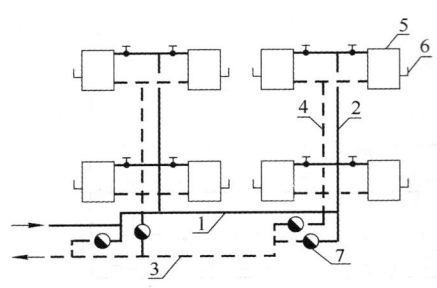

图 8-8 双管下供下回式蒸汽采暖系统

1—供汽干管;2—供汽立管;3—凝结水干管;
4—凝结水立管;5—散热器;
6—自动(手动)放气阀;7—疏水器

图 8-8 是双管下供下回式蒸汽采暖系统。供汽和凝结水干管均敷设在底层散热器的下面。供汽立管、凝结水立管和连接散热器的供汽、凝结水支管均分开设置。在供汽干管的抬头处和每根凝结水立管的下端各设疏水器一个。

低压蒸汽采暖系统主要用于住宅建筑和公共建筑等。工业厂房及其辅助设施多采用高压蒸汽采暖系统。高压蒸汽一般先经过减压,再通过分汽缸送到各个采暖系统。

蒸汽采暖系统由于蒸汽温度较高,要处理好管道热伸长的问题,同时干管与立管连接时,立管宜做成乙字管或弯管进行连接。

为了排除系统中的空气,蒸汽采暖系统的水平管道都以一定的坡度敷设,蒸汽干管坡度不小于 0.002,一般采用 0.003,当汽、水逆向流动时,蒸汽干管坡度应不小于 0.005,凝结水管道坡度一般采用 0.003。

三、采暖设备及附件

1. 铸铁制品类散热器

铸铁散热器在我国已有百年历史,由于铸铁散热器易使热水中含砂,使分户热计量无法实施。因此国家重点推广钢制散热器,逐步淘汰部分铸铁散热器。

新标准《铸铁散热器》(GB 19913)规定,铸铁散热器适用于工业、民用建筑中热媒温度 130 ℃以下的热水或压力 0.2 MPa 以下的低压蒸汽。按结构不同,散热器分为柱型、柱翼型、翼型、板翼型等,按内部加工工艺的不同分为普通片和无砂片。

工程上使用的铸铁散热器基本上是按 1986 年至 2002 年发布的行业标准生产的产品。

1) 灰铸铁柱型散热器

常用的有型号为 TZ2-5-5(8) 的二柱型散热器和型号为 TZ4-3-5(8)、TZ4-5-5(8)、TZ4-6-5(8)、TZ4-9-5(8) 的四柱型散热器。柱型散热器的外形及尺寸如图 8-9 所示。

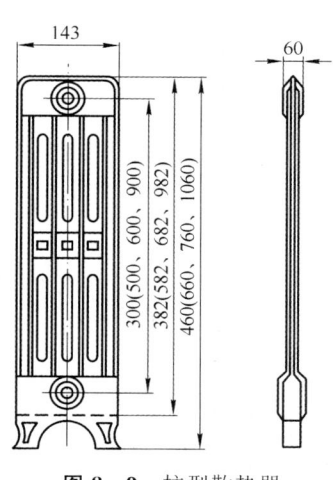

图 8-9 柱型散热器

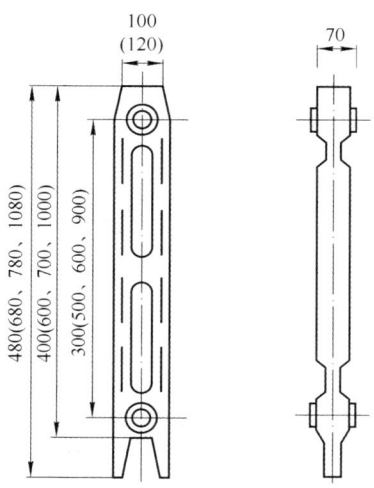

图 8-10 柱翼型散热器

型号代表的意义,以 TZ4-3-5(8)为例:T—灰铸铁;Z—柱型;4—四柱;3—同侧进出口中心距为 300 mm;5(8)—工作压力为 0.5(0.8)MPa。

2)灰铸铁柱翼型散热器

在灰铸铁柱型散热器的基础上增加一些翼片,加大了散热面积,组装后两片间翼片近似封闭,形成空气上下流通的通道,也增强了装饰性。柱翼型有单柱和双柱。常用的有型号为 TZY1(2)-B/3-5(8)、TZY1(2)-B/5-5(8)、TZY1(2)-B/6-5(8)、TZY1(2)-B/9-5(8) 的柱翼型散热器,其外形及尺寸如图 8-10 所示。

型号代表的意义,以 TZY1(2)-B/3-5(8)为例:T—灰铸铁;ZY—柱翼型;1(2)—单柱(双柱);B—宽度(100 或 120 mm);3—同侧进出口中心距 300 mm;5(8)—工作压力为 0.5(0.8)MPa。

3)灰铸铁翼型散热器

灰铸铁翼型散热器有长翼型和圆翼型两种。圆翼型散热器是属于国家淘汰产品,工程上一般不予采用。长翼型散热器属于目前暂限使用,不久将被淘汰的产品。

长翼型散热器常用的型号为 TY0.8/3-5(7)、TY1.4/3-5(7)、TY2.8/3-5(7)、TY0.8/5-5(7)、TY1.4/5-5(7)、TY2.8/5-5(7)。

型号代表的意义,以 TY1.4/3-5(7)为例:T—灰铸铁;Y—翼型;1.4—散热器宽度 140 mm;3—同侧进出口中心距 300 mm;5(7)—工作压力 0.5(0.7)MPa。

长翼型散热器的外形及尺寸如图 8-11 所示。

2. 钢制散热器

1)光管散热器

光管散热器是用钢管焊接制成的,也称为排管散热器,简称排管,标准的排管散热器分为 A、B 两种型式。如图 8-12 所示。A 型为蒸汽排管散热器,B 型为热水排管散热器。

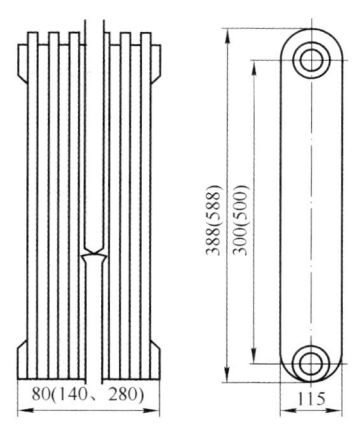

图 8-11 长翼型散热器

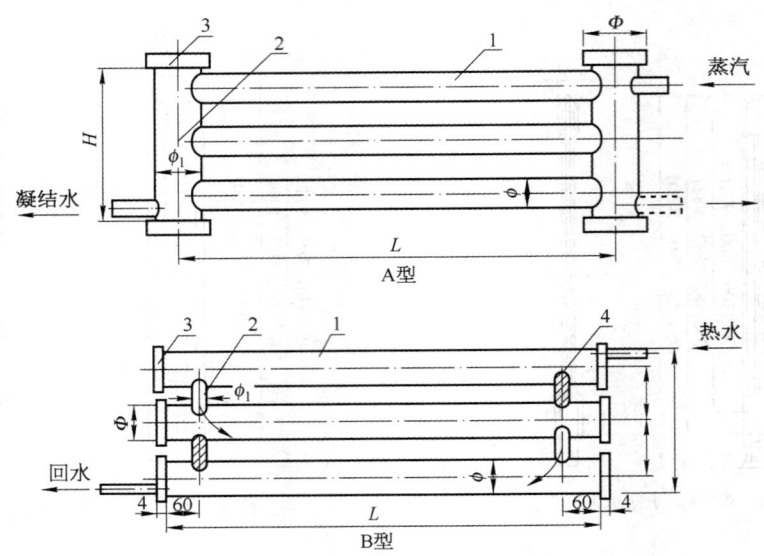

图 8-12 排管散热器
1—排管；2—立管；3—堵板；4—隔板

在热水排管散热器中，为使热水依次流经每根排管，防止短路，排管之间的两根短管各有一管是不通的，只起支撑作用，如图 8-12 所示 B 型排管散热器。

排管散热器的规格，按排管的直径和长度有多种分类，可由设计手册中查到。型号表示方法，如 D76-3000-3 型，其 D76 为排管管径，3 000 为排管长度，3 为排管根数（排数）。其中长度有 2 m、2.5 m、3 m 等规格。

光管散热器的优点：传热系数大，表面光滑不易积灰尘，便于清扫；能承受较高的压力，工作压力可达 1.2~2.0 MPa；能现场制作，并可随意组成需要的散热面积；整体性好，便于装拆和搬运。缺点：钢材耗量大，散热面积小，造价高，占地面积大，难以布置，外形不美观，易锈蚀。

光管散热器适用于粉尘较多的车间和临时性采暖设施中。

2）钢制闭式串片散热器

钢制闭式串片散热器适用于工业、民用建筑中热水或蒸汽采暖系统。散热器能承受较高压力：热水系统为 1.0 MPa，蒸汽系统为 0.3 MPa 以下。适用于高层建筑，不适用于卫生间、浴室等潮湿环境。

钢制闭式串片散热器外形结构如图 8-13 所示。它是由厚度为 0.5 mm 的矩形冷轧钢板串在 2 根（或 4 根）DN20 或 DN25 钢管上制成，钢管与串片应采用胀管或锡焊连接，其外螺纹接口尺寸为 3/4 英寸或 1 英寸。

钢制闭式串片散热器结构紧凑，宽 80~

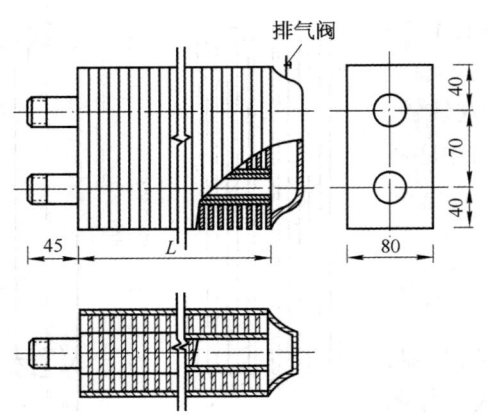

图 8-13 钢制闭式串片散热器

100 mm,高 150～300 mm。占用空间面积小,价格便宜。

3) 钢制板型散热器

钢制板型散热器由面板、背板、对流片和水管接头等部件组成。钢板厚度与热媒温度及工作压力有关,一般采用 1.2～1.3 mm,最厚可采用 1.4～1.5 mm。散热器主要水道压制在面板上,上、下水平联箱压制在背板上,面板和背板复合,通过周边滚焊和板间点焊成型。为增加散热面积,在背板上点焊对流片(厚 0.5 mm),按外形结构分为单面水道槽和双面水道槽,其外形如图 8-14 所示。

钢制板型散热器规格尺寸:高度有 380、480、580、680、980 mm,长度有 600、800、1 000、1 200、1 400、1 600、1 800 mm,宽度均为 50 mm。

型号代表的意义,以 GB 1-10/5-6 为例:G—钢制;B—板型;1—单面水道槽;10—散热器长度 1 000 mm;5—同侧进出口中心距 500 mm;6—工作压力 0.6 MPa。

4) 钢制扁管散热器

钢制扁管散热器主要是由 52 mm×11 mm×1.5 mm 矩形扁管窄面相靠横向排列,两端用竖管作联箱焊接而成。联箱上下共设 4 个进出水管接头,散热器连接螺纹为 G1/2、G3/4 管螺纹。散热器有单板和双板两种,背后可带对流片。钢制扁管散热器的外形如图 8-15 所示。

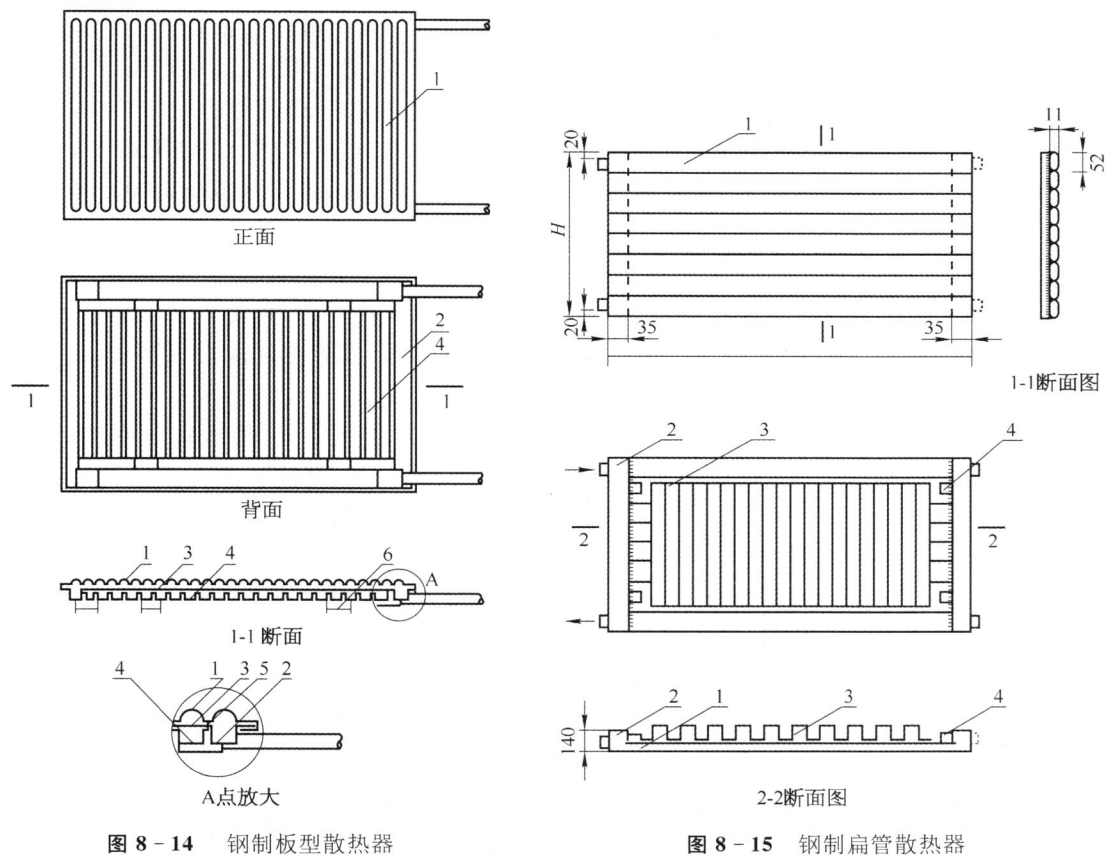

图 8-14 钢制板型散热器
1—面板;2—联箱;3—背板;
4—对流板;5—点焊;6—挂钩

图 8-15 钢制扁管散热器
1—扁管;2—联箱;3—对流片;4—挂钩

钢制扁管散热器的规格:按高度分有 416 mm(8 根扁管)、516 mm(10 根扁管)和 624 mm(12 根扁管)三种;其长度 500~2 000 mm(每 100 mm 为一档)。

5) 钢制翅片管对流散热器

钢制翅片管对流散热器能承受较高压力,热水为 1.0 MPa,蒸汽为 0.3 MPa,适用于工业、民用建筑中热水或蒸汽采暖系统。其外形和结构如图 8-16 所示。

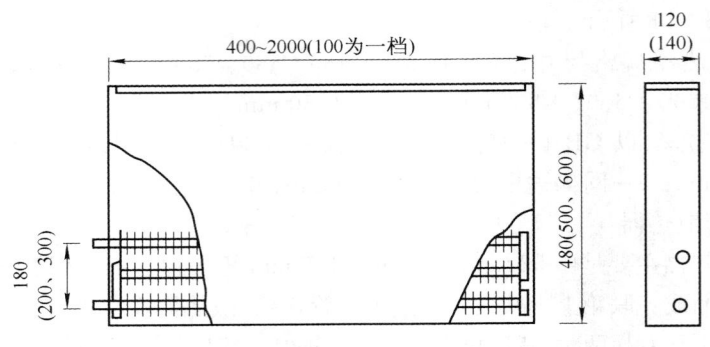

图 8-16 钢制翅片管对流散热器

钢制翅片管对流散热器外罩里面的对流器,是用薄钢带紧固缠绕在钢管上做成螺旋翅片管元件。用多根翅片管元件横排组合后用联箱串联,外面加罩,即做成民用对流散热器。

型号代表的意义,以 GC4-25/200-1.0 为例:G—钢制;C—翅片管;4—排管为 4 根;25—钢管直径 25 mm;200—同侧进出口中心距 200 mm;1.0—工作压力 1.0 MPa。

钢制翅片管对流散热器的规格:高度有 480、500、600 mm,长度 400~2 000 mm(每 100 mm 为一档)。

6) 钢制柱型散热器

钢制柱型散热器适用于热水采暖系统,不得用于蒸汽采暖系统,它的热工性能好,外形美观,装饰性较好,金属热强度高,一般用 Q235 或 08F、10F 碳素冷轧薄钢板制成,易氧化腐蚀。

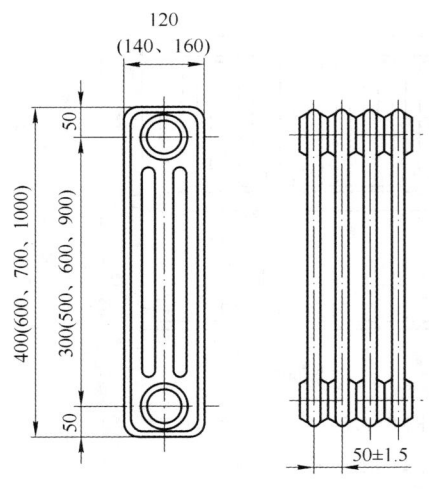

图 8-17 钢制柱型散热器

常用的是二柱型和三柱型,结构较紧凑,四~六柱型则占地位置较大。钢制柱型散热器以同侧进出口中心距为主要系列参数。三柱型散热器外形及结构尺寸如图 8-17 所示。

3. 膨胀水箱

膨胀水箱的作用是容纳水受热后所膨胀的体积和补充系统内水量的不足。水箱设置在系统的最高点,同时兼有排除系统中空气的作用。膨胀水箱用钢板制成,设有给水管、膨胀管、溢流管、循环管和检查管,有时为了保证膨胀水箱的水位稳定,往往在膨胀水箱边上设有补水箱。补水箱上设有进水管、浮球阀、补水管和溢流管等。图 8-18 是膨胀水箱和补水箱的构造图。

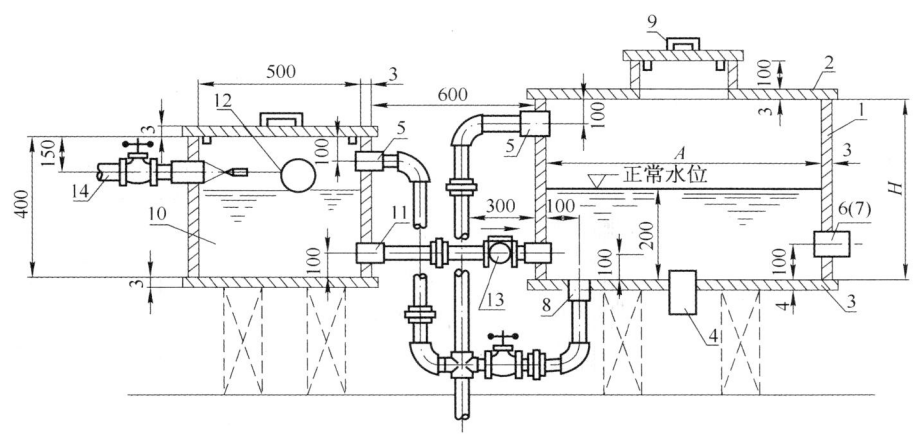

图 8-18　方形膨胀水箱

1—水箱壁；2—水箱盖；3—水箱底；4—膨胀管；5—溢水管；6—检查管；7—循环管；
8—排水管；9—人孔盖；10—补水箱；11—补水管；12—浮球阀；13—止回阀；14—给水管

4. 集气罐及自动排气罐

集气罐是热水采暖系统常用的排气装置之一，设置在系统的末端或总立管顶端。集气罐一般用 $DN100 \sim DN250$ 钢管焊制而成，分立式和卧式两种形式，如图 8-19 所示。根据接管形式的不同，每种又有 Ⅰ 型和 Ⅱ 型两种形式。

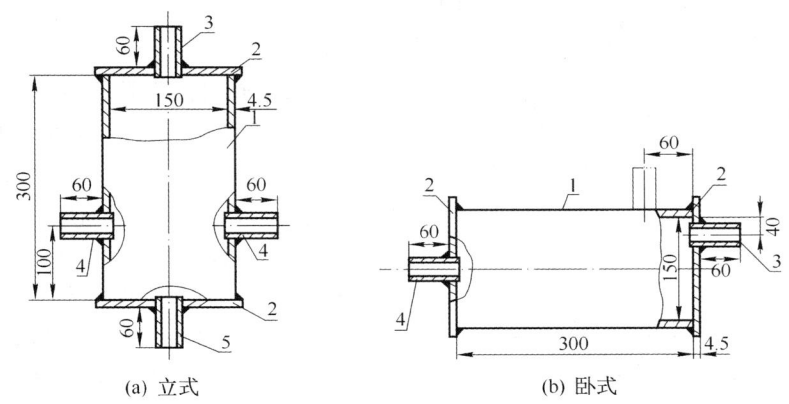

(a) 立式　　　　　(b) 卧式

图 8-19　集气罐的构造

1—外壳；2—盖板；3—放气管；4—供水干管；5—供水立管

自动排气罐靠本身的自动机构使系统中的空气自动排除，常见的自动排气罐的形式如图 8-20 所示。

5. 放气阀

在水平式或下分式热水采暖系统里，大量空气集中在散热器的上部，这时要靠安装在散热器上部的放气阀进行排气。这种放气阀可以是自动的也可以是手动的。通常用手动放气阀，也称手动跑风装置，其结构如图 8-21 所示。

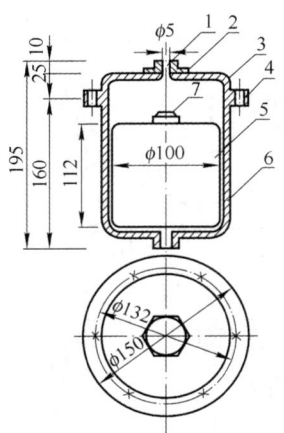
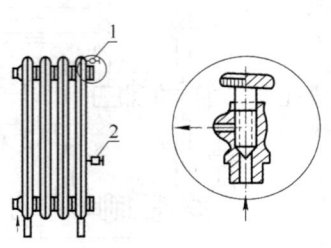
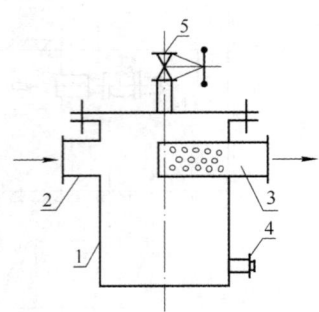

图 8-20　自动排气罐
1—排气口；2—橡胶石棉垫；3—罐盖；4—螺栓；5—浮标；6—罐体；7—耐热橡胶垫

图 8-21　手动放气阀
1—热水采暖时放气阀的位置；2—低压蒸汽采暖时放气阀的位置

图 8-22　立式直通除污器
1—外壳；2—进水管；3—出水管；4—排污管；5—放气管

6. 除污器

除污器一般是安装在用户入口装置的供水总管上，也有安装在回水总管上的，其作用是阻留管网中水里的污物，以防止系统管路堵塞。除污器有卧式直通式、卧式直角式和立式直通式三种。图8-22是立式直通除污器的构造简图。详细规格尺寸可参见有关标准图。

四、热力入口及干管过门装置

1. 热水采暖系统入口装置

室内采暖系统与室外热网连接需用的设施通常称为采暖系统热力入口装置。

热水采暖系统入口装置主要有设备、仪表、控制阀门，如温度计、压力表、调节阀等，如图8-23所示。供水回水管之间设旁通管，并加设阀门，也称为旁通阀。

热水采暖入口装置一般设在用户地下室或建筑物的底层，其作用是进行系统调节、检测和统计供应的热量。

2. 热水干管过门装置

当热水回水干管在底层地面上沿墙敷设过门时，可在门下砌筑地沟从门下沟内通过（图8-24a），也可以从门上绕过（图8-24b），但在低处需设泄水装置，高处设放气装置，并注意坡向坡度。

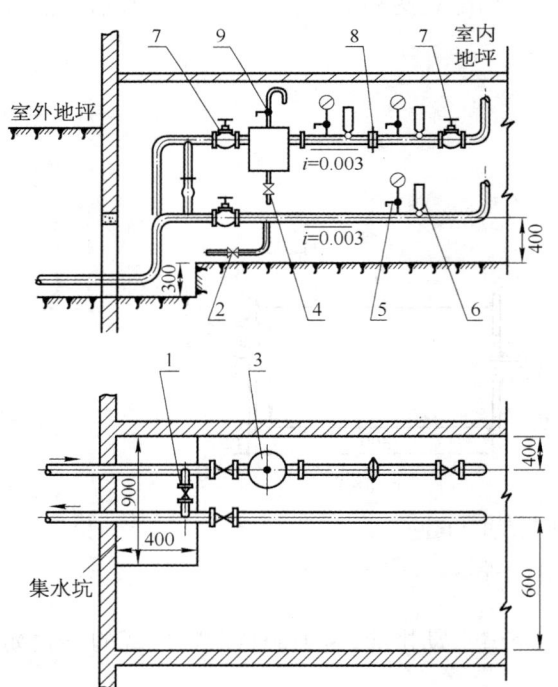

图 8-23　热水采暖系统入口装置
1—循环管；2—DN15放水阀；3—除污器；4—排污管；5—压力表；6—温度计；7—闸阀；8—调压板；9—放气阀

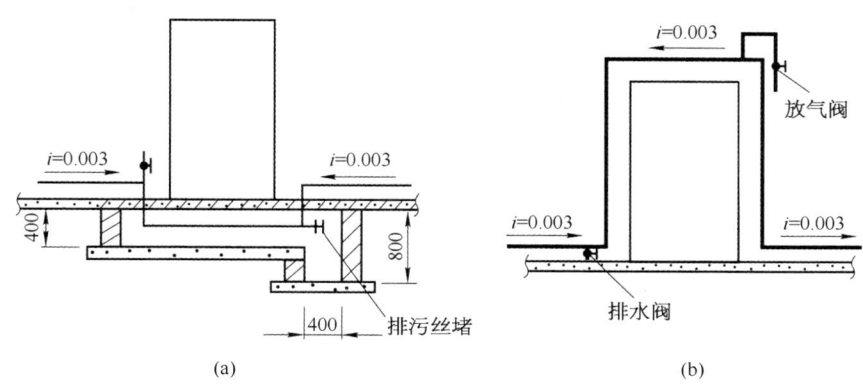

图 8-24 热水采暖系统干管过门敷设形式

五、室内采暖管道施工图的表示方法

1. 水、汽管道代号

水、汽管道可用线型区分,也可用代号区分。水、汽管道代号宜按《暖通空调制图标准》(GB/T 50114)规定采用,常用的水、汽管道代号见表 8-1。

表 8-1 水、汽管道代号(摘自 GB/T 50114)

序号	代 号	管道名称	序号	代 号	管道名称
1	RG	采暖热水供水管	8	ZG	过热蒸汽管
2	RH	采暖热水回水管	9	ZB	饱和蒸汽管
3	R_1G	一次热水供水管	10	N	凝结水管
4	R_1H	一次热水回水管	11	XS	泄水管
5	PZ	膨胀水管	12	F	放空管
6	BS	补水管	13	FAQ	安全阀放空管
7	X	循环管			

2. 图例

室内采暖管道施工图的图例除了与一般管道施工图图例(见第五章)相同部分之外,还有一些是专用的,现按国家标准规定和部分习惯画法列于表 8-2。

表 8-2 室内采暖管道施工图常用图例

名 称	图 例	说 明
供汽(水)管道		
回(凝结)水管道		
散热器及手动放气阀		左为平面图,中为剖面图,右为系统图

(续表)

名　称	图　例	说　明
散热器及温控阀		
集气罐	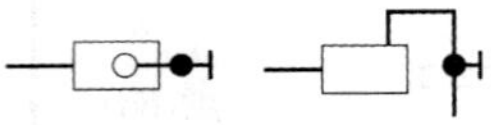	左为平面图
除污器（过滤器）	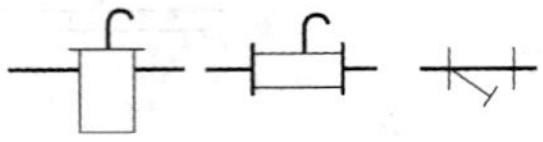	左为立式除污器,中为卧式除污器,右为Y型过滤器
节流阀		
快放阀		也称快速排污阀
平衡阀		
自动排气阀		
手动调节阀		
球阀、转心阀		
疏水器		
减压阀		小三角为高压端
安全阀		左图为通用,中图为弹簧安全阀,右图为重锤安全阀
节流孔板、减压孔板	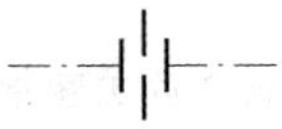	在不致引起误解时,也可用 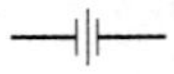 —╫— 表示
立管编号	③	

3. 管道与散热器连接的表示法

采暖管道、附件及设备画在给定的建筑平面图上。采暖平面图上的管道、散热器和附件都是示意性的,系统图则可以表示系统的全貌,反映出管道与散热器之间的连接以及排气和疏水等装置。采暖管道施工图中管道与散热器连接的表示方法见表8-3。

表 8-3　管道与散热器连接的表示方法

系统型式	楼层	平　面　图	系　统　图
双管上供下回式	顶层		
	中间层		
	底层		
双管下供下回式	顶层		
	中间层		
	底层		

(续表)

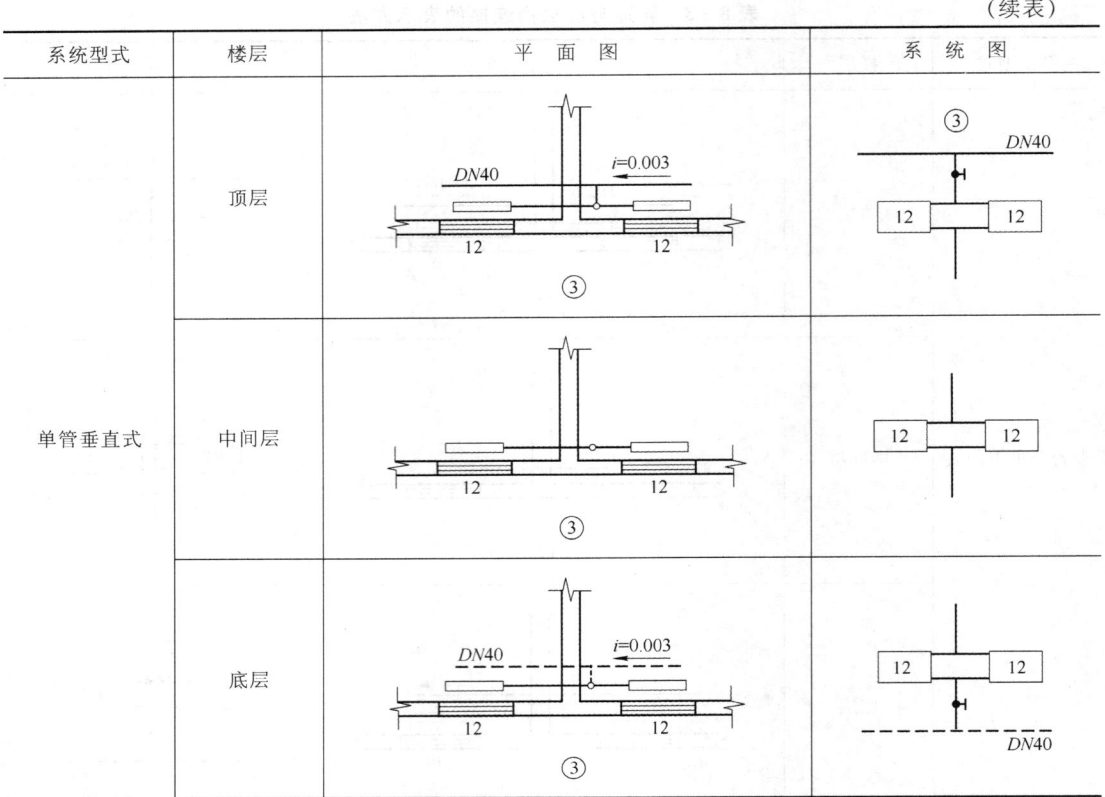

4. 集气罐的表示方法

立式集气罐在平面图和系统图上的表示方法如图 8-25 所示。

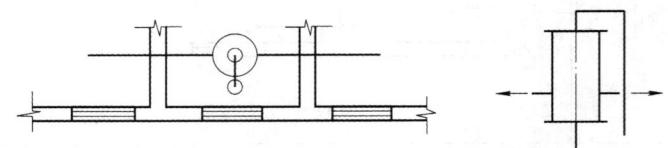

图 8-25 立式集气罐的表示方法

横式集气罐在平面图和系统图上的表示方法如图 8-26 所示。

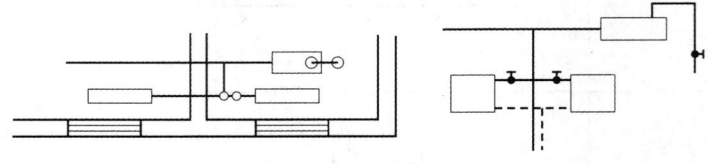

图 8-26 横式集气罐表示方法

有些热水采暖系统采用自动排气集气罐,这种集气罐内装有柱形浮标,当热水进入时浮标浮起,顶住放气管,当空气进入罐内时浮标下沉,放气管被打开,进行放气。自动排气罐在系统图上的表示方法如图 8-27 所示。

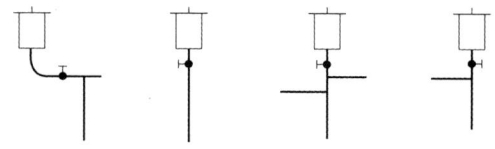

图 8-27 自动排气集气罐表示方法

六、施工图的识读

1. 平面图

室内采暖平面图主要表示管道、附件及散热器在建筑平面上的位置以及它们之间的相互关系,是施工图中的主体图纸。识读时要掌握的主要内容和注意事项如下。

(1) 查明建筑物内散热器(热风机、辐射板)的平面位置、种类、片数以及散热器的安装方式,即散热器是明装、暗装或半暗装的。

散热器一般布置在各个房间的外墙窗台下,有的也沿走廊的内墙布置。散热器以明装较多,只有美观上要求较高或热媒温度高需防止烫伤时,才采用暗装。暗装或半暗装一般都在图纸说明书中注明,识读时要特别注意。

散热器的种类较多,有翼型散热器、柱型散热器、光管散热器、钢管串片散热器、扁管式散热器、板型散热器、钢制辐射板以及热风机等。散热器的种类除可用图例识别外,一般在施工说明中注明。

各种形式散热器的规格及数量应进行标注,柱型散热器只标注数量;圆翼型散热器应标注根数和排数;光管散热器应标注管径、长度和排数;串片式散热器应注长度和排数。

(2) 了解水平干管的布置方式,干管上的阀门、固定支架、补偿器等的平面位置和型号,以及干管的管径。

识读时须注意干管是敷设在最高层、中间层还是在底层。供水、供汽干管敷设在最高层说明是上供式系统;供水、供汽干管出现在底层说明是下供式系统。在底层平面图上还会出现回水干管或凝结水干管(虚线),识读时也要注意到。识读时还应搞清补偿器的种类、型式和固定支架的型式及安装要求,以及补偿器和固定支架的平面位置等。

(3) 通过立管编号查清系统立管数量和布置位置。立管编号的标志是内径为 8~10mm 的圆圈,圆圈内用阿拉伯数字注明编号。单层且建筑简单的系统有的不进行编号。一般用小圆圈表示供、回水立管。

(4) 在热水采暖系统平面图上还标有膨胀水箱、集气罐等设备的位置、型号以及设备上连接管道的平面布置和管道直径。

(5) 在蒸汽采暖系统平面图上还表示有疏水装置的平面位置及其规格尺寸。水平管的末端常积存有凝结水,为了排除这些凝结水,在系统末端设有疏水器。另外,当水平干管抬头登高时,在转弯处也要设疏水器。识读时要注意疏水器的规格及疏水装置的组成。一般在平面图上仅注出控制阀门和疏水器,安装时还要参考有关的详图。

(6) 查明热媒入口及入口地沟情况。热媒入口无节点图时,平面图上一般将入口组成的设备和附件如减压阀、混水器、疏水器、分水器、分汽缸、除污器等和控制阀门表示清楚,并注有规格,同时还注出管径、热媒来源、流向、参数等。如果热媒入口主要配件、构件与国家标准图相同时,则注明规格及标准图号,识读时可按给定的标准图号查阅标准图。当有热媒入口节点图时,平面图上注有节点图的编号,识读时可按给定的编号查找热媒入口放大图进行识读。

2. 系统图

采暖系统图表示从热媒入口至出口的采暖管道、散热设备、主要附件的空间位置和相互间的关系。系统图是以平面图为主视图,采用 45°正面斜投影法绘制出来的。识读时要掌握的主要内容和注意事项如下。

(1)查明管道系统的连接,各管段管径大小、坡度、坡向,水平管道和设备的标高,以及立管编号等。

有了采暖系统图可以对管道的布置形式一目了然,它清楚地表明干管与立管之间以及立管、支管与散热器之间的连接方式,阀门的安装位置和数量。散热器支管有一定的坡度,其中,供水支管坡向散热器,回水支管则坡向回水立管。

(2)了解散热器类型规格及片数。当散热器为光管散热器时,要查明散热器的型号(A 型或 B 型)、管径、排数及长度;当散热器为翼型散热器或柱型散热器时,要查明规格与片数以及带脚散热器的片数;当采用其他特殊采暖设备时,应弄清设备的构造和底部或顶部的标高。

(3)注意查清其他附件与设备在系统中的位置,凡注明规格尺寸者,都要与平面图和材料表等进行核对。

(4)查明热媒入口处各种设备、附件、仪表、阀门之间的关系,同时搞清热媒来源、流向、坡向、标高、管径等,如有节点详图时要查明详图编号,以便查找。

3. 详图

室内采暖施工图的详图包括标准图和节点详图。标准图是室内采暖管道施工图的一个重要组成部分,供热管、回水管与散热器之间的具体连接形式、详细尺寸和安装要求,一般都用标准图反映出来。作为室内采暖管道施工图,设计人员通常只画平面图、系统图和通用标准图中没有的局部节点图。采暖系统的设备和附件的制作与安装方面的具体构造和尺寸,以及接管的详细情况,都要参阅标准图。因此,对于管道施工人员,必须掌握这些标准图,记住必要的安装尺寸和管道连接用的管件,以便做到运用自如。

标准图除各地方设计部门自行制定外,现在施工中主要使用由中国建筑标准设计研究院出版发行的《采暖通风国家标准图集》。

标准图主要包括:①膨胀水箱和凝结水箱的制作、配管与安装;②分汽罐、分水器、集水器的构造、制作与安装;③疏水器、减压阀、调压板的安装和组成形式;④散热器的连接与安装;⑤采暖系统立、支、干管的连接;⑥管道支吊架的制作与安装;⑦集气罐的制作与安装等。图 8-28 是热水双管系统散热器和立支管连接图。它是用正投影方法绘制出来的,比较形象,可以用前面所学的投影原理知识来进行识读。从图中可知,散热器是明装的。立管两侧各为四片柱型散热器,每组有两片带脚散热片,散热器用卡子固定在墙上,散热器入口的支管上都装有角阀,

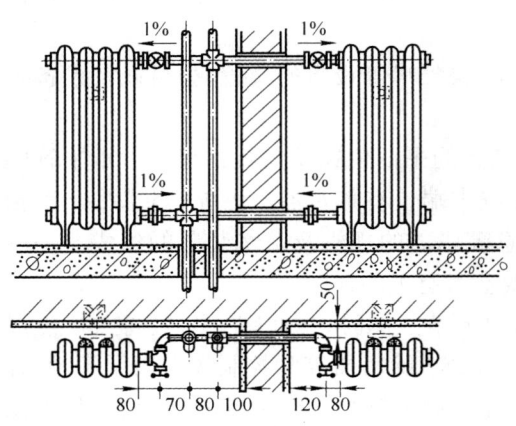

图 8-28 热水双管散热器连接

回水支管上装有活接头。支管有 0.01 的坡度,供水与回水立管间距为 80 mm,供水立管中心距墙壁 50 mm,支管中心距墙壁 50 mm,两根立管与支管交叉处都弯成元宝弯来绕过支管,具体连接配件也都表示得很清楚。按这种标准图就可以准确地提出材料预算并安装散热器。

4. **识读举例**

【例1】 对某器材仓库采暖管道施工图进行识读。

图 8-29 是某器材仓库一层和二层采暖平面图,图 8-30 是该器材仓库采暖系统图。识读时将平面图与系统图对照起来看。

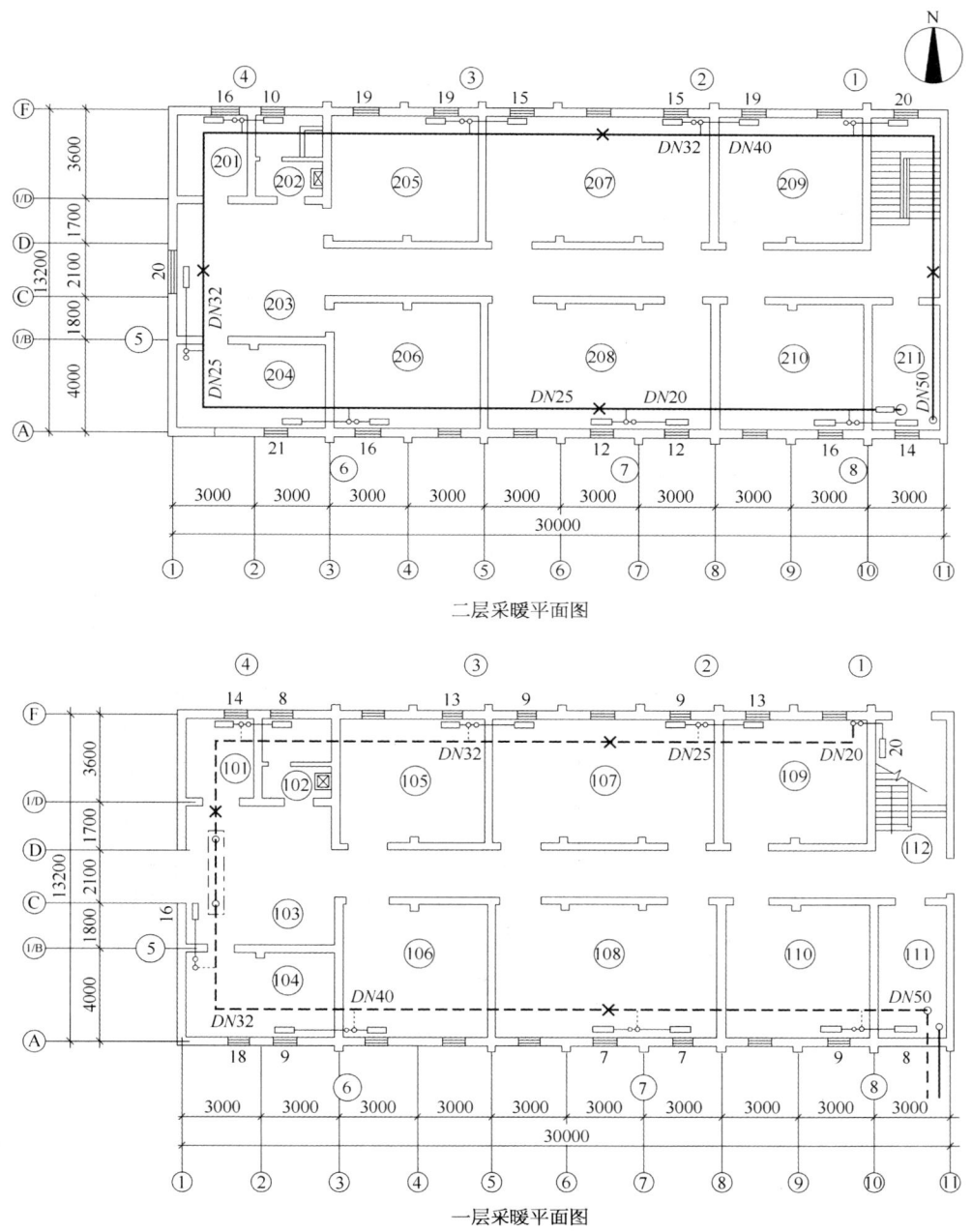

图 8-29 器材仓库采暖管道平面图

第八章 采暖与空调制冷管道施工图

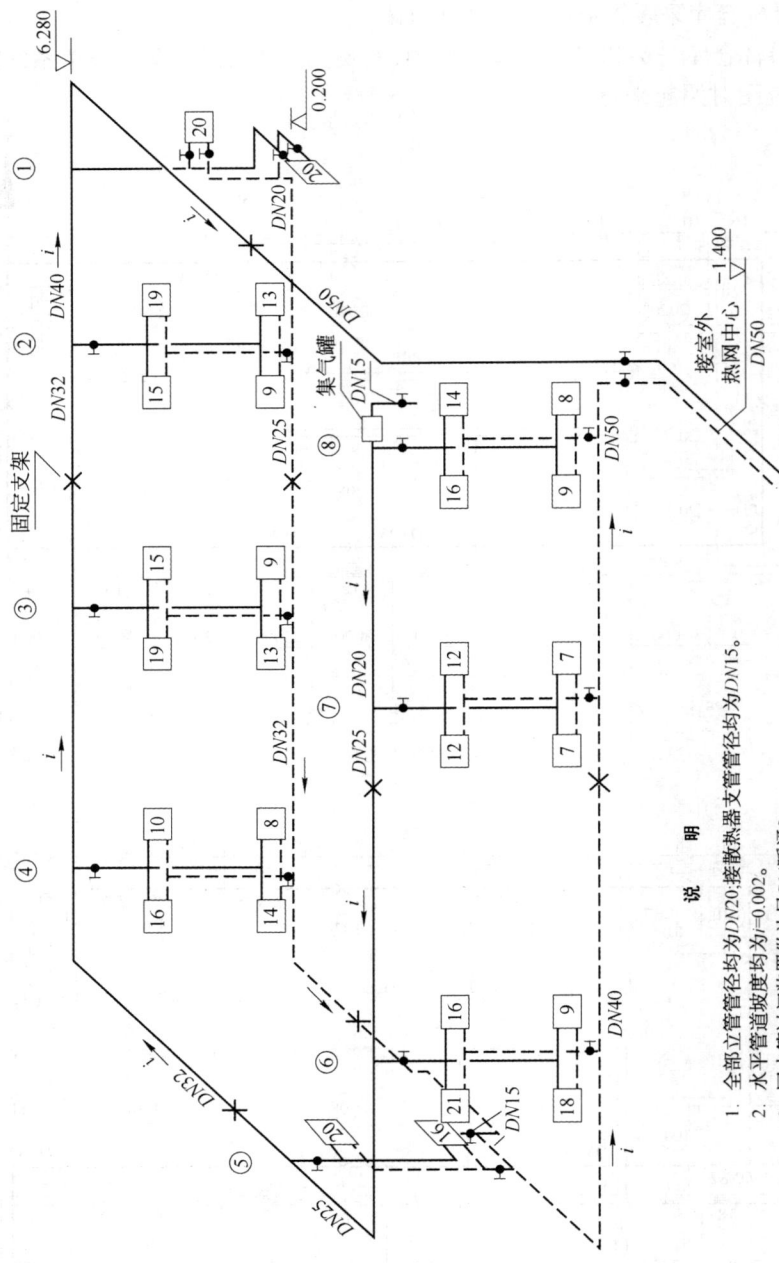

说　明

1. 全部立管管径均为DN20;接散热器支管管径均为DN15。
2. 水平管道坡度均为i=0.002。
3. 回水管过门装置做法见S14暖通2。
4. 散热器为四柱型,仅二层楼的散热器为有脚的,其余均为无脚的。
5. 管道刷一道醇酸底漆,两道银粉漆。

图 8 – 30　器材仓库采暖管道系统图

(1) 通过平面图对建筑物平面布置情况进行初步了解。了解建筑物总长、总宽及建筑轴线情况,本器材仓库总长 30 m,总宽 13.2 m,水平建筑定位轴线为 1～11,竖向建筑定位轴线为 A～F;了解建筑物朝向、出入口和分间情况,该建筑物坐北朝南,东西方向长,南北方向短,建筑出入口有两处,其中一处在 10～11 轴线之间,并设有楼梯通向二楼,另一处在 C～D 轴线之间。每层各有 11 个房间,面积大小不等。

(2) 阅读管道系统图上的说明。通过说明可知图样上不能表达的内容,本例说明可知建筑物内所用散热器为四柱型,其中二楼的散热片为有脚的。系统内全部立管的管径为 $DN20$,散热器支管管径均为 $DN15$。水平管道的坡度均为 $i=0.002$,管道油漆的要求是一道醇酸底漆,两道银粉漆,回水管过门装置做法可见标准图,其图号为 S14 暖通 2。

(3) 掌握散热器的布置情况。本例除在建筑物两个入口处散热器布置在门口墙壁上外,其余的散热器全部布置在各个房间的窗台下,散热器的片数都标注在散热器图例内或边上,如 107 房间两组散热器均为 9 片,207 房间两组散热器均为 15 片。

(4) 了解系统型式及热力入口情况。通过对系统图的识读,可以知道本例为双管上供下回式热水采暖系统,热媒干管管径 $DN50$,标高 −1.400 m 由南向北穿过 A 轴线外墙进入 111 房间,在 A 轴线和 11 轴线交角处登高,并在总立管上安装阀门。

(5) 查明管路系统的空间走向、立支管设置、标高、管径、坡度等。本例总立管登高至二楼 6.00 m,在天棚下面沿墙敷设,水平干管的标高以 11−F 轴线交角处的 6.280 m 为基准,按 $i=0.002$ 的坡度和管道长度进行计算求得。干管的管径依次为 $DN50$、$DN40$、$DN32$、$DN25$ 和 $DN20$。通过对立管编号的查看,本例一共 8 根立管,立管管径全部为 $DN20$,立管为双管式,与散热器支管用三通和四通连接。回水干管的起始端在 109 房间,标高 0.200 m,沿墙在地板上面敷设,坡度与回水流动方向相同,水平干管在 103 房间过门处,返低至地沟内绕过大门,具体走向和做法在系统图上有所表示,如果还不清楚的话,可以查阅标准图,其图号为 S14 暖通 2。回水干管的管径依次为 $DN20$、$DN25$、$DN32$、$DN40$、$DN50$,水平管在 111 房间返低至 −1.400 m,回水总立管上装有阀门。

在供水立管始端和回水立管末端都装有控制阀门(1 号立管上未装,装在散热器的进出口的支管上)。

(6) 查明支架及辅助设备的设置情况。干管上设有固定支架,供水干管上有 4 个,回水干管上有 3 个,具体位置在平面图上已表示出来,立、支管上的支架在施工图上是不画出来的,应按规范规定进行选用和设置。在供水干管的末端设有集气罐(在 211 房间内),为横式 Ⅱ 型,集气罐需要加工制作,其加工详图如图 8−19 所示。

(7) 采暖管道施工图有些画法是示意性的,有些局部构造和做法在平面图和系统图中无法表示清楚,因此在看平面图和系统图的同时,根据需要查看部分标准图。例如水平干管与立管的连接方法如图 8−31 所示,散热器与立支管的连接方法如图 8−28 所示,散热器安装所用卡子或托钩的数量及位置如图 8−32 所示(图中的数字为散热器的片数)。

【例 2】 对单元式住宅采暖管道施工图进行识读。

本住宅采暖管道施工图由表 8−4 图例、图 8−33 采暖管道平面图和图 8−34 采暖管道系统图等组成。这套图表达了单元式住宅采暖管道、设备的布置,以及管路的具体走向。识图时先看图例、说明,然后将平面图、系统图对照起来看,必要时查找相关的标准详图。

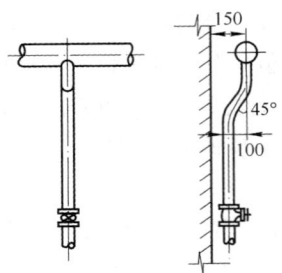
图 8-31 干管和立管的连接方法

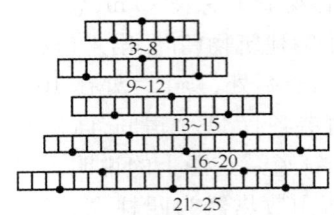
图 8-32 柱型散热器卡子安装数量和位置

表 8-4 图例

图例		名称	图例		名称
——		供水管			自动排气阀
----		回水管			散热器内置温控阀
		两通型温控阀			
		热量表			散热器及放气阀
		过滤器			
		球阀			丝堵

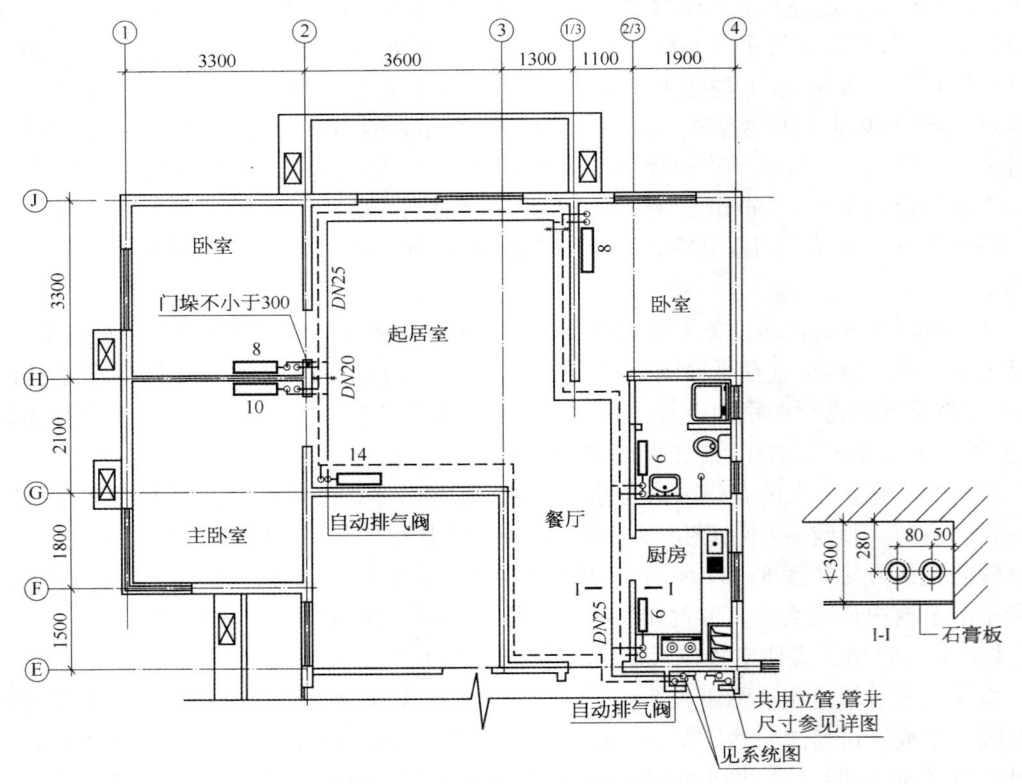

图 8-33 单元式住宅采暖管道平面图

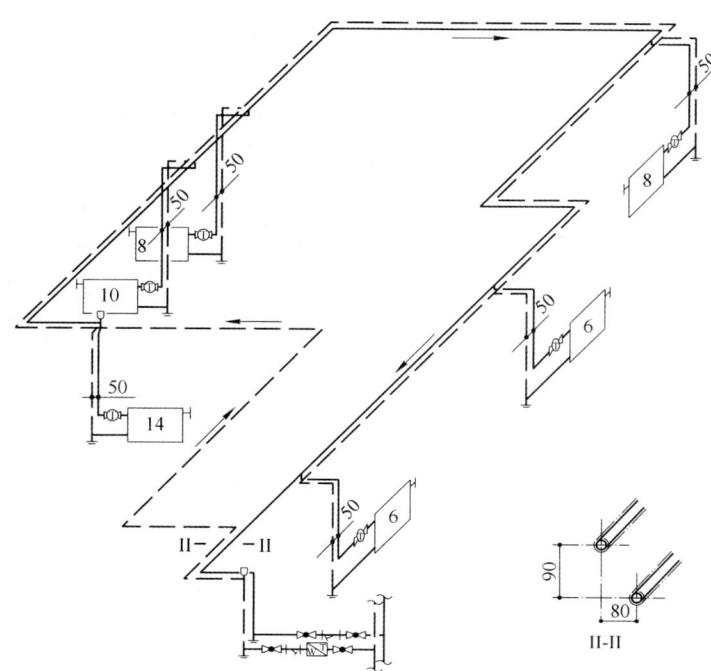

图 8-34 单元式住宅采暖管道系统图

（1）通过平面图了解到这是一套三居室住房，有三间卧室、起居室、餐厅、厨房和卫生间。每个房间都设有一组钢制柱型散热器。散热片数量为：主卧室 10 片、两间次卧室均为 8 片、起居室 14 片、卫生间和厨房均为 6 片。

共用立管设在公用部位的管井内，管井尺寸参见详图，如管井内设两表时尺寸可采用 1 300 mm×450 mm（图 8-35）。室内水平干管沿餐厅和起居室墙壁平行敷设。通过 Ⅰ-Ⅰ 剖面可知两水平干管中心间距 80 mm，管中心距天棚底面 280 mm。为美观起见，水平干管外用石膏板进行封闭，干管要进行保温。保温的具体做法见标准图 98R418。散热器支管从干管开三通后穿墙进入各个房间。管道穿墙处应设套管，套管两端与墙面相平。

（2）通过管道系统较直观地了解了管道的立体走向，本例管路系统为同程式系统（同程式是指并联环路间的流程基本相同，即各环路管路总长基本相等），供、回水干管管径均为 $DN25$，散热器立支管管径均为 $DN15$。管材采用镀锌钢管，螺纹连接。供、回水管在管道入户处，两管高差 90 mm，水平中心距 80 mm（Ⅱ-Ⅱ 剖面）。管道坡度 $i \geqslant 0.003$。坡向见系统图，系统最高点设自动放气阀（一处在起居室散热器供水立管顶端，另一处在管井内回水立管顶端），散热器立管间距 50 mm。

（3）供、回水干管在户门外管井内设置入户装置。从管道系统图上可以看到，入户装置主要由热量表、过滤器及控制球阀等组成。热量表有组合式和分体式两种。图 8-35 为组合式热量表安装详图，组合式热量表由积分仪、流量计和进回水温度传感器组成，并做成一体。热量表的主体（积分仪和流量计）安装在回水干管上。安装时注意水流方向的正确，并

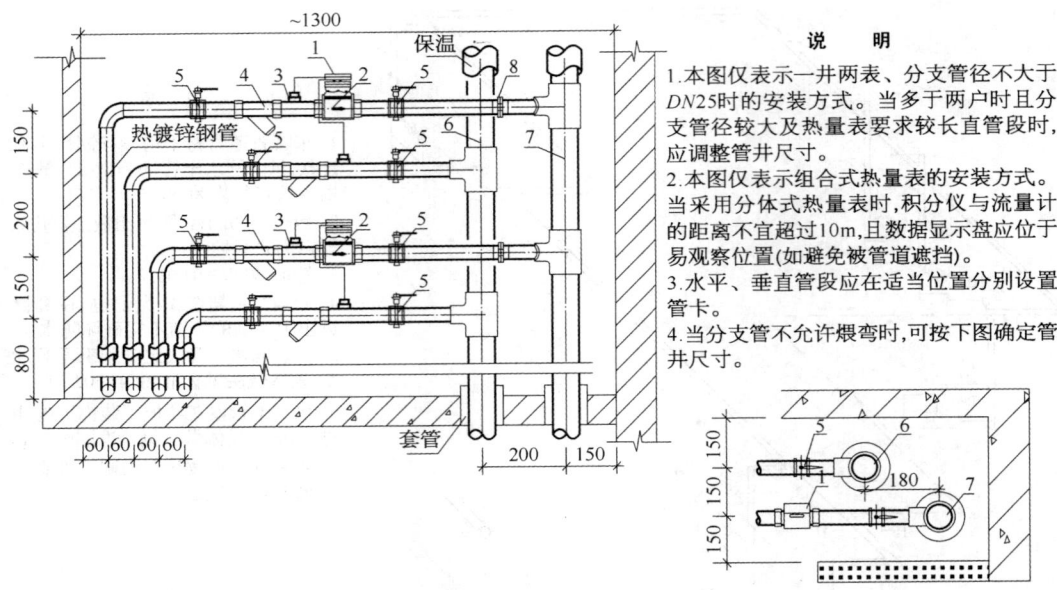

图 8-35 单元立管及分户热计量装置
1—积分仪；2—流量计；3—温度传感器；4—水过滤器；5—蝶阀或球阀；6—供水立管；7—回水立管；8—活接头

要求表前表后管道应该是直管段，其直管长度不小于管道直径的 6~8 倍。当采用分体式热量表时，积分仪与流量计的距离不宜超过 10 m。

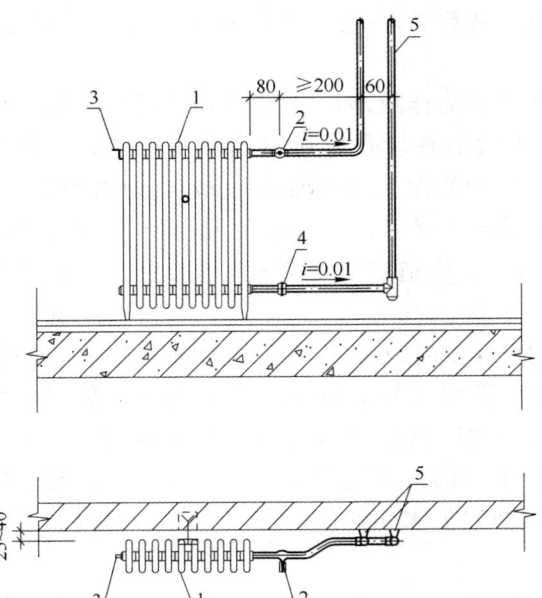

图 8-36 上分双管系统散热器上进下出安装图
1—散热器；2—自力式散热器温度控制阀；
3—手动放气阀；4—活接头；5—管卡

(4) 散热器安装位置依据平面图而定，安装尺寸和附件设施可参照标准图（图 8-36）。散热器入口处应设温度控制阀，温度控制阀又称恒温控制阀、温度调节器、测温流量调节阀。它由阀头（恒温控制器）和阀体组成，有角式、两通式和三通式等类型，根据采暖系统布置形式确定散热器支管温度控制阀的型号和规格。本例选用 $DN15$ 两通式温度控制阀，温度控制阀须装在供水管道上。散热器支管坡度为 $i=0.01$，每组散热器上均应设置手动放气阀。

(5) 水平干管有两处应设置固定支架（一处在 2-H 轴线处，另一处在 1/3-J 轴线处），固定支架应按 04K502-37 详图加工制作，活动支架干管宜采用高滑动支架，立、支管宜采用管卡。

第三节 室外供热管道施工图

一、室外供热管道的敷设形式

室外供热管道是从锅炉房至建筑物热力入口之间的管线。供热管道的敷设形式可以分为架空敷设和地下敷设,在识读室外供热管道施工图时,首先要搞清管道的敷设形式。

1. **架空敷设**

架空敷设是将供热管道敷设在地面上的独立支架或建筑物外墙的支架上,架空敷设所用的独立支架多用钢筋混凝土或钢材制成。

架空敷设根据支架高度不同可分为三种型式。当管道保温层至地面净高为 0.5~1.0 m 时为低支架敷设,如图 8-37 所示;当管道保温层至地面净高为 2.5~3 m 时为中支架敷设,而净高为 4~6 m 时,则称为高支架敷设,如图 8-38 所示。

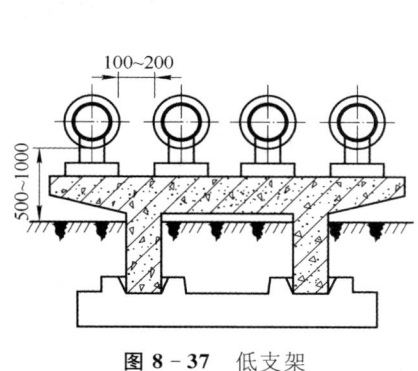

图 8-37 低支架

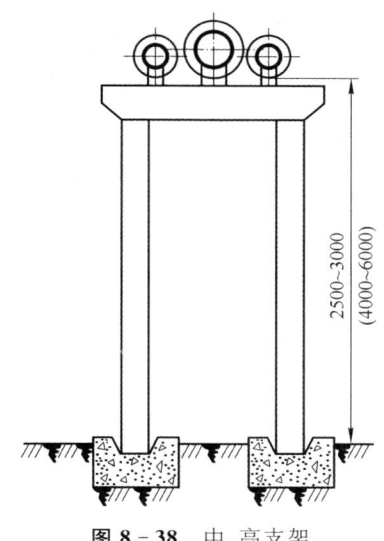

图 8-38 中、高支架

2. **地沟敷设**

地沟敷设是将供热管道敷设在地沟中,地沟敷设分为通行地沟、半通行地沟和不通行地沟三种形式。

当管道数目较多,一般超过六根以上时采用通行地沟。通行地沟高度不小于 1.80 m,通道宽度 0.60~0.70 m,以便修理人员自由通行,图 8-39 是通行地沟的横断面图。

管道数目不多或者为了节省工程造价,可采用半通行地沟,半通行地沟的高度为 1.20~1.40 m,通道宽度 0.60~0.70 m,修理人员弯腰可以通行,图 8-40 是半通行地沟的横断面图。

不通行地沟在城市街区和中小型工厂内广泛采用。地沟的断面尺寸取决于施工要求,一般两根管子保温层间距不小于 100 mm,保温层到地沟壁和顶盖内面净距不小于 100 mm,到地沟底净距不小于 120 mm,图 8-41 是不通行地沟的断面图。

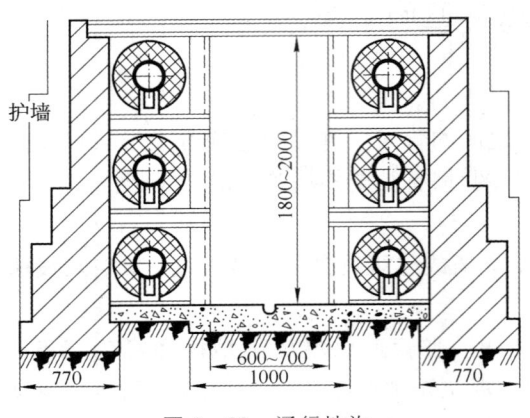

图 8-39 通行地沟

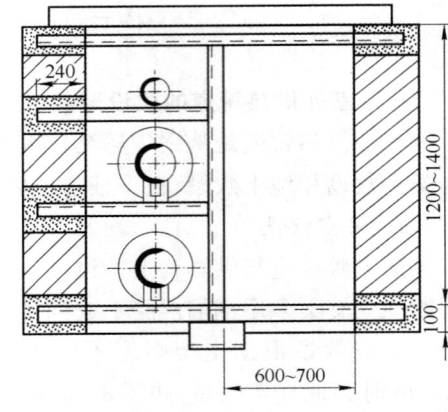

图 8-40 半通行地沟

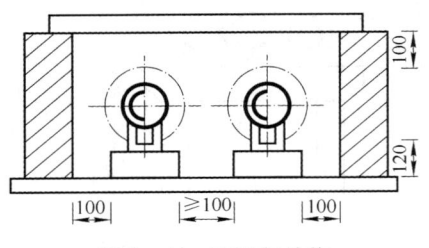

图 8-41 不通行地沟

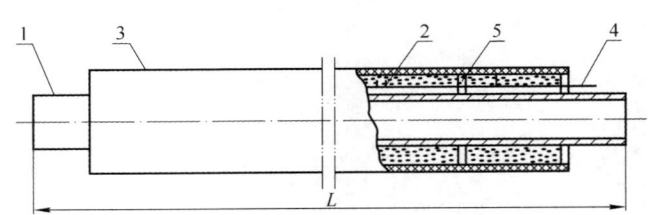

图 8-42 直埋敷设供热管道保温结构
1—钢管；2—聚氨酯硬质泡沫塑料；3—聚乙烯外护管；
4—报警线；5—支架

3. 直埋敷设

管道直埋敷设是将管道直接埋设于地下，其保温结构与土壤（黄砂）直接接触。直埋敷设供热管道一般由管道、保温层和保护层等组成，如图 8-42 所示。直埋供热管道及管件应在工厂预制，现场只进行接口施工。

1）热水管道直埋敷设

管道热伸长尽可能利用自然补偿，弯曲角度小于 30°不宜作自然补偿。从干管上直接引出分支管上应设固定支墩或轴向补偿器或弯管补偿器，并应符合下列规定：分支点至支线上固定支墩距离不宜大于 9.0 m；分支点至弯管或轴向补偿器的距离不宜大于 20 m；分支点有干线轴向位移时，轴向位移量不宜大于 50 mm。管道敷设方式分三种：①无补偿直埋敷设方式，即管道上不需设置补偿器或具有起补偿作用的管件，在回填土前管道不需要预热的敷设方式；②有补偿敷设方式，即在管道上设置补偿器和固定支座，保证管道能自由伸缩的敷设方式。此种敷设方式弯头部位宜填砂，以减轻因热膨胀对保温结构的挤压；③一次性补偿器敷设方式，这种直埋方式是利用一次性补偿器吸收管道安装时在预热状态下的一部分膨胀量，补偿器只能补偿一次，焊接后成为管线的一部分。

直埋敷设热水管道应采用无缝钢管，由电弧焊或高频焊焊接钢管，管道上的阀门应能承受管道的轴向荷载，宜采用全焊接整体式钢制阀门，与管道的连接均应采用焊接。热水干管接出分支管不宜 T 形连接,宜做成 Z 形或 U 形。

2) 蒸汽管道直埋敷设

直埋蒸汽管道宜敷设在各类地下管道的最上部。直埋蒸汽管道的工作管,必须采用有补偿的敷设方式,两个支座之间的直埋蒸汽管道,不宜有折角,管道由地下转至地上时,外护管必须一同引出地面。其外护管距地面的高度不宜小于 0.5 m,并应设有防水帽和采取隔热措施。

蒸汽直埋管道应合理地进行疏排水。直管段每隔 150~200 m 宜加设疏排水装置,管道最低点应设永久疏水装置。疏水装置应设置在工作管与外管相对位移较小处,从工作管引出疏水管处应设疏水集水罐。

补偿器和三通处应设固定支座,阀门和疏水器处宜设固定支座。采用钢质外护管的直埋蒸汽管道,宜采用内固定支座。

直埋蒸汽管道使用的阀门宜选用无填料的截止阀、闸阀,并采用焊接连接,阀门的公称压力应比管道设计压力高出一个等级。直埋蒸汽管道、管件及管路附件之间的连接,除疏水器和特殊阀门外,均应采用焊接。采用法兰连接时,法兰的密封宜采用耐高温金属垫片。

直埋蒸汽管道必须设置排潮管,排潮管应设置于外护管位移较小处,其出口可引入专用井室内,井室内应有可靠的排水措施。排潮管如引出地面,开口应下弯,且弯顶距地面不宜小于 0.25 m。

二、管道的热补偿、排水和放气装置

室外供热管道的特点之一是管路长和输送的介质温度高,这就带来了管道因受热而膨胀和怎样进行补偿的问题。同时,由于管道具有一定坡度,必须解决好管道的排水和放气的问题。这两个问题在室外供热管道施工图上都有相应处理,在识读时要注意。

1. 管道的热补偿

管道的热补偿方式有两种,即自然补偿和人工补偿。

自然补偿是利用管道本身自然弯曲所具有的弹性,来吸收管道的热变形,自然补偿常见的有 L 形补偿器(90°弯管)和 Z 形补偿器(来回弯)。若供热管道自然补偿不能满足时,则应在管路上加设人工补偿器,人工补偿器常见的有方形补偿器(图 5-26)、波纹管补偿器(图 5-27)、填料式补偿器(图 5-28)和球形补偿器(图 5-29)。

水平安装的方形补偿器应与管道保持同一坡度,垂直臂呈水平。垂直安装时应设放气、疏排水装置。方形补偿器两侧第一个支架宜设置在距补偿器弯头起弯点 0.5~1.0 m 处,支架为滑动支架。两个补偿器之间要设固定支架。

波纹管补偿器两端至少各设一个导向支架。填料式补偿器活动侧管道的支架应为导向支架。单向填料式补偿器应安装在固定支架附近,外壳一端连接固定支架处管道。双向填料式补偿器安装在固定支架中间,补偿器外壳固定。

识读施工图时对支架的设置、形式、安装要求都要搞清楚。

2. 系统的排水和放气装置

蒸汽管道、凝结水管道和热水管道都要考虑在停止运行时排除系统中存水,因此在系统的最低点都应设排水装置。

热水管道和凝结水管道具有一定坡度,在坡度的最高点设置放气阀。放气管直径一般

为 $DN15\sim DN25$。

蒸汽管道在运行中产生的凝结水靠永久疏水装置排除,永久疏水装置应安装在以下部位。

(1) 所有蒸汽管道中的最低点。

(2) 被阀门关断时蒸汽流来方向一侧的低位点。

(3) 直管段每隔 50 m 左右安装一组永久疏水装置。

热水管道和汽、水同向流动的蒸汽管道及凝结水管道的坡度一般为 $0.002\sim 0.003$,汽、水逆向流动的蒸汽管道的坡度则不得小于 0.005。

三、施工图的识读

1. 平面图

热网管线平面图是室外供热管道的主要图纸,用来表示管线的平面位置和具体走向,以及管路附件、其他设施或构筑物的设置情况。识读时应掌握的主要内容和注意事项如下。

(1) 热网管线平面图能反映敷设管线区域的地形、地貌、海拔、标高、街区、建筑物或建筑红线;反映有关的地下管线及构筑物。并绘有指北针,指明管线敷设方向。因此识读时首先要弄清管线敷设区域的上述情况,以及有关道路、建(构)筑物的基本情况。

(2) 查明管道名称、用途、平面位置、管道直径和连接形式。

室外供热管道中有蒸汽管道和凝结水管道或热水管道和回水管道,同时还要注意室外供热管道中有无不同压力的管线,必须一一看清楚。

管道的平面位置是用管道上的坐标或与建筑物轴线间距来确定的。一般在管线起止点、转角点等重要控制点处均标注坐标,非 90°转角还应标注两管线中心线之间小于 180°的角度值。室外供热管道坐标网通常用测量坐标 X、Y 表示。识读时可以利用坐标值计算出供热管道与建(构)物之间的距离,以便定位。

平面图表示管道的走向。要搞清楚管道的来龙去脉:即管道从什么地方来,到哪些地方去,中间经过什么地方;各分支点的位置都设在什么地方,通向什么地方等。管道直径在平面图上都有明确的标注,识读时要注意管道直径的变径点,同时要考虑变径处所采用的管配件。

管道的连接形式在平面图和说明里都已表示出来,识读时不能忘掉。如果图纸上未注明连接形式,可根据现行设计与施工规程进行确定。

(3) 了解管道支架和辅助设备的布置情况。

室外供热管道不论是地沟敷设还是架空敷设,管道都安装在管道支架上面。管道支架有固定支架和活动支架两种。固定支架一般设置在两个补偿器之间、管道转弯处、节点分支处及室外管道进入车间之前的管段上。固定支架型式众多,图纸中一般都有具体规定,否则,可根据管道产生的推力来选定。活动支架设置在固定支架之间,它的型式也有很多种,最常用的是滑动支架和导向滑动支架。滑动支架可以使管道既有横向移动又有纵向移动,而导向滑动支架则只允许沿管道轴线方向移动。图纸中对滑动支架和导向滑动支架的位置都有规定,如果没有规定,则按现行施工验收规范规定设置。在识读时必须弄清楚管路上何处装有固定支架,何处装有活动支架,以及它们的型式、结构构造和安装要求等,以便加工安装。

管道的辅助设备如补偿器、疏水装置、排水和放气装置、阀门等,在平面图上都显示有具体布置情况。供热管道地下敷设时,为了便于管道辅助设备的检修,往往设置专门的矩形或圆形配件室(或称检查井)。配件室在管道平面图上都有表示,识读时要搞清配件室的具体位置和平面尺寸以及配件室内辅助设备的布置情况。当供热管道架空敷设时,在管路分支阀门处往往设置操作平台,便于对阀门、仪表等定期检查和维修,在识读时也要注意。

识读图纸上管道的辅助设备时,要弄清楚它的型式、型号、组装要求以及与管道之间的关系。

(4) 看清平面图上注明管道节点及纵横剖面图的编号,以便按照这些编号查找有关图纸。

2. 管道纵剖面图及横剖面图

室外供热管道的纵、横剖面图,主要反映管道及构筑物(地沟、管架)纵、横立面上的布置情况,并将平面图上无法表示的立面情况予以表示清楚,所以是平面图的辅助性图纸。纵、横剖面图并不对整个系统都作绘制,而只绘制某些局部地段。识读时要掌握的主要内容和注意事项如下。

1) 管线纵剖面图

管线纵剖面图是按管线的中心线展开绘制的。管线纵剖面图由管线剖面示意图、管线平面展开图和管线敷设情况表组成。管线纵剖面示意图上各种距离和高程应按比例绘制,铅垂方向和水平方向应选用不同的比例,并应绘制出铅垂方向的标尺。水平方向的比例应与热网管线平面图的比例一致。管线纵剖面示意图上还绘出地形、管线的纵剖面;绘出与管线交叉的其他管线、道路、铁路、沟渠等,并标注与供热管道直接相关的标高,用距离标注其位置。

管线平面展开图上一般应绘出管线、管路附件及管线设施或其他构筑物的示意图。在各转角点应表示出展开前管线的转角方向,非90°角尚应标注小于180°的角度,如图8-43所示。

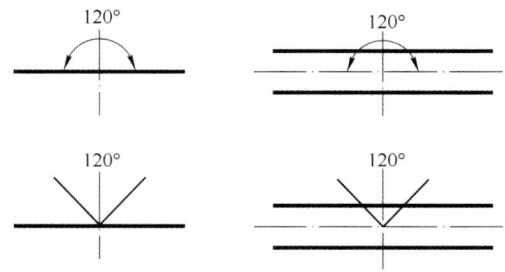

图 8-43 管线平面展开图上管线转角角度的标注

管线敷设情况表应采取表格形式列出,表头中所列栏目可根据管线敷设方式等情况编排与取舍。一般包括桩号、编号、设计地面标高、自然地面标高、管底标高、管架顶面标高、管沟内底标高、槽底标高、距离、里程、坡度、横剖面编号、管道代号及规格。管线敷设情况表中各点的标高数值应标注在该点竖线的左侧,标高数值书写方向与竖线平行。一个点的前后标高不同时,应在该点竖线左右两侧标注。

识读时应同时查看示意图和表格,据此,要查明管道底或管道中心标高,管道坡度坡向及地面标高。地沟敷设时,要查明地沟底标高、地沟深度及地沟坡度;架空敷设时,要查明管架间距和标高。同时要了解管道辅助设备如补偿器、疏排水装置等的位置,当有配件室、阀门平台等构筑物时,还要查清楚这些构筑物的位置、标高及其编号。识读时要与平面图对照起来一起看,可以进一步弄清管道及辅助设备的具体位置、标高以及它们之间的相互关系。

2) 管线横剖面图

管线横剖面图是按热网平面图上的剖切符号画出来的,因此图名编号应与平面图一致。图中应绘出管道和保温结构外轮廓。管沟敷设时应绘出管沟内轮廓;直埋敷设时应绘出开槽轮廓;管沟及架空敷设时应绘出管架的简化外形轮廓。图中应标注各管道中心线的间距,标注管道中心线与沟、槽、管架的相关尺寸和沟、槽、管架的轮廓尺寸。还应标注管道代号、规格和支座的型号。

管道横剖面图表示管道横向布置。要据以查明管道断面标高、管道与管道支架间的联系情况。地沟敷设时,要查明地沟的断面构造及尺寸;架空敷设时,要查明管道支架的构造、标高及结构尺寸。识读时要与平面图一起对照起来看。

3. 系统图

室外供热管道管路布置比较简单,用平面图基本上就可以表示清楚,但对于较复杂的管路,为了使施工人员容易理解设计意图,有时也绘制系统图。在识读时应掌握的主要内容和注意事项如下。

(1) 了解管道立体走向,通过系统图建立立体概念,搞清楚管路的来龙去脉、分支点、管径、坡度和坡向等。

(2) 查明管道标高,固定支架、补偿器设置的位置和型式。供热管道与其他管道(如煤气管道、空气管道)共架或共沟敷设时,要查明供热管道与其他管道之间的关系。

(3) 查明管道疏水装置和排水、放气装置的位置、管径和装置型式。

4. 详图

室外供热管道的详图,主要是节点详图和标准图。节点详图一般取管道分支较多处、配件室、阀门平台等地方,识读时要按平面图上给定的详图编号去查找。

标准图主要包括补偿器、管道支架、管道保温设施、疏水装置等。图 8-44 是常用的曲面槽滑动支座详图,支座由曲面槽和弧形板焊接而成,支座再焊接在管子上面。支座下面是支架的支撑部分,根据管道重量和推力大小可选用槽钢或角钢。表 8-5 是图 8-44 所示支座的材料表,表中给出了支座零件的名称、尺寸和材料规格。L 是曲面槽的长度,H 是曲面槽的高度。支座详图识读时,根据三面投影图的投影规律,采取对线条的方法,把复杂的部件图分解成各个零件,再想象出各个零件的形状,同时对照材料表搞清各个零件的尺寸、重

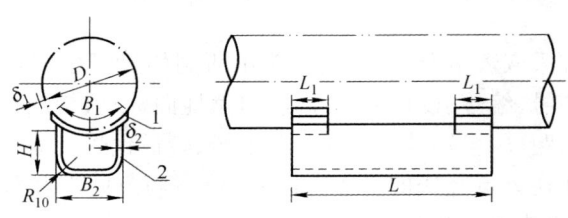

图 8-44 曲面槽滑动支座

量等。选用时注意规格不要搞错,例如图纸上管道外径为 273 mm 时,支座应选用管子外径 273 mm 的一档:即弧形板取宽度 $B_1=200$ mm,规格(长度×厚度)$L_1×\delta_1$ 为扁铁 50 mm× 4 mm;曲面槽尺寸为 $B_2=152$ mm,$\delta_2=6$ mm,规格 $L×\delta_2$ 为钢板 200 mm×6 mm。

表 8-5　图 8-44 所示曲面槽滑动支座材料表

零件号		1				2				总重 (kg)
名称		弧　形　板				曲　面　槽				
数量		2				1				
材料		A3F				A3F				
管子外径 D (mm)	尺寸 B_1 (mm)	规格 $L_1×\delta_1$ (mm)	重量(kg)		尺寸(mm)			规格 $L×\delta_2$ (mm)	重量(kg)	
			单重	共重	B_2	δ_2	展开长		单重	共重
159	140	扁铁 50×4	0.22	0.44	108	4	220	钢板 200×4	1.38	1.38	1.82
219	180	扁铁 50×4	0.28	0.56	128	4	240	钢板 200×4	1.51	1.51	2.07
273	200	扁铁 50×4	0.31	0.62	152	6	264	钢铁 200×6	2.49	2.49	3.11
325	250	扁铁 50×4	0.39	0.78	192	6	320	钢铁 200×6	3.02	3.02	3.86

注:DN150~DN325 曲面槽滑动支座的尺寸为 $L=200$,$H=50$。

5. 识读举例

【例 1】　如图 8-45 所示是某厂空调和生活用蒸汽室外供热管道平面图,图 8-46 是供热管道 1-1 剖面图,如图 8-47 所示是室外供热管道立面图,试对这套室外供热管道施工图进行识读。

从平面图和立面图上可以看到该厂的供汽管道有两条,一条是空调供热管道,管径为 $D57×3.5$,另一条是生活用汽供热管道,管径为 $D45×3.5$。两条管道自锅炉房相对标高 4.200 m(绝对标高 8.700 m)出外墙,经过走道空间沿一车间外墙并列敷设,至一车间尽头,空调供热管道转弯送入一车间,生活用汽管道则从相对标高 4.350 m 返下至标高 0.600 m,沿地面敷设送往生活大楼。

回水管道也有两条,一条从一车间自相对标高 4.050 m 处接出,另一条是从生活大楼送来至一车间墙边,由相对标高 0.300 m 上升至标高 4.050 m,然后两根回水管沿一车间外墙并列敷设,到锅炉房外墙转弯,再登高至相对标高 5.500 m 处进入锅炉房。两根回水管道在锅炉房墙外登高前是系统的最低点,在此点分别设置了带双阀门的 DN15 疏排水管,引至明沟。

四根管道在一车间外墙中部 6 号支架处设有方形补偿器,3 号支架和 9 号支架为固定支架,1 号支架和 2 号支架用圆钢和花篮螺丝拉紧固定在一车间和锅炉房外墙上,如图 8-45 所示。

从立面图上看到自锅炉房至方形补偿器一段管路系统的坡度为 $i=0.005$,坡向锅炉房。1-1 剖面图反映了 8 号支架的型式,这个支架是用槽钢制成,以抱柱型式固定在一车间外墙里面的柱子上。两根蒸汽管敷设在槽钢支架上方,管子与槽钢之间设有管托,两根回水管道敷设在槽钢支架下方,用吊卡固定在槽钢上。两根水平管道中心间距为 240 mm,蒸汽管道与回水管道上下中心高差为 300 mm。

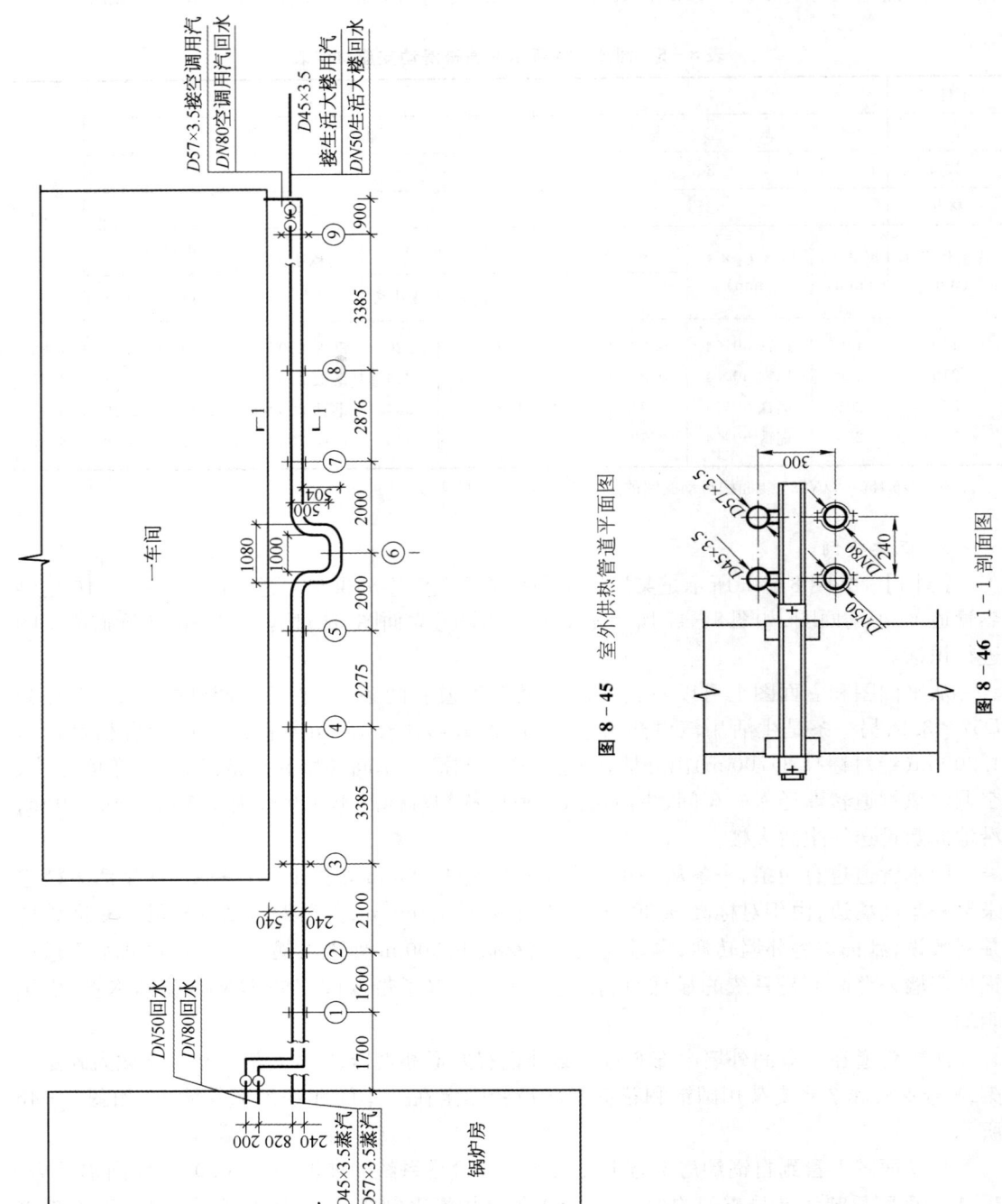

图 8-45 室外供热管道平面图

图 8-46 1—1 剖面图

第三节 室外供热管道施工图

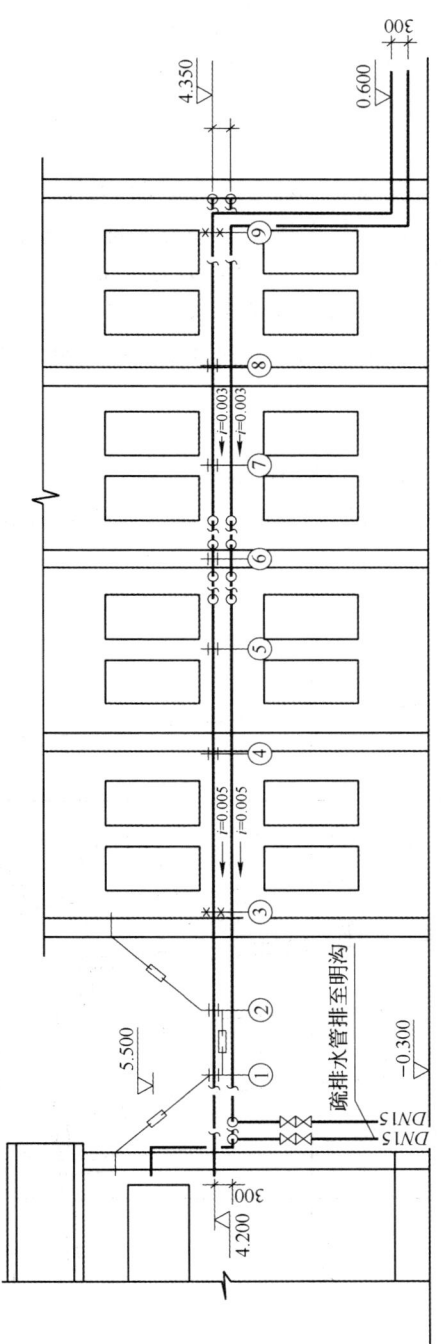

图 8-47 室外供热管道立面图

【例2】 图8-48是某小区室外供热管道平面图,图8-49是某小区室外供热管道纵断面图,试对这套图纸进行识读。

(1) 从平面图上可以看到管道的布置情况。供水干管和回水干管并列平行敷设于四川路一侧,管道走向(以供水干管为准)自西向东,在坐标$X-54\,354.40$、$Y-32\,457.80$处转弯向南,然后两次转弯后再次向南。管路上设有三座检查室和一座补偿器井。管道检查室内有管路分支控制阀门、波纹管补偿器、管道固定支架。各井室之间和管路转弯后的尺寸距离在平面图上均标注得很清楚。

(2) 供热管道规格为$D426×8$(保温管外径510 mm)和$D325×7$(保温管外径410 mm)。固定支架编号为GZ-5、GZ-6、GZ-7。各固定支架支座推力均为5吨力。

(3) 管道纵断面图显示,各检查室、补偿器井室以及管道转弯处的节点编号为J49~J54。管道转弯也在管线展开图中绘制出左转或右转及角度为90°。

热源出口至检查室3的距离为799.35 m。其他井室及转弯处距热源出口间距可根据各井室之间距离相加计算。

地面的自然标高各节点处均不相同,如检查室3处为150.21 m。管底标高与管道坡度有关,J49处管底标高为148.12 m,至J50处管底标高为$148.12+73×0.008=148.70$(m)。管道在J50处变径,采用偏心异径管,取管顶平接,管道至J51处管底标高则为149.18 m。以后各点均可计算出来。

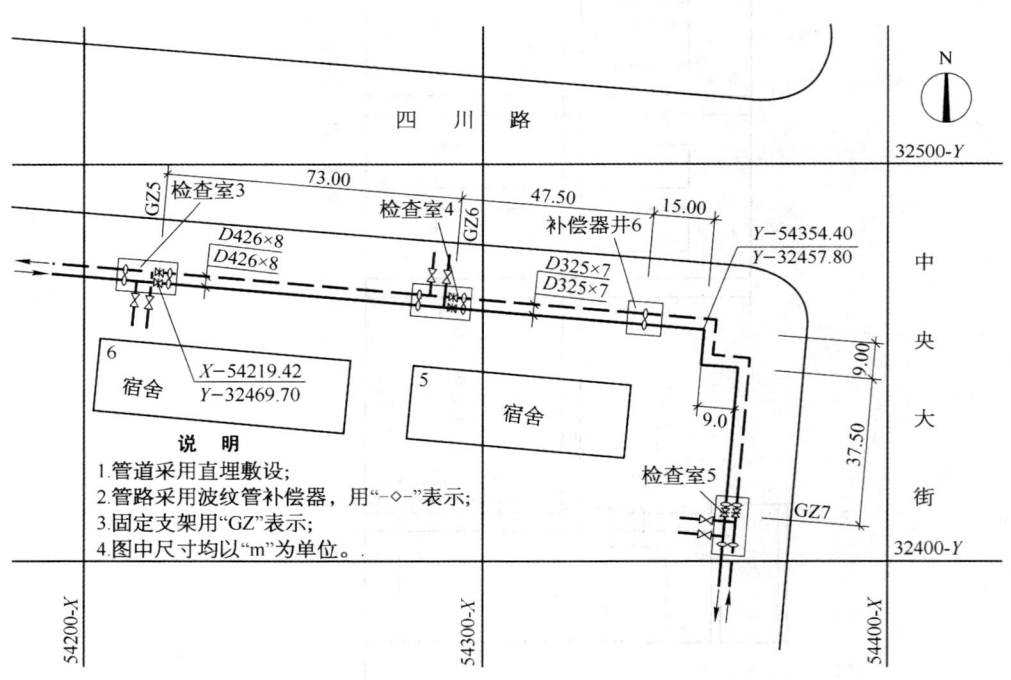

图8-48 室外供热管道平面图

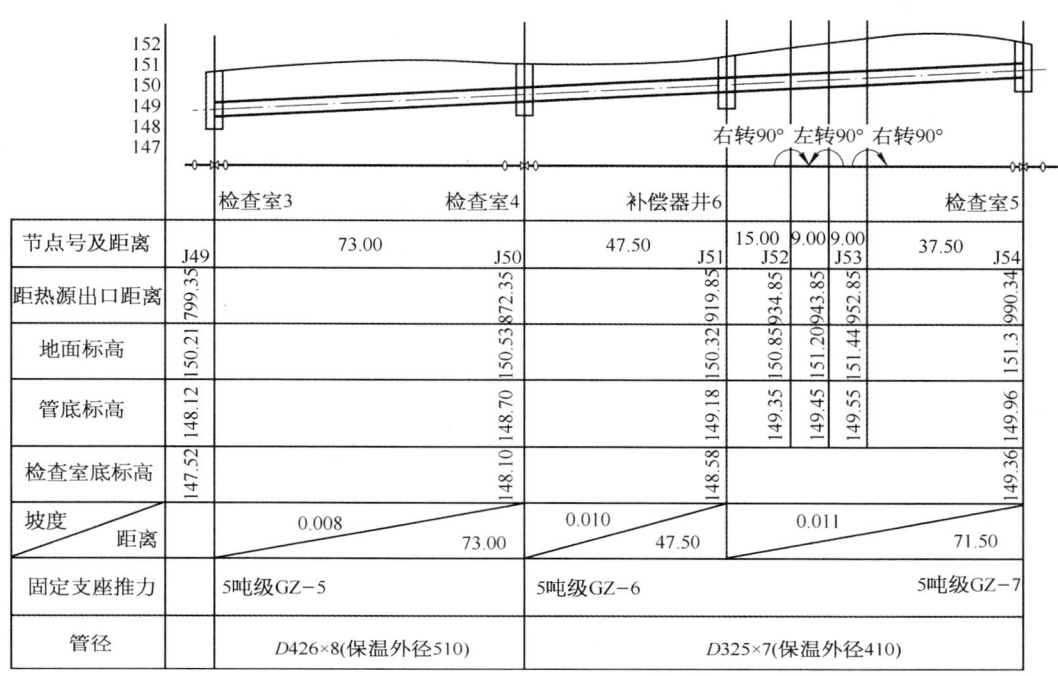

图 8-49 室外供热管道纵断面图

第四节　锅炉房管道施工图

一、常用锅炉的种类

在采暖系统中,锅炉是加热设备,将冷水加热成热水或蒸汽,供采暖系统使用。

采暖系统所用的锅炉可以分为两大类,即热水锅炉和蒸汽锅炉,而每一类锅炉又可分为低压和高压两种。在热水锅炉中,热水温度低于 115 ℃ 的为低压热水锅炉,温度高于 115 ℃ 的称为高压热水锅炉;而蒸汽锅炉则以蒸汽压力来区分,蒸汽压力低于 1.2 MPa 的称为低压蒸汽锅炉。

锅炉的基本特征是以蒸发量(或产热量)和蒸汽(或热水)参数来表示的。蒸发量(或产热量)是锅炉大小的标志,指蒸汽锅炉每小时生产蒸汽的数量,单位是 t/h 或 kg/h;产热量则指锅炉每秒生产的热量,单位是 kW。例如蒸发量为 10 t/h,即表示锅炉每小时能生产 10 t 蒸汽。蒸汽(或热水)参数是指蒸汽(或热水)的压力和温度。

锅炉用钢板制造。高压锅炉有火管锅炉和水管锅炉之分。小型高压蒸汽锅炉常用的是快装锅炉,快装锅炉是整体出厂的,采用轻型耐火砖和蛭石保温层,外面包薄钢板。目前我国生产的快装锅炉蒸发量从 1 t/h 到 4 t/h,工作压力为 0.8 MPa 和 1.3 MPa 两种。快装锅炉类型较多,其中常见的为 KZG 型和 KZL 型。

锅炉是锅炉房设备中的主体设备,它是由汽锅、炉子、蒸汽过热器、省煤器、空气预热器、仪表附件等组成;其中,汽锅和炉子是主要部件,蒸汽过热器一般多用于电站锅炉,而采暖锅炉和工业锅炉中则较少设置。

二、锅炉房管路系统

为了保证锅炉的正常运行,有效地供给采暖系统所用蒸汽或热水,除了锅炉本体外,还必须设置辅助设备和管路系统。

锅炉的主要辅助设备有输煤除灰设备,引、送风设备,除氧设备,水处理设备等,此外就是管路系统。在识读锅炉房管道施工图时,先要了解锅炉本体的构造原理,锅炉房设备组成和管路系统工艺流程,包括水处理的基本知识。

锅炉房管路系统有蒸汽(或热水)系统,锅炉给水系统,水处理系统,除氧系统和锅炉排污系统。

1. 蒸汽管路系统

蒸汽管路系统是指锅炉房内,自锅炉蒸汽主管经分汽缸至锅炉房内用汽设备(如汽动给水泵、吹灰器、除氧器等)及送往其他用汽地点的管路系统。

锅炉蒸汽主管应牢固地敷设在支架上,并且要考虑到管道的自由伸缩。两台以上的锅炉并联运行时,应在每台锅炉蒸汽出口的蒸汽主管上装设两个阀门,两个阀门之间应装有通向大气的疏水管道和阀门,其管道内径不得小于 18 mm。单元机组的锅炉,可以装一个蒸汽阀门。

蒸汽管道向上登高转弯时,应装疏水装置。

蒸汽管道根据需要还装设压力表和流量计,压力表一般采用弹簧压力表,并装设在易于观察的地方。流量计的节流孔板应按有关规定进行装设,前后直线管段长度都要达到要求。

分汽缸上除了连接蒸汽管道外,还装设压力表、安全阀,在底部则设有疏水装置。分汽缸安装时应有 0.005 的坡度,坡向疏水管接口,以利疏水。

2. 锅炉给水系统

锅炉给水系统是指从除氧水箱或给水箱至锅炉给水阀之间的管路系统。它是由贮水设备(水箱)、加压设备(电动水泵、蒸汽往复泵)和管路所组成。

为了保证锅炉运行安全,给水系统宜设双管系统,给水系统平时用离心泵供水,当停电或离心泵发生故障时,即可以从另一供水管路通过蒸汽泵向锅炉供水。

锅炉给水系统可分单机组给水系统(即每台锅炉具有独立的给水泵)和集中给水系统(即多台锅炉联合使用几台给水泵),一般采用集中给水系统。给水系统中,给水箱一般应设两个独立的水箱,或一个水箱中间隔开起两个水箱的作用。两个水箱之间应有连通管,以备相互轮换使用。给水箱应设有人孔、水位计、水封、溢水管、放水管、软水管、出水管、放气管和取样装置等附件。在小型锅炉房中,一般采用给水箱与凝结水箱合用系统,让厂区返回的凝结水与补充的软水混合,提高给水温度。

给水泵在系统中应不少于两台,当不能保证供电可靠时,除设电动水泵外,还要设汽动给水泵。当锅炉工作压力≤0.3 MPa,最大连续蒸发量≤100 kg/h,可以不用给水泵,而直接由给水管供水,此时,给水管压力应超过锅炉工作压力至少 0.15 MPa,并需在管路上设置止回阀。每台给水泵的压水管上应装设止回阀和截止阀,在吸水管上应装闸门阀,汽动给水泵如果压水管较高,阀门不便操作时,可以不装止回阀,但电动水泵则必须装设止回阀。

3. 给水软化处理系统

目前广泛采用的水软化处理方法是钠离子交换法。钠离子交换法是使生水(未经过处理的水称为生水或原水)流过装有钠离子交换剂的离子交换器时,生水中的钙、镁离子被钠离子所置换,并存留在交换剂中从而使水得到软化的方法。

钠离子交换软化系统一般由钠离子交换器、盐液配比池(或盐溶解器)、盐液泵、生水加压泵、反洗水箱等组成,如图 8-50 所示。

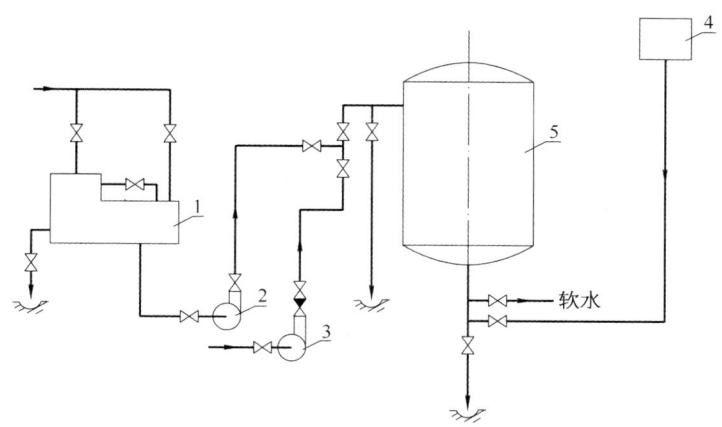

图 8-50　钠离子交换软化系统
1—盐液配比池；2—盐液泵；3—生水加压泵；4—反洗水箱；5—钠离子交换器

钠离子交换器的正常运行是按软化、反洗、还原(再生)和正洗(清洗)四个步骤工作的,这四个工作步骤组成了交换器的一个工作循环。

软化是钠离子交换器的正常工作,当生水加压泵启动后,生水从交换器上方进入,流经交换剂构成的过滤层,经过离子交换,生水变成了软水从交换器底部流出,送往软水箱。

若交换剂失效,可接通反洗水箱或反冲洗水管,使水从底部流入交换器,把交换剂翻松,并把上面的污物及破碎的交换剂冲出来,为还原创造条件。

还原是为了使失效的交换剂重新恢复离子交换能力,还原时启动盐液泵,将含盐溶液从交换器上部送入,通过离子交换层,进行还原反应,然后由底部排入地沟或回收池再次使用。

还原后启动生水泵,将生水从交换器上部送入,进行正洗,正洗的目的是将残留的食盐溶液和反应生成物冲走,经过正洗之后交换器又可恢复正常工作了。

这里介绍了钠离子交换器的工作过程,其目的是使读者在识读钠离子交换软化系统图时,有一个工艺流程和工作原理的概念,对进一步看懂图纸会有一定的帮助。

4. 水的除氧系统

锅炉给水中氧和二氧化碳同时存在会加剧金属局部腐蚀,因此除掉给水中的气体是保护锅炉免受腐蚀的一个措施。目前对于蒸发量 6.5 t/h 及以上的工业锅炉较多采用大气式热力除氧。

气体在水中的溶解度与水温有关,在一定压力下,提高水温会使水中气体溶解度降低,当水加热到沸点,水中就不再溶有气体。热力除氧就是利用这一原理。

大气式热力除氧的工作原理:使热力除氧器内水面上只有水蒸气存在,当进入除氧器的水与蒸汽接触时,即被加热至沸腾温度,水中的氧和二氧化碳等气体析出,此时速将水面上的气体排出。

大气式热力除氧系统由除氧水泵(软水泵)、除氧器、除氧水箱及管路组成。如图 8-51 所示。除氧水泵将软水由除氧器上部送入,从分气缸来的蒸汽则从除氧器下面进入,两者相遇后,水被加热沸腾并析出所溶解的气体,水流入除氧水箱内,然后由给水泵送往锅炉,除氧器内的气体从顶部排气管自动排出。

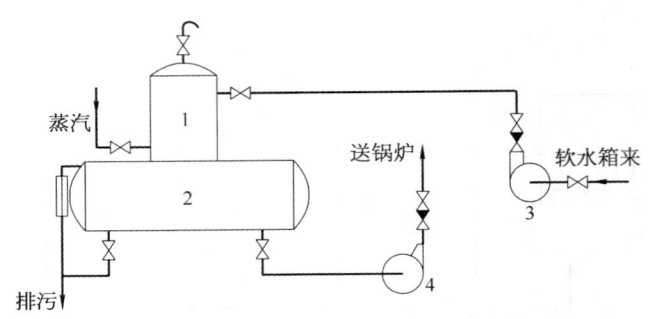

图 8-51 大气式热力除氧系统

1—除氧器;2—除氧水箱;3—除氧水泵;4—给水泵

进入除氧器前给水混合温度,一般不低于 70 ℃。为了保证除氧器正常工作和取得好的除氧效果,在除氧器进汽管上最好要装压力自动调节器,进水管装设水位自动调节器。

除氧器应设置在给水泵的上方,除氧水箱最低水位与给水泵中心线间的高差应不小于 6~7 m。

为监测除氧器内蒸汽压力,蒸汽管减压前后管路上都要设压力表和温度计,除氧水箱应装玻璃水位表,除氧水箱进出水管上应设温度计。

当两台以上除氧器并列时,为保持各台间压力相等,应在除氧器之间装设平衡管。

5. 排污系统

锅炉的排污有定期排污和连续排污两种。定期排污口设在锅炉最低处,定期将炉水短暂地排放,一般每台锅炉每天排污次数不少于 2~3 次,每次排污时间 0.5~1 min。定期排污的污水温度和压力都很高,必须降温减压后才能排入下水道,通常采用室外冷水井或扩散器进行降温减压。

连续排污口应在炉水中含盐浓度最高的地方,一般锅炉上锅筒接近水面的炉水含盐量最高,因此,连续排污口通常都设在上锅筒的水面附近。连续排污水如有水处理设备时,一般都放入连续排污膨胀器内,经减温降压后,蒸汽送入给水箱或除氧器作加热用,热水经热交换器将待软化的生水加热后再放入扩散器或冷水井。连续排污膨胀器上应装设安全阀。

锅炉排污系统如图 8-52 所示。蒸发量≥1 t/h 和工作压力≥0.8 MPa 的锅炉,每根排污管道上应装两个串联的排污阀,其中一只为慢开阀,另一只为快开阀。几台锅炉的排污管共装一根总排污管时,排污总管上不得装有任何阀门,以保证安全。

锅炉排污管道不得采用焊接钢管、铸铁管和铸铁管件。

三、管道代号及图例

1. 管道代号

锅炉房及供热工程管道施工图的管道代号宜采用大写汉语拼音字母或大写英文字母表示。常用的管道代号见表 8-6。

第四节 锅炉房管道施工图

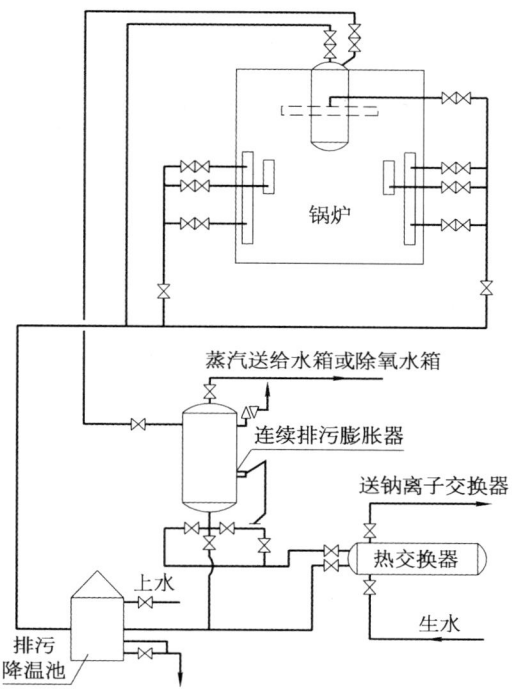

图 8-52　锅炉排污系统

表 8-6　管道代号

管道名称	汉语拼音	英文	管道名称	汉语拼音	英文
供热管线(通用)	R	HP	蒸汽管道(通用)	Z	S
饱和蒸汽管	ZB	S	过热蒸汽管	ZG	SS
二次蒸汽管	Z2	FS	凝结水管(通用)	N	C
锅炉进水管	GG	BW	连续排污管	X1	CB
定期排污管	XD	PB	一级管网供水管	R_1G	H_1
一级管网回水管	R_1H	HR_1	补水管	BS	M
循环管	X	CI	软化水管	SR	SW
除氧水管	CY	DA	盐液管	YS	SA
泄水管	XS	D	放空管	F	V
膨胀管	PZ	E	冷媒管	LM	
溢水管	YS	OF	给水管	J	W
冷却水供水管	LQG	CW	冷却水回水管	LQH	CW
空调冷水供水管	LG		空调热水供水管	KRG	
空调冷水回水管	LH		空调热水回水管	KRH	
空调冷、热水供水管	LRG		冰水供水管	BG	
空调冷、热水回水管	LRH		冰水回水管	BH	
空调冷凝水管	n		加药管	JY	

2. 设备和器具图形符号

供热工程管系图和流程图中,设备和器具图形符号的画法见表8-7。

表 8-7 设备和器具图形符号

名 称	图形符号	名 称	图形符号
电动水泵	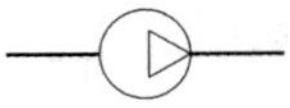	螺旋板式换热器	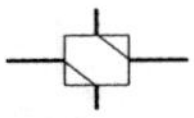
蒸汽往复泵	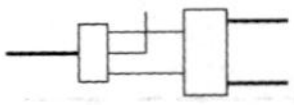	分汽缸 分(集)水器	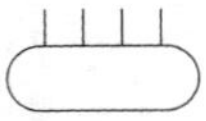
调速水泵		磁水器	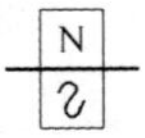
真空泵		热力除氧器 真空除氧器	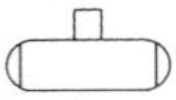
过滤器	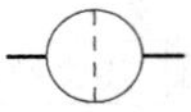	闭式水箱	
水喷射器 蒸汽喷射器	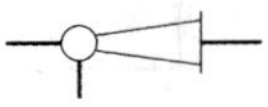	开式水箱	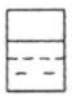
换热器 (通用)	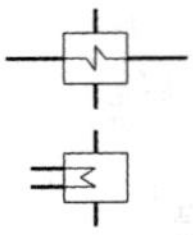	除污器 (通用)	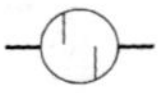
套管式换热器	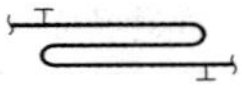	Y型过滤器	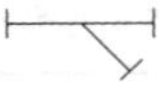
管壳式换热器	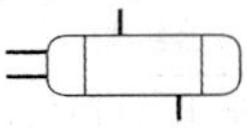	过滤器	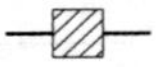
板式换热器	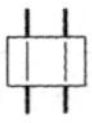	水封 单级水封	
安全水封	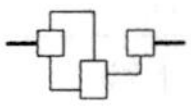	消声器	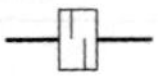
沉淀罐	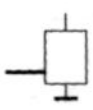	阻火器	
取样冷却器	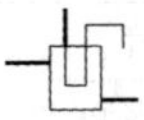	斜板锁气器	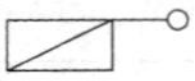
离子交换器 (通用)	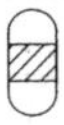	锥式锁气器	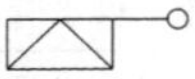
离心式风机	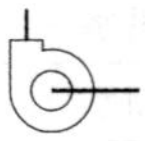	电动锁气器	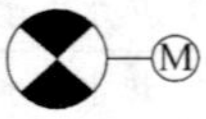

注:图形符号的粗实线表示管道。

3. 阀门、控制元件和执行机构的图形符号

供热工程施工图中阀门、控制元件和执行机构的图形符号,除第五章表 5-3 所列通用图例和表 8-2 图例外,专业部分应符合表 8-8 的规定。

表 8-8 阀门、控制元件和执行机构的图形符号

名　　称	图形符号	名　　称	图形符号
止回阀(通用)	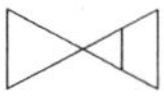	柱塞阀	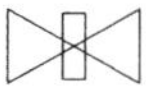
升降式止回阀		插管式煤闸门	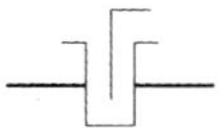
旋启式止回阀		呼吸阀	
调节阀(通用)		浮球阀	
隔膜阀		自力式压力调节阀	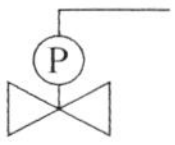
自力式温度调节阀	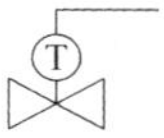	气动执行机构	
自力式压差调节阀	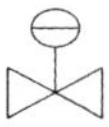	液动执行机构	
手动执行机构		浮球元件	
自动执行机构(通用)		重锤元件	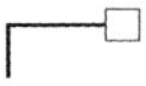
电动执行机构		弹簧元件	
电磁执行机构	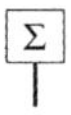		

注:1. 阀门(通用)图形符号是用于在一张图中不需要区别阀门类型的情况;
　　2. 止回阀(通用)和升降式止回阀图形符号表示介质由空白三角形流向非空白三角形;
　　3. 旋启式止回阀图形符号表示介质由黑点流向无黑点方向;
　　4. 呼吸阀图形符号表示左进右出。

四、施工图的识读

锅炉房管道施工图包括管道流程图、平面图、剖面图,有的设计单位不绘制剖面图,而绘制管道系统图。下面就几种主要图纸的识读作简单的介绍。

1. 管道流程图

管道流程图又称汽水流程图或热力系统图,是锅炉房内管道系统的流程图,它主要表明管路系统的作用和汽水的流程,同时反映设备之间的关系。识读时要掌握的主要内容和注

意事项如下。

(1) 查明锅炉房的全部设备及流程中有关的构筑物。设备和构筑物一般用图形符号或简化外形表示,同类型设备图形应相似。设备、构筑物应标注设备编号或设备名称,识读时要加以注意。

(2) 了解各设备之间的关系。锅炉设备之间的关系是通过连接管路来实现的。识读时可先从锅炉本体看起,锅炉顶部的蒸汽主管通常接到分汽缸或直接送往用汽地点。锅炉的给水及软化处理系统是较复杂的,识读时找出盐溶解器、盐水箱、盐液泵、钠离子交换器、软水箱之间的管路联系。根据钠离子交换器的作用原理和正常工作的四个运行步骤,分析各条管路和阀门的作用。此外,根据需要锅炉房还有凝结水箱,凝结水泵、除氧器、除氧水箱、连续排污膨胀器等设备,识读时应仔细找出各设备之间的连接管路。通过对除氧系统和排污系统的组成情况来分析各设备之间的关系。

(3) 管道流程图的管道通常都标注有管径和管路代号,通过图例可以知道管路代号的含义,从而有助于了解管路系统流程和作用。

(4) 流程图所表示的汽水流程是示意性的,图中表示的各设备之间的关系,可供管道安装时查对管路流程之用。另外阀门方向也要依据流程图安装。管路的具体走向、位置、标高等则需查阅平、剖面图或系统图。

2. 平面图

锅炉房管道平面图主要表示锅炉、辅助设备和管道的平面布置,以及设备与管路之间的关系。识读时要掌握的主要内容和注意事项如下。

(1) 查明锅炉房设备的平面位置和数量。通过各个设备的中心线至建筑物的距离,确定设备的定位尺寸,了解设备接管的具体位置和方向。设备较多,图面较复杂时,识读可参考设备平面布置图,对设备逐一弄清楚。

锅炉本体都布置在锅炉间内,水处理设备及给水箱、给水泵等一般单独布置在水处理间内。如果是大型锅炉房,换热器设备多布置在第一层或第二层,给水箱、反洗水箱则多布置在第三层。

水处理设备一般都布置在底层,钠离子交换器之间的间距应不小于 700 mm,以便于安装和检修。

(2) 了解蒸汽主管及锅炉房内蒸汽管的布置、管径及阀门位置。查明分汽缸的安装位置,蒸汽管进出分汽缸的位置和方向,以及分汽缸上疏水装置设置情况。蒸汽管道的疏水装置也要弄清楚。

(3) 查明水处理系统、锅炉给水系统、除氧及排污系统以及放气泄水等管道的平面布置,了解管路的位置、走向、阀门设置以及管径、标高等。

(4) 根据省煤器的平面位置,查明省煤器的接管情况。省煤器进出口均应设安全阀,出口最高点应设放气阀,最低处设放水阀,排水管排至排污井、下水道或无压水箱。当省煤器无煤气旁路时,出口应有接到给水箱的循环水管,以确保省煤器的安全运行。在识读时必须把放气阀、放水阀、安全阀及其连接管路弄清楚,查明平面位置、管径、标高以及与其他设备之间的关系。

3. 剖面图

剖面图是设计人员根据需要有选择地绘制的,用来表示设备及其接管的立面布置。识读时要掌握的主要内容和注意事项如下。

(1) 查明锅炉及辅助设备的立面布置及标高，了解有关设备接口的位置和方向。

(2) 了解管路的立面布置，查明管路标高、管径、阀门设置。特别是泵类在管路上的止回阀、闸阀、截止阀等，识读时更要给予注意。同时各设备上的安全阀、压力表、温度计、调节阀、液位计等也都能在剖面图上反映出来，识读时要搞清各种阀门和仪表的类型、型号、连接方法及相对位置。

4. 系统图

锅炉房管道系统图多用正等测画法，对于水处理系统也有用正面斜等测或正面斜二测画法的。识读时要掌握的主要内容和注意事项如下。

(1) 识读时根据不同的系统（如蒸汽系统、水处理系统等）分别进行识读。对于每一个系统按照汽水流程一步一步进行识读，就是说把系统图和管道流程图对照起来识读。

(2) 查明各系统管路的走向、标高、坡度、阀门及仪表设置情况。

5. 详图

锅炉房管道系统的详图主要是节点详图、标准图和非标设备（如水箱）及其接管详图。

6. 识读举例

【例1】 图8-53是某厂锅炉房管道流程图，图8-54和图8-55是锅炉房管道平面布置图，图8-56、图8-57、图8-58和图8-59分别是1-1、2-2、3-3和4-4剖面图，试对这套图纸进行识读。

从管道流程图和平面布置图查明锅炉房设备。锅炉间设有一台KZL-2型快装锅炉，一只分气缸。水处理间（建筑物轴线2—3，A-1/B范围）设有两台钠离子交换器，一台生水泵，一台给水泵，一台盐液泵，一座盐液配比池。据图8-55平面图，在水处理间屋面上（标高4.150 m）设有一只中间隔开的矩形给水箱。此外，室外还有一座排污冷却井。

通过平面布置图和1-1剖面图（图8-54、图8-56），可以全面了解到蒸汽系统情况。蒸汽管代号为Z_8，锅炉蒸汽主管管径$D73\times4$，自锅炉出汽口接出，至标高4.500 m转弯向东，到分汽缸上方转弯向下与分汽缸接通。分汽缸分两路供汽：一路供生产车间使用，管径为$D57\times3.5$；另一路供生活用汽，管径为$D45\times3.5$。两路管线均升至4.200 m高程，管道中心相距240 mm，并排沿墙向南出墙与厂区管网接通。锅炉顶部设两只安全阀，其排气管代号为P_Q，管径$D73\times3.5$，升高穿过屋面至标高8.300 m装弯管。分汽缸底部设有疏排水装置，排至室外明沟。

锅炉排污管道代号为P_w，管径$D57\times3.5$，从锅炉后面底部分两处设双阀门（口径50 mm）后接出，在地沟内敷设，从1号轴线出墙，管道标高-0.250 m，接至排污冷却井。冷却井所用冷却水管代号S_1，从室外给水总管沿外墙敷设接来，管径$DN40$，标高-0.200 m。排污冷却井排水管代号X_1，管径$DN100$，在标高-0.400 m接出。

锅炉给水系统由给水箱、给水泵、注水器[①]和管路组成。从图8-55和图8-59中可以了解给水箱的配管情况，经过软化处理后的软水管代号S_8，管径$DN40$，从轴线2和轴线1/B的墙角穿过标高4.150 m的水处理间屋面，经过几次转弯至标高6.300 m，分两处进入给水箱。自生活大楼来的冷凝水管N_1和生产车间来的冷凝水管N_2，管径分别为$DN50$和$DN80$，管线间距240 mm，平行敷设，自标高3.900 m上升，沿屋面敷设，至水箱边登高后转弯，自标高6.300 m处从水箱上面均分两处接进水箱。

---

① 注水器是利用蒸汽作动力进行喷射向锅炉供水的一种小型器件，出于安全考虑，已停止用。

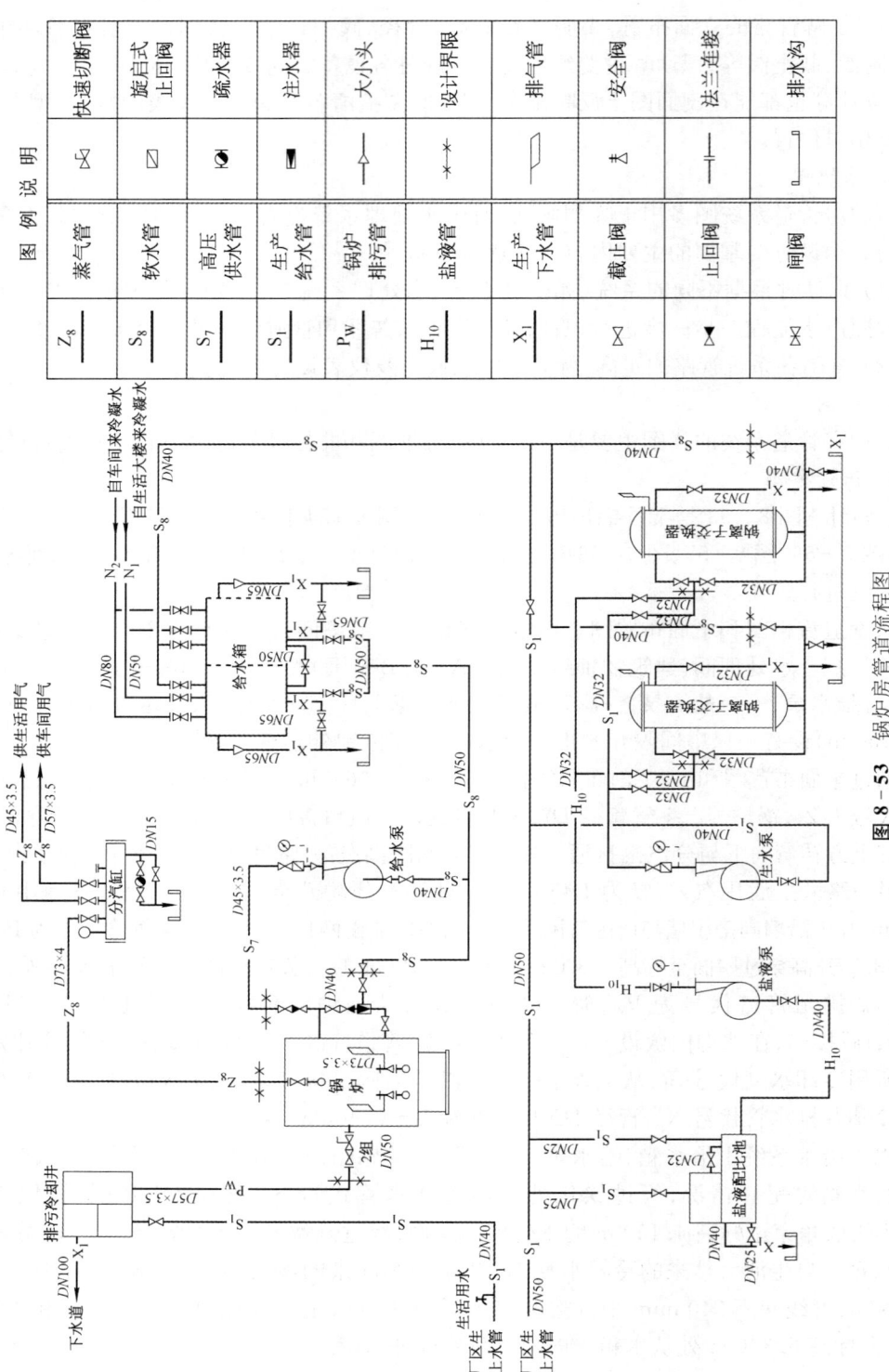

图 8-53 锅炉房管道流程图

第四节 锅炉房管道施工图

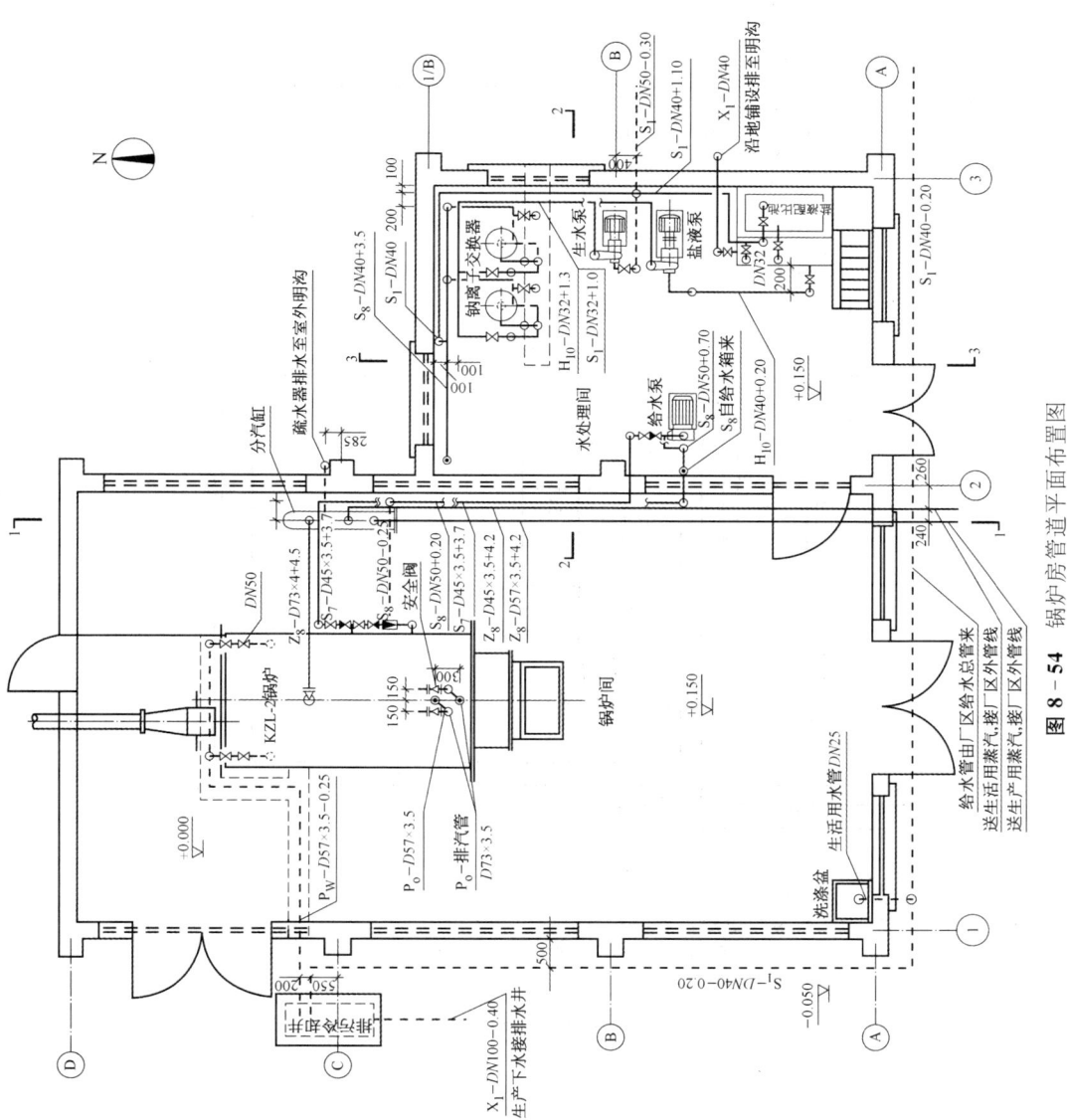

图 8-54 锅炉房管道平面布置图

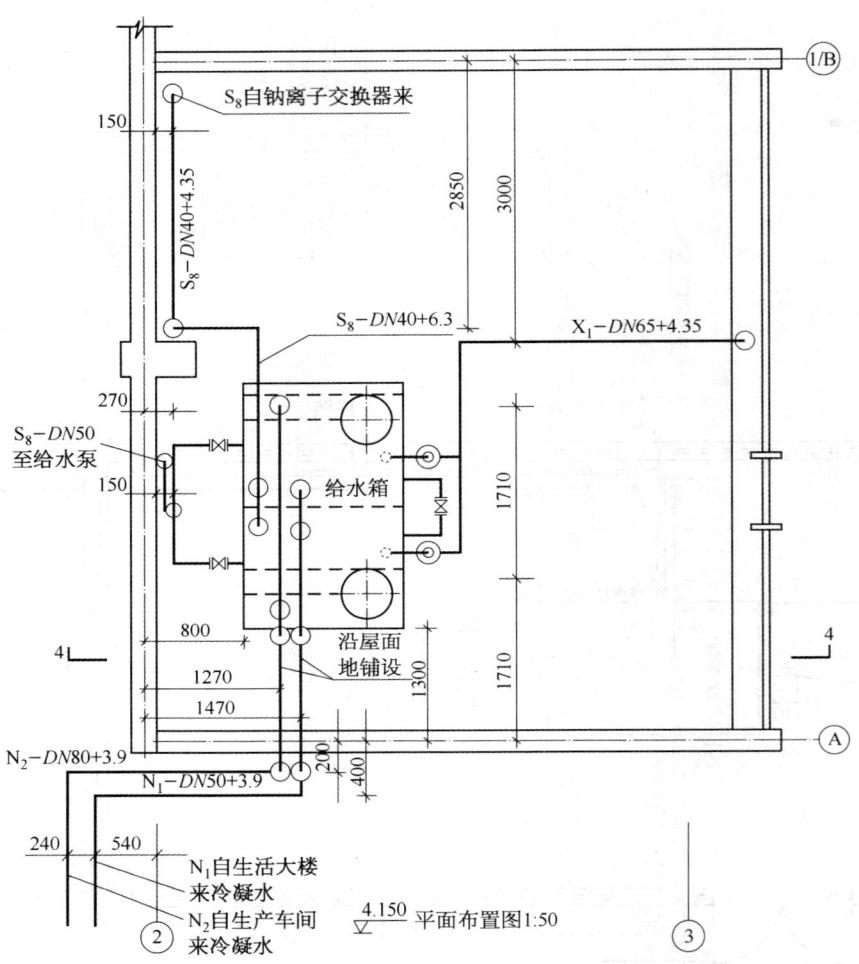

图 8-55 4.150 m 高程平面布置图

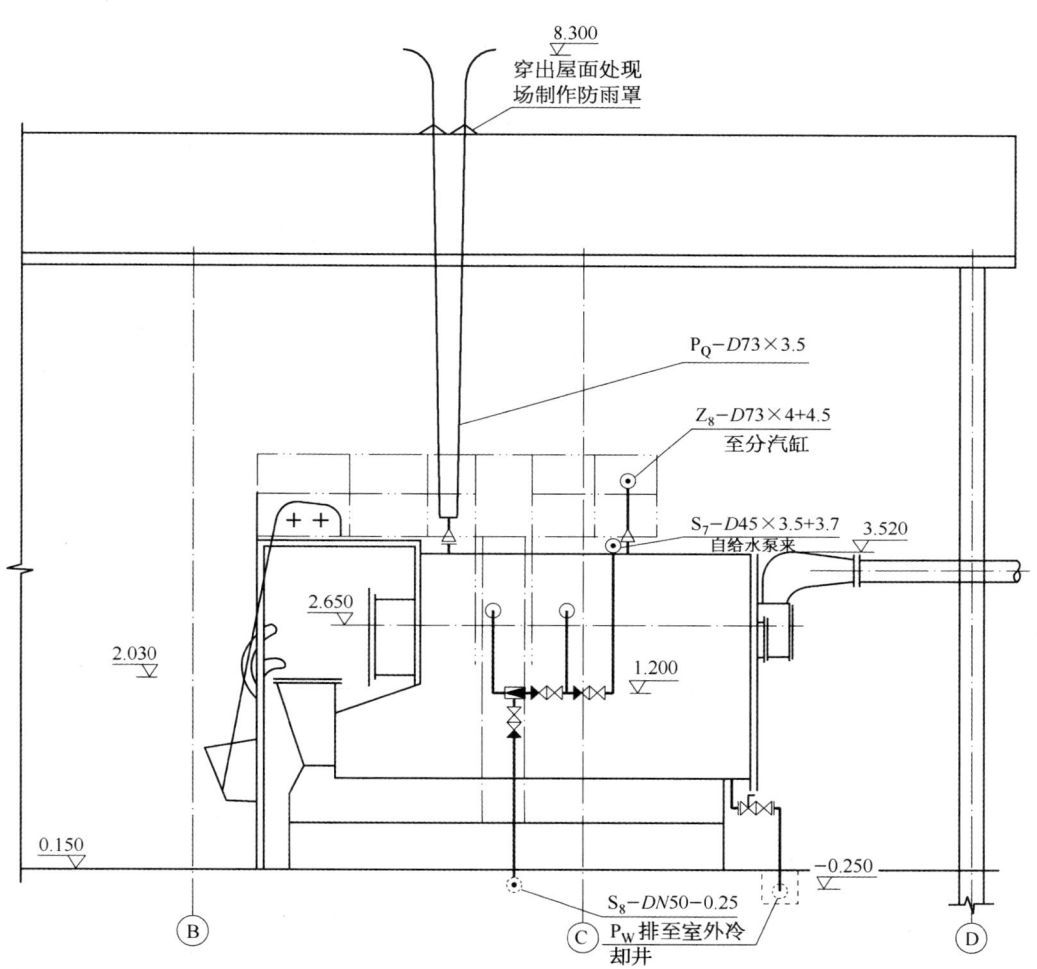

图 8-56 1-1 剖面图

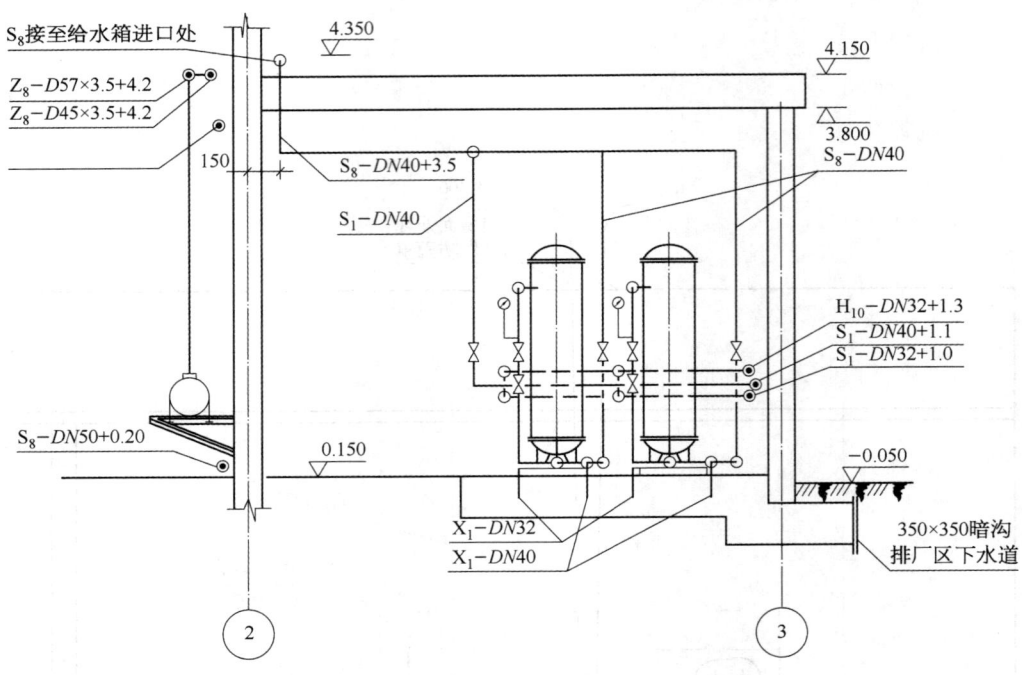

图 8-57 2-2 剖面图

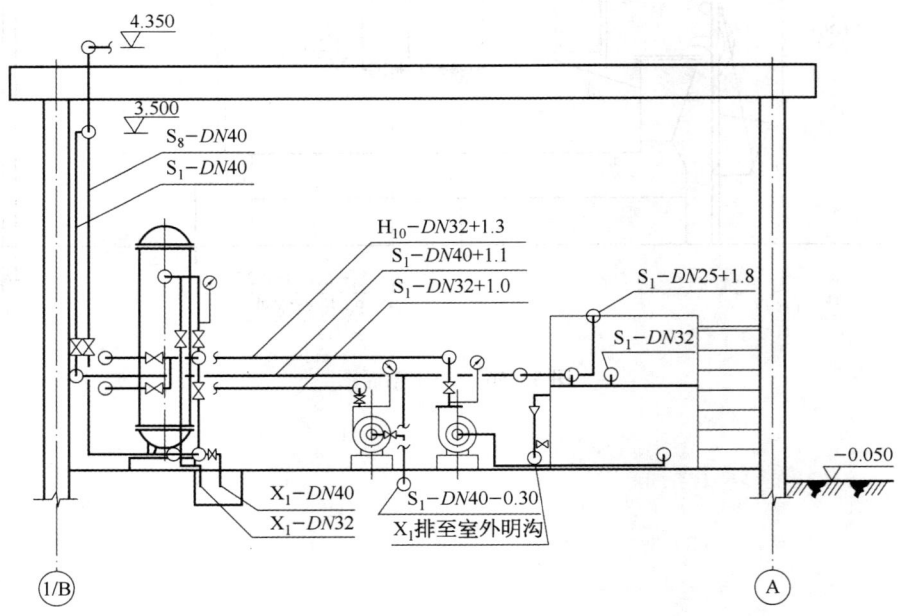

图 8-58 3-3 剖面图

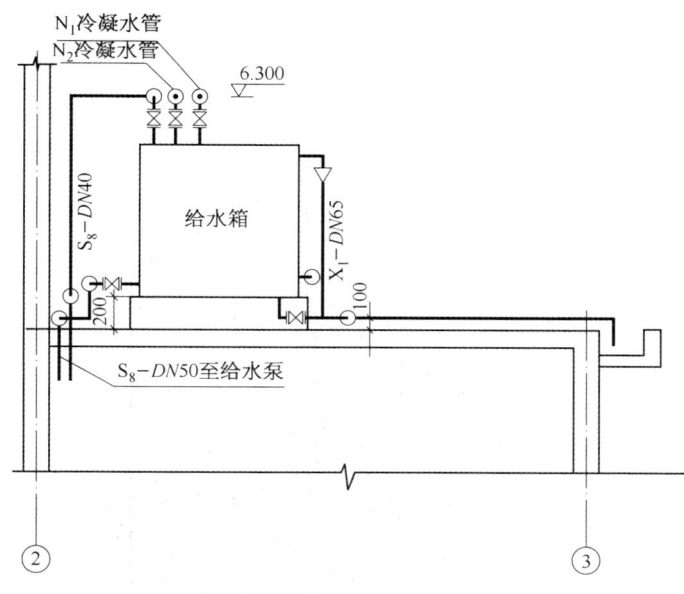

图 8-59 4-4 剖面图

给水箱的溢排水管道代号 X_1,管径为 $DN65$。溢水管自水箱上部接出排入漏斗,排污管自水箱底部接出。溢水管和排水管连接以后沿屋面敷设,标高 4.350 m,排至 3 号轴线的天沟内。排水管上装设 $DN65$ 闸阀。

给水箱出水管自水箱下部分两处接出,管路代号 S_8,管径 $DN50$,汇合后穿过屋面进入水处理间。

从图 8-54 和图 8-56 看出软水自给水箱出来管路代号 S_8 分两路向锅炉给水:一路是通过给水泵高压供水,管路代号为 S_7。软水管进入水处理间后标高 0.700 m 处分支,一路进入给水泵,给水泵出水管(即高压供水管)管路代号 S_7,管径 $D45\times3.5$,登高至标高 3.70 m 穿墙进入锅炉间,沿 2 号轴线墙壁敷设,过了 1/B 号轴线后转弯,到了锅炉边上转弯向下至标高 1.200 m 水平敷设,同时连接闸门和止回阀,向上与锅炉进水口接通。另一路是利用注水器供水,管路代号为 S_8,管径 $DN50$,软水管在水处理间标高 0.7 m 处分支后,穿过 2 号轴线墙壁进入锅炉间,向下至标高 0.200 m 处沿墙敷设,过 1/B 号轴线后转入埋地敷设,标高为 -0.250 m,至锅炉边向上出地坪,安装两只闸门后与注水器进水口连接。注水器中心标高 1.200 m,注水器用蒸汽自锅炉直接接至注水器的蒸汽喷嘴,注水器出水口安装止回阀和闸门后与高压供水管 S_7 连通。

钠离子交换软化系统比较复杂,识读时要反复阅读水处理间管道平面布置图(图 8-54),2-2、3-3 剖面图(图 8-57、图 8-58),同时以管道流程图作为看图的指导和依据。为了帮助读者进行识读,将钠离子交换软化系统画成正等测图,如图 8-60 所示,供参考。

生产给水管道代号为 S_1,进水总管管径 $DN50$,埋深 -0.300 m,在距 B 号轴线 400 mm 处进入水处理间,分成两路:一路变径为 $DN40$,继续向前登高后加装阀门,再接入生水泵。另一路登高至 1.100 m 再分支,第一路向南分两处进入盐液配比池,第二路是反洗管,向北沿墙敷设至 1/B 号轴线向西 2.5 m 左右,登高装阀门后与钠离子交换器出来的软水汇总管相连接。生水泵出口接管管径为 $DN32$,至标高 1.000 m 转弯向东,再沿 3 号轴线墙壁敷设

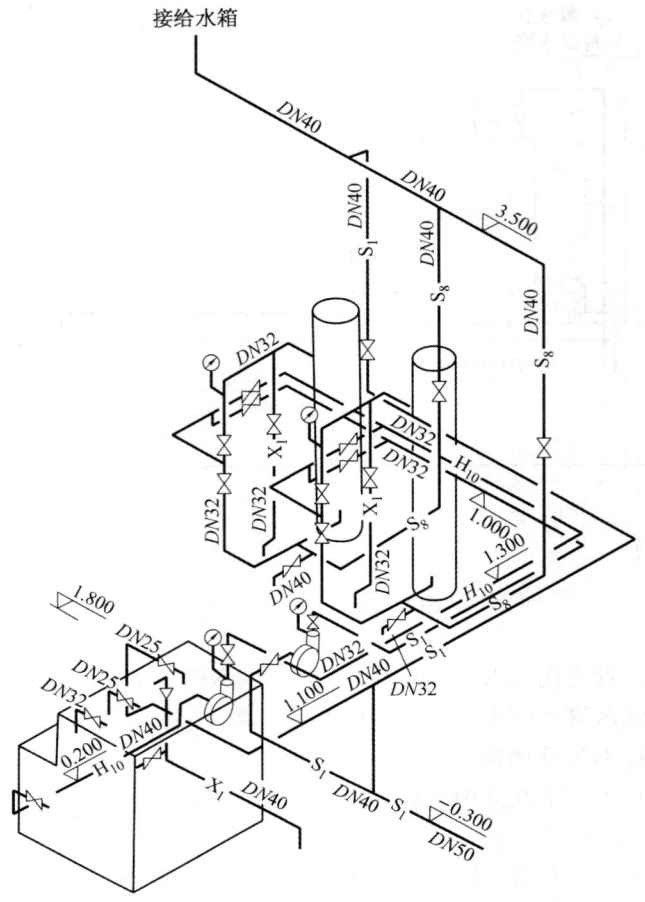

图 8-60 钠离子交换软化系统图

到 1/B 号轴线,向西 1.3 m 左右分支,变成两路向南,各自加装阀门后登高,分别与两台钠离子交换器的盐液管连接,这路管线是生水管。

盐溶液在盐液配比池中制备,盐液管代号为 H_{10},盐液从配比池下部接出,管径为 $DN40$,加装阀门后距池边 200 mm 沿地面敷设,至盐液泵边登高转弯接入盐液泵。盐液泵出口的出水管管径为 $DN32$,加装阀门后接至标高 1.300 m,向东至 3 号轴线,沿墙向北敷设至 1/B 号轴线,转弯向西 1.3 m 左右分支,两路都向南加装阀门后与生水管 S_1 接通,并引向钠离子交换器,再分上下两路加装阀门与钠离子交换器上下接口接通。

钠离子交换器制备的软水从底部接出,管路代号 S_8,管径 $DN40$,接出后与生水盐液共用管连通,向东再折向北面,至 1/B 号轴线登高到 3.500 m 处,两台交换器的软水管汇合,送往给水箱。

钠离子交换器上的排水管有两处:一处是反冲洗排水管,管路代号 X_1,管径 $DN32$,从交换器上口的生水盐液共用管上接出,管路设有阀门,排入交换器前面的排水沟内。另一处是正冲洗排水管,管路代号 X_1,管径 $DN40$,从交换器下口软水管上接出,管路设有阀门,同样也排入排水沟内。

此外,盐液配比池的溢排水管道代号 X_1,管径 $DN40$,沿池边地坪上敷设,排至室外明沟。盐液配比池本身的盐液输送管上设阀门,管径 $DN32$(图 8-54、图 8-58)。给水箱分为两格,其间的连通管装阀门,管径 $DN50$(图 8-53)。

管材、阀门型号、油漆、保温等根据施工说明、材料表来确定。管子数量可以按规定的比例用比例尺量取算出。

管道支架、给水箱、分汽缸、盐液配比池、排污冷却井、疏水装置、管道保温结构、管道穿墙套管等均应另有详图或通用标准图。但因篇幅关系,本例均未编入。在实际识图和进行材料分析时,材料表、设备表和详图等都要仔细阅读。

【例2】 图 8-61 是某建筑热力站的管道系统流程图,图 8-62 为热力站的设备管道平面图,图 8-63~图 8-66 为 A-A、B-B、C-C 和 D-D 剖面图,表 8-9 为管道图例,试对这套施工图进行识读。

表 8-9 热力站管道施工图图例

名 称	图 例	名 称	图 例	名 称	图 例
一次供水总管	—RG—	闸阀		Y型过滤器	
一次回水总管	—RH—	蝶阀		除污器	
一次供、回水管	—R1—	旋塞阀		温度传感器	--(T)--
二次供、回水管	—R2—	止回阀		压力传感器	--(P)--
软水管	—RS—	电磁阀		热量表	—H—
补水管	—b—	调节阀		电子水处理仪	
放空管	—Pf—	安全阀		压力表	
截止阀		橡胶接头		温度计	

热力站是为建筑物内热水供应提供热源的设施。建筑物内所需热水是通过热交换器所获得的,热交换器是用城市(或区域)供热管网将建筑物内供热系统循环水加热,保证热水供应系统的正常运行。

热力站的管道比较复杂,识读时要分系统、沿流体流向逐一详细查看,并将系统流程图、平面图、剖面图对照起来看。设备和管路附件安装还要查阅相关标准图或详图。

1) 查明设备布置情况

通过流程图了解设备代号,数量及在系统中的作用。平面图显示了设备的种类、名称、定位尺寸。两台热交换器 HR-1 和 HR-2 布置在热交换间中央(定位轴线 2-3~D-E 附近),紧靠它的东边是三台循环水泵 RB-1、RB-2 和 RB-3(定位轴线 3-4~D-E 附近)。热交换间北面靠近墙壁(定位轴线 2-3~E-F 附近)设置两台补水泵 Bb-1、Bb-2 和定压罐 G。热交换间东面靠墙(定位轴线 4-5~A-C 附近)设有集水器和分水器各一台。热交换间西面靠墙(定位轴线 2-3~B-C 附近)设置了全自动软水器一组和软水箱一台。各个设备与建筑物墙、柱之间及设备与设备之间的定位尺寸,均可在平面图上查找。

294 第八章 采暖与空调制冷管道施工图

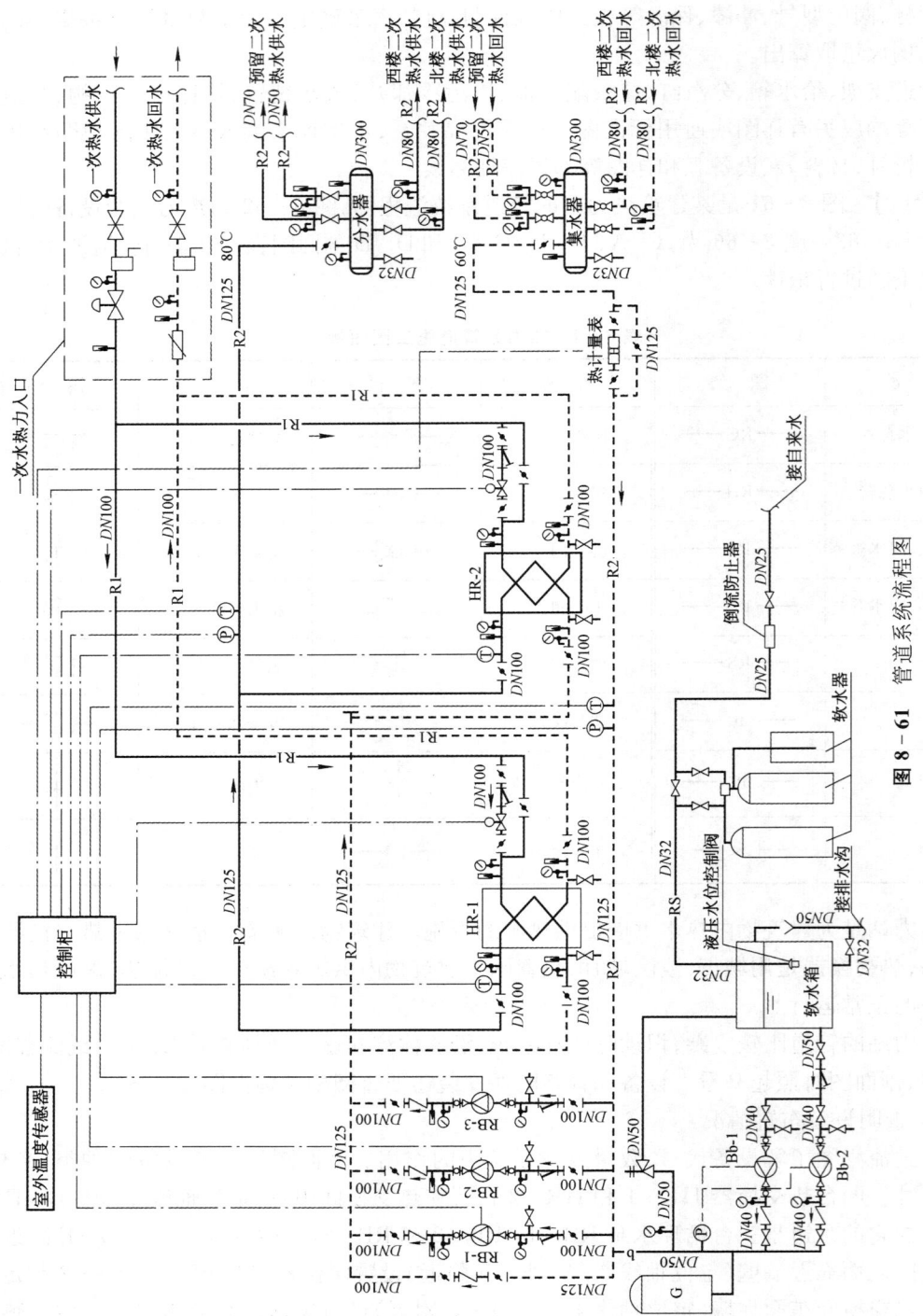

图 8-61 管道系统流程图

第四节 锅炉房管道施工图

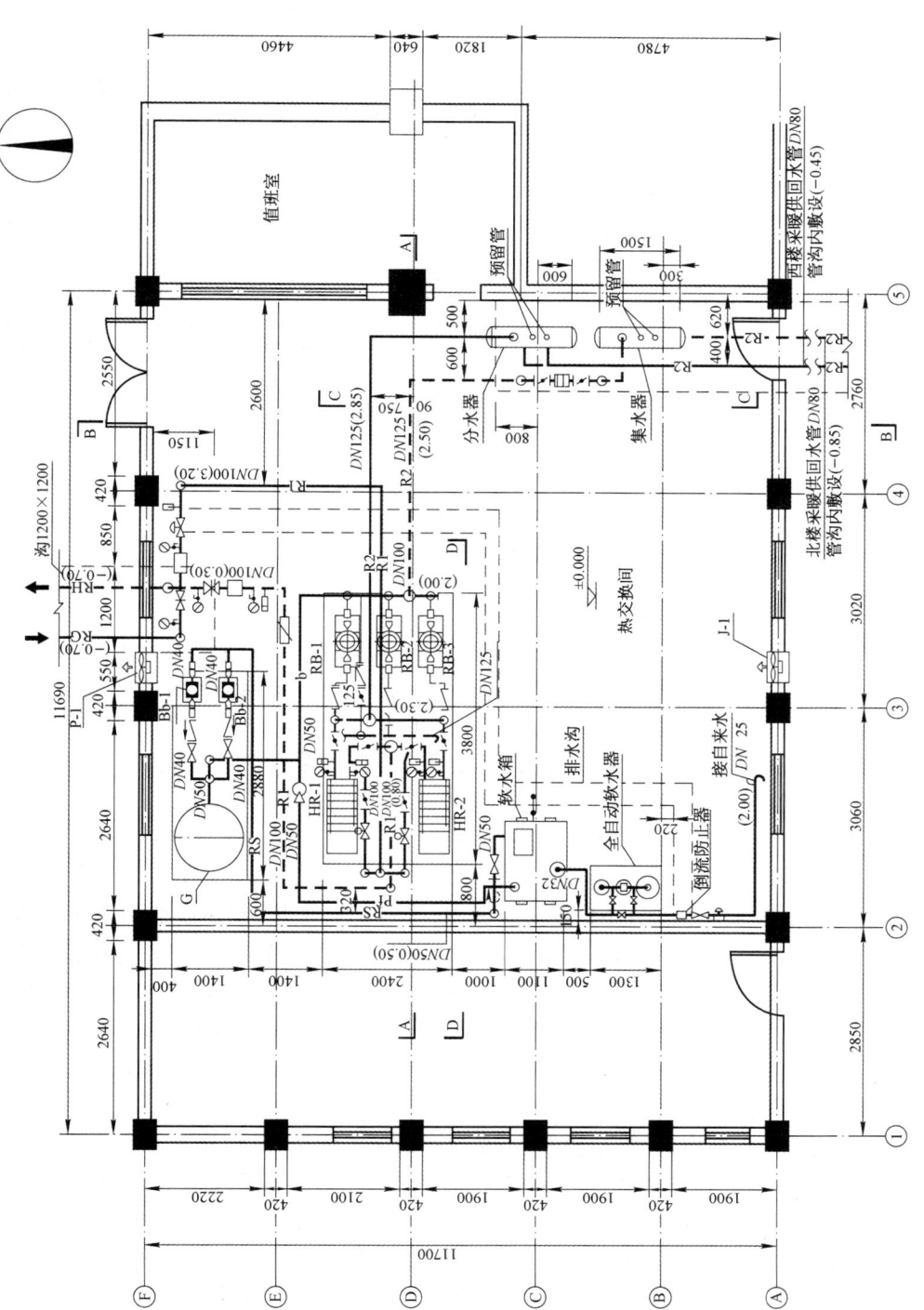

图 8-62 设备管道平面图

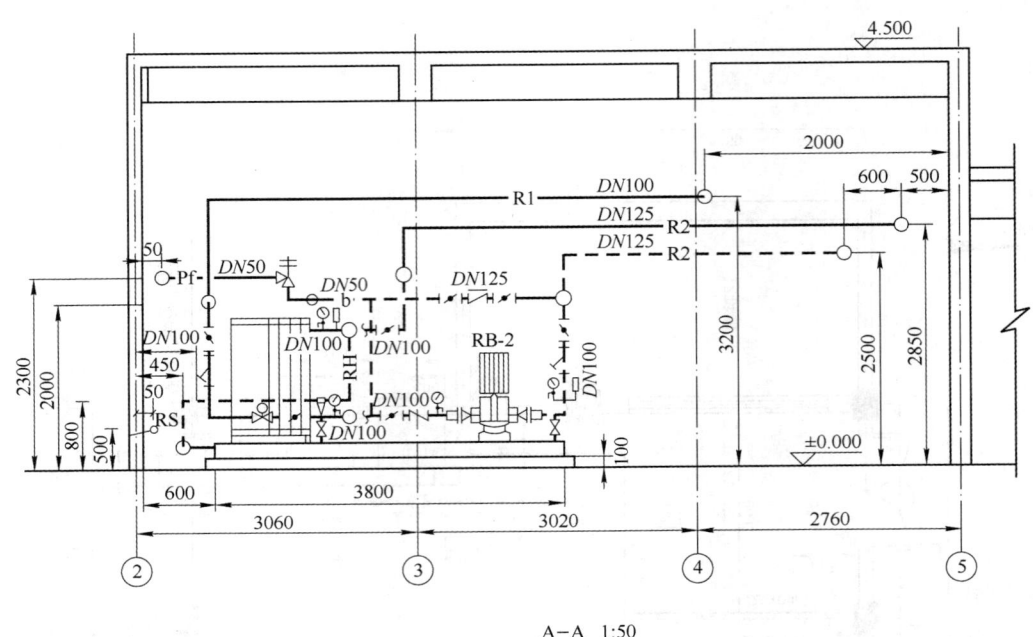

图 8-63 A-A 剖面图

2) 了解管道系统的基本情况

通过系统流程图了解管道系统的基本情况,按功能的不同可以分为三个系统。

(1) 一次热水供、回水系统(热媒)。系统由热力入口、热交换器及管路等组成,热力入口设有闸阀、电磁阀、除污器、压力表、温度计和电子水处理仪等控制附件。管路代号 R1,管径 $DN100$,管路进入热交换器之前设置了带有旁通的控制装置,主要有调节阀、蝶阀、Y 型过滤器、压力表、温度计,热交换器出口设有蝶阀、放水阀、压力表和温度计。

(2) 二次热水供应系统,管路代号 R2,总管管径 $DN125$,进、出热交换器支管管径 $DN100$。各建筑物回水集中到集水器内,通过热计量表计量后进入 RB1~RB3 的热水循环泵,回水经加压后送到 HR1、HR2 热交换器内,进行循环加热,加热后的热水被送入分水器,再由分水器将热水送到各个建筑物。热计量表的安装要查详图,表前表后要装设控制阀门,并设有旁通管。循环泵进口应设 Y 型过滤器、蝶阀、放水阀和压力表,出口应设蝶阀、止回阀、压力表和温度计,进出口还要设置橡胶接头。R2 管路在热交换器进、出口处均应设蝶阀、压力表和温度计,热交换器进口管上还应设放水阀。此外在 R2 供、回水总管上还应设置压力传感器和温度传感器。

(3) 补水系统,由软水器、软水箱、补水泵和定压罐等组成,其作用是向二次热水供应系统补充水量。为防止自来水被倒流污染,在软水器之前的自来水管道上设有倒流防止器,通过软水器制备的软水送入软水箱(用液压水位控制阀控制水位),其管路代号 RS,管径 $DN32$,软水箱上还设有溢水管和泄水管。出水管上设有 $DN50$ 的截止阀和 Y 型过滤器,变径后 $DN40$ 管路上装设截止阀、放水阀,分两路进入补水泵 Bb-1 和 Bb-2,补水泵出口装设截止阀、止回阀、压力表,分两路,其中一路与定压罐 G 连接,另一路管路代号 b 与热水循环泵入口总管相连接,同时 b 管路上还设有安全阀和压力表。安全阀的放空管接入软水箱。

第四节 锅炉房管道施工图

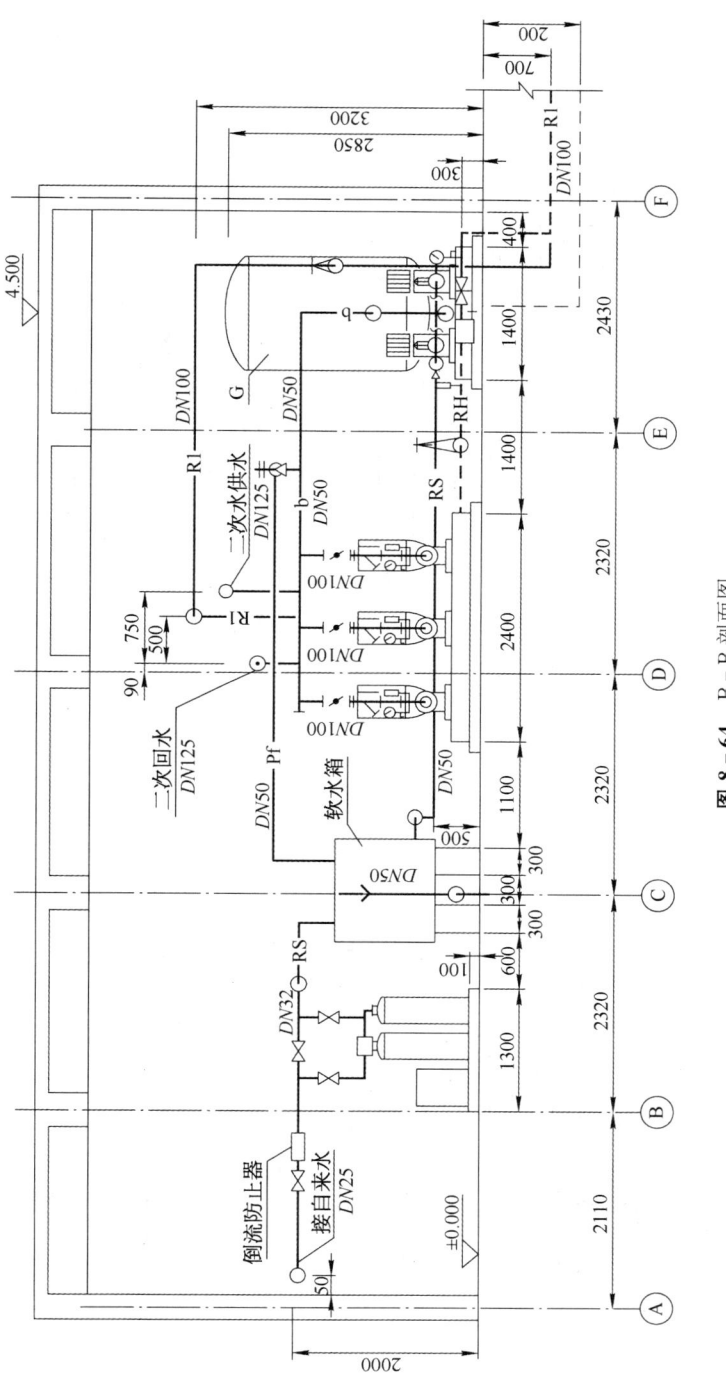

图 8-64 B—B 剖面图

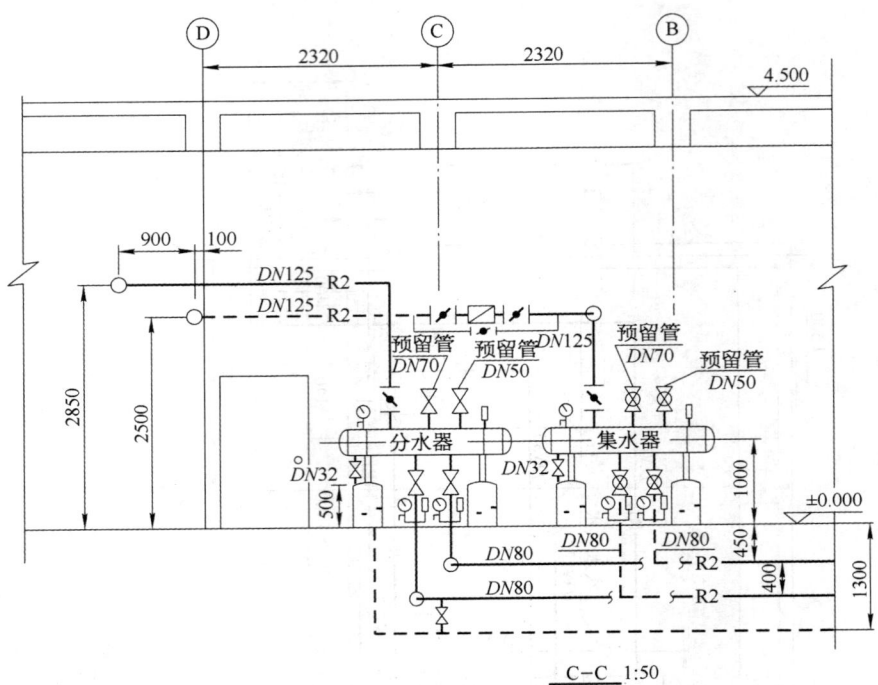

图 8-65 C-C 剖面图

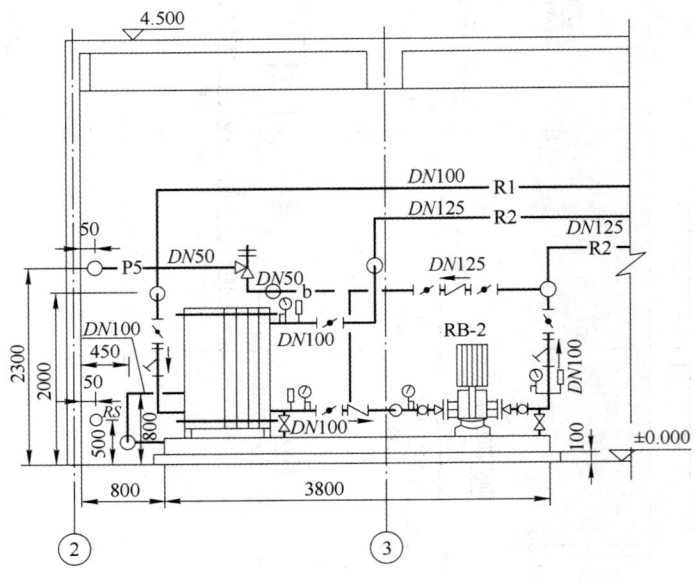

图 8-66 D-D 剖面图

3) 弄清管路的具体走向和布置

管路的具体走向和布置要通过仔细阅读平面图和剖面图来解决。一次热水供水总管 RG，管径 $DN100$，标高 $-0.70\,\mathrm{m}$，从室外地沟穿过 F 轴线进入室内，登高至室内地坪以上 $1.20\,\mathrm{m}$ 左右（图 8-62、图 8-64）向东水平敷设，装设闸阀、电磁阀、除污器、压力表、温度计等形成热力入口，在 4 轴线附近登高至 $3.20\,\mathrm{m}$，管路代号 R1，管路向南再转弯向西至 2 轴线附近向下至距地面 $2.00\,\mathrm{m}$ 水平开三通，形成南北两路向下装设蝶阀、Y 型过滤器，在距地面 $0.50\,\mathrm{m}$ 处从西向东并转弯分别接入热交换器 HR-1 和 HR-2。管路接入热交换器前水平管道上装设调节阀、压力表和温度计（图 8-62、图 8-63），旁通管按流程图要求设置。

一次热水从热交换器 HR1 和 HR2 上部接出（图 8-62、图 8-63），水平管上设置蝶阀、压力表和温度计等。两回水管汇合后管路代号 RH，向下距地面 $0.80\,\mathrm{m}$ 转弯向西，至热交换器西边，再向下距地面 $0.30\,\mathrm{m}$（图 8-64）转弯从南向北在 E 轴线附近转弯向东，横管上设置电子水处理仪，然后再向北，并在此横管上装设闸阀、除污器、压力表、温度计等管路附件。在 F 轴外墙处返低至 $0.70\,\mathrm{m}$，通过地沟送出建筑物。

集水器回收的二次热水回水从集水器上部送出，管路代号 R2，管径 $DN125$，立管上装蝶阀至标高 $2.50\,\mathrm{m}$ 转弯向西再向北。这段横管上装设热计量表（含旁通管），至 D 轴线转弯向西，在热水循环泵东侧自上而距地面 $2.00\,\mathrm{m}$ 处（图 8-63）水平开三通，并分三路接入热水循环泵，每组泵进口立管上装设蝶阀、Y 型过滤器、压力表、温度计，水平管上设放水阀。泵的出口横管上装设止回阀、蝶阀、压力表、温度计。三台泵出口管路连通后分两路进入热交换器。三台循环泵入口连通管上水平开三通接管绕过循环泵与泵出口连通管接通。在该管段上设止回阀和两只蝶阀（图 8-62、图 8-63），这就是泵的旁通管。

二次热水供水管，管路代号 R2，管径 $DN125$，从热交换器上部接出，横管上装压力表、温度计、蝶阀，两个出口管汇总（标高 $2.30\,\mathrm{m}$）后，登高至 $2.85\,\mathrm{m}$（图 8-63），从西向东至 5 轴线附近转弯向南向下接入分水器。

补给水接自自来水管，管径 $DN25$，标高 $2.00\,\mathrm{m}$，沿 A 轴线自东向西在 2 轴线处转弯向北，管路上装设截止阀、倒流防止器后接入软水器，管道连接可按图 8-64 进行，软化水管代号 RS，管径 $DN32$ 接入软水箱，软水箱出水管管径 $DN50$，设有截止阀、过滤器，沿 2 轴线由南向北至定压罐 G 附近转弯向东，再转弯向北分两路接入补水泵 Bb-1、Bb-2，接口管径 $DN40$。泵的入口管上要装截止阀、放水阀（图 8-61），泵出口装止回阀、截止阀，两管汇合后与定压罐相连接，同时登高至 $2.00\,\mathrm{m}$，自北向南至 E 轴线附近水平开三通分两路，一路从西向东再转弯向南与循环泵进口管连接，其管路代号为 b；另一路接安全阀，安全阀出口放空管代号 Pf，管径 $DN50$，标高 $2.30\,\mathrm{m}$，接至软水箱（图 8-62、图 8-64）。

第五节　空调制冷管道施工图

用于空调工程的冷源除了地下水、天然水、地道风等天然冷源外，主要用人工冷源（就是用人工办法制冷）。空调制冷使用的制冷机有压缩式、吸收式和蒸气喷射式三种，在中小型空调制冷系统中，压缩式制冷系统应用最广泛。

一、蒸气压缩式制冷工作原理

蒸气压缩式制冷是利用液体在低压下汽化时要吸收热量这一物理特性,通过制冷剂的热力循环,以消耗机械能作为补偿条件来达到制冷目的的。

蒸气压缩式制冷机主要由制冷压缩机、冷凝器、节流阀(或称膨胀阀、调节阀)和蒸发器等部件组成,并用管道连接起来,成为一个封闭的循环系统,如图 8-67 所示。常用的制冷剂(工质)是氨和氟利昂。制冷剂在蒸发器中吸收被冷却介质的热量,由液体蒸发成低温低压的蒸气,然后,被压缩机吸入气缸内,经过压缩成为高温高压蒸气再排入冷凝器,在冷凝器中,制冷剂在压力不变的条件下与冷却水(或空气)进行热交换,放出热量凝结为液体。液体的制冷剂经过节流阀降压进入蒸发器重复进行蒸发吸热。这样,制冷剂在系统内经过压缩、冷凝、节流和蒸发四个热力过程循环制冷。

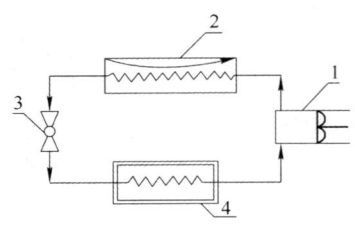

图 8-67　蒸气压缩式制冷工作原理图

1—制冷压缩机;2—冷凝器;
3—节流阀;4—蒸发器

二、氨制冷系统

氨制冷系统在空调制冷工程中广泛采用。为了提高制冷装置的效率和安全可靠性,系统中除了前面介绍的四个主要的基本部件外,还要设置贮液器、油分离器、气液分离器、集油器、空气分离器和紧急泄氨器等辅助设备和自动控制仪表、阀门等。氨制冷系统须由主要设备、辅助设备、仪表、阀门和管路等共同组成。

我国一些冷冻机厂为空调工程配套设计制造了各种产冷量的空调用氨制冷设备,下面就成套制冷设备中最简单的一种系统为例说明氨制冷系统的组成和工作流程。

图 8-68 所示是产冷量为 116.4 kW 的单机(4V-12.5A)空调制冷设备系统图。从双头螺旋管冷水箱中螺旋排管蒸发器出来的、经氨液分离器分离过的低温低压氨气,由制冷压缩机吸气管吸入低压缸内。该气体经过压缩成为高温高压氨气,由高压缸经排气管送到氨油分离器,将其中夹带的少量润滑油分离出来,防止润滑油进入冷凝器和蒸发器。氨气从氨油分离器上方出来后,被送到冷凝器,高温高压的氨气在冷凝器中与冷却水进行热交换,把热量传递给冷却水,自身冷凝为氨液并不断地被贮存到贮液器中。高压氨液从贮液器排出,经供液管通过氨过滤器进行过滤,除去氨液中的固体杂质,再经过氨浮球阀节流降压进入蒸发器。低温低压的氨液在蒸发器排管内不断地吸收空调回水的热量,制备出空调所需要的冷冻水。氨液本身则气化成为低温低压氨气又被压缩机吸回,周而复始不断循环。这就是氨制冷系统的主要工艺流程。氨制冷系统自氨压缩机排气管至氨浮球阀属于高压系统,自氨浮球阀至氨压缩机吸气管段则属于低压系统。

氨气从气缸中带出的润滑油,虽然经过氨油分离器分离,但还有一部分被带入冷凝器、贮液器和蒸发器内。蒸发器内积油经过小油包直接放出,氨油分离器中的油直接放入压缩机曲轴箱内,而贮液器内的存油先送到集油器,然后在低压条件下放出。大型氨压缩机房,由于机器较多,有的专门设高压和低压排油系统,分别集中到高、低压集油器内,再定期排出。

为确保安全,在系统中设置了紧急泄氨器,当机房内发生火警时,可将贮液器、蒸发器内氨液分两路迅速排放到紧急泄氨器中,用自来水混合稀释后排入下水道。同时在冷凝器、贮液器等高压设备上装有安全阀,以确保设备安全。安全阀的排气管直接接至室外。

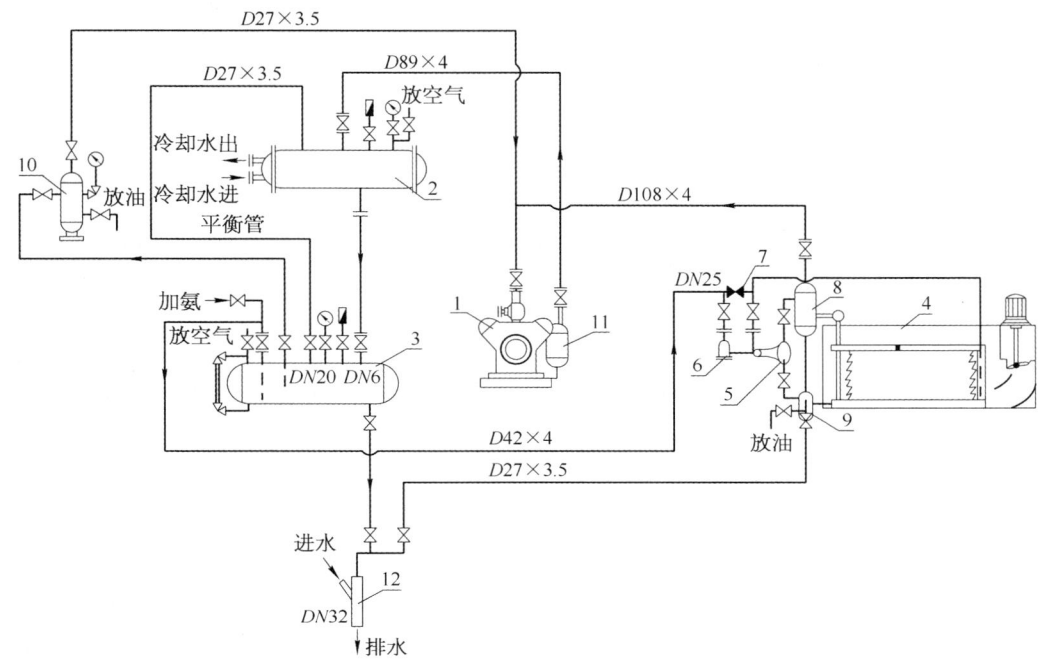

图 8-68 氨制冷系统

1—氨压缩机(4V-12.5A)；2—卧式冷凝器；3—氨贮液器；4—双头螺旋管冷水箱；5—浮球阀；
6—氨过滤器；7—手动调节阀；8—氨液分离器；9—油包；10—贮油器；11—氨油分离器；12—紧急泄氨器

为防止液滴进入气缸,吸气管应具有不小于 0.003 的坡度并坡向蒸发器。自氨压缩机至冷凝器的排气管应有不小于 0.001 的坡度且坡向油分离器或冷凝器,以防止润滑油和冷凝下来的液体返回压缩机。

为了使冷凝器的液体畅通地流入贮液器和保证两个设备之间的压力平衡,在冷凝器和贮液器之间应设置平衡管。

系统中的所有气体支管应从主管的上部或侧面接出,液体支管则应从主管底部或侧面接出。同时,为了使流体流动通畅,三通应为顺流三通或斜三通。

为制冷系统服务的还有冷却水系统,分别接至冷凝器、氨压缩机、紧急泄氨器、冷水箱等设备上。如果冷却水循环利用时,在冷却水系统中还要设置冷却塔,水泵等装置。冷却水系统属于给排水系统,这里就不作介绍了。

三、空调冷冻水系统

空调冷冻水系统是将制冷机制备的冷冻水输送到用户,其系统形式繁多,看空调制冷机房及空调水系统施工图时,必须先弄清系统形式,同时对各类系统设置要求有一个基本了解。

1. 冷冻水系统的划分

1) 开式系统和闭式系统

按冷冻水是否与空气接触,可分为开式系统和闭式系统。开式系统的水与大气相通,而闭式系统的水除膨胀水箱外不与大气相通。

图 8-69 是开式冷冻水系统原理图。其中图 8-69a 是采用水箱式蒸发器的系统图,图

8-69b 是采用卧式壳管式蒸发器的系统图。开式系统的特点是系统中有水容量较大的水箱,因此温度比较稳定,蓄冷能力大,但由于较大的水面与空气相接触,所以系统易腐蚀,当设备高差很大时,循环水泵还需要消耗较多的提升冷冻水高度所需的能量。

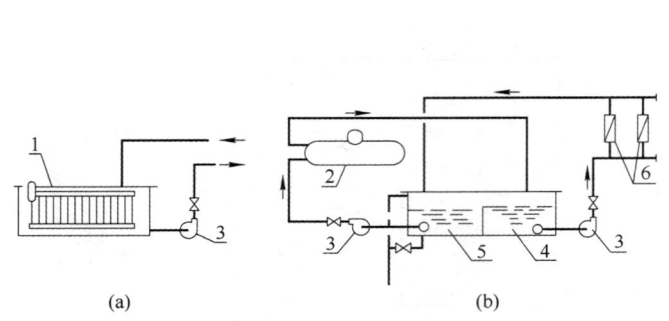

图 8-69 开式冷冻水系统

1—水箱式蒸发器;2—卧式壳管式蒸发器;3—水泵;
4—冷水箱;5—回水箱;6—空气冷却器

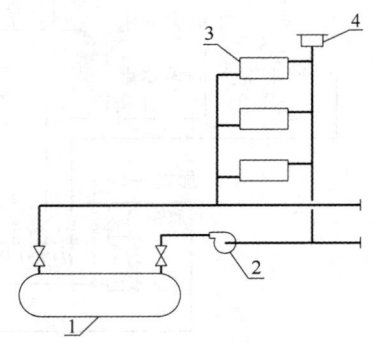

图 8-70 闭式冷冻水系统

1—壳管式蒸发器;2—水泵;
3—空气冷却器;4—膨胀水箱

图 8-70 是闭式冷冻水系统原理图。系统中所用的蒸发器只能是壳管式蒸发器。这种系统的特点与开式系统相反,系统内的冷冻水基本不与空气相接触,对管路、设备的腐蚀性较小;水容量比开式系统小;系统中水泵只需克服管路系统的流动阻力。大部分空调建筑中的冷冻水系统都采用闭式系统。

2)定流量系统和变流量系统

按系统的循环水流量的特性划分,可分为定流量系统和变流量系统。定流量系统中循环水量保持定值,常采用三通阀定流量调节,即当负荷降低时,一部分水流量与负荷成比例地流经风机盘管或空调器,另一部分从三通阀旁通,保持环路中水流量不变,如图 8-71a 所示。变流量系统是指冷源供给用户的水流量随负荷的变化而变化,通过水冷机组的流量是恒定的,如图 8-71b 所示。

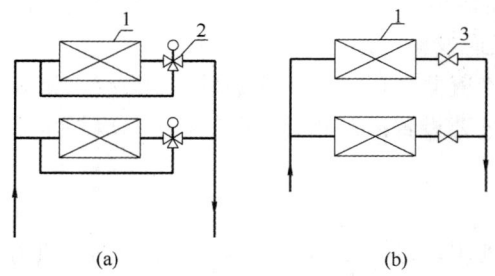

图 8-71 定流量和变流量系统

(a)定流量系统;(b)变流量系统
1—空调机组或风机盘管;2—三通阀;3—二通阀

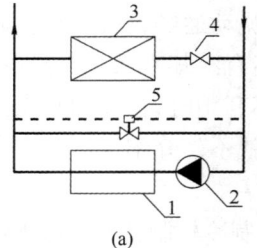
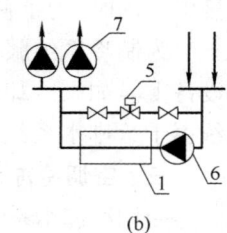

图 8-72 单级泵和双级泵系统

(a)单级泵系统;(b)双级泵系统
1—冷水机组;2—循环泵;3—风机盘管;
4—二通调节阀;5—旁通调节阀;6—初级泵;7—次级泵

3)单级泵系统和双级泵系统

按水系统中的循环水泵设置情况,可分为单级泵系统和双级泵系统。单级泵系统只用一组循环泵,如图 8-72a 所示。单级泵系统简单,初次投资省,不能调节水泵流量,不能节省水泵输出能量。双级泵系统是把冷冻水系统分成冷冻水制备和冷冻水输送两部分,为保证冷水机组水量恒定,一般采用一泵对一机的配置方式。与冷水机组对应的称为初级泵(也称一次泵),连接所有负荷点的泵称为次级泵(也称二次泵),双级泵系统如图 8-72b 所示。

4)同程式系统和异程式系统

按系统中的各并联环路中水的流程划分,可分为同程式系统和异程式系统。同程式系统中各并联环路中的流程基本相同,即各环路的管路总长基本相等,如图 8-73a 所示。同程式系统各环路间的流动阻力容易平衡,因此系统的水力稳定性好,流量分配均匀,但管路布置复杂,管路长。异程式系统各并联环路中的水的流程各不相同,即各环路的管路总长也不一样,如图 8-73b 所示。异程式系统管路布置简单,节约管路及其占用空间,由于流动阻力不平衡,常导致水流量分配不均。

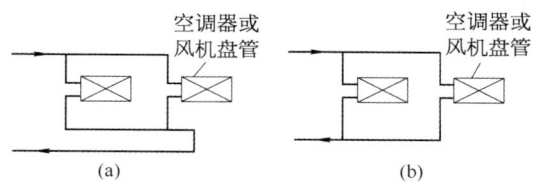

图 8-73 同程式和异程式系统

(a)同程式系统;(b)异程式系统

2. 冷冻水系统典型图式

1)单级泵变流量双管闭式水系统

图 8-74 给出末端装置水管上设置二通阀的变流量系统。当负荷降低时,二通阀关小,使末端装置中冷冻水的流量按比例减小,从而使被调参数保持在设计值范围内。

在二通阀的调节过程中,管路的特性曲线将发生变化,因而系统负荷侧水流量也将发生变化。但是如果通过冷水机组的冷冻水量减少,将会导致冷水机组的运行稳定性变差,甚至会出现不安全运行问题。因此,在系统的供、回水管之间安装一条旁通管,管上安装压差控制的旁通调节阀。当用户流量减少时,供、回水总管之间压差增大,通过压差控制器使旁通阀开大,让部分水旁通,以保证流经冷水机组的水流量基本不变。

单级泵变流量双管闭式水系统是目前我国的民用建筑空调工程中应用最广泛的空调水系统。

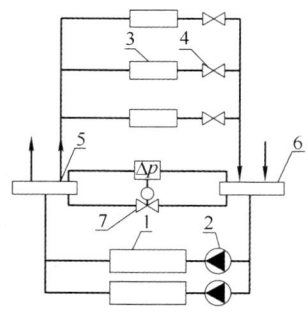

图 8-74 单级泵变流量双管闭式系统

1—冷水机组;2—循环泵;
3—空调机组或风机盘管;
4—二通阀;5—分水器;
6—集水器;7—旁通调节阀

2)双级泵冷冻水系统

图 8-75 是一种常见的次级泵分区供水图示。冷冻水输送环路可以根据各区不同的压力损失设计成独立环路,进行分区供水。因此,这种系统形式适用于大型建筑物(或建筑群)、各空调分区供水管作用半径相差悬殊的场合。

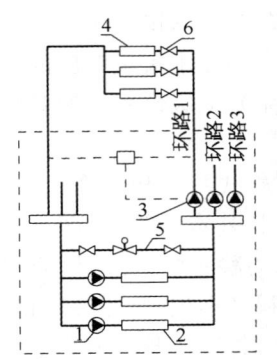

图 8-75 双级泵冷冻水系统之一
1—初级泵；2—冷水机组；3—次级泵；
4—风机盘管；5—旁通管及调节阀；
6—二通调节阀

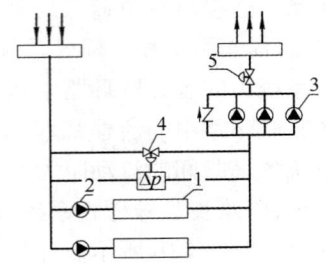

图 8-76 双级泵冷冻水系统之二
1—冷水机组；2—初级泵；3—次级泵；
4—压差调节阀；5—总调节阀

图 8-76 是一种次级泵并联运行，向各区集中供冷冻水的图示。这种系统适用于大型建筑物中各空调分区负荷变化规律不一，但阻力损失相近的场合。

3）混合式水系统

图 8-77 为混合式水系统原理图。其系统是由单级泵水系统与双级泵水系统组合而成的一种混合式水系统。

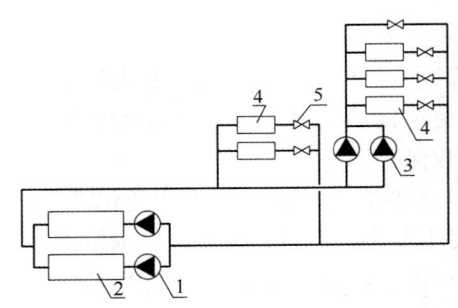

图 8-77 混合式水系统
1—初级泵；2—冷水机组；3—次级泵；4—风机盘管；5—二通调节阀

四、施工图的识读

1. 管道系统流程图

管道系统流程图主要是反映制冷系统的工艺流程，是识读平、剖面图的依据，又是施工中检查核对管道是否正确和确定流向的标准。识读时要掌握的主要内容和注意事项如下。

（1）查明系统的组成。由制冷压缩机、冷凝器、节流阀、蒸发器等组成的系统是制冷剂循环系统。通过系统流程弄清楚该系统是氨制冷系统还是氟利昂制冷系统。为了能正确地识读系统流程图，必须弄清楚氨和氟利昂制冷系统的工作原理、各个设备的作用、设备接管情况及制冷系统的组成。识读时可按制冷压缩机—冷凝器—节流阀—蒸发器顺序进行识读。

由冷水机组、冷冻水循环泵、冷却水循环泵、冷却塔、分水器、集水器等组成的系统是冷冻水系统,通过识读系统流程图,弄清楚冷冻水系统是单级泵系统,还是双级泵系统,或者是混合式系统,要查明冷水机组、水泵、冷却塔等设备的设备编号、规格、型号及相关技术参数。识读时分系统沿流体方向查看。

(2) 了解各设备之间管道流向、管径、管道分支、阀门设置等情况。一般管线都有代号或编号,识读时可按这些代号或编号弄清管线的含义。

(3) 系统流程图还提供仪表安装位置、仪表种类和编号,以便仪表安装时查阅。

2. 平面图

制冷管道平面图主要表示制冷设备、管道及阀门等的位置以及相互之间的关系,识读时要掌握的主要内容和注意事项如下。

(1) 查明制冷设备的平面位置,包括布置的方向、设备之间以及设备与建筑物之间的定位尺寸。通过设备表了解制冷设备的型式、型号和数量。同时要弄清楚设备接口的具体位置和方向。设备较多,图面又较复杂时,可以按照制冷系统流程逐一识读,先主要设备,后辅助设备,一点一点地看过去,从而弄清楚这些设备之间的关系。

压缩机在机房中可以横向布置或纵向布置,可以布置成一排或数排。

冷凝器一般设置得靠近油分离器和高压贮液器。卧式冷凝器通常布置在机房内,并高于贮液器;立式冷凝器和蒸发式冷凝器则布置在机房室外,离机房门口较近的地方。高压贮液器一般设置在机房内,但也有设置在室外的。

空气分离器和集油器,通常设在机房内。为了节省占地面积,空气分离器可以用支架架空布置在墙上。集油器装设在各个放油设备附近。

氨制冷系统的紧急泄氨器,为便于应急启用,一般布置在室外靠近门口的地方。

中间冷却器设置在接近低压级和高压级压缩机的地方。

冷水机组、冷冻水泵、冷却水泵一般设在机房内,冷却塔则设在建筑屋顶上。

(2) 了解吸气管、排气管、供液管、排油管、冷冻水管以及冷却水管的平面布置情况。查清管道上阀门、支架的分布以及管径和管材的选用。

机房内的管道布置采用架空敷设和地沟敷设两种,以架空敷设居多。架空敷设管道敷设在机房上空的支架上,有的对管道支架进行专门设计,如果图纸没有表明,应根据管道的敷设情况及管径大小来决定支架的用料和布置。一般情况下吸气管和排气管都架设在同一支架或吊架上,吸气管应放在排气管的下面。平行管道之间应留有一定的距离,通常管道间净距不小于 200 mm。

为了帮助识读平面图,在识读前要先看设计图例。制冷管道图纸中,通常将气体管道和液体管道用不同的图例表示。图面上的冷却水、盐水和排油管道也分别用点画线、双点画线和虚线等表示,以资区别。

3. 剖面图

剖面图是对平面图的必要说明和补充,它主要反映制冷设备和管道的立面布置。识读的主要内容和注意事项如下。

(1) 查明设备立面形状、设备之间的间距和标高以及设备接口方向;

(2) 查明管道立面布置情况,管道和阀门的标高;
(3) 与平面图对照弄清管道支架的形式和设备高度;
(4) 了解管道保温情况。

4. 系统图

制冷管道系统图多用正等测画法,有的也用斜等测。系统图一般把整个管路和设备画在一张图纸上面,能够完整地、系统地表达管道系统和设备的来龙去脉。识读时应掌握的主要内容和注意事项如下。

(1) 按制冷系统工艺流程识读系统图。弄清管路系统的空间走向,查明各设备之间管路的管径、标高、坡度和坡向。

(2) 弄清楚制冷设备各接管口的位置和方向。要查明每个设备上的接管情况,例如,氨制冷系统的贮液器上的进液管、供液管、平衡管、泄氨管、排油管和放气管的设置情况、管径大小、管道转弯与分支情况等。

(3) 查明各管路上阀门设备情况,包括型号、标高、进出口方向等。

(4) 系统图上还画有各设备上仪表的设置情况,识读时要弄清楚各个设备上仪表的种类、型号、位置、安装高度、安装方向以及与设备的连接情况。

(5) 对于氨制冷系统,要搞清楚氨浮球调节阀的布置与接管情况,搞懂每一根管子的作用和安装要求。氨浮球调节阀管道连接如图 8-78 所示。

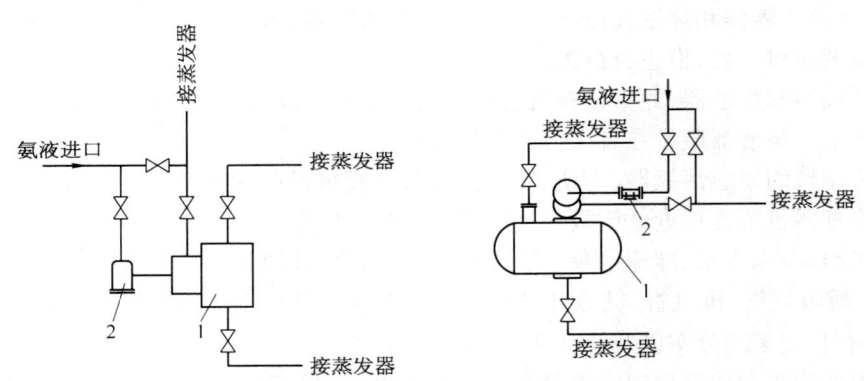

图 8-78 氨浮球调节阀管道连接示意图
1—浮球调节阀;2—氨过滤器

为了全面地看懂图纸和理解设计意图,识读时应将平面图、剖面图与系统图对照起来看。当设备较多,管路系统复杂时,识读要细心和耐心,并按工艺流程一步一步地往下看,必要时还可以把吸气管、排气管、供液管、冷却水管、排油管、放气管和泄液管等分别用不同颜色的笔画上颜色,借以帮助识读。

5. 详图

制冷管道详图主要是节点详图和管道支架、与管道有关的非标准设备制作详图。识读详图时可以通过图纸目录或平面图、剖面图上详图的编号去查找。管道节点详图多用双线图表示,识读时按双线图识读方法进行。

6. **识读举例**

【例1】 图8-79是某厂氨制冷系统流程图,图8-80是制冷机房管道平面图,图8-81、图8-82、图8-83是A-A、B-B和C-C剖面图,试对这套制冷机房管道施工图进行识读。

通过系统流程图(图8-79)的识读,了解到该系统是由两台制冷压缩机、两台立式冷凝器和一台盐水箱等组成的单级压缩制冷系统。制备的冷冻盐水供工艺、冷库和空调系统使用。供水管、回水管及加压泵等组成了冷冻盐水系统。冷凝器的冷却水由冷水泵、冷水塔和水池组成循环冷却水系统。本例图纸主要是识读氨制冷系统,对于冷冻盐水系统和冷却水系统只要求有一个简单的了解。

从流程图和平面图上可以清楚地查明制冷系统的设备型号、数量及布置情况。两台4V-12.5氨压缩机,一台ZA-1氨贮液器,一台LZ-40盐水箱(蒸发器),两台3BA-9盐水泵和一只盐水分配器布置在机房内。两台044-50立式冷凝器,一台TY-219贮油器,一只017-32泄氨器,一只016-165不凝性气体分离器和一台4BA-12冷水泵布置在室外。此外还有两台冷却塔布置在建筑物高处(本套图未表示出来)。

高压氨气管道代号为AQ,气体从压缩机出口经氨油分离器接出,管径为$D76×3$,至标高3.500 m两机出口排气管与一端带盲板的总管接通。总管管径为$D108×4$,由东向西穿过机房1号轴线墙引至室外,近冷凝器处登至标高5.220 m,再水平分支成两路转弯,管径为$D76×3$,经加装阀门后与立式冷凝器进气口相连接。

氨气在冷凝器内被冷却水冷却成液体,液氨管代号AY,氨液自冷凝器下部出液口接出,管道标高为1.600 m,管径$D57×3$。两台冷凝器的氨液出液管汇合后自西向东敷设,至不凝性气体分离器附近分支成两路:一路继续向前进入机房,加装阀门后接入氨贮液器;另一路管径$D25×3$,垂直向下,至不凝性气体分离器下面转弯,加装手动调节阀后,从不凝性气体分离器底部接入,供气体分离冷却之用(图8-79、图8-81)。

不凝性气体管道代号为B,自立式冷凝器接出,标高2.030 m,管径$D25×3$,绕过冷凝器自西向东,至不凝性气体分离器附近弯下,在不凝性气体分离器中部接入。进入不凝性气体分离器的混合气体,经过液氨的冷却(液氨在分离器内部盘管里通过),不凝性气体自分离器上面放空口排出,凝结为液氨的液体,自不凝性气体分离器下部接出,并经加装调节阀后与进入分离器的液氨管接通(图8-79、图8-81)。

供液管自氨贮液器垂直向上接出,至标高3.000 m水平敷设自北向南,管径$D32×3.5$,到盐水箱边折向东,到了水箱尽头转弯向下(图8-80),与浮球阀、氨过滤器、手动调节阀等连接后进入盐水箱蒸发排管内(图8-82)。

氨液在盐水箱蒸发排管内蒸发吸热,转变为氨气,从蒸发排管经氨液分离器接出。氨气管管径$D108×4$,至标高3.500 m转弯自南向北,到了氨压缩机上空,分支成两路向下与氨压缩机吸气入口连接。

贮油器内的氨气自贮油器顶部接出,该管管径$D25×3$,至标高3.000 m转弯向北水平敷设,然后向东转弯至不凝性气体分离器上空,与不凝性气体分离器顶部接出的氨气管汇合后继续向东敷设(图8-79、图8-81),到了2号轴线转弯向南,与来自盐水箱蒸发排管的氨气管相连接后进入压缩机。

泄氨管有两路:一路从盐水箱蒸发排管底部接出,管径$D25×3$,登高加装阀门后至标高2.800 m,沿A轴线从东向西敷设,穿过1号轴线墙至室外,转弯向北沿外墙敷设,至泄氨器

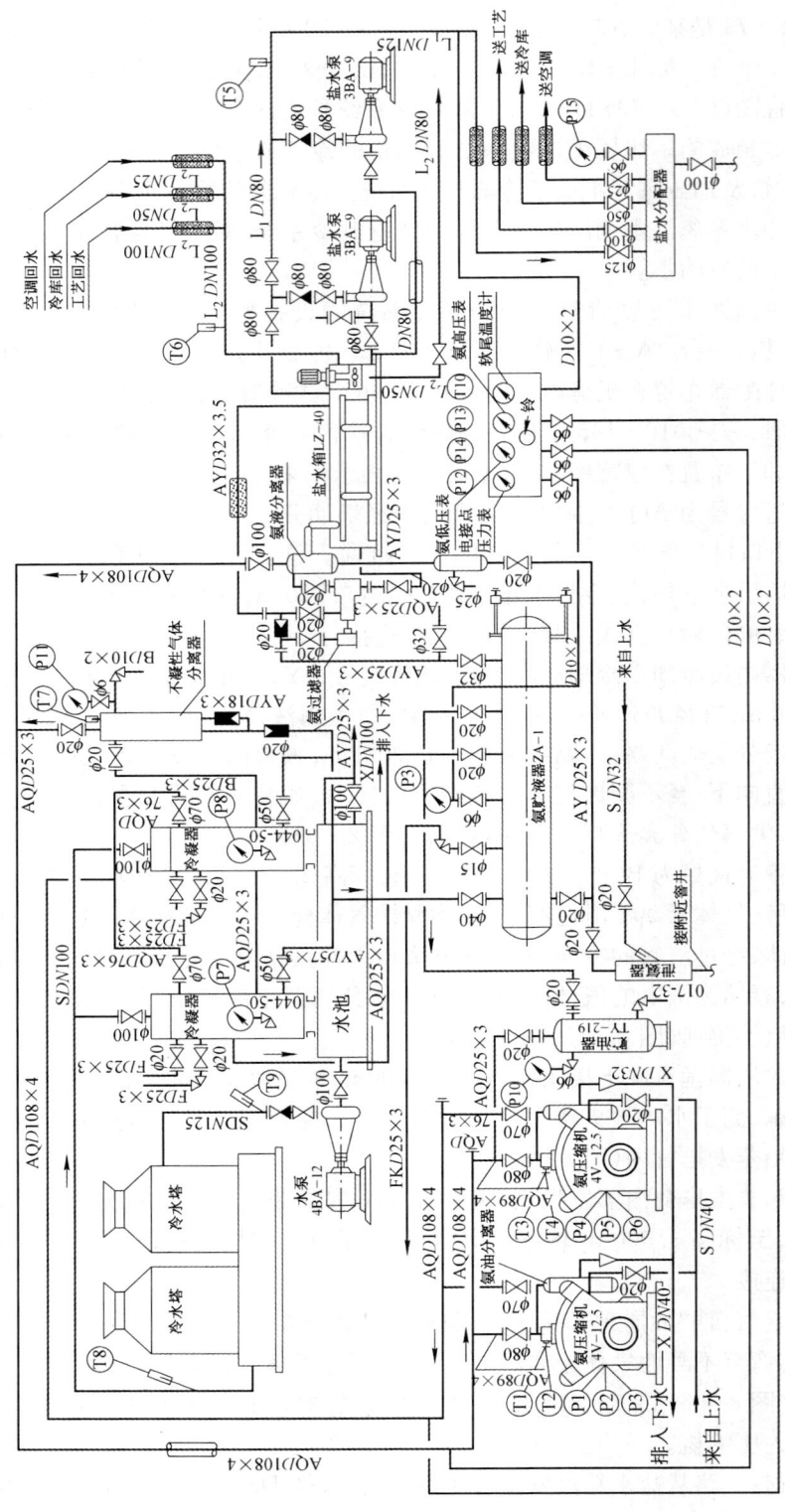

图 8-79 制冷系统流程图

第五节 空调制冷管道施工图

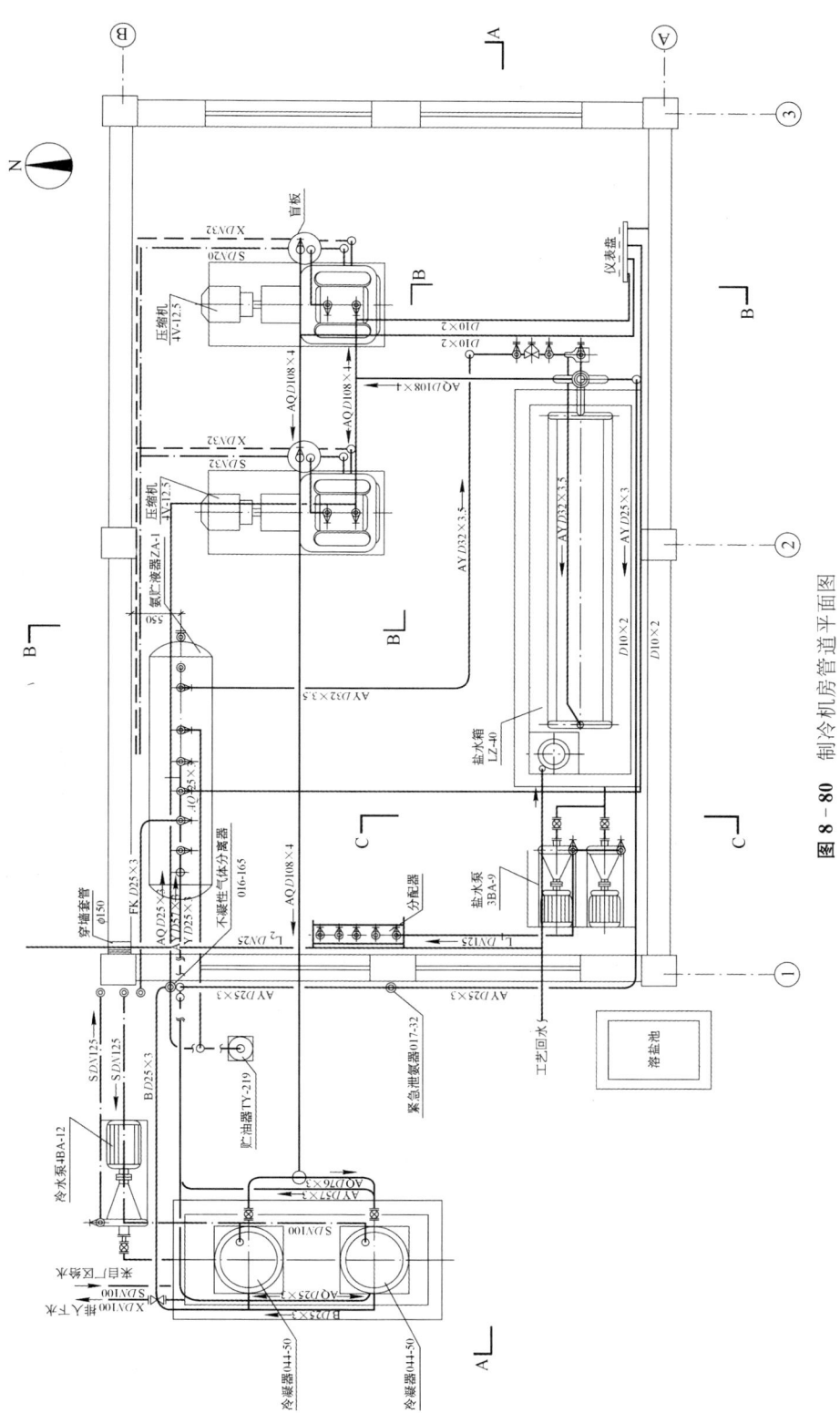

图 8-80 制冷机房管道平面图

310 第八章 采暖与空调制冷管道施工图

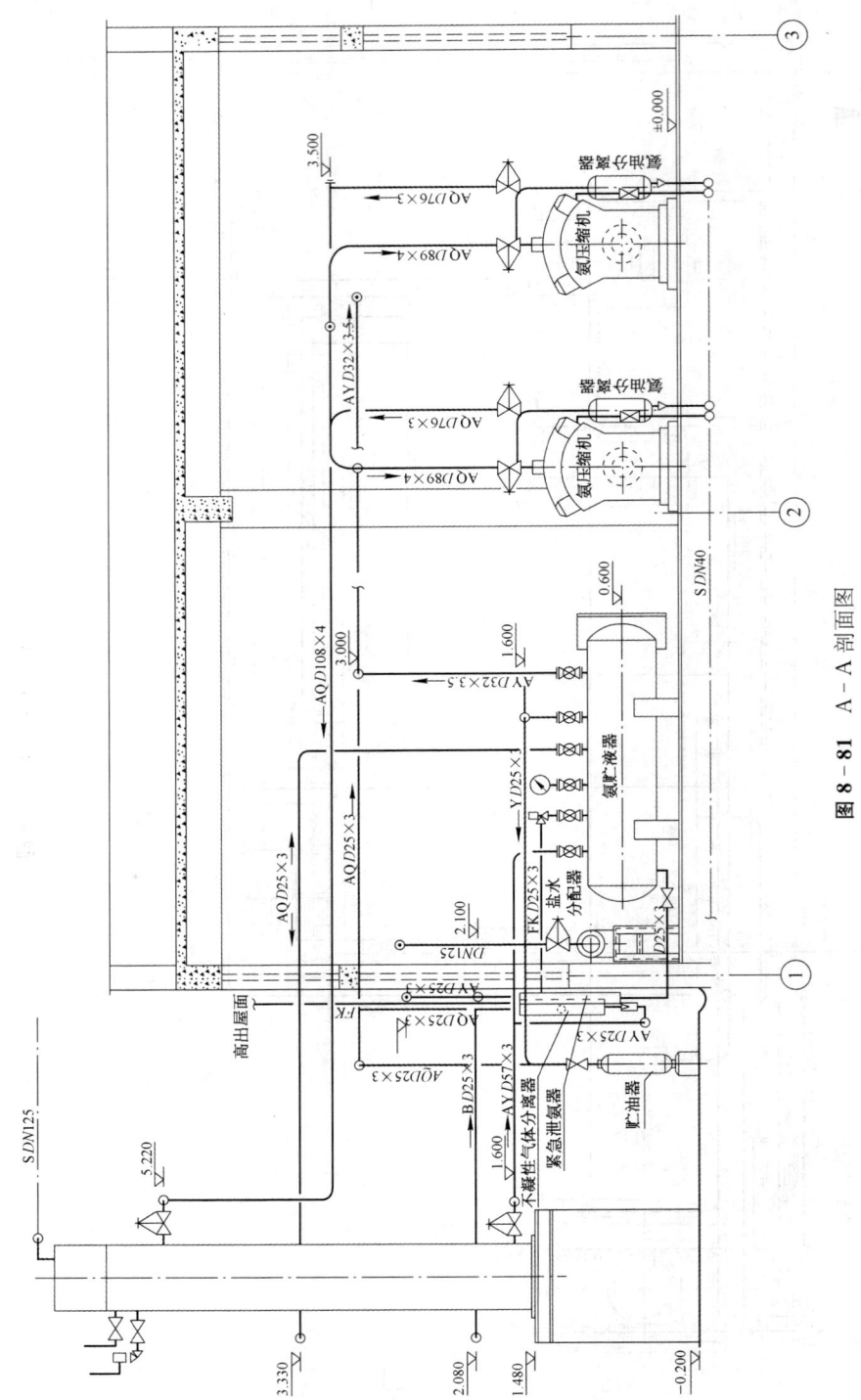

图 8-81 A-A 剖面图

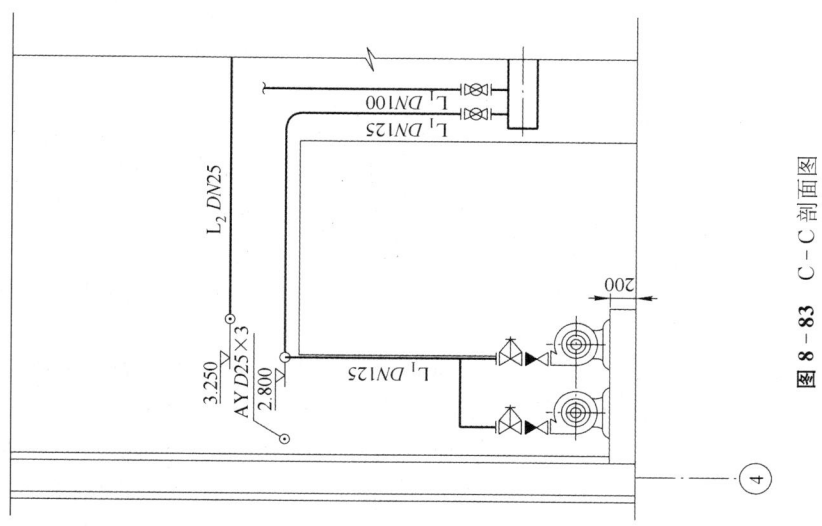

图 8-83 C-C 剖面图

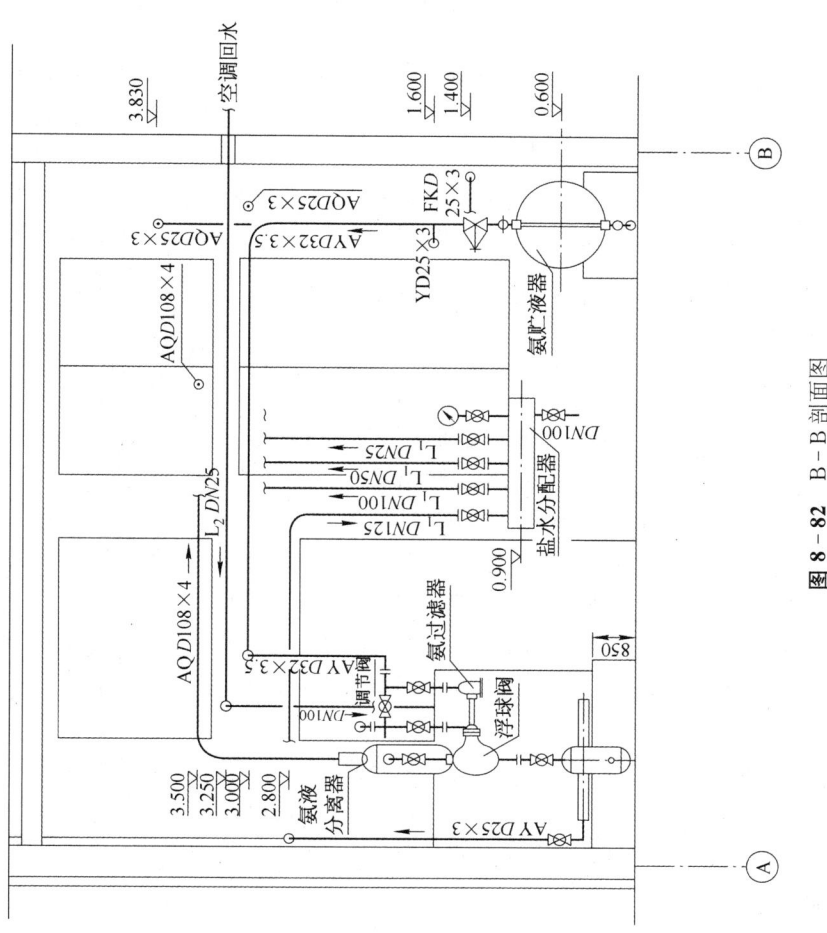

图 8-82 B-B 剖面图

上方垂直向下与泄氨器连接;另一路从氨贮液器底部接出(图8-81),管径$D25×3$,沿地面敷设,加装阀门后穿过1号轴线出外墙,登高至标高2.100 m,然后自北向南沿1号轴线外墙敷设,与来自盐水箱蒸发排管的泄氨管连接后接入泄氨器。

氨贮液器底部积存的润滑油从伸入氨贮液器内的排油管接出,放油管道(代号Y),加装阀门后接至标高1.600 m(图8-81),向南转弯再向西穿过1号轴线出外墙,至贮油器边再向南接到贮油器上空,再向下与贮油器连接,贮油器下部设有放油阀,可以定期放油。

氨贮液器上的安全阀放空管代号FK,管径$D25×3$,从安全阀接出后,向北引向B轴线,标高为1.400 m(图8-82)沿B轴线敷设,至1号轴线穿过外墙,沿外墙向上敷设高出屋面为止(图8-80、图8-81)。

通过盐水箱制备冷冻盐水的管道L_1,从盐水箱下部接出,分两路加装阀门后与两台3BA-9盐水泵连接。水泵出口加装止回阀和阀门后并联(图8-83)。总管管径$DN125$,登高至标高2.800 m,转弯向西至沿1号轴线再折向北敷设,然后向下与盐水分配器接通。冷冻盐水供应管道分三路从盐水分配器接出(图8-79、图8-82),第一路是工艺冷冻盐水,管径$DN100$;第二路是冷库用冷冻盐水,管径$DN50$;第三路是空调用冷冻盐水,管径$DN25$。冷冻盐水回水管道代号L_2,空调回水管管径$DN25$,冷库回水管管径$DN50$,工艺回水管管径$DN100$,本例只画了部分供、回水管道,详细的要另外查阅冷冻盐水管道施工图。

冷凝器及氨压缩机的冷却水系统,本例也只画了一部分。冷却水管道代号S,冷凝器下面的水池补给水由厂区给水总管供应,管径$DN100$(图8-79、图8-80)。增压水泵4BA-12的吸水管自水池接出,水泵出口加装止回阀和阀门后送到冷水塔,管径$DN125$。从冷水塔下来的供冷凝器使用的冷却水管管径$DN125$,分支后管径$DN100$,从冷凝器顶部接进。冷却水流经冷凝器后,集中到冷凝器下面的水池中供循环使用。压缩机的冷却水进水管道代号S,管径$DN20$,埋地敷设。压缩机的冷却水排水管道代号X,管径$DN32$,接漏斗排出。本例压缩机冷却水系统也只画了一部分,详细的要看给排水管道施工图。

制冷系统控制仪表,分就地安装和仪表盘集中安装两部分。测温仪表代号为T,测压仪表代号为P,并注有编号。就地安装的仪表的位置见制冷系统流程图。仪表盘设在盐水箱边上(图8-79、图8-80),仪表盘上装有氨低压表(P14)、氨高压表(P13)、电接点压力表(P12)、软尾温度计(T10),这些仪表的测压、测温孔分别设在氨压缩机进出口、氨贮液器和盐水泵出口的管道上,测压孔与压力表之间用$D10×2$的无缝钢管连通。软尾温度计的软管装在$D10×2$的无缝钢管内,这些管道的平面位置,在平面图上是示意性的,可供施工参考。仪表盘上仪表的布置,仪表盘的制作与安装等,均另见有关详图。

【例2】 图8-84是制冷机房冷冻水系统流程图、图8-85是制冷机房平面图、图8-86～图8-90是A-A、B-B、C-C、D-D和E-E剖面图,试对这套冷冻水系统施工图进行识读。

(1)通过流程图和设备表了解系统流程和设备情况。本系统是单级泵冷冻水系统。空调系统冷冻水集中到集水器后用冷冻水泵加压送到冷水机组,经冷却后的冷冻水经分水器送入空调系统。冷却水从冷却塔出来经冷却水泵加压后送入冷水机组,并再回到冷却塔进行冷却,循环使用。

第五节 空调制冷管道施工图

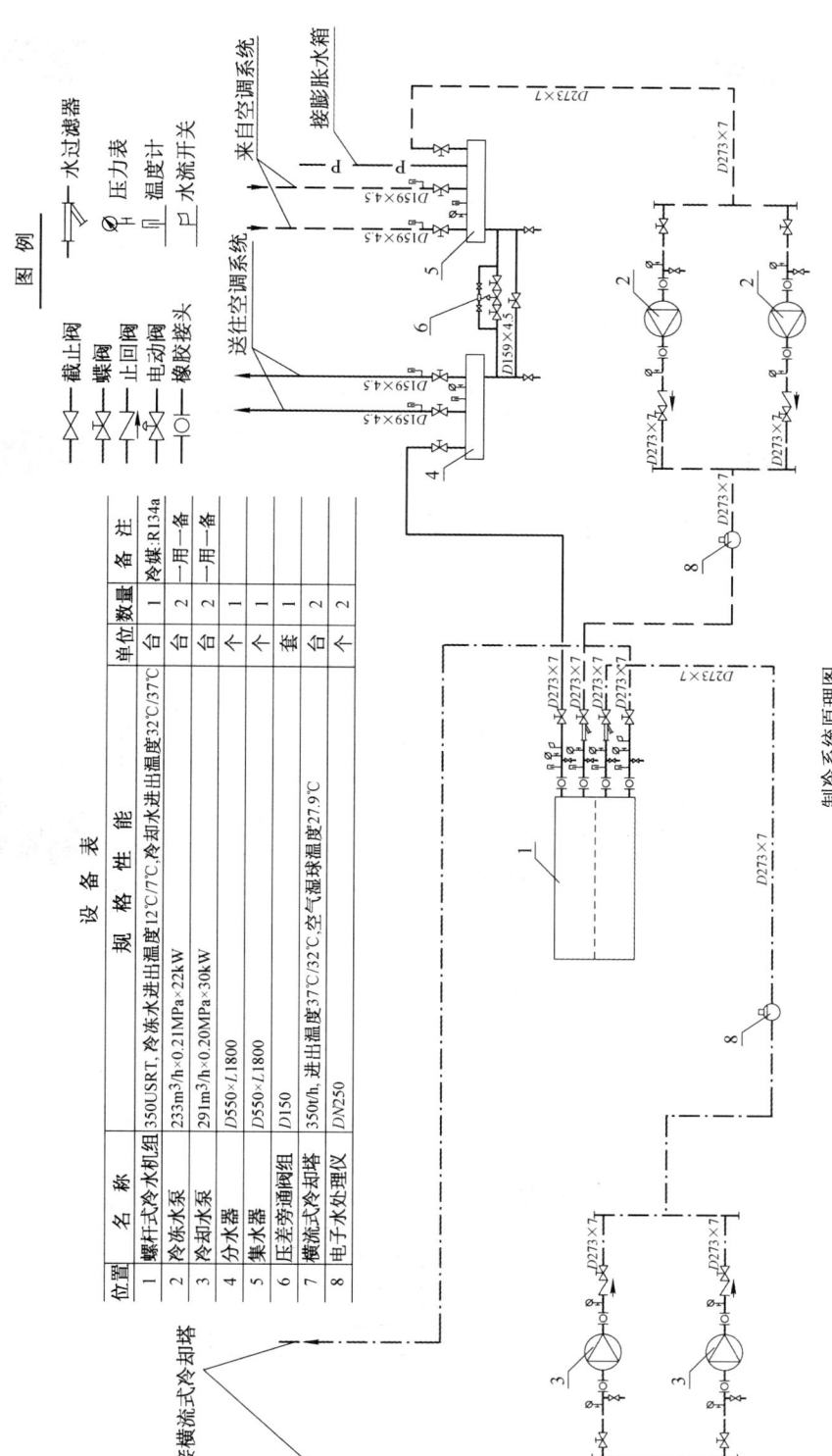

图 8-84 制冷机房冷冻水系统流程图

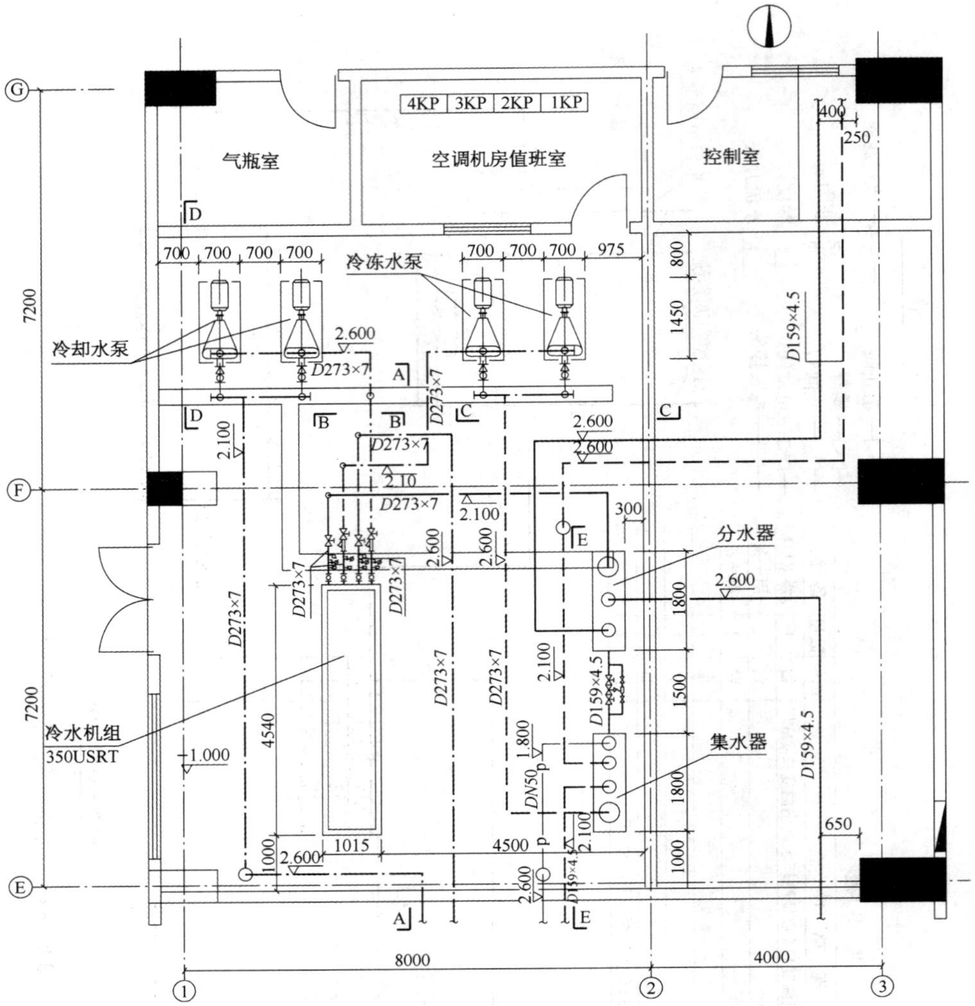

图 8-85 制冷机房平面图

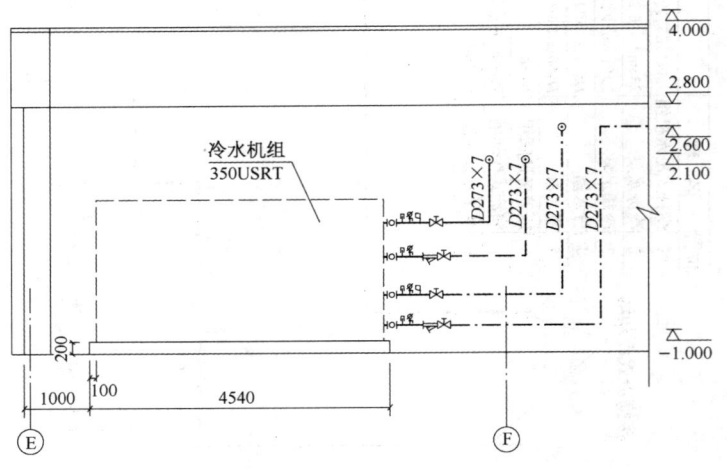

图 8-86 A-A 剖面图

第五节 空调制冷管道施工图

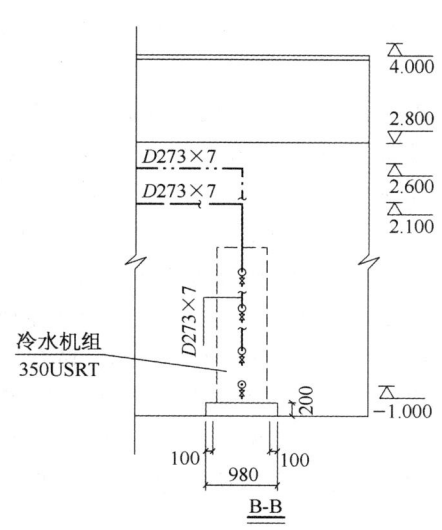

图 8-87 B-B 剖面图

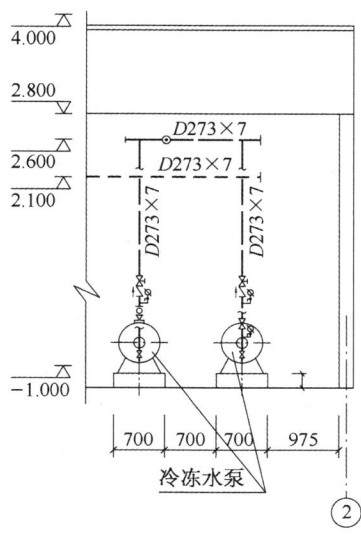

图 8-88 C-C 剖面图

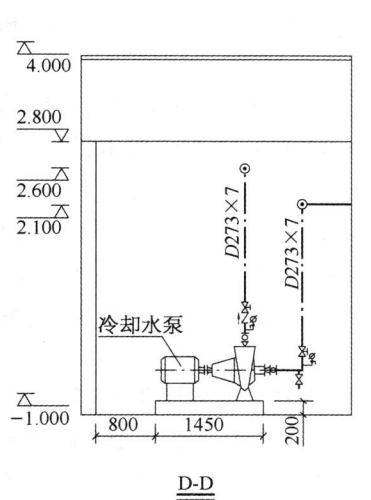

图 8-89 D-D 剖面图

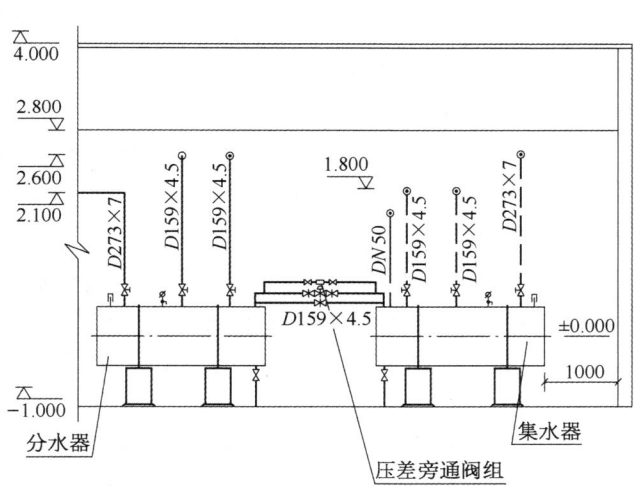

图 8-90 E-E 剖面图

系统内主要设备有 350 USRT 螺杆式冷水机组一台,冷媒为 R134a;冷冻水泵二台,一用一备,参数为 $Q=233\ \mathrm{m^3/h}$、$H=0.21\ \mathrm{MPa}$、$N=22\ \mathrm{kW}$;冷却水泵二台,一用一备,参数为 $Q=219\ \mathrm{m^3/h}$、$H=0.20\ \mathrm{MPa}$、$N=30\ \mathrm{kW}$;分水器和集水器各一台,规格为 $D550\times L1\ 800\ \mathrm{mm}$,此外还有横流式冷却塔,参数 $Q=350\ \mathrm{t/h}$,进出水温度 37 ℃/32 ℃,空气湿球温度 27.9 ℃。

(2) 查阅平、剖面图弄清管路的组成及走向。冷冻水回水管道(用虚线表示),从机房南北两侧进入室内,管径 $D159\times4.5$,标高 2.10 m(从北面进来的管道标高从 2.60 m 变至 2.10 m),在集水器上空转弯向下加装蝶阀进入集水器(图 8-85、图 8-90)。集水器出水管管径 $D273\times7$,立管上加装蝶阀至标高 2.60 m 转弯向西再向北,在冷冻水泵附近(近 F 轴线)平开三通分东、西两路,在东西向管路上再开两路三通向下,在每根立管上装设蝶阀、压力表,转弯后在水平管上装设放水阀后与水泵进水口接通。泵的出水立管上设置止回阀、蝶阀、压力表。水泵前后靠近水泵最近处均应设置橡胶接头(图 8-85、图 8-88)。两台冷冻泵出水管在标高 2.10 m 处合并成一路,管径仍为 $D273\times7$,从东向西转弯向南再向西,然后返低至冷水机组前与冷冻水进口相连接(图 8-85、图 8-87)。进口管上还要设置蝶阀、Y 型过滤器、压力表、温度计、橡胶接头(图 8-85)。冷冻泵出口至冷水机组进口管路上应装设 $DN250$ 电子水处理仪(图 8-84),但平、立面图上未表示。

通过冷水机组制备的冷冻水(用实线表示),从机组前侧接出后在水平管道上设置蝶阀、压力表、温度计、水流开关、橡胶接头等。管径 $D273\times7$,登高至 2.10 m 由西向东再转弯向南,在分水器上空返低加装蝶阀后接入分水器(图 8-85、图 8-90)。冷冻水送往空调系统的供水管管径 $D159\times4.5$,从分水器中间上方接出,立管上设蝶阀,至标高 2.60 m 从西向东再向南出机房。

分水器和集水器上均应装设温度计和压力表。分水器和集水器之间设置 $D159\times4.5$ 的连通管。在连通管上装有 $DN150$ 压差旁通阀组,同时装有带有 $DN150$ 旁通阀的旁通管和放水阀(图 8-84、图 8-85、图 8-90)。

在集水器上部最北侧连接一路通往膨胀水箱的膨胀管,该管路代号 P,从集水器接出后至标高 1.80 m 转弯从东向西、再向南,在靠近 E 轴线处登高至 2.60 m 从北向南出机房(图 8-85、图 8-90)。

冷却循环水管(用点画线表示)从机房南侧进入室内,管径 $D273\times7$,转弯后返低至 2.10 m,再向北至冷却水泵附近平开三通分东西两路。在东西向水平管上向下开两路三通,立管上设置蝶阀、压力表,转弯水平管上设放水阀和橡胶接头与冷却水泵进口相连接(图 8-85、图 8-89)。

冷却水泵出水管上设置 $DN250$ 止回阀、蝶阀、压力表和橡胶接头,管径 $D273\times7$,在标高 2.60 m 处两泵出水管合并为一根管道,从西向东转弯后向南,在冷水机组附近返低加装蝶阀、Y 型过滤器、压力表、温度计和橡胶接头后接入冷水机组(图 8-85、图 8-86、图 8-89)。冷却水泵出口至冷水机组进口管路上应装设 $DN250$ 电子水处理仪(图 8-84),但平、剖面图上未表示。

冷却水从冷水机组送出的管路上设置蝶阀、压力表、温度计、水流开关和橡胶接头后登高至标高 2.60 m,管径 $D273\times7$,由西向东转弯向南送出机房(图 8-85、图 8-87)。

小 结

本章着重介绍了室内采暖管道施工图、室外供热管道施工图、锅炉房管道施工图和空调制冷管道施工图的特点、表达方法、识读内容和注意事项。上述几类施工图是管道施工人员经常碰到的,只要掌握了课文所介绍的内容,就能顺利识读中等复杂程度的图纸。为了达到逐步熟练掌握这些施工图纸,在学习本章内容时,还要在下述几个方面着重理解和反复练习。

1. 必须弄清楚各管路系统的基本组成和图式。以便识读施工图时,能根据系统组成情况和常用图式较顺利地在复杂图纸中理出头绪。

2. 各种管路系统由于输送的介质不同,在管道布置和敷设方式上也不尽相同,同时各个系统又都有特殊的要求,如热水采暖系统要处理系统的排气问题,室外供热管道要设补偿器等。对这些特殊要求应很好掌握,以给识图带来方便。

3. 掌握各种管路系统的工作原理,是识读系统流程图的首要条件。按照系统工作原理和工艺流程顺序一步一步地识读施工图,是识图时较简便和有效的方法之一。如制冷系统管道施工图,识读时按照压缩—冷凝—节流—蒸发这个工作原理的顺序进行,就很容易识读。

4. 管路系统与建(构)筑物密切相关,在识读管道施工图时,必须先熟悉和了解建(构)筑物的特点和在图纸上的表示方法。

复 习 思 考 题

1. 热水采暖系统由哪几个部分组成?常见的系统图式有哪几种?其特点如何?
2. 室内采暖管道与散热器的连接在平面图和轴测系统图里如何表示?画图说明。
3. 试述室内采暖管道施工图识读的方法、内容和注意事项。
4. 室外供热管道的敷设形式有哪几种?其具体内容如何?
5. 室外供热管道的补偿器、排水和放气装置如何设置?在图纸上如何表示?
6. 试述室外供热管道施工图的种类、特点和识读的方法、内容以及注意事项。
7. 试述锅炉房内汽水管道的组成。
8. 试述钠离子交换软化系统的组成和运行工作步骤。
9. 试述锅炉房管道施工图识读的方法、内容和注意事项。
10. 试述蒸气压缩式制冷工作原理。
11. 用实例说明氨制冷系统的组成和工艺流程。
12. 试述空调制冷系统施工图识读的方法、内容和注意事项。
13. 空调冷冻水系统是如何划分的?各种系统的特点如何?

练 习 题

1. 试对某办公室采暖系统平面图和系统图进行识读。

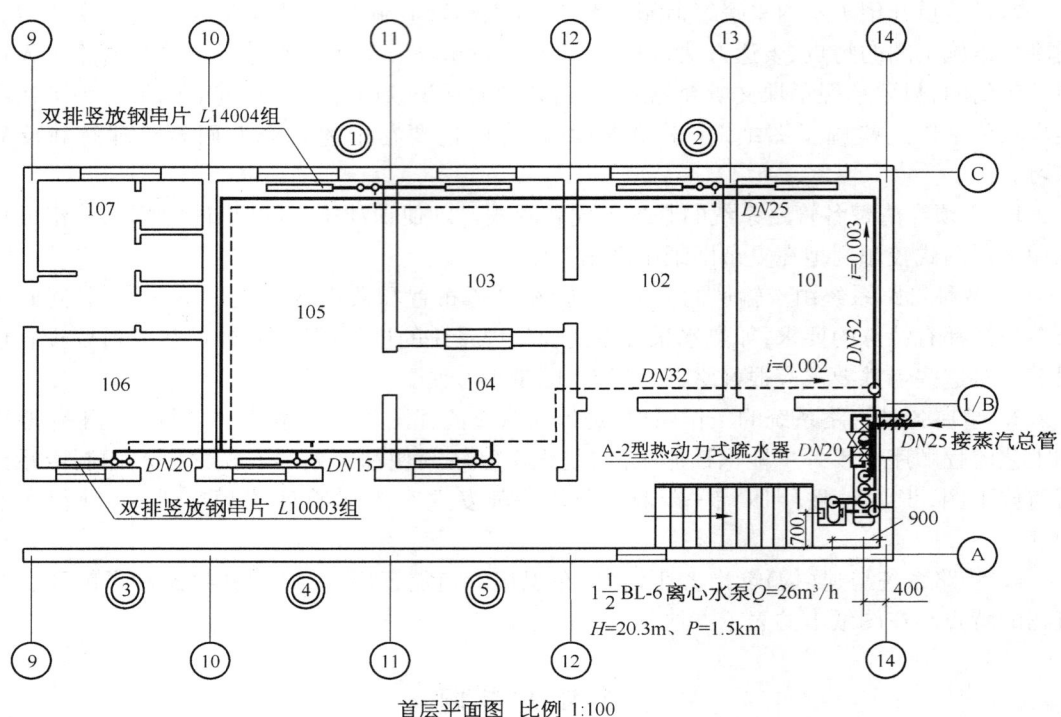

首层平面图 比例 1:100

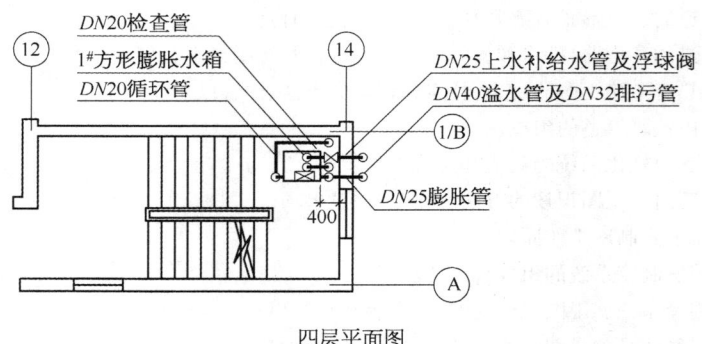

四层平面图

练习题

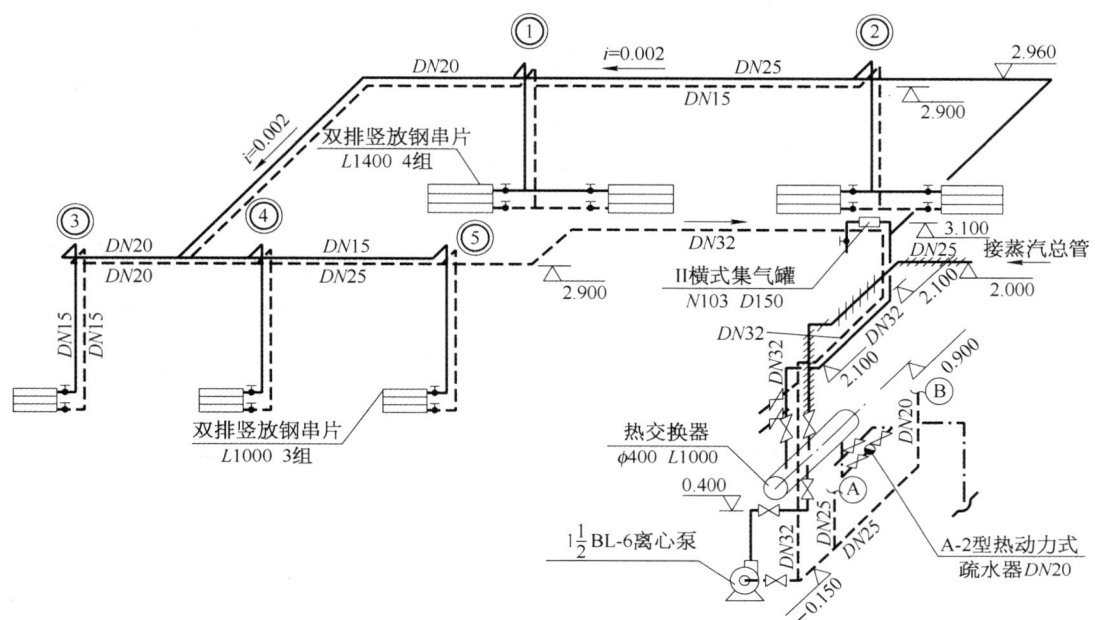

热水采暖系统图

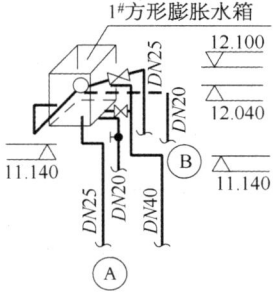

水箱系统图

2. 试对某办公楼采暖管道施工图进行识读。

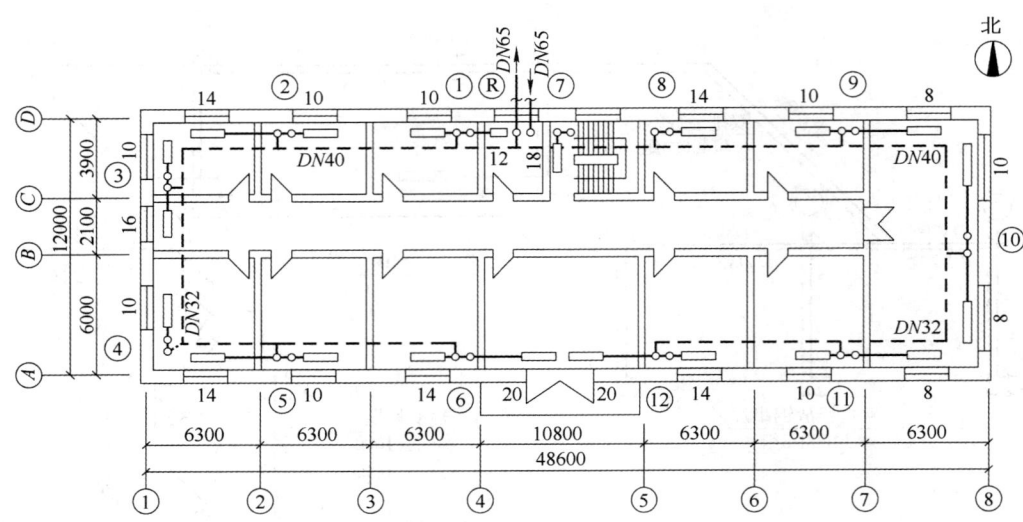

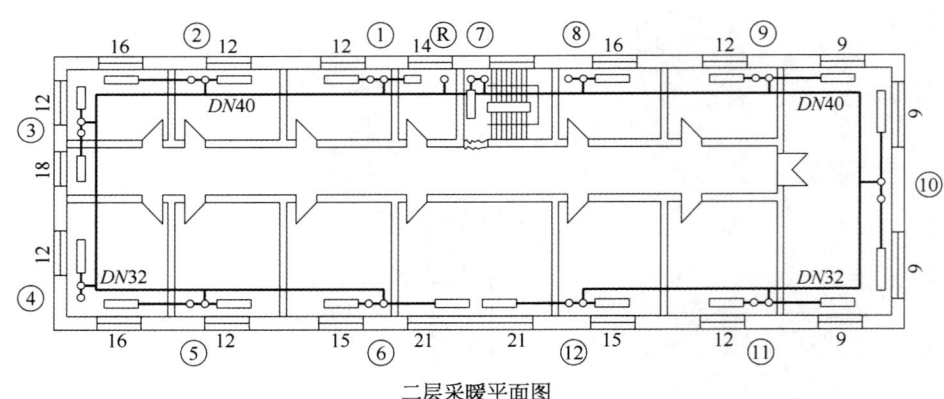

二层采暖平面图

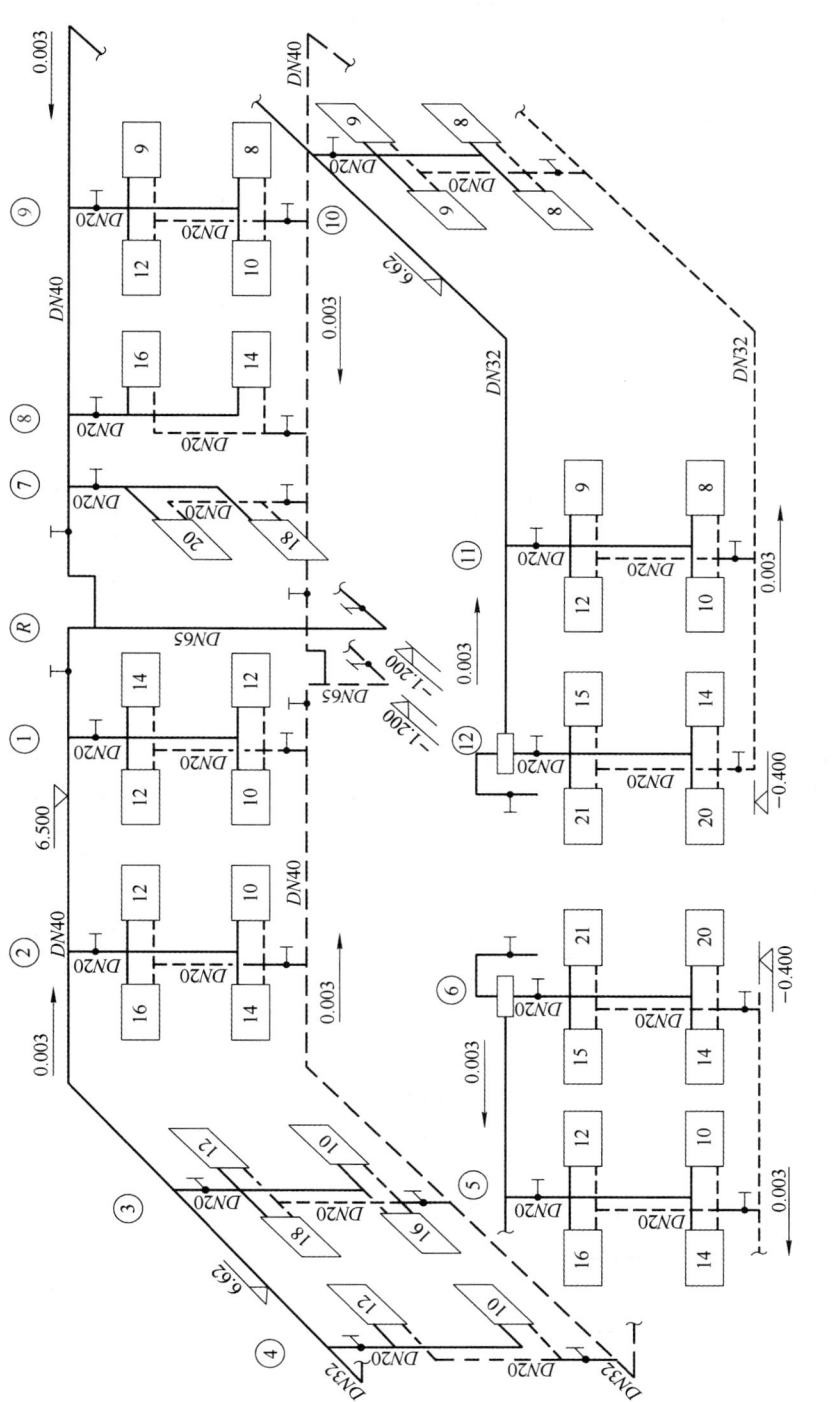

采暖系统图

3. 试对某锅炉房管道施工图进行识读。

锅炉房设备表

编号	名 称	编号	名 称
1	热水锅炉	12	盐液泵
2	炉排电机	13	软水箱
3	鼓风机	14	立式直通除污器
4	引风机	15	集水缸
5	除尘器	16	分水缸
6	螺旋除渣机	17	采暖变频调速稳压装置
7	上煤机	18	液压式水位控制阀
8	循环水泵	19	安全阀
9	补水泵	20	压力变送器
10	离子交换器	21	淋浴储水箱
11	盐液箱	22	淋浴加压泵

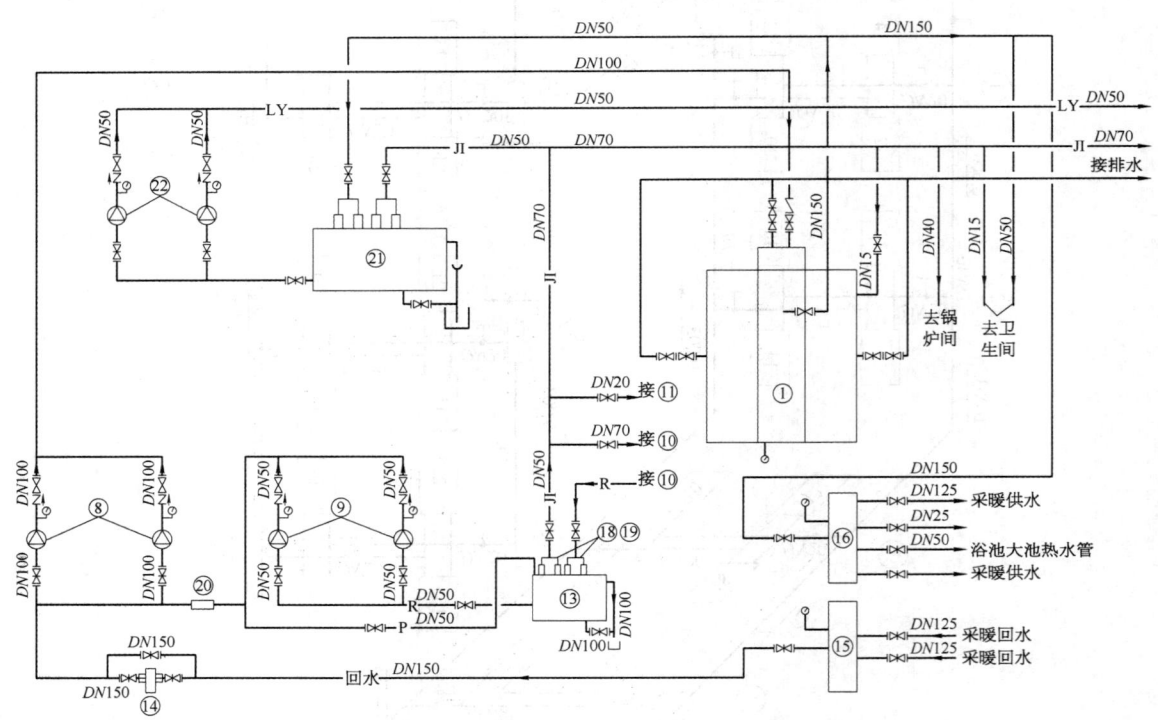

锅炉房管道流程图

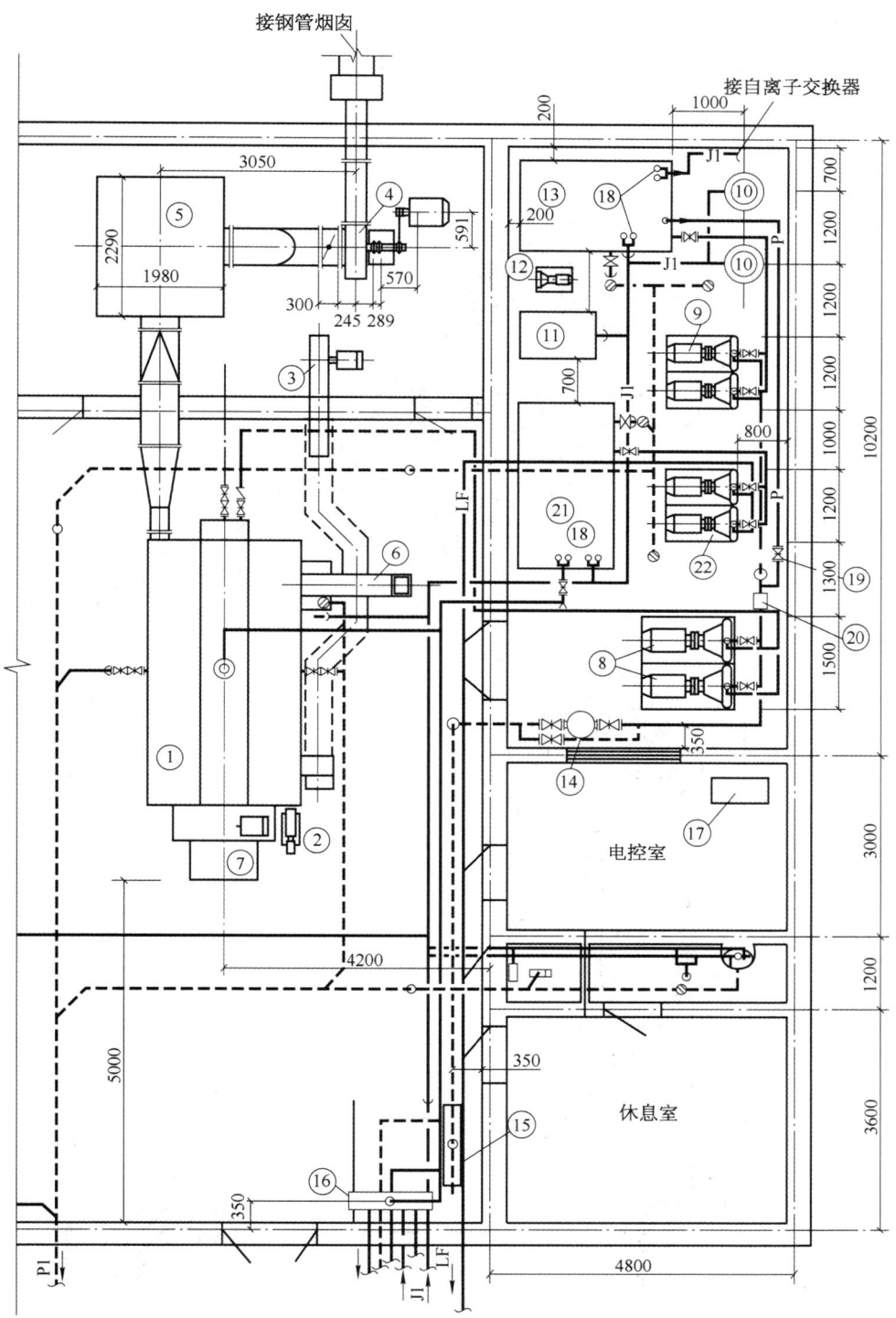

锅炉房设备、管道平面图

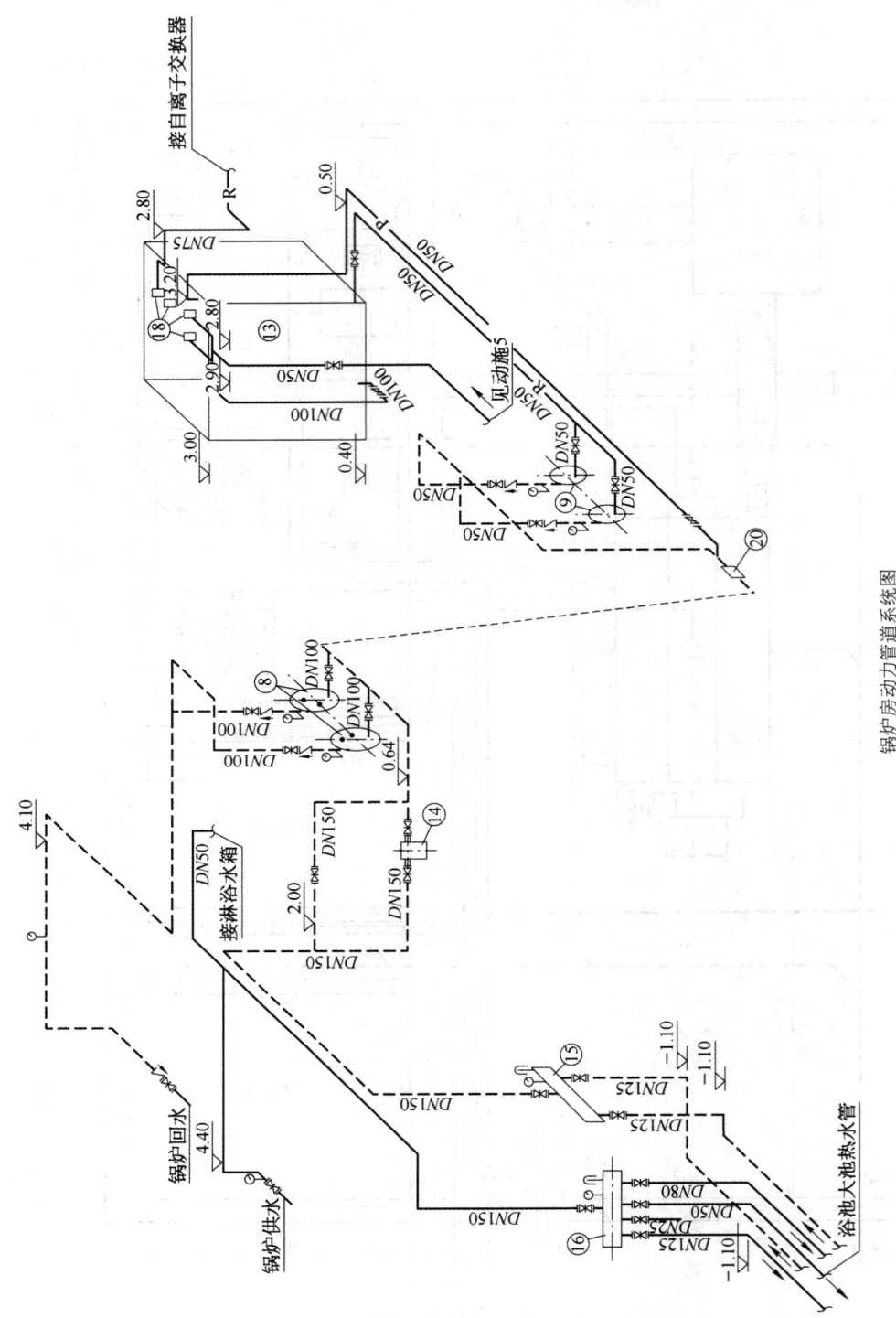

锅炉房动力管道系统图

4. 试对热交换系统管道施工图进行识读。

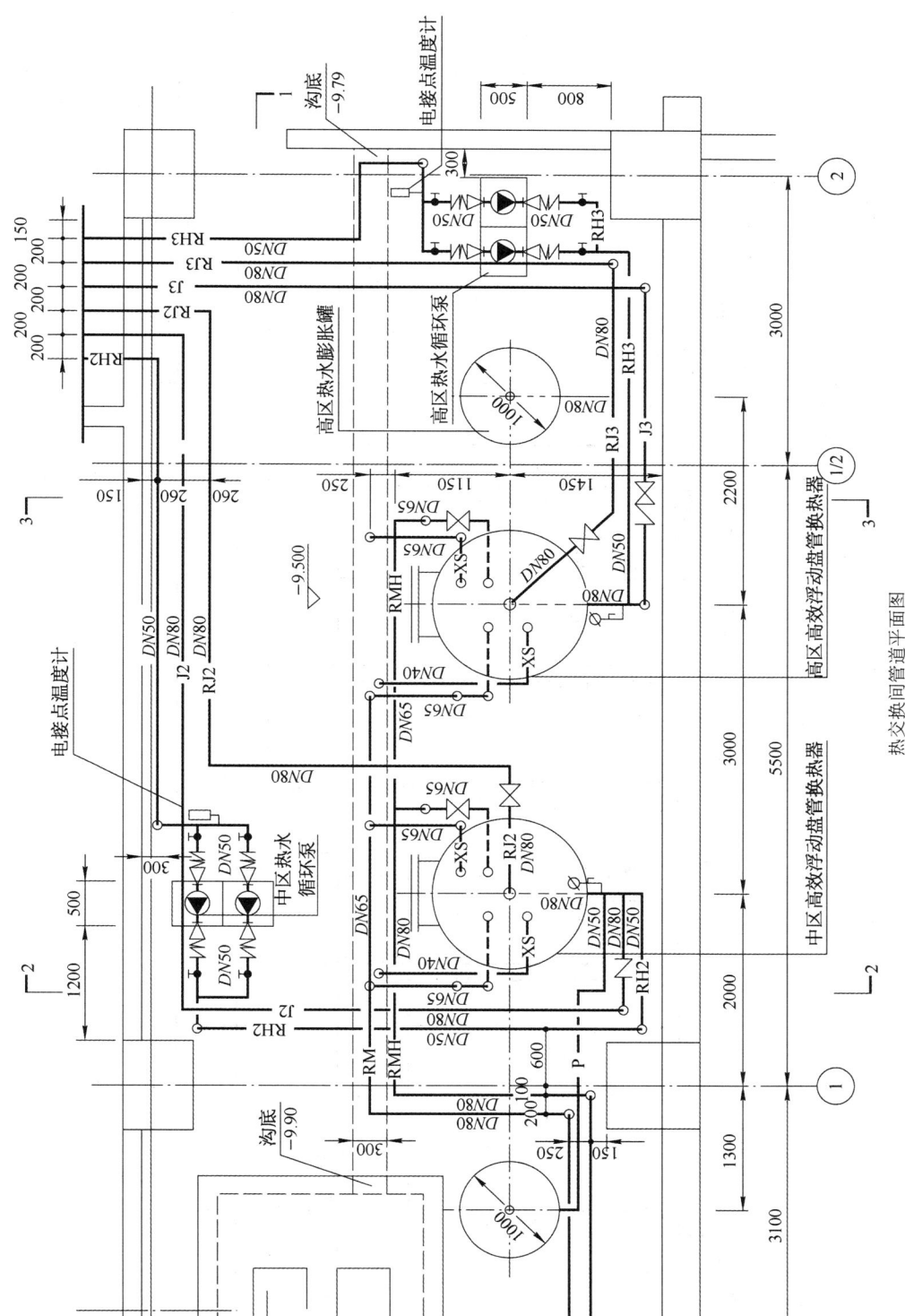

热交换间管道平面图

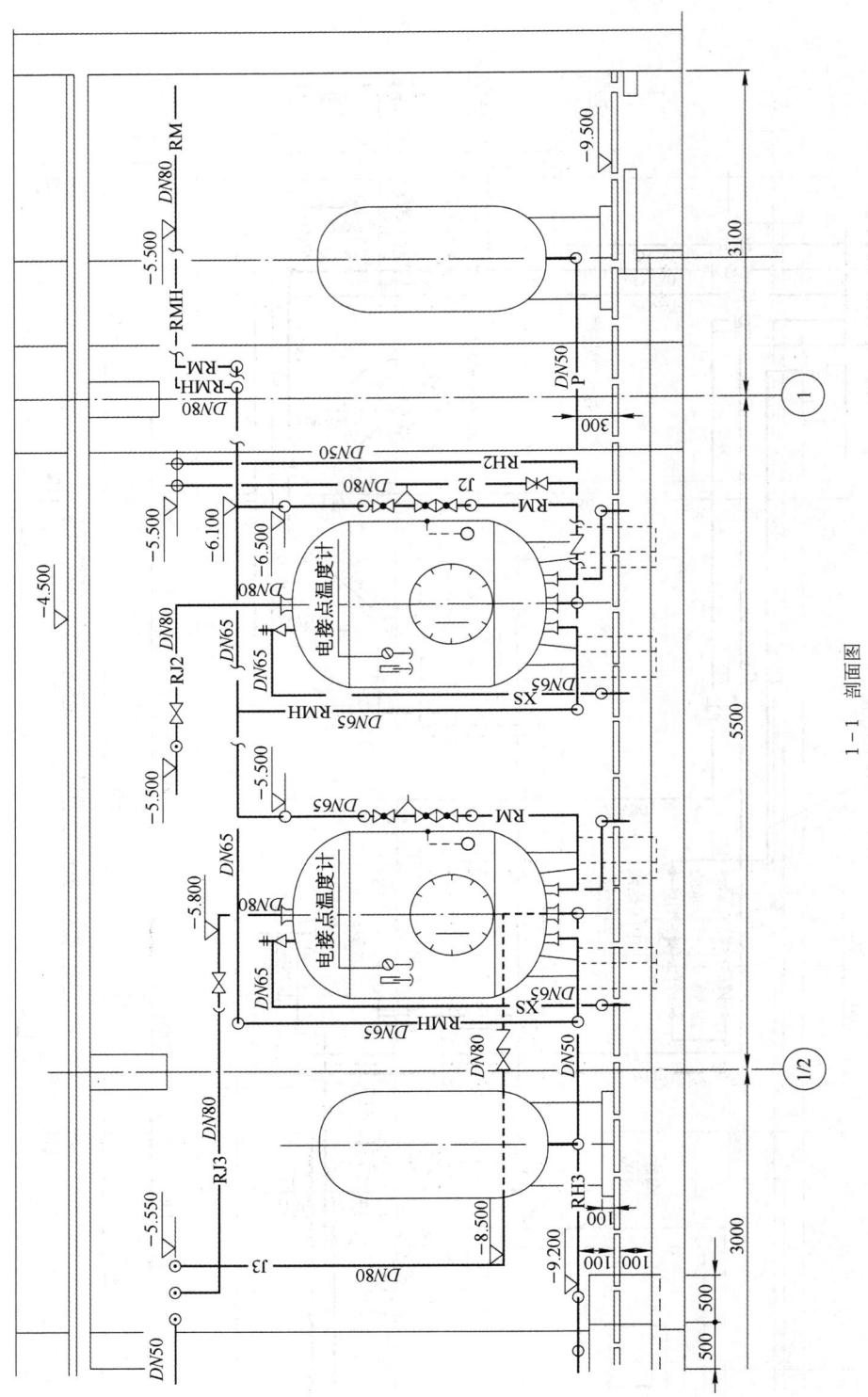

1—1 剖面图

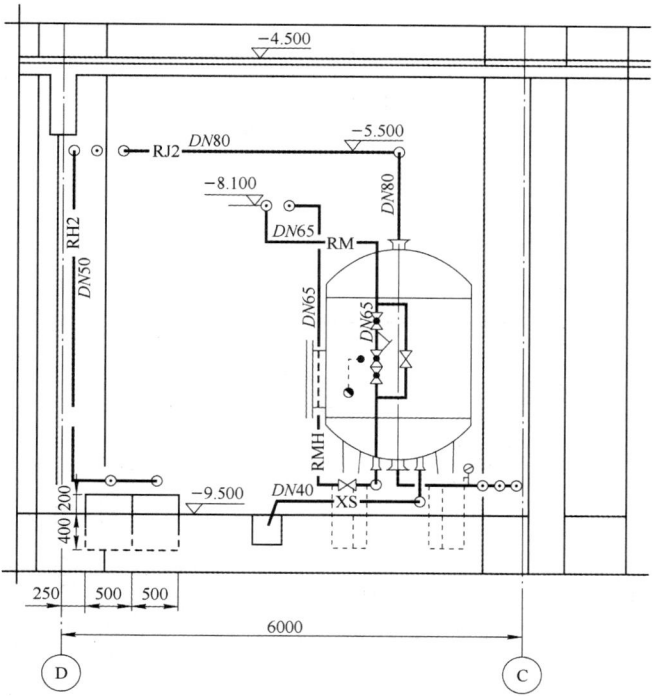

2-2 剖面图

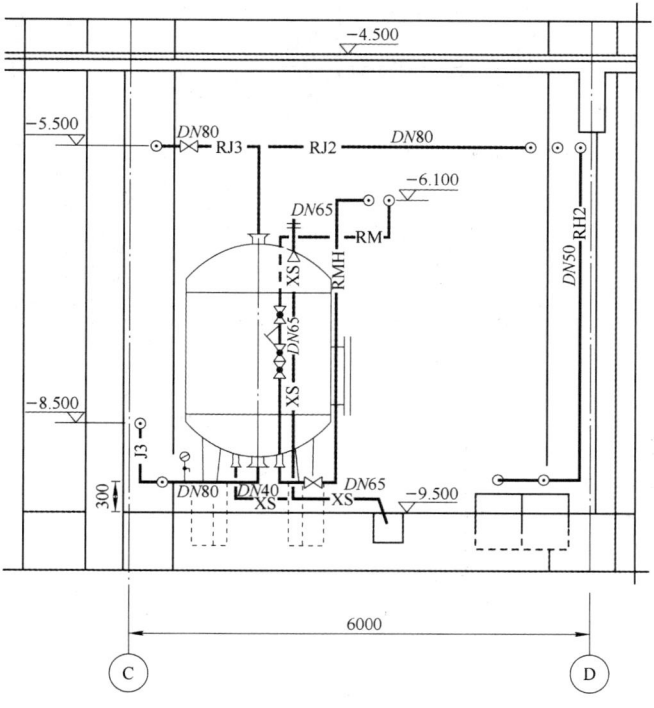

3-3 剖面图

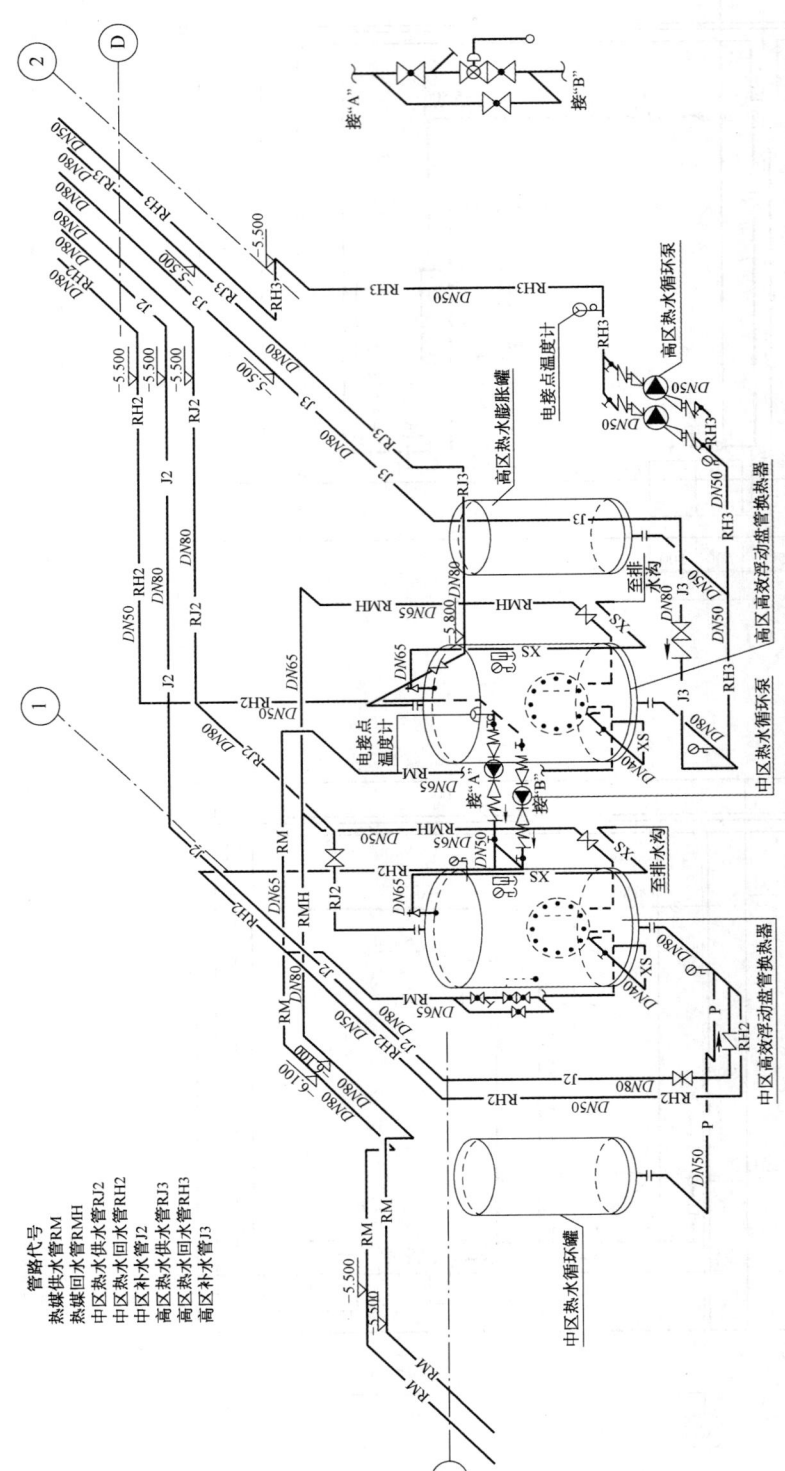

热交换系统轴测图

5. 试对氨制冷系统管道施工图进行识读。

设备表

编 号	名 称	编 号	名 称
1	氨压缩机	9	集油器
2	油分离器	10	冷冻水箱
3	立式冷凝器	11	搅水器
4	贮液器	12	冷冻水循环泵
5	蒸发器	13	空气分离器
6	氨液分离器	14	水桶
7	氨浮球调节阀	15	紧急泄氨器
8	过滤器		

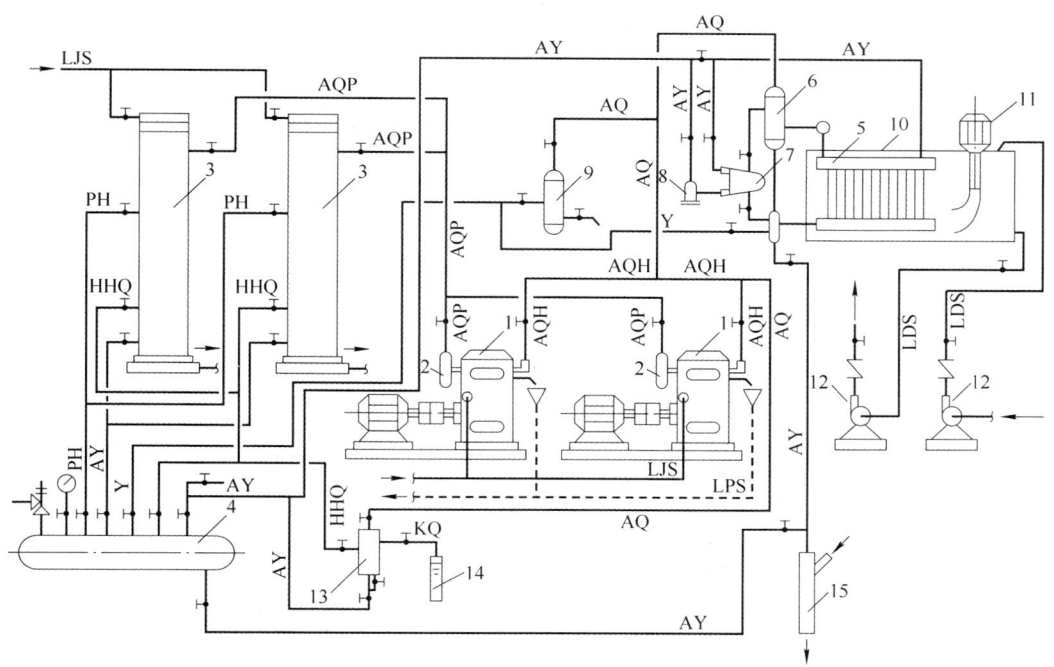

制冷系统流程图

管路代号
氨排气管 AQP
氨回气管 AQH
氨气管 AQ
氨液管 AY
平衡管 PH
混合气管 HHQ
油管 Y
安全放空管 PF
冷冻水管 LDS
冷却水进水管 LJS
冷却水排水管 LPS

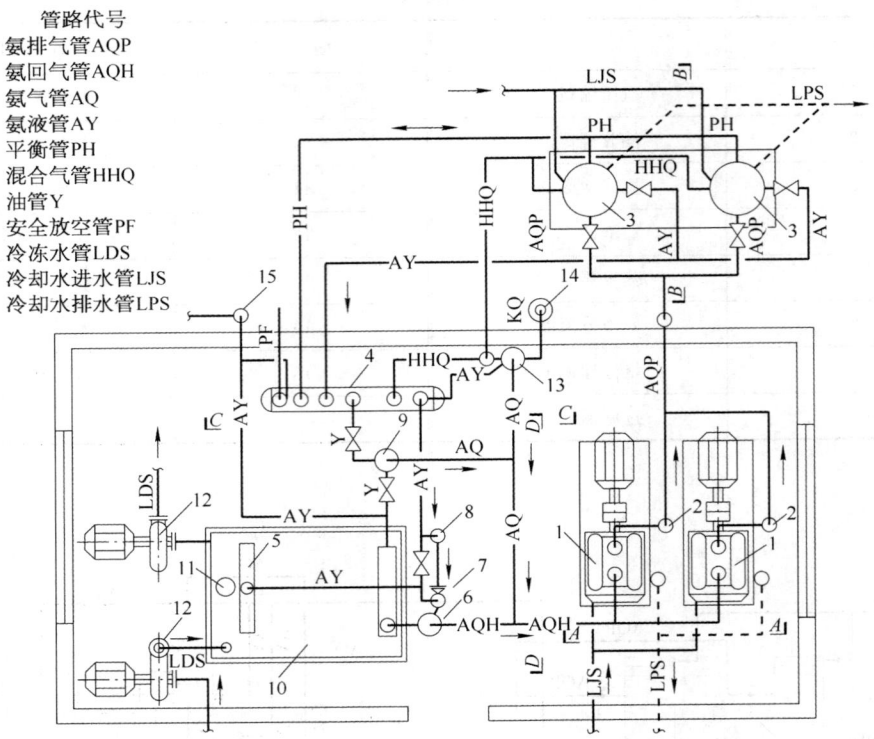

制冷机房管道平面图

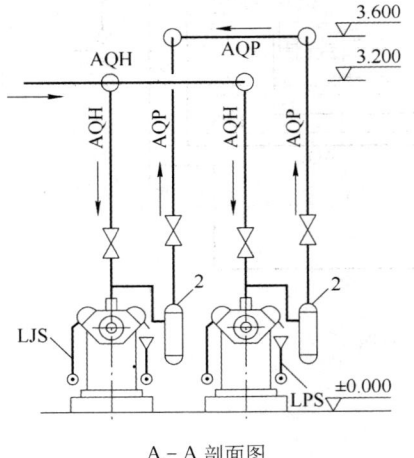

A-A 剖面图

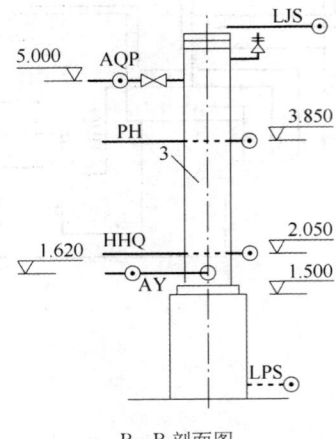

B-B 剖面图

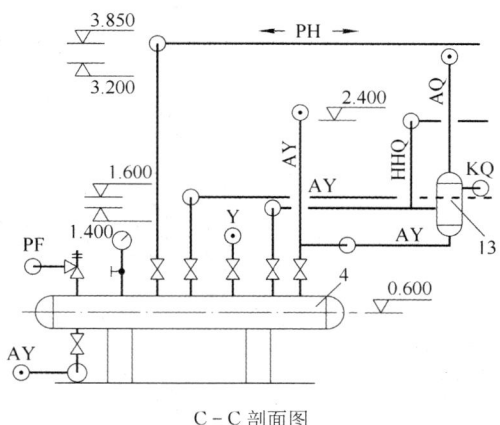

C—C 剖面图

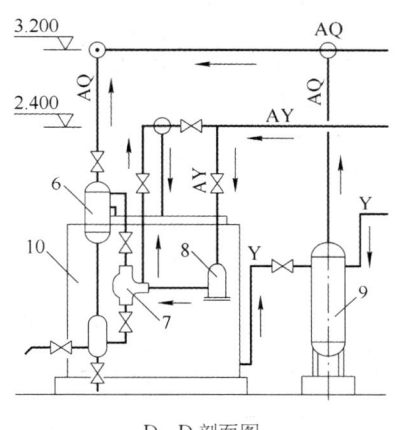

D—D 剖面图

6. 试对某小型冷库制冷管道平面图和系统轴测图进行识读。

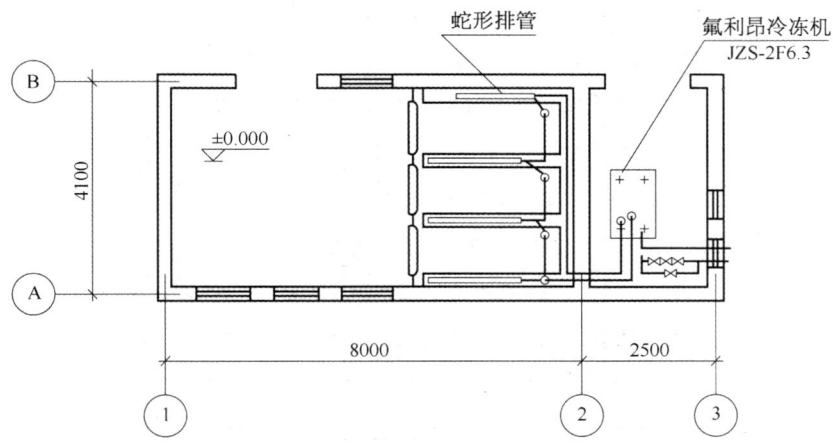

平面图

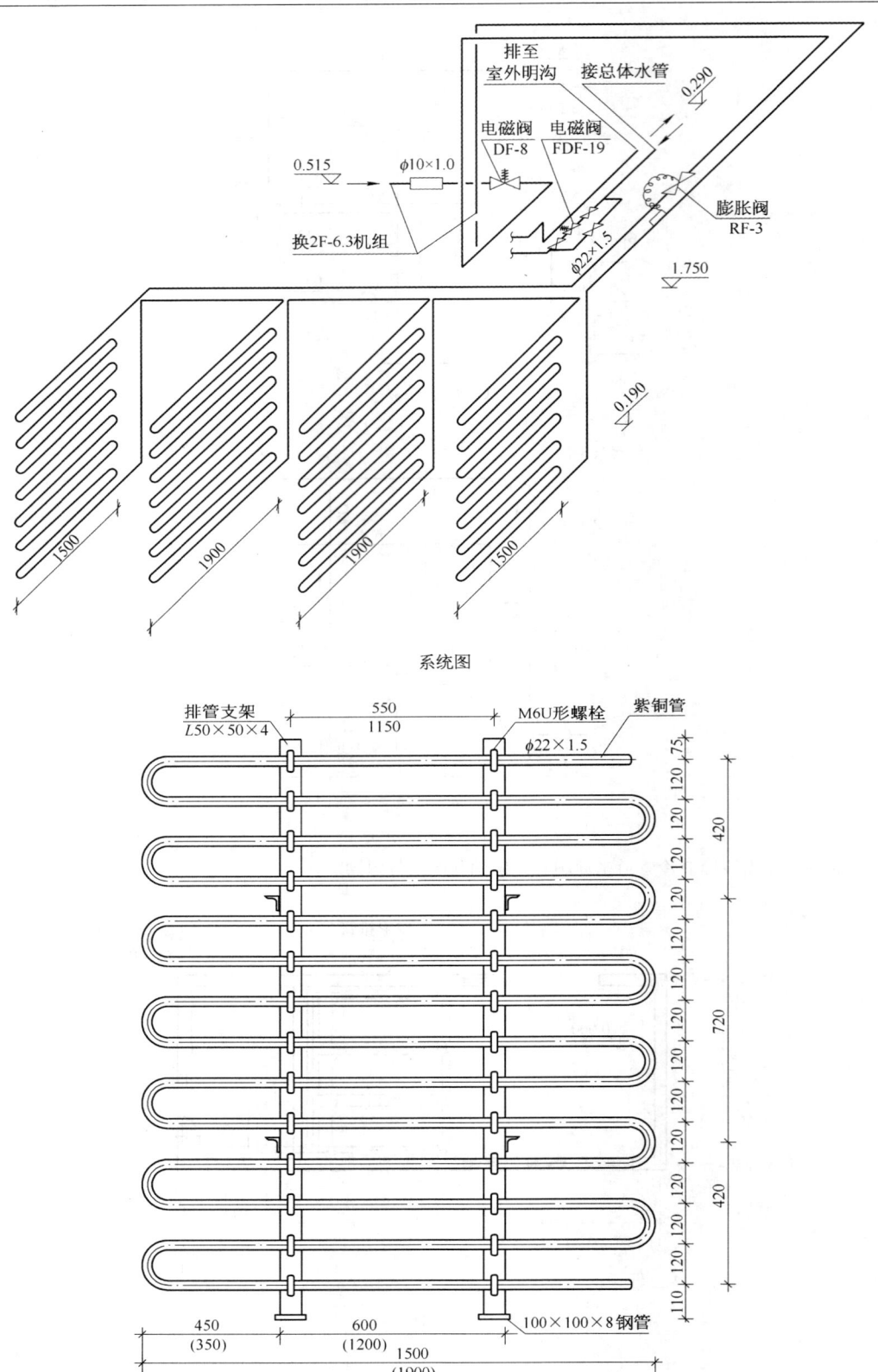

系统图

蒸发排管详图

7. 试对某商场制冷机房改建工程管道施工图进行识读。

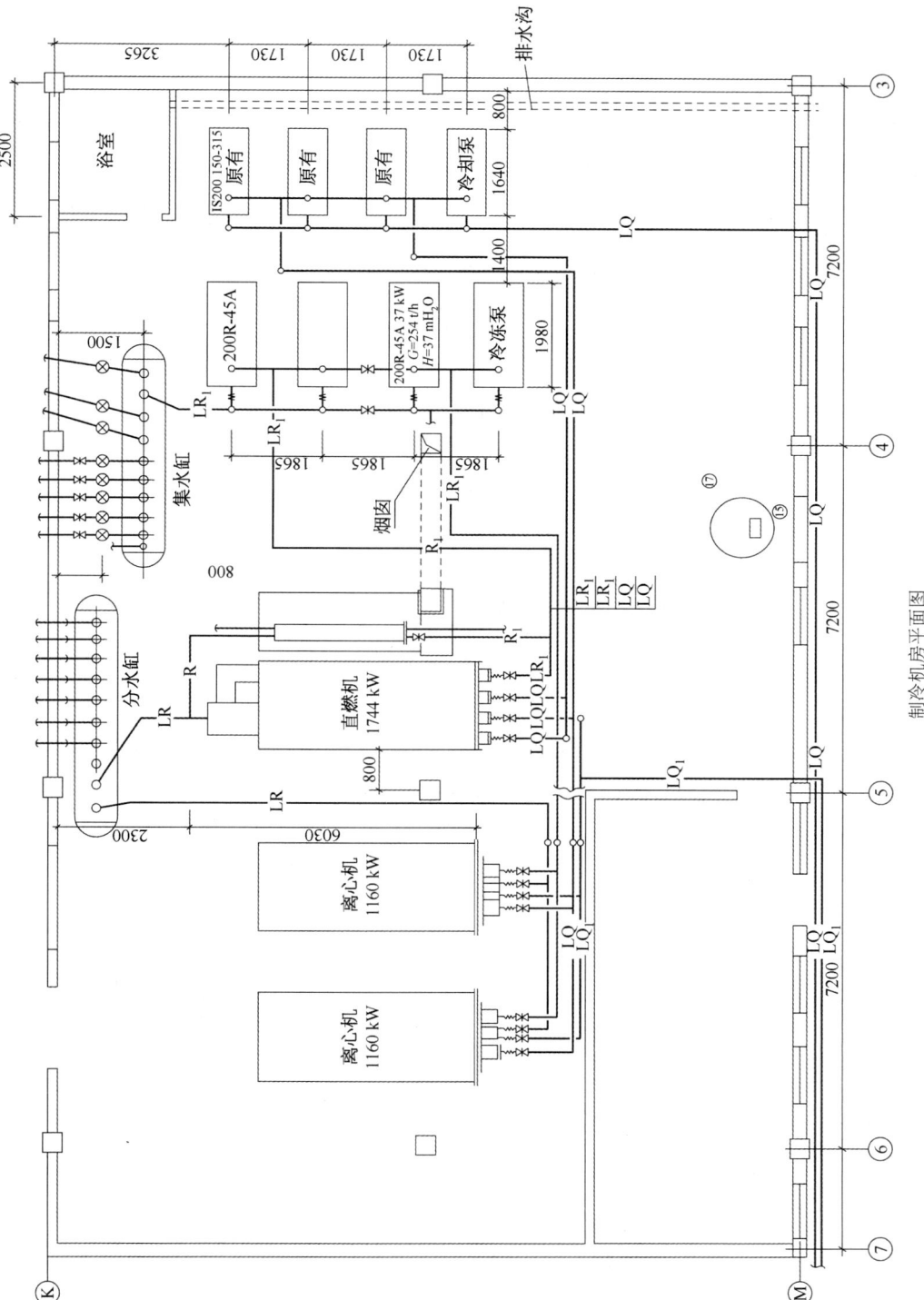

制冷机房平面图

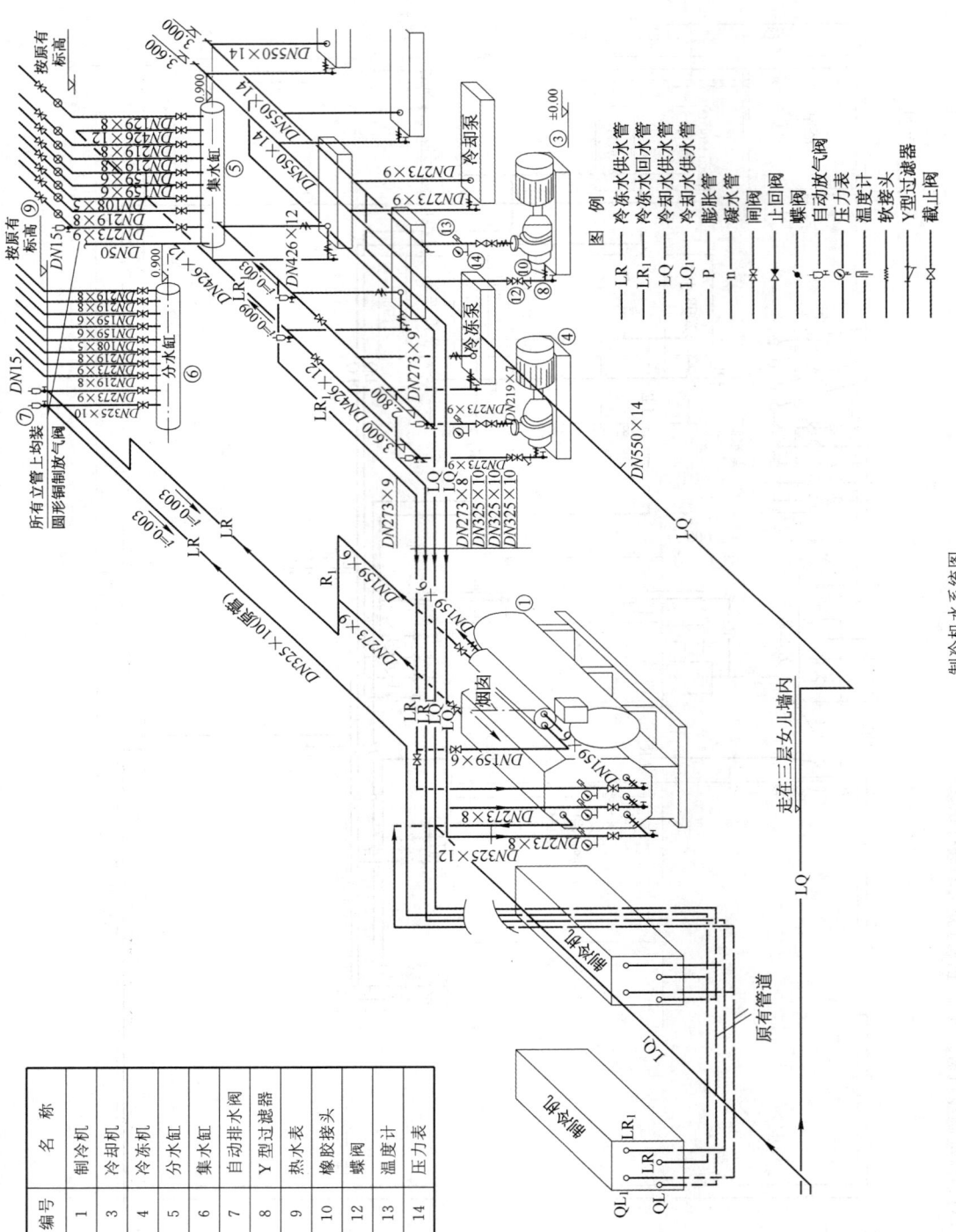

制冷机水系统图

第九章　化工工艺管道施工图

在化工、石油、制药等行业中,按生产工艺流程的要求,用管道把单个机械设备或装置连接成完整的生产工艺系统,通过一系列的化学反应使原料变为人们需要的产品,这类表达化工生产过程与联系的图样称为化工工艺管道图,它包括工艺流程图、设备布置图和管路布置图。

化工工艺图的制图标准有两大类,一类是在国内使用的《化工工艺设计施工图内容和深度统一规定》(HG 20519),另一类是为推动国际通用设计体制和方法而编制的《管道仪表流程图设计规定》(HG 20559)、《化工装置设备布置设计规定》(HG 20546)及《化工装置管道布置设计规定》(HG/T 20549)等标准,识读化工工艺管道施工图时要注意设计选用的不同标准。

第一节　化工工艺流程图

化工工艺流程图是用来表达化工生产工艺流程的,主要包括工艺方案流程图、物料流程图和管道仪表流程图。

管道仪表流程图也称为带控制点工艺流程图或施工流程图,它是在方案流程图的基础上绘制的,管道仪表流程图把生产中涉及的所有设备、管道、阀门、管路附件及各种仪表控制点等都画出来。管道仪表流程图按管道中的物料类别不同,通常分为工艺管道仪表流程图(简称工艺PI图或PID图)、辅助物料和公用物料管道仪表流程图(简称公用物料系统流程图)两类。

一、管道仪表流程图的作用及内容

管道仪表流程图是一种示意性展开图,通常以工艺装置的主项(工段或工序)为单元绘制,也可以装置为单元绘制。按工艺流程次序把设备、管道自左至右展开画在同一平面上,管道仪表流程图的主要内容有:

(1) 设备示意图:用规定的图形符号和文字表示的带接口的设备、机械。

(2) 管道流程线:带阀门、管件和仪表控制点(测温、测压、测流量及分析点等)的管道流程线,并注写管道代号。

(3) 对阀门等管件和仪表控制点的图例符号的说明及标题栏等。

二、管道仪表流程图的表示方法

1. 设备的画法及标注

1) 设备的画法

用细实线画出能反映设备大致轮廓的示意图,一般不按比例,但要保持它们的相对大小及位置高低。常用设备的画法见表9-1。设备上重要接管口的位置,应大致符合实际情况,两个及两个以上相同设备一般应全部画出。

表 9-1　管道仪表流程图中常用设备、机器图例(摘自 HG 20519.31)

设备类型	代号	图例	设备类型	代号	图例
塔	T	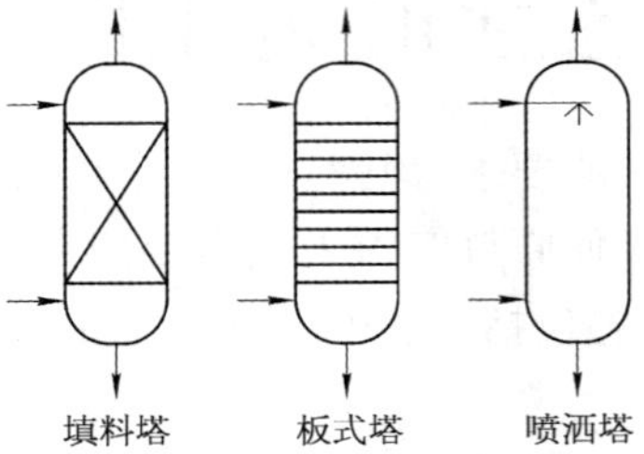 填料塔　板式塔　喷洒塔	工业炉	F	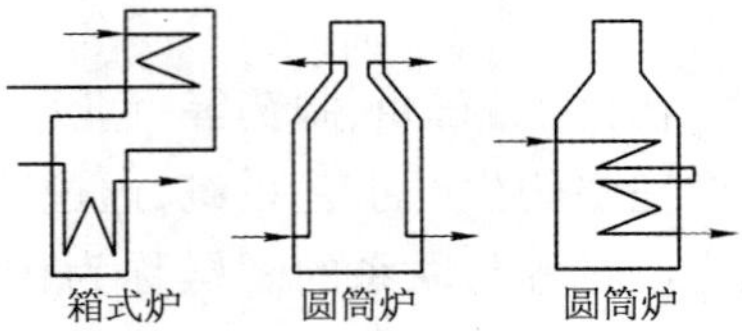 箱式炉　圆筒炉　圆筒炉
反应器	R	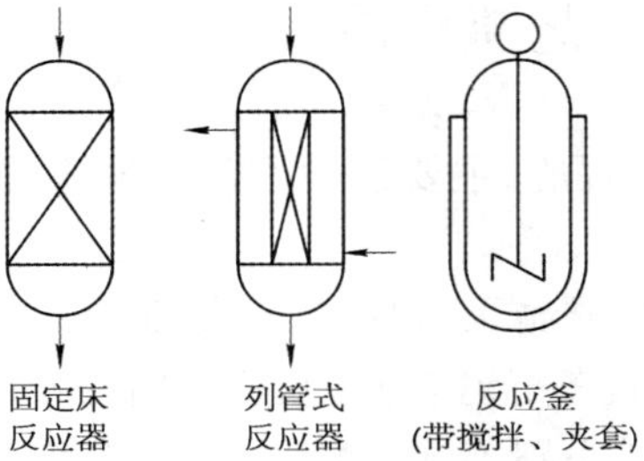 固定床反应器　列管式反应器　反应釜(带搅拌、夹套)	换热器	E	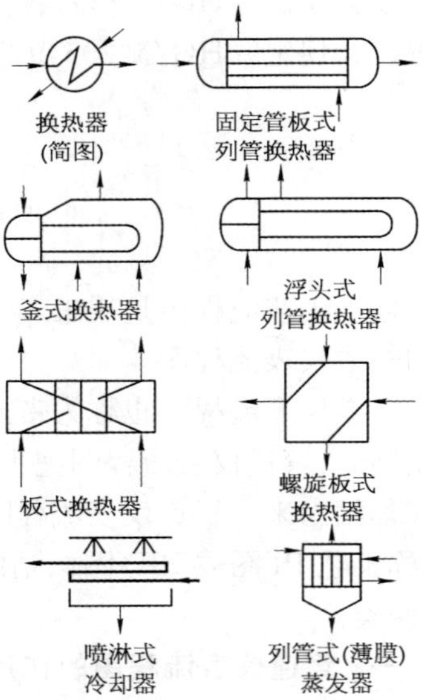 换热器(简图)　固定管板式列管换热器　釜式换热器　浮头式列管换热器　板式换热器　螺旋板式换热器　喷淋式冷却器　列管式(薄膜)蒸发器
容器	V	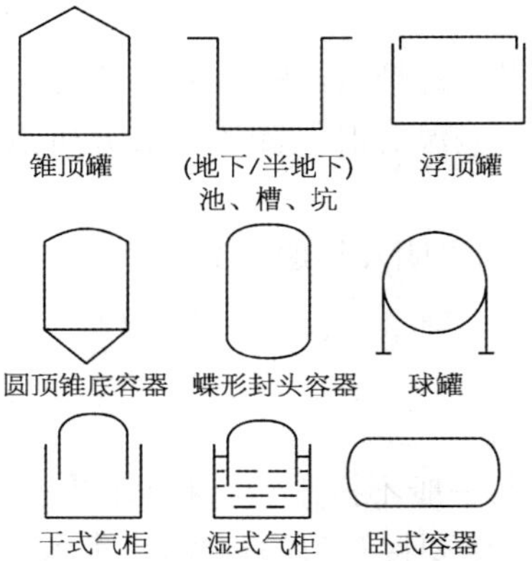 锥顶罐　(地下/半地下)池、槽、坑　浮顶罐　圆顶锥底容器　蝶形封头容器　球罐　干式气柜　湿式气柜　卧式容器	泵	P	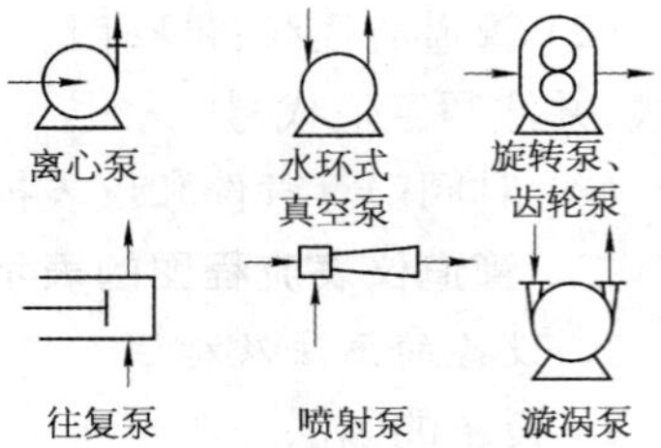 离心泵　水环式真空泵　旋转泵、齿轮泵　往复泵　喷射泵　漩涡泵

(续表)

设备类型	代号	图例	设备类型	代号	图例
压缩机	C	鼓风机　(卧式)　(立式) 旋转式压缩机 离心式压缩机　往复式压缩机	火炬烟囱	S	烟囱　火炬

注：HG 20559 规定的设备类别代号见附表 9-1。

2) 设备的标注

将设备的名称和位号，在流程图上方或下方靠近设备的位置排成一行，并在设备图中注写其位号。

设备位号及名称的注写方法如图 9-1 所示，在水平粗实线的上方注写设备位号，下方注写设备名称。设备位号由设备类别号(见表 9-1 及附表 9-1)、车间或工段号、设备顺序号及相同设备数量尾号等组成。车间或工段号采用两位数字，从 01 开始，最大 99；设备顺序号按同类设备在工艺流程中流向的先后顺序编制，采用两位数字，从 01 开始，最大 99；两台或两台以上相同设备并联时，它们位号前三位完全相同，用不同的数字尾号予以区别，按数量和排列顺序以大写英文字母作为每台设备的尾号。

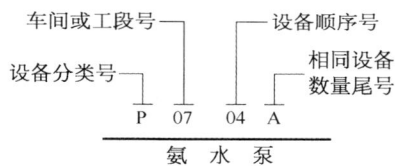

图 9-1　设备位号及名称的标注

2. 流程线的画法及标注

1) 流程线的画法

在管道仪表流程图中，应画出所有管路，即各种物料的流程线，不同用途的管道用不同的图线表示，见表 9-2。

表 9-2　流程图中管道的画法(摘自 HG 20519.32)

名称	图例	备注	名称	图例	备注
主要物料管道	———————	粗实线	伴热(冷)管道	-------	
主要物料埋地管道	- - - - - - -	粗虚线	电伴热管线	～～～～	
辅助物料管道	———————	中粗线	保温管	▨▨▨	
引线、设备、管件、阀门、仪表等图例	———————	细实线	管道相连	┼	
原有管道	———————	管线宽度与其相接的新管线宽度相同	柔性管	∧∨∧∨∧	

管道流程线要用水平线和垂直线表示(不用斜线),发生交叉时,应将一线断开或绕弯通过,管道转弯处一般画成直角,管道流程线上应用箭头表示物料流向。

装置内各流程图之间相衔接的管道,用图纸接续标志来标明,标志内注明与该管道接续图号,接续标志旁的连接管线上(下)方,注明来自(或去)的设备位号或管道号。如图9-2所示。进出界区(装置)的管道要用管道的界区标志来标明,在标志连接管线上(下)方标明来自(或去)的装置名称(或外管、桶、槽车等)和接续界区的图号,如图9-3所示。

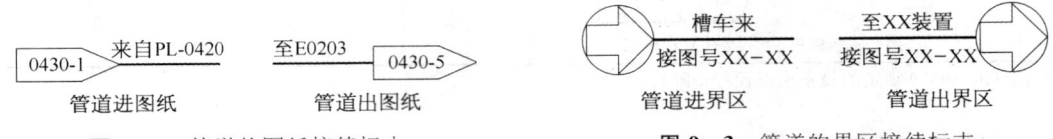

图9-2 管道的图纸接续标志   **图9-3** 管道的界区接续标志

2)流程线的标注

在流程图中的每条管道都要标注管道代号。横向管道的管道代号注写在管道线上方,竖向管道则注写在管道线左侧,字头向左。管道代号主要包括物料代号、工段号、管道序号、管道外径、壁厚和管道材料等,其格式如图9-4a所示;对于有隔热(或隔声)要求的管道,将隔热(或隔声)代号注写在管径代号之后,其格式如图9-4b所示。在管道代号中的物料代号见表9-3及附表9-2。在管道等级代号中管道材质类别见表9-4;管道公称压力等级见表9-5。管道隔热及隔声代号见表9-6。

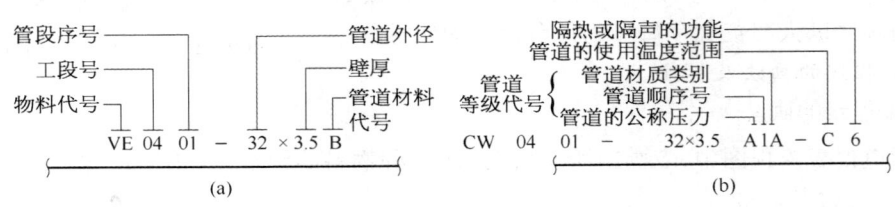

图9-4 管道代号表示方法

表9-3 物料名称及代号(摘自 HG 20519.36)

物料名称	代号	物料名称	代号	物料名称	代号	物料名称	代号
工艺空气	PA	高压过热蒸汽	HUS	消防水	FW	液氨	AL
工艺气体	PG	中压过热蒸汽	MUS	真空排放气	VE	氨水	AW
工艺液体	PL	蒸汽冷凝水	SC	化学污水	CSW	合成气	SG
工艺固体	PS	冷冻盐水上水	RWS	生产废水	WW	空气	AR
工艺水	PW	冷冻盐水回水	RWR	燃料气	FG	软水	SW
锅炉给水	BW	原水、新鲜水	RW	天然气	NG	尾气	TG
压缩空气	CA	循环冷却水回水	CWR	润滑油	LO	放空	VT
仪表空气	IA	循环冷却水上水	CWS	密封油	SO	气氨	AG
伴热蒸汽	TS	饮用水、生活用水	DW	惰性气	IG	泥浆	SL

注:HG 20559规定的物料代号及管道仪表流程图的缩写见附表9-2和附表9-3。

表 9-4 管道材质类别(摘自 HG 20519.38)

材料类别	铸铁	碳钢	普通低合金钢	合金钢	不锈钢	有色金属	非金属	衬里及内防腐
代号	A	B	C	D	E	F	G	H

表 9-5 管道公称压力等级(摘自 HG 20519.38)

压力等级(用于 ANSI 标准)				压力等级(用于国内标准)					
代号	公称压力/LB	代号	公称压力/LB	代号	公称压力/MPa	代号	公称压力/MPa	代号	公称压力/MPa
A	150	E	900	L	1.0	Q	6.4	U	22.0
B	300	F	1 500	M	1.6	R	10.0	V	25.0
C	400	G	2 500	N	2.5	S	16.0	W	32.0
D	600			P	4.0	T	20.0		

表 9-6 隔热及隔声代号(摘自 HG 20519.30)

代号	功能类别	备注	代号	功能类别	备注
H	保温	采用保温材料	S	蒸汽伴热	采用蒸汽伴管和保温材料
C	保冷	采用保冷材料	W	热水伴热	采用热水伴管和保温材料
P	人体防护	采用保温材料	O	热油伴热	采用热油伴管和保温材料
D	防结露	采用保冷材料	J	夹套伴热	采用夹管套和保温材料
E	电伴热	采用电热带和保温材料	N	隔声	采用隔声材料

3. 阀门和管件的画法及标注

在流程图中,管道上所有阀门和管件,用细实线按规定图形符号在相应的位置画出。常用阀门的图形符号见表 9-7,其他管件的图例见表 9-8。

表 9-7 常用阀门的图形符号(摘自 HG 20519.32)

名称	符号	名称	符号	名称	符号
闸阀		隔膜阀		疏水阀	
截止阀		升降式止回阀		底阀	
节流阀		旋启式止回阀	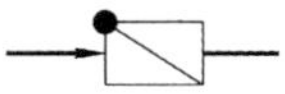	呼吸阀	
球阀		蝶阀	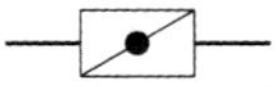	阻火器	
旋塞阀		减压阀	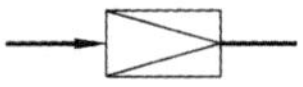	爆破片	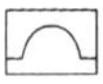
角式截止阀	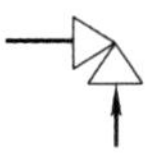	三通截止阀	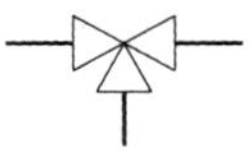	角式弹簧安全阀	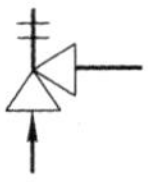
角式球阀		四通球阀	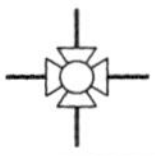	角式重锤安全阀	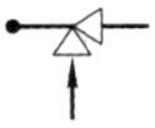

表 9-8 管件的图例（摘自 HG 20519.32）

名称	符号	名称	符号	名称	符号
管帽		管端法兰(盖)		管端盲板	
螺纹管帽		法兰连接		软管接头	
同心异径管		偏心异径管	底平 / 顶平	8字盲板	正常开启 / 正常关闭

管道上的阀门、管件应按需进行标注。当它们的公称直径同所在管道通径不同时，要注出它们的尺寸。当阀门两端的管道等级不同时，应标出管道等级的分界线。阀门的等级应满足高等级管道的要求，对于异径管须标注大端公称通径乘以小端公称通径。

4. 仪表控制点的画法及标注

1) 仪表控制点的画法

仪表在管道设备上的安装位置，用细实线表示的图形符号画出，见表 9-9。

表 9-9 仪表安装位置的图形符号

安装位置	图形符号	安装位置	图形符号
就地安装仪表	○	就地仪表盘后面安装仪表	
集中仪表盘面安装仪表		集中仪表盘后面安装仪表	
就地仪表盘面安装仪表		就地安装仪表（嵌在管道中）	

2) 仪表控制点的标注

在流程图上要画出所有与工艺有关的检测仪表、调节控制系统、分析取样点和取样阀（组），这些仪表控制点的标注包括图形符号和仪表位号，它们组合起来表达工业仪表所处理的被测变量和功能，或表示仪表、设备、元件、管线的名称。

检测、显示与控制等仪表的图形是一个细实线圆圈，其直径约为 10 mm，圆圈外一条细实线指向工艺管道或设备轮廓线上的检测点，如图 9-5 所示。

在检测系统中，构成一个回路的每个仪表（或元件）都有自己的仪表位号。仪表位号由字母代号组合和阿拉伯数字编号组成。其中第一位字母表示被测变量，后续字母表示仪表的功能，数字编号表示工段号和回路顺序号，一般用三位或四位数字表示，如图 9-6 所示。

仪表位号的标注方法是把字母代号填写在圆圈的上半圆中，数字编号填写在圆圈的下半圆中，如图 9-7 所示。

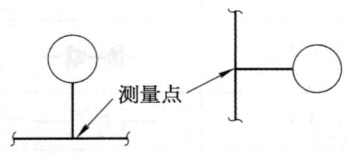

图 9-5 仪表的图形符号

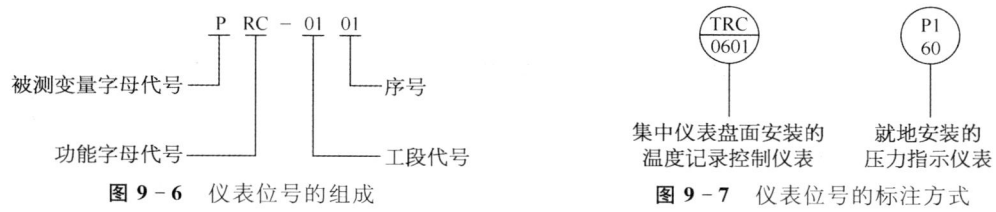

图 9-6 仪表位号的组成　　　图 9-7 仪表位号的标注方式

三、管道仪表流程图的识读

管道仪表流程图是设计绘制设备和管道布置图的基础,又是管道仪表施工安装的依据,因此读懂管道仪表流程图很重要。管道仪表流程图中给出了物料的工艺流程,以及为实现这一工艺流程所需设备的数量、名称、位号,管道的编号、规格以及阀门和控制点的部位、名称等。阅读管道仪表流程图的任务就是要把图中给出的这些信息完全搞清楚,以便为识读管道布置图和管道、仪表安装打下基础。

1. 管道仪表流程图的识读方法

管道仪表流程图识读的一般方法、内容和步骤如下。

(1) 看标题栏和图例说明。了解所识读的图样的名称、各种图形符号和文字代号的含意,以及管道的标注等;

(2) 查明系统中设备情况。了解设备的名称、数量、位号,必要时进一步了解设备的型号、参数、材质,还要搞清与管路的连接情况;

(3) 了解管道物料的流程。对不同的物料要弄清楚其来龙去脉,通过查看管道代号了解输送的物料、管段编号及管道规格等;

(4) 了解仪表控制点的情况。查明仪表控制点的分布状况、仪表的种类、安装地点等;

(5) 还要查看阀门及管件设置情况。了解阀门的种类、型号、规格以及特殊管件的分布等。

2. 识读举例

【例1】 试对某工段管道仪表流程图进行识读。

图 9-8 是某物料残液蒸馏处理系统的管道仪表流程图,先对图面大致察看,有一个初步了解再仔细阅读。

1) 看标题栏和图例说明

了解到图样的名称、各种图例及代号的意义及管道标注等。

2) 查明系统中设备情况

该系统共有四台设备,其中一台蒸馏釜 R0401,一台冷凝器 E0401,两台真空受槽 V0408A、B。

3) 了解主要物料的工艺施工流程线

由图 9-8 可知,在该物料残液蒸馏处理系统中,物料残液从贮残槽 V0406 沿 PL0401-ϕ57×3.5B 管路进入蒸馏釜 R0401,通过夹套内蒸汽加热,使物料蒸发成为蒸汽。为了提高效率,蒸馏釜内装有搅拌装置;为了控制温度,釜上装有温度指示仪表 TI0401。釜中产生的蒸汽沿 PG0401-ϕ57×3.5B 管路进入冷凝器 E0401 冷凝为液体,液态物料沿 PL0402-ϕ32×3.5B 管路进入真空受槽 V0408B 中(此时真空受槽 V0408A 物料入口阀门关闭),然后通过 PL0403-ϕ32×3.5B 管路到物料贮槽 V0409 中。本系统为间断操作,蒸馏釜中蒸馏后留下的物料残渣加水(水由 CW0401-ϕ57×3.5 管路进入)稀释后,在蒸馏釜中生成蒸汽,进入冷凝器 E0401,冷凝后的物料经真空受槽 V0408A,进入物料贮槽 V0410。

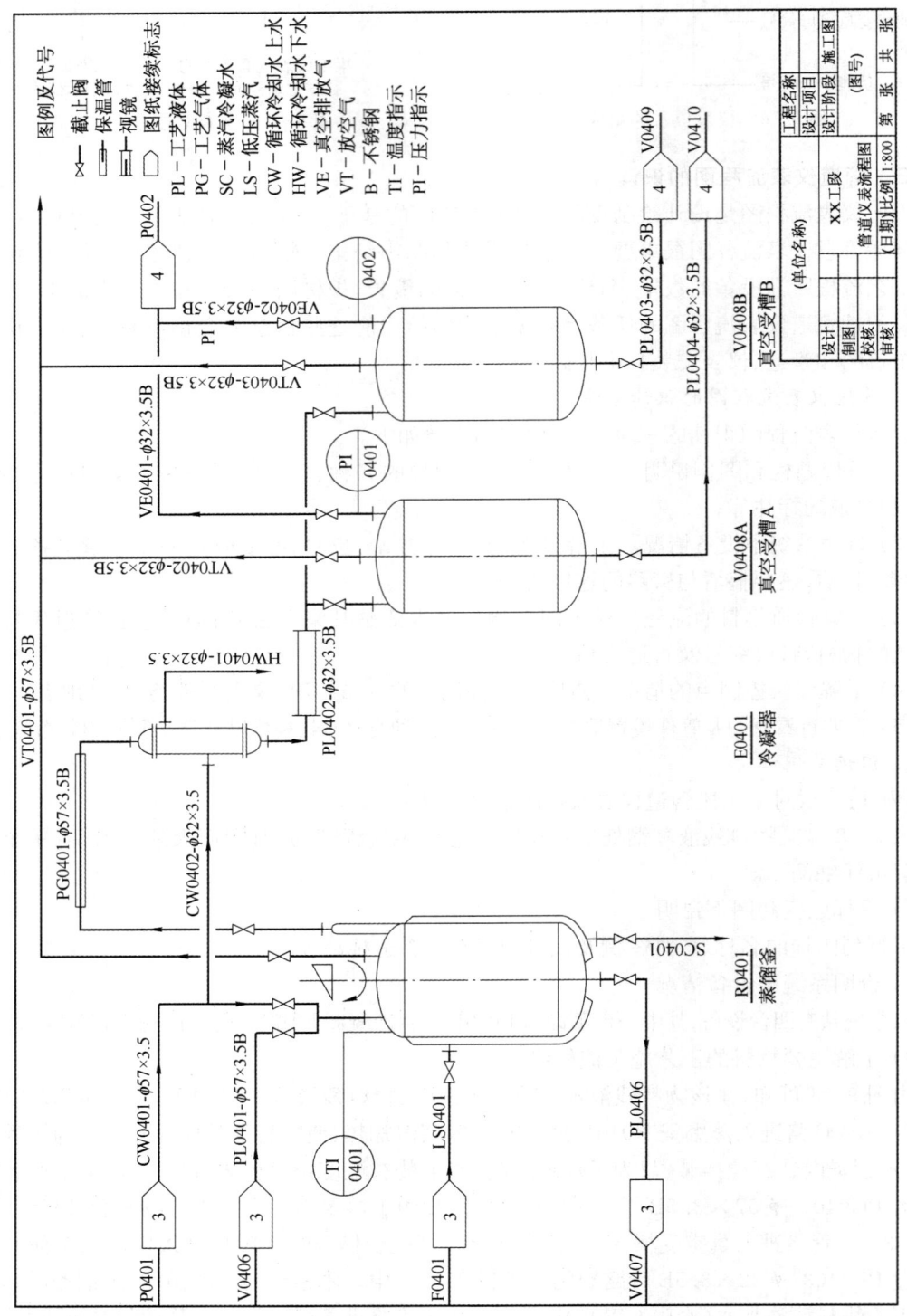

图 9-8 某物料残液蒸馏处理系统的管道仪表流程图

4）了解其他物料工艺施工流程线

蒸馏釜 R0401 夹套内加热蒸汽由蒸汽总管 LS0401 接入,把热量传递给物料后变成凝结水从 SC0401 管路流走。给水管从水泵 P0401 经 CW0401 - ϕ 57×3.5 管路进入蒸馏釜 R0401 作为残渣稀释用水,另一路 CW0402 - ϕ 32×3.5 管路作为冷却水进入冷凝器 E0401,从 HW0401 - ϕ 32×3.5 管路流出。真空受槽 V0408A、B 的抽真空由 VE0401 - ϕ 32×3.5B 和 VE0402 - ϕ 32×3.5B 管路连接的真空泵 P0402 完成。蒸馏釜 R0401、真空受槽 V0408A、B 上分别装设了放空气管路 VT0401~VT0403,管路的规格为 ϕ 57×3.5B 和 ϕ 32×3.5B。

此外蒸馏釜 R0401 还有 PL0406 放空排液管路送到贮槽 V0407。

5）了解阀门及仪表控制点情况

为了对物料的控制在设备的进出口上都装设了阀门。共 15 个。在蒸馏釜 R0401 上装有就地安装的温度指示仪表 TI0401,两台真空受槽 V0408A、B 的真空排放气管路上设置就地安装的压力表 PI0401 和 PI0402,在 PL0402 - ϕ 32×3.5B 管上装有视镜。

【例2】 试对天然气脱硫系统工艺管道仪表流程图进行识读。

图 9-9 是天然气脱硫系统工艺管道仪表流程图。先对图面大致了解一下,再从以下几方面进行识读。

(1) 看标题栏和图例说明。从中了解到图样的名称、各种图例及代号的意义及管道标注等。

(2) 查明系统中设备情况。本系统共有九台设备,其中两台罗茨鼓风机 C0701A、B,一台脱硫塔 T0702,一台氨水贮槽 V0703,两台氨水泵 P0704A、B,一台空气鼓风机 C0705,一台再生塔 T0706,一台除尘塔 T0707。

(3) 了解主要物料的工艺流程线。由图 9-9 可知,在天然气脱硫系统中,天然气从配气站来,经 NG0701 - 108 和 NG0702 - 108 管路进入罗茨鼓风机 C0701A、B。经加压后由 NG0703 - 108 管路从脱硫塔 T0702 底部进入,在塔内与氨水气液两相逆流接触,其中天然气中有害物质硫化氢,经化学吸收过程,被氨水吸收脱除,脱硫后的天然气经 NG0704 - 108 管路进入除尘塔 T0707,在塔中经 RW0701 - 50 的原水管路供水洗去尘埃从塔顶经 NG0705 - 108 管路送至造气工段使用。

(4) 了解其他物料的工艺流程线。由碳化工段来的稀氨水经 PL0701 - 50 管路送入氨水贮槽 V0703,稀氨水经 PL0702 - 50 管路送入氨水泵 P0704A,经加压后通过 PL0703 - 50 管路送入脱硫塔 T0702 上部供脱硫之用。从脱硫塔 T0702 底部出来的废氨水经 PL0704 - 50 管路送入氨水泵 P0704B,经加压后送入再生塔 T0706 上部。空气鼓风机 C0705 将空气加压后经 AR0701 - 108 管路送入再生塔 T0706 底部。废氨水和新鲜空气在再生塔 T0706 中逆流接触,空气吸收废氨水中的硫化氢后,余下的酸性气从再生塔 T0706 上部经 AR0702 - 108 管路送到硫磺回收工段。从再生塔 T0706 底部出来的再生氨水经 PL0706 - 50 管路由氨水泵 P0704A 加压送入脱硫塔 T0702 循环使用。

(5) 了解阀门及仪表控制点的情况。两台罗茨鼓风机出口设置就地安装的压力指示仪表 PI0701,两台氨水泵出口设置就地安装的压力指示仪表 PI0704,除尘塔下部物料入口处设置就地安装压力指示仪表 PI0707。取样分析点有三处,即天然气原料线上 A0701、再生塔底部再生氨水出口 A0706 和除尘塔天然气入口 A0707。

本系统共有截止阀十个,闸阀七个,止回阀两个。

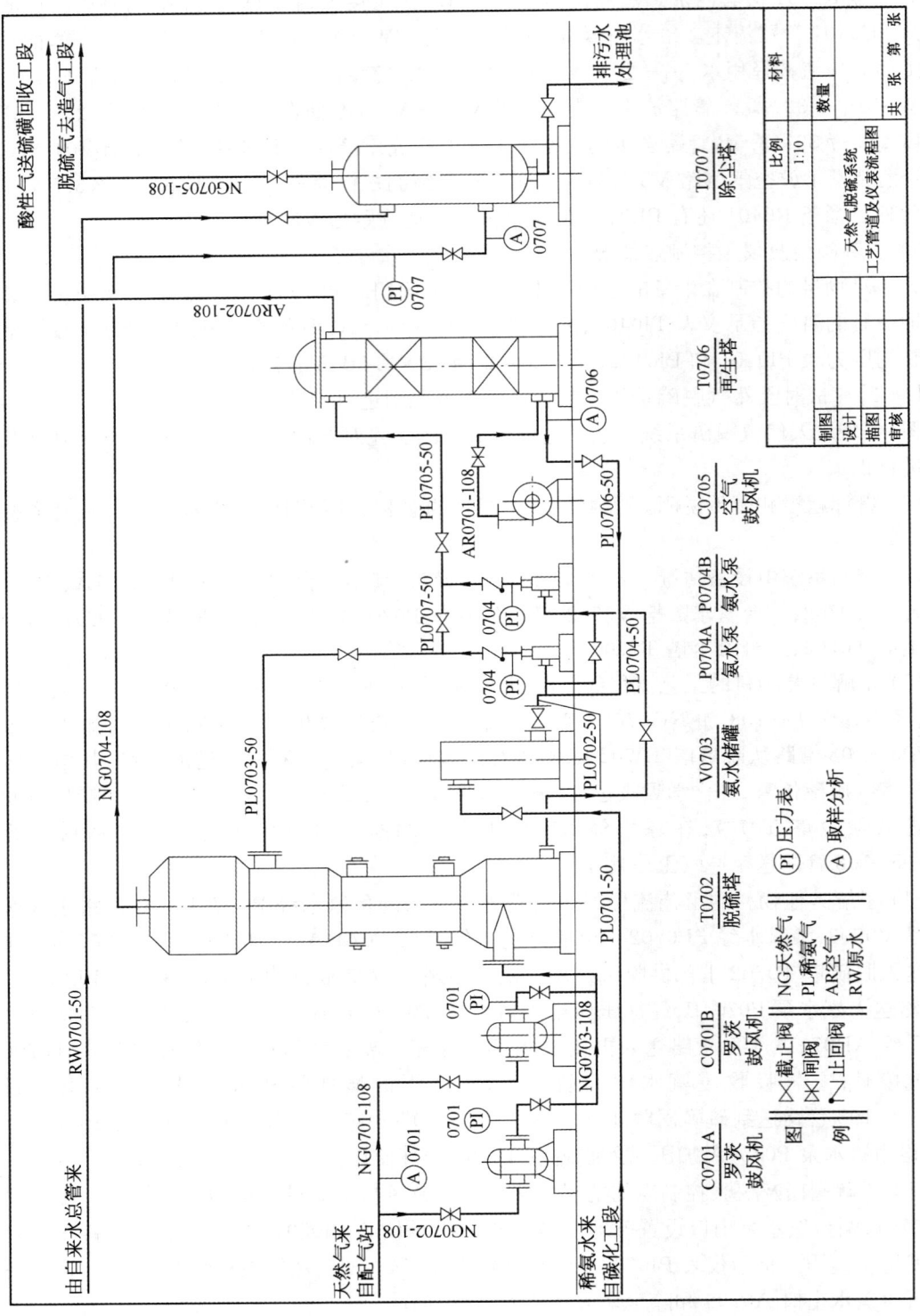

图 9-9 天然气脱硫系统工艺管道仪表流程图

第二节 设备布置图

工艺流程设计所确定的全部设备,必须根据生产工艺要求在车间内外合理布置与安装。用以表达厂房建筑内外设备安装位置的图样称为设备布置图。设备布置图应按《化工装置设备布置设计规定》(HG 20546)进行设计和绘制。

一、设备布置图的作用及内容

设备布置图是用来表示设备与建筑物、设备与设备之间的相对位置,指导设备安装的图样。它是设备安装、布置以及管道布置安装的重要技术文件。

设备布置图是用正投影方法绘制的。在简化了的房屋建筑图上增加了设备布置的内容。设备布置图包括以下内容。

(1) 一组视图。设备布置图包括平面图和剖视图,用以表示装置界区范围、厂房建筑的基本结构、设备在厂房内外的布置情况以及辅助设施在装置界区内的位置。

(2) 尺寸及标注。一般要标注与设备有关的建筑尺寸,建筑物与设备之间、设备与设备之间的定位尺寸。标注厂房建筑定位轴线的编号、设备名称和位号,以及必要的说明。

(3) 安装方位标。它是表示设备安装方位基准的图标,一般画在图样的右上方。

(4) 标题栏。注写图名、图号、比例、设计者等。

二、设备布置图的表示方法

1. **布图及比例**

平面图和剖视图可以绘制在同一张图纸上,也可以单独绘制,剖视图的数量尽量少画。布置图的比例一般采用1∶100,也可采用1∶200或1∶50。

2. **设备布置图的绘制要求**

(1) 设备布置图一般只画平面图,当平面图表示不清楚时,可绘制剖视图。每层只画一张平面图,当有局部操作平台时,在该平面图上可以只画操作台下的设备。局部操作台及其上面的设备另画局部平面图。

(2) 多层建筑物或构筑物,应依次分层绘制各层的设备布置平面图,并在图形下方注明"EL×××.×××平面"(EL是设备布置图用缩写词表示标高),设备布置图常用缩写词见表9-10。

表9-10 设备布置图用缩写词

缩写词	词意	缩写词	词意	缩写词	词意	缩写词	词意
ABS	绝对的	C-F	中心到面	DEPT	部门、工段	EXCH	换热器
ATM	大气压	CHKD PL	网纹板	DIA	直径	FDN	基础
BL	装置边界	C.L(φ)	中心线	DISCH	排出口	F-F	面至面
BLDG	建筑物	COD	接续图	DWG	图纸	FL	楼板
BOP	管底	COL	柱、塔	E	东	GENR	发电机、发生器
C-C	中心到中心	COMPR	压缩机	EL	标高	HC	软管接头
C-E	中心到端面	CONTD	续	EQUIP	设备、装备	HH	手孔

(续表)

缩写词	词意	缩写词	词意	缩写词	词意	缩写词	词意
HOR	水平的、卧式的	M.L	接续线	POS	支撑点	TB	吊车梁
HS	软管站	N	北	QTV	数量	THK	厚
ID	内径	NOM	公称的、额定的	R	半径	TOB	梁顶面
IS.B.L	装置边界内侧	NOZ	管口	REF	参考文献	TOP	管顶
LG	长度	NPSH	净正吸入压头	REV	修订	TOS	架顶面或钢的顶面
MATL	材料	N.W	净重	RPM	转/分	VERT	垂直的、立式的
MAX	最大	OD	外径	S	南	VOL	体积、容量
MFR	制造厂、制造者	PID	管道及仪表流程图	STD	标准	W	西
MH	人孔	PL	板	SUCT	吸入口	WT.	重量
MIN	最小	PF	平台	T	吨		

（3）剖视图是在厂房建筑的适当位置上，垂直剖切后绘制出来的，用来表示设备竖向布置情况，剖视符号规定用 A‑A、B‑B 等大写英文字母。

（4）设备布置图一般以联合布置的装置或独立的主项为单元绘制，界区以粗双点画线表示，在界区外侧标注坐标，以界区左下角为基准点，如图 9‑10 所示。

（5）设备及其附件应以粗实线画出，中心线用细点画线画出，设备轮廓在设备布置图中的画法如下。

① 非定型设备可适当简化画出设备外形，包括附属操作平台、梯子和支架（注出支架代号），如图 9‑10 中立式贮罐 F1001、F1003（有设备支架）；对于卧式设备不仅要简化画出设备外形，还应画出其特征管口或标注固定侧支座，如图 9‑10 中卧式贮罐 F1004，不仅画出外形，而且用 FP 标注固定侧支座位置。

② 动设备只画基础，并表示出特征管口和驱动机的位置，驱动机的画法采用简化画法，如图 9‑10 中泵 J1001、J1002 和 J1005～J1008，压缩机 J1003 和 J1004。

3. 设备布置图的标注

1) 厂房建筑的标注

标注承重墙、柱等构件的定位轴线，平面图上定位轴线编号、横向用阿拉伯数字从左到右依次编写，竖向编号用大写拉丁字母从下向上依次编写，如图 9‑10 所示。

标注厂房建筑及其构件尺寸，厂房各层标高和建筑物的总长、总宽以及墙、柱的平面定位尺寸都要标注，标高数值以 m 为单位，标注到小数点后第三位，其余尺寸一律为 mm。

2) 设备的标注

（1）设备名称及位号的标注。设备布置图中的所有设备都应标注设备名称及位号，其标注方法与工艺流程图中的相同，且与该工艺流程图一致。

（2）设备水平定位尺寸的标注。设备布置图中一般只标注设备的定位尺寸，不标注设备定形尺寸，如设备与建筑物之间、设备与设备之间的定位尺寸等。设备的定位尺寸标注在平面图上。定位基准一般选用建筑定位轴线或管架、管廊的柱中心线为基准线进行标注。

第二节 设备布置图

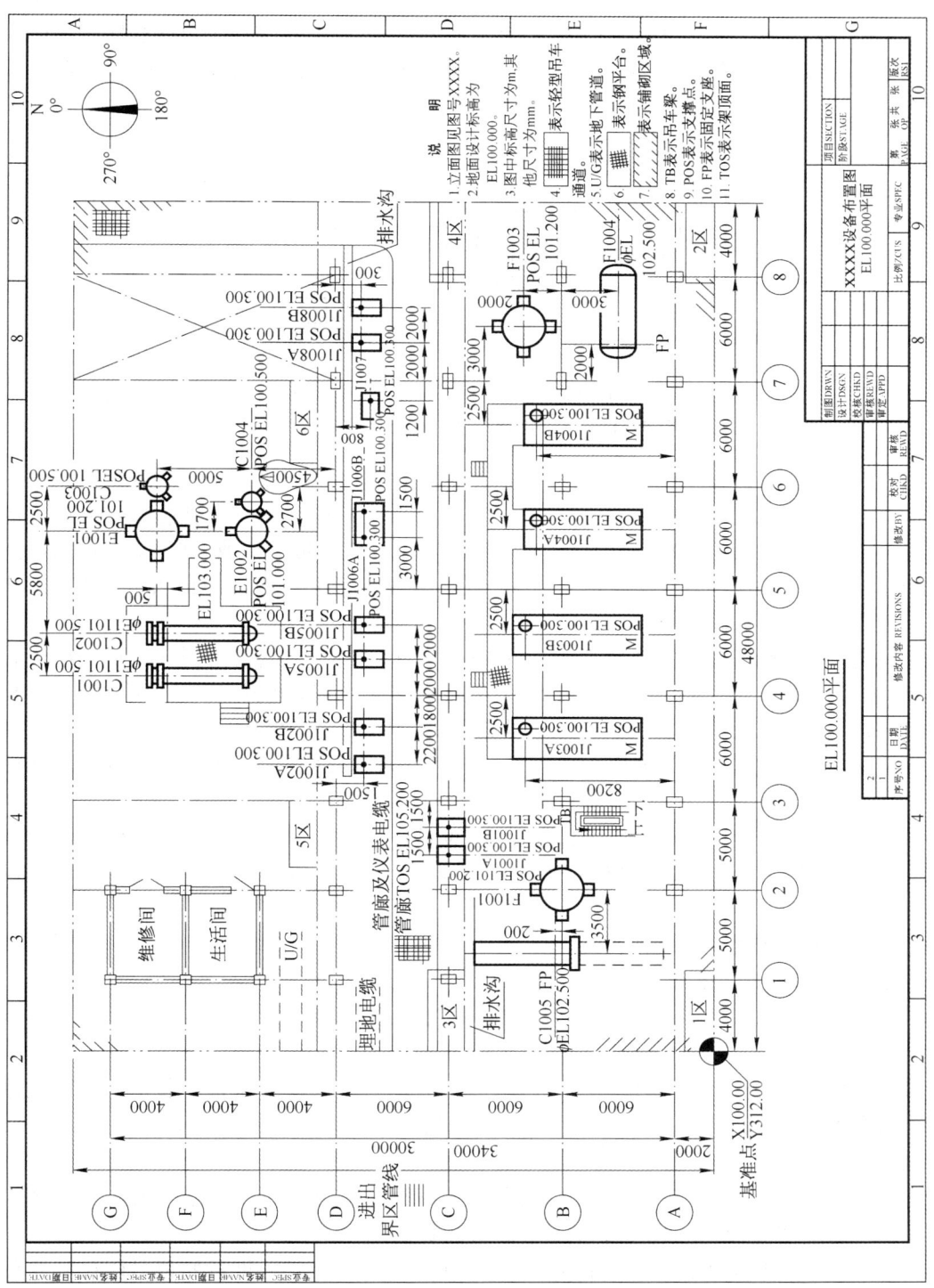

图 9-10 设备布置图

对于卧式容器和换热器,以容器中心线和靠近柱轴线一端的支座为基准标注两个定位尺寸,如图 9-11a 所示;对于立式反应器、塔、槽、罐和换热器,以中心线为基准标注定位为尺寸,如图 9-11b 所示;离心式泵、压缩机、鼓风机、蒸汽透平机以中心线为基准标注定位尺寸;往复泵、活塞式压缩机以缸中心和曲轴(或电动机轴)中心线为基准;板式换热器以中心线和某一出口法兰端面为基准标注定位尺寸,如图 9-10 所示。

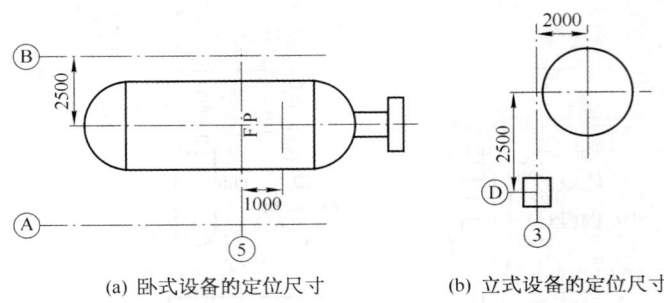

(a) 卧式设备的定位尺寸　　(b) 立式设备的定位尺寸
图 9-11　平面图中设备定位尺寸的标注

(3) 设备高度方向尺寸的标注。设备高度方向的尺寸用标高来表示。设备布置图中一般要注出设备、设备管口等的标高。标高标注在剖视图上。标高基准一般选择厂房首层室内地面,基准地面的设计标高为 EL100.000,单位为 m,小数后取三位数,高于基准地面往上加,如 EL102.200 表示比基准地面高 2.20 m,低于基准地面往下减,如 EL98.000 表示比基准地面低 2.0 m。标注设备的标高的规定如下。

卧式换热器、槽、罐以中心线标高表示(ϕ EL×××.×××);立式换热器、板式换热器、反应器、立式槽、罐以支撑点标高表示(POS EL×××.×××);泵和压缩机以主轴中心线标高表示(ϕ EL×××.×××),或以底盘底面(即基础顶面)标高表示(POS EL×××.×××);管廊和管架以架顶标高表示(TOS EL×××.×××)。常用典型设备在布置图上的画法及标注如图 9-12 所示。

(4) 设备位号的标注。设备位号标注时,在设备中心线的上方标注与管道仪表流程一致的设备位号,下方标注支撑点(POS EL×××.×××)或中心线(ϕ EL×××.×××)或支架架顶(TOS EL×××.×××)的标高。

三、设备布置图的识读

1. 设备布置图的识读方法

设备布置图用来表达设备在平面和立面上的布置,识读时应掌握的主要内容和方法步骤如下。

(1) 了解建筑结构、具体方位、占地大小、内部分隔情况以及与设备安装定位的有关建构筑物的布置情况。查明厂房或框架的定位轴线尺寸。了解建筑物的分层情况、标高以及操作平台、地坑、安装孔等具体尺寸、位置、结构等。

(2) 先从设备一览表了解设备的种类、名称、位号和数量等内容,再从平面图、剖视图中分析设备与建筑结构、设备与设备相对位置及设备标高。

(3) 识读的方法是根据设备在平面图和剖视图中的投影关系、设备的位号明确其定位尺寸,即在平面图中查明设备的平面定位尺寸,在剖视图中查明设备高度方向的定位尺寸。平面定位尺寸基准一般是建筑定位轴线,高度方向定位尺寸基准一般是厂房室内地坪。从

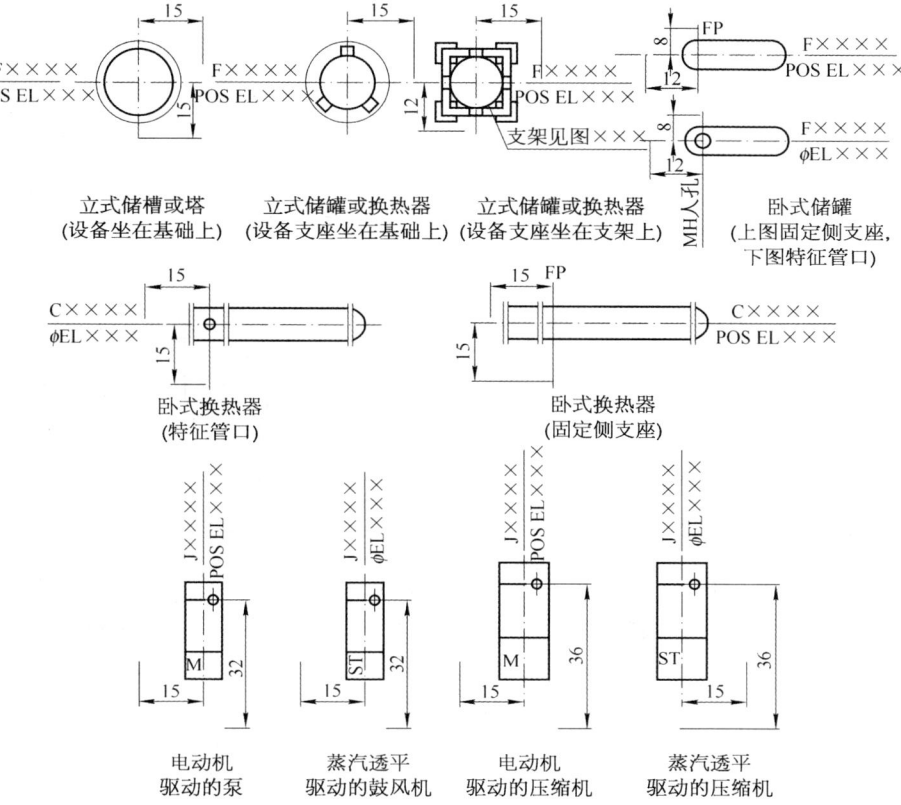

图 9-12 设备布置图上典型设备的画法与标注

而确定设备与建筑结构、设备间的相对位置。

2. **识读举例**

【例1】 试对图 9-13 天然气脱硫系统设备布置图进行识读。

1）了解概况

从标题栏可知，该设备布置图有两组视图，一个是 EL100.000 平面图，另一个是 A-A 剖视图，图中共绘制八台设备，分别布置在厂房内外，泵区在室内，塔区在室外。

2）看懂建筑基本结构

天然气脱硫系统的泵区是一个单层厂房，西面有门供操作人员进出，南面和东面有窗供建筑物采光，厂房的建筑定位轴线编号水平方向为 1、2，竖向为 A、B。横向定位轴线间距为 9.00 m，纵向定位轴线间距为 4.70 m，室内外地面标高 EL100.000，厂房屋顶标高 EL104.200。

3）掌握设备布置情况

图面右上角有安装方位标，可指明建筑物朝向和设备安装方位。

（1）罗茨鼓风机 C0701A、B。罗茨鼓风机的底盘底面标高为 POS EL100.300，横向定位尺寸 2.00 m（从 1 轴线至罗茨鼓风机 C0701 中心线），两台罗茨鼓风机中心线间距 2.30 m，纵向定位尺寸 0.80 m（从 A 轴线至罗茨鼓风机基础边线），罗茨鼓风机靠南墙部分是操作空间，北面为驱动电动机。

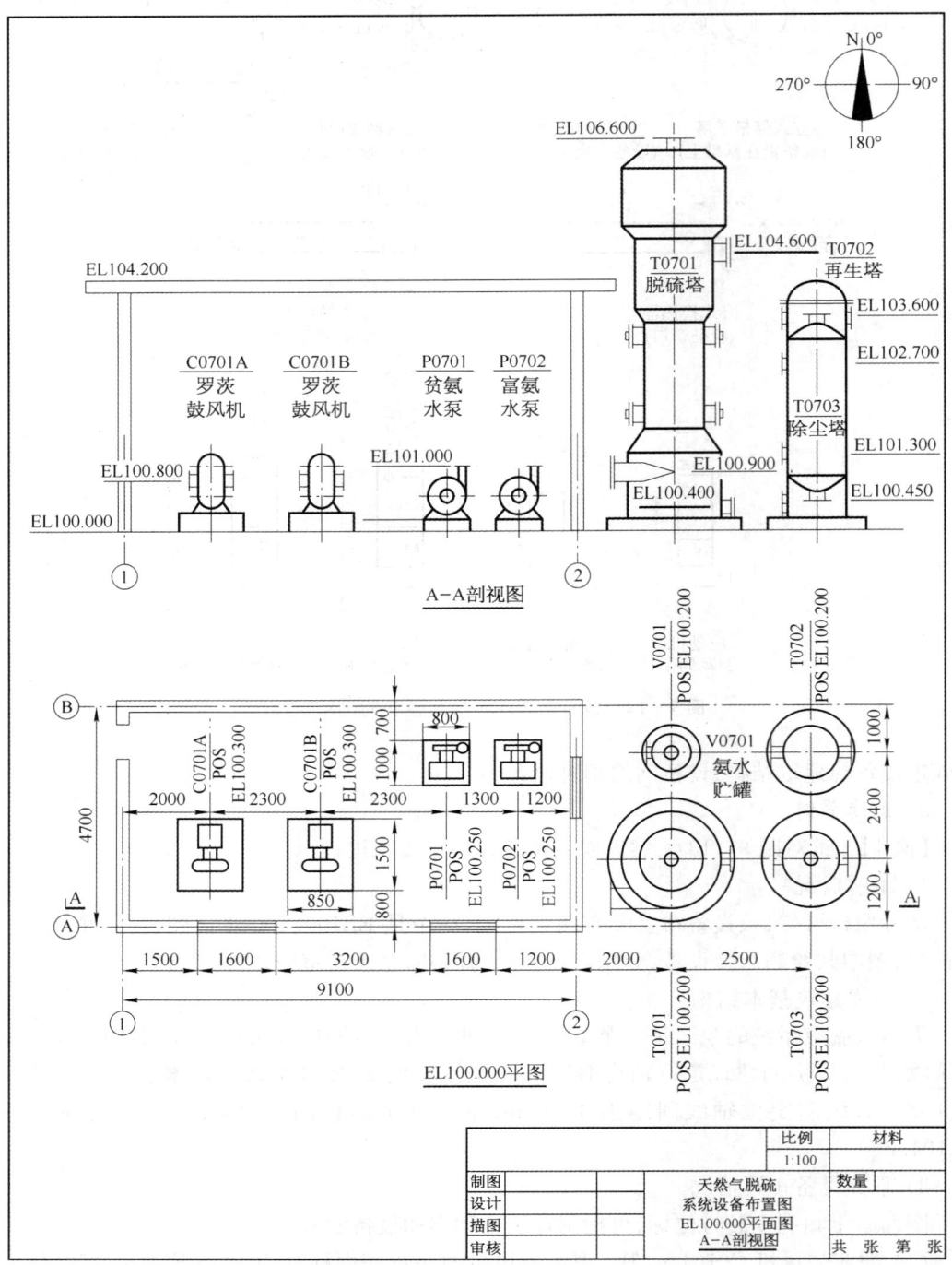

图 9-13 天然气脱硫系统设备布置图

(2) 氨水泵。贫氨水泵 P0701 和富氨水泵 P0702 的机座底面标高均为 POS EL100.250，泵出口法兰面标高 EL101.000，横向定位尺寸 1.20 m（从 2 轴线内墙面至富氨水泵 P0702 中心线），两泵中心线间距 1.30 m，纵向定位尺寸 0.70 m（从 B 轴线至泵的基础边线），氨水泵靠南墙部分为驱动电动机，北面为操作空间。

(3) 脱硫塔 T0701。横向定位尺寸 2.00 m（从 2 轴线至脱硫塔中心线），纵向定位尺寸 1.20 m（从 A 轴线至脱硫塔中心线），脱硫塔支承点标高 POS EL100.200，塔顶接管法兰面标高 EL106.600，塔上部接管口中心标高 EL104.600，塔下部接管口中心标高 EL100.900，塔最下面接管口中心标高 EL100.400。

(4) 氨水贮槽 V0701。横向定位尺寸 2.00 m（从 2 轴线至贮槽中心线），纵向定位尺寸 1.00 m（从 B 轴线至贮槽中心线），氨水贮槽支撑点标高 POS EL100.200。

(5) 除尘塔 T0703。横向定位尺寸 2.50 m（从脱硫塔中心线至除尘塔中心线），纵向定位尺寸 1.20 m（从 A 轴线至除尘塔中心线），除尘塔支撑点标高 POS EL100.200，塔底接管法兰面标高为 EL100.450，塔侧面两接管口中心标高为 EL102.700 和 EL101.300。

(6) 再生塔 T0702。横向定位尺寸 2.50 m（从氨水贮槽中心线至再生塔中心线），纵向定位尺寸 1.00 m（从 B 轴线至再生塔中心线），再生塔支承点标高 POS EL100.200，塔上部接管口中心标高 EL103.600。

【例 2】 试对图 9-14 残液蒸馏处理系统设备布置图进行识读。

1) 了解概况

从图面上看到有两组视图，一个是 EL100.000 平面图，另一个是 A-A 剖视图，图中共有四台设备，均布置在厂房内。

2) 看懂建筑基本结构

本图只给出厂房建筑的一部分，从方位标指出的朝向可知四台设备布置在北面近 B 轴线和 1-2 轴线处。

3) 掌握设备布置情况

(1) 蒸馏釜 R0401。横向定位尺寸 2.00 m（从 1 轴线至蒸馏釜中心线），纵向定位尺寸 1.50 m（从 B 轴线至蒸馏釜中心线），设备设在 EL105.000 的平台处（一部分在平台下方），釜顶接管口法兰面标高 EL106.800，釜顶两侧小的接管口法兰面标高 EL106.200。

(2) 冷凝器 E0401。用支架固定安装在 B 轴线的墙面上，横向定位尺寸 1.00 m（从蒸馏釜中心线至冷凝器中心线），纵向定位尺寸 0.50 m（从 B 轴线至冷凝器中心线）。冷凝器顶接管口法兰面标高 EL108.600，侧面接管口中心线标高 EL108.400 和 EL107.200，底部接管口法兰面标高 EL106.950。

(3) 真空受槽 V0408A、B。横向定位尺寸 2.40 m（从蒸馏釜中心线至真空受槽 V0408A 中心线），两个真空受槽中心线间距 1.80 m，纵向定位尺寸 1.50 m（从 B 轴线至真空受槽中心线），两个真空受槽设在 EL105.000 平台处（一小部分在平台下方），真空受槽顶部接管口法兰面标高 EL106.200。

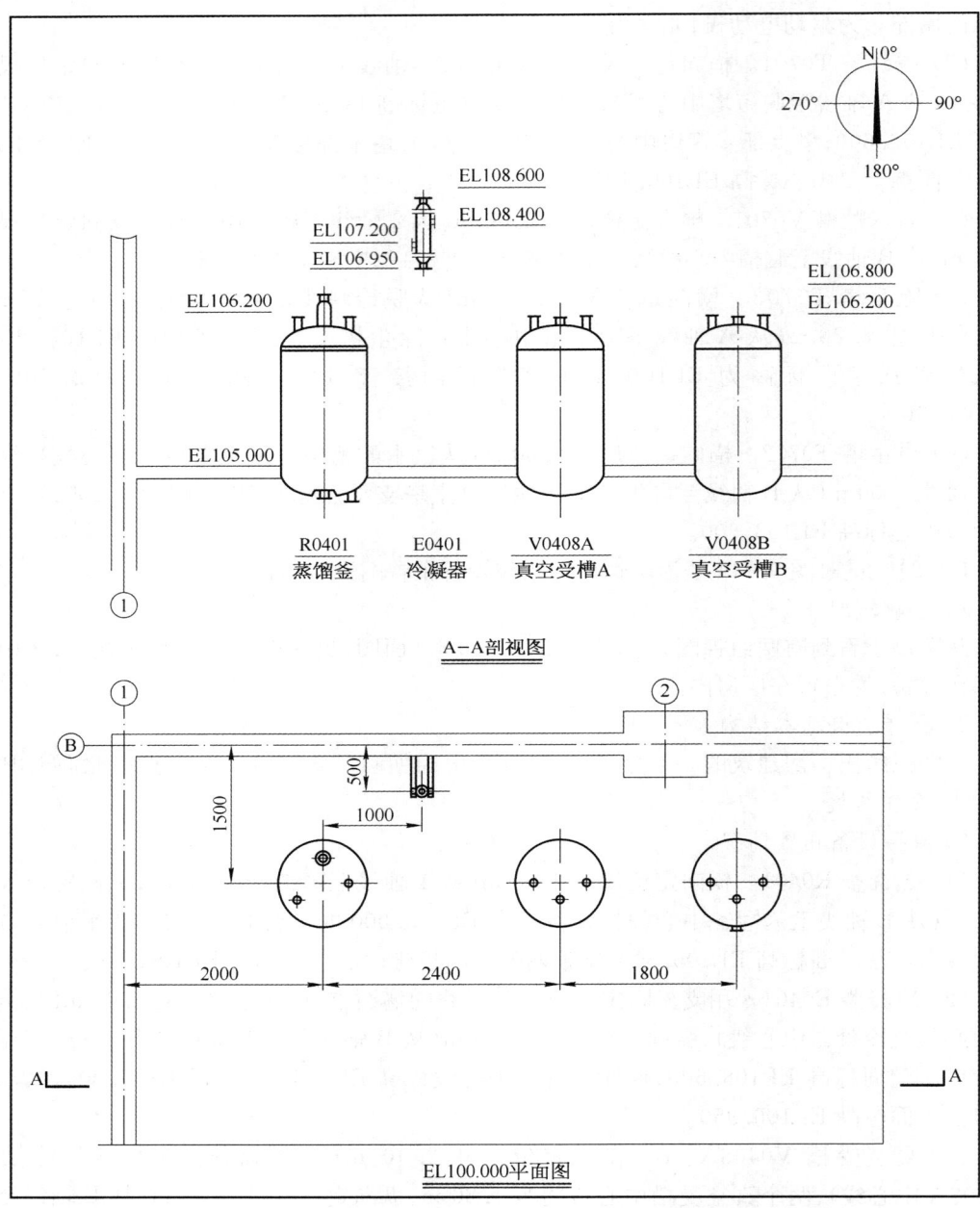

图 9-14 残液蒸馏处理系统设备布置图

第三节 管道布置图

管道布置图又称管道安装图或配管图,它是在管道仪表流程图、设备图、设备布置图的基础上绘制的。主要表达车间或装置内管道和管件、阀门、仪表控制点的空间位置、尺寸和规格,以及与机器、设备的连接关系。

一、管道布置图的作用及内容

管道布置图是管道施工的直接依据,它为管道安装提供了各种安装所需的数据。管道布置图一般包括下列图样。

(1) 管道布置图。表达车间或装置内管道空间位置及平、立面布置的图样。

(2) 管道轴测图。也称管段图或空视图,是表达一台设备至另一台设备(或另一管道)间管道安装的立体图样。

(3) 蒸汽伴管布置图。表达车间内各蒸汽分配管与冷凝液收集管平面、立面布置情况的图样。

(4) 管架图。表达管架结构的零部件图样。

(5) 管件图。表达管件结构的零部件图样。

二、管道布置图的表示方法

管道布置图一般只绘平面图。当平面图中局部表示不够清楚时,可绘制剖视图或轴测图。

对于多层建筑物、构筑物的管道平面布置图应按层次绘制,如在同一张图纸上绘制几层平面图时,应从底层起,在图纸上由下至上或由左至右依次排列,并于各平面图下注明"EL×××.×××平面"。

1. 管道及附件的图示方法

(1) 管道单线、双线的画法。管道布置图中,公称尺寸(DN)大于和等于 400 mm 或 16 英寸的管道用双线表示,小于和等于 350 mm 或 14 英寸的管道用单线表示。在管道的适当位置画箭头表示物料流向。管道的转折、交叉和重叠的画法见第二章。管道连接画法见第五章。

(2) 管道附件(阀门、管件及仪表控制点)的画法。管道上的阀门、管件通常在管道布置图中按比例、以细实线并根据附表 9-4 所列图例的画法画出,但要注意以下两点。

① 管件不同连接方式要按附表 9-4 的图例表示出来。如 90°弯头有三种连接方式,分别为螺纹或承插焊连接、对焊连接和法兰连接,它们的表示方法如图 9-15 所示。

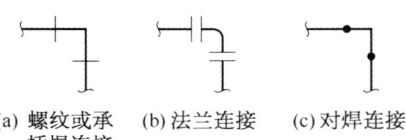

(a) 螺纹或承插焊连接　(b) 法兰连接　(c) 对焊连接

图 9-15　管件连接的表示

② 阀门与控制元件(传动结构)组合作为自动控制系统执行器,不仅要画出控制阀门,而且要将控制元件表示出来。如图 9-16a 所示只是控制元件,图 9-16b 则为阀门与控制元件(传动结构)组合作自动控制系统执行器的画法。

管道的检测或控制仪表(压力、温度、流量、液面、分析、料位、取样等)在管道布置平面图上用 ϕ10 mm 的圆圈表示,并用细实线和圆圈连接起来,圆内按流程图检测或控制仪表的符号及编号填写。

图 9-16 阀门与控制元件组合的表示

(3) 管道支架。用来支撑和固定管道的,其位置一般在平面图上用符号表示,如图 9-17 所示。

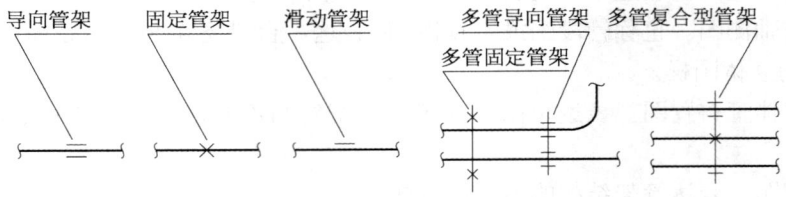

图 9-17 管道支架的表示方法

2. 管道布置图的标注

1) 建筑物

标注建(构)筑物的定位轴线编号及柱距尺寸;标注地面、楼面、平台面、梁顶面的标高;标注管廊柱距尺寸(或坐标)及各层顶面标高。

2) 设备

按设备布置图标注所有设备的定位尺寸和基础面、中心线或支撑面的标高。

按设备图用 5 mm×5 mm 的方块标注管口符号、管口方位(或角度)、底部或顶部管口法兰面标高、侧面管口中心线标高和斜接管口的工作点标高等,如图 9-18 所示。

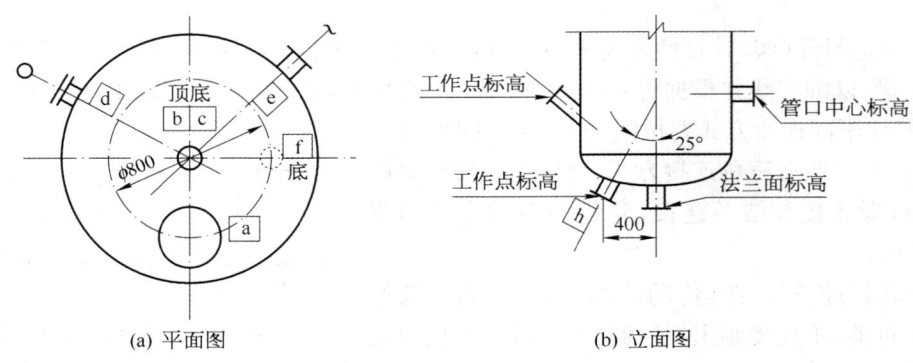

图 9-18 管口方位标注示意图

在管道布置图的设备中心线上方标注与流程图一致的设备位号,下方标注支撑点(如 POS EL×××.×××)或主轴中心线(如 ϕ EL×××.×××)或支架架顶(如 TOS EL×××.×××)的标高。剖视图的设备位号标注在设备附近或设备内。

3) 管道

管道布置图的标注应以平面布置图为主,标注出所有管道的定位尺寸、标高及管道编号。如绘制了剖视图,则所有安装标高应在剖视图上表示。

管道的定位尺寸以建(构)筑物的定位轴线、设备中心线、设备支撑点、设备管口中心、分区界线等作为基准进行标注。

管道安装标高均以室内地面标高为基准,以管道中心为基准标注时,标注为EL×××.×××(例如EL105.000),管道按管底外表面标注安装高度者,则在标注的管道标高前加注管底标高的代号BOP,标注为 BOP EL×××.×××,由于位置拥挤写不下时,可引出标注。

管道布置图上所有管道都应标注管段编号及流向,管段编号应与管道仪表流程图相一致,也可以省略其中管道等级代号与隔热隔声代号,只标注编号中的前三项,即物料号、管段序号和公称直径,通常将管道编号标注在管线上方或左方,将标高标注在下方或右方,如图 9-19 所示。

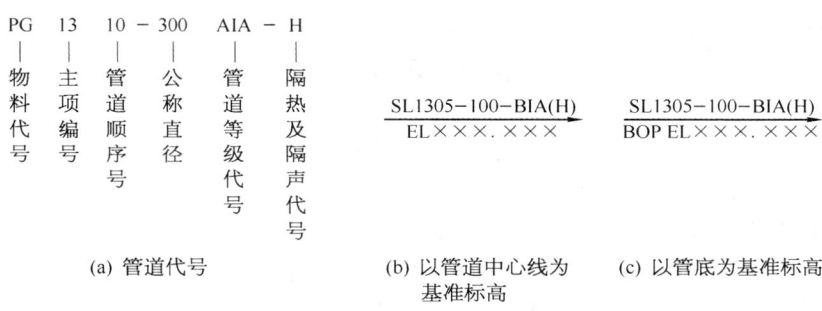

图 9-19 管道的标注

对安装坡度有严格要求的管道,应在管道上方画出箭头指出坡向,并标注坡度代号,如图 9-20 所示。

异径管前后端公称尺寸应标出,如 DN50/32 或 50×32。非 90°的弯管和非 90°的支管连接,要注出角度。每个管架标注一个独立的管架号。

管口表通常置于管道布置图的右上角,表中填写该管道布置图中设备的管口位置及相应参数,格式见表 9-11。

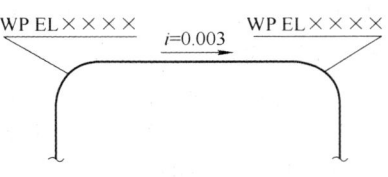

图 9-20 管道坡度的标注

表 9-11 管口表格式(HG/T 20549.1)

管　口　表											
设备位号	管口符号	公称通径 DN(mm)	公称压力 PN(MPa)	密封面型式	连接法兰标准号	长度 (mm)	标高 (m)	坐标		方位	
								N	E(W)	垂直角	水平角
T1304	a	65	1.0	RF	GB 9115		104.100				
	b	100	1.0	RF	GB 9115	400	103.800				180
	c	50	1.0	RF	GB 9115	400	101.700				

(续表)

管 口 表

设备位号	管口符号	公称通径 DN(mm)	公称压力 PN(MPa)	密封面型式	连接法兰标准号	长度(mm)	标高(m)	坐标 N	坐标 E(W)	方位 垂直角	方位 水平角
V1301	a	50	1.0	RF	GB 9115		101.700				180
	b	65	1.0	RF	GB 9115	800	100.400				135
	c	65	1.0	RF	GB 9115		101.700				120
	d	50	1.0	RF	GB 9115		101.700				270

安装方位标画在管道平面布置图右上角,管口表的左边。

三、管道轴测图(管段图、空视图)

管道轴测图是用来表达一个设备至另一个设备,或某区间一段管道的空间走向,以及管道上所有管件、阀门、仪表控制点等安装布置情况的立体图。

图9-21为某物料管道轴测系统图。从图中可以看出,轴测图一般包括以下内容。

(1) 图形。用正等轴测投影绘制的管段及其管件、阀门、仪表控制点等的图形和符号。

(2) 尺寸及标注。包括管段编号、管道所连接设备的位号及其管口序号和安装尺寸等。

(3) 方位标。表示安装方位的基准。

(4) 技术要求。有关焊接、热处理、试压等方面的要求。

(5) 材料表。列出管段所需材料、规格、尺寸、数量等。

(6) 标题栏。表明图名、图号、比例、设计阶段等。

管道轴测图是反映局部管道,原则上一个管段号画一张管道轴测图,对于复杂的管段可以断开,分别绘制几张,但仍用一个图号,并注明张数。此时分界线要在管道的自然断开点,如法兰(孔板法兰除外)、管件的焊接点或安装需要的现场焊接点等。管路简单、物料相同、材质相同的几个管段,也可画在一张图上,但应分别注出管段号。

管道轴测图应该画出全部阀门和管件(包括法兰及焊在管道上的仪表控制点管接头、预制弯头等)。当管道穿越楼板时,常常还要画出楼板的标记。管段与设备相接时,设备一般只画出其接管口即可。

管道均以单线(粗实线)绘制,在适当位置画出表示物料流向的箭头。管件(弯头、三通除外)、阀门以细实线画成符号表示。与管段相接的设备管口或其他管道可以双点画线绘制,弯头可以不画成弧形。法兰、阀门、偏置管及阀门上控制元件的画法已在第四章介绍过了,不再重述。

管道轴测图应标注管子、管件、阀门等为满足加工预制及安装所需的全部尺寸。所有垂直管道不注高度尺寸,而以水平管道的标高"EL×××.×××"表示即可。要注出管道所连接的设备位号及管口序号。

定型管件如三通、弯头(一般指长径弯头)等可不标注尺寸。但短径弯头、异径管等要注明详细尺寸,偏心异径管还要加注偏心距和"ECC RED(偏心异径管)"、"FOT(顶部平)"、"FOB(底部平)"或"东(西、南、北)侧平"等字样。特殊的管件要辅以文字补充说明,管段中与阀门及设备接管口配对的法兰规格,如与管道等级规定不一致时,要注明其规格。

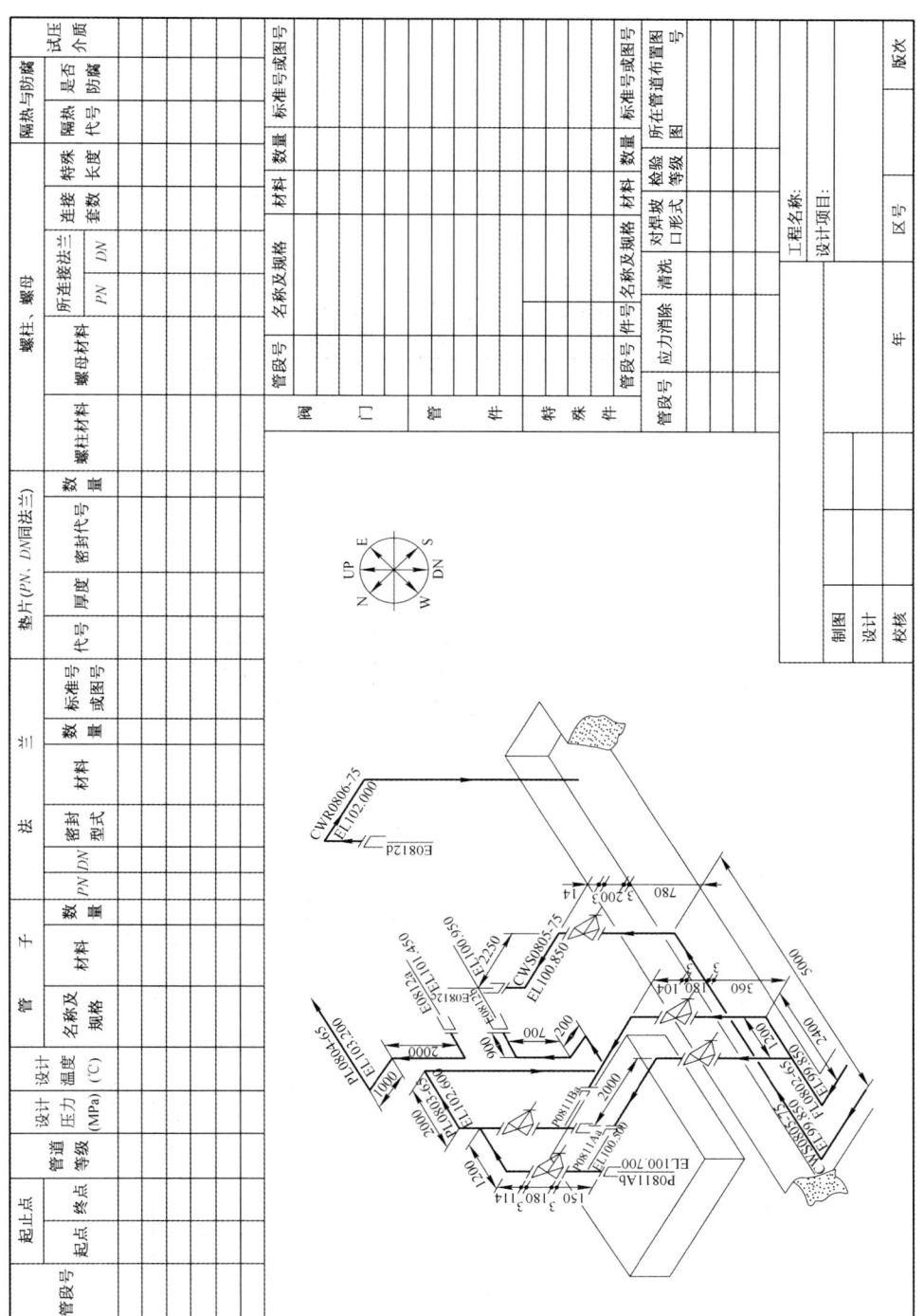

图 9-21 某管段管道轴测图

四、管架图与管件图

1. 管架图

在管道布置图中采用的管架有两类,即标准管架和非标准管架。两类管架图均属于详图范畴。标准管架可查找标准图,特殊管架可按 HG 20519.16 的规定要求绘制,画法与机械制图基本相同。图面上除要绘制管架的结构总图外,还需要编制相应的材料表,如图 9-22 所示。

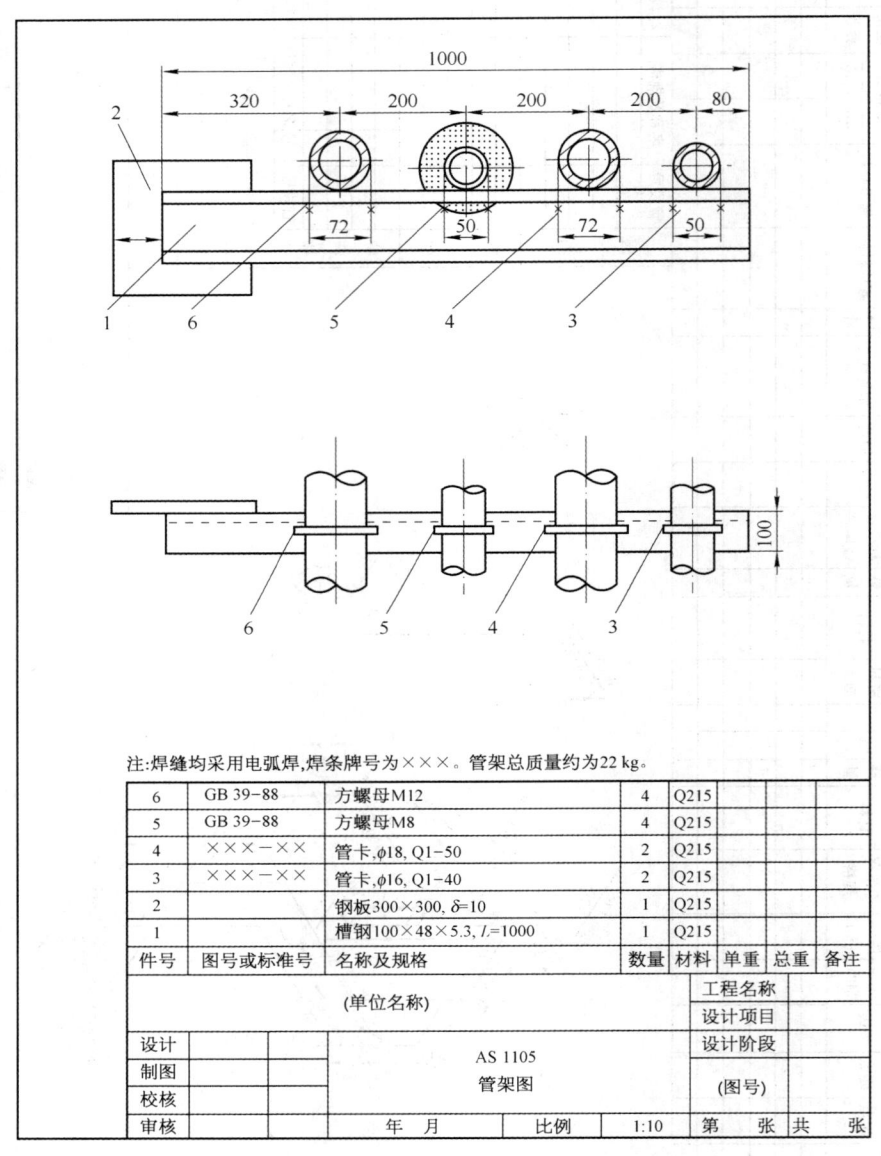

图 9-22 管架图

管架结构总图应完整表达管架的详细结构与尺寸,供制造、安装之用。必要时,应标注技术要求和施工要求。

2. 管件图

标准管件一般不需要单独绘制图纸，在管道平面布置图编制相应材料表加以说明。非标准管件或无标准的管件，如加料斗、方圆接管、安装在管道内的限流孔板组等应绘制单独的管件图。

管件图应完整地表达该管件的装配结构、零件形状和有关尺寸，以供制作和安装时使用。其内容和画法与一般零部件图相同，需按国家标准与化工设备设计文件编制规定进行绘制。除图样和标题栏外，还应列出相应的材料表置于标题栏上方，通常一个管件绘制一张图，如图 9-23 所示。

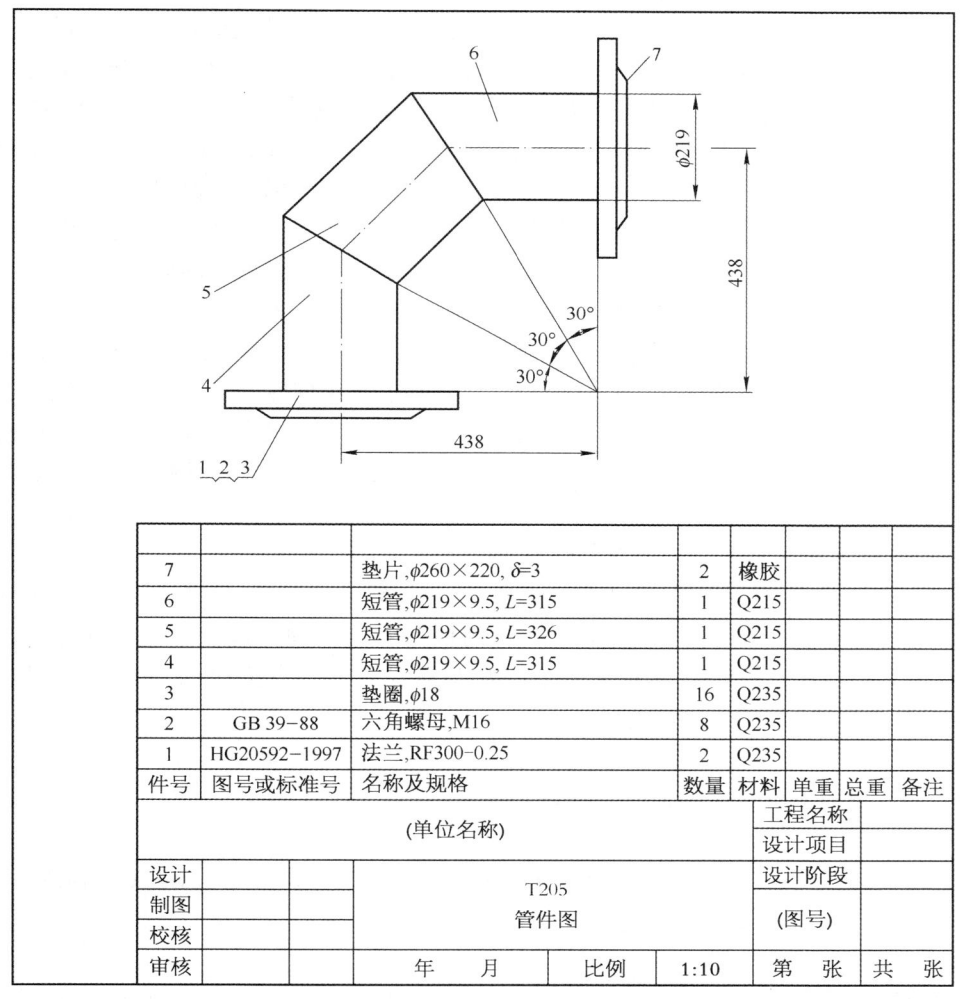

图 9-23 管件图

五、管道布置图的识读

1. 管道布置图的识读方法

识读管道布置图的目的是了解管道、管件、阀门、仪表控制点等在车间或装置中的具体布置情况，为管道施工打下基础。识读时应从宏观到微观，采取逐步深入的方法，具体的识读方法、内容、步骤如下。

1）了解概况

由于管道布置图设计是在工艺管道仪表流程图和设备布置图的基础上进行的。因此，首先应通过读懂工艺管道仪表流程图、设备布置图来熟悉本工序的工艺流程、设备布置及分区情况，做到心中有数。在识读管道布置图时，首先通过阅读图纸目录，宏观了解本套图纸中管道布置图样的类型、图纸数量，了解图例的含义及设备位号的索引、非标准管件、管架等图样的提供情况；然后通过剖视图、向视图及轴测图等的初步浏览，了解管路竖向布置及立体走向，一些图面上还有相应的施工技术要求也要认真阅读。

2）详细分析

依照管道仪表流程图的流程顺序，按设备位号和管道编号，从主要物料开始，以平面布置图为主，配合剖视图，依次逐条弄清管道与各设备的连接关系、分支及转弯情况。如此再进行另一种物料的流向关系分析，直至将所有的主要物料和辅助物料的流向情况全部搞清楚。

弄清楚物料流向后，再对照管道仪表流程图，了解各管道上的阀门、仪表、管件和管架等，详细阅读管道、阀门等的定位尺寸、代号及各种相关的文字标注和说明。

对多层结构的复杂管道布置，需反复阅读和认真检查核对，特别是各层图纸间的连接关系是否正确，确保完整准确地了解车间或装置内设备、管道、仪表等的整体布置情况。

识图时先弄清各视图配置情况，从第一层开始，配合有关剖视图，从位号最小的设备开始，按顺序逐条分析各管口连接管段的布置情况，弄清其来龙去脉，分支转弯情况，阀门、管件、等架、仪表控制点的配置部位，同时分析尺寸及其他有关标注。识读了一层平面以后，再依次进行其他楼层平面布置的分析，直至完全了解透彻。对于只有平面布置图的系统，各管道的相对位置及走向均要通过平面尺寸标注、标高数据、管道编号、管内物料流向箭头等因素综合进行判断。

3）建立起设备与管道连接的空间形状

在看懂管道走向的基础上，在平面布置图上，以建筑定位轴线、设备中心线、设备管口法兰等尺寸基准，阅读管道的水平定位尺寸；在剖视图上，以地面为基准，阅读管道的安装标高；管口表上阅读管道在设备上的位置及标高；最后参考安装方位标、管道轴测图最终建立起设备与管道连接的空间立体形状。

2. 识读举例

【例1】 试对图9-24残液蒸馏处理系统管道布置图进行识读。

1）了解概况

从图面上看到有两组视图，一个是EL100.000平面图，另一个是A-A剖视图，此外还给出了部分设备的管口表和方位标。

2）查明设备布置情况

共有四台设备。一台蒸馏釜R0401，一台冷凝器E0401，两台真空受槽V0408A、B。蒸馏釜R0401和真空受槽V0408A、B设置在EL105.00 m平台上（底部在平台下方），冷凝器E0401设置在EL106.95 m（设备底部接管口法兰面标高）处。

3）掌握管道的布置情况

物料残液管PL0401-ϕ57×3.5B标高EL108.80，从南向北在蒸馏釜上空转弯向下装设法兰截止阀，再转弯由南向北与水管CW0401-ϕ57×3.5用三通连接后，向下接入蒸馏釜，

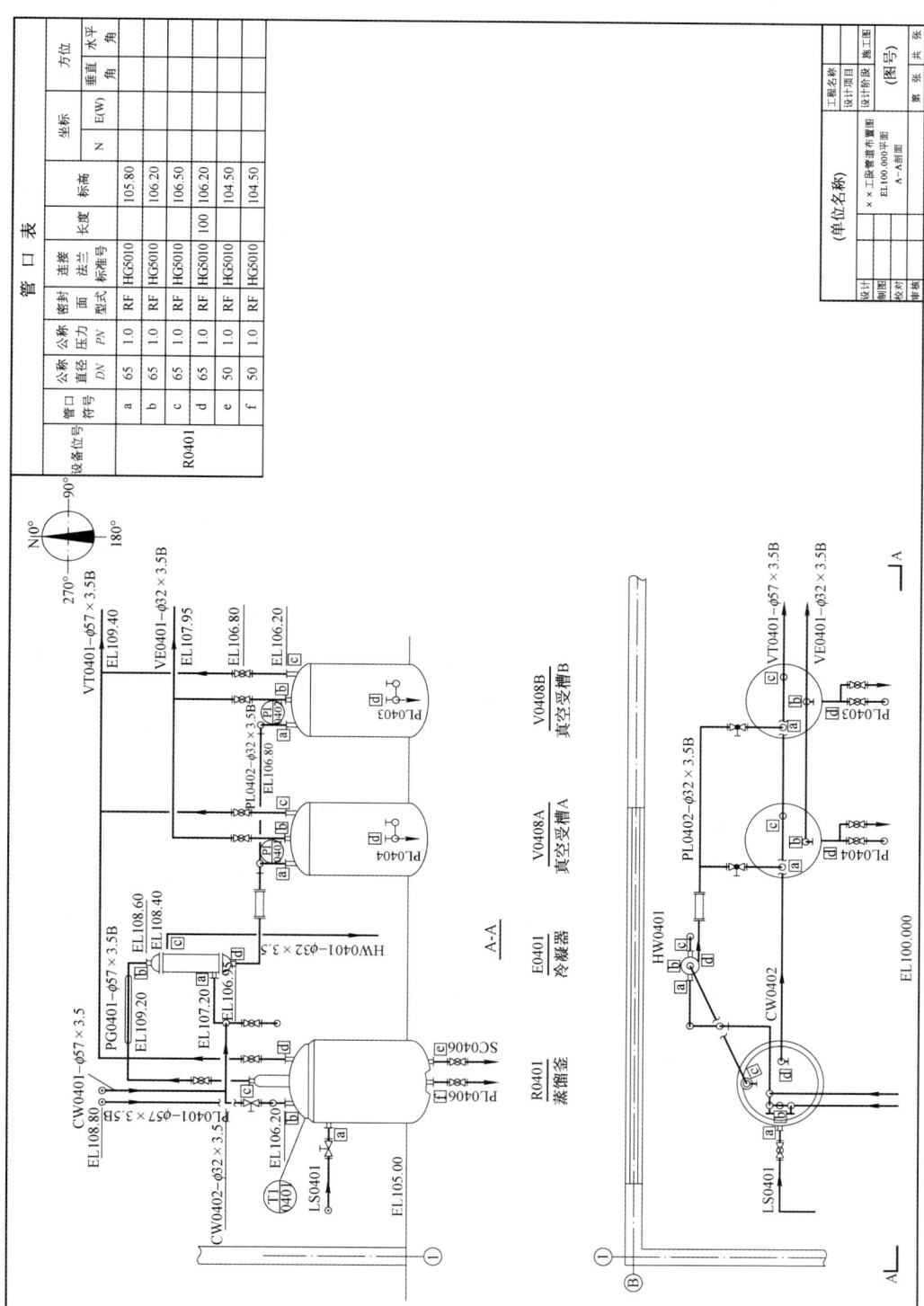

图 9-24 残液蒸馏处理系统管道布置图

蒸馏釜接管口为 b，从管口表上可知管口公称尺寸 $DN65$，公称压力 $PN1.0$ MPa，法兰密封面为突面(RF)，法兰面标高 EL106.20。

物料残液气体管 PG0401-ϕ57×3.5B 从蒸馏釜上部接管口 c 接出，接管口法兰面标高 EL106.50，从下向上至管道标高 EL109.20，向东北方向敷设，在冷凝器 E0401 上空向下至标高 EL108.60 与设备连接进入冷凝器 E0401，在蒸馏釜 R0401 出口立管上设置 $DN50$ 法兰截止阀。

从冷凝器 E0401 底部标高 EL106.95 接出残液管 PL0402-ϕ32×3.5B，至标高 EL106.80 从西向东敷设。管路上装设 $DN32$ 视镜，并开三通和 90°转弯向南，在真空受槽 V0408A、B 上空返低向下与设备接通。在接入真空受槽 V0408A、B 的水平横管上装设 $DN32$ 的法兰截止阀。

真空受槽 V0408A、B 侧面接出残液管 PL0403 和 PL0404 管路，两条管路上都开三通和加装 90°弯头形成两路，一路送出车间，另一路为放液管。这两条水平管路上都装设了法兰截止阀。

蒸汽管 LS0401 标高 EL105.80 从南向北转弯向东，加装法兰截止阀后从侧面接入蒸馏釜 R0401，凝结水管 SC0401 从设备底部(接管法兰面标高 EL104.50)接出，并加装法兰截止阀。

水管 CW0401-ϕ57×3.5 在标高 EL108.80 从南向北与残液管 PL0401 并行敷设，至蒸馏釜 R0401 上空向下并开水平三通。水管 CW0402-ϕ32×3.5 一路向西再向下加装 $DN32$ 法兰截止阀后转弯向南与残液管 PL0401 连通后接入蒸馏釜 R0401；另一路向东转弯向北再向下，在立管上装设 $DN32$ 法兰截止阀后转弯向北，再登高至标高 EL107.20(向下打了一个 U 形弯，目的是便于阀门操作)，在冷凝器 E0401 侧面接入。冷却水下水 HW0401-ϕ32×3.5 从冷凝器 E0401 上部标高 EL108.40 接出，接至地面。

真空排气管 VE0401-ϕ32×3.5B，从真空受槽 V0408A、B 顶部标高 EL106.20 接出，在立管上装设 $DN32$ 法兰截止阀，向上至标高 EL107.95，两台设备的真空排气管汇合后向东送出车间。

放空管 VT0401-ϕ57×3.5B，从蒸馏釜 R0401 顶部接出。接管口法兰标高 EL106.20，装设 $DN50$ 法兰截止阀，至标高 EL109.40 m 从西向东敷设。真空受槽 V0408A、B 的放空管从设备顶部接出。接管口法兰标高 EL106.20，装设 $DN50$ 法兰截止阀后与蒸馏釜 R0401 来的放空管汇合，然后向东送出车间。

蒸馏釜 R0401 底部设有残液排放管 PL0406，接管口法兰标高 EL104.50，按工艺流程图，PL0406 送到贮槽 V0407。

此外在蒸馏釜顶部装有 TI0401 的就地安装温度指示仪表，在真空受槽 V0401A、B 的真空排气管上装有就地安装的压力表 PI401、PI402。

【例2】 试对图 9-25 天然气脱硫系统管道布置图进行识读。

1) 了解概况

图面上用粗双点画线框起来、粗双点画线表示区域边界线，在区域边界线外侧标注分界线代号、坐标和与此图标高相同的相邻部分管道布置图图号。B.L 表示装置边界线，M.L 表示接续线，COD 表示接续图(图号)。

图面右上角给出了管口表，表示设备接管口的具体参数，看图时可供参考。管口表左边画了安装方位标，表示车间的朝向。

第三节 管道布置图

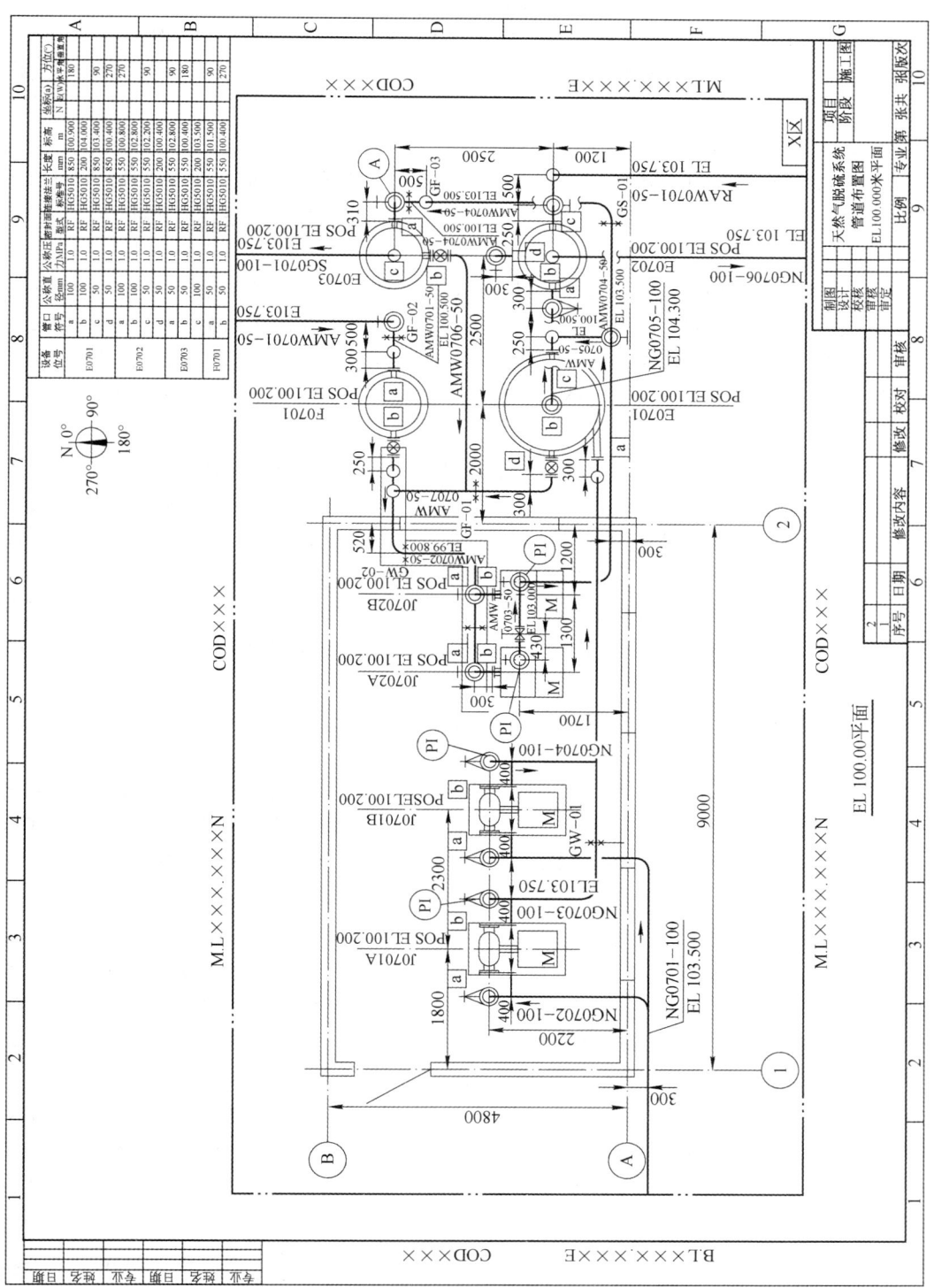

图 9-25 天然气脱硫系统管道布置图

该车间的建筑定位轴线横向 1、2，竖向 A、B。西面有门，南面东面有窗。建筑定位轴线间距离：1－2 轴线间 9.00 m，A－B 轴线间 4.80 m。

该图只给出 EL100.000 平面管道布置图，没有剖视图给识读带来一定难度，识读时可参照管道仪表流程图（图 9－9）和设备布置图（图 9－13）了解天然气脱硫系统生产工艺流程和设备的布置。

2）查明设备布置情况

车间内共有四台设备，自西向东为罗茨鼓风机 J0701A、B 和氨水泵 J0702A、B。车间外面共有四台设备，它们分别是脱硫塔 E0701、除尘塔 E0702、再生塔 E0703、氨水贮槽 F0701。

3）掌握管道布置情况

（1）天然气管道。NG0701－100 管路是罗茨鼓风机 J0701A、B 的进口总管，管路标高 EL103.500 在室外距 A 轴线 0.3 m 平行于 A 轴线敷设，分两路穿过 A 轴线进入车间内，两条管路分别在罗茨鼓风机 J0701A、B 进口法兰面以西 0.40 m 处由南向北，在距 A 轴线 2.20 m 处返低向下，在立管上装设 DN100 法兰闸阀，然后转弯向东分别与罗茨鼓风机进口连接。

NG0703－100 和 NG0704－100 管路是罗茨鼓风机 J0701A、B 的出口管，两管路从设备接出在距设备出口法兰面 0.40 m 处转弯登高，在立管上装设 DN100 法兰闸阀和压力表，至标高 EL103.750 从北向南，两管路汇合后从西向东出 2 轴线至室外，在距脱硫塔 E0701 接管口 a 法兰面 0.30 m 处向下至标高 EL100.900 转弯向东与设备接通（管路标高见管口表）。从脱硫塔 E0701 顶部接出的已脱硫的天然气管路 NG0705－100，在标高 EL104.300 转弯向东，至除尘塔 E0702 接管口 a 法兰面 0.30 m 处返低向下，加装 DN100 法兰闸阀，在标高 EL100.800 处转弯向东与除尘塔 E0702 接通。

NG0706－100 管路是除尘后的天然气管道，从除尘塔 E0702 顶部接出，向上至标高 EL103.750 从北向南送出界区。

（2）氨水管道。AMW0701－50 氨水管道从界区北面进入装置，标高 EL103.700，由北向南至氨水贮槽 F0701 进液口东西中心线处向下，在立管上装设 DN50 法兰截止阀（高度距地面 1.20 m 左右便于操作处）至标高 EL100.500 转弯向西再登高至标高 EL101.500（见管口表 F0701 接管口 a 的标高）转弯与氨水贮槽 F0701 接管口接通。

AMW0702－50 氨水管从氨水贮罐 F0701 下面标高 EL100.400（见管口表）接出并加装 DN50 法兰截止阀。在距截止阀法兰面 0.25 m 处返低向下，在地沟内敷设，并与从脱硫塔 E0701 西侧 d 管口加装法兰截止阀后接出转了两次弯的 AMW0707－50 管路连接，两管路汇合后由东向西进入车间，在距 2 轴线 0.52 m 处转弯向南，再转弯向西分两路向上装 DN50 法兰截止阀后转弯接入氨水泵 J0702A、B。

AMW0703－50 管路从氨水泵 J0702A 出口接出，在立管上装设 DN50 法兰止回阀（见流程图）和压力表，至标高 EL103.000 转弯向东装设 DN50 法兰截止阀后与氨水泵 J0702B 出口管相连接（该出口路亦应装设法兰截止阀、法兰止回阀和压力表），两管路汇合后编号为 AMW0704－50，标高 EL103.500，从北向南在距 A 轴线 0.3 m 处转弯向东穿过 2 轴线在室外敷设。在距脱硫塔 E0701 c 管口法兰面 0.25 m 处该管开三通向下连接 AMW0705－50 管路，在立管上装设 DN50 法兰截止阀至标高 EL100.500，转弯向北再登高至标高 EL103.400（见管口表）转弯向西接入脱硫塔 E0701。AMW0704－50 开三通后继续由西向东，在除尘塔

E0702 东侧转弯向北,在距再生塔 E0703 东西向中心线 0.50 m 处返低至标高 EL100.500,再向北向上形成 U 形管路(目的为便于操作阀门),在立管上设置 $DN50$ 法兰截止阀,在标高 EL102.800(见管口表)处转弯向西接入再生塔 E0703。

AMW0706-50 氨水管路从再生塔 E0703 南侧标高 EL100.400(见管口表)接出,加装 $DN50$ 法兰截止阀转弯由东向西与脱硫塔 E0701 出来的氨水管 AMW0707-50 接通。

(3) 原水管道。RAW0701-50 原水管在距除尘塔 E0702 接管口 c 法兰面 0.75 m 处从界区南面接入,标高 EL103.750 m。在距 A 轴线 1.20 m 处向下打了个 U 形弯(目的便于阀门操作),在一立管上设置 $DN50$ 法兰截止阀,在标高 EL102.200(见管口表)向西与设备接通。

(4) 合成气管道。SG0701-100 管路从再生塔 E0703 顶部接出,至标高 EL103.750 从南向北送出界区。

(5) 设备排污管。IS0701-65 管路是除尘塔 E0702 的排污管。管口从设备底部 d 接管口接出,装设 $DN65$ 法兰截止阀后排入室内明沟(管道布置图上只画出 d 管口接管及阀门。可参照流程图进行识读)。

此外本图还表示了支架的设置,支架编号 GW-01~GW-03、GF-01~GF-03 和 GS-01。

小　　结

化工工艺管道图的识读关键是识读管路布置图,它是指导管路安装的技术文件。所以当进行管道施工安装时,首先必须阅读工艺管道仪表流程图,在此基础上读懂管路布置图,只有对图中全部设备和管线都搞清楚了,才能准确无误地进行管路安装工作。

管道布置图中的管线,一般都感到多而复杂,但只要能了解工艺管道仪表流程图的内容和管配件的图例,并能用准确的方法和步骤进行识读,那么管路布置图的内容,还是能够搞清楚的。准确和合理的识读方法很重要,掌握了它,就可既快又好地弄懂图纸。读图同做其他事情一样没有捷径可走,上面介绍的一些识图方法可供初学者识图时参考,但只有不断实践,才会熟能生巧总结出适合自己特点的识图的好经验来。

附表 9-1　设备类别代号(HG 20559.7)

设　备　类　别	英文代号	设　备　类　别	英文代号
混凝土和砖石结构设备	A	特殊设备。如电解槽、过滤机、干燥器、离心机、破碎机	L
工业炉、预热炉、反应炉等及其附件,如烧嘴、烟囱等	B	电气设备	N
换热器、再沸器、蒸发器、冷凝器等	C	小型成套设备或移动式设备	P
转化器、反应器、再生器等	D	公用物料设备	U
塔类。如精馏塔、汽提塔、萃取塔、吸收塔、解吸塔等	E	机运设备	V
		催化剂和化学品	W
立式或卧式贮槽、贮罐、球形贮罐、气柜等	F	其他辅助设备	Y
泵、压缩机、真空泵、鼓风机、排风机、驱动机等	J	消防和安全设备	Z

附表 9-2　管道仪表流程图上的物料代号（HG 20559.5）

1. 工艺物料代号

代号	物料	代号	物料	代号	物料	代号	物料
P	工艺物料（通用代号）	PG	工艺气体	PL	工艺液体	PS	工艺固体

2. 化学品、辅助物料和公用物料代号

代号	物料	代号	物料	代号	物料	代号	物料
CHW	冷冻冷水（指 0℃以上）	CAG	碱性气体	HYL	液压液体	HYO	液压油
DAW	脱碱水（用于除盐水系统）	CA	碱、碱液	CWR	冷却水回水	A	空气
CWS	冷却水供水	CAL	碱性液体	IG	惰性气体	HYW	液压水
ACL	酸性液体	CAS	碱性污水	ACG	酸性气体	CTM	冷载体
ACS	酸性污水	CAT	催化剂	IA	仪表空气	AM	氨
ICW	冷却水二次用水	AC	酸、酸液	DEW	除盐水	AD	添加剂
DW	生活用水、饮用水	LS	低压蒸汽	DR	排水、排液	SS	生活污水
AMG	氨水（作制冷剂）	CNS	清净下水	COO	二氧化碳	AMW	氨水
IS	生产污水（泛指工艺过程产生的污水）	CM	化学品	EA	排出空气	CL	氯
AML	液氨（作制冷剂）	PA	工厂空气	CTM	冷载体	IW	生产用水
CRS	污染下水（指污染的雨水、冲洗水、放净水、排水）	ES	排出蒸汽	ER	乙烷（或乙烯）冷冻剂	FG	燃料气
IDW	生产和生活用水	MS	中压蒸汽	F	火炬排放气	BR	盐卤水
LD	排液（泛指工艺排液）	FW	消防水	CO	冷油（冷却油）	LO	润滑油
CSW	冷冻盐水（指 0℃以下）	OS	含油污水	FLG	烟道气	BD	排污
MC	中压蒸汽凝液	FLW	过滤水	HTM	热载体	WAC	废酸
C	水蒸气凝液	CW	冷却水	BW	锅炉给水	WCA	废碱

附表 9-3　管道仪表流程图上的缩写（摘自 HG 20559.5）

缩写词	中文词义	缩写词	中文词义	缩写词	中文词义
A	气力(空气)驱动	BTF. V	蝶阀	C. V	止回阀、单向阀
A	分析	BUR	燃烧器、烧嘴	D	密度
ABS	绝对的	B. V	由制造厂(卖主)负责	D	驱动机、发动机
ABS. EL	绝对标高	C	管帽	DAMP	调节挡板
ACF	先期确认图纸资料	CCN	用户变更通知	DA. P	缓冲筒(器)
ADPT	连接头	C. D	密闭排放	DEG	度、等级
AFC	批准用于施工	CF	最终确认图纸资料	DF.	设计流量
AFD	批准用于设计	CG	重心	D. F	喷嘴式饮水龙头
AFP	批准用于规划设计	CH	冷凝液收集管	DH	分配管(蒸汽分配管)
AGL	角度	CIRC	循环	DIA	直径、通径
AGL. V	角阀(角式截止阀)	CIRC.	圆周	DISCH	排料、出口、排出
ALT	高度、海拔	C. L(ϕ)	中心线	DISTR	分配
ALUM.	铝	CLNC	间距、容积、间隙	DIV	部分、分割、隔板
AMT	总量、总数	CND	水管、导道、管道	DN	下
APPROX	近似的	CNDS	冷凝液	DP.	设计压力
ASB.	石棉	C. O	清扫(口)、清除(口)	DP. V	隔膜阀
ASPH.	沥青	COL	塔、柱、列	DR.	驱动、传动
A. S. S	奥氏体不锈钢	COMB	组合、联合	DRN	排放、排水、排液
ATM	大气、大气压	COMPR	压缩机	DV. V	换向阀
AUTO	自动的	BOT	底	DWG	图纸、制图
BAR	气压计、气压表	BP	背压	DWG NO.	图号
BA. V	球阀	B. P	爆破压力	E	东
B/B(B—B)	背至背	BRS.	黄铜	E	内燃机
B. B	买方负责	BR. V	呼吸阀	E	燃气机
B. C	二者中心之间(中心距)	BRZ.	青铜	ECC	偏心的、偏心器(轮、盘、装置)
BD. V	泄料阀、排污阀	CONC	同心的	ECC RED	偏心异径管
BF	盲法兰	CONC.	混凝土	EL	标高、立面
BLD	挡板、盲板	CONC. RED	同心异径管	EMER	事故、紧急
BLC. V	切断阀	CONDEN	冷凝器	ENCL	外壳、罩、围墙
B. M	基准点、水准	CONN	连接、管接头	E. S. S	紧急关闭系统
BOM	材料表、材料单	CONT	控制	EXH	排气、抽空、取尽
BOP	管底	CONTD	连接、续	EXP	膨胀
C/E(C—E)	中心到端头(面)	CPLG	联轴器、管箍、管接头	EXP. JT	伸缩器、膨胀节、补偿器
CENT	离心式、离心力、离心机	CPVC	氯化聚氯乙烯	FBT. V	罐底排污阀
C/F(C—F)	中心到面	CSTG	铸造、铸件、浇注	FC	故障(能源中断)时阀关闭
CONT. V	控制阀	CTR	中心	RECP	储罐、容器、仓库
EXP	膨胀	HYR	液压操纵器	RED	异径管、减压器、还原器
EXP. JT	伸缩器、膨胀节、补偿器	ID	内径	FBT. V	罐底排污阀

(续表)

缩写词	中文词义	缩写词	中文词义	缩写词	中文词义
FC	故障（能源中断）时阀关闭	IN	输入	RL. V	泄压阀
FE	法兰端部	MH	人孔	RO	限流孔板
F/F(F—F)	面到面	MOV	电动阀	RP	爆破片
FF	平面（全平面、满平面）	NB	公称孔径	RSP	可拆卸短管（件）
FI	故障（能源中断）时阀保持原位	NC	美国标准粗牙螺纹	RV	减压阀
FIG.	图	N. C	正常状态下关闭	S	取样口、取样点
FO	故障（能源中断）时阀开启	NF	美国标准细牙螺纹	S.	壳体、壳程、壳层
FOB	底平	NIL	正常界面	SA. V	取样阀
FPC. V	翻板止回阀	NIP	管接头、螺纹管接头	SC	取样冷却器
FPRF	防火	N. O	正常状态下开启	S. EW	安全洗眼器
FS. V	冲洗阀	NOM	名义上的、公称的、额定的	S. EW. S	安全喷淋洗眼器
FTF	管件直连	NO. PKT	不允许出现袋形	SG	视镜
F. W.	现场焊接	N. V	针形阀	SH. ABR	减震器、振动吸收器
G(GENR)	发电机、动力发生机、发生器	OC.	操作条件、工作条件	SL. V	滑阀
G. L	地面标高	OD	外径	SLR	消音器
GL. V	截止阀	OF.	操作流量、工作流量	SP.	静压
G. V	闸阀	OOC	坐标原点	S. S	安全喷淋器
H. C.	手工操作（控制）	OP.	操作压力、工作压力	SS	蒸汽源
HC.	软管连接、软管接头	OPER	操作的、控制的、工作的	ST	蒸汽伴热
HCV	手动控制阀	OR	外半径	STM	蒸汽
HDR	总管，主管、集合管	PAP	管道布置平面	STR	过滤器
HLL	高液位	PB	按钮	SV	安全阀
HOR	水平的、卧式的	PB STA	控制（按钮）站	SW	承插焊的
H. P.	高压	PF	平台、操作台	SYM	对称的
HS. V	软管阀	PFD	工艺流程图	T	蒸汽疏水阀
INS	隔热、绝缘、隔离	PG	塞子、丝堵、栓	TE	螺纹端
INST	仪表、仪器	PI	交叉点	TR. V	节流阀
INSTL	装置、安装	P&ID	管道仪表流程图	TURB	透平机、涡轮机、汽轮机
INST. V	仪表阀	PNEU	气动的、气体的	VAC	真空
INTMT	间歇的、断续的	POS	支撑点	VT	放空
LN. BLD	管道盲板	P. SPT	管架	VTH	放气孔、通气孔
LNB. V	管道盲板阀	PT. V	柱塞阀	VT. V	放空阀
LC	关闭状态下加锁（锁闭）	P. V	旋塞阀	W. LD	工作荷载、操作荷载
LC. V	升降式止回阀	Q CPLG	快速接头	WNF	对焊法兰
LG	玻璃管（板）液位计	QC. V	快闭阀	WS	水源
LO	开启状态下加锁（锁开）	QO. V	快开阀		
IN	进口、入口	REGEN	再生器		

附表9-4 管道布置图和轴侧图上管子、管件、阀门及管道特殊件图例(HG/T 20549.2)

1. 管子、管件和法兰

名称		管道布置图		轴测图
		单线	双线	
管子				
现场焊		F.W	F.W	
伴热管(虚线)				
夹套管(举例)				
地下管道(与地上管道合画一张图时)				
异径法兰(举例)	螺纹、承插焊、滑套	80×50	80×50	80×50
	对焊	80×50	80×50	80×50
法兰盖	与螺纹、承插焊或滑套法兰相接			
	与对焊法兰相接			
同心异径管(举例)	螺纹或承插焊	C.R40×25		C.R40×25
	对焊	C.R80×50	C.R80×50	C.R80×50
	法兰式	C.R80×50	C.R80×50	C.R80×50
偏心异径管	螺纹或承插焊	E.R25×20 FOB E.R25×20 FOT		E.R25×20 FOB E.R25×20 FOT
	对焊	E.R80×50 FOB E.R25×50 FOT	E.R80×50 FOB E.R80×50 FOT	E.R80×50 FOB E.R80×50 FOT
	法兰式	E.R80×50 FOB E.R80×50 FOT	E.R80×50 FOB E.R80×50 FOT	E.R80×50 FOB E.R80×50 FOT

（续表）

名　称		管道布置图		轴测图
		单线	双线	
90°弯头	螺纹或承插焊			
	对焊连接			
	法兰连接			
45°弯头	螺纹或承插焊连接			
	对焊连接			
	法兰连接			
U型弯头	对焊连接			
	法兰连接			

(续表)

名 称		管道布置图		轴测图
		单线	双线	
斜接弯头（举例）				
		(仅用于小角度斜接弯头)		
三通	螺纹或承插焊连接			
	对焊连接			
	法兰连接			
斜三通	螺纹或承插焊连接			
	对焊连接			
	法兰连接			

（续表）

名称		管道布置图		轴测图
		单线	双线	
焊接支管	不带加强板			
	带加强板			
半管接头及支管台	螺纹或承插焊连接			
	对焊连接		（用于半管接头或支管台）（用于支管台）	
四通	螺纹或承插焊连接			
	对焊连接			
	法兰连接			
管帽	螺纹或承插焊连接			
	对焊连接			
	法兰连接			

（续表）

名　　称		管道布置图		轴测图
		单线	双线	
堵头	螺纹连接	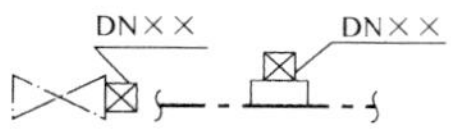 DN××　DN××		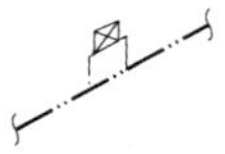
螺纹或承插焊管接头		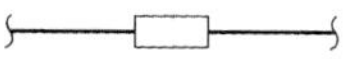		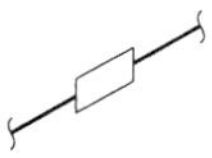
螺纹或承插焊活接头		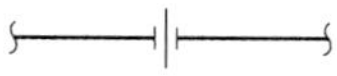		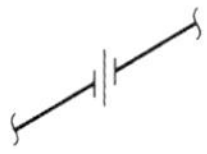
软管接头	螺纹或承插焊连接	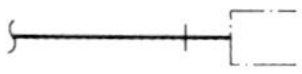		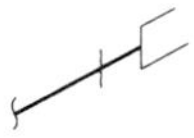
	对焊连接	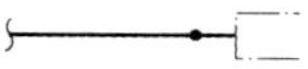		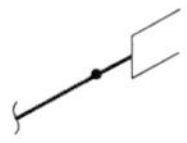
快速接头	阳	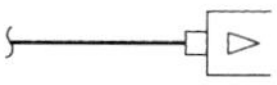		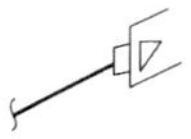
	阴	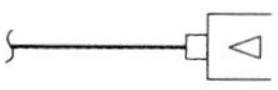		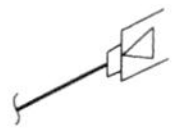

2. 阀　门

名　　称	管道布置图各视图			轴测图	备　注
闸阀	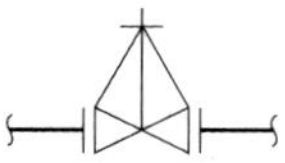	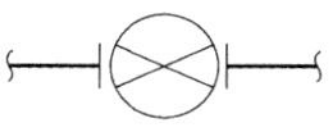	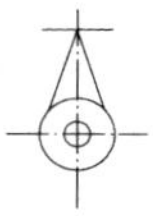	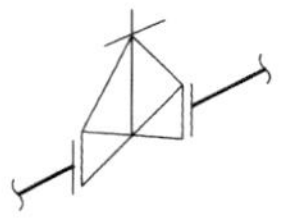	
截止阀	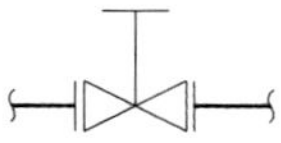	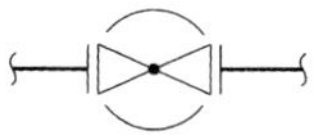	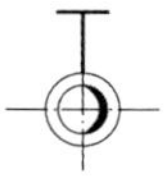	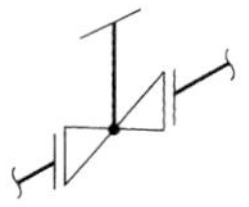	
角阀	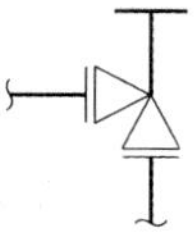	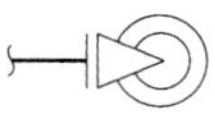	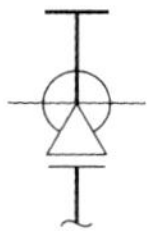	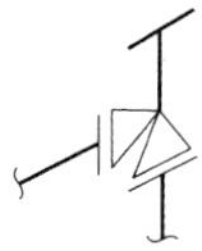	
节流阀	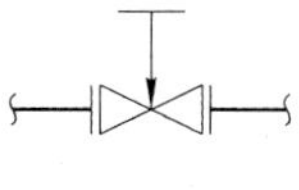	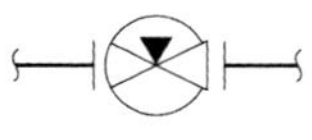	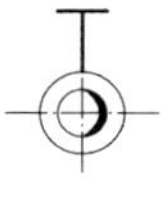	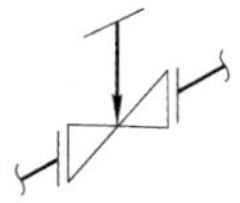	
"Y"形阀	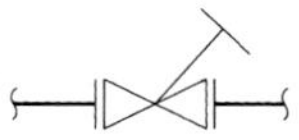	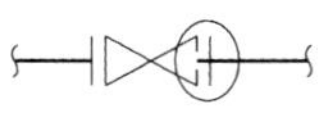	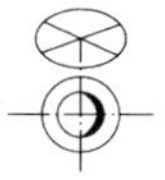	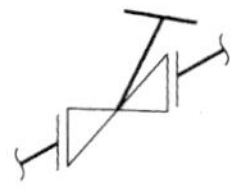	

（续表）

名 称	管道布置图各视图			轴测图	备 注
球阀					
三通球阀					
旋塞阀 (COCK 及 PLUG)					
三通 旋塞阀					
三通阀					
对夹式 蝶阀					
法兰式 蝶阀					
柱塞阀					
止回阀					
切断式 止回阀					

(续表)

名　称	管道布置图各视图			轴测图	备　注
底阀					
隔膜阀					
"Y"形隔膜阀					
放净阀					
夹紧式胶管阀					
夹套式阀					
疏水阀					
减压阀					
弹簧式安全阀					
双弹簧式安全阀					

(续表)

名　称	管道布置图各视图			轴测图	备注
杠杆式安全阀					杠杆长度应按实物尺寸的比例画出

名　称	非法兰的端部连接				备注
	螺纹或承插焊连接		对焊连接		
	单线	双线	单线	双线	
闸阀					
截止阀					

3. 传动结构

名　称	传动结构			轴测图	备注
	管道布置图各视图				
电动式	M	M	M	M	1. 传动结构型式适合于各种类型的阀门 2. 传动结构应按实物的尺寸比例画出，以免与管道或其他附件相碰 3. 点画线表示可变部分
气动式					
液压或气压缸式	C	C	C	C	
正齿轮式					
伞齿轮式					

小 结

(续表)

名 称		传动结构			轴测图	备 注
		管道布置图各视图				
伸长杆（用于楼面）	普通手动阀门	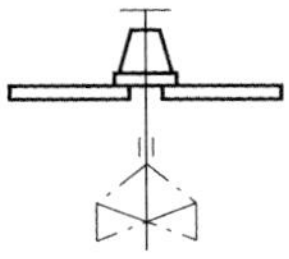		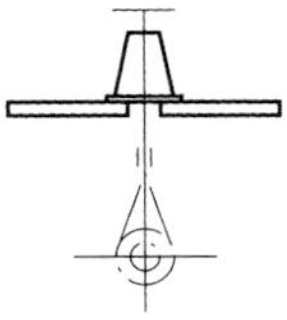		1. 传动结构型式适合于各种类型的阀门 2. 传动结构应按实物的尺寸比例画出，以免与管道或其他附件相碰 3. 点画线表示可变部分
	正齿轮式阀门	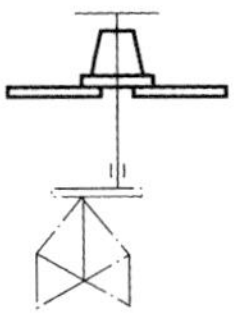	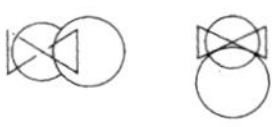	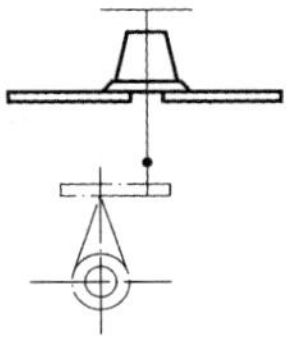	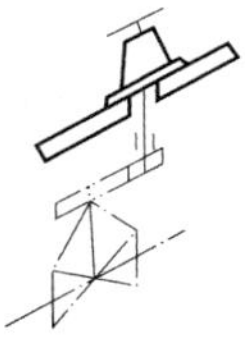	
链轮阀		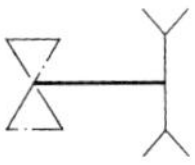	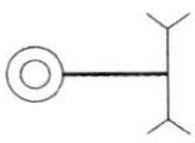		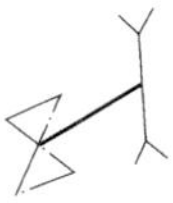	

4. 管道特殊件

名 称	管道布置图		轴测图	备 注
	单线	双线		
漏斗		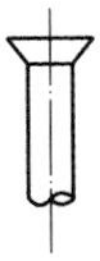		带盖的漏斗画法 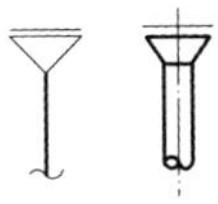
视镜	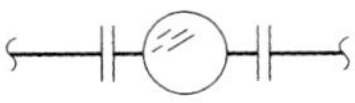	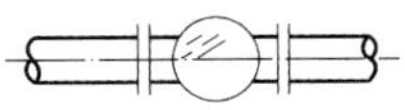	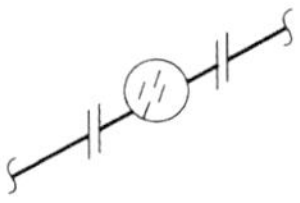	玻璃管式视镜画法举例 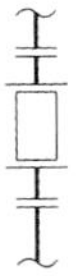
波纹膨胀节		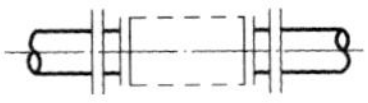		
球形补偿器			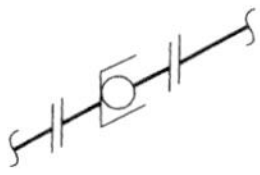	也可根据安装时的旋转角表示
填函式补偿器	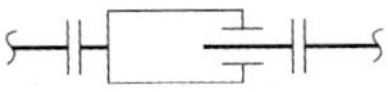	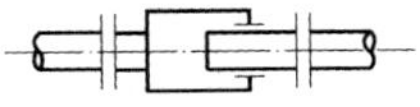	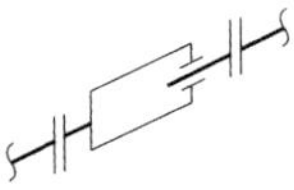	

（续表）

名　称		管道布置图		轴测图	备　注
		单线	双线		
爆破片					
限流孔板	对焊式				
	对夹式				
插板及垫环					
8字盲板					● 正常通过 ● 正常切断
阻火器					
排液环					
临时粗滤器					
Y形粗滤器					

名　称	管道布置图 单线	管道布置图 双线	轴测图	备　注
T形粗滤器	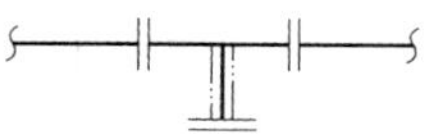	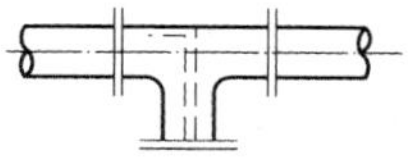	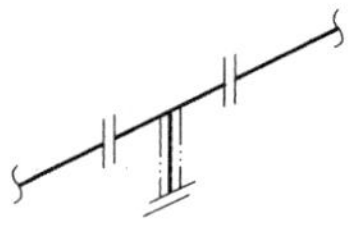	
软管			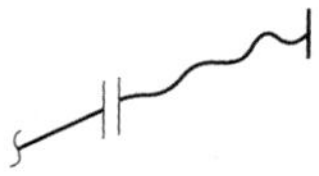	
喷头	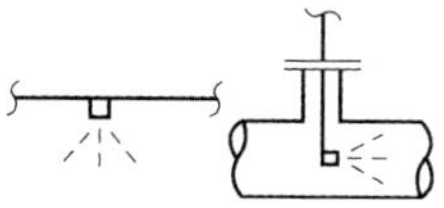	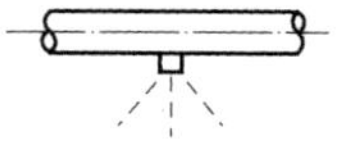	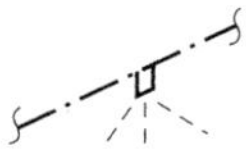	
洗眼器及淋浴		EW（平面用） 立面图按简略外形画		

注：1. C.R——同心异径管；
　　　E.R——偏心异径管；
　　　FOB——底平；
　　　FOT——顶平。
2. 其他未画视图按投影相应表示；
3. 点划线表示可变部分；
4. 轴测图图例均为举例，可按实际管道走向作相应的表示；
5. 消声器及其他未规定的特殊件可按简略外形表示。

复习思考题

1. 什么是化工工艺管道图？
2. 什么是工艺管道仪表流程图？
3. 什么是设备布置图？
4. 什么是管路布置图？
5. 什么是管件图？
6. 什么是管架图？

练　习　题

1. 试对空压站管道仪表流程图进行识读。

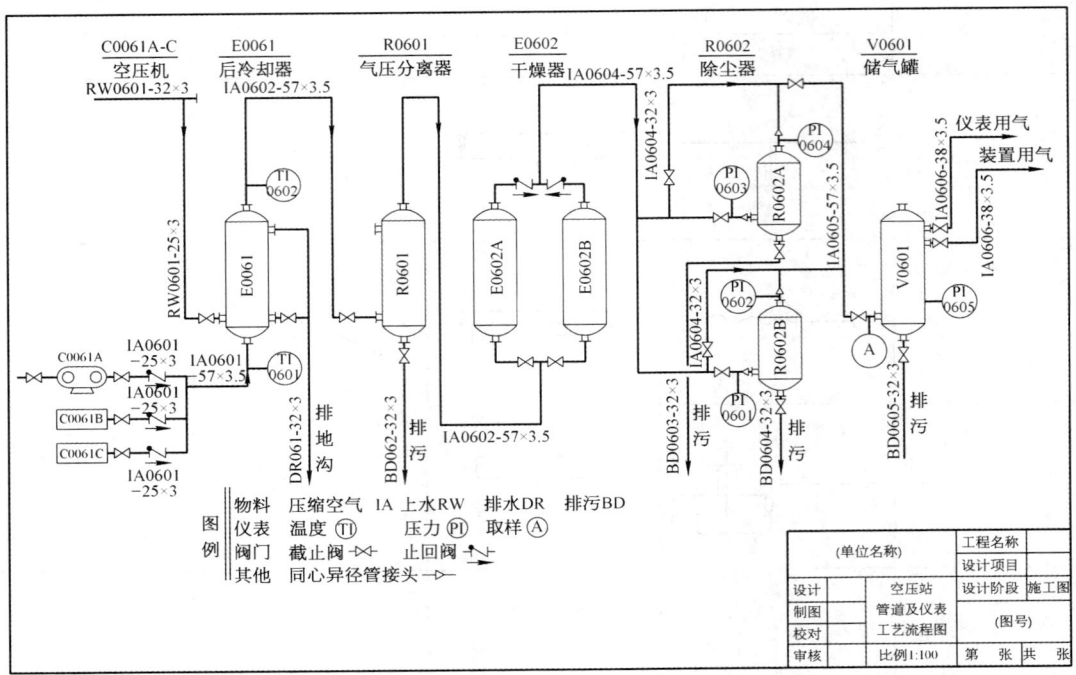

2. 试对碱液配制单元带控制点工艺流程图进行识读。

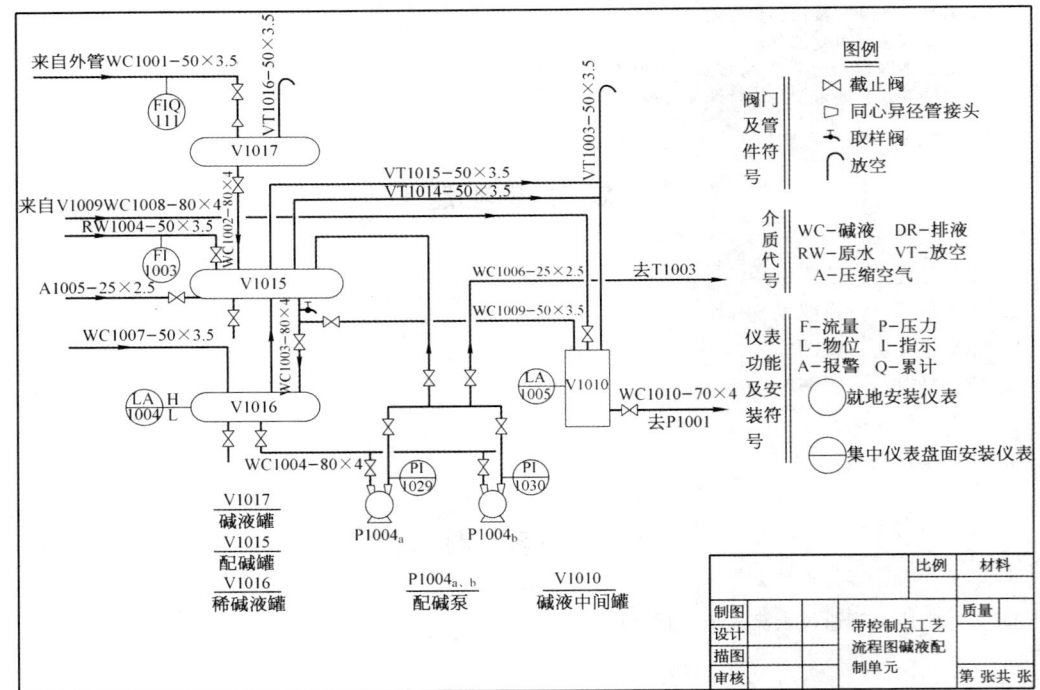

3. 试对合成工段管道仪表流程图进行识读。

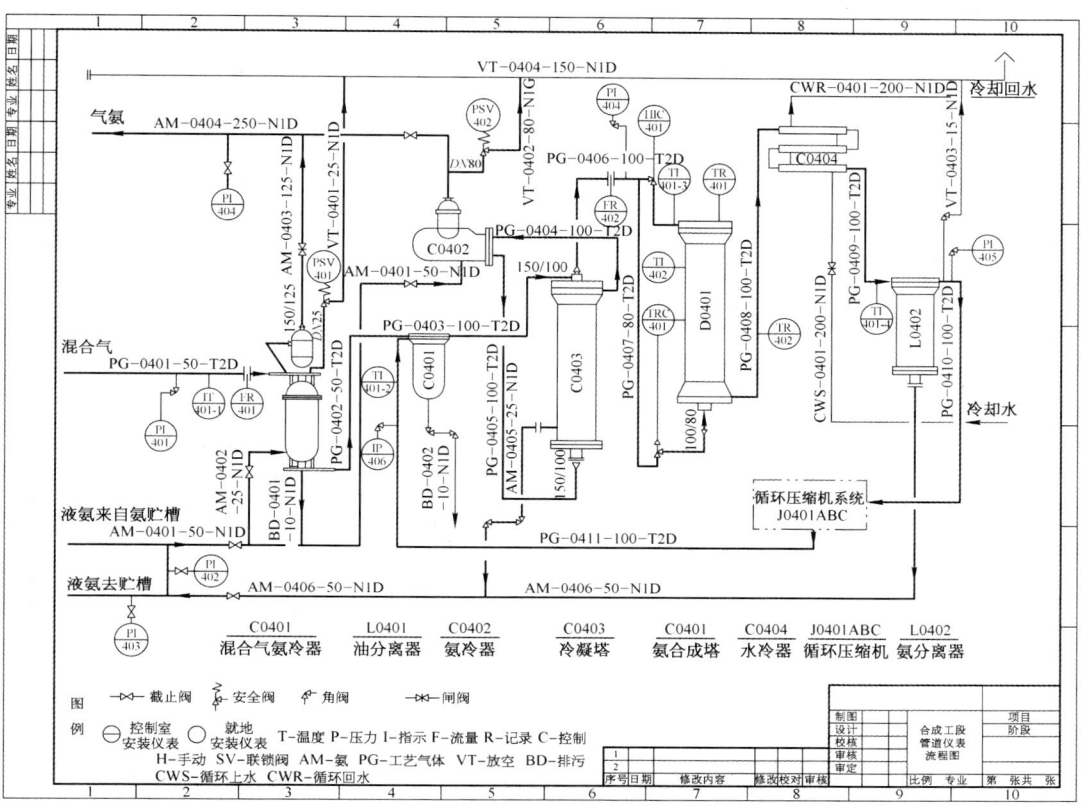

4. 试对软化水处理装置设备布置图进行识读。

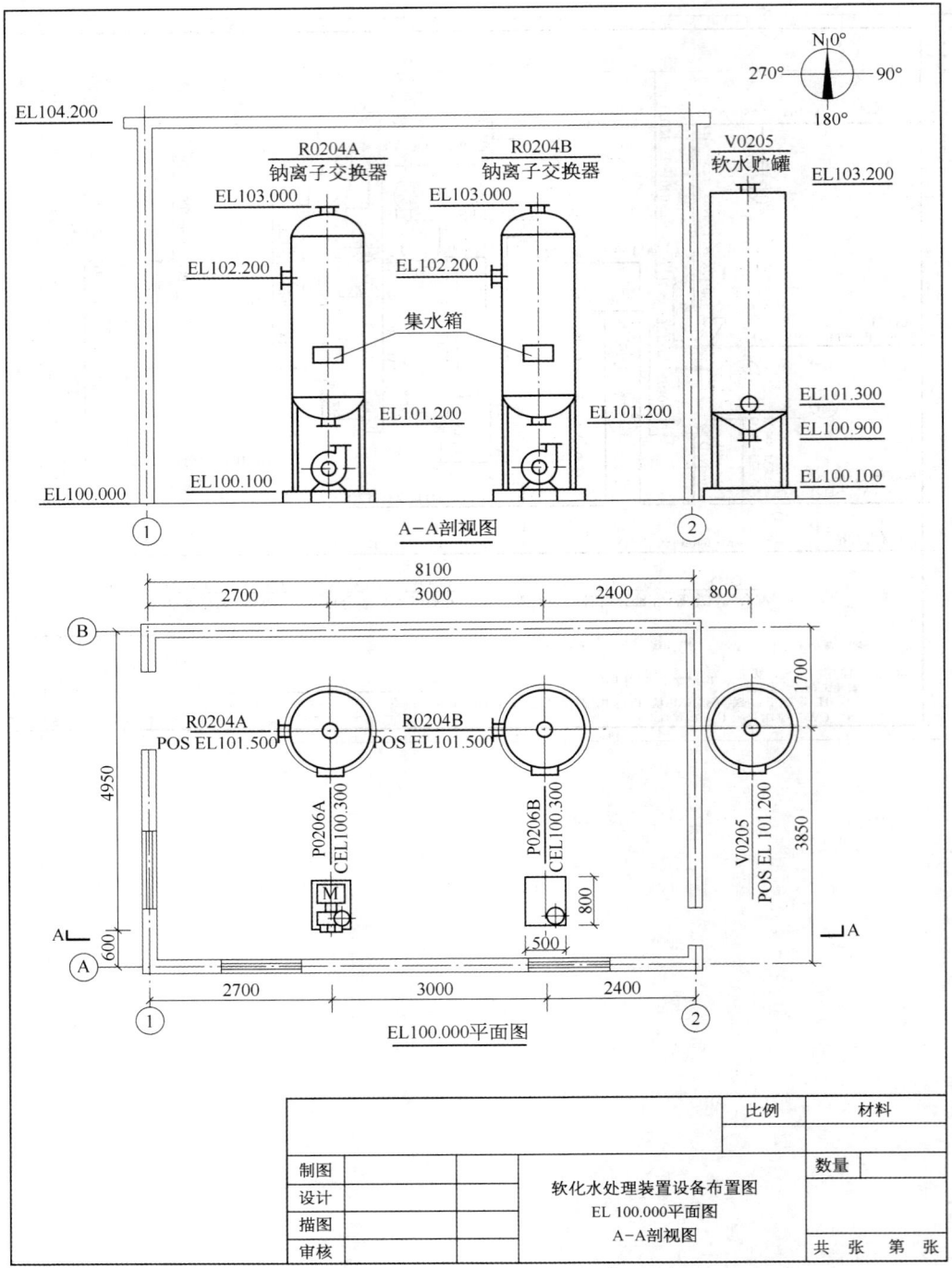

5. 试对配酸岗位设备布置图进行识读。

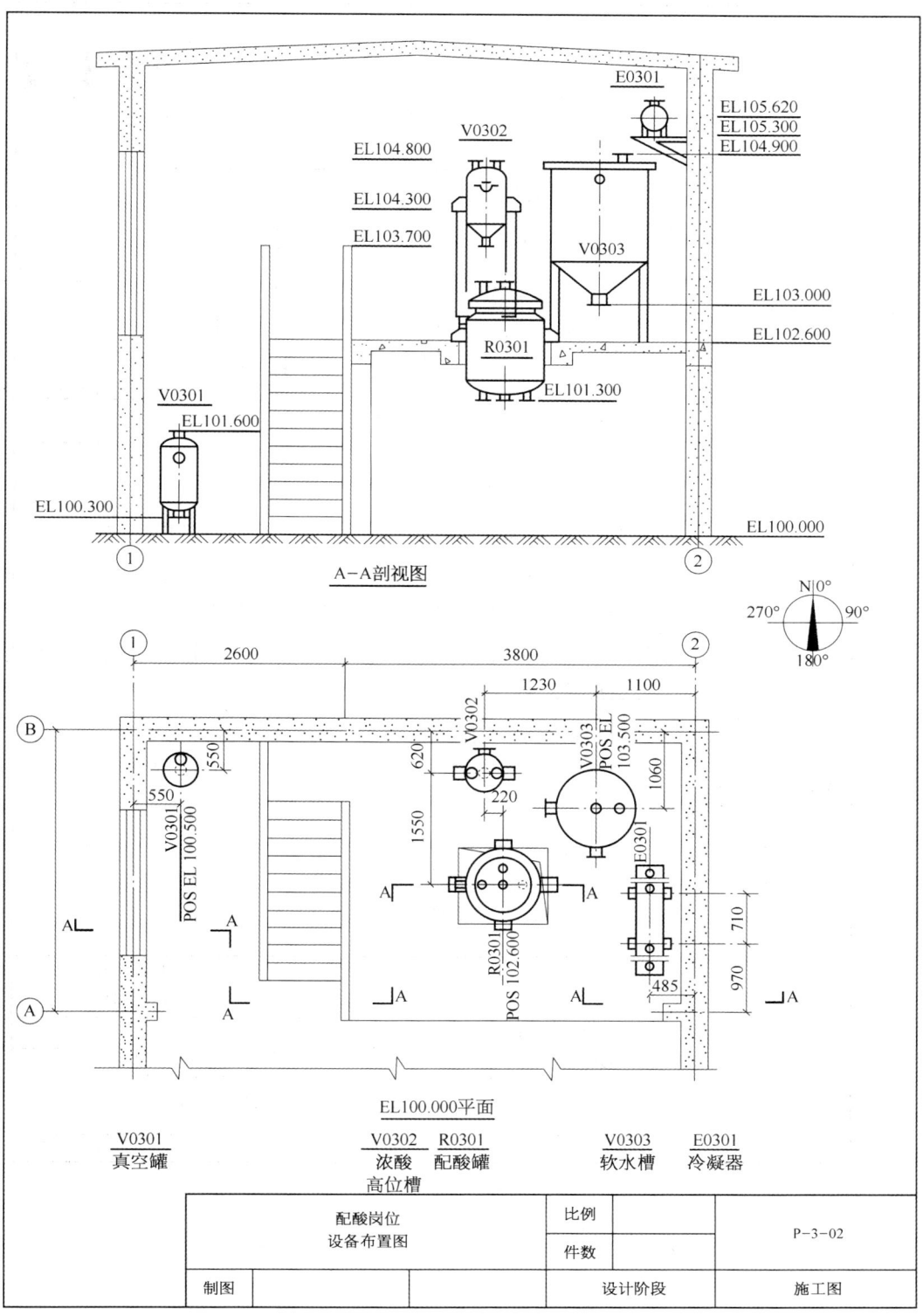

6. 试对某工段管道布置图进行识读。

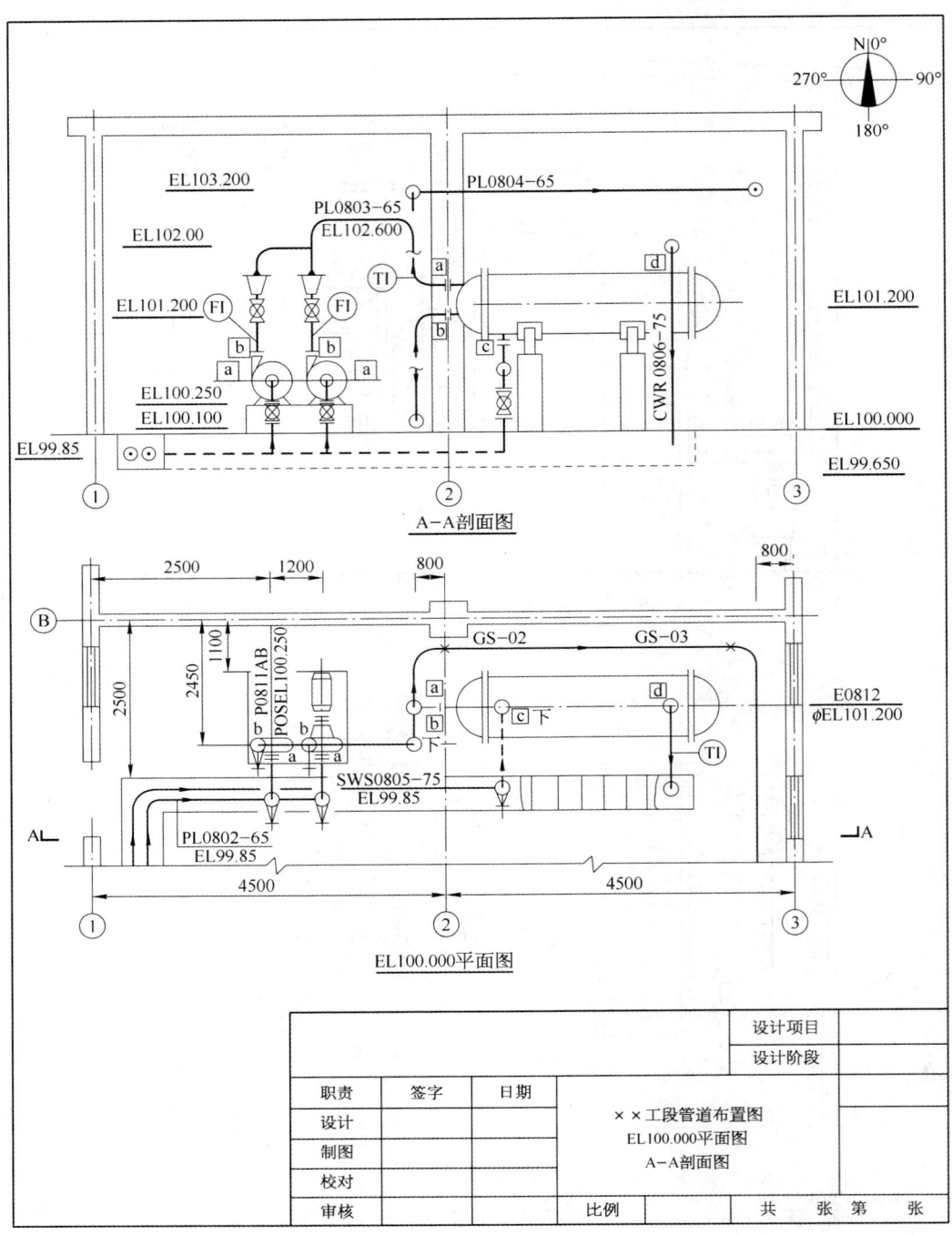

7. 试对某工序管道布置图进行识读。

练习题

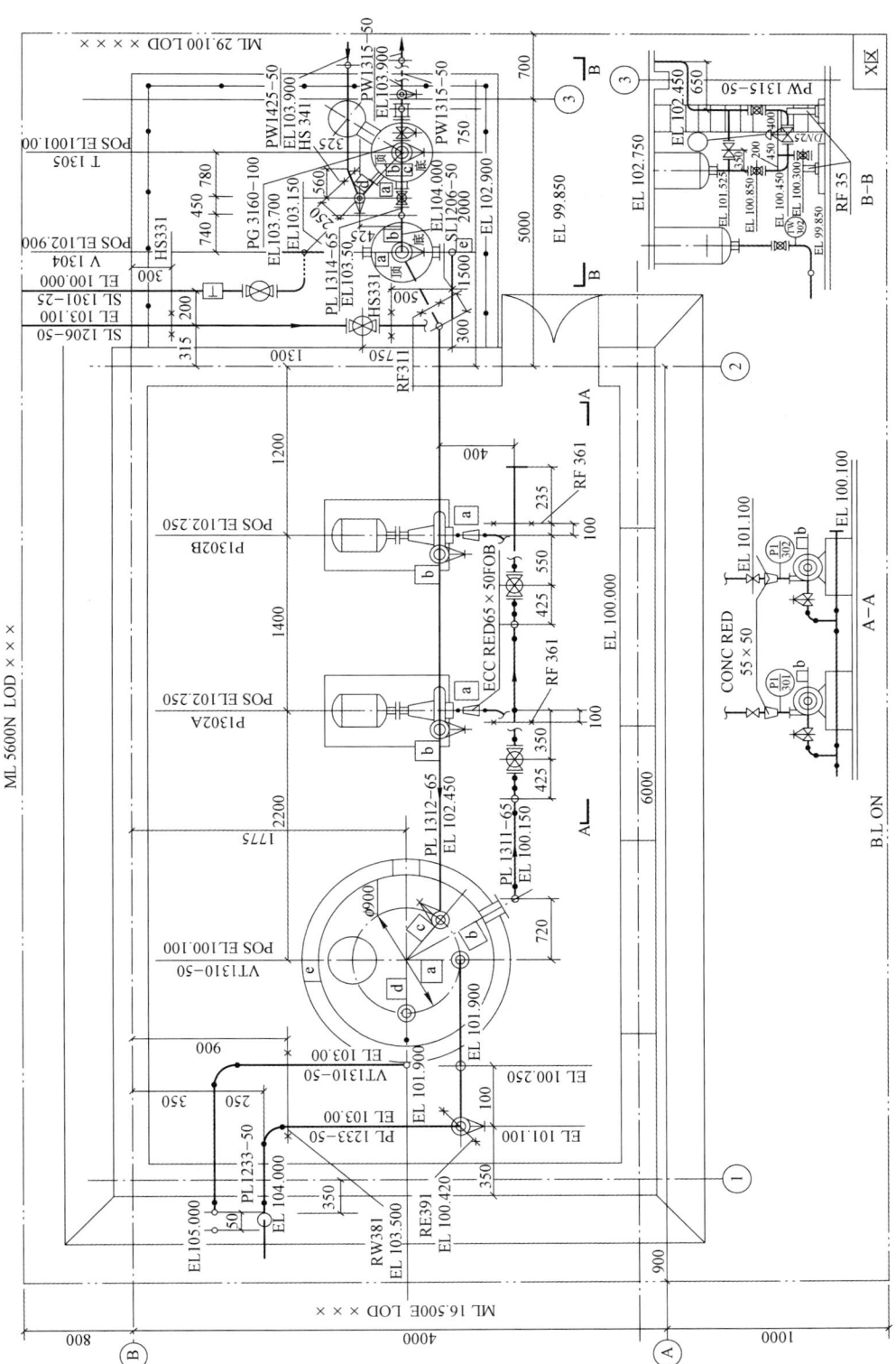

参 考 文 献

[1] 王旭,王裕林.管道工识图教材[M].上海:上海科学技术出版社,2002.
[2] 冯钢.管道工程识图与施工工艺[M].重庆:重庆大学出版社,2008.
[3] 刘德明.快速识读建筑给水排水施工图[M].福州:福建科学技术出版社,2006.
[4] 李联友.建筑水暖工程识图与安装工艺[M].北京:中国电力出版社,2006.
[5] 尚久明.工程制图[M].北京:中国建筑工业出版社,2005.
[6] 蔡庄红,贺召平.化工制图[M].北京:化学工业出版社,2009.
[7] 熊洁羽.化工制图[M].北京:化学工业出版社,2008.